全国农业职业技能培训教材

水产品质量检验员

潘 勇 贾 丽 主编

海洋出版社

2016年 · 北京

内 容 简 介

本书为面向水产品质量检验从业人员的参考专业用书。内容涉及水产品质量检验以及水产品检验实验室管理。包括从业人员职业道德、检验基础知识、抽样制样、感官检验、营养成分检验、鲜度检验、微生物检验、重金属元素检验、药残检验、毒物检验、添加剂检验、饲料质量检验，以及水产检验实验室仪器设备、人员配备、质量控制、安全管理、认证评审等内容。编写注重实用性、科学性、系统性，每项检验项目从样品采集制备、检验到编写报告进行了详尽介绍，读者从中可以系统了解水产品质量检验知识，提高检验操作技能。

图书在版编目（CIP）数据

水产品质量检验员/潘勇，贾丽主编. —北京：海洋出版社，2016.7
全国农业职业技能培训教材
ISBN 978 - 7 - 5027 - 9547 - 4

Ⅰ.①水…　Ⅱ.①潘…②贾…　Ⅲ.①水产品 - 质量检验 - 技术培训 - 教材　Ⅳ.①TS254.7

中国版本图书馆 CIP 数据核字（2016）第 185016 号

责任编辑：朱莉萍　杨　明
责任印制：赵麟苏

海洋出版社　出版发行

http：//www.oceanpress.com.cn
北京市海淀区大慧寺路 8 号　邮编：100081
北京朝阳印刷厂有限责任公司印刷　新华书店发行所经销
2016 年 9 月第 1 版　2016 年 9 月北京第 1 次印刷
开本：889mm×1194mm　1/16　印张：33
字数：920 千字　定价：88.00 元
发行部：62132549　邮购部：68038093　总编室：62114335
海洋版图书印、装错误可随时退换

农业行业国家职业标准和培训教材
编审委员会组成人员名单

《水产品质量检验员》
编委会

前　言

我国是渔业大国，水产养殖产量和水产品出口量位居世界第一，全世界养殖水产品70%以上由中国供给。2014年我国水产品总产量6 450万吨，其中养殖水产品产量4 762万吨，是全世界唯一一个水产品养殖产量超过捕捞产量的国家。世界水产品人均占有量约20千克，我国人均水产品占有量是世界人均占有量的两倍。

我国水产业所取得的成就主要源于养殖技术的发展，高密度养殖技术的推广。但是随着多年来养殖产量的不断提高，水产养殖业可持续发展面临挑战。一方面渔业水域生态环境面临较大压力，病害逐渐增多；一方面养殖者为了片面追求产量违规用药等问题出现，水产品质量安全问题凸显。为了加强监管，确保市场供应的水产品质量安全，国家和地方均投资建设了一大批水产品质量安全检测实验室。由于水产品质量安全检测工作起步相对较晚，现有的检测技术队伍还不能满足水产品质量安全监测工作需求。加强技术培训，尽快提高水产品质量安全检验检测人员的技术水平，胜任检测工作，已经成为当务之急。2015年，农业部全国水产技术推广总站组织专家编写一批培训教材，以满足职业培训所需，并解决当前渔业生产和水产品质量安全中存在的突出问题，本书是其中之一。

本书力求内容系统、科学、翔实，涵盖水产品质量检验工作的方方面面，注重实用性，在参考国内外相关技术资料、标准基础之上，结合实际检测工作经验，汇编成书。全书包括水产品质量检验从业人员职业道德、检验基础知识、抽样制样、感官检验、营养成分检验、鲜度检验、微生物检验、重金属元素检验、药残检验，毒物检验、生物毒素检验、添加剂检验、饲料质量检验，以及水产检验实验室仪器设备、人员配备、质量控制、安全管理、认证评审等内容。供广大水产品质量检验从业人员查阅参考。

书中不足和贻误之处，请广大读者和同行批评指正。

编著者

2016年6月

目 录

第一章 职业道德及相关法律、标准

第一节 职业道德

一、职业道德的基本知识

1. 道德与职业道德

道德是调整人和人之间以及人与社会之间关系的行为规范，是一定社会、一定阶级对人们的行为提出的最根本的和最一般的要求。它规定了人们在处理各种关系中什么行为是"应该的"，什么行为是"不应该"的。道德准则不是由国家制定，最终实现也不依靠检察院、法院、公安机关这些部门的威慑力量来保证实现，而是依靠日常的社会道德教育、社会舆论以及人们内心深处坚定的道德信念的力量来实现的。

随着人类社会的发展和社会分工的出现，以分工为显著特征的各种职业相应出现。在不同的职业范围内，人们之间的关系具有不同的职业特点。职业道德是人们在不同的职业范围内所形成的思想和行为所应遵循的带有职业特点的道德规范和准则。

社会主义职业道德的基本内容包括：热爱本职工作，遵守国家法律法规，恪守职业规范守则，诚实守信，刻苦钻研专业知识，增强技能，提高自身素质，与求助者建立平等友好的关系等。这些都是人们在职业活动中遵循的行为准则，涵盖了从业人员与服务对象、职业与职工、职业与职业之间的关系，是建立社会主义思想道德体系的重要内容。

2. 职业道德的特征

（1）职业道德的特点

1）职业道德具有行业性和适用范围的有限性。

2）职业道德具有发展的历史继承性。

3）职业道德表达形式多种多样。

4）职业道德兼有强烈的纪律性。

（2）职业道德的社会作用

职业道德是社会道德体系的重要组成部分，它既具有社会道德的一般作用，又具有自身的特殊作用，具体表现在：

1）调节职业交往中从业人员内部以及从业人员与服务对象间的关系。

2）有助于维护和提高本行业的信誉。

3）促进本行业的发展。

4）有助于提高全社会的道德水平。

二、我国职业道德的基本规范

1. 爱岗敬业、忠于职守

爱岗敬业就是要热爱本职工作，从本职工作出发，严格自觉地按岗位规范和操作规程的要求认真履行岗位职责、做好本职工作，在平凡的工作中做出不平凡的业绩。忠于职守就是要具有强烈的职业责任感和义务感，坚守岗位，尽心竭力地履行职业责任，必要时甚至要有舍身守职的精神。忠于职守不仅表明了从业人员对本职工作的感情和志向，而且是每个从业人员应尽的义务。它是评价和考核从业人员工作成绩的依据，也是每个从业人员热爱祖国、服务社会的具体体现。

2. 遵纪守法、诚实守信

遵纪守法是指每个从业人员都要遵守职业纪律，遵守与职业活动相关的法律、法规，是职业道德规范的基本要求。职业纪律是在特定的职业活动范围内从事某种职业的人们所要共同遵守的准则，它包括组织纪律、劳动纪律、财经纪律、群众纪律等基本纪律要求，也包括行业的特殊纪律要求。诚实守信是高尚道德情操在职业活动中的重要体现，是每个从业人员应有的思想品质和行为准则。它要求每个从业人员诚实劳动、真诚待人、注重质量、讲究信誉，在职业活动中坚持原则、不谋私利，不受贿赂、不贪钱财。

3. 和睦相处、团结协作

和睦相处、团结协作是处理职业团体内部从业人员之间、同行之间及各行各业之间关系的重要道德规范，是集体主义道德原则和新型人际关系在职业活动中的具体表现。它要求从业人员面对不可避免的激烈竞争，在发展自己的同时，还应发扬团结友爱的精神，为对方提供具体的帮助，给对方以方便，并互相促进。各行各业的从业人员不仅要爱自己的服务对象，而且要爱自己周围的同志，同行之间要互相学习和支援，取长补短。

和睦相处、团结协作也是科学技术发展和社会化程度提高的需要。随着科学技术的发展，社会化程度越来越高，职业分工越来越细，劳动过程更趋专业化、社会化，科学技术各学科相互渗透。科学的进步、技术的发展，需要多部门、多领域、多学科的协同奋斗，任何一道工序出了差错，都会影响整个项目的进展。因此，从业人员之间、协作单位之间必须和睦相处、团结协作、以诚相待、相互支持、相互帮助，以实现最佳的经济效益和社会效益。

4. 服务群众、奉献社会

所谓服务群众，就是为人民群众服务。服务群众指出了我们的职业与人民群众的关系，指出了我们工作的主要服务对象是人民群众，指出了我们应当依靠人民群众，时时刻刻为群众着想，急群众所急，忧群众所忧，乐群众所乐。一切依靠人民群众，一切服务于人民群众，是我们党的群众路线的重要内容。服务群众是党的群众路线在社会主义职业道德的具体表现，这也是社会主义职业道德与以往私有制社会职业道德的根本区别。在社会主义社会，每个从业人员都是群众中的一员，既是为别人服务的主体，又是别人为之服务的对象。每个人都有权享受他人的职业服务，同时又承担着为他人做出职业服务的义务。因此，服务群众作为职业道德，是对所有从业者的要求。要做到服务群众，首先，要树立服务群众的观念；其次，要做到真心对待群众；再次，要尊重群众；最后，做每件事都要方便群众。

5. 勇于竞争、不断创新

竞争作为一种社会现象是指人们为了满足自己的需要而相互争胜，是人们发挥自己的长处、优势、才能和智慧以获得自己的利益的过程。增强竞争意识，就是要敢于表现自己，在不足中锻炼自己，克服自卑心理，相信别人能做到的自己一定能做到，暂时做不到的，也可以想办法创造条件去争取做到。增强竞争意识还要有敢于承担风险、不怕挫折的精神，同时还要有科学求实的态度，更要有开拓创新的精神。另外，我们所倡导的是良性竞争，而非恶性竞争，体现出"比学赶帮超"的精神。所谓创新，是指在工作中勇于打破旧观念，破除各种束缚，敢于创造，做前人没做过的事，走前人没走过的路，善于开创工作的新局面。敢于竞争和开拓创新是相互促进的竞争鞭策人们不断创新，不断创新才能在竞争中立于不败之地。

三、职业守则

①遵守国家法律、法规和行业部门的各项规章制度。
②爱岗敬业，忠于职守，认真负责。
③诚实守信，廉洁公正，实事求是。
④刻苦学习，钻研业务，努力提高思想、科学文化素质。
⑤严于律己，不骄不躁，吃苦耐劳，勇于开拓。
⑥团结协作，安全规范操作，保护环境。

四、水产品质量检验的职业守则

水产品质量检验员是根据一定标准与方法对水产品质量有关的感官、理化、卫生等指标进行检验的人员。除以上基本道德要求外，作为水产品质量检验人员应具备较强的理解、判断、操作和计算能力，无色盲、色弱，并有一定的空间感、逻辑性，以适应食品检验的基本工作要求。

水产品质量检验工除应遵守基本的职业道德外，还应做到以下道德规范：

①严谨认真、一丝不苟：在检测过程中，对待每一个样品、每一次检测都要做到态度认真，过程严谨。

②科学求实、公正公平：遵循科学求实原则，检测要求公正公平，数据真实准确，报告规范，保证工作质量。

③程序规范，注重时效：根据技术监督法规、标准、规程从事科技检测，不推不拖，讲求时效，热情服务，注重信誉。

④秉公检侧，严守秘密：严格按照规章制度办事，工作认真负责，遵守纪律，保守技术、资料秘密。

⑤遵章守纪，廉洁自律：严格按照规定范围检测，不徇私情，遵守财经纪律，对外检测时应执行国家及省级物价部门批准的收费标准。

第二节　相关法律及标准

一、相关法律

水产品质量检验人员所从事的工作关系到每一个水产品消费者的健康与安全，作为水产品质量检验人员必须了解相关的法律法规知识，依法工作以保护个人及他人的健康与安全。水产品质量检测人员应了解的相关法律主要有：《中华人民共和国食品安全法》、《中华人民共和国农产品质量安全法》、《中华人民共和国渔业法》、《中华人民共和国计量法》、《中华人民共和国动物防疫法》、《中华人民共和国进出境动植物检疫法》等基本法律法规。部分相关法律具体条款见本章附件。

二、相关标准

1. 现有的标准

标准按照审批权限和作用范围分为国际标准、国家标准、行业标准、地方标准、企业标准等。国际标准由认可的国际组织制定；我国国家标准由国务院标准化行政主管部门制定；行业标准由国务院有关行政主管部门制定；地方标准由省、自治区和直辖市标准化行政主管部门制定；企业标准由企业自己制定，并需报有关主管部门备案。按照标准的约束性，分为强制性标准和推荐性标准。强制性标准必须执行。不符合强制性标准的产品禁止生产、销售和进口。推荐性标准又称为非强制性标准或自愿性标准，推荐性标准一经接受并采用，或各方商定同意纳入经济合同中，就成为各方必须共同遵守的技术依据，具有法律上的约束性。我国国家标准的代号有两种：强制性国家标准的代号为"GB"，推荐性国家标准代号为"GB/T"。我国农业行业标准的代号有两种：强制性农业行业标准的代号为"NY"，推荐性农业行业标准代号为"NY/T"。我国水产行业标准的代号有两种：强制性水产行业标准的代号为"SC"，推荐性水产行业标准代号为"SC/T"。

与水产品质量有关的标准主要包括产品标准、卫生标准、有害物质限量标准、检测方法标准等。目前我国现有水产品的各类产品标准50余项，卫生标准8项，有害物质限量标准3项，检测方法标准21项。此外在实际工作中，一些参数的检测方法未对水产品作出特殊规定的，按照食品类别的标准方法执行，如铅、无机砷等，还有一些参数的检测方法可按照商检行业标准执行，如贝毒检验方法等；农业部对部分检测方法以公告的形式颁布的视同标准。作为水产品质量检验员应了解的现行各类与水产品质量相关的标准见表1.1，部分有关标准全文见本章附件。

表1.1 与水产品质量相关各类标准

类别	序号	标准编号	标准名称
产品标准	1	GB/T 18108－2008	鲜海水鱼
	2	GB/T 18109－2011	冻鱼
	3	GB/T 21290－2007	冻罗非鱼片
	4	GB/T 19164－2003	鱼粉
	5	GB/T 16919－1997	食用螺旋藻粉
	6	NY/T 842－2012	绿色食品 鱼
	7	NY/T 840－2012	绿色食品 虾
	8	NY/T 841－2012	绿色食品 蟹
	9	NY/T 1329－2007	绿色食品 海水贝
	10	NY/T 1050－2006	绿色食品 龟鳖类
	11	NY/T 1514－2007	绿色食品 海参及制品
	12	NY/T 1515－2007	绿色食品 海蜇及制品
	13	SC/T 3108－2011	鲜活青鱼、草鱼、鲢、鳙、鲤

类别	序号	标准编号	标准名称
	14	SC/T 3102 – 2010	鲜、冻带鱼
	15	SC/T 3101 – 2010	鲜大黄鱼、冻大黄鱼、鲜小黄鱼、冻小黄鱼
	16	SC/T 3109 – 1988	冻银鱼
	17	SC/T 3103 – 2010	鲜、冻鲳鱼
	18	SC/T 3104 – 2010	鲜、冻蓝圆鲹
	19	SC/T 3105 – 2009	鲜鳓鱼
	20	SC/T 3106 – 2010	鲜、冻海鳗
	21	SC/T 3113 – 2002	冻虾
	22	SC/T 3114 – 2002	冻鳌虾
	23	SC/T 3111 – 2006	冻扇贝
	24	SC/T 3112 – 1996	冻梭子蟹
	25	SC/T 3107 – 2010	鲜、冻乌贼
	26	SC/T 3115 – 2006	冻章鱼
	27	SC/T 3116 – 2006	冻淡水鱼片
	28	SC/T 3110 – 1996	冻虾仁
	29	SC/T 3117 – 2006	生食金枪鱼
	30	SC/T 3203 – 2015	调味生鱼干
	31	SC/T 3204 – 2012	虾米
	32	SC/T 3205 – 2000	虾皮
产品标准	33	SC/T 3207 – 2000	干贝
	34	SC/T 3208 – 2001	鱿鱼干
	35	SC/T 3210 – 2015	盐渍海蜇皮和盐渍海蜇头
	36	SC/T 3216 – 2006	半干淡盐黄鱼
	37	SC/T 3303 – 1997	冻烤鳗
	38	SC/T 3304 – 2001	鱿鱼丝
	39	SC/T 3305 – 2003	烤虾
	40	SC/T 3302 – 2010	烤鱼片
	41	SC/T 3214 – 2006	干鲨鱼翅
	42	SC/T 3206 – 2009	干海参（刺参）
	43	SC/T 3215 – 2014	盐渍海参
	44	SC 3201 – 1981	小饼紫菜
	45	SC/T 3202 – 2012	干海带
	46	SC/T 3209 – 2012	淡菜
	47	SC/T 3211 – 2002	盐渍裙带菜
	48	SC/T 3212 – 2000	盐渍海带
	49	SC/T 3213 – 2002	干裙带菜叶
	50	SC/T 3701 – 2003	冻鱼糜制品
	51	SC/T 3602 – 2002	虾酱
	52	SC/T 3601 – 2003	蚝油

类别	序号	标准编号	标准名称
产品标准	53	SC/T 3901 – 2000	虾片
	54	SC/T 3902 – 2001	海胆制品
	55	SC/T 3905 – 2011	鲟鱼籽酱
	56	SC/T 3502 – 2000	鱼油
	57	SC/T 3503 – 2000	多烯鱼油制品
	58	SC/T 3504 – 2006	饲料用鱼油
	59	SC/T 3505 – 2006	鱼油微胶囊
卫生标准	1	GB 2733 – 2005	鲜、冻动物性水产品卫生标准
	2	GB 10136 – 2005	腌制生食动物性水产品卫生标准
	3	GB 10138 – 2005	盐渍鱼卫生标准
	4	GB 10144 – 2005	动物性水产干制品卫生标准
	5	GB 14939 – 2005	鱼类罐头卫生标准
	6	GB 10132 – 2005	鱼糜制品卫生标准
	7	GB 19643 – 2005	藻类制品卫生标准
	8	GB 10133 – 2014	水产调味品卫生标准
有害物质限量标准	1	NY 5070 – 2002	无公害食品 水产品中渔药残留限量
	2	NY 5072 – 2002	无公害食品 渔用配合饲料安全限量
	3	NY 5073 – 2006	无公害食品 水产品中有毒有害物质限量
检测方法标准	1	GB/T 19857 – 2005	水产品中孔雀石绿和结晶紫残留量的测定
	2	GB/T 20361 – 2006	水产品中孔雀石绿和结晶紫残留量的测定 高效液相色谱荧光检测法
	3	GB 29682 – 2013	水产品中青霉素类药物多残留的测定 高效液相色谱法
	4	GB 29684 – 2013	水产品中红霉素类药物多残留的测定 液相色谱 – 串联质谱法
	5	GB 29687 – 2013	水产品中阿苯达唑及其代谢物多残留的测定 高效液相色谱法
	6	GB 29695 – 2013	水产品中阿维菌素和伊维菌素多残留的测定 高效液相色谱法
	7	GB 29702 – 2013	水产品中甲氧苄啶残留量的测定 高效液相色谱法
	8	GB 29705 – 2013	水产品中氯氰菊酯、氰戊菊酯、溴氰菊酯多残留的测定 气相色谱法
	9	GB/T 20756 – 2006	可食动物肌肉、肝脏和水产品中氯霉素、甲砜霉素和氟苯尼考残留量的测定 液相色谱 – 串联质谱法
	10	GB/T 20764 – 2006	可食动物肌肉中土霉素、四环素、金霉素、强力霉素残留量的测定 液相色谱 – 紫外检测法
	11	GB/T 21317 – 2007	动物源性食品中四环素类兽药残留量检测方法 液相色谱 – 质谱法与高效液相色谱法
	12	GB/T 20366 – 2006	动物源产品中喹诺酮类残留量的测定 液相色谱 – 串联质谱法
	13	GB/T 5009.34 – 2003	食品中亚硫酸盐的测定
	14	GB/T 5009.11 – 2003	食品中总砷及无机砷的测定
	15	GB/T 5009.17 – 2003	食品中总汞及有机汞的测定
	16	GB/T 5009.12 – 2010	食品中铅的测定
	17	GB/T 5009.15 – 2014	食品中镉的测定
	18	GB/T 5009.123 – 2014	食品中铬的测定
	19	GB/T 5009.13 – 2003	食品中铜的测定

类别	序号	标准编号	标准名称
检测方法标准	20	GB/T 5009.190 - 2014	食品中指示性多氯联苯含量的测定
	21	GB/T 5009.19 - 2008	食品中有机氯农药多组分残留量的测定
	22	GB 4789.2 - 2010	食品微生物学检验 菌落总数测定
	23	GB 4789.3 - 2010	食品微生物学检验 大肠菌数计数
	24	GB 4789.4 - 2010	食品微生物学检验 沙门氏菌检验
	25	GB 4789.7 - 2013	食品微生物学检验 副溶血性弧菌检验
	26	GB 4789.30 - 2010	食品微生物学检验 单核细胞增生李斯特氏菌检验
	27	GB 4789.10 - 2010	食品微生物学检验 金黄色葡萄球菌检验
	28	SC/T 3015 - 2002	水产品中土霉素、四环素、金霉素残留量的测定
	29	SC/T 3018 - 2004	水产品中氯霉素残留量的测定 气相色谱法
	30	SC/T 3019 - 2004	水产品中喹乙醇残留量的测定 液相色谱法
	31	SC/T 3020 - 2004	水产品中己烯雌酚残留量的测定 酶联免疫法
	32	SC/T 3021 - 2004	水产品中孔雀石绿残留量的测定 液相色谱法
	33	SC/T 3022 - 2004	水产品中呋喃唑酮残留量的测定 液相色谱法
	34	SC/T 3028 - 2006	水产品中噁喹酸残留量的测定 液相色谱法
	35	SC/T 3029 - 2006	水产品中甲基睾酮残留量的测定 液相色谱法
	36	SC/T 3030 - 2006	水产品中五氯苯酚及其钠盐残留量的测定气相色谱法
	37	SC/T 3031 - 2006	水产品中挥发酚残留量的测定 分光光度法
	38	SC/T 3023 - 2004	麻痹性贝类毒素的测定 生物法
	39	SC/T 3024 - 2004	腹泻性贝类毒素的测定 生物法
	40	农业部 958 号公告 - 13 - 2007	水产品中氯霉素、甲砜霉素、氟甲砜霉素残留量的测定 气相色谱法
	41	农业部 958 号公告 - 14 - 2007	水产品中氯霉素、甲砜霉素、氟甲砜霉素残留量的测定 气相色谱 - 质谱法
	42	农业部 1077 号公告 - 5 - 2008	水产品中喹乙醇代谢物残留量的测定 高效液相色谱法
	43	农业部 1163 号公告 - 9 - 2009	水产品中己烯雌酚残留检测 气相色谱 - 质谱法
	44	农业部 783 号公告 - 1 - 2006	水产品中硝基呋喃类代谢物残留量的测定 液相色谱 - 串联质谱法
	45	农业部 1077 号公告 - 2 - 2008	水产品中硝基呋喃类代谢物残留量的测定 高效液相色谱法
	46	农业部 783 号公告 - 2 - 2006	水产品中诺氟沙星、盐酸环丙沙星、恩诺沙星残留量的测定 液相色谱法
	47	农业部 958 号公告 - 12 - 2007	水产品中磺胺类药物残留量的测定 液相色谱法
	48	农业部 1077 号公告 - 1 - 2008	水产品中 17 种磺胺类及 15 种喹诺酮类药物残留量的测定 液相色谱 - 串联质谱法
	49	农业部 958 号公告 - 10 - 2007	水产品中雌二醇残留量测定 气相色谱 - 质谱法
	50	农业部 781 号公告 - 2 - 2006	动物源食品中氯霉素残留量的测定 高效液相色谱 - 串联质谱法
	51	SN/T 0197 - 2014	出口动物源性食品中喹乙醇代谢物残留量的测定 液相色谱 - 质谱法
	52	SN/T 1627 - 2005	进出口动物源食品中硝基呋喃类代谢物残留量测定方法 高效液相色谱串联质谱法
	53	SN 0352 - 1995	出口贝类麻痹性贝类毒素检验方法
	54	SN/T 2131.2 - 2010	进出口贝类腹泻性贝类毒素检验方法 第 2 部分：小鼠生物法
	55	SN/T 1974 - 2007	进出口水产品中亚甲基蓝残留量检测方法 液相色谱 - 质谱法和高效液相色谱法
其他标准	1	GB/T 30891 - 2014	水产品抽样规范
	2	SC/T 3016 - 2004	水产品抽样方法

2. 水产品质量安全的主要指标

（1）鲜度指标

挥发性盐基氮、组胺、酸价、过氧化值等。

（2）微生物指标

菌落总数、大肠菌群、致病菌（沙门氏菌、金黄色葡萄球菌、副溶血性弧菌、志贺氏菌）、霉菌等。

（3）渔药残留限量

抗生素（金霉素、土霉素、四环素、氯霉素）、磺胺类及增效剂、喹诺酮类、硝基呋喃类、己烯雌酚、喹乙醇等。

（4）有毒有害物质限量

汞、甲基汞、砷、无机砷、铅、镉、铜、硒、氟、铬、多氯联苯、甲醛、六六六、滴滴涕、麻痹性贝类毒素、腹泻型贝类毒素、苯并（a）芘等。

附件 1

中华人民共和国主席令

第二十一号

　　《中华人民共和国食品安全法》已由中华人民共和国第十二届全国人民代表大会常务委员会第十四次会议于 2015 年 4 月 24 日修订通过，现将修订后的《中华人民共和国食品安全法》公布，自 2015 年 10 月 1 日起施行。

中华人民共和国主席　习近平

2015 年 4 月 24 日

中华人民共和国食品安全法

　　（2009 年 2 月 28 日第十一届全国人民代表大会常务委员会第七次会议通过　2015 年 4 月 24 日第十二届全国人民代表大会常务委员会第十四次会议修订）

目录

第一章　总　　则

　　第一条　为了保证食品安全，保障公众身体健康和生命安全，制定本法。

第二条 在中华人民共和国境内从事下列活动，应当遵守本法：

（一）食品生产和加工（以下称食品生产），食品销售和餐饮服务（以下称食品经营）；

（二）食品添加剂的生产经营；

（三）用于食品的包装材料、容器、洗涤剂、消毒剂和用于食品生产经营的工具、设备（以下称食品相关产品）的生产经营；

（四）食品生产经营者使用食品添加剂、食品相关产品；

（五）食品的贮存和运输；

（六）对食品、食品添加剂、食品相关产品的安全管理。

供食用的源于农业的初级产品（以下称食用农产品）的质量安全管理，遵守《中华人民共和国农产品质量安全法》的规定。但是，食用农产品的市场销售、有关质量安全标准的制定、有关安全信息的公布和本法对农业投入品作出规定的，应当遵守本法的规定。

第三条 食品安全工作实行预防为主、风险管理、全程控制、社会共治，建立科学、严格的监督管理制度。

第四条 食品生产经营者对其生产经营食品的安全负责。

食品生产经营者应当依照法律、法规和食品安全标准从事生产经营活动，保证食品安全，诚信自律，对社会和公众负责，接受社会监督，承担社会责任。

第五条 国务院设立食品安全委员会，其职责由国务院规定。

国务院食品药品监督管理部门依照本法和国务院规定的职责，对食品生产经营活动实施监督管理。

国务院卫生行政部门依照本法和国务院规定的职责，组织开展食品安全风险监测和风险评估，会同国务院食品药品监督管理部门制定并公布食品安全国家标准。

国务院其他有关部门依照本法和国务院规定的职责，承担有关食品安全工作。

第六条 县级以上地方人民政府对本行政区域的食品安全监督管理工作负责，统一领导、组织、协调本行政区域的食品安全监督管理工作以及食品安全突发事件应对工作，建立健全食品安全全程监督管理工作机制和信息共享机制。

县级以上地方人民政府依照本法和国务院的规定，确定本级食品药品监督管理、卫生行政部门和其他有关部门的职责。有关部门在各自职责范围内负责本行政区域的食品安全监督管理工作。

县级人民政府食品药品监督管理部门可以在乡镇或者特定区域设立派出机构。

第七条 县级以上地方人民政府实行食品安全监督管理责任制。上级人民政府负责对下一级人民政府的食品安全监督管理工作进行评议、考核。县级以上地方人民政府负责对本级食品药品监督管理部门和其他有关部门的食品安全监督管理工作进行评议、考核。

第八条 县级以上人民政府应当将食品安全工作纳入本级国民经济和社会发展规划，将食品安全工作经费列入本级政府财政预算，加强食品安全监督管理能力建设，为食品安全工作提供保障。

县级以上人民政府食品药品监督管理部门和其他有关部门应当加强沟通、密切配合，按照各自职责分工，依法行使职权，承担责任。

第九条 食品行业协会应当加强行业自律，按照章程建立健全行业规范和奖惩机制，提供食品安全信息、技术等服务，引导和督促食品生产经营者依法生产经营，推动行业诚信建设，宣传、普及食品安全知识。

消费者协会和其他消费者组织对违反本法规定，损害消费者合法权益的行为，依法进行社会监督。

第十条 各级人民政府应当加强食品安全的宣传教育，普及食品安全知识，鼓励社会组织、基层群众性自治组织、食品生产经营者开展食品安全法律、法规以及食品安全标准和知识的普及工作，倡导健康的饮食方式，增强消费者食品安全意识和自我保护能力。

新闻媒体应当开展食品安全法律、法规以及食品安全标准和知识的公益宣传，并对食品安全违法行为进行舆论监督。有关食品安全的宣传报道应当真实、公正。

第十一条　国家鼓励和支持开展与食品安全有关的基础研究、应用研究，鼓励和支持食品生产经营者为提高食品安全水平采用先进技术和先进管理规范。

国家对农药的使用实行严格的管理制度，加快淘汰剧毒、高毒、高残留农药，推动替代产品的研发和应用，鼓励使用高效低毒低残留农药。

第十二条　任何组织或者个人有权举报食品安全违法行为，依法向有关部门了解食品安全信息，对食品安全监督管理工作提出意见和建议。

第十三条　对在食品安全工作中做出突出贡献的单位和个人，按照国家有关规定给予表彰、奖励。

第二章　食品安全风险监测和评估

第十四条　国家建立食品安全风险监测制度，对食源性疾病、食品污染以及食品中的有害因素进行监测。

国务院卫生行政部门会同国务院食品药品监督管理、质量监督等部门，制定、实施国家食品安全风险监测计划。

国务院食品药品监督管理部门和其他有关部门获知有关食品安全风险信息后，应当立即核实并向国务院卫生行政部门通报。对有关部门通报的食品安全风险信息以及医疗机构报告的食源性疾病等有关疾病信息，国务院卫生行政部门应当会同国务院有关部门分析研究，认为必要的，及时调整国家食品安全风险监测计划。

省、自治区、直辖市人民政府卫生行政部门会同同级食品药品监督管理、质量监督等部门，根据国家食品安全风险监测计划，结合本行政区域的具体情况，制定、调整本行政区域的食品安全风险监测方案，报国务院卫生行政部门备案并实施。

第十五条　承担食品安全风险监测工作的技术机构应当根据食品安全风险监测计划和监测方案开展监测工作，保证监测数据真实、准确，并按照食品安全风险监测计划和监测方案的要求报送监测数据和分析结果。

食品安全风险监测工作人员有权进入相关食用农产品种植养殖、食品生产经营场所采集样品、收集相关数据。采集样品应当按照市场价格支付费用。

第十六条　食品安全风险监测结果表明可能存在食品安全隐患的，县级以上人民政府卫生行政部门应当及时将相关信息通报同级食品药品监督管理等部门，并报告本级人民政府和上级人民政府卫生行政部门。食品药品监督管理等部门应当组织开展进一步调查。

第十七条　国家建立食品安全风险评估制度，运用科学方法，根据食品安全风险监测信息、科学数据以及有关信息，对食品、食品添加剂、食品相关产品中生物性、化学性和物理性危害因素进行风险评估。

国务院卫生行政部门负责组织食品安全风险评估工作，成立由医学、农业、食品、营养、生物、环境等方面的专家组成的食品安全风险评估专家委员会进行食品安全风险评估。食品安全风险评估结果由国务院卫生行政部门公布。

对农药、肥料、兽药、饲料和饲料添加剂等的安全性评估，应当有食品安全风险评估专家委员会的专家参加。

食品安全风险评估不得向生产经营者收取费用，采集样品应当按照市场价格支付费用。

第十八条 有下列情形之一的，应当进行食品安全风险评估：

（一）通过食品安全风险监测或者接到举报发现食品、食品添加剂、食品相关产品可能存在安全隐患的；

（二）为制定或者修订食品安全国家标准提供科学依据需要进行风险评估的；

（三）为确定监督管理的重点领域、重点品种需要进行风险评估的；

（四）发现新的可能危害食品安全因素的；

（五）需要判断某一因素是否构成食品安全隐患的；

（六）国务院卫生行政部门认为需要进行风险评估的其他情形。

第十九条 国务院食品药品监督管理、质量监督、农业行政等部门在监督管理工作中发现需要进行食品安全风险评估的，应当向国务院卫生行政部门提出食品安全风险评估的建议，并提供风险来源、相关检验数据和结论等信息、资料。属于本法第十八条规定情形的，国务院卫生行政部门应当及时进行食品安全风险评估，并向国务院有关部门通报评估结果。

第二十条 省级以上人民政府卫生行政、农业行政部门应当及时相互通报食品、食用农产品安全风险监测信息。

国务院卫生行政、农业行政部门应当及时相互通报食品、食用农产品安全风险评估结果等信息。

第二十一条 食品安全风险评估结果是制定、修订食品安全标准和实施食品安全监督管理的科学依据。

经食品安全风险评估，得出食品、食品添加剂、食品相关产品不安全结论的，国务院食品药品监督管理、质量监督等部门应当依据各自职责立即向社会公告，告知消费者停止食用或者使用，并采取相应措施，确保该食品、食品添加剂、食品相关产品停止生产经营；需要制定、修订相关食品安全国家标准的，国务院卫生行政部门应当会同国务院食品药品监督管理部门立即制定、修订。

第二十二条 国务院食品药品监督管理部门应当会同国务院有关部门，根据食品安全风险评估结果、食品安全监督管理信息，对食品安全状况进行综合分析。对经综合分析表明可能具有较高程度安全风险的食品，国务院食品药品监督管理部门应当及时提出食品安全风险警示，并向社会公布。

第二十三条 县级以上人民政府食品药品监督管理部门和其他有关部门、食品安全风险评估专家委员会及其技术机构，应当按照科学、客观、及时、公开的原则，组织食品生产经营者、食品检验机构、认证机构、食品行业协会、消费者协会以及新闻媒体等，就食品安全风险评估信息和食品安全监督管理信息进行交流沟通。

第三章　食品安全标准

第二十四条 制定食品安全标准，应当以保障公众身体健康为宗旨，做到科学合理、安全可靠。

第二十五条 食品安全标准是强制执行的标准。除食品安全标准外，不得制定其他食品强制性标准。

第二十六条 食品安全标准应当包括下列内容：

（一）食品、食品添加剂、食品相关产品中的致病性微生物，农药残留、兽药残留、生物毒素、重金属等污染物质以及其他危害人体健康物质的限量规定；

（二）食品添加剂的品种、使用范围、用量；

（三）专供婴幼儿和其他特定人群的主辅食品的营养成分要求；

（四）对与卫生、营养等食品安全要求有关的标签、标志、说明书的要求；

（五）食品生产经营过程的卫生要求；

（六）与食品安全有关的质量要求；

（七）与食品安全有关的食品检验方法与规程；

（八）其他需要制定为食品安全标准的内容。

第二十七条　食品安全国家标准由国务院卫生行政部门会同国务院食品药品监督管理部门制定、公布，国务院标准化行政部门提供国家标准编号。

食品中农药残留、兽药残留的限量规定及其检验方法与规程由国务院卫生行政部门、国务院农业行政部门会同国务院食品药品监督管理部门制定。

屠宰畜、禽的检验规程由国务院农业行政部门会同国务院卫生行政部门制定。

第二十八条　制定食品安全国家标准，应当依据食品安全风险评估结果并充分考虑食用农产品安全风险评估结果，参照相关的国际标准和国际食品安全风险评估结果，并将食品安全国家标准草案向社会公布，广泛听取食品生产经营者、消费者、有关部门等方面的意见。

食品安全国家标准应当经国务院卫生行政部门组织的食品安全国家标准审评委员会审查通过。食品安全国家标准审评委员会由医学、农业、食品、营养、生物、环境等方面的专家以及国务院有关部门、食品行业协会、消费者协会的代表组成，对食品安全国家标准草案的科学性和实用性等进行审查。

第二十九条　对地方特色食品，没有食品安全国家标准的，省、自治区、直辖市人民政府卫生行政部门可以制定并公布食品安全地方标准，报国务院卫生行政部门备案。食品安全国家标准制定后，该地方标准即行废止。

第三十条　国家鼓励食品生产企业制定严于食品安全国家标准或者地方标准的企业标准，在本企业适用，并报省、自治区、直辖市人民政府卫生行政部门备案。

第三十一条　省级以上人民政府卫生行政部门应当在其网站上公布制定和备案的食品安全国家标准、地方标准和企业标准，供公众免费查阅、下载。

对食品安全标准执行过程中的问题，县级以上人民政府卫生行政部门应当会同有关部门及时给予指导、解答。

第三十二条　省级以上人民政府卫生行政部门应当会同同级食品药品监督管理、质量监督、农业行政等部门，分别对食品安全国家标准和地方标准的执行情况进行跟踪评价，并根据评价结果及时修订食品安全标准。

省级以上人民政府食品药品监督管理、质量监督、农业行政等部门应当对食品安全标准执行中存在的问题进行收集、汇总，并及时向同级卫生行政部门通报。

食品生产经营者、食品行业协会发现食品安全标准在执行中存在问题的，应当立即向卫生行政部门报告。

第四章 食品生产经营

第一节 一般规定

第三十三条 食品生产经营应当符合食品安全标准，并符合下列要求：

（一）具有与生产经营的食品品种、数量相适应的食品原料处理和食品加工、包装、贮存等场所，保持该场所环境整洁，并与有毒、有害场所以及其他污染源保持规定的距离；

（二）具有与生产经营的食品品种、数量相适应的生产经营设备或者设施，有相应的消毒、更衣、盥洗、采光、照明、通风、防腐、防尘、防蝇、防鼠、防虫、洗涤以及处理废水、存放垃圾和废弃物的设备或者设施；

（三）有专职或者兼职的食品安全专业技术人员、食品安全管理人员和保证食品安全的规章制度；

（四）具有合理的设备布局和工艺流程，防止待加工食品与直接入口食品、原料与成品交叉污染，避免食品接触有毒物、不洁物；

（五）餐具、饮具和盛放直接入口食品的容器，使用前应当洗净、消毒，炊具、用具用后应当洗净，保持清洁；

（六）贮存、运输和装卸食品的容器、工具和设备应当安全、无害，保持清洁，防止食品污染，并符合保证食品安全所需的温度、湿度等特殊要求，不得将食品与有毒、有害物品一同贮存、运输；

（七）直接入口的食品应当使用无毒、清洁的包装材料、餐具、饮具和容器；

（八）食品生产经营人员应当保持个人卫生，生产经营食品时，应当将手洗净，穿戴清洁的工作衣、帽等；销售无包装的直接入口食品时，应当使用无毒、清洁的容器、售货工具和设备；

（九）用水应当符合国家规定的生活饮用水卫生标准；

（十）使用的洗涤剂、消毒剂应当对人体安全、无害；

（十一）法律、法规规定的其他要求。

非食品生产经营者从事食品贮存、运输和装卸的，应当符合前款第六项的规定。

第三十四条 禁止生产经营下列食品、食品添加剂、食品相关产品：

（一）用非食品原料生产的食品或者添加食品添加剂以外的化学物质和其他可能危害人体健康物质的食品，或者用回收食品作为原料生产的食品；

（二）致病性微生物，农药残留、兽药残留、生物毒素、重金属等污染物质以及其他危害人体健康的物质含量超过食品安全标准限量的食品、食品添加剂、食品相关产品；

（三）用超过保质期的食品原料、食品添加剂生产的食品、食品添加剂；

（四）超范围、超限量使用食品添加剂的食品；

（五）营养成分不符合食品安全标准的专供婴幼儿和其他特定人群的主辅食品；

（六）腐败变质、油脂酸败、霉变生虫、污秽不洁、混有异物、掺假掺杂或者感官性状异常的食品、食品添加剂；

（七）病死、毒死或者死因不明的禽、畜、兽、水产动物肉类及其制品；

（八）未按规定进行检疫或者检疫不合格的肉类，或者未经检验或者检验不合格的肉类制品；

（九）被包装材料、容器、运输工具等污染的食品、食品添加剂；

（十）标注虚假生产日期、保质期或者超过保质期的食品、食品添加剂；

（十一）无标签的预包装食品、食品添加剂；

（十二）国家为防病等特殊需要明令禁止生产经营的食品；

（十三）其他不符合法律、法规或者食品安全标准的食品、食品添加剂、食品相关产品。

第三十五条 国家对食品生产经营实行许可制度。从事食品生产、食品销售、餐饮服务，应当依法取得许可。但是，销售食用农产品，不需要取得许可。

县级以上地方人民政府食品药品监督管理部门应当依照《中华人民共和国行政许可法》的规定，审核申请人提交的本法第三十三条第一款第一项至第四项规定要求的相关资料，必要时对申请人的生产经营场所进行现场核查；对符合规定条件的，准予许可；对不符合规定条件的，不予许可并书面说明理由。

第三十六条 食品生产加工小作坊和食品摊贩等从事食品生产经营活动，应当符合本法规定的与其生产经营规模、条件相适应的食品安全要求，保证所生产经营的食品卫生、无毒、无害，食品药品监督管理部门应当对其加强监督管理。

县级以上地方人民政府应当对食品生产加工小作坊、食品摊贩等进行综合治理，加强服务和统一规划，改善其生产经营环境，鼓励和支持其改进生产经营条件，进入集中交易市场、店铺等固定场所经营，或者在指定的临时经营区域、时段经营。

食品生产加工小作坊和食品摊贩等的具体管理办法由省、自治区、直辖市制定。

第三十七条 利用新的食品原料生产食品，或者生产食品添加剂新品种、食品相关产品新品种，应当向国务院卫生行政部门提交相关产品的安全性评估材料。国务院卫生行政部门应当自收到申请之日起六十日内组织审查；对符合食品安全要求的，准予许可并公布；对不符合食品安全要求的，不予许可并书面说明理由。

第三十八条 生产经营的食品中不得添加药品，但是可以添加按照传统既是食品又是中药材的物质。按照传统既是食品又是中药材的物质目录由国务院卫生行政部门会同国务院食品药品监督管理部门制定、公布。

第三十九条 国家对食品添加剂生产实行许可制度。从事食品添加剂生产，应当具有与所生产食品添加剂品种相适应的场所、生产设备或者设施、专业技术人员和管理制度，并依照本法第三十五条第二款规定的程序，取得食品添加剂生产许可。

生产食品添加剂应当符合法律、法规和食品安全国家标准。

第四十条 食品添加剂应当在技术上确有必要且经过风险评估证明安全可靠，方可列入允许使用的范围；有关食品安全国家标准应当根据技术必要性和食品安全风险评估结果及时修订。

食品生产经营者应当按照食品安全国家标准使用食品添加剂。

第四十一条 生产食品相关产品应当符合法律、法规和食品安全国家标准。对直接接触食品的包装材料等具有较高风险的食品相关产品，按照国家有关工业产品生产许可证管理的规定实施生产许可。质量监督部门应当加强对食品相关产品生产活动的监督管理。

第四十二条 国家建立食品安全全程追溯制度。

食品生产经营者应当依照本法的规定，建立食品安全追溯体系，保证食品可追溯。国家鼓励食品生产经营者采用信息化手段采集、留存生产经营信息，建立食品安全追溯体系。

国务院食品药品监督管理部门会同国务院农业行政等有关部门建立食品安全全程追溯协作机制。

第四十三条 地方各级人民政府应当采取措施鼓励食品规模化生产和连锁经营、配送。

国家鼓励食品生产经营企业参加食品安全责任保险。

第二节　生产经营过程控制

第四十四条　食品生产经营企业应当建立健全食品安全管理制度，对职工进行食品安全知识培训，加强食品检验工作，依法从事生产经营活动。

食品生产经营企业的主要负责人应当落实企业食品安全管理制度，对本企业的食品安全工作全面负责。

食品生产经营企业应当配备食品安全管理人员，加强对其培训和考核。经考核不具备食品安全管理能力的，不得上岗。食品药品监督管理部门应当对企业食品安全管理人员随机进行监督抽查考核并公布考核情况。监督抽查考核不得收取费用。

第四十五条　食品生产经营者应当建立并执行从业人员健康管理制度。患有国务院卫生行政部门规定的有碍食品安全疾病的人员，不得从事接触直接入口食品的工作。

从事接触直接入口食品工作的食品生产经营人员应当每年进行健康检查，取得健康证明后方可上岗工作。

第四十六条　食品生产企业应当就下列事项制定并实施控制要求，保证所生产的食品符合食品安全标准：

（一）原料采购、原料验收、投料等原料控制；

（二）生产工序、设备、贮存、包装等生产关键环节控制；

（三）原料检验、半成品检验、成品出厂检验等检验控制；

（四）运输和交付控制。

第四十七条　食品生产经营者应当建立食品安全自查制度，定期对食品安全状况进行检查评价。生产经营条件发生变化，不再符合食品安全要求的，食品生产经营者应当立即采取整改措施；有发生食品安全事故潜在风险的，应当立即停止食品生产经营活动，并向所在地县级人民政府食品药品监督管理部门报告。

第四十八条　国家鼓励食品生产经营企业符合良好生产规范要求，实施危害分析与关键控制点体系，提高食品安全管理水平。

对通过良好生产规范、危害分析与关键控制点体系认证的食品生产经营企业，认证机构应当依法实施跟踪调查；对不再符合认证要求的企业，应当依法撤销认证，及时向县级以上人民政府食品药品监督管理部门通报，并向社会公布。认证机构实施跟踪调查不得收取费用。

第四十九条　食用农产品生产者应当按照食品安全标准和国家有关规定使用农药、肥料、兽药、饲料和饲料添加剂等农业投入品，严格执行农业投入品使用安全间隔期或者休药期的规定，不得使用国家明令禁止的农业投入品。禁止将剧毒、高毒农药用于蔬菜、瓜果、茶叶和中草药材等国家规定的农作物。

食用农产品的生产企业和农民专业合作经济组织应当建立农业投入品使用记录制度。

县级以上人民政府农业行政部门应当加强对农业投入品使用的监督管理和指导，建立健全农业投入品安全使用制度。

第五十条　食品生产者采购食品原料、食品添加剂、食品相关产品，应当查验供货者的许可证和产品合格证明；对无法提供合格证明的食品原料，应当按照食品安全标准进行检验；不得采购或者使用不符合食品安全标准的食品原料、食品添加剂、食品相关产品。

食品生产企业应当建立食品原料、食品添加剂、食品相关产品进货查验记录制度，如实记录食品原料、食品添加剂、食品相关产品的名称、规格、数量、生产日期或者生产批号、保质期、进货日期以及供货者名称、地址、联系方式等内容，并保存相关凭证。记录和凭证保存期限不得少于产品保质期满后六个月；没有明确保质期的，保存期限不得少于二年。

第五十一条 食品生产企业应当建立食品出厂检验记录制度，查验出厂食品的检验合格证和安全状况，如实记录食品的名称、规格、数量、生产日期或者生产批号、保质期、检验合格证号、销售日期以及购货者名称、地址、联系方式等内容，并保存相关凭证。记录和凭证保存期限应当符合本法第五十条第二款的规定。

第五十二条 食品、食品添加剂、食品相关产品的生产者，应当按照食品安全标准对所生产的食品、食品添加剂、食品相关产品进行检验，检验合格后方可出厂或者销售。

第五十三条 食品经营者采购食品，应当查验供货者的许可证和食品出厂检验合格证或者其他合格证明（以下称合格证明文件）。

食品经营企业应当建立食品进货查验记录制度，如实记录食品的名称、规格、数量、生产日期或者生产批号、保质期、进货日期以及供货者名称、地址、联系方式等内容，并保存相关凭证。记录和凭证保存期限应当符合本法第五十条第二款的规定。

实行统一配送经营方式的食品经营企业，可以由企业总部统一查验供货者的许可证和食品合格证明文件，进行食品进货查验记录。

从事食品批发业务的经营企业应当建立食品销售记录制度，如实记录批发食品的名称、规格、数量、生产日期或者生产批号、保质期、销售日期以及购货者名称、地址、联系方式等内容，并保存相关凭证。记录和凭证保存期限应当符合本法第五十条第二款的规定。

第五十四条 食品经营者应当按照保证食品安全的要求贮存食品，定期检查库存食品，及时清理变质或者超过保质期的食品。

食品经营者贮存散装食品，应当在贮存位置标明食品的名称、生产日期或者生产批号、保质期、生产者名称及联系方式等内容。

第五十五条 餐饮服务提供者应当制定并实施原料控制要求，不得采购不符合食品安全标准的食品原料。倡导餐饮服务提供者公开加工过程，公示食品原料及其来源等信息。

餐饮服务提供者在加工过程中应当检查待加工的食品及原料，发现有本法第三十四条第六项规定情形的，不得加工或者使用。

第五十六条 餐饮服务提供者应当定期维护食品加工、贮存、陈列等设施、设备；定期清洗、校验保温设施及冷藏、冷冻设施。

餐饮服务提供者应当按照要求对餐具、饮具进行清洗消毒，不得使用未经清洗消毒的餐具、饮具；餐饮服务提供者委托清洗消毒餐具、饮具的，应当委托符合本法规定条件的餐具、饮具集中消毒服务单位。

第五十七条 学校、托幼机构、养老机构、建筑工地等集中用餐单位的食堂应当严格遵守法律、法规和食品安全标准；从供餐单位订餐的，应当从取得食品生产经营许可的企业订购，并按照要求对订购的食品进行查验。供餐单位应当严格遵守法律、法规和食品安全标准，当餐加工，确保食品安全。

学校、托幼机构、养老机构、建筑工地等集中用餐单位的主管部门应当加强对集中用餐单位的食品安全教育和日常管理，降低食品安全风险，及时消除食品安全隐患。

第五十八条 餐具、饮具集中消毒服务单位应当具备相应的作业场所、清洗消毒设备或者设施，用水和使用的洗涤剂、消毒剂应当符合相关食品安全国家标准和其他国家标准、卫生规范。

餐具、饮具集中消毒服务单位应当对消毒餐具、饮具进行逐批检验，检验合格后方可出厂，并应当随附消毒合格证明。消毒后的餐具、饮具应当在独立包装上标注单位名称、地址、联系方式、消毒日期以及使用期限等内容。

第五十九条　食品添加剂生产者应当建立食品添加剂出厂检验记录制度，查验出厂产品的检验合格证和安全状况，如实记录食品添加剂的名称、规格、数量、生产日期或者生产批号、保质期、检验合格证号、销售日期以及购货者名称、地址、联系方式等相关内容，并保存相关凭证。记录和凭证保存期限应当符合本法第五十条第二款的规定。

第六十条　食品添加剂经营者采购食品添加剂，应当依法查验供货者的许可证和产品合格证明文件，如实记录食品添加剂的名称、规格、数量、生产日期或者生产批号、保质期、进货日期以及供货者名称、地址、联系方式等内容，并保存相关凭证。记录和凭证保存期限应当符合本法第五十条第二款的规定。

第六十一条　集中交易市场的开办者、柜台出租者和展销会举办者，应当依法审查入场食品经营者的许可证，明确其食品安全管理责任，定期对其经营环境和条件进行检查，发现其有违反本法规定行为的，应当及时制止并立即报告所在地县级人民政府食品药品监督管理部门。

第六十二条　网络食品交易第三方平台提供者应当对入网食品经营者进行实名登记，明确其食品安全管理责任；依法应当取得许可证的，还应当审查其许可证。

网络食品交易第三方平台提供者发现入网食品经营者有违反本法规定行为的，应当及时制止并立即报告所在地县级人民政府食品药品监督管理部门；发现严重违法行为的，应当立即停止提供网络交易平台服务。

第六十三条　国家建立食品召回制度。食品生产者发现其生产的食品不符合食品安全标准或者有证据证明可能危害人体健康的，应当立即停止生产，召回已经上市销售的食品，通知相关生产经营者和消费者，并记录召回和通知情况。

食品经营者发现其经营的食品有前款规定情形的，应当立即停止经营，通知相关生产经营者和消费者，并记录停止经营和通知情况。食品生产者认为应当召回的，应当立即召回。由于食品经营者的原因造成其经营的食品有前款规定情形的，食品经营者应当召回。

食品生产经营者应当对召回的食品采取无害化处理、销毁等措施，防止其再次流入市场。但是，对因标签、标志或者说明书不符合食品安全标准而被召回的食品，食品生产者在采取补救措施且能保证食品安全的情况下可以继续销售；销售时应当向消费者明示补救措施。

食品生产经营者应当将食品召回和处理情况向所在地县级人民政府食品药品监督管理部门报告；需要对召回的食品进行无害化处理、销毁的，应当提前报告时间、地点。食品药品监督管理部门认为必要的，可以实施现场监督。

食品生产经营者未依照本条规定召回或者停止经营的，县级以上人民政府食品药品监督管理部门可以责令其召回或者停止经营。

第六十四条　食用农产品批发市场应当配备检验设备和检验人员或者委托符合本法规定的食品检验机构，对进入该批发市场销售的食用农产品进行抽样检验；发现不符合食品安全标准的，应当要求销售者立即停止销售，并向食品药品监督管理部门报告。

第六十五条　食用农产品销售者应当建立食用农产品进货查验记录制度，如实记录食用农产品的名称、数量、进货日期以及供货者名称、地址、联系方式等内容，并保存相关凭证。记录和凭证保存期限不得少于六个月。

第六十六条　进入市场销售的食用农产品在包装、保鲜、贮存、运输中使用保鲜剂、防腐剂等食品添加剂和包装材料等食品相关产品，应当符合食品安全国家标准。

第三节　标签、说明书和广告

第六十七条　预包装食品的包装上应当有标签。标签应当标明下列事项：

（一）名称、规格、净含量、生产日期；

（二）成分或者配料表；

（三）生产者的名称、地址、联系方式；

（四）保质期；

（五）产品标准代号；

（六）贮存条件；

（七）所使用的食品添加剂在国家标准中的通用名称；

（八）生产许可证编号；

（九）法律、法规或者食品安全标准规定应当标明的其他事项。

专供婴幼儿和其他特定人群的主辅食品，其标签还应当标明主要营养成分及其含量。

食品安全国家标准对标签标注事项另有规定的，从其规定。

第六十八条　食品经营者销售散装食品，应当在散装食品的容器、外包装上标明食品的名称、生产日期或者生产批号、保质期以及生产经营者名称、地址、联系方式等内容。

第六十九条　生产经营转基因食品应当按照规定显著标示。

第七十条　食品添加剂应当有标签、说明书和包装。标签、说明书应当载明本法第六十七条第一款第一项至第六项、第八项、第九项规定的事项，以及食品添加剂的使用范围、用量、使用方法，并在标签上载明"食品添加剂"字样。

第七十一条　食品和食品添加剂的标签、说明书，不得含有虚假内容，不得涉及疾病预防、治疗功能。生产经营者对其提供的标签、说明书的内容负责。

食品和食品添加剂的标签、说明书应当清楚、明显，生产日期、保质期等事项应当显著标注，容易辨识。

食品和食品添加剂与其标签、说明书的内容不符的，不得上市销售。

第七十二条　食品经营者应当按照食品标签标示的警示标志、警示说明或者注意事项的要求销售食品。

第七十三条　食品广告的内容应当真实合法，不得含有虚假内容，不得涉及疾病预防、治疗功能。食品生产经营者对食品广告内容的真实性、合法性负责。

县级以上人民政府食品药品监督管理部门和其他有关部门以及食品检验机构、食品行业协会不得以广告或者其他形式向消费者推荐食品。消费者组织不得以收取费用或者其他牟取利益的方式向消费者推荐食品。

第四节　特殊食品

第七十四条　国家对保健食品、特殊医学用途配方食品和婴幼儿配方食品等特殊食品实行严格监督管理。

第七十五条 保健食品声称保健功能，应当具有科学依据，不得对人体产生急性、亚急性或者慢性危害。

保健食品原料目录和允许保健食品声称的保健功能目录，由国务院食品药品监督管理部门会同国务院卫生行政部门、国家中医药管理部门制定、调整并公布。

保健食品原料目录应当包括原料名称、用量及其对应的功效；列入保健食品原料目录的原料只能用于保健食品生产，不得用于其他食品生产。

第七十六条 使用保健食品原料目录以外原料的保健食品和首次进口的保健食品应当经国务院食品药品监督管理部门注册。但是，首次进口的保健食品中属于补充维生素、矿物质等营养物质的，应当报国务院食品药品监督管理部门备案。其他保健食品应当报省、自治区、直辖市人民政府食品药品监督管理部门备案。

进口的保健食品应当是出口国（地区）主管部门准许上市销售的产品。

第七十七条 依法应当注册的保健食品，注册时应当提交保健食品的研发报告、产品配方、生产工艺、安全性和保健功能评价、标签、说明书等材料及样品，并提供相关证明文件。国务院食品药品监督管理部门经组织技术审评，对符合安全和功能声称要求的，准予注册；对不符合要求的，不予注册并书面说明理由。对使用保健食品原料目录以外原料的保健食品作出准予注册决定的，应当及时将该原料纳入保健食品原料目录。

依法应当备案的保健食品，备案时应当提交产品配方、生产工艺、标签、说明书以及表明产品安全性和保健功能的材料。

第七十八条 保健食品的标签、说明书不得涉及疾病预防、治疗功能，内容应当真实，与注册或者备案的内容相一致，载明适宜人群、不适宜人群、功效成分或者标志性成分及其含量等，并声明"本品不能代替药物"。保健食品的功能和成分应当与标签、说明书相一致。

第七十九条 保健食品广告除应当符合本法第七十三条第一款的规定外，还应当声明"本品不能代替药物"；其内容应当经生产企业所在地省、自治区、直辖市人民政府食品药品监督管理部门审查批准，取得保健食品广告批准文件。省、自治区、直辖市人民政府食品药品监督管理部门应当公布并及时更新已经批准的保健食品广告目录以及批准的广告内容。

第八十条 特殊医学用途配方食品应当经国务院食品药品监督管理部门注册。注册时，应当提交产品配方、生产工艺、标签、说明书以及表明产品安全性、营养充足性和特殊医学用途临床效果的材料。

特殊医学用途配方食品广告适用《中华人民共和国广告法》和其他法律、行政法规关于药品广告管理的规定。

第八十一条 婴幼儿配方食品生产企业应当实施从原料进厂到成品出厂的全过程质量控制，对出厂的婴幼儿配方食品实施逐批检验，保证食品安全。

生产婴幼儿配方食品使用的生鲜乳、辅料等食品原料、食品添加剂等，应当符合法律、行政法规的规定和食品安全国家标准，保证婴幼儿生长发育所需的营养成分。

婴幼儿配方食品生产企业应当将食品原料、食品添加剂、产品配方及标签等事项向省、自治区、直辖市人民政府食品药品监督管理部门备案。

婴幼儿配方乳粉的产品配方应当经国务院食品药品监督管理部门注册。注册时，应当提交配方研发报告和其他表明配方科学性、安全性的材料。

不得以分装方式生产婴幼儿配方乳粉，同一企业不得用同一配方生产不同品牌的婴幼儿配方乳粉。

第八十二条 保健食品、特殊医学用途配方食品、婴幼儿配方乳粉的注册人或者备案人应当对其提交材料的真实性负责。

省级以上人民政府食品药品监督管理部门应当及时公布注册或者备案的保健食品、特殊医学用途配方食品、婴幼儿配方乳粉目录，并对注册或者备案中获知的企业商业秘密予以保密。

保健食品、特殊医学用途配方食品、婴幼儿配方乳粉生产企业应当按照注册或者备案的产品配方、生产工艺等技术要求组织生产。

第八十三条　生产保健食品，特殊医学用途配方食品、婴幼儿配方食品和其他专供特定人群的主辅食品的企业，应当按照良好生产规范的要求建立与所生产食品相适应的生产质量管理体系，定期对该体系的运行情况进行自查，保证其有效运行，并向所在地县级人民政府食品药品监督管理部门提交自查报告。

第五章　食品检验

第八十四条　食品检验机构按照国家有关认证认可的规定取得资质认定后，方可从事食品检验活动。但是，法律另有规定的除外。

食品检验机构的资质认定条件和检验规范，由国务院食品药品监督管理部门规定。

符合本法规定的食品检验机构出具的检验报告具有同等效力。

县级以上人民政府应当整合食品检验资源，实现资源共享。

第八十五条　食品检验由食品检验机构指定的检验人独立进行。

检验人应当依照有关法律、法规的规定，并按照食品安全标准和检验规范对食品进行检验，尊重科学，恪守职业道德，保证出具的检验数据和结论客观、公正，不得出具虚假检验报告。

第八十六条　食品检验实行食品检验机构与检验人负责制。食品检验报告应当加盖食品检验机构公章，并有检验人的签名或者盖章。食品检验机构和检验人对出具的食品检验报告负责。

第八十七条　县级以上人民政府食品药品监督管理部门应当对食品进行定期或者不定期的抽样检验，并依据有关规定公布检验结果，不得免检。进行抽样检验，应当购买抽取的样品，委托符合本法规定的食品检验机构进行检验，并支付相关费用；不得向食品生产经营者收取检验费和其他费用。

第八十八条　对依照本法规定实施的检验结论有异议的，食品生产经营者可以自收到检验结论之日起七个工作日内向实施抽样检验的食品药品监督管理部门或者其上一级食品药品监督管理部门提出复检申请，由受理复检申请的食品药品监督管理部门在公布的复检机构名录中随机确定复检机构进行复检。复检机构出具的复检结论为最终检验结论。复检机构与初检机构不得为同一机构。复检机构名录由国务院认证认可监督管理、食品药品监督管理、卫生行政、农业行政等部门共同公布。

采用国家规定的快速检测方法对食用农产品进行抽查检测，被抽查人对检测结果有异议的，可以自收到检测结果时起四小时内申请复检。复检不得采用快速检测方法。

第八十九条　食品生产企业可以自行对所生产的食品进行检验，也可以委托符合本法规定的食品检验机构进行检验。

食品行业协会和消费者协会等组织、消费者需要委托食品检验机构对食品进行检验的，应当委托符合本法规定的食品检验机构进行。

第九十条　食品添加剂的检验，适用本法有关食品检验的规定。

第六章 食品进出口

第九十一条 国家出入境检验检疫部门对进出口食品安全实施监督管理。

第九十二条 进口的食品、食品添加剂、食品相关产品应当符合我国食品安全国家标准。

进口的食品、食品添加剂应当经出入境检验检疫机构依照进出口商品检验相关法律、行政法规的规定检验合格。

进口的食品、食品添加剂应当按照国家出入境检验检疫部门的要求随附合格证明材料。

第九十三条 进口尚无食品安全国家标准的食品，由境外出口商、境外生产企业或者其委托的进口商向国务院卫生行政部门提交所执行的相关国家（地区）标准或者国际标准。国务院卫生行政部门对相关标准进行审查，认为符合食品安全要求的，决定暂予适用，并及时制定相应的食品安全国家标准。进口利用新的食品原料生产的食品或者进口食品添加剂新品种、食品相关产品新品种，依照本法第三十七条的规定办理。

出入境检验检疫机构按照国务院卫生行政部门的要求，对前款规定的食品、食品添加剂、食品相关产品进行检验。检验结果应当公开。

第九十四条 境外出口商、境外生产企业应当保证向我国出口的食品、食品添加剂、食品相关产品符合本法以及我国其他有关法律、行政法规的规定和食品安全国家标准的要求，并对标签、说明书的内容负责。

进口商应当建立境外出口商、境外生产企业审核制度，重点审核前款规定的内容；审核不合格的，不得进口。

发现进口食品不符合我国食品安全国家标准或者有证据证明可能危害人体健康的，进口商应当立即停止进口，并依照本法第六十三条的规定召回。

第九十五条 境外发生的食品安全事件可能对我国境内造成影响，或者在进口食品、食品添加剂、食品相关产品中发现严重食品安全问题的，国家出入境检验检疫部门应当及时采取风险预警或者控制措施，并向国务院食品药品监督管理、卫生行政、农业行政部门通报。接到通报的部门应当及时采取相应措施。

县级以上人民政府食品药品监督管理部门对国内市场上销售的进口食品、食品添加剂实施监督管理。发现存在严重食品安全问题的，国务院食品药品监督管理部门应当及时向国家出入境检验检疫部门通报。国家出入境检验检疫部门应当及时采取相应措施。

第九十六条 向我国境内出口食品的境外出口商或者代理商、进口食品的进口商应当向国家出入境检验检疫部门备案。向我国境内出口食品的境外食品生产企业应当经国家出入境检验检疫部门注册。已经注册的境外食品生产企业提供虚假材料，或者因其自身的原因致使进口食品发生重大食品安全事故的，国家出入境检验检疫部门应当撤销注册并公告。

国家出入境检验检疫部门应当定期公布已经备案的境外出口商、代理商、进口商和已经注册的境外食品生产企业名单。

第九十七条 进口的预包装食品、食品添加剂应当有中文标签；依法应当有说明书的，还应当有中文说明书。标签、说明书应当符合本法以及我国其他有关法律、行政法规的规定和食品安全国家标准的要求，并载明食品的原产地以及境内代理商的名称、地址、联系方式。预包装食品没有中文标签、中文说明书或者标签、说明书不符合本条规定的，不得进口。

第九十八条 进口商应当建立食品、食品添加剂进口和销售记录制度，如实记录食品、食品添加剂的名称、规格、数量、生产日期、生产或者进口批号、保质期、境外出口商和购货者名称、地址及联系方式、交货日期等内容，并保存相关凭证。记录和凭证保存期限应当符合本法第五十条第二款的规定。

第九十九条 出口食品生产企业应当保证其出口食品符合进口国（地区）的标准或者合同要求。

出口食品生产企业和出口食品原料种植、养殖场应当向国家出入境检验检疫部门备案。

第一百条 国家出入境检验检疫部门应当收集、汇总下列进出口食品安全信息，并及时通报相关部门、机构和企业：

（一）出入境检验检疫机构对进出口食品实施检验检疫发现的食品安全信息；

（二）食品行业协会和消费者协会等组织、消费者反映的进口食品安全信息；

（三）国际组织、境外政府机构发布的风险预警信息及其他食品安全信息，以及境外食品行业协会等组织、消费者反映的食品安全信息；

（四）其他食品安全信息。

国家出入境检验检疫部门应当对进出口食品的进口商、出口商和出口食品生产企业实施信用管理，建立信用记录，并依法向社会公布。对有不良记录的进口商、出口商和出口食品生产企业，应当加强对其进出口食品的检验检疫。

第一百零一条 国家出入境检验检疫部门可以对向我国境内出口食品的国家（地区）的食品安全管理体系和食品安全状况进行评估和审查，并根据评估和审查结果，确定相应检验检疫要求。

第七章 食品安全事故处置

第一百零二条 国务院组织制定国家食品安全事故应急预案。

县级以上地方人民政府应当根据有关法律、法规的规定和上级人民政府的食品安全事故应急预案以及本行政区域的实际情况，制定本行政区域的食品安全事故应急预案，并报上一级人民政府备案。

食品安全事故应急预案应当对食品安全事故分级、事故处置组织指挥体系与职责、预防预警机制、处置程序、应急保障措施等作出规定。

食品生产经营企业应当制定食品安全事故处置方案，定期检查本企业各项食品安全防范措施的落实情况，及时消除事故隐患。

第一百零三条 发生食品安全事故的单位应当立即采取措施，防止事故扩大。事故单位和接收病人进行治疗的单位应当及时向事故发生地县级人民政府食品药品监督管理、卫生行政部门报告。

县级以上人民政府质量监督、农业行政等部门在日常监督管理中发现食品安全事故或者接到事故举报，应当立即向同级食品药品监督管理部门通报。

发生食品安全事故，接到报告的县级人民政府食品药品监督管理部门应当按照应急预案的规定向本级人民政府和上级人民政府食品药品监督管理部门报告。县级人民政府和上级人民政府食品药品监督管理部门应当按照应急预案的规定上报。

任何单位和个人不得对食品安全事故隐瞒、谎报、缓报，不得隐匿、伪造、毁灭有关证据。

第一百零四条 医疗机构发现其接收的病人属于食源性疾病病人或者疑似病人的，应当按照规定及时将相关信息向所在地县级人民政府卫生行政部门报告。县级人民政府卫生行政部门认为与食品安全有关的，应当及时通报同级食品药品监督管理部门。

县级以上人民政府卫生行政部门在调查处理传染病或者其他突发公共卫生事件中发现与食品安全相

关的信息，应当及时通报同级食品药品监督管理部门。

第一百零五条 县级以上人民政府食品药品监督管理部门接到食品安全事故的报告后，应当立即会同同级卫生行政、质量监督、农业行政等部门进行调查处理，并采取下列措施，防止或者减轻社会危害：

（一）开展应急救援工作，组织救治因食品安全事故导致人身伤害的人员；

（二）封存可能导致食品安全事故的食品及其原料，并立即进行检验；对确认属于被污染的食品及其原料，责令食品生产经营者依照本法第六十三条的规定召回或者停止经营；

（三）封存被污染的食品相关产品，并责令进行清洗消毒；

（四）做好信息发布工作，依法对食品安全事故及其处理情况进行发布，并对可能产生的危害加以解释、说明。

发生食品安全事故需要启动应急预案的，县级以上人民政府应当立即成立事故处置指挥机构，启动应急预案，依照前款和应急预案的规定进行处置。

发生食品安全事故，县级以上疾病预防控制机构应当对事故现场进行卫生处理，并对与事故有关的因素开展流行病学调查，有关部门应当予以协助。县级以上疾病预防控制机构应当向同级食品药品监督管理、卫生行政部门提交流行病学调查报告。

第一百零六条 发生食品安全事故，设区的市级以上人民政府食品药品监督管理部门应当立即会同有关部门进行事故责任调查，督促有关部门履行职责，向本级人民政府和上一级人民政府食品药品监督管理部门提出事故责任调查处理报告。

涉及两个以上省、自治区、直辖市的重大食品安全事故由国务院食品药品监督管理部门依照前款规定组织事故责任调查。

第一百零七条 调查食品安全事故，应当坚持实事求是、尊重科学的原则，及时、准确查清事故性质和原因，认定事故责任，提出整改措施。

调查食品安全事故，除了查明事故单位的责任，还应当查明有关监督管理部门、食品检验机构、认证机构及其工作人员的责任。

第一百零八条 食品安全事故调查部门有权向有关单位和个人了解与事故有关的情况，并要求提供相关资料和样品。有关单位和个人应当予以配合，按照要求提供相关资料和样品，不得拒绝。

任何单位和个人不得阻挠、干涉食品安全事故的调查处理。

第八章　监督管理

第一百零九条 县级以上人民政府食品药品监督管理、质量监督部门根据食品安全风险监测、风险评估结果和食品安全状况等，确定监督管理的重点、方式和频次，实施风险分级管理。

县级以上地方人民政府组织本级食品药品监督管理、质量监督、农业行政等部门制定本行政区域的食品安全年度监督管理计划，向社会公布并组织实施。

食品安全年度监督管理计划应当将下列事项作为监督管理的重点：

（一）专供婴幼儿和其他特定人群的主辅食品；

（二）保健食品生产过程中的添加行为和按照注册或者备案的技术要求组织生产的情况，保健食品标签、说明书以及宣传材料中有关功能宣传的情况；

（三）发生食品安全事故风险较高的食品生产经营者；

（四）食品安全风险监测结果表明可能存在食品安全隐患的事项。

第一百一十条 县级以上人民政府食品药品监督管理、质量监督部门履行各自食品安全监督管理职责，有权采取下列措施，对生产经营者遵守本法的情况进行监督检查：

（一）进入生产经营场所实施现场检查；

（二）对生产经营的食品、食品添加剂、食品相关产品进行抽样检验；

（三）查阅、复制有关合同、票据、账簿以及其他有关资料；

（四）查封、扣押有证据证明不符合食品安全标准或者有证据证明存在安全隐患以及用于违法生产经营的食品、食品添加剂、食品相关产品；

（五）查封违法从事生产经营活动的场所。

第一百一十一条 对食品安全风险评估结果证明食品存在安全隐患，需要制定、修订食品安全标准的，在制定、修订食品安全标准前，国务院卫生行政部门应当及时会同国务院有关部门规定食品中有害物质的临时限量值和临时检验方法，作为生产经营和监督管理的依据。

第一百一十二条 县级以上人民政府食品药品监督管理部门在食品安全监督管理工作中可以采用国家规定的快速检测方法对食品进行抽查检测。

对抽查检测结果表明可能不符合食品安全标准的食品，应当依照本法第八十七条的规定进行检验。抽查检测结果确定有关食品不符合食品安全标准的，可以作为行政处罚的依据。

第一百一十三条 县级以上人民政府食品药品监督管理部门应当建立食品生产经营者食品安全信用档案，记录许可颁发、日常监督检查结果、违法行为查处等情况，依法向社会公布并实时更新；对有不良信用记录的食品生产经营者增加监督检查频次，对违法行为情节严重的食品生产经营者，可以通报投资主管部门、证券监督管理机构和有关的金融机构。

第一百一十四条 食品生产经营过程中存在食品安全隐患，未及时采取措施消除的，县级以上人民政府食品药品监督管理部门可以对食品生产经营者的法定代表人或者主要负责人进行责任约谈。食品生产经营者应当立即采取措施，进行整改，消除隐患。责任约谈情况和整改情况应当纳入食品生产经营者食品安全信用档案。

第一百一十五条 县级以上人民政府食品药品监督管理、质量监督等部门应当公布本部门的电子邮件地址或者电话，接受咨询、投诉、举报。接到咨询、投诉、举报，对属于本部门职责的，应当受理并在法定期限内及时答复、核实、处理；对不属于本部门职责的，应当移交有权处理的部门并书面通知咨询、投诉、举报人。有权处理的部门应当在法定期限内及时处理，不得推诿。对查证属实的举报，给予举报人奖励。

有关部门应当对举报人的信息予以保密，保护举报人的合法权益。举报人举报所在企业的，该企业不得以解除、变更劳动合同或者其他方式对举报人进行打击报复。

第一百一十六条 县级以上人民政府食品药品监督管理、质量监督等部门应当加强对执法人员食品安全法律、法规、标准和专业知识与执法能力等的培训，并组织考核。不具备相应知识和能力的，不得从事食品安全执法工作。

食品生产经营者、食品行业协会、消费者协会等发现食品安全执法人员在执法过程中有违反法律、法规规定的行为以及不规范执法行为的，可以向本级或者上级人民政府食品药品监督管理、质量监督等部门或者监察机关投诉、举报。接到投诉、举报的部门或者机关应当进行核实，并将经核实的情况向食品安全执法人员所在部门通报；涉嫌违法违纪的，按照本法和有关规定处理。

第一百一十七条 县级以上人民政府食品药品监督管理等部门未及时发现食品安全系统性风险，未及时消除监督管理区域内的食品安全隐患的，本级人民政府可以对其主要负责人进行责任约谈。

地方人民政府未履行食品安全职责，未及时消除区域性重大食品安全隐患的，上级人民政府可以对其主要负责人进行责任约谈。

被约谈的食品药品监督管理等部门、地方人民政府应当立即采取措施，对食品安全监督管理工作进行整改。

责任约谈情况和整改情况应当纳入地方人民政府和有关部门食品安全监督管理工作评议、考核记录。

第一百一十八条 国家建立统一的食品安全信息平台，实行食品安全信息统一公布制度。国家食品安全总体情况、食品安全风险警示信息、重大食品安全事故及其调查处理信息和国务院确定需要统一公布的其他信息由国务院食品药品监督管理部门统一公布。食品安全风险警示信息和重大食品安全事故及其调查处理信息的影响限于特定区域的，也可以由有关省、自治区、直辖市人民政府食品药品监督管理部门公布。未经授权不得发布上述信息。

县级以上人民政府食品药品监督管理、质量监督、农业行政部门依据各自职责公布食品安全日常监督管理信息。

公布食品安全信息，应当做到准确、及时，并进行必要的解释说明，避免误导消费者和社会舆论。

第一百一十九条 县级以上地方人民政府食品药品监督管理、卫生行政、质量监督、农业行政部门获知本法规定需要统一公布的信息，应当向上级主管部门报告，由上级主管部门立即报告国务院食品药品监督管理部门；必要时，可以直接向国务院食品药品监督管理部门报告。

县级以上人民政府食品药品监督管理、卫生行政、质量监督、农业行政部门应当相互通报获知的食品安全信息。

第一百二十条 任何单位和个人不得编造、散布虚假食品安全信息。

县级以上人民政府食品药品监督管理部门发现可能误导消费者和社会舆论的食品安全信息，应当立即组织有关部门、专业机构、相关食品生产经营者等进行核实、分析，并及时公布结果。

第一百二十一条 县级以上人民政府食品药品监督管理、质量监督等部门发现涉嫌食品安全犯罪的，应当按照有关规定及时将案件移送公安机关。对移送的案件，公安机关应当及时审查；认为有犯罪事实需要追究刑事责任的，应当立案侦查。

公安机关在食品安全犯罪案件侦查过程中认为没有犯罪事实，或者犯罪事实显著轻微，不需要追究刑事责任，但依法应当追究行政责任的，应当及时将案件移送食品药品监督管理、质量监督等部门和监察机关，有关部门应当依法处理。

公安机关商请食品药品监督管理、质量监督、环境保护等部门提供检验结论、认定意见以及对涉案物品进行无害化处理等协助的，有关部门应当及时提供，予以协助。

第九章　法律责任

第一百二十二条 违反本法规定，未取得食品生产经营许可从事食品生产经营活动，或者未取得食品添加剂生产许可从事食品添加剂生产活动的，由县级以上人民政府食品药品监督管理部门没收违法所得和违法生产经营的食品、食品添加剂以及用于违法生产经营的工具、设备、原料等物品；违法生产经营的食品、食品添加剂货值金额不足一万元的，并处五万元以上十万元以下罚款；货值金额一万元以上的，并处货值金额十倍以上二十倍以下罚款。

明知从事前款规定的违法行为，仍为其提供生产经营场所或者其他条件的，由县级以上人民政府食品药品监督管理部门责令停止违法行为，没收违法所得，并处五万元以上十万元以下罚款；使消费者的合法权益受到损害的，应当与食品、食品添加剂生产经营者承担连带责任。

第一百二十三条　违反本法规定，有下列情形之一，尚不构成犯罪的，由县级以上人民政府食品药品监督管理部门没收违法所得和违法生产经营的食品，并可以没收用于违法生产经营的工具、设备、原料等物品；违法生产经营的食品货值金额不足一万元的，并处十万元以上十五万元以下罚款；货值金额一万元以上的，并处货值金额十五倍以上三十倍以下罚款；情节严重的，吊销许可证，并可以由公安机关对其直接负责的主管人员和其他直接责任人员处五日以上十五日以下拘留：

（一）用非食品原料生产食品、在食品中添加食品添加剂以外的化学物质和其他可能危害人体健康的物质，或者用回收食品作为原料生产食品，或者经营上述食品；

（二）生产经营营养成分不符合食品安全标准的专供婴幼儿和其他特定人群的主辅食品；

（三）经营病死、毒死或者死因不明的禽、畜、兽、水产动物肉类，或者生产经营其制品；

（四）经营未按规定进行检疫或者检疫不合格的肉类，或者生产经营未经检验或者检验不合格的肉类制品；

（五）生产经营国家为防病等特殊需要明令禁止生产经营的食品；

（六）生产经营添加药品的食品。

明知从事前款规定的违法行为，仍为其提供生产经营场所或者其他条件的，由县级以上人民政府食品药品监督管理部门责令停止违法行为，没收违法所得，并处十万元以上二十万元以下罚款；使消费者的合法权益受到损害的，应当与食品生产经营者承担连带责任。

违法使用剧毒、高毒农药的，除依照有关法律、法规规定给予处罚外，可以由公安机关依照第一款规定给予拘留。

第一百二十四条　违反本法规定，有下列情形之一，尚不构成犯罪的，由县级以上人民政府食品药品监督管理部门没收违法所得和违法生产经营的食品、食品添加剂，并可以没收用于违法生产经营的工具、设备、原料等物品；违法生产经营的食品、食品添加剂货值金额不足一万元的，并处五万元以上十万元以下罚款；货值金额一万元以上的，并处货值金额十倍以上二十倍以下罚款；情节严重的，吊销许可证：

（一）生产经营致病性微生物，农药残留、兽药残留、生物毒素、重金属等污染物质以及其他危害人体健康的物质含量超过食品安全标准限量的食品、食品添加剂；

（二）用超过保质期的食品原料、食品添加剂生产食品、食品添加剂，或者经营上述食品、食品添加剂；

（三）生产经营超范围、超限量使用食品添加剂的食品；

（四）生产经营腐败变质、油脂酸败、霉变生虫、污秽不洁、混有异物、掺假掺杂或者感官性状异常的食品、食品添加剂；

（五）生产经营标注虚假生产日期、保质期或者超过保质期的食品、食品添加剂；

（六）生产经营未按规定注册的保健食品、特殊医学用途配方食品、婴幼儿配方乳粉，或者未按注册的产品配方、生产工艺等技术要求组织生产；

（七）以分装方式生产婴幼儿配方乳粉，或者同一企业以同一配方生产不同品牌的婴幼儿配方乳粉；

（八）利用新的食品原料生产食品，或者生产食品添加剂新品种，未通过安全性评估；

（九）食品生产经营者在食品药品监督管理部门责令其召回或者停止经营后，仍拒不召回或者停止经营。

除前款和本法第一百二十三条、第一百二十五条规定的情形外，生产经营不符合法律、法规或者食品安全标准的食品、食品添加剂的，依照前款规定给予处罚。

生产食品相关产品新品种，未通过安全性评估，或者生产不符合食品安全标准的食品相关产品的，由县级以上人民政府质量监督部门依照第一款规定给予处罚。

第一百二十五条 违反本法规定，有下列情形之一的，由县级以上人民政府食品药品监督管理部门没收违法所得和违法生产经营的食品、食品添加剂，并可以没收用于违法生产经营的工具、设备、原料等物品；违法生产经营的食品、食品添加剂货值金额不足一万元的，并处五千元以上五万元以下罚款；货值金额一万元以上的，并处货值金额五倍以上十倍以下罚款；情节严重的，责令停产停业，直至吊销许可证：

（一）生产经营被包装材料、容器、运输工具等污染的食品、食品添加剂；

（二）生产经营无标签的预包装食品、食品添加剂或者标签、说明书不符合本法规定的食品、食品添加剂；（三）生产经营转基因食品未按规定进行标示；

（四）食品生产经营者采购或者使用不符合食品安全标准的食品原料、食品添加剂、食品相关产品。

生产经营的食品、食品添加剂的标签、说明书存在瑕疵但不影响食品安全且不会对消费者造成误导的，由县级以上人民政府食品药品监督管理部门责令改正；拒不改正的，处二千元以下罚款。

第一百二十六条 违反本法规定，有下列情形之一的，由县级以上人民政府食品药品监督管理部门责令改正，给予警告；拒不改正的，处五千元以上五万元以下罚款；情节严重的，责令停产停业，直至吊销许可证：

（一）食品、食品添加剂生产者未按规定对采购的食品原料和生产的食品、食品添加剂进行检验；

（二）食品生产经营企业未按规定建立食品安全管理制度，或者未按规定配备或者培训、考核食品安全管理人员；

（三）食品、食品添加剂生产经营者进货时未查验许可证和相关证明文件，或者未按规定建立并遵守进货查验记录、出厂检验记录和销售记录制度；

（四）食品生产经营企业未制定食品安全事故处置方案；

（五）餐具、饮具和盛放直接入口食品的容器，使用前未经洗净、消毒或者清洗消毒不合格，或者餐饮服务设施、设备未按规定定期维护、清洗、校验；

（六）食品生产经营者安排未取得健康证明或者患有国务院卫生行政部门规定的有碍食品安全疾病的人员从事接触直接入口食品的工作；

（七）食品经营者未按规定要求销售食品；

（八）保健食品生产企业未按规定向食品药品监督管理部门备案，或者未按备案的产品配方、生产工艺等技术要求组织生产；

（九）婴幼儿配方食品生产企业未将食品原料、食品添加剂、产品配方、标签等向食品药品监督管理部门备案；

（十）特殊食品生产企业未按规定建立生产质量管理体系并有效运行，或者未定期提交自查报告；

（十一）食品生产经营者未定期对食品安全状况进行检查评价，或者生产经营条件发生变化，未按规定处理；

（十二）学校、托幼机构、养老机构、建筑工地等集中用餐单位未按规定履行食品安全管理责任；

（十三）食品生产企业、餐饮服务提供者未按规定制定、实施生产经营过程控制要求。

餐具、饮具集中消毒服务单位违反本法规定用水，使用洗涤剂、消毒剂，或者出厂的餐具、饮具未按规定检验合格并随附消毒合格证明，或者未按规定在独立包装上标注相关内容的，由县级以上人民政府卫生行政部门依照前款规定给予处罚。

食品相关产品生产者未按规定对生产的食品相关产品进行检验的，由县级以上人民政府质量监督部门依照第一款规定给予处罚。

食用农产品销售者违反本法第六十五条规定的，由县级以上人民政府食品药品监督管理部门依照第一款规定给予处罚。

第一百二十七条　对食品生产加工小作坊、食品摊贩等的违法行为的处罚，依照省、自治区、直辖市制定的具体管理办法执行。

第一百二十八条　违反本法规定，事故单位在发生食品安全事故后未进行处置、报告的，由有关主管部门按照各自职责分工责令改正，给予警告；隐匿、伪造、毁灭有关证据的，责令停产停业，没收违法所得，并处十万元以上五十万元以下罚款；造成严重后果的，吊销许可证。

第一百二十九条　违反本法规定，有下列情形之一的，由出入境检验检疫机构依照本法第一百二十四条的规定给予处罚：

（一）提供虚假材料，进口不符合我国食品安全国家标准的食品、食品添加剂、食品相关产品；

（二）进口尚无食品安全国家标准的食品，未提交所执行的标准并经国务院卫生行政部门审查，或者进口利用新的食品原料生产的食品或者进口食品添加剂新品种、食品相关产品新品种，未通过安全性评估；

（三）未遵守本法的规定出口食品；

（四）进口商在有关主管部门责令其依照本法规定召回进口的食品后，仍拒不召回。

违反本法规定，进口商未建立并遵守食品、食品添加剂进口和销售记录制度、境外出口商或者生产企业审核制度的，由出入境检验检疫机构依照本法第一百二十六条的规定给予处罚。

第一百三十条　违反本法规定，集中交易市场的开办者、柜台出租者、展销会的举办者允许未依法取得许可的食品经营者进入市场销售食品，或者未履行检查、报告等义务的，由县级以上人民政府食品药品监督管理部门责令改正，没收违法所得，并处五万元以上二十万元以下罚款；造成严重后果的，责令停业，直至由原发证部门吊销许可证；使消费者的合法权益受到损害的，应当与食品经营者承担连带责任。

食用农产品批发市场违反本法第六十四条规定的，依照前款规定承担责任。

第一百三十一条　违反本法规定，网络食品交易第三方平台提供者未对入网食品经营者进行实名登记、审查许可证，或者未履行报告、停止提供网络交易平台服务等义务的，由县级以上人民政府食品药品监督管理部门责令改正，没收违法所得，并处五万元以上二十万元以下罚款；造成严重后果的，责令停业，直至由原发证部门吊销许可证；使消费者的合法权益受到损害的，应当与食品经营者承担连带责任。

消费者通过网络食品交易第三方平台购买食品，其合法权益受到损害的，可以向入网食品经营者或者食品生产者要求赔偿。网络食品交易第三方平台提供者不能提供入网食品经营者的真实名称、地址和有效联系方式的，由网络食品交易第三方平台提供者赔偿。网络食品交易第三方平台提供者赔偿后，有权向入网食品经营者或者食品生产者追偿。网络食品交易第三方平台提供者作出更有利于消费者承诺的，应当履行其承诺。

第一百三十二条　违反本法规定，未按要求进行食品贮存、运输和装卸的，由县级以上人民政府食品药品监督管理等部门按照各自职责分工责令改正，给予警告；拒不改正的，责令停产停业，并处一万元以上五万元以下罚款；情节严重的，吊销许可证。

第一百三十三条 违反本法规定，拒绝、阻挠、干涉有关部门、机构及其工作人员依法开展食品安全监督检查、事故调查处理、风险监测和风险评估的，由有关主管部门按照各自职责分工责令停产停业，并处二千元以上五万元以下罚款；情节严重的，吊销许可证；构成违反治安管理行为的，由公安机关依法给予治安管理处罚。

违反本法规定，对举报人以解除、变更劳动合同或者其他方式打击报复的，应当依照有关法律的规定承担责任。

第一百三十四条 食品生产经营者在一年内累计三次因违反本法规定受到责令停产停业、吊销许可证以外处罚的，由食品药品监督管理部门责令停产停业，直至吊销许可证。

第一百三十五条 被吊销许可证的食品生产经营者及其法定代表人、直接负责的主管人员和其他直接责任人员自处罚决定做出之日起五年内不得申请食品生产经营许可，或者从事食品生产经营管理工作、担任食品生产经营企业食品安全管理人员。

因食品安全犯罪被判处有期徒刑以上刑罚的，终身不得从事食品生产经营管理工作，也不得担任食品生产经营企业食品安全管理人员。

食品生产经营者聘用人员违反前两款规定的，由县级以上人民政府食品药品监督管理部门吊销许可证。

第一百三十六条 食品经营者履行了本法规定的进货查验等义务，有充分证据证明其不知道所采购的食品不符合食品安全标准，并能如实说明其进货来源的，可以免予处罚，但应当依法没收其不符合食品安全标准的食品；造成人身、财产或者其他损害的，依法承担赔偿责任。

第一百三十七条 违反本法规定，承担食品安全风险监测、风险评估工作的技术机构、技术人员提供虚假监测、评估信息的，依法对技术机构直接负责的主管人员和技术人员给予撤职、开除处分；有执业资格的，由授予其资格的主管部门吊销执业证书。

第一百三十八条 违反本法规定，食品检验机构、食品检验人员出具虚假检验报告的，由授予其资质的主管部门或者机构撤销该食品检验机构的检验资质，没收所收取的检验费用，并处检验费用五倍以上十倍以下罚款，检验费用不足一万元的，并处五万元以上十万元以下罚款；依法对食品检验机构直接负责的主管人员和食品检验人员给予撤职或者开除处分；导致发生重大食品安全事故的，对直接负责的主管人员和食品检验人员给予开除处分。

违反本法规定，受到开除处分的食品检验机构人员，自处分决定做出之日起十年内不得从事食品检验工作；因食品安全违法行为受到刑事处罚或者因出具虚假检验报告导致发生重大食品安全事故受到开除处分的食品检验机构人员，终身不得从事食品检验工作。食品检验机构聘用不得从事食品检验工作的人员的，由授予其资质的主管部门或者机构撤销该食品检验机构的检验资质。

食品检验机构出具虚假检验报告，使消费者的合法权益受到损害的，应当与食品生产经营者承担连带责任。

第一百三十九条 违反本法规定，认证机构出具虚假认证结论，由认证认可监督管理部门没收所收取的认证费用，并处认证费用五倍以上十倍以下罚款，认证费用不足一万元的，并处五万元以上十万元以下罚款；情节严重的，责令停业，直至撤销认证机构批准文件，并向社会公布；对直接负责的主管人员和负有直接责任的认证人员，撤销其执业资格。

认证机构出具虚假认证结论，使消费者的合法权益受到损害的，应当与食品生产经营者承担连带责任。

第一百四十条 违反本法规定，在广告中对食品作虚假宣传，欺骗消费者，或者发布未取得批准文件、广告内容与批准文件不一致的保健食品广告的，依照《中华人民共和国广告法》的规定给予处罚。

广告经营者、发布者设计、制作、发布虚假食品广告，使消费者的合法权益受到损害的，应当与食品生产经营者承担连带责任。

社会团体或者其他组织、个人在虚假广告或者其他虚假宣传中向消费者推荐食品，使消费者的合法权益受到损害的，应当与食品生产经营者承担连带责任。

违反本法规定，食品药品监督管理等部门、食品检验机构、食品行业协会以广告或者其他形式向消费者推荐食品，消费者组织以收取费用或者其他牟取利益的方式向消费者推荐食品的，由有关主管部门没收违法所得，依法对直接负责的主管人员和其他直接责任人员给予记大过、降级或者撤职处分；情节严重的，给予开除处分。

对食品作虚假宣传且情节严重的，由省级以上人民政府食品药品监督管理部门决定暂停销售该食品，并向社会公布；仍然销售该食品的，由县级以上人民政府食品药品监督管理部门没收违法所得和违法销售的食品，并处二万元以上五万元以下罚款。

第一百四十一条　违反本法规定，编造、散布虚假食品安全信息，构成违反治安管理行为的，由公安机关依法给予治安管理处罚。

媒体编造、散布虚假食品安全信息的，由有关主管部门依法给予处罚，并对直接负责的主管人员和其他直接责任人员给予处分；使公民、法人或者其他组织的合法权益受到损害的，依法承担消除影响、恢复名誉、赔偿损失、赔礼道歉等民事责任。

第一百四十二条　违反本法规定，县级以上地方人民政府有下列行为之一的，对直接负责的主管人员和其他直接责任人员给予记大过处分；情节较重的，给予降级或者撤职处分；情节严重的，给予开除处分；造成严重后果的，其主要负责人还应当引咎辞职：

（一）对发生在本行政区域内的食品安全事故，未及时组织协调有关部门开展有效处置，造成不良影响或者损失；

（二）对本行政区域内涉及多环节的区域性食品安全问题，未及时组织整治，造成不良影响或者损失；

（三）隐瞒、谎报、缓报食品安全事故；

（四）本行政区域内发生特别重大食品安全事故，或者连续发生重大食品安全事故。

第一百四十三条　违反本法规定，县级以上地方人民政府有下列行为之一的，对直接负责的主管人员和其他直接责任人员给予警告、记过或者记大过处分；造成严重后果的，给予降级或者撤职处分：

（一）未确定有关部门的食品安全监督管理职责，未建立健全食品安全全程监督管理工作机制和信息共享机制，未落实食品安全监督管理责任制；

（二）未制定本行政区域的食品安全事故应急预案，或者发生食品安全事故后未按规定立即成立事故处置指挥机构、启动应急预案。

第一百四十四条　违反本法规定，县级以上人民政府食品药品监督管理、卫生行政、质量监督、农业行政等部门有下列行为之一的，对直接负责的主管人员和其他直接责任人员给予记大过处分；情节较重的，给予降级或者撤职处分；情节严重的，给予开除处分；造成严重后果的，其主要负责人还应当引咎辞职：

（一）隐瞒、谎报、缓报食品安全事故；

（二）未按规定查处食品安全事故，或者接到食品安全事故报告未及时处理，造成事故扩大或者蔓延；

（三）经食品安全风险评估得出食品、食品添加剂、食品相关产品不安全结论后，未及时采取相应措施，造成食品安全事故或者不良社会影响；

（四）对不符合条件的申请人准予许可，或者超越法定职权准予许可；

（五）不履行食品安全监督管理职责，导致发生食品安全事故。

第一百四十五条　违反本法规定，县级以上人民政府食品药品监督管理、卫生行政、质量监督、农业行政等部门有下列行为之一，造成不良后果的，对直接负责的主管人员和其他直接责任人员给予警告、记过或者记大过处分；情节较重的，给予降级或者撤职处分；情节严重的，给予开除处分：

（一）在获知有关食品安全信息后，未按规定向上级主管部门和本级人民政府报告，或者未按规定相互通报；

（二）未按规定公布食品安全信息；

（三）不履行法定职责，对查处食品安全违法行为不配合，或者滥用职权、玩忽职守、徇私舞弊。

第一百四十六条　食品药品监督管理、质量监督等部门在履行食品安全监督管理职责过程中，违法实施检查、强制等执法措施，给生产经营者造成损失的，应当依法予以赔偿，对直接负责的主管人员和其他直接责任人员依法给予处分。

第一百四十七条　违反本法规定，造成人身、财产或者其他损害的，依法承担赔偿责任。生产经营者财产不足以同时承担民事赔偿责任和缴纳罚款、罚金时，先承担民事赔偿责任。

第一百四十八条　消费者因不符合食品安全标准的食品受到损害的，可以向经营者要求赔偿损失，也可以向生产者要求赔偿损失。接到消费者赔偿要求的生产经营者，应当实行首负责任制，先行赔付，不得推诿；属于生产者责任的，经营者赔偿后有权向生产者追偿；属于经营者责任的，生产者赔偿后有权向经营者追偿。

生产不符合食品安全标准的食品或者经营明知是不符合食品安全标准的食品，消费者除要求赔偿损失外，还可以向生产者或者经营者要求支付价款十倍或者损失三倍的赔偿金；增加赔偿的金额不足一千元的，为一千元。但是，食品的标签、说明书存在不影响食品安全且不会对消费者造成误导的瑕疵的除外。

第一百四十九条　违反本法规定，构成犯罪的，依法追究刑事责任。

第十章　附　则

第一百五十条　本法下列用语的含义：

食品，指各种供人食用或者饮用的成品和原料以及按照传统既是食品又是中药材的物品，但是不包括以治疗为目的的物品。

食品安全，指食品无毒、无害，符合应当有的营养要求，对人体健康不造成任何急性、亚急性或者慢性危害。

预包装食品，指预先定量包装或者制作在包装材料、容器中的食品。

食品添加剂，指为改善食品品质和色、香、味以及为防腐、保鲜和加工工艺的需要而加入食品中的人工合成或者天然物质，包括营养强化剂。

用于食品的包装材料和容器，指包装、盛放食品或者食品添加剂用的纸、竹、木、金属、搪瓷、陶瓷、塑料、橡胶、天然纤维、化学纤维、玻璃等制品和直接接触食品或者食品添加剂的涂料。

用于食品生产经营的工具、设备，指在食品或者食品添加剂生产、销售、使用过程中直接接触食品或者食品添加剂的机械、管道、传送带、容器、用具、餐具等。

用于食品的洗涤剂、消毒剂，指直接用于洗涤或者消毒食品、餐具、饮具以及直接接触食品的工具、设备或者食品包装材料和容器的物质。

食品保质期，指食品在标明的贮存条件下保持品质的期限。

食源性疾病，指食品中致病因素进入人体引起的感染性、中毒性等疾病，包括食物中毒。

食品安全事故，指食源性疾病、食品污染等源于食品，对人体健康有危害或者可能有危害的事故。

第一百五十一条　转基因食品和食盐的食品安全管理，本法未作规定的，适用其他法律、行政法规的规定。

第一百五十二条　铁路、民航运营中食品安全的管理办法由国务院食品药品监督管理部门会同国务院有关部门依照本法制定。

保健食品的具体管理办法由国务院食品药品监督管理部门依照本法制定。

食品相关产品生产活动的具体管理办法由国务院质量监督部门依照本法制定。

国境口岸食品的监督管理由出入境检验检疫机构依照本法以及有关法律、行政法规的规定实施。

军队专用食品和自供食品的食品安全管理办法由中央军事委员会依照本法制定。

第一百五十三条　国务院根据实际需要，可以对食品安全监督管理体制作出调整。

第一百五十四条　本法自 2015 年 10 月 1 日起施行。

附件 2

中华人民共和国农产品质量安全法

（2006 年 4 月 29 日第十届全国人民代表大会常务委员会第二十一次会议通过
2006 年 4 月 29 日中华人民共和国主席令第四十九号公布　自 2006 年 11 月 1 日起
施行）

第一章　总则
第二章　农产品质量安全标准
第三章　农产品产地
第四章　农产品生产
第五章　农产品包装和标识
第六章　监督检查
第七章　法律责任
第八章　附则

第一章　总　则

第一条　为保障农产品质量安全，维护公众健康，促进农业和农村经济发展，制定本法。

第二条　本法所称农产品，是指来源于农业的初级产品，即在农业活动中获得的植物、动物、微生物及其产品。

本法所称农产品质量安全，是指农产品质量符合保障人的健康、安全的要求。

第三条　县级以上人民政府农业行政主管部门负责农产品质量安全的监督管理工作；县级以上人民政府有关部门按照职责分工，负责农产品质量安全的有关工作。

第四条　县级以上人民政府应当将农产品质量安全管理工作纳入本级国民经济和社会发展规划，并安排农产品质量安全经费，用于开展农产品质量安全工作。

第五条　县级以上地方人民政府统一领导、协调本行政区域内的农产品质量安全工作，并采取措施，建立健全农产品质量安全服务体系，提高农产品质量安全水平。

第六条　国务院农业行政主管部门应当设立由有关方面专家组成的农产品质量安全风险评估专家委员会，对可能影响农产品质量安全的潜在危害进行风险分析和评估。

国务院农业行政主管部门应当根据农产品质量安全风险评估结果采取相应的管理措施，并将农产品质量安全风险评估结果及时通报国务院有关部门。

第七条　国务院农业行政主管部门和省、自治区、直辖市人民政府农业行政主管部门应当按照职责权限，发布有关农产品质量安全状况信息。

第八条　国家引导、推广农产品标准化生产，鼓励和支持生产优质农产品，禁止生产、销售不符合国家规定的农产品质量安全标准的农产品。

第九条　国家支持农产品质量安全科学技术研究，推行科学的质量安全管理方法，推广先进安全的生产技术。

第十条　各级人民政府及有关部门应当加强农产品质量安全知识的宣传，提高公众的农产品质量安全意识，引导农产品生产者、销售者加强质量安全管理，保障农产品消费安全。

第二章　农产品质量安全标准

第十一条　国家建立健全农产品质量安全标准体系。农产品质量安全标准是强制性的技术规范。

农产品质量安全标准的制定和发布，依照有关法律、行政法规的规定执行。

第十二条　制定农产品质量安全标准应当充分考虑农产品质量安全风险评估结果，并听取农产品生产者、销售者和消费者的意见，保障消费安全。

第十三条　农产品质量安全标准应当根据科学技术发展水平以及农产品质量安全的需要，及时修订。

第十四条　农产品质量安全标准由农业行政主管部门商有关部门组织实施。

第三章　农产品产地

第十五条　县级以上地方人民政府农业行政主管部门按照保障农产品质量安全的要求，根据农产品品种特性和生产区域大气、土壤、水体中有毒有害物质状况等因素，认为不适宜特定农产品生产的，提出禁止生产的区域，报本级人民政府批准后公布。具体办法由国务院农业行政主管部门商国务院环境保护行政主管部门制定。

农产品禁止生产区域的调整，依照前款规定的程序办理。

第十六条　县级以上人民政府应当采取措施，加强农产品基地建设，改善农产品的生产条件。

县级以上人民政府农业行政主管部门应当采取措施，推进保障农产品质量安全的标准化生产综合示范区、示范农场、养殖小区和无规定动植物疫病区的建设。

第十七条　禁止在有毒有害物质超过规定标准的区域生产、捕捞、采集食用农产品和建立农产品生产基地。

第十八条　禁止违反法律、法规的规定向农产品产地排放或者倾倒废水、废气、固体废物或者其他有毒有害物质。

农业生产用水和用作肥料的固体废物，应当符合国家规定的标准。

第十九条　农产品生产者应当合理使用化肥、农药、兽药、农用薄膜等化工产品，防止对农产品产地造成污染。

第四章　农产品生产

第二十条　国务院农业行政主管部门和省、自治区、直辖市人民政府农业行政主管部门应当制定保障农产品质量安全的生产技术要求和操作规程。县级以上人民政府农业行政主管部门应当加强对农产品生产的指导。

第二十一条　对可能影响农产品质量安全的农药、兽药、饲料和饲料添加剂、肥料、兽医器械，依照有关法律、行政法规的规定实行许可制度。

国务院农业行政主管部门和省、自治区、直辖市人民政府农业行政主管部门应当定期对可能危及农产品质量安全的农药、兽药、饲料和饲料添加剂、肥料等农业投入品进行监督抽查，并公布抽查结果。

第二十二条　县级以上人民政府农业行政主管部门应当加强对农业投入品使用的管理和指导，建立健全农业投入品的安全使用制度。

第二十三条　农业科研教育机构和农业技术推广机构应当加强对农产品生产者质量安全知识和技能的培训。

第二十四条　农产品生产企业和农民专业合作经济组织应当建立农产品生产记录，如实记载下列事项：

（一）使用农业投入品的名称、来源、用法、用量和使用、停用的日期；

（二）动物疫病、植物病虫草害的发生和防治情况；

（三）收获、屠宰或者捕捞的日期。

农产品生产记录应当保存二年。禁止伪造农产品生产记录。

国家鼓励其他农产品生产者建立农产品生产记录。

第二十五条　农产品生产者应当按照法律、行政法规和国务院农业行政主管部门的规定，合理使用农业投入品，严格执行农业投入品使用安全间隔期或者休药期的规定，防止危及农产品质量安全。

禁止在农产品生产过程中使用国家明令禁止使用的农业投入品。

第二十六条　农产品生产企业和农民专业合作经济组织，应当自行或者委托检测机构对农产品质量安全状况进行检测；经检测不符合农产品质量安全标准的农产品，不得销售。

第二十七条　农民专业合作经济组织和农产品行业协会对其成员应当及时提供生产技术服务，建立农产品质量安全管理制度，健全农产品质量安全控制体系，加强自律管理。

第五章　农产品包装和标识

第二十八条　农产品生产企业、农民专业合作经济组织以及从事农产品收购的单位或者个人销售的农产品，按照规定应当包装或者附加标识的，须经包装或者附加标识后方可销售。包装物或者标识上应当按照规定标明产品的品名、产地、生产者、生产日期、保质期、产品质量等级等内容；使用添加剂的，还应当按照规定标明添加剂的名称。具体办法由国务院农业行政主管部门制定。

第二十九条　农产品在包装、保鲜、贮存、运输中所使用的保鲜剂、防腐剂、添加剂等材料，应当符合国家有关强制性的技术规范。

第三十条　属于农业转基因生物的农产品，应当按照农业转基因生物安全管理的有关规定进行标识。

第三十一条　依法需要实施检疫的动植物及其产品，应当附具检疫合格标志、检疫合格证明。

第三十二条　销售的农产品必须符合农产品质量安全标准，生产者可以申请使用无公害农产品标志。农产品质量符合国家规定的有关优质农产品标准的，生产者可以申请使用相应的农产品质量标志。

禁止冒用前款规定的农产品质量标志。

第六章　监督检查

第三十三条　有下列情形之一的农产品，不得销售：

（一）含有国家禁止使用的农药、兽药或者其他化学物质的；

（二）农药、兽药等化学物质残留或者含有的重金属等有毒有害物质不符合农产品质量安全标准的；

（三）含有的致病性寄生虫、微生物或者生物毒素不符合农产品质量安全标准的；

（四）使用的保鲜剂、防腐剂、添加剂等材料不符合国家有关强制性的技术规范的；

（五）其他不符合农产品质量安全标准的。

第三十四条 国家建立农产品质量安全监测制度。县级以上人民政府农业行政主管部门应当按照保障农产品质量安全的要求，制定并组织实施农产品质量安全监测计划，对生产中或者市场上销售的农产品进行监督抽查。监督抽查结果由国务院农业行政主管部门或者省、自治区、直辖市人民政府农业行政主管部门按照权限予以公布。

监督抽查检测应当委托符合本法第三十五条规定条件的农产品质量安全检测机构进行，不得向被抽查人收取费用，抽取的样品不得超过国务院农业行政主管部门规定的数量。上级农业行政主管部门监督抽查的农产品，下级农业行政主管部门不得另行重复抽查。

第三十五条 农产品质量安全检测应当充分利用现有的符合条件的检测机构。

从事农产品质量安全检测的机构，必须具备相应的检测条件和能力，由省级以上人民政府农业行政主管部门或者其授权的部门考核合格。具体办法由国务院农业行政主管部门制定。

农产品质量安全检测机构应当依法经计量认证合格。

第三十六条 农产品生产者、销售者对监督抽查检测结果有异议的，可以自收到检测结果之日起五日内，向组织实施农产品质量安全监督抽查的农业行政主管部门或者其上级农业行政主管部门申请复检。

采用国务院农业行政主管部门会同有关部门认定的快速检测方法进行农产品质量安全监督抽查检测，被抽查人对检测结果有异议的，可以自收到检测结果时起四小时内申请复检。复检不得采用快速检测方法。

因检测结果错误给当事人造成损害的，依法承担赔偿责任。

第三十七条 农产品批发市场应当设立或者委托农产品质量安全检测机构，对进场销售的农产品质量安全状况进行抽查检测；发现不符合农产品质量安全标准的，应当要求销售者立即停止销售，并向农业行政主管部门报告。

农产品销售企业对其销售的农产品，应当建立健全进货检查验收制度；经查验不符合农产品质量安全标准的，不得销售。

第三十八条 国家鼓励单位和个人对农产品质量安全进行社会监督。任何单位和个人都有权对违反本法的行为进行检举、揭发和控告。有关部门收到相关的检举、揭发和控告后，应当及时处理。

第三十九条 县级以上人民政府农业行政主管部门在农产品质量安全监督检查中，可以对生产、销售的农产品进行现场检查，调查了解农产品质量安全的有关情况，查阅、复制与农产品质量安全有关的记录和其他资料；对经检测不符合农产品质量安全标准的农产品，有权查封、扣押。

第四十条 发生农产品质量安全事故时，有关单位和个人应当采取控制措施，及时向所在地乡级人民政府和县级人民政府农业行政主管部门报告；收到报告的机关应当及时处理并报上一级人民政府和有关部门。发生重大农产品质量安全事故时，农业行政主管部门应当及时通报同级食品药品监督管理部门。

第四十一条 县级以上人民政府农业行政主管部门在农产品质量安全监督管理中，发现有本法第三十三条所列情形之一的农产品，应当按照农产品质量安全责任追究制度的要求，查明责任人，依法予以处理或者提出处理建议。

第四十二条 进口的农产品必须按照国家规定的农产品质量安全标准进行检验；尚未制定有关农产

品质量安全标准的，应当依法及时制定，未制定之前，可以参照国家有关部门指定的国外有关标准进行检验。

第七章　法律责任

第四十三条　农产品质量安全监督管理人员不依法履行监督职责，或者滥用职权的，依法给予行政处分。

第四十四条　农产品质量安全检测机构伪造检测结果的，责令改正，没收违法所得，并处五万元以上十万元以下罚款，对直接负责的主管人员和其他直接责任人员处一万元以上五万元以下罚款；情节严重的，撤销其检测资格；造成损害的，依法承担赔偿责任。

农产品质量安全检测机构出具检测结果不实，造成损害的，依法承担赔偿责任；造成重大损害的，并撤销其检测资格。

第四十五条　违反法律、法规规定，向农产品产地排放或者倾倒废水、废气、固体废物或者其他有毒有害物质的，依照有关环境保护法律、法规的规定处罚；造成损害的，依法承担赔偿责任。

第四十六条　使用农业投入品违反法律、行政法规和国务院农业行政主管部门的规定的，依照有关法律、行政法规的规定处罚。

第四十七条　农产品生产企业、农民专业合作经济组织未建立或者未按照规定保存农产品生产记录的，或者伪造农产品生产记录的，责令限期改正；逾期不改正的，可以处二千元以下罚款。

第四十八条　违反本法第二十八条规定，销售的农产品未按照规定进行包装、标识的，责令限期改正；逾期不改正的，可以处二千元以下罚款。

第四十九条　有本法第三十三条第四项规定情形，使用的保鲜剂、防腐剂、添加剂等材料不符合国家有关强制性的技术规范的，责令停止销售，对被污染的农产品进行无害化处理，对不能进行无害化处理的予以监督销毁；没收违法所得，并处二千元以上二万元以下罚款。

第五十条　农产品生产企业、农民专业合作经济组织销售的农产品有本法第三十三条第一项至第三项或者第五项所列情形之一的，责令停止销售，追回已经销售的农产品，对违法销售的农产品进行无害化处理或者予以监督销毁；没收违法所得，并处二千元以上二万元以下罚款。

农产品销售企业销售的农产品有前款所列情形的，依照前款规定处理、处罚。

农产品批发市场中销售的农产品有第一款所列情形的，对违法销售的农产品依照第一款规定处理，对农产品销售者依照第一款规定处罚。

农产品批发市场违反本法第三十七条第一款规定的，责令改正，处二千元以上二万元以下罚款。

第五十一条　违反本法第三十二条规定，冒用农产品质量标志的，责令改正，没收违法所得，并处二千元以上二万元以下罚款。

第五十二条　本法第四十四条、第四十七条至第四十九条、第五十条第一款、第四款和第五十一条规定的处理、处罚，由县级以上人民政府农业行政主管部门决定；第五十条第二款、第三款规定的处理、处罚，由工商行政管理部门决定。

法律对行政处罚及处罚机关有其他规定的，从其规定。但是，对同一违法行为不得重复处罚。

第五十三条　违反本法规定，构成犯罪的，依法追究刑事责任。

第五十四条　生产、销售本法第三十三条所列农产品，给消费者造成损害的，依法承担赔偿责任。

农产品批发市场中销售的农产品有前款规定情形的，消费者可以向农产品批发市场要求赔偿；属于生产者、销售者责任的，农产品批发市场有权追偿。消费者也可以直接向农产品生产者、销售者要求赔偿。

第八章　附则

第五十五条　生猪屠宰的管理按照国家有关规定执行。

第五十六条　本法自 2006 年 11 月 1 日起施行。

附件3

中华人民共和国国家标准

GB 2733—2005

代替 GB 2733—1994 等

鲜、冻动物性水产品卫生标准

Hygienic standard for fresh and frozen

marine products of animal origin

2005 – 01 – 25 发布

2005 – 10 – 01 实施

中华人民共和国卫生部
中国国家标准化管理委员会   发布

前　言

本标准全文强制。

本标准代替并废止 GB 2733—1994《海水鱼类卫生标准》，GB 2735—1994《头足类海产品卫生标准》，GB 2736—1994《淡水鱼卫生标准》，GB /T2739—1981《鳇鱼卫生标准》，GB 2740—1994《河虾卫生标准》，GB 2741—1994《海虾卫生标准》，GB 2742—1994《牡蛎卫生标准》，GB 2743—1994《海蟹卫生标准》，GB 2744—1996《海水贝类卫生标准》。

本标准与 GB 2733—1994，GB 2735—1994，GB 2736—1994，GB /T2739—1981，GB 2740—1994，GB 2741—1994，GB 2742—1994，GB 2743—1994，GB 2744—1996 相比主要变化如下：

——按照 GB /T1. 1—200。对标准文本的格式进行了修改；

——将 GB 2733—1994，GB 2735—1994 等原九项标准合并为本标准；

——将标准适用范围扩大为所有鲜、冻动物性水产品；

——增加了生产加工过程、标识、包装、运输和贮存的卫生要求；

——采用 CAC/GL7—1991《鱼甲基汞指导值》（Guideline levels for methylmercury in fish）中甲基汞限量指标；

——增加了铅、锅、多氯联苯等指标；

——取消了总汞的指标。

本标准由中华人民共和国卫生部提出并归口。

本标准于 2005 年 10 月 1 日起实施，过渡期为一年。即 2005 年 10 月 1 日前生产并符合相应标准要求的产品，允许销售至 2006 年 9 月 30 日止。

本标准起草单位：辽宁省食品卫生监督检验所、上海市卫生监督所、大连市卫生防疫站、江苏省疾病预防控制中心。

本标准主要起草人：王正、刘军伟、张红、陈敏、丁元梅、袁宝君、蔡延平。

本标准所代替标准的历次版本发布情况为：

——GB 2733—1981，GB 2734—1981，GB 2737—1981，GB 2738—1981，GB n139—1981、GB n150—1981，GB n151—1981，GB 2733—1994；

——GB 2735—1981，GB 2735—1994；

——GB 2736—1981，GB 2736—1994；

——GB 2739—1981；

——GB 2740—1981，GB 2740—1994；

——GB 2741—1981，GB 2741—1994；

——GB 2742—1981，GB 2742—1994；

——GB 2743—1994；

——GB 2745—1981，GB 2744—1996。

鲜、冻动物性水产品卫生标准

1 范围

本标准规定了鲜、冻动物性水产品的卫生指标和检验方法以及生产过程、包装、标识、贮存与运输的卫生要求。

本标准适用于鲜、冻动物性水产品。

2 规范性引用文件

下列文件中的条款通过本标准的引用而成为本标准的条款。凡是注日期的引用文件,其随后所有的修改单(不包括勘误的内容)或修订版均不适用于本标准,然而,鼓励根据本标准达成协议的各方研究是否可使用这些文件的最新版本。凡是不注日期的引用文件,其最新版本适用于本标准。

GB/T5009.11 食品中总砷及无机砷的测定

GB/T5009.12 食品中铅的测定

GB/T5009.15 食品中锅的测定

GB/T5009.17 食品中总汞及有机汞的测定

GB/T5009.44 肉与肉制品卫生标准的分析方法

GB/T5009.45 水产品卫生标准的分析方法

GB/T5009.190 海产食品中多氯联苯的测定

GB7718 预包装食品标签通则

GB14881 食品企业通用卫生规范

SC3001 水产及水产加工品分类与名称

3 分类

SC3001确立的分类适用于本标准。

4 指标要求

4.1 感官指标

泥螺、河蟹、螃蟆、河虾、淡水贝类必须鲜活。

4.2 理化指标

理化指标应符合表1的规定。

表1 理化指标

项 目		指 标
挥发性盐基氮[a] (mg/100 g)		
海水鱼、虾、头足类簇	≤	30
海蟹毛	≤	25

项　目		指　标
淡水鱼、虾	≤	20
海水贝类成	≤	15
煌鱼、牡蛎	≤	10
组胺[a]（mg/100 g）		
贻鱼	≤	100
其他鱼类	≤	30
铅（Pb）（mg/kg）		
鱼类	≤	0.5
无机砷（mg/kg）		
鱼类	≤	0.1
其他动物性水产品簇	≤	0.5
甲基汞（mg/kg）		
食肉鱼（监鱼、旗鱼、金枪鱼、梭子鱼等）	≤	1.0
其他动物性水产品	≤	0.5
镉（Cd）（mg/kg）		
鱼类	≤	0.1
多氯联苯[b]（mg/kg）	≤	2.0
PCB 138（mg/kg）	≤	0.5
PCB 153（mg/kg）	≤	0.5

a 不适用于活的水产品。

b 仅适用于海水产品，并以 PCB 28，PCB 52，PCB 101，PCB 118，PCB 138，PCB 15.3 和 PCB 180 总和计。

4.3　农药残留且

农药残留量按国家有关标准及有关规定执行。

5　生产加工过程

生产加工过程的卫生要求应符合 GB 14881 规定。

6　标识

标识应符合 GB 7718 规定。

7　包装

包装容器与材料应符合相应的卫生标准和有关规定。

8 贮存与运输

8.1 贮存

冷冻产品应包装完好地贮存在 −15℃ −18℃ 的冷库内。贮存期不超过 9 个月。禁止与有毒、有害、有异味物品同库贮存。

8.2 运输

冷冻产品应冷藏运输。运输工具应清洁卫生，禁止与有毒、有害、有异味物品混运。

9 检验方法

9.1 感官检验

取保证感官检验的样品量（冷冻品经解冻后），在自然光线下感官检查。

9.2 理化检验

9.2.1 挥发性盐基氮：按 GB/T 5009.44 规定的方法测定。

9.2.2 组胺：按 GB/T 5009.45 规定的方法测定。

9.2.3 无机砷：按 GB/T 5009.11 规定的方法测定。

9.2.4 铅：按 GB/T 5009.12 规定的方法测定。

9.2.5 锡：按 GB/T 5009.15 规定的方法测定。

9.2.6 甲基汞：按 GB/T 5009.17 规定的方法测定。

9.2.7 多氯联苯：按 GB/T 5009.190 规定的方法测定。

附件4

NY 5070—2002 无公害食品
水产品中渔药残留限量

1 范围

本标准规定了无公害水产品中渔药及通过环境污染造成的药物残留的最高限量。

本标准适用于水产养殖品及初级加工水产品、冷冻水产品,其他水产加工品可以参照使用。

2 规范性引用文件

下列文件中的条款通过本标准的引用而成为本标准的条款。凡是注日期的引用文件,其随后所有的修改单(不包括勘误的内容)或修订版均不适用于本标准,然而,鼓励根据本标准达成协议的各方研究是否可使用这些文件的最新版本。凡是不注日期的引用文件,其最新版本适用于本标准。

NY 5029—2001 无公害食品 猪肉

NY 5071 无公害食品 渔用药物使用准则

SC/T 3303—1997 冻烤鳗

SN/T 0197—1993 出口肉中喹乙醇残留量检验方法

SN 0206—1993 出口活鳗鱼中噁喹酸残留量检验方法

SN 0208—1993 出口肉中十种磺胺残留量检验方法

SN 0530—1996 出口肉品中呋喃唑酮残留量的检验方法 液相色谱法

3 术语和定义

下列术语和定义适用于本标准。

3.1 渔用药物 (fishery drugs)

用以预防、控制和治疗水产动、植物的病、虫、害,促进养殖品种健康生长,增强机体抗病能力以及改善养殖水体质量的一切物质,简称"渔药"。

3.2 渔药残留 (residues of fishery drugs)

在水产品的任何食用部分中渔药的原型化合物或/和其代谢产物,并包括与药物本体有关杂质的残留。

3.3 最高残留限量 (maximum residue Limit,MRL)

允许存在于水产品表面或内部(主要指肉与皮或/和性腺)的该药(或标志残留物)的最高量/浓度(以鲜重计,表示为:μg/kg 或 mg/kg)。

4 要求

4.1 渔药使用

水产养殖中禁止使用国家、行业颁布的禁用药物,渔药使用时按 NY 5071 的要求进行。

4.2 水产品中渔药残留限量要求

水产品中渔药残留限量要求见表1。

表1 水产品中渔药残留限量

药物类别		药物名称		指标（MPL）（μg/kg）
		中文	英文	
抗生素类	四环素类	金霉素	chlortetracycline	100
		土霉素	Oxytetracycline	100
		四环素	Tetracycline	100
	氯霉素类	氯霉素	Chloramphenicol	不得检出
磺胺类及增效剂		磺胺嘧啶	Sulfadiazine	
		磺胺甲基嘧啶	Sulfamerazine	
		磺胺二甲基嘧啶	Sulfadimidine	
		磺胺甲噁唑	sulfamethoxazole	100（以总量计）
		甲氧苄啶	Trimethoprim	50
喹诺酮类		噁喹酸	Oxilinic acid	300
硝基呋喃类		呋喃唑酮	Furazolidone	不得检出
其他		己烯雌酚	Diethylstilbestrol	不得检出
		喹乙醇	Olaquindox	不得检出

5 检测方法

5.1 金霉素、土霉素、四环霉

金霉素测定按 NY 5029—2001 中附录 B 规定执行，土霉素、四环素按 SC/T 3303—1997 中附录 A 规定执行。

5.2 氯霉素

氯霉素残留量的筛选测定方法按本标准中附录 A 执行，测定按 NY 5029—2001 中附录 D（气相色谱法）的规定执行。

5.3 磺胺类

磺胺类中的磺胺甲基嘧啶、磺胺二甲基嘧啶的测定按 SC/T 3303 的规定执行，其他磺胺类按 SN/T 0208 的规定执行。

5.4 噁喹酸

噁喹酸的测定按 SN/T 0206 的规定执行。

5.5 呋喃唑酮

呋喃唑酮的测定按 SN/T 0530 的规定执行。

5.6　己烯雌酚

己烯雌酚残留量的筛选测定方法按本标准中附录 B 规定执行。

5.7　喹乙醇

喹乙醇的测定按 SN/T 0197 的规定执行。

6　检验规则

6.1　检验项目

按相应产品标准的规定项目进行。

6.2　抽样

6.2.1　组批规则

同一水产养殖场内，在品种、养殖时间、养殖方式基本相同的养殖水产品为一批（同一养殖池，或多个养殖池）；水产加工品按批号抽样，在原料及生产条件基本相同下同一天或同一班组生产的产品为一批。

6.2.2　抽样方法

6.2.2.1　养殖水产品

随机从各养殖池抽取有代表性的样品，取样量见表 2。

表 2　取样量

生物数量（尾、只）	取样量（尾、只）
500 以内	2
500～1 000	4
1 001～5 000	10
5 001～10 000	20
≥10 001	30

6.2.2.2　水产加工品

每批抽取样本以箱为单位，100 箱以内取 3 箱，以后每增加 100 箱（包括不足 100 箱）则抽 1 箱。按所取样本从每箱内各抽取样品不少于 3 件，每批取样量不少于 10 件。

6.3　取样的样品的处理

采集的样品应分成两等份，其中一份作为留样。从样本中取有代表性的样品，装入适当容器，并保证每份样品都能满足分析的要求；样品的处理按规定的方法进行，通过细切、绞肉机绞碎、缩分，使其混合均匀；鱼、虾、贝、藻等各类样品量不少于 200 g。各类样品的处理方法如下：

a）鱼类：先将鱼体表面杂质洗净，去掉鳞、内脏，取肉（包括脊背和腹部）肉和皮一起绞碎，特殊要求除外。

b）龟鳖类：去头、放出血液，取其肌肉包括裙边，绞碎后进行测定。

c）虾类：洗净后，去头、壳，取其肌肉进行测定。

d）贝类：鲜的、冷冻的牡蛎、蛤蜊等要把肉和体液调制均匀后进行分析测定。

e）蟹：取肉和性腺进行测定。

f）混匀的样品，如不及时分析，应置于清洁、密闭的玻璃容器，冰冻保存。

6.4 判定规则

按不同产品的要求所检的渔药残留各指标均应符合本标准的要求，各项指标中的极限值采用修约值比较法。超过限量标准规定时，允许加倍抽样将此项指标复验一次，按复验结果判定本批产品是否合格。经复检后所检指标仍不合格的产品则判为不合格品。

附 录 A
（规范性附录）
氯霉素残留的酶联免疫测定法

A.1 适用范围

本方法适用于测定水产品肌肉组织中氯霉素的残留量。

A.2 原理

利用抗体抗原反应。微孔板包被有针对兔免疫球蛋白（IgG）（氯霉素抗体）的羊抗体，加入氯霉素抗体、氯霉素标记物、标准和样品溶液。游离氯霉素与氯霉素酶标记物竞争氯霉素抗体，同时氯霉素抗体与羊抗体连接。没有连接的酶标记物在洗涤步骤中被洗去。将酶基质（过氧化尿素）和发色剂（四甲基联苯胺）加入到孔中并孵育；结合的酶标记物将无色的发色剂转化成蓝色的产物。加入反应停止液后使颜色由蓝变为黄，在 450 nm 处测量，吸光度与样品的氯霉素浓度成反比。

A.3 检测限

筛选方法的检测下限为 1 μg/kg。

A.4 仪器

A.4.1 离心机。

A.4.2 微孔酶标仪（450 nm）。

A.4.3 旋转蒸发仪。

A.4.4 混合器。

A.4.5 移液器。

A.4.6 50μL、100μL、450μL 微量加液器等。

A.5 药品和试剂

除非另有说明，在分析中仅使用确认为分析纯的试剂和蒸馏水或去离子水或相当纯度的水。

A.5.1 乙酸乙酯。

A.5.2 乙腈。

A.5.3 正乙烷。

A.5.4 磷酸盐缓冲液（PBS）（pH7.2）：0.55 g 磷酸二氢钠（$NaH_2PO_4 \cdot H_2O$），2.85 g 磷酸氢二钠（$Na_2HPO_4 \cdot 2H_2O$），9 g 氯化钠（NaCl）加入蒸馏水至 1 000 mL。

A.6 标准溶液

分别取标准浓缩液 50 μL 用 450 μL 缓冲液 1 盒（试剂盒提供）稀释并混均匀，制成 0、50 ng/L、150 ng/L、450 ng/L、1 350 ng/L、4 050 ng/L 的标准溶液。

A.7 样品提取和纯化

A.7.1 取 5.0 g 粉碎的鱼肉样品（样品先去脂肪组织），与 20 mL 乙腈水溶液（86 + 16）混合

10 min，15℃离心 10 min（4 000r/min）。

A.7.2　取 3 mL 上清液与 3 mL 蒸馏水混合，加入 4.5 mL 乙酸乙酯混合 10 min，15℃离心 10 min（4 000r/min）。

A.7.3　将乙酸乙酯层转移至另一瓶中继续干燥，用 1.5 mL 缓冲液 1 溶液干燥的残留物，加入 1.5 mL 正乙烷混合。

A.7.4　完全除去正乙烷层（上层），取 50 μL 水箱进行分析。

A.8　样品测定程序

A.8.1　将足够标准和样品所用数量的孔条插入微孔架，记录下标准和样品的位置，每一样品和标准做两个平行实验。

A.8.2　加入 50 μL 稀释了的酶标记物到微孔底部，再加入 50 μL 的标准或处理好的样品液到各自的微孔中。

A.8.3　加入 50 μL 稀释了的抗体溶液到每一个微孔底部充分混合，在室温孵育 2 h。

A.8.4　倒出孔中的液体，将微孔架倒置在吸水纸上拍打（每行拍打 3 次）以保证完全除去孔中的液体，然后用 250 μL 蒸馏水充入孔中，再次倒掉微孔中的液体，再重复操作两次。

A.8.5　加入 50 μL 基质、50 μL 发色试剂到微孔中，充分混合并在室温、暗处孵育 30 min。

A.8.6　加入 100 μL 反应停止液到微孔中，混合好，以空气为空白，在 450 nm 处测量吸光度值（注意：必须在加入反应停止液后 60 min 内读取吸光度值）。

A.9　结果

所获得的标准和样品吸光度值的平均值除以第一个标准（0 标准）的吸光度值再乘以 100，得到以百分比给出的吸光度值，以式（A.1）表示：

$$E(\%) = \frac{A}{A_0} \times 100 \tag{A.1}$$

式中：

E——吸光度值，%；

A——标准或样品的吸光度值；

A_0——0 标准的吸光度值。

以计算的标准值绘成一个对应氯霉素浓度（ng/L）的半对数坐标系统曲线图，校正的曲线在 50 ng/L～1 350 ng/L的范围内应成为线性，相对应的每一个样品的浓度，可以从曲线上读出。乘出稀释倍数即可得到样品中氯霉素的实际浓度（ng/kg）。

附 录 B

（规范性附录）

己烯雌酚（DES）残留的酶联免疫测定法

B.1 适用范围

本方法适用于测定水产品肌肉等可食组织中己烯雌酚的残留量。

B.2 原理

测定的基础是利用抗体抗原反应。微孔板包被有针对兔 IgG（DES 抗体）的羊抗体，加入 DES 抗、标准和样品溶液。DES 与 DES 抗体连接，同时 DES 抗体与羊抗体连接。洗涤步骤后，加入 DES 酶标记物，DES 酶标记物与孔中未结合的 DES 抗体结合，然后在洗涤步骤中除去未结合的 DES 酶标记物。将酶基质和发色剂（四甲基联苯胺）加入到孔中并孵育；结合的酶标记物将无色的发色剂转化为蓝色的产物。加入反应停止液后使颜色由蓝变为黄，在 450 nm 处没量，吸光度与样品的己烯雌酚浓度成反比。

B.3 检测限

己烯雌酚检测的下限为 1 $\mu g/kg$。

B.4 仪器

B.4.1 微孔酶标仪（450 nm）。

B.4.2 离心机。

B.4.3 37℃恒温箱。

B.4.4 移液器。

B.4.5 50 μL，100 μL，450 μL 微量加液器。

B.4.6 RIDA C18 柱等。

B.5 试剂和标准溶液

除非另有说明，在分析中仅使用确认为分析纯的试剂和蒸馏水或去离子水或相当纯度的水。

B.5.1 叔丁基甲基醚。

B.5.2 石油醚。

B.5.3 二氯甲烷。

B.5.4 6 mol/L 磷酸。

B.5.5 乙酸钠缓冲液等。

B.5.6 提供的 DES 标准液为直接使用液，浓度为 0、12.5×10^{-9} mol/L、25×10^{-9} mol/L、50×10^{-9} mol/L、100×10^{-9} mol/L、200×10^{-9} mol/L。

B.6 样品处理

B.6.1 取 5.0 g 肌肉（除去脂肪组织），用 10 mL pH 为 7.2 的 67 m mol/L 磷酸缓冲液研磨后，用 8 mL叔丁基甲基醚提取研磨物，强烈振荡 20 min；离心 10 min（4 000 r/min）；移去上清液，用 8 mL 叔丁基甲基醚重复提取沉淀物。

B.6.2 将两次提取的醚相合并，并且蒸发；用 1 mL 甲醇（70%）溶解干燥的残留物；用 3 mL 石油醚洗涤甲醇溶液（研磨 15 s，短时间离心，吸除石油醚）。

B.6.3 蒸发甲醇溶液，用 1 mL 二氯甲烷溶解后，再用 3 mL 1 mol/L 的氢氧化钠（NaOH）溶液提取；然后 300 μL 6 mol/L 磷酸中和提取液，用 RIDA C18 柱进行纯化。

B.7 测定程序（室温 20℃~24℃条件下操作）

B.7.1 将足够标准和样品所用数量的孔条插入微孔架，标准和样品做两个平行实验，记录下标准和样品的位置。

B.7.2 加入 20 μL 的标准和处理好的样品到各自的微孔中，标准和样品做两个平行实验。

B.7.3 加入 50 μL 稀释后的 DES 抗体到每一个微孔中，充分混合并在 2℃~8℃孵育过夜（注意：在第二早上继续进行实验之前，微孔板应在室温下放置 30 min 以上，稀释用缓冲液也应回到室温，因此最好将缓冲液放在室温下过夜）。

B.7.4 倒出孔中的液体，将微孔架倒置在吸水纸上拍打（每行拍打 3 次）以保证完全除去孔中的液体，用 250 μL 蒸馏水充入孔中，再次倒掉微孔中液体，再重复操作两次。

B.7.5 加入 5 μL 稀释的酶标记物到微孔底部，室温孵育 1 h。

B.7.6 倒出孔中的液体，将微孔架倒置在吸水纸上拍打（每次拍打 3 次）以保证完全除去孔中的液体，用 250 μL 蒸馏水充入孔中，再次倒掉微孔中液体，再重复操作一次。

B.7.7 加入 50 μL 基质和 50 μL 发色试剂到微孔中，充分混合并在室温暗处孵育 15 min。

B.7.8 加入 100 μL 反应停止液到微孔中，混合好在 450 nm 处测量吸光度值（可选择 >600 nm 的参比滤光片），以空气为空白，必须在加入停止液后 60 min 内读取吸光度值。

B.8 结果

所获得的标准和样品吸光度值的平均值除以第一个标准（0 标准）的吸光度值再乘以 100，得到以百分比给出的吸光度值，以式（B.1）表示：

$$E(\%) = \frac{A}{A_0} \times 100 \tag{B.1}$$

式中：

E——吸光度值，%；

A——标准或样品的吸光度值；

A_0——0 标准的吸光度值。

以计算的标准值绘成一个对应 DES 浓度（ng/L）的半对数坐标系统曲线图，校正的曲线在 25 ng/L~200 ng/L 的范围内应成为线性，相对应的每一个样品的浓度，可以从曲线上读出。乘以稀释倍数即可得到样品中 DES 的实际浓度（ng/kg）。

附件5

NY 5072—2002　无公害食品
渔用配合饲料安全限量

1　范围

本标准规定了渔用配合饲料安全限量的要求、试验方法、检验规则。

本标准适用于渔用配合饲料的成品，其他形式的渔用饲料可参照执行。

2　规范性引用文件

下列文件中的条款通过本标准的引用而成为本标准的条款。凡是注日期的引用文件，其随后所有的修改单（不包括勘误的内容）或修订版均不适用于本标准，然而，鼓励根据本标准达成协议的各方研究是否可使用这些文件的最新版本。凡是不注日期的引用文件，其最新版本适用于本标准。

GB/T 5009.45—1996　水产品卫生标准的分析方法

GB/T 8381—1987　饲料中黄曲霉素 B_1 的测定

GB/T 9675—1988　海产食品中多氯联苯的测定方法

GB/T 13080—1991　饲料中铅的测定方法

GB/T 13081—1991　饲料中汞的测定方法

GB/T 13082—1991　饲料中镉的测定方法

GB/T 13083—1991　饲料中氟的测定方法

GB/T 13084—1991　饲料中氰化物的测定方法

GB/T 13086—1991　饲料中游离棉酚的测定方法

GB/T 13087—1991　饲料中异硫氰酸酯的测定方法

GB/T 13088—1991　饲料中铬的测定方法

GB/T 13089—1991　饲料中噁唑烷硫酮的测定方法

GB/T 13090—1999　饲料中六六六、滴滴涕的测定方法

GB/T 13091—1991　饲料中沙门氏菌的检验方法

GB/T 13092—1991　饲料中霉菌的检验方法

GB/T 14699.1—1993　饲料采样方法

GB/T 17480—1998　饲料中黄曲霉毒素 B_1 的测定　酶联免疫吸附法

NY 5071　无公害食品　渔用药物使用准则

SC 3501—1996　鱼粉

SC/T 3502　鱼油

《饲料药物添加剂使用规范》［中华人民共和国农业部公告（2001）第［168］号］

《禁止在饲料和动物饮用水中使用的药物品种目录》［中华人民共和国农业部公告（2002）第［176］号］

《食品动物禁用的兽药及其他化合物清单》［中华人民共和国农业部公告（2002）第［193］号］

3 要求

3.1 原料要求

3.1.1 加工渔用饲料所用原料应符合各类原料标准的规定，不得使用受潮、发霉、生虫、腐败变质及受到石油、农药、有害金属等污染的原料。

3.1.2 皮革粉应经过脱铬、脱毒处理。

3.1.3 大豆原料应经过破坏蛋白酶抑制因子的处理。

3.1.4 鱼粉的质量应符合 SC 3501 的规定。

3.1.5 鱼油的质量应符合 SC/T 3502 中二级精制鱼油的要求。

3.1.6 使用的药物添加剂种类及用量应符合 NY 5071、《饲料药物添加剂使用规范》、《禁止在饲料和动物饮用水中使用的药物品种目录》、《食品动物禁用的兽药及其他化合物清单》的规定；若有新的公告发布，按新规定执行。

3.2 安全指标

渔用配合饲料的安全指标限量应符合表 1 规定。

表 1　渔用配合饲料的安全指标限量

项　　目	限　量	适用范围
铅（以 Pb 计）（mg/kg）	≤5.0	各类渔用配合饲料
汞（以 Hg 计）（mg/kg）	≤0.5	各类渔用配合饲料
无机砷（以 As 计）（mg/kg）	≤3	各类渔用配合饲料
镉（以 Cd 计）（mg/kg）	≤3	海水鱼类、虾类配合饲料
	≤0.5	其他渔用配合饲料
铬（以 Cr 计）（mg/kg）	≤10	各类渔用配合饲料
氟（以 F 计）（mg/kg）	≤350	各类渔用配合饲料
游离棉酚（mg/kg）	≤300	温水杂食性鱼类、虾类配合饲料
	≤150	冷水性鱼类、海水鱼类配合饲料
氰化物（mg/kg）	≤50	各类渔用配合饲料
多氯联苯（mg/kg）	≤0.3	各类渔用配合饲料
异硫氰酸酯（mg/kg）	≤500	各类渔用配合饲料
噁唑烷硫酮（mg/kg）	≤500	各类渔用配合饲料
油脂酸价（KOH）（mg/g）	≤2	渔用育苗配合饲料
	≤6	渔用育成配合饲料
	≤3	鳗鲡育成配合饲料
黄曲霉毒素 B_1（mg/kg）	≤0.01	各类渔用配合饲料
六六六（mg/kg）	≤0.3	各类渔用配合饲料
滴滴涕（mg/kg）	≤0.2	各类渔用配合饲料
沙门氏菌（cfu/25 g）	不得检出	各类渔用配合饲料
霉菌（cfu/g）	$\leq 3 \times 10^4$	各类渔用配合饲料

4 检验方法

4.1 铅的测定

按 GB/T 13080—1991 规定进行。

4.2 汞的测定

按 GB/T 13081—1991 规定进行。

4.3 无机砷的测定

按 GB/T 5009.45—1996 规定进行。

4.4 镉的测定

按 GB/T 13082—1991 规定进行。

4.5 铬的测定

按 GB/T 13088—1991 规定进行。

4.6 氟的测定

按 GB/T 13083—1991 规定进行。

4.7 游离棉酚的测定

按 GB/T 13086—1991 规定进行。

4.8 氰化物的测定

按 GB/T 13084—1991 规定进行。

4.9 多氯联苯的测定

按 GB/T 9675—1988 规定进行。

4.10 异硫氰酸酯的测定

按 GB/T 13087—1991 规定进行。

4.11 噁唑烷硫酮的测定

按 GB/T 13089—1991 规定进行。

4.12 油脂酸价的测定

按 SC 3501—1996 规定进行。

4.13 黄曲霉毒素 B_1 的测定

按 GB/T 8381—1987、GB/T 17480—1998 规定进行，其中 GB/T 8381—1987 为仲裁方法。

4.14 六六六、滴滴涕的测定

按 GB/T 13090—1991 规定进行。

4.15 沙门氏菌的检验

按 GB/T 13091—1991 规定进行。

4.16 霉菌的检验

按 GB/T 13092—1991 规定进行，注意计数时不应计入酵母菌。

5 检验规则

5.1 组批

以生产企业中每天（班）生产的成品为一检验批，按批号抽样。在销售者或用户处按产品出厂包装的标示批号抽样。

5.2 抽样

渔用配合饲料产品的抽样按 GB/T 14699.1—1993 规定执行。

批量在 1 t 以下时，按其袋数的四分之一抽取。批量在 1 t 以上时，抽样袋数不少于 10 袋。沿堆积立面以"×"形或"W"型对各袋抽取。产品未堆垛时应在各部位随机抽取，样品抽取时一般应用钢管或铜制管制成的槽形取样器。由各袋取出的样品应充分混匀后按四分法分别留样。每批饲料的检验用样品不少于 500 g。另有同样数量的样品作留样备查。

作为抽样应有记录，内容包括：样品名称、型号、抽样时间、地点、产品批号、抽样数量、抽样人签字等。

5.3 判定

5.3.1 渔用配合饲料中所检的各项安全指标均应符合标准要求。

5.3.2 所检安全指标中有一项不符合标准规定时，允许加倍抽样将此项指标复验一次，按复验结果判定本批产品是否合格。经复检后所检指标仍不合格的产品则判为不合格品。

附件 **6**

中华人民共和国农业行业标准

NY 5073—2006
代替 NY 5073—2001

无公害食品
水产品有毒有害物质限量

2006 – 01 – 26 发布

2006 – 04 – 01 实施

中华人民共和国农业部　发布

前　言

本标准是对 NY 5073—2001 的修订，本次修订主要的修改内容为：1）增加了产品中石油烃限量；2）多氯联苯限量改为 2.0 mg/kg；3）删除了汞、砷、硒、铬、甲醛、六六六、滴滴涕限量指标；4）删除了对检验规则；5）修改了前一版本的编辑错误。

本标准由中华人民共和国农业部提出并归口。

本标准起草单位：国家水产品质量监督检验中心。

本标准主要起草人：王联珠、李晓川、孙建华、江艳华、周德庆、翟毓秀、路世勇。

本标准所代替标准的历次版本发布情况为：NH 5073—2001。本次修订为第一次修订。

无公害食品　水产品中有毒有害物质限量

1　范围

本标准规定了无公害食品　水产品中有毒有害物质限量的要求、试验方法。

本标准适用于捕捞及养殖的群、活水产品。

2　规范性引用文件

下列文件中的条款通过本标准的引用而成为本标准的条款。凡是注日期的引用文件，其随后所有的修改单位（不包括勘误的内容）或修订版均不适用于本标准，然而，鼓励根据本标准达成协议的各方研究是否可使用这些文件的最新版本。凡是不注日期的引用文件，其最新版本适用于本标准。

GB/T 5009.11　食品中总砷及无机砷的测定

GB/T 5009.12　食品中铅的测定

GB/T 5009.13　食品中铜的测定

GB/T 5009.15　食品中镉的测定

GB/T 5009.17　食品中总汞及有机汞的测定

GB/T 5009.18　食品中氟的测定

GB/T 5009.45—2003　水产品卫生标准的分析方法

GB/T 5009.190　海产食品中多氯联苯的测定

GB 17378.6　海洋监测规范　第6部分：生物体分析

SC/T 3016　水产品抽样方法

SC/T 3023　麻痹性贝类毒素的测定　生物法

SC/T 3024　腹泻性贝类毒素的测定　生物法

3　要求

水产品中有毒有害物质限量见表1。

表1　水产品中有毒有害物质限量

项　　目	指　　标
组胺（mg/100 g）	≤100（鲐鲹鱼类） ≤30（其他红肉鱼类）
麻痹性贝类毒素（PSP）（MU/100g）	≤400（贝类）
腹泻性贝类毒素（DSP）（MU/g）	不得检出（贝类）
无机砷（mg/kg）	≤0.1（鱼类） ≤0.5（其他动物性水产品）
甲基汞（mg/kg）	≤0.5（所有水产品，不包括食肉钱鱼类） ≤1.0（肉食性鱼类，如鲨鱼、金枪鱼、旗鱼等）
铅（Pb）（mg/kg）	≤0.5（鱼类） ≤0.5（甲壳类） ≤1.0（贝类） ≤1.0（头足类）

续表

项　　目	指　　标
镉（Cd）（mg/kg）	≤0.1（鱼类） ≤0.5（甲壳类） ≤1.0（贝类） ≤1.0（头足类）
铜（Cu）（mg/kg）	≤50
氟（F）（mg/kg）	≤2.0（淡水鱼类）
石油烃（mg/kg）	≤15
多氯联苯（PCBs）（mg/kg） 　　以（PCB28、PCB52、PCB101、PCB118、PCB138、PCB153、PCB180 总和计） 其中： PCB138（mg/kg） PCB153（mg/kg）	≤2.0（海产品） ≤0.5 ≤0.5

4　试验方法

4.1　组胺的测定

按 GB/T 5009.45—1996 中 4.4 条的规定执行。

4.2　麻痹性贝类毒素的测定

按 SC/T 3023 中的规定执行。

4.3　腹泻性贝类毒系的测定

按 SC/T 3024 中的规定执行。

4.4　无机砷的测定

按 GB/T 5009.11 中的规定执行。

4.5　甲基汞的测定

按 GB/T 5009.17 中的规定执行。

4.6　铅的测定

按 GB/T 5009.12 中的规定执行。

4.7　镉的测定

按 GB/T 5009.15 中的规定执行。

4.8　铜的测定

按 GB/T 5009.13 的规定执行。

4.9　氟的测定

按 GB/T5009.18 中的规定执行。

4.10　石油烃含量的测定

按 GB17378.6 中的规定执行。

4.11　多氯联苯的测定

按 GB/T 5009.190 中的规定执行。

第二章　影响水产品质量的主要因子

影响水产品质量的因子按其来源有自然界中存在的、人为添加的、环境污染的等几种途径。主要包括细菌、病毒、寄生虫、生物毒素、渔药、农药残留、添加剂、有害重金属（元素）、其他环境污染物，等等。水产品在生产、加工、储存各个环节都有可能受到以上各因子的影响而导致质量问题。

第一节　渔药残留

渔药残留是指在水产品养殖生产中，为了预防和治疗鱼病或促生长等原因而人为投入的渔药在鱼体可食部分中的残留。残留的原因主要是渔药的不规范使用，残留的可以是原药或是其代谢产物，种类包括抗生素、杀虫剂、激素类等。

一、渔药残留的主要途径及对人体的危害

1. 渔药残留的主要途径

（1）渔药使用不当

使用渔药时，不严格按照用药规范合理使用渔药，在用药剂量和用药种类等方面不符合用药规定，从而导致药物残留在体内。

（2）休药期的规定没有得到严格遵守

休药期是指用药后允许水产品上市前或允许食用前的停药时间，若未遵守休药期规定而提前捕捞上市就会导致渔药的残留。

（3）违禁劣质渔药的使用

违法使用禁止使用的药物或使用劣质的渔药，也是造成水产品渔药残留的一个重要原因。

2. 渔药残留对人体的危害

（1）一般毒性作用

若人长期摄入含渔药残留的水产品，药物不断在体内蓄积，浓度达到一定量时就会对人体产生毒性作用。如磺胺类药物可引起泌尿系统损害，特别是在体内形成的乙酰化磺胺在酸性尿中降解率很低，可在肾小管、输尿管等处析出结晶，损害肾脏。

（2）过敏反应和变态反应

经常食用含低剂量抗菌药物残留的食品能使易感的个体出现变态反应，这些药物包括青霉素、四环素、磺胺类药物以及某些氨基糖苷类抗生素等。它们具有抗原性，刺激机体内抗体的形成，造成过敏反应，出现血压下降、皮疹、喉头水肿、呼吸困难等症状。

（3）细菌的耐药性

人体经常食用含低剂量抗生素药物残留的食品可使体内细菌产生耐药性。当人发生这些耐药菌株引

起的感染性疾病时，就会因耐药而给临床治疗带来一定的困难。

（4）菌群失调

在正常情况下，人体肠道内的菌群在多年共同进化过程中与人体能相互适应。不同菌群相互制约而维持菌群平衡。过多应用抗生素药物会使菌群的这种平衡发生紊乱，造成长期的腹泻或引起维生素缺乏，造成对人体的危害。

（5）影响内分泌

长期使用含低剂量激素的动物性食品，可导致机体正常的物质代谢紊乱和功能失调，如儿童食用含有促生长激素的食品会导致性早熟。

二、常见渔药残留及其危害

1. 抗生素类

抗生素残留是渔药残留中最突出的问题，其受关注的程度也最高。抗生素残留是指抗生素或其代谢产物以蓄积、贮存或其他方式保留在动物细胞、组织、器官中的现象。

（1）土霉素（氧四环素）

土霉素是链霉菌（Streptomyces rimosus）的产物。它是一种广谱抗生素，可以治疗鱼和甲壳类动物的多种细菌性疾病。作为渔药使用的一般是其盐酸盐，为黄色结晶性粉末，无臭，味微苦，微有吸潮性。在日光下颜色变暗，在碱溶液中易破坏失效。在水中易溶，在乙醇中略溶，在氯仿或乙醚中不溶。人体长期接触土霉素会导致牙齿发育不良，以及可能出现感光过敏。研究发现，土霉素在鲤鱼肌肉中消除的时间比在鲶鱼中要长。这表明，不同的鱼肉组织结合土霉素的能力是不同的，与水生生物的种类密切相关。

（2）氯霉素类

氯霉素类属酰胺醇类广谱抗生素，包括氯霉素及其衍生物，主要有氯霉素、甲砜霉素和氟苯尼考。氯霉素有很强的毒副作用，能够导致再生障碍性贫血症，不可逆，且与使用剂量和频率无关，目前我国禁止在水产养殖中使用氯霉素。甲砜霉素对血液系统的毒性比氯霉素小，但抑制人体免疫系统及红细胞和血小板的生成。氟苯尼考虽不会引起再生障碍性贫血症，但对动物胚胎有影响。氯霉素类药物由于有良好的抗菌和药理特性，特别是甲砜霉素和氟苯尼考具有不易产生耐药性，与同类药物之间不存在交叉耐药性，很多对氯霉素产生耐药性的菌株对这两种药物仍然敏感等，现已成为水产养殖病害防治的常用药物。

（3）硝基呋喃类

硝基呋喃类是一类合成的抗菌药物，主要用于治疗细菌性鱼病，如烂鳃、肠炎等。使用较多的硝基呋喃类渔药主要是呋喃唑酮与呋喃西林。呋喃唑酮又名痢特灵，具有广谱抗菌作用，毒性较小，有较好的促生长、提高饲料效率的作用，因而曾广泛用作生长促进剂。各种呋喃类物质的毒性各不相同。呋喃在环境中存留时间长，被认为是可能致癌的物质。其副作用包括出血、肠胃不适和过敏反应。目前我国已禁止在水产养殖中使用硝基呋喃类药物。

（4）红霉素

红霉素是链霉菌的产物，主要作用于革兰氏阳性菌。我国禁止在水产养殖中使用。

（5）磺胺类

磺胺类渔药为浅黄色至棕色结晶颗粒或粉末，无臭，味略苦，遇阳光渐变色。微溶于冷水，易溶于沸水、酒精、丙酮。磺胺类渔药是磺胺酸的衍生物，主要起抑菌作用。其通常与一些增效剂用于鱼类的养殖。磺胺药物被认为与肾脏损害、泌尿阻碍和造血失调有关。目前，我国禁止在水产养殖中使用磺胺噻唑和磺胺咪，磺胺类限量标准为总量 0.1 mg/kg。

（6）喹诺酮类

喹诺酮类抗生素有氟哌酸（诺氟沙星）、氟嗪酸（氧氟沙星）、环丙沙星、吡哌酸、恶喹酸、萘啶酸等。此类药物抗菌效果普遍较好，具有抗菌范围广、杀菌能力强等优点，是防治细菌病的有效药物。人类长期食用含较低浓度喹诺酮类药物的水产品，容易诱导耐药性的传递，从而影响该类药物的临床疗效。目前，我国在水产养殖中禁用环丙沙星、喹诺酮限量标准为总量 0.3 mg/kg。

（7）泰乐霉素

泰乐霉素（又称泰乐菌素）具有广谱抗菌作用，主要在水产中用于防治鱼病，除此之外还可以促进鱼类的生长。但高残留量的泰乐霉素会对人类造成致敏性和毒副反应，尤其是敏感个体。我国禁止在水产养殖中使用。

（8）链霉素

链霉素是一种常见的氨基糖苷类抗生素，对多种革兰氏阳性菌和革兰氏阴性菌都具有显著的广谱抗菌效果，可以有效抑制细菌的生长和繁殖。在渔业中主要用于治疗细菌性烂鳃病、赤皮病、肠炎病等，也常添加到饲料中促进生长发育。该抗生素对人体的主要毒副作用体现为对脑神经、听觉以及肾脏的损害。

2. 杀虫剂类

渔药中的杀虫剂类指的是用以杀灭鱼体中寄生虫的药物，包括孔雀石绿、硫酸铜、硫酸亚铁、敌百虫等。孔雀石绿可防治鱼卵的水霉病、幼鱼和成鱼的小瓜虫病、车轮虫病等。硫酸铜等可用来杀死鱼体外的鞭毛虫、纤毛虫、吸管虫等。但是孔雀石绿具有强毒性，危害人体健康，有致癌性，水产养殖中已禁用。同时，过量的铜可造成鱼体内重金属积累，而敌百虫在弱喊性条件下可脱去一分子氯化氢形成毒性更大的甲氧基二氯乙烯磷酚（敌敌畏），对人体的危害极大。

（1）孔雀石绿

孔雀石绿，又名盐基块绿、孔雀绿、碱性绿，是一种生物染色剂、染料。孔雀石绿极易溶于水，水溶液呈蓝绿色。由于其具有一定的杀菌、驱虫作用而且价格低廉，常被用于防治水霉病以及寄生虫病等。孔雀石绿在水生动物体中的主要代谢产物是一种不溶于水的、毒性更强的无色孔雀石绿，残留在鱼体中的孔雀石绿和无色孔雀石绿可以通过食物链传递到人体和环境中，对人体和环境造成潜在的不良影响。孔雀石绿可以对多种器官造成伤害，如对肝脏、脾脏、肾脏、皮肤、骨髓、眼睛、肺和心脏，我国已经将其列为水产养殖禁用药物。

（2）敌百虫

敌百虫，纯品为白色结晶，有臭味，较易溶于水，是一种高效低毒的有机磷杀虫剂。水产养殖中主要用于杀灭鱼体内指环虫、锚头蚤等寄生虫，杀虫作用是由于它的水解产物敌敌畏所致。有机磷农药的急性毒作用是抑制胆碱酯酶的活力，使乙酰胆碱大量蓄积，使中毒者出现流涎、腹泻、震颤、肌束颤动等症状，严重者可死亡。

3. 代谢改善和强壮剂

一些药物可以促进鱼体代谢和生长、增强体质，水产养殖中，在饲料中添加一定量的这些药物可起到改进饵料利用率、防治营养缺乏、增加经济效益的目的。但这类添加剂国家有明确的规定种类和用量。若过量添加或添加一些对人和鱼体有害的违禁药物，就会产生药残危害。目前，违禁的此类药物主要有己烯雌酚、甲基睾酮、喹乙醇等。

（1）己烯雌酚

己烯雌酚是一种人工合成雌激素，为无色结晶或白色结晶性粉末，几乎无臭，难溶于水，易溶于醇和脂肪油，在低浓度氢氧化钠溶液中能够溶解。己烯雌酚对一些水产品种类有促生长、性别控制等作用，如可促进蟹类生长等。长期食用己烯雌酚残留较为严重的水产品可导致恶心、呕吐、厌食、头疼等症状，同时损害肝、肾、导致孕妇胎儿畸形，目前我国水产养殖禁用。

（2）甲基睾酮

甲基睾酮是一种合成类固醇，白色或类白色结晶性粉末，无臭，无味，不溶于水。在乙醇、丙酮或氯仿中易溶，微溶于脂肪油。该药品对一些养殖水生动物的改性及促强壮有良好的效果，但其残留可能造成女性消费者的痤疮、多毛、声音变粗等男性化现象。大剂量残留可影响人的肝脏功能以及出现致癌性，为水产养殖禁用。

（3）喹乙醇

喹乙醇又称喹酰胺醇，由于它具有提高饲料转化率、促进动物生长和广谱的抗菌作用，曾作为饲料添加剂在水产养殖中使用。若喹乙醇大剂量、长期使用，可导致养殖鱼类中毒、抗应激能力低下、出现"应激性出血"，发生大量突发性死亡。同时，喹乙醇能够在人体内蓄积，长期食用含有喹乙醇及其代谢物残留的水产品，对人体会造成畸形、突变、患癌的危害。我国水产养殖中禁用。

第二节　农药兽药残留和其他环境污染物

一、农药兽药残留

农药残留是指农药使用后残存于环境中和生物体内的微量农药，可以是原药，也可以是其代谢物、降解物。当农药超过最大残留限量（MRL）时，将对人畜产生不良影响。按用途分类有杀虫剂、除草剂、杀鼠剂以及植物生长调节剂等，其中对水产品产生危害的主要是有机氯农药、有机磷农药等。这些农药主要通过土壤渗透或直接进入养殖水体，从而污染养殖的水产品。

1. 污染途径

农药残留一般通过以下途径污染水产品：

①施用农药后对水产品的直接污染。农药施用后，溶解在水体中的农药直接通过呼吸、消化系统进入鱼体内。

②施用农药的同时或以后对空气、水体、土壤的污染造成水产品体内含有农药残留。农药施用后进入环境，造成土壤和水域的污染，进而污染水产品。如据报道滴滴涕（DDT）等有机氯杀虫剂已通过气流污染到南、北极地区，格陵兰等北极地区的海豹、海豚的脂肪中有较高浓度的 DDT 蓄积。

③通过食物链和生物富集作用污染食品。传播途径为：水中农药—浮游生物—水产动物。一些化学性质比较稳定的农药，例如有机氯和汞砷制剂与酶和蛋白质的亲和力强，不易排出体外，可在食物链中逐级浓缩，尤其是水生生物。据研究，藻类可富集浓缩 500 倍，鱼贝类可达 2 000 ~ 3 000 倍。因此，这种食物链的生物浓缩作用可使水体中微小污染变成严重污染。

2. 对人体的危害

人体内约90%的农药是通过被污染的食品摄入的。当农药积累到一定程度后就会对机体产生明显的毒害作用。包括急性毒性、慢性毒性和"三致"毒性。就有机氯农药而言，化学物质进入人体后主要存在于脂肪组织。它们会影响钠、钾、钙和氯离子对细胞膜的穿透性；阻碍神经系统选择性酶活力，对人和动物具有致癌性。

3. 常见农药残留及其危害

（1）有机磷农药

有机磷农药是指含有 C－P 键或 C－O－P、C－S－P、C－N－P 键的有机化合物。大部分有机磷农药易溶于有机溶剂，在碱性条件下易水解而失效。其毒性与结构和功能团有关，例如，含 P＝O 键（如敌百虫）的毒性通常比含 P＝S（如马拉硫磷）大。根据其毒性强弱分为高毒、中毒、低毒三类，高毒类有机磷农药少量接触即可中毒，低毒类大量进入体内亦可发生危害。人体对有机磷的中毒量、致死量差异很大，由消化道进入较一般浓度的呼吸道吸入或皮肤吸收中毒症状重、发病急；但如吸入大量或浓度过高的有机磷农药，可在5分钟内发病，迅速致死。我国主要的有机磷农药残留包括：敌敌畏、乐果、马拉硫磷、对硫磷等。

（2）有机氯农药

有机氯农药是具有杀虫活性的氯代烃的总称，一般化学稳定性较高，水溶性较低，脂溶性较高，在正常环境中不易分解，容易通过食物链在生物体脂肪中富集和积累，可导致残量污染严重，害虫的抗性增加。目前，有机氯农药残留主要有 DDT、氯丹、狄氏剂、异狄氏剂、六六六（六氯化苯）、硫丹、毒杀芬、五氯酚、灭蚁灵、林丹等。

（3）其他兽药残留

除了有机磷、有机氯农药残留外，还有一些兽药，也会对水产品的质量安全造成一定的影响，如乙胺嘧啶。乙胺嘧啶是一种治疗禽病类原虫的兽药，可提升水产品生长和抗病能力，但是乙胺嘧啶在水产品体内具有高度的蓄积性，超出一定范围，人食用后对中枢神经系统有直接的毒性作用。

二、其他环境污染物

环境污染即空气、水和土壤的污染，也是引起水产品污染的原因之一。这些污染物可以在水产品生产、加工和贮藏各环节过程中污染产品。

1. 有害金属的污染

在清洁的（自然的、未污染的、未经浓缩的）水生环境中普遍存在着少量的金属，如铜、硒、铁、锌等，它们是鱼虾贝藻等水生生物的必需营养元素。然而，现代工业造成了环境的污染，这其中就包括有害金属污染。有害金属污染源主要来自于冶金、冶炼、电镀及化学工业等排出的三废。重金属在以浮游生物为食物链的水生动物体内有明显的蓄积倾向。金属元素一旦对环境造成污染或在体内富集起来，就很难被排出或是被降解。

水生生物体中蓄积的镉、铅、汞及其化合物尤其是甲基汞，对人体主要脏器、神经、循环等各系统均存在危害。像镍、铬这样的金属，是吸入性的致癌物。一般认为可能有较大毒性的金属有锑、砷、镉、铬、铅、汞和镍。一般潜在毒性的污染物包括铜、铁、锰、硒和锌。较小毒性的有铝、银、锶、铊和锡。

我国已经制定了各种重金属在水产品中的限量，水产品中重金属及有害元素的限量：汞（以 Hg 计）≤0.3 mg/kg；砷（以 As 计）≤0.5 mg/kg（淡水鱼）；无机砷≤0.5 mg/kg（海水鱼）、无机砷≤1.0 mg/kg（贝等其他海产品）；铅（以 Pb 计）≤0.5 mg/kg；镉（以 Cd 计）≤0.1 mg/kg（鱼类）；铜（以 Cu 计）≤50.0 mg/kg；硒（以 Se 计）≤1.0 mg/kg（鱼类）；铬（以 Cr 计）≤2.0 mg/kg（鱼贝类）。

2. 有机物及其他类化学品

（1）多氯联苯

多氯联苯（PCBs）是氯化的芳香族有机化合物，用于工业中的液体载热剂、电子变压器、电容器涂料添加剂、无碳复印纸及塑料等。其氯化程度越高，亲脂性越高，被大多数生物体降解的就越慢，其半衰期从 10 d 至一年半不等，在海洋鱼类体内蓄积已发现了将近 50 年。PCBs 对鱼类具有毒性，在大剂量时可导致死亡，小剂量时可导致产卵失败。研究表明，PCBs 也可导致多种野生动物生殖能力和免疫系统受损，例如海豹与水貂等。

（2）石油烃

石油烃是由碳氢化合物组成的混合体，主要由烃类组成，目前对环境污染构成威胁的主要为烷烃、芳烃、多环芳烃。除工业污染外，城市污水及弃物排放也是石油烃的来源之一。水、空气及土壤的严重污染会导致石油烃的某些成分在各种生物中积累，通过食物链进入动物与人体，对哺乳动物及人类有致癌、致畸、致突变的作用。

第三节　生物性危害

生物危害包括有害的细菌、病毒、寄生虫。水产品中的生物危害既有可能来自于原料，也有可能来自于水产品的加工过程。

一、细菌类

近年来，随着水产品消费的增加，根据国家食源性疾病监控网络的数据，我国微生物性食源性疾病越来越多，水产品中的微生物危害也越来越受到人们的关注，在水产品微生物性食源性疾病中，副溶血性弧菌成为首要危害因子。与水产品质量有关的常作为检测指标的细菌类微生物有以下几种：

1. 大肠菌群

大肠菌群为肠杆菌科内一群需氧、兼性厌氧的革兰氏阴性无芽孢杆菌，大肠菌群细菌种类繁多，包括埃希氏大肠杆菌属，柠檬酸杆菌属，克雷伯氏菌属，阴沟肠杆菌属；多存在于人类经常活动的场所和粪便污染的地方。其生存力较强，在土壤、水中可存活数日，因此，本菌群具有较大的食品卫生学意义，是水产品和水卫生质量监督鉴定的指标之一。

2. 金黄色葡萄球菌

金黄色葡萄球菌在食品中生长时，能产生大量的肠毒素，这些毒素一般对蛋白酶和热具有极强的抗热性，巴氏消毒法和一般家庭烹调温度不能破坏这类毒素，是水产品质检指标之一。

3. 沙门氏菌

由沙门氏菌引起的食物中毒，主要是动物性食品如水产类、蛋类、各种肉类等。有研究报道称水产品中的虾、贝类中常含大量沙门氏菌。我国细菌类食物中毒中由沙门氏菌引起的一直位居首位。

4. 海洋弧菌

海洋弧菌包括很多种，主要分为5群：副溶血性弧菌、溶藻性弧菌、伤口弧菌、梅契尼柯夫弧菌（CDC 肠群16）、F 群弧菌（CDC EF－6）。

上述5群嗜盐性弧菌生活于海水和海洋鱼、蟹、贝壳和甲壳类动物中，通常引起胃肠道感染，也可引起肠道外感染。进食污染海水弧菌的牡蛎、鱼、蟹后，弧菌可先引起胃肠炎，再通过血流播散引起软组织感染。另一途径是人在涉水和游泳时，弧菌可通过细微的伤口或皮肤溃疡侵入引起软组织感染。

5. 霍乱弧菌

由霍乱弧菌引起的霍乱是许多发展中国家的公共卫生问题，可以通过污染的水或食物而感染。许多食物如米饭、蔬菜和各类海鲜等。都与霍乱爆发有关。霍乱弧菌所致的霍乱为烈性肠道传染病曾在世界上发生过几次大流行，至今仍未平息，因此，霍乱被列为国境检疫的传染病。

6. 单胞增生李斯特氏菌

单核细胞增生李斯特氏菌，简称李斯特菌，广泛分布于自然环境中，大多数健康人不会被其感染或症状很轻。新生儿、孕妇、老年人、体弱者、免疫功能低下及接受免疫抑制治疗的人群发生李斯特菌食物中毒的机会较多。感染了单增李斯特菌，能引起人和动物脑膜炎、败血症、流产等症状。

7. 弯曲菌属

弯曲菌属中多种细菌可引起动物与人类的腹泻、胃肠炎和肠道外感染等疾病。对人致病的有空肠弯曲菌、胎儿弯曲菌、结肠弯曲菌等，其中，以空肠弯曲菌引起的肠炎为常见。

本菌有内毒素能侵袭小肠和大肠黏膜引起急性肠炎，潜伏期一般为 3～5 d，对人的致病部位是空肠、回肠及结肠。主要症状为腹泻和腹痛，有时发热，偶有呕吐和脱水。还可引起其他脏器感染，如脑膜炎、关节炎、肾盂肾炎等。孕妇感染本菌可导致流产、早产，而且可使新生儿受染。曾有关于牡蛎中含有空肠弯曲杆菌和空肠变曲菌的报道。

8. 志贺菌属

志贺菌属是人类细菌性痢疾最为常见的病原菌。通称痢疾杆菌。致病物质主要是内毒素，内毒素破坏肠黏膜，可形成炎症、溃疡，呈现典型的脓血黏液便；内毒素还能作用于肠壁植物神经系统，使肠功能发生紊乱、肠蠕动失调和痉挛，出现腹痛、里急后重等症状。

9. 小肠结肠炎耶氏菌

小肠结肠炎耶氏菌是 20 世纪 30 年代引起注意的急性胃肠炎型食物中毒的病原菌，在 4℃时能保存和繁殖，为嗜冷微生物。小肠结肠炎耶氏菌广泛存在泥土、水中养殖或野生动物的身上，并且从鳍鱼和贝类中可以分离到小肠结肠炎耶尔森氏菌。有报道部分中毒病例和食用牡蛎和鱼有关。

10. 肉毒梭状芽孢杆菌

肉毒杆菌属多分布在土壤和海洋、湖泊、河川的泥沙中，在缺氧状态下易增殖且产生毒素。肉毒杆菌产生的毒素可以分为七型（a～g）：造成人类食品中毒最常见的是 a，b，e 等型，此类中毒致命率占所有细菌食品中毒的第一位。

肉毒杆菌的中毒症状为潜伏期约 12～35 h，病发期 3～7 d，主要症状为神经麻痹，初期会出现呕吐、恶心、肠胃炎的症状，但在数小时内会消失，继而有腹部膨胀、便秘、四肢无力、虚弱等现象，但神志一直清醒，病情严重者会因呼吸障碍而死亡。

二、霉菌及霉菌毒素

霉菌对人体的危害主要为霉菌所产生的霉菌毒素，影响水产品质量安全的霉菌毒素一方面可能来源于饲料，另一方面可能来源于水产品的加工及贮藏过程。霉菌毒素对人和畜禽主要毒性表现在神经和内分泌紊乱、免疫抑制、致癌致畸、肝肾损伤、繁殖障碍等。主要的霉菌毒素包括：黄曲霉毒素、玉米赤霉烯酮、伏马菌毒素、T-2 毒素、呕吐毒素、赭曲霉毒素。

1. 黄曲霉毒素

黄曲霉毒素（Aflatoxin）是真菌毒素，实际上是指一组化学组成相似的毒素，黄曲霉毒素最常见于花生及花生制品、玉米、棉籽、一些坚果类食品和饲料中，主要有黄曲霉毒素 B1、B2、G1 及 G2 等 10 多种，其中黄曲霉毒素 B1、M1 是强致癌物。

2. 玉米赤霉烯酮

玉米赤霉烯酮，即 F-2 雌性发情毒素，是镰刀菌产生的雌激素类内酯，主要存在于玉米和小麦中，虫害、冷湿气候、收获时机械损伤和贮存不当都可以诱发产生玉米烯酮。玉米烯酮几分钟内可经由口进入血液，7 小时内仍可在尿液中检出，致病机理同雌激素中毒症，可引起增重、不孕或流产。

3. 伏马菌素

伏马菌素（Fumonisins）其主要是由真菌 F. moniliforme 和 F. proliferatum 产生的次级代谢产物。粮食在加工、贮存、运输过程中易受上述两种真菌污染，特别是当温度适宜，湿度较高时，更利于其生长繁殖，产生一类结构性质相似的毒素，其中以伏马菌素 B1、B2 和 B3 为主。动物试验和流行病学资料已表明，伏马菌素主要损害肝肾功能。

4. T-2 毒素

T-2 毒素是由三线镰刀菌产生的代谢物，也是自然界最早发现的单端孢霉烯族化合物毒素，是毒性最强的霉菌毒素之一，具有致死作用和对皮肤细胞及遗传的毒性，能扰乱中枢神经系统，阻碍 DNA 和 RNA 的合成；HT-2 毒素可能是 T-2 毒素的代谢物，毒性几乎和 T-2 毒素一样。

5. 呕吐毒素

呕吐毒素又称去氧雪腐镰刀菌烯醇（Vomitoxin），主要存在于小麦及其产品中，玉米和大麦及其产品里也曾发现，呕吐毒素也是蛋白质和 DNA 合成的强力抑制剂，能导致免疫抑制，主要表现为拒食、恶心、呕吐、腹泻、大出血、红细胞减少、凝血差、免疫力下降、死亡率高等。

6. 赭曲霉毒素

赭曲霉毒素最初是从南非的赭曲霉株中分离出，可由某些青霉产生，能造成谷物和其他食品中的赭曲霉毒素污染。赭曲霉毒素包括 7 种结构类似的化合物，其中以赭曲霉毒素 A 毒性最大。赭曲霉毒素 A 主要危害肾，造成肾肿大，也可造成肠炎、淋巴坏疽、肝肿大等。

三、病毒

病毒能在被污染的水中和冷冻食品中存在数个月以上。病毒在食品中不生长，不繁殖，不会对食品产生腐败作用，但当由食品进入人体后会对人体产生致病性。因此，水产品质量检测中只需考虑对人类有致病作用的病毒，主要有甲肝病毒和诺瓦克病毒。

1. 甲型肝炎病毒

该病毒在较低温度下较稳定，但在高温下可被破坏，所以肝炎多发于冬季和早春。此病毒可在海水中长期存在且在海洋沉积物中存在一年以上。生的和熟的蛤、蠔和贻贝都曾与引发甲型肝炎相关，其中包括从被认可捕捞水域内捕捞的贝类。甲型肝炎的症状包括：虚脱、发烧、腹疼，病情可继发为病人出现黄疸，病情可轻（年幼的孩子往往无症状）可重，死亡率低，主要发生在老年人和有潜在疾病的人身上。1988 年上海流行的甲型肝炎，约有 29 万人感染，其原因是人们食用了被污染而又未被彻底加热的毛蚶。甲型肝炎引起的危害可通过彻底加热水产品和防止水产品加热后交叉污染来预防。

2. 诺瓦克病毒

诺瓦克病毒被认为是引起非细菌性肠道疾病（胃肠炎）的主要原因。据报道，1976—1980 年来，42% 非细菌性胃肠炎的发生是由诺瓦克病毒引起的。诺瓦克病毒常见于贝类中，引起的疾病与食用蛤（生的和蒸的）、牡蛎等有关，症状为恶心，呕吐、腹泻和痉挛，偶尔发烧。诺瓦克病毒引起的危害可通过充分加热水产品和防止加热后的交叉污染来预防。

四、寄生虫

可由水产品引起的寄生虫感染通常与食用生的或未煮熟的水产品有关，彻底加热水产品可以杀死所有寄生虫。可由水产品感染人的寄生虫多数是幼虫阶段寄生于鱼体内，人摄入这种感染鱼后，幼虫进入人体发育为成虫，侵害人体。寄生于水产品体内进而因食用而感染人类的寄生虫主要有以下几种：

1. 卫氏并殖吸虫和斯氏狸殖吸虫

前者由水产品中的幼虫感染人体后，在人体内发育成成虫引起人的肺吸虫病，后者幼虫直接引起人体皮肤及一些脏器官的损害，引起肺外形肺吸虫病。急性发病症状为腹痛、腹泻伴食欲减退，持续数日，继之出现胸痛、咳嗽、气短等呼吸系统症状；慢性主要症状是胸痛、胸闷、气短、咳嗽、咳铁锈色或烂桃样痰等呼吸系统症状，也可出现肺外的症状。成虫在宿主体内可活 5~6 a，长者可达 20 a。检测水产品时检测的是幼虫后尾蚴。

2. 华支睾吸虫

人食入含幼虫水产品后，在人体内发育为成虫侵害人体肝脏，引起人的华支睾吸虫病，是一种肝吸虫病。人被感染后可引起腹痛、腹泻、消化不良、黄疸、疲乏及肝肿大、胆囊炎、胆石症等，少数严重患者可发展成肝硬化甚至肝癌而引发死亡。成虫寿命约为 20~30 a。检测水产品时检测幼虫后尾蚴。

3. 阔节裂头绦虫

可引起人的阔节裂头绦虫病。成虫寄生于人的肠内，患者有疲倦、乏力、四肢麻木、腹泻或便秘以及饥饿感、嗜食盐、贫血等症状。但有时虫体可扭结成团，导致肠道、胆道口阻塞，甚至出现场穿孔等。也有阔节裂头蚴在人肺部和腹膜外寄生的报告。成虫在终宿主体内可活 5~13 a。检测水产品时检测幼虫裂头蚴。

4. 异尖线虫

人类因食入含有幼虫的海水鱼类等可受感染。被食入的幼虫在人体胃或肠内游离出来，并以其头部钻入胃或肠黏膜内寄生，造成机械损伤；同时侵入人体的虫体作为致敏原反复感染能引起过敏反应，虽然侵入的幼虫大多在 1 个月左右即死亡，但这暂时寄生也可引起异尖线虫病。发病急速，一般表现为急腹症，上腹部绞痛，伴有恶心、呕吐等。检测水产品时是检测异尖线虫蚴。

5. 颚口线虫

人因生食或食入未熟的含有颚口线虫第三期幼虫的淡水鱼可导致颚口线虫病。颚口线虫可以在人体内存活好几年，而且会全身游走，游到哪里，就会对哪里的组织器官带来损伤——除了由于虫体游走带来的机械损伤，还有它分泌的毒素会带来病害。如果到消化道，就会表现出腹痛、腹泻、便秘等；到胸部，可引起胸膜炎；到肺部可产生咳嗽和胸痛等症状；到耳部可引起听力障碍；到膀胱系统可出现血尿、痒痛等；到眼睛，可能失明。严重时可导致癫痫、肢体瘫痪和脑疝。检测水产品时是检测颚口线虫幼虫。

第四节　生物毒素类

生物毒素指出生物（包括动物、植物、微生物）产生的有毒化学物质。自然界中生物毒素种类繁多，能够影响水产品质量的生物毒素除霉菌毒素外主要有一些海洋生物毒素，海洋生物毒素主要是一些由海洋藻类或细菌等生物产生的毒素，大多数因在发现之初是在贝类、鱼类等体内检出，故多被命名为贝类毒素或某鱼类毒素。下面分别介绍：

一、麻痹性贝类毒素（Paralytical Shellfish Poisoning，缩写为 PSP）

麻痹性贝类毒素是到目前为止与水产品质量安全有关的分布最广、危害最大的一种生物毒素，是由甲藻产生的一类四氢嘌呤毒素的总称。现在已经发现的麻痹性贝类毒素有近 30 种。

人类 PSP 中毒的症状从有轻微的麻痹感到呼吸彻底麻木、窒息死亡。在嘴、齿龈、舌头周围的麻刺感常发生在食用有毒食品 5~30 min，有时接着会出现头痛、口渴、反胃和呕吐，同时还经常会出现指尖和足尖麻木，在 4~6 h，四肢和颈部会出相同的感觉。

二、腹泻性贝类毒（Diaxrrhetic Shellfish Poisoning，缩写为 DSP）

腹泻性贝类毒素是一类热稳定的亲脂性聚醚化合物，主要来自甲藻中的鳍藻属（Dinophysis）和原甲藻属（Prorocentrum）。腹泻性贝类毒素的分布不如麻痹性贝类毒素广泛。其中毒主要症状为呕吐、腹泻、腹绞痛等；可对肝细胞造成损伤，具有促进肿瘤生长的作用，其活性成分大田软海绵酸是强烈的致痛因子，因而其长期毒性效应当注意。我国对水产品中腹泻性贝类毒素（DSP）限量规定为不得检出（生物法检测）。

三、记忆缺失性贝类毒素 （Amnesia Shellfish Poisoning，缩写为 ASP）

记忆缺失性贝毒是一种氨基酸类化合物，主要由硅藻属菱形藻和红藻产生，其活性成分为软骨藻酸（Domnic acid，缩写为 DA），ASP 在食用后 3 d 出现症状，早期病人感到肠内不适，重症时引起面部怪相或咬牙的表情，症状主要包括恶心和腹泻。而腹泻有时会伴有神智错乱，方向感丧失甚至昏迷，短期记忆丢失和呼吸困难，也可导致死亡。

四、神经性贝类毒素 （Neurotoxic Shellfish Poisoning，编写为 NSP）

神经性贝类毒素毒性较强，但是到目前为止危害范围较小的一类毒素，主要由裸甲藻产生，主要分布在美国墨西哥湾一带，在欧洲和新西兰也有较小范围的分布。其引起人的中毒症状主要有：恶心、呕吐、腹泻、盗汗、寒冷、血压过低、心律不齐、四肢与嘴唇有麻木感、支气管收缩、疼痛发作，严重者瘫痪。但还未见有死亡和慢性中毒症状的报道。

五、鱼肉毒素 （西加毒素等）

鱼肉毒素，主要是由生活在热带地区的甲藻 （Gambierdiscus toxicus） 产生的一类毒素。毒素主要分为两部分：脂溶性的西加毒素 （Ciguatoxins） 和黑儿茶 （Gambierol）；水溶性的刺尾鱼毒素 （Maitotoxin，缩写为 MTX） 和水螅毒素 （Palytoxin） 两大类，是一类强烈的神经性毒素，导致的中毒症状有：胃肠部神经和心血管的紊乱，神经功能错乱，腹泻、呕吐、恶寒、出汗、搔痒，心搏过速或过缓，严重者四肢失去知觉、瘫痪，甚至死亡。食用鱼后 3 ~ 5 h 即会出现症状且会持续一定时间，有些症状可在 6 个月内反复发作，个别有死亡报道。

六、肝损伤性毒素 （Hepatotoxic Shellfish Poisoning，缩写为 HSP）

这类毒素包括虾夷扇贝毒素 （Yessotoxin，缩写为 YTX） 和蛤毒素 （Pectenotoxins 缩写为 PTX）。其中 YTX 是从虾夷扇贝 （Patinopecten yessoensis） 体内提取出的一种新的活性物质，后来又从其他扇贝和微藻中检测出多种 PTX 的衍生物。YTXs 和 PTXs 均不会引起腹泻，也不抑止蛋白磷酸酶活性，但都会危害人的肝脏。因此 Daranas 等人建议将这两类毒素统称为肝损伤性毒素。

七、河豚毒素 （Tetrodotaxins，缩写为 TTX）

在很长一段时间内，人们认为河豚毒素是河豚鱼特有的一种毒素，因此以河豚鱼的名字来命名这种毒素。后来，又陆续从蝾螈、软体动物、节肢动物、棘皮动物和两栖动物等动物体内发现了这类毒素。TTX 是一种毒性很强的神经性毒素，其毒性作用机理、产生的中毒症状与 PSP 毒素非常相似。

河豚鱼中毒患者一般都在食后 0.5 ~ 3 h 出现症状，最初表现为口渴、唇舌和指头等神经末梢分布处发麻，以后发展到四肢麻痹、共济失调和全身软瘫、心率由加速而变缓慢，血压下降、瞳孔先收缩而后放大，重症因呼吸困难窒息致死。死亡率高达 50%。

目前，对河豚鱼中毒患者尚无特效的解救药物。主要以预防为主。一旦中毒，对患者首先应尽快洗胃，并进行导尿。预防河豚鱼中毒应从渔业产销上严格控制，加工、销售企业要经正规途径批准。

八、原多甲藻酸毒素 （Azaspir acids，缩写为 AZA）

原多甲藻酸毒素是一类聚醚氨基酸，主要是由双鞭甲藻 （Protoperidinium crassipes） 产生。通过摄食作用，滤食性双壳贝类可以在体内累积 AZA，导致人类中毒。AZA 引起中毒的急性症状表现为：恶心、呕吐腹泻和胃痉挛，与 DSP 毒素致毒症状相似。

九、江珧毒素（Pinnatoxins）

1975—1981 年，日本有 2 500 余人因食用栉江珧（Pinna pectinata）而中毒。1995 年，人们从这类贝体内分离纯化得到一种大环聚醚类化合物，称之为江珧毒素。到目前为止，已发现江珧毒素的四类异构体。虽然江珧毒素在贝体内的含量很低，但其毒性却很高，能够在很短时间内就导致生物死亡，其机理主要是作用于 Ca^{2+} 离子通道，毒害神经系统。

十、其他动物毒素

1. 嗜焦素

在泥螺的黏液和内脏中，以及鲍鱼体内均含有一种称为"嗜焦素"的脱镁叶绿素，当人体摄入后、再经太阳照射会发生日光性皮肤炎，症状多出现在人体暴露的部位，在手背、足背、颜面和颈项处，发生局部性红肿、皮肤潮红、发痒、发胀、并有灼热，疼痛或麻痹僵硬等感觉。红肿退后，患处出现瘀点，有水疱、血疱、溃烂。

2. 蟹类毒素

世界上可供食用的蟹类已超过 20 种，所有的蟹或多或少的都含有有毒物质，其毒素产生的机理至今还不清楚。但有研究表明受"赤潮"影响的海域出产的沙滩蟹有毒可能与毒藻类有关。

3. 海兔类毒素

海兔又名海蛞蝓，以各种海藻为食。当它们食用某种海藻之后，身体就能很快变为这种海藻的颜色，以此来保护自己。海兔种类很多，卵中含有丰富的营养，是我国东南沿海人民所喜爱的食品，还可入药。海兔毒素对神经系统有麻痹作用。人如误食其有毒部位，或皮肤有伤口时接触海兔，都会引起中毒。

第五节　渔用饲料中的危害因素

饲料（包括原料）若被有毒有害物质、农药等污染，或饲料在加工过程中被有毒有害物质污染，再以这种不安全的饲料用于养殖生产、会导致养殖的水产动物生长缓慢或致病，也可能导致养殖的水产品体内有毒有害物质含量过高，影响消费者的食用安全。渔用饲料与水产品安全性相关的突出问题主要有：

一、微生物污染

渔用饲料为高营养物质，极易被细菌、霉菌污染，微生物检验是评判饲料质量以及检查是否会影响养殖品种质量的重要环节。检验内容主要有细菌总数、霉菌、致病菌如沙门氏菌检测等。

二、人为添加药物

一些企业在渔用饲料生产中滥用药物和饲料添加剂，如抗生素、促生长剂等。

三、原料中重金属、农药等各类污染物

渔用饲料的配方中动物原料主要是鱼粉用量较大，掺杂使假容易造成重金属污染，引起水产动物死亡以及水产品安全问题。如鱼粉掺加皮革粉易引起金属铬中毒；常用的诱食剂如鱿鱼内脏粉，常常含有大量的重金属镉。另外如铅、汞、砷、氟等。

四、原料中的毒素类

植物原料中存在一些天然的有毒有害物质影响鱼类生长和发病。如棉籽粕中含有棉酚，会抑制鱼类生长并引起各种器官组织坏死。菜籽饼粕中含有的毒素为硫葡萄糖甙及其降解产物异硫氰酸盐、恶唑烷硫等；大豆饼粕中含有的毒素为胰蛋白酶抑制因子、大豆凝集素、大豆皂甙以及抗维生素因子。

五、生物毒素类

渔用饲料含有大量豆粕、麦麸等原料，而这些原料极易霉变产生大量毒素，包括黄曲霉毒素、玉米赤霉烯酮、伏马菌毒素、t2毒素、呕吐毒素、赭曲霉毒素等，而这些毒素对鱼体危害较大，且较稳定，不仅可通过饲料危害到鱼的生长，亦可通过鱼的富集作用，危害人体的健康。

第六节　加工储存过程添加或产生的危害因子

一、食品添加剂

食品添加剂是指为改善食品品质和色、香、味以及防腐和加工工艺的需要而加入食品中的化学合成或者天然物质。可分为防腐剂、抗氧化剂、漂白剂、着色剂、护色剂、稳定和凝固剂、甜味剂、酸度调节剂、抗结剂、消泡剂、蓬松剂、乳化剂、酶制剂、增味剂、被膜剂、水分保持、营养强化剂、增稠剂和香料等。水产品加工中常用的食品添加剂主要有防腐剂、抗氧化剂、着色剂、脱水剂、护色剂、保水剂等。

1. 防腐剂

从广义上来讲，凡是能防止微生物的生长活动，延缓食品腐败变质或生物代谢的物质都叫防腐剂。防腐剂按抗微生物的作用程度可分为杀菌剂和抑菌剂。杀菌剂与抑菌剂的区别在于，杀菌剂能通过一定的化学作用杀死微生物，而抑菌剂能使微生物在一定时间内停止生长，而不进入急剧增殖的对数期，从而延长微生物繁殖一代所需要的时间。但同一种抗菌剂，浓度高时可致微生物死亡，而浓度低时能起到抗菌作用：作用时间长可以杀菌，作用时间短只能抑菌。由于各类微生物的生理特征不同，同一种防腐剂对某一种微生物具有杀菌作用，而对另一种微生物仅有抑菌作用。

水产品加工常用防腐剂主要有亚硝酸盐、山梨酸、苯甲酸等。

（1）硝盐酸和亚硝酸盐

硝酸盐和亚硝酸盐是腌制水产品中常用的防腐剂，用于肉类保藏已有几个世纪的历史。硝酸盐和亚硝酸盐对很多微生物具有很强的抑制作用，可以有效防止肉类腐败变质。此外，亚硝酸盐还是一种发色剂，亚硝酸盐和肉类的血红蛋白反应会形成一种可增进食欲的桃红色。亚硝酸盐还会产生一种诱人的腌肉风味，但亚硝酸盐具有强制癌性。

（2）苯甲酸和苯甲酸钠

苯甲酸和苯甲酸钠又称为安息香酸和安息香酸钠，由于在水中苯甲酸溶解度较低，一般多使用苯甲酸钠。由于它们需要在酸性环境中通过未解离的分子起抗菌作用，为此称为酸性防腐剂。苯甲酸及其盐类在酸性环境下对多种微生物有抑制作用，其抑菌作用的最佳 pH 值在 2.5~4.0，一般以低于 pH 值 4.5~5.0 为宜。

苯甲酸及苯甲酸钠的安全性较高，世界各国普遍许可使用。但过量苯甲酸对皮肤、眼睛和黏膜有一定的刺激性和致敏性，过量可引起肠道不适。

（3）山梨酸及山梨酸钾

山梨酸在水中溶解度较低，实际使用多为山梨酸钾。山梨酸及其钾盐对霉菌、酵母和需氧菌均有抑制作用，但对厌氧芽孢杆菌与乳酸杆菌几乎无效。山梨酸的防腐效果随 pH 值的升高而降低。适宜的 pH 值范围在 5~6 以下，亦属酸性防腐剂。山梨酸是一种不饱和脂肪酸，在体内可参加正常脂肪代谢，最后被氧化成二氧化碳和水，故几乎没有毒性。近年来亦有报道对皮肤稍有刺激。

（4）甲醛

甲醛为水产品中禁用药，但因为用甲醛浸泡水产品可以杀菌保鲜和改善已经部分腐烂的水产品的外观，故有不法商家违规使用情况，如长期接触甲醛溶液可能会致癌，若人体皮肤直接接触甲醛时，可能会引发过敏反应、皮肤炎或是湿疹；甲醛挥发性很强，对眼睛有强刺激性，具有伤害力；而若不慎吸入甲醛，会刺激口、鼻与呼吸道黏膜组织，轻则疼痛咳嗽，重则呼吸道发炎，甚至肺水肿。另外，甲醛的氧化产物——甲酸，也会对人体造成危害。

（5）硼酸、硼砂

硼酸及硼砂在不同食物中用作添加剂已有悠久历史。由于硼酸及硼砂能有效抑制酵母菌，对霉菌和细菌亦有轻微抑制作用，故可用来防止食物腐坏。此外，这两种添加剂亦可令食物更有弹性和更加松脆，并防止虾变黑。低浓度的硼砂在人体内会转化为硼酸，被身体所吸收。小量硼酸不会引致人体不良影响，但短时间摄入大量硼酸则会损害胃部、肠道、肝脏、肾脏和脑部，甚或引致死亡。

2. 漂白剂

水产品加工中可能用到的漂白剂主要为亚硫酸盐类。

亚硫酸盐作为广泛使用的漂白剂、防腐剂和抗氧化剂，通常是指既能够产生二氧化硫的无机性亚硫酸盐的统称，包括二氧化硫、硫磺、亚硫酸、亚硫酸盐、亚硫酸氮盐、焦亚硫酸盐和低亚硫酸盐。二氧化硫溶于水形成亚硫酸，能够抑制微生物的生长，从而实现水产品防腐的目的；同时，二氧化硫具有还原性，能够消耗水产品中的氧，可以抑制氧化酶的活性，进而抑制酶性褐变，实现抗氧化作用。

亚硫酸盐的毒性：①大量使用亚硫酸盐类食品添加剂会破坏食品的营养素。②人类食用过量的亚硫酸盐会导致头痛、恶心、眩晕、气喘等过敏反应。哮喘者对亚硫酸盐更是格外敏感，因其肺部不具有代谢亚硫酸盐的能力。

3. 抗氧化剂

抗氧化剂是能阻止或延迟食品氧化，以提高食品的稳定性和延长贮存期的物质。抗氧化剂分油溶性抗氧化剂和水溶性抗氧化剂。我国允许使用的油溶性抗氧化剂种类有丁基羟基茴香醚（bha）、二丁基羟基甲苯（bht）、没食子酸丙酯（pg）、混合生育酚浓缩物（维生素 e），水溶性的有 l-抗坏血酸（维生素 c）及其钾、钠盐、异抗坏血酸、异抗坏血酸钠、植酸、乙二胺四乙酸二钠（edta）等。其中，抗坏血酸及其钾、钠盐是比较常用的水溶性抗氧化剂，它们能与氧结合，防止食品由于氧化而造成的褪色、变色、变味等，此外还有钝化金属离子的作用。异抗坏血酸和异抗坏血酸钠是抗坏血酸和抗坏血酸钠的异构体，它们几乎没有维生素 c 的抗坏血病作用，但是抗氧化却与抗坏血酸和抗坏血酸钠相似。我国允许将异抗坏血酸钠应用于啤酒、果汁、罐头、水果、蔬菜、冷冻鱼、肉及肉制品等食品的生产。其他脂溶性抗氧化剂一般毒性也都较低。

4. 着色剂

食品中常用着色剂有柠檬黄、胭脂红、日落黄等，其中柠檬黄、胭脂红分别为黄色、红色着色剂，属于我国食品添加剂中允许应用的食用色素，可用于果汁饮料、配制酒、碳酸饮料、糖果、糕点、冰淇淋、酸奶等食品的着色。但是，不能用在肉干、肉脯制品、水产品等食品中，主要是为了防止一些不法分子通过使用色素将不良的原料肉如变质肉的外观掩盖起来，欺骗消费者。长期过量使用这几种着色剂有可能影响儿童智力。日落黄为橙红色着色剂，在水产品加工中主要用于虾片加工。人如果长期或一次性大量食用柠檬黄、日落黄等色素含量超标的食品，可能会引起过敏、腹泻等症状，当摄入量过大，超过肝脏负荷时，会在体内蓄积，对肾脏、肝脏产生一定伤害。

此外，还有一些食品中禁用的一些化学品也有可能被一些不法商家作为着色剂使用，如"苏丹红"又名"苏丹"，属于化工染色剂，主要是用于石油、机油和其他的一些工业溶剂中，目的是使其增色，也用于鞋、地板等的增光。它的化学成分中含有一种叫萘的化合物，该物质具有偶氮结构，它具有致癌性，对人体的肝肾器官具有明显的毒性作用。

5. 助味剂（酸、甜）

在食品加工过程中，为调节产品的味道，而用到的添加剂，称为助味剂。所用的助味剂主要包括酸味剂和甜味剂：酸味剂主要包括酒石酸、苹果酸、柠檬酸和丁二酸；甜味剂主要包括糖精钠、环己基氨基磺酸钠和乙酰磺胺酸钾。但以上助味剂均不允许在水产品加工过程中使用。

6. 脱水剂（明矾）

对于水产加工制品如海蜇，明矾是常用的脱水剂。明矾遇水后呈酸性，可使海蜇保持凝固状态，在具有一定厚度的同时增加海蜇的弹性。明矾在鱼糜制品即食用鱼皮等产品加工过程中也偶有添加，主要起着护色、抗氧化和凝固等作用。但人体过量摄入明矾会影响身体健康。

7. 发色剂

发色剂在水产品中主要用于提高水产品外观，常用的为一氧化碳。

一氧化碳（CO）作为一种气体发色剂在国内外应用较为广泛，在鱼类特别是金枪鱼及罗非鱼加工过程中已经大量使用。应罗非鱼主要进口国——美国的要求，我国罗非鱼加工过程中一般采用 CO 发色来提高鱼片的外观卖相。但是，发色后 CO 残留安全性问题在国内外市场尚存在较大的争议，特别是近年来报道的由于食用经 CO 处理后的金枪鱼导致中毒事件发生以后，人们对 CO 的使用持谨慎态度。日本、欧盟、加拿大、新加坡等国家和地区已禁止采用 CO 发色金枪鱼。目前，国内外市场直接运用 CO 进行发色的水产品主要有金枪鱼和罗非鱼两种。

8. 保水剂及品质改良剂

多聚磷酸盐作为保水剂和品质改良剂广泛用于鱼类和肉制品加工过程中。起到保持水分改善口感的作用，同时还有提高产品出成率的作用。但是磷酸盐的过量残留会影响人体中钙、铁、钢、锌等必需元素的吸收平衡，体内磷酸盐的不断积累会导致机体钙磷失衡，影响钙的吸收，容易导致骨质疏松症。

二、水产品加工储存过程中产生的危害

水产品加工的方法主要有：冷冻、腌制、熏制、干制、罐装等。水产品原料在各种不同的生产工艺条件下加工处理时，会同时产生一些有毒、有害物质。例如，在水产品的腌制过程中 N‐亚硝基化合物的增加；熏制水产品时苯并芘的产生。水产品在储存过程中也会随时间延长产生一些化合物，影响水产品的鲜度，如挥发性盐基氮、游离脂肪酸等。

1. 苯并［a］芘

水产品在熏制过程中会产生苯并［a］芘，苯并［a］芘又称3，4‐苯并芘，性质稳定，常温下为浅黄色针状结晶，溶于有机溶剂，而不溶于水。在酸性情况下不稳定，易与硝酸等起化学反应。苯并［a］芘对机体各脏器，如肺、肝、食道、胃肠等均可致癌。根据流行病学调查资料分析，可以认为人经常摄入含苯并［a］芘的食物与消化道癌症发病率有关。

2. N‐亚硝基化合物

鱼类食品在腌制和焙烤加工过程中，加入的硝酸盐和亚硝酸盐可与蛋白质分解产生的胺反应，形成 N‐亚硝基化合物，如吡咯亚硝胺（npyp）和二甲基亚硝胺（ndma）等。尤其是腐败变质的鱼类，可产生大量的胺类，这些化合物与添加的亚硝酸盐及食盐中存在的亚硝酸盐等作用生成 N‐亚硝基化合物。腌制食品如果再用烟熏，则 N‐亚硝基化合物的含量将会更高。

N‐亚硝基化合物是一大类有机化合物，有300多种，已经证明约90%具有强致癌性，其中的 N‐亚硝酰胺是终末致癌物。亚硝胺需要在体内活化后才能成为致癌物。

3. 一氧化碳

在食品的熏制过程中，熏材的不完全燃烧会产生一氧化碳。一氧化碳是一种良好的发色剂，它可以有效防止肌红蛋白中 Fe^{2+} 向 Fe^{3+} 的转化，从而达到较长时间保持肉质良好色泽的目的。许多不法商版使用不新鲜的水产品进行熏制，而熏制过程产生的 CO 可以使产品产生良好诱人的色泽，误导人们的消费行为。

4. 甲醛

（1）熏制过程中产生的甲醛

在熏制过程中，熏材缓慢燃烧或不完全燃烧可以形成大量的熏烟，熏烟中的酚类和醛类是熏制品保持特有香味的主要成分。渗入皮下脂肪的酚类可以防止脂肪氧化。酚类、醛类和酸类还对微生物生长具有抑制作用。甲醛就是熏烟中的一种醛类，它可以抑制微生物的生长，起到防腐剂的作用。但是，过量甲醛的产生可以对人体产生危害，因此在熏制过程中应该控制甲醛产生的量。

（2）水产品自身产生的甲醛

许多水产品可以自身产生甲醛，主要是在干制水产品储存过程中产生。在贮藏过程中，水产品在酶和微生物的作用下可自身产生甲醛。其中氧化三甲胺酶（tmaoase）是最主要的酶，这种酶以氧化三甲胺作底物，将氧化三甲胺分解为二甲胺和甲醛。

5. 组胺 （鲭鱼毒素）

组胺是鱼体中的游离组氨酸在组氨酸脱羧酶的催化下，发生脱羧反应而形成的一种胺类，这一过程受很多因素的影响。鱼类在存放过程中产生自溶作用，先由组织蛋白酶将组氨酸释放出来，然后由微生物产生的组氨酸脱羧酶将组氨酸脱去羧基，形成组胺。因为青皮红肉的鱼类如鲭鱼中含有血红蛋白较多，因此组氨酸含量也较高，当受到富含组氨酸脱羧酶的细菌污染，并在适宜的环境中，组氨酸就被大量分解脱羧而产生大量组胺，故也称为鲭鱼毒素。摄入含有大量组胺的鱼肉，会发生过敏、中毒现象。食用者的过敏性症状一般在事后 1~3 h 内出现，主要症状包括：尖利或辛辣的味觉、恶心、呕吐、腹部痉挛、腹泻、面部红肿、头痛、头晕、余悸、荨麻疹、脉搏快且弱、口渴、吞咽困难。

6. 尸胺和腐胺

鱼死后体内的一些肠道微生物可以作用于鱼肌肉组织中游离的鸟氨酸和赖氨酸，脱去鸟氨酸和赖氨酸的羧基，形成腐胺和尸胺。有研究表明，这两种生物胺不但可以直接引起消费者的中毒，还可以作为组胺的增效剂，加重组胺中毒的症状。在腌制的水产品中，产生的生物胺主要是尸胺和腐胺，而且产生的阶段主要是在腌制结束以后的干制初期。

第七节　物理类危害因子

水产品的物理危害指能导致人体损伤，如牙齿破损、嘴划破等，不会对生命产生威胁的问题。

物理危害包括水产品中的碎骨片、鱼刺、加工过程混入的金属碎片、碎玻璃、木头片、沙子、碎岩石或石头、昆虫以及昆虫残骸、啮齿动物及其他哺乳类动物的头发以及其他通常过程的无长期危害的物质。防止物理类危害的发生，应从以下几个方面注意。

1. 原材料

在原材料收到之前，对原材料中外来物质就应开始进行控制。所有的原材料和水产品成分在收到时都应受到仔细检查。原料产地明确、来源可靠、收购者具有正规执照等可以消除或最大限度减少水产品中含有的外来物质的可能性。

2. 设施

正确保护的光线装置、正确设计的设施和设备以及充分的设施和设备维护，将阻止污染物从设施传播到水产品中。保持设施中没有鼠虫害，可以防止鼠虫害来源的外来物质进入水产品。

3. 工艺

所有的工艺都应有完整规范细致的操作规范，并有防控物理危害的措施，以确保在加工过程中不会产生物理危害。例如，对于所有的装瓶操作，玻璃粉碎处理程序应该包括：无论什么地方发生玻璃破碎，就应该停止该生产线，并停止移动可能的受影响的仪器。除此之外，特殊的预防措施，例如磁铁、金属探测器或 x 光设备的安装，必须充分控制潜在物理危害。另外，如果一个工艺能产生潜在危害，例如一个定位升降机或粉碎机，由设备组成部分摩擦而产生的金属碎片是一个常见的问题，则要改变工艺、程序或设备。

4. 员工行为管理

不良的员工行为是生产中大部分的物理污染物进入产品的主要原因。首饰、发夹、别针、钢笔、铅笔以及纸片等是来自于员工的污染物例子，员工教育和监控是控制这些外来物的首要措施。如发布明确细致的员工手册，规范着装、行为规范等，可大大降低物理危害的发生。

第三章　水产品质量检验方法与步骤

第一节　水产品质量检验方法

水产品检验方法应根据测定目的和被检验物质的性质，选用适当的方法。最常用的方法有感官检验法，物理检验法、化学分析法、物理化学分析法和生物技术方法。

一、感官检验法

感官分析法是一种很重要的检测手段。水产品质量感官检验的基本方法，实际上就是依靠视觉、嗅觉、味觉、触觉和听觉等来鉴定水产品的外观形态、色泽、气味、滋味和硬度等，其检验常在理化和微生物检验方法之前进行。

①视觉检验方法。这是判断水产品质量的一个重要感官手段。水产品的外观形态和色泽对于评价水产品的新鲜程度有着重要意义。视觉鉴别应在适宜感官检验的场所进行，检验时应注意整体外观、大小、形态、块形的完整程度、清洁程度、表面有无光泽、颜色的深浅等。

②嗅觉鉴别方法。人的嗅觉器官相当敏感，甚至用仪器分析的方法也不一定能检查出来的极轻微变化，用嗅觉鉴别却能够发现。当水产品发生轻微的腐败变质时，就会有不同的异味产生。如油炸水产品产生氧化酸败而有哈喇味等。检验人员检验前禁止吸烟。

③味觉鉴别方法。感官鉴别中的味觉对于辨别水产品质的优劣是非常重要的一环，味觉器官不但能品尝到水产品的滋味，而且对于水产品中极轻微的变化也能敏感地察觉。

④触觉鉴别方法。凭借触觉来鉴别食品的膨、松、软、硬、弹性（稠度）等，以评价食品品质的优劣，也是常用的感官鉴别方法之一。例如，根据鱼体肌肉的硬度和弹性，常常可以判断鱼是否新鲜或已腐败。

感官评价的方法有比较法、评分法、描述法和对照法等。

二、物理检验法

水产品的物理检验法是依据物理方法对于水产品物理性质进行的检验。其检验的项目包括：湿度、体积、质量、弹性、密度、折射率、旋光度、黏度、色度、浊度、气体压力的测定等。

三、化学分析法

化学分析法又称为化学检验法。水产品的某些特性可通过化学反应显示出来，水产品的这种性质称为化学性质。化学分析法即是以化学反应为基础的分析方法。化学分析法又分为定性分析和定量分析，定量分析中又可分为质量分析和容量分析。

1. 定性分析

定性分析是检查某一物质是否存在。它是根据被检物质的化学性质，经适当分离后，与一定试剂产生化学反应，根据反应所呈现的特殊颜色或特定性状的沉淀来进行判定。

2. 定量分析

定量分析是检查某一物质的含量。可供定量分析的方法很多，除利用重量和容量分析以外，近年来定量分析的方法，朝着快速、准确、微值的仪器分析方向发展，如光学分析、电化学分析、层析分析法等。

（1）重量分析法

重量分析法是将被测成分与样品中的其他成分分离，然后称定该成分的重量，计算出被测物质的含量。它是化学分析中最基本、最直接的定量方法，尽管操作麻烦、费时，但准确度较高，常作为检验其他方法的基础方法。

目前，在食品卫生检验水分、脂肪含量、溶解度、蒸发残渣、灰分等的测定都是重量法。由于红外线灯、热天平等近代仪器的使用，使重量分析操作，朝着快速和自动化分析的方向发展。

①沉淀法：利用沉淀反应使被测组分以难溶化合物的形式沉淀出来，然后将沉淀过滤、洗涤、烘干或灼烧成一定的物质，成其质量，最后计算其含量。

②气化法：对称挥发法，一般是通过加热或其他方法使试样中某些被测组分气化逸出，然后根据试样质量的减轻计算出该组分的含量。或者在该组分逸出后选用某种吸收剂来吸收它，可根据试剂的增重来计算被测组分的含量。适用于挥发性组分的测定。

③电解法：利用电解原理使被测离子在电极上析出，然后根据电极的增重来求得被测组分的含量。

④萃取法：利用萃取原理，用萃取剂将被测组分从试样中分离出来，然后进行称重的方法。

3. 容量法

又称滴定分析法，将已知浓度的操作溶液（即标准溶液），由滴定管加到被检溶液中，直到所用试剂与被测物质的量相等为止。反应的终点，可借指示剂的变色来观察，根据标准溶液的浓度和消耗标准溶液的体积，计算出被测物质的含量。根据其反应性质不同，容量分析法可分为以下4类。

（1）酸碱中和滴定法

即利用酸碱中和反应，用已知浓度的酸/碱溶液来测定碱/酸溶液的浓度的方法。其终点的指示是借助于适当的酸碱指示剂如甲基橙和酚酞等的颜色变化来显示。其反应实质可表示为：

$$H_3O^+ + OH^- \leftrightharpoons 2H_2O$$

$$HA + OH^- \leftrightharpoons A^- + H_2O$$

$$A^- + H_3O^+ \leftrightharpoons HA + H_2O$$

（2）配位滴定法（络合滴定）

以配位反应为基础的滴定分析法。目前常用 EDTA 做标准溶液，测定各种金属离子，即 EDTA 法。它是利用金属离子与氨羧络合剂定量地形成金属络合物的性质，在适当的 pH 值范围内，以 EDTA 溶液直接滴定，借助于指示剂与金属离子所形成络合物的稳定性较小的性质，在达到当量点时，EDTA 从指示剂络合物中夺取金属离子而使溶液中呈现游离指示剂的颜色，来指示滴定终点的方法。

其反应为：

$$M^{n+} + Y^- = MY^{n-1}$$

（3）氧化还原滴定法

以氧化还原反应为基础的滴定分析法。根据使用标准溶液的不同，可分为高锰酸钾法、重铬酸钾法、碘量法、溴酸盐法、铈量法等。

（4）沉淀滴定法

以沉淀反应为基础的滴定分析法。最常用的是银量法，即用 $AgNO_3$ 标准溶液测定卤化物含量的方法。

四、物理化学分析法

物理化学分析法是根据被测物质的物理或物理化学性质进行测定的一种方法，是当前水产品质量检验最主要、最常用的检验方法。主要有光学法、电化学法和色谱法。在水产品质量检验中最常用的方法有紫外－可见分光光度法，原子吸收分光光度法，原子荧光分光光度分析法，气相色谱法，液相色谱法，气相色谱－质谱联用分析技术，液相色谱－质谱联用分析技术等。

1. 紫外－可见分光光度法

紫外－可见分光光度法是利用物质的分子对紫外－可见光谱区（一般认为是 200～800 nm）的辐射吸收来进行的一种仪器分析方法，它广泛用于无机和有机物质的定性和定量分析。水产品质量检验中用于检测水质中的总磷、总氮、石油类、挥发性酚等。其特点为：应用广泛、灵敏度高、选择性好、准确度高、适用浓度范围广、分析成本低、操作简便、快速。所用仪器类型有：单波长单光束直读式分光光度计，单波长双光束自动记录式分光光度计和双波长双光束分光光度计。

（1）原理

紫外－可见分光光度法：是根据物质分子对波长为 200～760 nm 范围的电磁波的吸收特性所建立起来的一种定性、定量和结构分析方法，其操作简单、准确度高、重现性好，波长长（频率小）的光线能量小，波长短（频率大）的光线能量大。分光光度测量是关于物质分子对不同波长和特定波长处的辐射吸收程度的测量。

（2）构造

紫外－可见分光光度计由 5 个部件组成：①辐射源。必须具有稳定的、有足够输出功率的、能提供仪器使用波段的连续光谱，如钨灯、卤钨灯（波长范围 350～2 500 nm），氘灯或氢灯（180～460 nm），或可调谐染料激光光源等。②单色器。它由入射、出射狭缝、透镜系统和色散元件（棱镜或光栅）组成，是用以产生高纯度单色光束的装置，其功能包括将光源产生的复合光分解为单色光和分出所需的单色光束。③试样容器，又称吸收池。供盛放试液进行吸光度测量之用，分为石英池和玻璃池两种，前者适用于紫外到可见光区，后者只适用于可见光区。容器的光程一般为 0.5～10 cm。④检测器，又称光电转换器。常用的有光电管或光电倍增管，后者较前者更灵敏，特别适用于检测较弱的辐射。近年来还使用光导摄像管或光电二极管矩阵作检测器，具有快速扫描的特点。⑤显示装置。这部分装置发展较快，较高级的光度计，常备有微处理机、荧光屏显示和记录仪等，可将图谱、数据和操作条件都显示出来。

（3）仪器主要参数

以紫外分光光度计 UV－2000 为例：

①单束光：1 200 条/mm 衍射光栅、光谱带宽 5 nm；

②波长范围：200～1 000 nm；波长精度 ±2.0 nm；波长重复性1.0 nm；波长显示的刻度盘，精确至 2 nm；

③杂散光：≤0.5%T 在 220 nm、360 nm 处；

④光度范围：0%～125%T，－0.097～0.025 00 A 0～1 999C（0～1 999F）；

⑤光度输出：±0.5%T。

（4）操作步骤

①插上电源插头，接通电源，打开电源总开关，仪器进入自检状态；

②预热 20 min 后，达到稳定状态；

③按"MODE"选择吸光度档，将样品放入比色池中，选择适当的波长，按"100%"键调零；

④依次将样品放入光路中，以浓度-吸光度做标准曲线；

⑤将样品放入光路中，查标准曲线获得溶液的浓度；

⑥关闭电源，罩上防尘罩。

（5）注意事项

①产品在制造厂原包装条件下，在室内储存，其环境温度为 5~35℃，相对湿度不大于85%，且在空气中不应有足以引起腐蚀的有害物质；

②仪器在出厂前已调试到最佳状态，所以不能擅自调整，更不能拆卸其中的零件，尤其不能碰伤光学镜面，也不可随意擦拭。

2. 原子吸收分光光度法

原子吸收光谱法（Atomic ahsorption spectrometry，缩写为 AAS），又称原子吸收分光光度法，是 20 世纪 50 年代中期出现并在以后逐渐发展起来的一种新型仪器分析方法。它是基于被测元素的基态原子对待征辐射的吸收程度来测定试样中被测元素含量。所用仪器为原子吸收分光光度计，根据物质基态原子蒸气对特征辐射吸收的作用来进行金属元素分析，它能够灵敏可靠地测定微量或痕量元素。原子吸收光谱法作为一种测定痕量和超痕量元素的最有效方法之一，已被人们普遍承认和接受，并得到了不断地发展和创新。在检验检疫、环保、医药等部门得到了日益广泛应用，在水产品质量检验中原子吸收分光光度计主要检测水产品中的重金属含量。

（1）原理

原子吸收分光光度计法的原理是由一种特制的光源（元素的空心阴极灯）发射出该元素的特征谱线（具有规定波长的光），该谱线通过将试样转变为气态自由原子的火焰或电加热设备，则被待测元素的自由原子所吸收产住吸收信号。所测得的吸光度的大小与试样中该元素的含量成正比，即：

$$T = \frac{I_t}{I_o}$$

$$A = \lg \frac{I_o}{I_t} = KcL$$

式中：T——透光率；

　　　I_o——入射光强度；

　　　I_t——透过光强度；

　　　A——吸光度；

　　　k——原子吸收系数；

　　　c——被测元素在试样中的浓度；

　　　L——原子蒸气层的厚度。

（2）构造

原子吸收光谱仪器主要由光源、原子化器、单色器、背景校正系统、自动进样系统和检测系统等组成。

①光源：常用待测元素作为阴极的空心阴极灯。

②原子化器主要有四种类型：火焰原子化器、石墨炉原子化器、氢化物发生原子化器及冷蒸气发生原子化器。

火焰原子化器：由雾化器及燃烧灯头等主要部件组成。其功能是将供试品溶液雾化成气溶胶后，再与燃气混合，进入燃烧灯头产生的火焰中，以干燥、蒸发、离解供试品，使待测元素形成基态原子。燃烧火焰由不同种类的气体混合物产生，常用乙炔空气火焰。改变燃气和助燃气的种类及比例可以控制火焰的温度，以获得较好的火焰稳定性和测定灵敏度。

石墨炉原子化器：由电热石墨炉及电源等部件组成。其功能是将供试品溶液干燥、灰化，再经高温原子化使待测元素形成基态原子。一般以石墨作为发热体，炉中通入保护气，以防氧化并能输送试样蒸气。

氢化物发生原子化器：由氢化物发生器和原子吸收池组成，可用于砷、锗、铅、镉、硒、锡、锑等元素的测定。其功能是将待测元素在酸性介质中还原成低沸点、易受热分解的氢化物，再由载气导入由石英管、加热器等组成的原子吸收池，在吸收池中氢化物被加热分解，并形成基态原子。

冷蒸气发生原子化器：由汞蒸气发生器和原子吸收池组成，专门用于汞的测定。其功能是将供试品溶液中的汞离子还原成汞蒸气，再由载气导入石英原子吸收池，进行测定。

③单色器：其功能是从光源发射的电磁辐射中分离出所需要的电磁辐射，仪器光路应能保证有良好的光谱分辨率和在相当窄的光谱带（0.2 nm）下正常工作的能力，波长范围一般为 190～900 nm。

④检测系统

由检测器、信号处理器和指示记录器组成，应具有较高的灵敏度和较好的稳定性，并能及时跟踪吸收信号的急速变化。

⑤背景校正系统

背景干扰是原子吸收测定中的常见现象。背景干扰通常来源于样品中的共存组分及其在原子化过程中形成的次生分子或原子的热发射、光吸收和光散射等，这些干扰在仪器设计时应设法予以克服。常用的背景校正法有以下四种：连续光源（在紫外区通常用氘灯）、塞曼效应、自吸效应和非吸收线等。

（3）仪器主要参数

以 Solaar s4 原子吸收分光光度计为例：

①双光束：全息光栅 1 800 线/mm；

②波长范围：185～900 mm；

③光谱带宽：0.2 nm、0.5 nm、1.0 nm，并可做半峰高测量；

④狭缝设定：自动⑨⑨；

⑤波长扫描：自动；

⑥石墨炉温度范围：室温～3 000℃；

⑦升温速率：2 000℃/秒；

⑧进样量：1～100 μL；

⑨样品盘位数：样品量 60 个样品位置 10 个标准品位置。

（4）操作步骤

火焰法：

①向雾化室内注入去离子水，至废液管自然流出水为止。

②打开仪器开关及电脑开关，打开仪器软件并连接仪器。选择测定方法并点着相应的空心阴极灯，预热 15 min。

③开启燃气及助燃气体，乙炔气—0.62 bar；开启空气压缩机，设定压力为4.1 bar。

④分析过程。

点火/熄火——保持正确连接，气体无泄漏、气源压力正确。雾化室干净、排废管充满水溶液；燃烧器正确插入且干净；保持排风系统打开。设置：打开方法设定按钮，设定相应方法；光谱仪参数设定；点击 Sequence 设定测量元素；点击 Flame 设定相关参数；在标准曲线设定窗口选用线性最小二乘法；回到 General 窗口，按分析按钮以蒸馏水调零，然后测定样品。

石墨炉法：

①氩气压力稳定在（1.1±0.14）bar；冷却水系统保持水温23℃；石墨管正确安装；自动进样器安装与调整。

②在 General 窗口选择 Furnace 和自动进样器型号；进样方法为：1#试剂杯放主标准溶液，2#放空白液，3#放稀释液，4#放基体改进剂，样品杯中顺序放置待测样品；选择峰高测量方式，选氘灯背景校正；石墨炉程序升温的设定：Calibration 与 QC 的设定同火焰法，在 Sampling 中设定智能稀释、进样体积及进样状态，返回 General 进行分析。

（5）注意事项

在原子吸收分光光度分析中，必须注意背景以及其他原因引起的对测定的干扰，以及仪器某些工作条件（如波长、狭缝、原子化条件等）的变化可影响灵敏度、稳定程度和干扰情况。在火焰法原子吸收测定中可采用选择适宜的测定谱线和狭缝、改变火焰温度、加入络合剂或释放剂、采用标准加入法等方法消除干扰；在石墨炉原子吸收测定中可采用选择适宜的背景校正系统、加入适宜的基体改进剂等方法消除干扰。具体方法应按各品种项下的规定选用。

3. 原子荧光分光光度分析法

原子荧光分光光度分析是20世纪60年代提出并发展进来的新型光谱分析技术，它具有原子吸收光谱和原子发射光谱两种技术的优势，克服了其某些方面的缺点，具有分析灵敏度高、干扰少、线性范围宽、可多元素同时分析等特点，是一种优良的痕量分析技术。目前，氢化物发生—原子荧光技术已成为食品卫生、饮用水、矿泉水中重金属检测的国家标准方法，是环境监测的标准推荐方法，并已成为国内众多分析测试实验室的常规测试仪器。在水产品质量检验中，主要应用于水产品中的重金属含量检测。

（1）原理

①原子荧光光谱法基本原理

原子荧光是原子蒸气受具有特征波长的光源照射后，其中一些自由原子被激发跃迁到较高的能态，然后去活化回到某一能态（常常是基态）而发射出特征光谱的物理现象。当激发辐射的波长与产生的荧光波长相同时，称为共振荧光，它是原子荧光分析中最主要的分析线。各元素都有其特定的原子荧光光谱，根据原子荧光强度的高低可测得试样中待测元素含量，这就是原子荧光光谱分析。

②氢化物发生原理

当与合适还原剂，如硼氢化钾等发生反应时，砷、锑、铋、锡、硒、碲、铅、锗等可形成气态氢化物，汞可生成气态原子态汞，镉、锌可生成气态组分，这就是氢化物发生进样的原理基础。

例：$KBH_4 + H_2O + H^+ \rightarrow H_3BO_3 + K^+ + H \cdot \xrightarrow{E^{m+}} EH_n + H_2 \uparrow$

（2）仪器构造

以 AFS-830 双道原子荧光光度计为例：

AFS-830 双道原子荧光光度计主要由原子荧光光度计主机、AS-30 自动进样器、顺序注射氢化物发生及气液分离系统、数据处理系统等部分。

①原子荧光光度计主机

光度主机主要有四部分构成：原子化系统、光学系统、电路系统和气路系统。

②AS-30自动进样器

采用的AS-30自动进样器上原子荧光的专用进样系统。通过计算机控制采样臂的XYZ三向运动，自动到达样品位置，从而达自动进样的目的。

③SIS-100顺序注射系统

采用了目前世界上最先进的顺序注射系统，它由两个注射泵、一个多位阀、一个蠕动泵（只用于排废液等）、一个混合块、一个反应模块和两级气液分离器组成。

（3）仪器主要参数

①可同时测定两种金属元素；

②检测元素：砷（As）、汞（Hg）、硒（Se）、锗（Ge）、铋（Bi）、碲（Te）、锑（Sb）、镉（Cd）、铅（Pb）、锌（Zn）等10种元素；

③检出限：砷等典型元素小于等于0.01 μg/L，冷原子测汞小于等于0.003 μg/L；

④相对标准偏差：优于1.0%；

⑤线性范围：大于三个数量级；

⑥具有自动稀释和配制溶液的功能。

（4）操作步骤

①开启计算机、打开分光光度计主机，运行AFS-830软件。

②仪器进入初始化。

③进行仪器条件的设置。

④进行测量参数设置。

⑤预热30分钟后，打开氩气，测量。测量完成后，贮存文件或打印报告。

⑥运行仪器清洗程序。关闭载气，放松泵管。

⑦测试完毕后，在系统指定的出口退出系统；先关闭分光光度计主机电源，再关闭电脑，切断总电源。

⑧罩上仪器罩，打扫室内卫生，并在仪器使用登记本上填写使用记录。

（5）注意事项

①在开启仪器前，一定要注意开启载气。

②测试结束后，一定在空白溶液杯和还原剂容器内加入蒸馏水，运行仪器清洗管道，关闭载气，并打开压块，放松泵管。

③自动进样器上取下样品盘，清洗样品管及样品盘，防止样品盘被腐蚀。

④换元素灯时，一定要在主机电源关闭的情况下，不得带电源拔灯。

4. 气相色谱法

气相色谱法或称气相层析法，是近50年来迅速发展起来的一种新型分离分析技术。就其操作形式属于柱层析，按固定相的聚集状态不同，分为气-固层析及气-液层析两类；按分离原理可分为吸附层析及分配层析两类。气-液层析属于分配层析，气-固层析多属于吸附层析。气相色谱法的特点，可概括为高效能、高选择性、高灵敏度，用量少、分析速度快，而且还可制备高纯物质等。因此气相色谱法在食品工业、石油炼制、基本有机原料、医药等方面得到广泛应用。在食品卫生检验中，使用气相色谱法主要测定水产品中农药残留量、溶剂残留量、高分子单体（如氯乙烯单体、苯乙烯单体等）以及水产品中添加剂的含量。但也有不足之处，首先是气相色谱法不能直接给出定性的结果，它不能用来直接分析未知物；其次是如果没有已知纯物质的色谱图和它对照，就无法判定某一色谱峰代表何物；再者是分析高含量样品准度不高，分析无机物和高沸点有机物时还比较困难等。所有这些均需进一步加以改进。

（1）原理

气相色谱（GC）是一种分离技术。实际工作中要分析的样品往往是复杂基体中的多组分混合物，对含有未知组分的样品，首先必须将其分离，然后才能对有关组分进行进一步的分析。混合物的分离是基于组分的物理化学性质的差异，GC主要是利用物质的沸点、极性及吸附性质的差异来实现混合物的分离。待分析样品在汽化室汽化后被惰性气体（即载气，一般是 N_2、He 等）带入色谱柱，柱内含有液体或固体固定相，由于样品中各组分的沸点、极性或吸附性能不同，每种组分都倾向于在流动相和固定相之间形成分配或吸附平衡。但由于载气是流动的，这种平衡实际上很难建立起来，也正是由于载气的流动，使样品组分在运动中进行反复多次的分配或吸附/解附，结果在载气中分配浓度大的组分先流出色谱柱，而在固定相中分配浓度大的组分后流出。当组分流出色谱柱后，立即进入检测器，检测器能够将样品组分的存在与否转变为电信号，而电信号的大小与被测组分的量或浓度成比例，当将这些信号放大并记录下来时，就是如图3.1所示的色谱图（假设样品分离出三个组分），它包含了色谱的全部原始信息。在没有组分流出时，色谱图的记录是检测器的本底信号，即色谱图的基线。

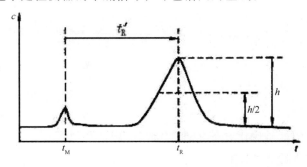

图 3.1　气相色谱图

2）仪器构造结构

气相色谱仪是实现气相色谱过程的仪器，仪器型号繁多，但总的说来，其基本结构是相似的，主要由载气系统、进样系统、分离系统（色谱柱）、检测系统以及数据处理系统构成。

①载气系统

载气系统包括气源、气体净化器和气路控制系统。载气是气相色谱过程的流动相，原则上说只要没有腐蚀性，且不干扰样品分析的气体都可以作载气。常用的有 H_2、He、N_2、Ar 等。在实际应用中载气的选择主要是根据检测器的特性来决定，同时考虑色谱柱的分离效能和分析时间。载气的纯度、流速对色谱柱的分离效能、检测器的灵敏度均有很大影响，气路控制系统的作用就是将载气及辅助气进行稳压、稳流及净化，以满足气相色谱分析的要求。

②进样系统

进样系统包括进样器和汽化室，它的功能是引入试样，并使试样瞬间汽化。气体样品可以用六通阀进样，进样量由定量管控制，可以按需要更换，进样量的重复性可达 0.5%。液体样品可用微量注射器进样，重复性比较差，在使用时，注意进样量与所选用的注射器相匹配，最好是在注射器最大容量下使用。

工业流程色谱分析和大批量样品的常规分析上常用自动进样器，重复性很好。在毛细管柱气相色谱中，由于毛细管柱样品容量很小，一般采用分流进样器，进样量比较多，样品汽化后只有一小部分被载气带入色谱柱，大部分被放空。汽化室的作用是把液体样品瞬间加热变成蒸汽，然后由载气带入色谱柱。

③分离系统

分离系统主要由色谱柱组成，是气相色谱仪的心脏，它的功能是使试样在柱内运行的同时得到分离。色谱柱基本有两类：填充柱和毛细管柱。填充柱是将固定相填充在金属或玻璃管中（常用内径 4 mm）；毛细管柱是用熔融二氧化硅拉制的空心管，也叫弹性石英毛细管，柱内径通常为 0.1 ~ 0.5 mm，柱长 30 ~ 50 m，绕成直径 20 cm 左右的环状。用这样的毛细管作分离柱的气相色谱称为毛细管气相色谱或开管柱气相色谱，其分离效率比填充柱要高得多。可分为开管毛细管柱、填充毛细管柱等。填充毛细管柱是在毛细管中填充固定相而成，也可先在较粗的厚壁玻璃管中装入松散的载体或吸附剂，然后拉制成毛细管。如果装入的是载体，使用前在载体上涂渍固定液成为填充毛细管柱气 – 液色谱。如果装入的是吸附剂，就是填充毛细管柱气 – 固色谱（这种填充毛细管柱近年已不多用）。开管毛细管柱又分以下四种：（A）壁涂毛细管柱。在内径为 0.1 ~ 0.3 mm 的中空石英毛细管的内壁涂渍固定液，这是目前使用最多的毛细管柱。（B）载体涂层毛细管柱。先在毛细管内壁附着一层硅藻土载体，然后再在载体上涂渍固定液。（C）小内径毛细管柱。内径小于 0.1 mm 的毛细管柱，主要用于快速分析。（D）大内径毛细管柱。内径在 0.3 ~ 0.5 mm 的毛细管，往往在其内壁涂渍 5 ~ 8 μm 的厚液膜。

④检测器

检测器的功能是对柱后已被分离的组分的信息转变为便于记录的电信号，然后对各组分的组成和含量进行鉴定和测量，是色谱仪的眼睛。原则上，被测组分和载气在性质上的任何差异都可以作为设计检测器的依据，但在实际中常用的检测器只有几种，它们结构简单，使用方便，具有通用性或选择性。检测器的选择要依据分析对象和目的来确定。

⑤数据处理系统

数据处理系统目前多采用配备操作软件包的工作站，用计算机控制，既可以对色谱数据进行自动处理，又可对色谱系统的参数进行自动控制。

（3）仪器主要参数

以 GC – 2010 气相色谱仪为例：

① 柱温箱

操作温度：室温以上 4 ~ 450℃；温度分辨：1℃ 温度设定，0.1℃ 程序设定，温度精度 ±0.1℃；最大升温速率： > 50℃/min。

②毛细柱分流/无分流进样口（带电子气路控制）

最高使用温度：≥350℃；电子参数设定压力、流速和分流比；压力设定范围及精度：0 ~ 100 Psi，精度≤0.01 Psi。

③ 氢火焰检测器（FID）（带 EPC）

最高使用温度：≥450℃；自动点火装置，具有自动灭火检测功能；检测限：≤3 × 10^{-12}gC/s；线性动态范围：≥10^6。

④电子捕获检测器（ECD）（带 EPC）

最高使用温度：≥350℃；检测下限：≤10^{-11} g；

⑤FPD 检测器（带 EPC）

最高使用温度：350℃；检测限：≤1.0 × 10^{-7} g/L。

⑥自动进样器

进样量范围：0.5～30 μL；进样量线性：≥99%；进样盘位数：150 位。

（4）操作方法

①工作环境

电源：220 V，50 Hz；

仪器应平稳地放在工作台上，避免阳光直射，便于操作，周围无强烈的机械振动和电磁干扰，仪器接地良好；

操作环境温度 15～35℃；操作状态 25%～50%，非操作状态 10%～95%。

②开机

打开柱温箱门，将分析所用毛细管柱连接到所需检测器和进样口上，打开载气（氮气或氦气）气源，调节压力至 0.5～0.9 MPa，如有需要打开氢气和空气气源，并调节压力至 0.3～0.5 MPa。

打开 GC 电源，打开电脑进入 Windows 操作系统，双击桌面上的"GCsolutiong"图标，进入"实时分析"界面并登录用户名，待 GC 发出"哔"的声音，表示工作站与 GC 联机正常；单击界面左侧"系统配置"，选择分析所需系统配置。

点击界面左侧"仪器参数"设置进样器、进样口、柱温箱、检测器参数，也可通过调用一个已有的方法文件配置仪器参数，设置完毕后，依次点击"下载方法"、"开启系统"，等待系统稳定。

③实时分析

点击界面左侧"批处理"图标，通过输入或根据"批处理向导"生成批处理表，保存后按界面顶端的绿色三角图标运行批处理，同时仪器进行实时分析。

④关机

点击界面左侧"关闭系统"，然后等待进样口温度、柱温箱温度、检测器温度降到100℃以下后关闭 GC 电源，关闭气源。

⑤数据分析

待全部样品采集完毕后，在"操作"标签上点击"GC 再解析"图标，打开"数据分析"窗口，装载数据文件（标准样品），查看谱图，观察目标峰，然后点击"编辑"键将方法文件改变为编辑模式，根据实际情况修改积分参数。

点击"定量"参数栏，然后设置"定量方法"，校准曲线级别数和其他参数。

点击"组分"栏创建化合物组分表，输入化合物名称、保留时间、浓度值和其他参数，也可使用组分表向导创建表。

点击"查看"返回视图模式，用"保存数据和方法"或"方法另存为"保存先前设置，点击"报告文件"，打印报告。

（5）注意事项

①定期更换石墨压环、进样垫及衬管，当重现性变差或有鬼峰出现时也要检查是否需要进行更换。

②定期更换或还原 ECD 检测器前的氧气补集器。

③使用高纯度气体，毛细管柱分析一般要求使用纯度为 99.999% 以上的气体。

④定期老化毛细管柱和 ECD 池，但应注意勿超过其最高使用温度。

5. 液相色谱

经典的液层析技术始于1906 年，它比气相色潜分析早40 年，但它的发展速度曾经一度停滞不前，这主要是以往缺乏自动灵敏的检测装置，近年由于气相色谱的发展积累了很多经验，液相色谱又得到了迅速发展，世界上每年发表的有关液相色谱论文多于气相色谱。液相色谱特别适合于高沸点、大分子、强极性和热稳定性差的化合物的分离分析，它是有机化工、医药、生物、食品、燃料等工业中的重要分离分析手段。主要应用于水产品质量检测的农药残留检验，如硝基呋喃类药物、磺胺类、喹诺酮类等。

（1）原理

高效液相色谱法按分离机制的不同分为液－固吸附色谱法、液－液分配色谱法（正相与反相）、离子交换色谱法、离子对色谱法及分子排阻色谱法。

①液－固色谱法使用固体吸附剂，被分离组分在色谱柱上分离原理是根据固定相对组分吸附力大小不同而分离。分离过程是一个吸附－解吸附的平衡过程。常用的吸附剂为硅胶或氧化铝，粒度 $5 \sim 10~\mu m$。适用于分离分子量 $200 \sim 1~000$ 的组分，大多数用于非离子型化合物，离子型化合物易产生拖尾。常用于分离同分异构体。

②液－液色谱法使用将特定的液态物质涂于担体表面，或化学键合于担体表面而形成的固定相，分离原理是根据被分离的组分在流动相和固定相中溶解度不同而分离。分离过程是一个分配平衡过程。现在多采用的是化学键合固定相，如 C18、C8、氨基柱、氰基柱和苯基柱。

液－液色谱法按固定相和流动相的极性不同可分为正相色谱法（NPC）和反相色谱法（RPC）。

正相色谱法采用极性固定相（如聚乙二醇、氨基与腈基键合相）；流动相为相对非极性的疏水性溶剂（烷烃类如正乙烷、环己烷），常加入乙醇、异丙醇、四氢呋喃、三氯甲烷等以调节组分的保留时间。常用于分离中等极性和极性较强的化合物（如酚类、胺类、羰基类及氨基酸类等）。

反相色谱法一般用非极性固定相（如 C18、C8）；流动相为水或缓冲液，常加入甲醇、乙腈、异丙醇、丙酮、四氢呋喃等与水互溶的有机溶剂以调节保留时间。适用于分离非极性和极性较弱的化合物。RPC 在现代液相色谱中应用最为广泛，据统计，它占整个 HPLC 应用的 80% 左右。

③离子交换色谱法固定相是离子交换树脂，常用苯乙烯与二乙烯交联形成的聚合物骨架，在表面末端芳环上接上羧基、磺酸基（称阳离子交换树脂）或季氨基（阴离子交换树脂）。被分离组分在色谱柱上分离原理是树脂上可电离离子与流动相中具有相同电荷的离子及被测组分的离子进行可逆交换，根据各离子与离子交换基团具有不同的电荷吸引力而分离。离子交换色谱法主要用于分析有机酸、氨基酸、多肽及核酸。

④离子对色谱法又称偶离子色谱法，是液－液色谱法的分支。它是根据被测组分离子与离子对试剂离子形成中性的离子对化合物后，在非极性固定相中溶解度增大，从而使其分离效果改善。主要用于分析离子强度大的酸碱物质，分析碱性物质常用的离子对试剂为烷基磺酸盐，如戊烷磺酸钠、辛烷磺酸钠等；另外，高氯酸、三氟乙酸也可与多种碱性样品形成很强的离子对，分析酸性物质常用四丁基季铵盐，如四丁基溴化铵、四丁基铵磷酸盐。

离子对色谱法常用 ODS 柱（即 C18），流动相为甲醇－水或乙腈－水，水中加入 $3 \sim 10~mmol/L$ 的离子对试剂，在一定的 pH 值范围内进行分离。被测组分保时间与离子对性质、浓度、流动相组成及其 pH 值、离子强度有关。

⑤排阻色谱法固定相是有一定孔径的多孔性填料，流动相是可以溶解样品的溶剂。小分子量的化合物可以进入孔中，滞留时间长；大分子量的化合物不能进入孔中，直接随流动相流出。它利用分子筛对分子量大小不同的各组分排阻能力的差异而完成分离。常用于分离高分子化合物，如组织提取物、多肽、蛋白质、核酸等。

（2）构成

高效液相色谱仪由输出泵、进样装置、色谱柱 、梯度冲洗装置、检测器及数据处理系统等组成。

①输出泵：将冲洗剂在高压下连续不断地送入柱系统，使混合物试样在色谱中完成分离过程。

②进样装置：常用的进样方式有 3 种：注射器隔膜进样、阀进样和自动进样器进样。

③ 色谱柱的功能是将混合物中各组分分离。

④梯度冲洗又称溶剂程序，通过连续改变冲洗剂的组成，改善复杂样品的分离度，缩短分析周期和改善峰形，其功能类似于气相色谱中的程序升温。

⑤检测器的功能是将从色谱柱中流出的已经分离的组分显示出来或转换为相应的电信号，主要有紫外吸收检测器、荧光检测器、电化学检测器和折光示差检测器，其中以紫外吸收检测器使用最广。

⑥ 数据处理：现代化的仪器都配有计算机，以实现自动处理数据、绘图和打印分析报告。

（3）仪器主要参数

以 LC - 10ADVP 液相色谱仪为例：

①泵系统：四元梯度泵；流速范围 0 ~ 10.00 mL/min；精度 RSD≤0.1%；

②RF - 10AXL 检测 F = 77.91，信噪比 = 656；标样重现性 RSD 在 3‰以内；

③柱温箱：范围自室温以下 10 ~ 80℃；精度≤0.1℃。

（4）操作步骤

①先检查实验室环境是否满足仪器要求，各开关是否关闭；

②按要求准备各种流动相，连接好色谱柱；

③打开仪器各部件开关，将检测所需的流动相放在合适的流路中，检查流路中是否有气泡，若有气泡需放松清洗阀排空气泡后再旋紧；

④ 待仪器自检程序结束后，按测定方法的仪器操作条件选择合适的流动相配比、操作参数、编辑方法；

⑤调出方法，将标准样品与待测样品放入全自动进样器，设置 sequence 参数；

⑥ 待基线走稳后，按 "single run 或 sequence run" 键以进行单针或多针（序列）进样，并对进样位置、进样量、数据保存路径等进行设置；

⑦ 按 "open data" 下调出所需数据文件；

⑧对所需的峰进行积分计算，然后打印；

⑨完毕后方可关机。退出色谱工作站，关闭各部件开关，关闭计算机。

（5）注意事项

① 水相使用不要超过 2 d，色谱柱使用后最好冲洗一次；

②每次分析结束后，均需用甲醇和水（1:1）冲洗柱子。若流动相为缓冲液，需先用水冲洗，再用甲醇冲洗；

③如果流动相中有缓冲盐必须先将缓冲盐换成水，流速 0.8 mL/min，80% 水相冲洗至少 30 min，换成 80% 有机相冲洗 20 min；

④仪器应放在无强烈光照、无腐蚀性气体的相对恒温的条件下；

⑤严格按照开机关机程序开机和关机。

6. 气相色谱 - 质谱联用分析技术

气相色谱（Gas chromatography，GC）具有极强的分离能力，但它对未知化合物的定性能力较差；质谱（Mass Spectrometry，MS）对未知化合物具有独特的鉴定能力，且灵敏度极高，但它要求被检测组分一般是纯化合物。将 GC 与 MS 联用，彼此扬长避短，既弥补了 GC 只凭保留时间难以对复杂化合物中未知组分做出可靠的定性鉴定的缺点，又利用了鉴别能力很强且灵敏度极高的 MS 作为检测器。凭借其高分辨能力、高灵敏度和分析过程简便快速的特点，GC – MS 在环保、医药、农药和兴奋剂等领域起着越来越重要的作用，是分离和检测复杂化合物的最有力工具之一。其应用于水产品质量检测中的农药残留检验，如氯霉素、敌百虫、有机磷、有机氯等。

（1）原理

质谱法的基本原理是将样品分子置于高真空（$<10^{-3}$ Pa）的离子源中，使其受到高速电子流或强电场等作用，失去外层电子而生成分子离子，或化学键断裂生成各种碎片离子，经加速电场的作用形成离子束，进入质量分析器，再利用电场和磁场使其发生色散、聚焦，获得质谱图。根据质谱图提供的信息可进行有机物、无机物的定性和定量分析，复杂化合物的结构分析，同位素比的测定及固体表面的结构和组成等分析。

气相色谱法是一种以气体作为流动相的柱色谱分离分析方法，它可分为气 – 液色谱法和气 – 固色谱。作为一种分离和分析有机化合物有效方法，气相色谱法特别适合进行定量分析，但由于其主要采用对比未知组分的保留时间与相同条件下标准物质的保留时间的方法来定性，使得当处理复杂的样品时，气相色谱法很难给出准确可靠的鉴定结果。

气 – 质联用（GC—MS）法是将 GC 和 MS 通过接口连接起来，GC 将复杂混合物分离成单组分后进入 MS 进行分析检测。

气相色谱 – 质谱联用法结合了气相色谱和质谱的优点，弥补了各自的缺陷，因而具有灵敏度高、分析速度快、鉴别能力强等特点，可同时完成待测组分的分离和鉴定，特别适用于多组分混合物中未知组分的定性定量分析、化合物的分子结构判别、化合物分子量测定。气相色谱 – 质谱联用仪能对一切可气化的混合物进行有效的分离，并准确地定性、定量其组分。因此，GC/MS 联用技术的分析方法不但能使样品的分离、鉴定和定量一次快速地完成，还对于批量物质的整体和动态分析起到了很大的促进作用。

（2）构造

GC/MS 系统（图 3.2）由气相色谱单元、质谱单元、计算机和接口四大件组成，其中气相色谱单元一般由载气控制系统、进样系统、色谱柱与控温系统组成；质谱单元由离子源、离子质量分析器及其扫描部件、离子检测器和真空系统组成；接口是样品组分的传输线以及气相色谱单元、质谱单元工作流量或气压的匹配器；计算机控制系统不仅用作数据采集、存储、处理、检索和仪器的自动控制，而且还拓宽了质谱仪的性能。

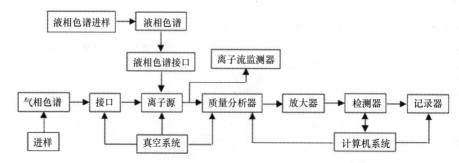

图 3.2　GC – MS 联用仪的组成示意

①气路系统

GC/MS 中载气由高压气瓶（约 15 MPa）经减压阀减至 0.2～0.5 MPa，再经载气净化过滤器（除氧、除氮、除水等）和稳压阀、稳流阀及流量计到达气相色谱的进样系统。GC/MS 的气源主要来自氦气，其优点在于氦气的化学惰性对质谱检测无干扰，且载气的扩散系数较低；缺点是分析时间延长，此外，载气的流速、压力和纯度（≥99.999％）对样品的分离、信号的检测和真空的稳定具有重要的影响。

如果配置化学电离源，GC/MS 还需要甲烷、异丁烷、氨等反应气体。对于具有 GC/MS 功能的质谱仪则需要氩气、氮气等碰撞气体和相应的气路系统。

②进样系统

进样系统包括进样器和汽化室。GC/MS 要求各种形态样品沸点低、热稳定性好。在一定汽化温度（最高 350～425℃）下进入汽化室后能有效汽化，并迅速进入色谱柱，无歧视，无损失，记忆效应小。为解决进样的歧视现象，以提高分析的精密度和准确度，近几年来分流/不分流进样、毛细管柱直接进样、程序升温柱头进样等毛细管进样系统取得了很大的进步。一些具有样品预处理功能的配件，如固相微萃取、顶空进样器、吹扫–捕集顶空进样器、热脱附仪、裂解进样器等也相继出现。

③柱系统

柱系统包括柱箱和色谱柱。柱箱的控温系统范围广，可快速升温和降温。柱温对样品在色谱柱上的柱效、保留时间和峰高有重要的影响。由于分析样品时遵循气相色谱的"相似相溶"原理，所以根据应用需要可选择不同的 GC/MS 专用色谱柱。目前，多用小口径毛细管色谱柱，检测限达到 10－15－10－12 水平。

④接口

接口是连接气相色谱单元和质谱单元最重要的部件。接口的目的是尽可能多地去除载气，保留样品，使色谱柱的流出物转变成粗真空态分离组分，且能传输到质谱仪的离子源中。GC/MS 联用仪中接口多采用直接连接方式，即将色谱柱直接接入质谱离子源。其作用是将待测物在载气携带下从气相色谱柱流入离子源形成带电粒子，而氦气不发生电离而被真空泵抽走。通常，接口温度应略低于柱温，但也不应出现温度过低的"冷区"。在 GC/MS 仪的发展中，接口方式还有开口分流型、喷射式分离器等。

⑤离子源

离子源的作用就是将被分析物的分子电离成离子，然后进入质量分析器被分离。目前常用的离子源有电子轰击源（ELECTRON IONIZATION，EI）和化学电离（CHEMICALIONIZATION，CI）。

A. 电子轰击源（EI）

电子轰击源是 GC/MS 中应用最广泛的离子源。主要由电离室、灯丝、离子聚焦透镜和磁极组成。灯丝发射一定能量的电子可使进入离子化室的样品发生电离，产生分子离子和碎片离子。EI 的特点是稳定，电离效率高，结构简单，控温方便，所得质谱图有特征，重现性好。因此，目前绝大多数有机化合物的标准质谱图都是采用电子轰击电离源得到的。但 EI 只检测正离子，有时得不到分子量的信息，图谱的解析有一定难度，如醇类物质。

B. 化学电离源（CI）

化学电离源 CI 结构与 EI 相似。不同的是，CI 源是利用反应气的离子与化合物发生分子–离子反应进行电离的一种"软"电离方法。常用反应气有：甲烷、异丁烷和氨气。所得质谱图简单，分子离子峰和准分子离子峰较强，其碎片离子峰很少，易得到样品分子的分子量。特别是某些电负性较强的化合物（卤素及含氮、氧化合物）的灵敏度非常高。同时，CI 可以用于正、负离子两种检测模式，而且是负离子的 CI 质谱图灵敏度高于正离子的 CI 质谱图 2～3 个数量级。但是，CI 源不适于难挥发、热不稳定性或极性较大的化合物，并且 CI 谱图重复性不如 EI 谱，没有标准谱库。得到的碎片离子少，缺乏指纹信息。

⑥质量分析器

常用的气相色谱－质谱联用仪有气相色谱－四级杆质谱仪（GC/Q－MS）、气相色谱－离子阱串联质谱仪（GC/IT－MS－MS），气相色谱－时间飞行质谱仪（GC/TOF－MS）和全二维气相色谱－飞行时间质谱仪（GC×GC/TOF－MS），不同生产厂家型号质量扫描范围不同，有的高达1 200 AMU。

⑦离子检测器

质谱仪常用检测器为电子倍增管、光电倍增管、照相干板法和微通道板等。目前四极杆质谱、离子阱质谱常采用电子倍增器和光电倍增管，而时间飞行质谱多采用微通道板，其检测器灵敏度都很高。

⑧真空系统

真空系统是 GC/MS 的重要组成部分。一般包括低真空前级泵（机械泵）、高真空泵（扩散泵和涡轮泵较常用）、真空测量仪表和真空阀件、管路等组成。质谱单元必须在高真空状态下工作，高真空压力达 $10-5-10-3PA$。另外，高真空不仅能提供无碰撞的离子轨道和足够的平均自由程，还有利于样品的挥发，减少本底的干扰，避免在电离室内发生分子－离子反应，减少图谱的复杂性。

⑨计算机控制系统

A. 调谐程序

一般质谱仪都设有自动调谐程序。通过调节离子源、质量分析器、检测器等参数，可以自动调整仪器的灵敏度、分辨率在最佳状态，并进行质量数的校正。所需调节的质量范围不同，采用的标准物质也不同。通常分子量为650以内的低分辨率 GC/MS 仪器多采用全氟三丁胺（PFTBA）中 $M/Z69$、219、502、614 等特征离子进行质量校正。

B. 数据采集和处理程序

混合物经过色谱柱分离之后，可能获得若干个色谱峰，每个色谱峰经过数次扫描采集所得。一般来说，质谱进行质量扫描的速度取决于质量分析器的类型和结构参数。一个完整的色谱峰通常需要至少6个以上数据点，这要求质谱仪有较高的扫描速度，才能在很短的时间内完成多次全范围的质量扫描。与常规的 GC/MS 相比，飞行时间质谱仪具有更高速的质谱采集系统。随着 GC/MS 解决经济技术的发展，可以一次性采集上百个组分，然后通过计算机的软件功能可完成质量校正、谱峰强度修正、谱图累加平均、元素组成、峰面积积分和定量运算等数据处理程序。GC/MS 中最常用两种检测方式为全扫描和选择离子监测工作方式。前者是随着样品组分变化，在全扫描方式下形成的总离子流随时间变化的色谱图，称总离子流色谱图，适合于未知化合物的全谱定性分析，且能获得结构信息；后者采用这种选择离子监测工作方式所得到的特征离子流随时间变化形成了质量离子色谱图或特征离子色谱图，对目标化合物或目标类别化合物分析，灵敏度明显提高，非常适合复杂混合物中痕量物质的分析。

C. 谱图检索程序

被测物在标准电离方式—电子轰击源 EI 70EV 电子束轰击下，电离形成质谱图。利用谱库检索程序可以在标准谱库中快速地进行匹配，得到相应的有机化合物名称、结构式、分子式、分子量和相似度。目前，国际上最常用的质谱数据库有 NIST 库、NIST/EPA/NIH 库、WILEY 库等，另外用户还可以根据需要建立用户质谱数据库。

D. 诊断程序

在各种分析仪器的使用过程中出现各种问题和故障是难免的，因此采用仪器自身设置的诊断软件进行检测是必不可少的。同时，在仪器调谐过程中设置和监测各种电压，或检查仪器故障部位，有助于仪器的正常运转和维修。

按照仪器的机械尺寸，可以粗略地分为大型、中型、小型三类气质联用仪；

按照仪器的性能，可以粗略地分为高档、中档、低档三类气质联用仪或研究级和常规检测级两类；

按照色谱技术，可分为气相色谱－四极杆质谱、气相色谱－离子阱质谱、气相色谱－飞行时间质谱等；

按照质谱仪的分辨率，可分为高分辨率（通常分辨率高于5 000）、中分辨率（通常分辨率在1 000 和5 000 之间）、低分辨率（通常分辨率低于1 000）气质联用仪。小型台式四极杆质谱检测器（MSD）的质量范围一般低于1 000。四极杆质谱由于其本身固有的限制，一般 GC－MS 分辨率在2 000 以下。和气相色谱联用的飞行时间质谱（TOFMS），其分辨率可达5 000 左右。

（3）仪器主要参数

以 Trace DSQ 气质联用仪为例：

①柱温箱

操作温度：室温以上4～450℃；温度分辨：1℃温度设定，最大升温速率：50℃/min。

②毛细柱分流/无分流进样口（带电子气路控制）

最高使用温度：400℃；电子参数设定压力、流速和分流比；分流流量最大50 mL/min。

③氢火焰检测器（FID）（带 EPC）

最高使用温度：≥450℃；自动点火，熄火检测；检测限：≤2×10^{-12} gC/s；线性动态范围：≥10^7；采集速率：300 Hz。

④电子捕获检测器（ECD）（带 EPC）

最高使用温度：400℃；检测下限：≤10fg（林丹）；动态线性范围：>10^4。

⑤NPD 检测器（带 EPC）

最高使用温度：450℃（ENS 操作模式）；最低检测线：5×10^{-14} gN/s，2×10^{-14} gS/s；选择性：N/C =105∶1，P/C = 2×10^5∶1。

⑥质谱

测量范围：1～1 050 amu；扫描速度：≥10 000 amu/s。

⑦自动进样器

进样针：10 μL；样品盘位数：105 位（2 mL）；溶剂瓶：4 mL×4 mL。

（4）操作步骤

①工作环境

电源：220 V，50 Hz；

仪器应平稳地放在工作台上，避免阳光直射，便于操作，周围无强烈的机械振动和电磁干扰，仪器接地良好；

操作环境温度15～35℃；

相对湿度：≤75%。

②开机

打开柱温箱门，将分析所用毛细管柱连接到所需检测器和进样口上，打开载气（氮气或氦气）气源，调节压力至0.5～0.9 MPa，如有需要打开氢气和空气气源，并调节压力至0.3～0.5 MPa；

打开 GC 电源，待仪器发出"哔"声时表示仪器自检完成，打开电脑进入 Windows 操作系统，双击桌面上的"Instrument Configuration"图标，打开检测器选项，选择所需要的检测器，退出"Instrument Configuration"程序。

双击桌面上的"Xcalibue"图标，点击"Instument Setup"，分别设置进样器、进样口、柱温箱、检测器、传输线和离子源参数，设置完毕后，保存该仪器方法文件，也可通过调用一个已有的仪器方法文件配置仪器参数，并发送至 GC，等待仪器稳定。

③样品分析

将进样小瓶放置在进样盘指定位置并更换洗针溶液后，点击"Xcalibue"主界面的"Sequence Setup"设置序列表，依次设置样品类型、文件名称、仪器方法、储存路径、进样体积、进样瓶位置等信息，保存序列表，点击窗口上方的图标运行序列表，同时仪器进行实时分析。

④ 定量分析

待全部样品采集完毕后，点击"Xcalibue"主界面的"Processing Setup"设置数据处理方法，依次设置组分名称、出峰时间、监测离子、积分参数、曲线类型、曲线浓度等信息。在 File 中选择 Save as 进行保存，记住该处理方法保存的目录和名称，关闭该界面。

点击"Xcalibue"主界面的"Sequence Setup"，进入序列表的编辑界面。调入当初做实验时的序列表，修改其中的 Sample Type，把几个标样的 Type 从 Unknow 改成 Std Bracket，并选择对应的 Level。在 File 中选择 Save as 或者 Save 进行保存，记住该处理方法保存的目录和名称。点击进行处理，处理结束后会听到"叮咚"声音提示。

点击 回到主界面，点击 进入定量浏览界面，出现一个调文件的界面，找到刚才保存的序列表的文件名，调入该文件。选择"Show All Sample Type"，可以看到标样和未知样中各组分的标准曲线、浓度、面积等参数，如果部分样品积分不理想，可以作适当调整。

如果要同时打出报告，点击 图标，进入报告界面，点击下图中的 Enable 栏，出现白色小框后，选择它，设置报告输出格式和报告模板，选择输出报告样品并打印报告。

⑤关机

在 GC 面板上将进样口温度、柱温箱温度、检测器、传输线和离子源温度降到 100℃ 以下，然后依次关闭 GC 电源、气源。

（5）注意事项

①定期更换石墨压环、进样垫及衬管，当重现性变差或有鬼峰出现时也要检查是否需要进行更换。

②定期更换或还原气体过滤器。

③使用高纯度气体，毛细管柱分析一般要求使用纯度为 99.999% 以上的气体。

④定期更换老化毛细管柱和 ECD 池，但应注意勿超过其最高使用温度。

⑤定期或看到真空泵油变色后，更换泵油。

7. 液相色谱－质谱联用技术

液相色谱（LC）能够有效的将有机物待测样品中的有机物成分分离开，而质谱（MS）能够对分开的有机物逐个的分析，得到有机物分子量，结构（在某些情况下）和浓度（定量分析）的信息。即将应用范围极广的分离方法——液相色谱法与灵敏、专属、能提供分子量和结构信息的质谱法结合起来的方法。强大的电喷雾电离技术造就了 LC－MS 质谱图十分简洁，后期数据处理简单的特点，其优点为分析范围广、分离能力强、定性分析结果可靠、检测限低、分析时间快、自动化程度高。主要应用于水产品质量检测的农药残留检验，如硝基呋喃类药物、磺胺类、喹诺酮类、孔雀石绿、氯霉素、土霉素、金霉素、四环素、青霉素等。

（1）原理

液质联用（HLPC－MS）又叫液相色谱－质谱联用技术，它以液相色谱作为分离系统，质谱为检测系统。样品在质谱部分和流动相分离，被离子化后，经质谱的质量分析器将离子碎片按质量数分开，经检测器得到质谱图。

液相色谱质谱联用分析特点为选择性、高灵敏度及能够提供相对分子质量与结构信息的优点结合起来，HLPC－MS除了可以分析气相色谱－质谱（GC－MS）所不能分析的强极性、难挥发、热不稳定性的化合物之外，还具有以下几个方面的优点：

①分析范围广，MS几乎可以检测所有的化合物，比较容易地解决了分析热不稳定化合物的难题；

②分离能力强，即使被分析混合物在色谱上没有完全分离开，但通过MS的特征离子质量色谱图也能分别给出它们各自的色谱图来进行定性定量；

③定性分析结果可靠，可以同时给出每一个组分的分子量和丰富的结构信息；

④检测限低，MS具备高灵敏度，通过选择离子检测（SIM）方式，其检测能力还可以提高一个数量级以上；

⑤分析时间快，HPLC－MS使用的液相色谱柱为窄径柱，缩短了分析时间，提高了分离效果；

⑥自动化程度高，HPLC－MS具有高度的自动化。

（2）结构

液－质联用仪一般由液相色谱接口（离子源）、质量分析器、检测器、数据处理系统等组成。分析样品经液相色谱分离后，进入离子源离子化，经质量分析器分离，检测器检测。

①液相色谱－质谱联用的进样系统

液－质联用一般采用直接进样、流动注射和液相色谱进样三种进样方式。

A. 直接进样

液一质联用仪一般配有注射泵，或者直接液体导入接口，注射泵可将液体泵入接口。在分析纯度较高的物质时，可采用直接进样，同时还可以利用直接进样来优化LC－MS分析中与化合物相关的参数。

B. 流动注射

流动注射是采用泵将流动相经过六（或十）通阀泵入接口，与此同时，将要分析的样品由六（或十）通阀注入，经过点动开关或者手搬动，样品由流动相带入接口。这种进样技术与液相色谱的手动进样相似，只是被分析的对象未经色谱柱分离，直接被引入至接口后而被分析。该技术适用于快速筛选分析。

C. 液相色谱进样

液相色谱进样方式是利用泵—分离柱—接口的串联方式，将样品在色谱模式下分离，经分离的物质离子化后进入质谱而检测。

常规液相色谱对电喷雾等接口而言，流速偏大。其解决方法一是采用微型色谱柱（色谱柱直径≤2.1 mm）；二是在常规柱后接入三通分流。当流动相组成不适合离子源离子化条件时，也可以在此三通处接另外一台泵，加入某些溶剂做柱后补偿或者修饰，如在蛋白质分离及质谱检测中广泛使用的"TFA－Fix"技术。

②液相色谱－质谱联用的接口

A. 移动带接口

移动带接口技术（MB）出现在20世纪70年代，它是在色谱柱后面安装一个速度可以调节的传送带。经色谱柱后分离出的组分进入传送带，经加热除去大部分溶剂，溶质被带入真空室。当流动相难以挥发，或者流动相流速较大时可以将传送带速度调慢，以便流动相能够充分挥发，减少对质谱真空度的影响，反之亦然。

移动带接口技术所用的离子源主要是离子轰击电离源（EI）和化学电离源（CI）。与气相色谱－质谱（GC—MS）一样，该技术可以得到典型的 EI 质谱图，从而可以建立质谱库进行检索。但是，该技术不能分析沸点较高的物质，灵敏度也较低；当移动带上残留难挥发物质时，容易形成记忆效应，干扰正常分析。

B. 热喷雾接口

热喷雾接口出现于 20 世纪 80 年代，该接口利用喷雾探针代替直接进样杆的位置，色谱柱后流动相经过喷雾探针时被加热，体积膨胀后高速喷出，形成由微小液滴、粒子和蒸气组成的雾状混合物，进入质谱系统。

热喷雾接口适用于分析对象相对分子质量小于 1 000 的化合物，但对热稳定性差的物质有明显的分解作用。此外，热喷雾接口缺乏足够的灵敏度，所得谱图碎片也较少，这使得该技术在应用方面受到较大限制。

C. 粒子束接口

粒子束接口是 20 世纪 80 年代初被广泛使用的液—质联用接口。其原理是流动相和分析对象被喷雾成气溶胶，并经过加热的转移管进入质谱。在该过程中被分析物质和溶剂往往形成直径小于微米级的中性粒子或者粒子集合体，经喷嘴喷出后，溶剂与被分析物质的相对分子质量一般都有较大差异，从而具有动量差。动量小的溶剂和喷射用气体被真空泵抽走，而动量较大的分析物质经过电子轰击或化学电离源电离后可获得经典质谱图。

粒子束接口的优点在于，经过电子轰击（电离源电离）可获得经典的质谱图，经过谱库检索可对未知物质定性；其缺点是对热不稳定的化合物难于分析，而且也不能使非挥发性化合物电离。该技术主要用来分析相对分子质量小于 1 000 的中等极性、弱极性或者非极性化合物，如农药、除草剂、染料、甾体化合物等的分析。

D. 电喷雾电离接口

经液相色谱分离的样品溶液流入离子源，在雾化气流下转变成小液滴进入强电场区域（ >100 V/cm^2），强电场形成的库仑力使小液滴表面达到瑞利限，使样品离子化。借助于逆流加热气（Drying gas）分子离子颗粒表面少量液体进一步蒸发而达到 Coulomb 点，分子离子相互排斥，形成微小分子离子颗粒。这些离子可能是单电荷或多电荷，取决于带有正或负电荷的分子中酸性或碱性基团体积和数量。

多电荷离子是指带有 2 个或更多电荷的离子，在有机质谱中，对常规电离源来说，单电荷离子占绝大多数。只有那些不容易碎裂的基团或分子结构，比如共轭体系结构，才会形成多电荷离子。采用电喷雾这类软电离离子化技术，包括氨基酸在内的多种物质均可形成多电荷离子。这样，一个质荷比范围为 3 000 的质量分析器，就可以用于分析几万甚至几十万的大分子物质，从而扩大 LC－MS 的分析范围。

E. 各种接口的比较

在各种接口技术中，ESI 和 APCI 是目前 IC－MS 最广泛使用的两种接口。但 ESI 和 APCI 仍然有许多待改进的地方，比如，这两种接口技术仍不能建立像 GC－MS 中利用 EI 那样的通用谱库，而这类谱库对于未知物的分析相当重要。

③质量分析器

质量分析器将电离子根据其质荷比进行分离，用于记录各种离子的质量和丰度。质量分析器的两个主要技术参数是所能测定的质荷比的范围（质量范围）和分辨率。根据结构的差异，质量分析器包括扇形磁场分析器、四极杆分析器、离子阱分析器、飞行时间分析器和傅里叶变换分析器等。

A. 扇形磁场分析器（Magnetic Sector Mass Analyzer）：离子束经加速后飞入磁极间的弯曲区，由于磁场作用，飞行轨道发生弯曲只有一扇形磁场的质量分析器又称为磁分析器。加速后离子具有一定的动能，该动能是出离子在加速电场获得的电势能转化的。

B. 四极杆分析器（Quadrupole Mass Analysers）：由四根平行的棒状电极组成。离子束在与棒状电极平行的轴上聚焦，一个直流固定电压（DC）和一个射频电压（RF）作用在棒状电极上，两对电极之间的电位相反。对于给定的直流和射频电压，特定质荷比的离子在轴向稳定运动，其他质荷比的离子则与电极碰撞湮灭。将 DC 和 RF 以固定的斜率变化，可以实现质谱扫描功能。四级杆分析器对选择离子分析具有较高的灵敏度。

C. 离子阱分析器（Ion Trap Mass Analysers）：由两个端盖电极和位于它们之间的类似四极杆的环电极构成。端盖电极施加直流电压或接地，环电极施加射频电压（RF），通过施加适当电压就可以形成一个势能阱（离子阱）。根据 RF 电压的大小，离子阱就就可捕获某一质量范围的离子。离子阱可以储存离子，待离子累积到一定数量后，升高环电极上的 RF 电压，离子按质量从高到低的次序依次离开离子阱，被电子倍增器检测。目前离子阱分析器已发展到可以分析质荷比高达数千的离子。离子阱在全扫描模式下仍然具有较高灵敏度，而且单个离子阱通过时间序列的设定就可。

D. 飞行时间分析器（Time – of – Flight（TOF）Mass Analyzers）：具有相同动能但不同质量的离子，因其飞行速度不同而分离。如果固定离子飞行距离，则不同质量离子的飞行时间不同，质量小的离子飞行时间短而首先到达检测器，各种离子的飞行时间与质荷比的平方根成正比。离子以离散包的形式引入质谱仪，这样可以统一飞行的起点，依次测量飞行时间。离子包通过一个脉冲或者一个栅系统连续产生，但只在一特定的时间引入飞行管。新发展的飞行时间分析器具有大的质量分析范围和较高的质量分辨率，尤其适合蛋白质等生物大分子分析。

E. 串联质谱分析器：两个或更多的质谱连接在一起，称为串联质谱，包括如下几款：空间串联：QQQ、Q – trap、Q – TOF、TOF – TOF；时间串联：Ion Trap、Orbitrap、FT – MS. 离子阱质谱 Ion Trap MS；三重四级杆质谱 triple Quadrupole MS；四极杆飞行时间质谱 Q – TOF MS。

④检测器及数据处理系统

检测器通常为光电倍增强或电子倍增器，将离子流转化为电流，所采集的信号经放大并转化为数字信号，通过计算机处理后得到质谱图。

在质谱仪测定的质量范围内，由离子的质荷比和其相对丰度构成质谱图。在 LC/MS 和 GC/MS 中，常用各分析物质的色谱保留时间和由质谱得到其离子的相对强度组成色谱总离子流图。也可固定某质荷比，对整个色谱流出物进行选择离子检测（Selected Ion Monitoring，SIM），得到选择离子流图。

（3）仪器主要参数

以 1 200 – SL 液相色谱 – 质谱联用仪为例

①流量范围：0.010 ~ 5.000 mL/min，以 0.001 mL/min 为增量，流速准确度：±1.0%；

②样品室温度范围：4 ~ 40℃，

③柱温箱：控温范围：5 ~ 80℃ 温度准确性：±1℃；

④ 荧光检测器波长范围：200 ~ 890 nm，光谱宽度：15 nm，激发或发射状态波长准确度 ≤ ±2 nm；

⑤质谱仪：质量范围：≥2 ~ 2 000 amu，分辨率：≥2.5m，质量数稳定性：≤0.1 Da/24Hr ESI 正离子，正负离子采集切换速率：< 22 ms。

（4）操作步骤

① 检查实验室环境是否满足仪器要求，各开关是否关闭。

②按要求准备好各种流动相，检查、连接好色谱柱及管道通路。

③打开计算机，打开主机各模块电源（从上至下），再双击桌面图标，进入工作站，打开 purge 阀排除气泡后再旋紧。

④待仪器自检程序结束后，按检测依据的仪器条件编辑方法设置流动相配比、操作、参数等。

⑤调出方法，将样品装入全自动进样器，设置参数。

⑥待色谱基线走稳后，点击"start"键。

⑦打开定量软件，从"文件"菜单选择"调用信号"选中数据文件名，单击"确定"。从"图形"菜单中选择"信号选项"，从"范围"中选择"自动量程"及合适的显示时间单击"确定"，或选择"自定义量程"调整，反复进行直到图的比例合适为止。

⑧积分：从"积分"中选择"自动积分"，积分结果不理想，再从菜单中选"积分事件"选项，选择合适的"斜率灵敏度，峰宽，最小峰面积，最小峰高"。从"积分"菜单中选择"积分"选项则数据被积分，如积分结果不理想则修改相应的积分参数直到满意为止。单击左边图标将积分参数存入方法。

⑨设置定量参数，根据实际样品情况，手动修改积分与工作曲线的相关参数，自动运行计算。选择合适的报告模板，然后打印，备份 pdf 格式报告文件。

⑩退出工作站，关闭各部件开关，关闭计算机。

（5）注意事项

①仪器应放在无强烈光照、无腐蚀性气体的相对恒温的条件下。

②严格按照开机关机程序开机和关机。

五、生物技术方法

在水产品质量检验中常用的几种生物检测技术有：免疫技术、聚合酶链式反应技术（PCR）。

1. 免疫分析法

免疫分析法就是基于抗原、抗体的特异性识别和结合反应为基础的分析方法。1959 年，美国科学家 Yalow 和 Berson 利用 125I 标记的胰岛素与血浆中的胰岛素竞争有限的抗体，以此为基础建立了胰岛素的放射性免疫测定法，从而开创了免疫分析这一崭新领域，被公认为痕量分析化学方面的重大突破。该分析法具有特异性强、灵敏度高、方便快捷、分析容量大、检测成本低、安全可靠等优点。目前，应用到食品安全检测领域的免疫分析方法主要有：酶联免疫分析、荧光免疫分析、发光免疫分析、免疫传感器技术等。

抗原抗体反应的基本原理及影响因素：

抗原是一类能刺激机体免疫系统产生特异性应答，并能与相应免疫应答产物（即抗体和致敏淋巴细胞）在体内或体外发生特异性结合的物质；抗体是机体在抗原刺激下所产生的特异性球蛋白，是免疫分析的核心试剂。抗原抗体反应的高度特异性是由于抗原决定簇和抗体 Fab 段超变区之间具有高度互补性。抗原抗体的结合是各种分子间作用力（电荷引力、范德华引力、氢键结合力、疏水作用）的综合作用，具有单独任何一种理化分析技术难以达到的选择性和灵敏度。

除抗原和抗体本身的性质，电解质、pH 值、温度等因素都影响反应的进行。抗原抗体发生特异性结合后，若溶液中无电解质参与，则不出现可见反应。常用 0.85% 氯化钠来促使凝集物或沉淀物的形成。

免疫球蛋白的等电点一般为 5.0~5.5。一般抗原抗体反应均在 pH 值高于等电点下进行，pH 值为 6.0~8.0。常用的抗原抗体反应温度为 37℃，温度升高可促进分子运动使反应加速。但温度高于 55℃ 时可导致抗原抗体变性或遭破坏，抗体被灭活，已形成的免疫复合物也将发生解离。当反应温度在 10℃ 以下时结合反应速率慢，但结合致密、牢固。某些抗原抗体反应有其独特的温度，如冷凝集素在 4℃ 时与红细胞结合最好，20℃ 以上反而解离。

主要免疫分析方法有以下几种：

（1）酶联免疫分析法（ELISA）

1971 年 Engvall 和 Perlmann 发表了酶联免疫吸附剂测定（enzyme linked immunosorbent assay，ELISA）用于 IgG 定量测定的文章，使得 1966 年开始用于抗原定位的酶标抗体技术发展成液体标本中微量物质的测定方法。这一方法的基本原理是：①使抗原或抗体结合到某种固相载体表面，并保持其免疫活性。②使抗原或抗体与某种酶连接成酶标抗原或抗体，这种酶标抗原或抗体既保留其免疫活性，又保留酶的活性。在测定时，把受检标本（测定其中的抗体或抗原）和酶标抗原或抗体按不同的步骤与固相载体表面的抗原或抗体起反应。用洗涤的方法使固相载体上形成的抗原抗体复合物与其他物质分开，最后结合在固相载体上的酶量与标本中受检物质的量成一定的比例。加入酶反应的底物后，底物被酶催化变为有色产物，产物的量与标本中受检物质的量直接相关，故可根据颜色反应的深浅进行定性或定量分析。由于酶的催化效率很高，故可极大地放大反应效果，从而使测定方法具有很高的灵敏度。

方法类型和操作步骤：ELISA 可用于测定抗原，也可用于测定抗体。在这种测定方法中有 3 种必要的试剂：固相的抗原或抗体；酶标记的抗原或抗体；酶作用的底物。根据试剂的来源和标本的性状以及检测的具备条件，可设计出各种不同类型的检测方法。

①双抗体夹心法

双抗体夹心法是检测抗原最常用的方法，操作步骤如下：

包埋：将特异性抗体与固相载体连接，形成固相抗体，然后洗涤除去未结合的抗体及杂质。

加受检标本：使样品与固相抗体接触反应一段时间，让标本中的抗原与固相载体上的抗体结合，形成固相抗原复合物，然后洗涤除去其他未结合的物质。

加酶标抗体：使固相免疫复合物上的抗原与酶标抗体结合，彻底洗涤未结合的酶标抗体。此时固相载体上带有的酶量与标本中受检物质的量正相关。

加底物：夹心式复合物中的酶催化底物成为有色产物，根据颜色反应的程度进行该抗原的定性或定量。

根据同样原理，将大分子抗原分别制备固相抗原和酶标抗原结合物，也可用双抗原夹心法测定标本中的抗体。

②双位点一步法

在双抗体夹心法测定抗原时，如果采用针对抗原分子上两个不同抗原决定簇的单克隆抗体分别作为固相抗体和酶标抗体，则在测定时可使标本的加入和酶标抗体的加入两步并作一步。这种双位点一步法不但简化了操作，缩短了反应时间，如应用高亲和力的单克隆抗体，而且测定的敏感性和特异性也显著提高。单克隆抗体的应用使测定抗原的 ELISA 提高到新水平。

在一步法测定中，应注意钩状效应（hookeffect），类同于沉淀反应中抗原过剩的后带现象。当标本中待测抗原浓度相当高时，过量抗原分别和固相抗体及酶标抗体结合，而不再形成夹心复合物，所得结果将低于实际含量。钩状效应严重时甚至可出现假阴性结果。

③间接法测抗体

间接法是检测抗体最常用的方法，其原理为利用酶标记的抗抗体以检测已与固相结合的受检抗体，故称为间接法。操作步骤如下：

包埋：将特异性抗原与固相载体连接，形成固相抗原，然后洗涤除去未结合的抗原及杂质。

加稀释的受检血清：其中的特异抗体与抗原结合，形成固相抗原抗体复合物。经洗涤后，固相载体上只留下特异性抗体。其他免疫球蛋白及血清中的杂质由于不能与固相抗原结合，在洗涤过程中被洗去。

加酶标抗抗体：与固相复合物中的抗体结合，从而使该抗体间接地标记上酶。洗涤后，固相载体上的酶量就代表特异性抗体的量。例如欲测人对某种疾病的抗体，可用酶标羊抗人 IgG 抗体。

加底物显色：颜色深度代表标本中受检抗体的量。

本法只要更换不同的固相抗原，可以用一种酶标抗抗体检测各种与抗原相应的抗体。

④竞争法

竞争法可用于测定抗原，也可用于测定抗体。以测定抗原为例，受检抗原和酶标抗原竞争与固相抗体结合，因此结合于固相的酶标抗原量与受检抗原的量呈反比。操作步骤如下：

将特异抗体与固相载体连接，形成固相抗体。洗涤。

待测管中加受检标本和一定量酶标抗原的混合溶液，使之与固相抗体反应。如受检标本中无抗原，则酶标抗原能顺利地与固相抗体结合；如受检标本中含有抗原，则与酶标抗原以同样的机会与固相抗体结合，竞争性地占去了酶标抗原与固相载体结合的机会，使酶标抗原与固相载体的结合量减少。参考管中只加酶标抗原，保温后，酶标抗原与固相抗体的结合可达最充分的量。洗涤。

加底物显色：参考管中由于结合的酶标抗原最多，故颜色最深。参考管颜色深度与待测管颜色深度之差，代表受检标本抗原的量。待测管颜色越淡，表示标本中抗原含量越多。

⑤捕获法测 IgM 抗体

血清中针对某些抗原的特异性 IgM 常和特异性 IgG 同时存在，后者会干扰 IgM 抗体的测定。因此测定 IgM 抗体多用捕获法，先将所有血清 IgM（包括异性 IgM 和非特异性 IgM）固定在固相上，在去除 IgG 后再测定特异性 IgM。操作步骤如下：

将抗人 IgM 抗体连接在固相载体上，形成固相抗人 IgM。洗涤。

加入稀释的血清标本：保温反应后血清中的 IgM 抗体被固相抗体捕获。洗涤除去其他免疫球蛋白和血清中的杂质成分。

加入特异性抗原试剂：它只与固相上的特异性 IgM 结合。洗涤。

加入针对特异性的酶标抗体：使之与结合在固相上的抗原反应结合。洗涤。

加底物显色：如有颜色显示，则表示血清标本中的特异性 IgM 抗体存在，是为阳性反应。

⑥应用亲和素和生物素的 ELISA

亲和素是一种糖蛋白，可由蛋清中提取。分子量 60 kD，每个分子由 4 个亚基组成，可以和 4 个生物素分子亲密结合。现在使用更多的是从链霉菌中提取的链霉和素（strepavidin）。生物素（biotin）又称维生素 h，分子量 244.31，存在于蛋黄中。用化学方法制成的衍生物，生物素 - 羟基琥珀亚胺酯（biotin - hydroxysuccinimide，bnhs）可与蛋白质、糖类和酶等多种类型的大小分子形成生物素化的产物。亲和素与生物素的结合，虽不属免疫反应，但特异性强，亲和力大，两者一经结合就极为稳定。由于 1 个亲和素分子有 4 个生物素分子的结合位置，可以连接更多的生物素化的分子，形成一种类似晶格的复合体。因此把亲和素和生物素与 ELISA 耦联起来，就可大提高 ELISA 的敏感度。

亲和素 - 生物素系统在 ELISA 中的应用有多种形式，可用于间接包被，亦可用于终反应放大。可以在固相上先预包被亲和素，选用吸附法包被固相的抗体或抗原与生物素结合，通过亲和素－生物素反应而使生物素化的抗体固相化。这种包被法不仅可增加吸附的抗体或抗原量，而且使其结合点充分暴露。另外，在常规 ELISA 中的酶标抗体也可用生物素化的抗体替代，然后连接亲和素－酶结合物，以放大反应信号。

（2）发光免疫分析

20 世纪 80 年代末，国外学者开始用化学发光试剂来标记抗原或抗体，从而建立了发光免疫分析技术。狭义的发光免疫分析（luminescence immunoassay，缩写为 LTA）主要是指化学发光免疫分析（chemiluminescence immunoassay，缩写为 CLIA）。另外，还有酶放大化学发光免疫分析和电化学发光免疫（eleetruehemiluminescence immunpassay，缩写为 FCLIA）。

（3）荧光免疫分析法（Fluoroimmunoassay，缩写为 FIA）

早在 20 世纪 40 年代就有很多用荧光素来标记抗原或抗体（Fluoroimmunoassay，缩写为 FIA）的方法，如底物标记荧光免疫分析法、荧光偏振免疫分析法（Fluorescenr polarized immunoassay 缩写为 FPIA），以及现有免疫方法中灵敏度最高的时间分辨免疫分析法（Timed－resolved fluoroirumunoassay，缩写为 TR-FIA）等。TRFIA 是 20 世纪 80 年代 Pettersson 等和 Eskola 等创立的一种非放射性标记免疫技术，与传统的荧光素标记不同，它是以镧系元素，如铕（Eu）、铽（Tb）、钐（Sm）和铌（Nd）等标记抗体，因此又称为"解离－增强镧系荧光免疫分析法"（Dissociation－enhancement lanthnnide fluruimmunnassay，缩写为 DELFIA）。利用时间分辨荧光仪特定的延迟一段时间测量，获得 Eu＋的特异荧光信号，几乎能够完全消除各种非特异性荧光物质的干扰。并且灵敏度可高达 10～19 mol/L。

（4）免疫生物传感器（Immunbiosensor）

1967 年，Updike 和 Hicks 研制出世界上第一支葡萄糖传感器，开创了生物传感器的历史。1990 年 Henry 等提出了免疫传感器的概念，免疫传感器的研究与开发呈现出突飞猛进的局面。免疫传感器是由敏感膜、换能器和信号处理器三部分组成，其测定原理是当待测物质与耦联含有抗原/抗体分子的生物敏感膜接触时，抗原（或半抗原）和其特异性抗体结合形成稳定的抗原杭体复合物并产生生物学反应信息。换能器则能敏感捕捉反应信息，并将其表达为可检测的物理信号。产生的电化学、光学、热学、压电学等响应信号，其大小与分析物含量或浓度存在定量关系，从而实现对待测物质的定量检测。由于免疫传感器具有实现在体检测，实时输出分析不受样品颜色、浊度的影响（即样品可以不经处理，不需分离），所需仪器设备相对简单、成本低，因此前景看好。

2. PCR 技术

（1）聚合酶链式反应检测技术（PCR）的基本原理及其发展

1983 年，美国 PE－Cetus 公司的 Mullis 和 Saiki 等人发明了聚合酶链式反应（polymerpsv chain reaction，缩写为 PCR）技术，于 1985 年公开报道。这项技术使人们能在几小时内将 DNA 片段扩增 109 倍，具有特异性强、灵敏度高、快速、简便及重复性好的特点。在之后的十几年内，PCR 技术发展迅速，逐渐成为实验室的常规检测技术。目前，PCR 技术已广泛应用于生命科学研究领域及考古、刑事侦查、法学等社会科学领域。通过 PCR 技术可以检测到一个细胞、一个精子、一根毛发，甚至是考古标本、玻片标本中的 DNA 分子。这项技术的问世，大大促进了生命科学及相关学科的发展，是分子生物学方法上的一次革命。

PCR 是一项 DNA 体外合成放大技术，是一个体外模拟生物体细胞内复制 DNA 的过程。细胞核中 DNA 的复制是个比较复杂的过程，参与复制的基本因素有：DNA 聚合酶、DNA 连接酶、DNA 模板、引发酶合成的 RNA 引物（Primer）、核苷酸原料、无机离子、合适的 pH 值以及解开 DNA 超螺旋及双螺旋等结构的若干酶与蛋白质因子等。PCR 技术是在试管中进行 DNA 复制反应，其原理与细胞核中复制相似。然而，不同之处是用耐热的 Taq 酶取代了 DNA 聚合酶，用合成的 DNA 引物替代 RNA 引物。采用加热（变性）、冷却（退火）、保温（延伸）等方法改变温度，使 DNA 得以复制，反复循环进行变性、退火、延伸就可使目标 DNA 片段以几何级数快速扩增。

PCR 的具体过程如下：

①变性：模板 DNA 加热至 93℃ 左右，一定时间后，使模板 DNA 双链或经 PCR 扩增形成的双链 DNA 解离成单链，以便它与引物结合，为下一轮反应做准备。

②退火：模板 DNA 经加热变性成单链后，温度降至 55℃ 左右，引物与模板 DNA 单链的互补序列配对结合。

③延伸：DNA 模板—引物结合物在 DNA 聚合酶的作用下，以 dNTP 为反应原料，靶序列为模板，按碱基互补配对与半保留复制原则，合成一条新的与模板 DNA 链互补的半保留复制链，重复循环变性—退火—延伸三过程，就可获得更多的"半保留复制链"，而且这种新链又可成为下次循环的模板。

PCR 的三个反应步骤反复进行，每完成一个循环需 2～4 min，1～3 h 就能将待扩目的基因扩增放大几百万倍。

PCR 技术创立之初，使用的 DNA 聚合酶是大肠杆菌 E. Coli DNA 聚合酶 I 的 Klewo 大片段。这种酶在大于 95℃ 时会完全失活，它催化的聚合反应需在 37℃ 下进行，这就要求在每次循环中必须添加新酶，操作繁琐。另外，37℃ 温度下较易发生 DNA 模板与引物之间的碱基错配，使得 PCR 产物的特异性较差。因此，R. X. Saiki 等人用从嗜热细菌分离的 Taq DNA 聚合酶代替了大肠杆菌的 Klewo 大片段，从而使 PCR 技术得到了进一步发展与完善。Taq DNA 聚合酶可耐 95℃ 以上的高温，所以，不需要在每一循环中添加新酶，同时该酶催化的聚合反应可在 65℃ 下进行，模板与引物杂交的专一性高，PCR 产物的特异性强、纯度高，操作亦简便。Taq DNA 聚合酶的应用，使 PCR 技术产生质的飞跃。

（2）PCR 反应体系的因素及其作用

PCR 反应体系的主要因素有模板核酸、引物、Taq DNA 聚合酶、缓冲液、Mg^{2+}、脱氧核糖核苷三磷酸（dNTP）、PCR 仪、反应温度及循环次数等。

①模板核酸

DNA 和 RNA 均可作为 PCR 的模板核酸，只是用 RNA 作模板时，首先要进行逆转录生成 cDNA，然后再进行正常的 PCR 循环。PCR 反应时加入的 DNA 模板量一般为 103～105 拷贝。核酸模板来源广泛，可以从机体的组织、细胞中提取，亦可从细菌、病毒、甚至考古标本、病理标本等中提取。模板 DNA 通常为线性分子，若是环状质粒，则应先用酶将其切开成线状分子。

②引物

引物决定 PCR 扩增产物的特异性和长度，故引物设计在 PCR 反应中至关重要，PCR 反应中的引物有两种，即 5′端引物与 3′端引物，5′端引物为与模板 5′端序列相同的寡核苷酸，3′端引物是指与模板 3′端序列互补的寡核苷酸。良好的引物有以下要求：

合适的长度。一般为 16～30 bp，引物过短将影响 PCR 产物的特异性，过长会使延伸温度超过 Taq DNA 聚合酶的最适温度（74℃），亦影响 PCR 产物的特异性。

G＋C 的含量一般为 40%，G＋C 太少扩增效果不佳，G＋C 过多易出现非特异性条带。ATGC 最好随机分布，避免 5 个以上的嘌呤或嘧啶核苷酸成串排列。

引物扩增跨度。以 200～500 bp 为宜，特定条件下可扩增长至 10 kb 的片段。

避免引物内部出现二级结构。避免两条引物间互补，特别是 3′端的互补，否则会形成引物二聚体，产生非特异的扩增条带。

引物 3′端的碱基，特别是最末及倒数第二个碱基，应严格要求配对，以避免因末端碱基不配对而导致 PCR 失败。

引物中有合适的酶切位点。被扩增的靶序列要有适宜的酶切位点，这对酶切分析或分子克隆很有好处。

引物的特异性。引物应与核酸序列数据库的其他序列无明显同源性。扩增时每条引物的浓度 0.1 ~ 1 μmol/L或 10 ~ 100 pmol/μL，以最低引物量产生所需要的结果为好，引物浓度偏高会引起错配和非特异性扩增，还可增加引物之间形成二聚体的机会。另外，引物 Tm 值在 55 ~ 80℃，接近 72℃ 为最好。

③耐热 Taq DNA 聚合酶

Taq DNA 聚合酶热稳定性很高。实验表明，在 92.5℃、95℃ 和 97.5℃ 时，其半衰期分别为 40 min、30 min 和 5 min。纯化的 Taq 酶体外无 3′ ~ 5′外切酶活性，因而无校正阅读功能，扩增中可引起错配。Taq 酶还具有反转录活性，若有 Mg^{2+} 存在，则反转灵活性更佳，Taq 酶的用量通常是每 100μL 反应液中含 1 ~ 2.5 U Taq 酶为好。需注意的是 Taq 酶应在 −20℃ 贮存。

④缓冲液

缓冲液为 PCR 反应提供合适的酸碱度与某些离子，常用 10 ~ 50 mmol/L Tris – HCL（pH 值 8.3 ~ 8.8）缓冲液。

⑤Mg^{2+} 浓度

Taq 酶的活性需要 Mg^{2+}。Mg^{2+} 浓度过低，Taq 酶活力显著降低；Mg^{2+} 浓度过高，又会使酶催化反应产生非特异性扩增。Mg^{2+} 浓度还影响引物的退火、模板与 PCR 产物的解链、引物二聚体的生成等。Taq 酶的活性只与游离的 Mg^{2+} 浓度有关。Mg^{2+} 的总量应比 dNTP 的浓度高 0.2 ~ 2.5 mmol/L。

⑥dNTP

dNTP 的质量与浓度和 PCR 扩增效率有密切关系。dNTP 溶液呈酸性，使用时应配成高浓度，以 1mol/L NaOH 或 1mol/L Tris – HCl 的缓冲液将其 pH 值调节到 7.0 ~ 7.5，小量分装，−20℃ 冰冻保存。多次冻融会使 dNTP 降解。在 PCR 反应中 dNTP 应为 50 ~ 200 μmol/L。尤其要注意 4 种 dNTP 的浓度要相等（等物质的量配制）。

⑦反应温度与循环次数

变性温度与时间：

变性反应是 PCR 中重要一步。模板 DNA 完全变性，才能保证 PCR 正常进行。模板 DNA 分子中 G + C 含量越高，变性的温度亦越高。但过高的变性温度又会影响 Taq 酶的活性。通常的变性温度和时间分别为 95℃，30 s。

复性温度与时间：

复性温度决定 PCR 产物的特异性。合适的复性温度为低于引物 Tm 值 5℃。升高退火温度可提高扩增的特异性，退火温度过低可引起非特异性扩增。故要严格掌握退火温度。一般为 55℃。退火时间一般为 1 min。

延伸温度与时间：

延伸温度一般为 72℃ 左右，温度过高不利于引物和模板的结合。延伸时间根据扩增片断的长度而定，2 kb 的片段用 1 min 已足够。延伸时间过长会导致非特异性扩增带的出现。

循环次数：

PCR 循环的次数要取决于最初靶分子的浓度，例如在初始靶分子为 3×105，1.5×104，1×103 和 50 个拷贝时，循环次数可分别为 $25 \sim 30$、$30 \sim 35$、$35 \sim 40$、$40 \sim 45$。一般循环次数为 $30 \sim 40$，循环次数过多会增加非特异性产物的量及碱基错配数。

⑧PCR 仪

目前，国产及进口的 PCR 仪种类较多但原理是一致的，只是升降温的方式不同，有气体加温、水加温、电热加温等。循环的温度、次数、时间均可由电脑控制。

（3）PCR 反应特点及常见问题处置

①特异性强。PCR 反应特异性的决定因素为：引物与模板 DNA 特异性结合；碱基配对原则；Taq DNA 聚合酶合成反应的忠实性；靶基因的特异性与保守性。

②灵敏度高。PCR 产物的生成量是以指数方式增加的，能将皮克量级的起始待测模板扩增到微克水平，能从 100 万个细胞中检出一个靶细胞；在病毒的检测中，PCR 的灵敏度可达 3 个 RFU（空斑形成单位）；在细菌学中最小检出率为 3 个细菌。

③简便、快速。PCR 反应用耐高温的 Taq DNA 聚合酶一次性地将反应液加好后，在 DNA 扩增液和水浴锅上进行变性—退火—延伸反应，一般 $2 \sim 4$ h 完成扩增反应。扩增产物一般用电泳分析，不一定要用同位素，无放射性污染、易推广。

④对标本的纯度要求低。不需要分离病毒或细菌及培养细胞，DNA 制品及总 RNA 均可作为扩增模板。可直接用临床标本如血液、体腔液、细胞、活组织等 DNA 粗制品进行扩增检测。

第二节　水产品检验的一般步骤

水产品检验的基本步骤为：样品的采集；样品的处理；样品的分析检测；分析结果的记录与处理四个阶段。

一、样品的采集

样品的采集又称采样，是指抽取有一定代表性的样品，供分析化验用。样品的采集一般包括三个内容：即抽样、取样和制样（具体见第五章）。采样时必须注意样品的生产日期、批号、代表性和均匀性。采样数量应能满足检验项目对试样量的需要，一般为一式三份，供检验、复检与备查或仲裁用，每一份一般不少于 400 g。采样容器根据检验项目，选用硬质玻璃瓶或聚乙烯制品。

采样一般步骤为：①原始样的采集；②原始样的混合；③缩分原始样至需要的量。对于不同的样品应采用不同的方法进行样品的采集。

1. 水样采集

（1）采集表层水（池塘）

池塘等小面积的水体要采集混合水样，即在池塘四角各选一个点，取水面下 50 厘米的水样，混合后作为一个样品保存。若水深不足 1 米，取中层的水样作为样品。

（2）采集深层水（湖泊、水库）

将采水器沉入水中，达到所需深度（从拉伸的绳子标度上看出），待水样充满后提出来。

（3）采集自来水或带抽水设备的地下水（井水）

先排放 $2 \sim 3$ min，让积存的杂质流去，然后用瓶、桶等直接采集。

（4）浮游生物的采样

浮游植物：用采水器取 1 L 水样，并立即加入 15 mL 碘液固定。

浮游动物：用采水器采 10 L 水样用筛绢制的采集网过滤后浓缩成 100 mL 水样，并加入 2 mL 福尔马林固定。

2. 水产品样品的采集

抽样必须按批次和不同的存放位置，根据抽样方案规定的数量抽取具有代表性的样品，样品分现场检验用的非破坏性样品和带回实验室检验用的破坏性样品两种。对于需要进行细菌和化学检验的，应按规定的方法，在开启包装的同时抽取样品。抽取顺序应先抽细菌检验样品，后取其他检验样品。具体抽样方法如下：

（1）不同样品抽样注意事项

①组批

A. 鲜活水产品

同一养殖场内，以同一水域、同一品种、同期捕捞或养殖条件相同的产品为一个抽样批次。

B. 冰鲜及冷冻水产品

来源及大小相同的产品为一抽样批次。

C. 初级水产加工品

在原料及生产条件基本相同的条件下，同一天或同一班组生产的产品为一个抽样批次。

②抽样注意事项

A. 鲜活的样本应选能代表整批产品水平的生物体，不能特意选择特殊的生物体（如新鲜或不新鲜、畸形、有病的）作为样本。

B. 作为进行渔药残留检验的样本应为已经过停药期的、养成的、即将上市进行交易的养殖水产品，处于生长阶段的或使用渔药后未经过停药期的养殖水产品可作为查处使用违禁药的样本。

C. 用于微生物检验的样本应单独抽取，取样后应置于无菌的容器中，且存放温度为 0～10℃，应在 48 h 内送到实验室进行检验。

D. 同一企业抽取样本数量一般不应超过 2 个。

③抽样量

每个批次随机抽取约 1 500 g 样品进行检验（每个样品取其可食部分，不低于 400 g）。

3. 饲料样品的采集

在条件许可的情况下，采样应在不受诸如潮湿空气、灰尘或煤烟等外来污染危害影响的地方进行。条件许可时，采样应在装货或卸货中进行。如果流动中的饲料不能进行采样，被采样的饲料应安排在能使每一部分都容易接触到，以便取到有代表性的实验室样品。

（1）样品采集

对于散装产品，尽可能地在装或卸时采样。同理，如果产品是直接装到料仓或仓库中，则尽可能地在装入时取样。

①从散装产品中采样

如果是从堆状等散装产品中取样，随机选取每个份样的位置，这些位置既覆盖产品的表面，又包括产品的内部，使该批次产品的每个部分都被覆盖。

在产品流水线上取样时,根据流动的速度,在一定的时间间隔内,人工或机械地在流水线的某一截面取样。根据流速和本批次产品的量,计算产品通过采样点的时间,该时间除以所需采样的份样数,即得到采样的时间间隔。

②从袋装产品中采样

如果是在密闭的包装袋中采样,则需要取样器。采样时,不管是水平还是垂直,都必须经过包装物的对角线。份样可以是包装物的整个深度,或是表面、中间、底部这三个水平。在采样完成后,将包装袋上的采样孔封闭。

如果上述的方法不适合,则将包装物打开倒在干净、干燥的地方,混合后铲其一部分为份样。

(2)样品量

要得到能代表整个批次产品的样品,就必须设置足够的份样数量。根据批次产品数量和实际采样的特点制定采样计划,在计划中确定需采的份样数量和重量。

对于袋装的产品批次量是由包装袋的数量决定和包装袋的容量确定。对于散装的产品,批次量是由盛该散样的容器数量决定的,或由满装该产品的容器的最少数量。如果一个容器内装的产品量已超过一个批次产品的最大量时,该容器内产品即为一个批次。如果一批次散装产品形态上出现明显的分级,则需要分成不同的批次。

(3)采样时的注意事项

由于产品是经加工处理的,因此受微生物侵害腐败的可能性增加。在预先检查整个批次产品时,应特别注意有无异常,如有异常,应将这部分与其他部分分开。

二、样品的处理

样品中往往含有一定的杂质或其他干扰分析的成分,影响分析结果的正确性,所以在分析检验前应根据样品的性质特点、分析方法的原理和特点以及被测物和干扰物的性质差异,使用不同的方法,把被测物与干扰物分离,或使干扰物分离除去,从而使分析测定得到理想的结果。常用的样品处理有以下9种,应用时应根据水产品的种类、分析对象、被测组分的理化性质及所选用的分析方法决定选用哪种预处理方法。

总的原则是:①消除干扰因素;②完整保留被测组分;③使被测组分浓缩,以获得可靠的分析结果。

1. 有机物破坏法

有机物破坏法主要用于水产品中无机元素的测定。

水产品中的无机元素,常与蛋白质等有机物结合,成为难溶、难解离的化合物,从而失去其原来活性。欲测定这些无机成分的含量,需要在测定前破坏有机结合体,释放出被测组分。通常采用高温,或高温加强氧化条件,使有机物质分解,呈气态逸散,而被测的组分残留下来。根据具体操作条件的不同,又可分为干法和湿法两大类。

(1)干法灰化

这是一种高温灼烧的方式破坏样品中有机物的方法,因而又称为灼烧法。除汞外大多数金属元素和部分非金属元素的测定都可用此法处理样品。

原理:将一定量的试样放置在坩埚中加热,使其中的有机物脱水、炭化、分解、氧化,再在马弗炉中以500~600℃的高温灰化,直至残灰为白色或浅灰白色为止。所得的残渣即为无机物,可供测定用。

（2）湿法消化

此法简称消化法，是常用的样品无机化方法，适用于大部分重金属 Cu、Pb、Zn、Cd、Hg、As 等。

原理：向样品中加入强氧化剂，并加热消煮，使样品中的有机物质完全分解、氧化，呈气态溢出，待测成分转化为无机物状态存在于消化液中，供测定使用。常用的强氧化剂有浓硝酸、浓硫酸、高氯酸、高锰酸钾、过氧化氢等。

2. 溶剂提取法

在同一溶剂中，不同的物质溶解性不同。利用样品各组分在某一溶剂中溶解度的差异，将各组分完全或部分地分离的方法称为溶剂提取法。此法常用于渔药、非法添加物的测定。

溶剂提取法又分为浸提法、溶剂萃取法。

（1）浸提法

用适当的溶剂将固体样品中的某种待测成分提出来的方法称为浸提法，又称液 - 固萃取法。

原理：一般来说，提取效果符合相似相溶的原理，故应根据被提取物的极性强弱选择提取剂。对极性较弱的成分（如有机氯农药）可用极性小的溶剂（如正乙烷、石油醚）提取；对极性强的成分（如黄曲霉毒素 B1）可用极性大的溶剂（如甲醇和水的混合溶液）提取。溶剂沸点宜在 45～80℃，沸点太低易挥发，沸点太高则不易浓缩，且对热稳定性差的被提取成分也不利。此外，溶剂要稳定，不与样品发生反应。

（2）溶剂萃取法

利用某组分在两种互不相溶的溶剂中分配系数的不同，使其从一种溶剂转移到另一种溶剂中，而与其他组分分离的方法，叫溶剂萃取法。分配定律是萃取的主要理论依据。

萃取溶剂的选择：萃取溶剂应与原溶剂互不相溶，对被测组分有最大溶解度，而对杂质有最小溶解度。被测组分在萃取溶剂中有最大的分配系数，而杂质只有最小的分配系数。经萃取后，被测组分进入萃取溶剂中，即同仍留在原溶剂中的杂质分开。此外，还应考虑两种溶剂分层的难易以及是否会产生泡沫等问题。

特点：萃取通常在分液漏斗中进行，一般需经过 4～5 次萃取，才能达到完全分离的目的。当用较水轻的溶剂，从水溶液中提取分配系数较小或震荡后易乳化的物质时，采用连续液体萃取器比分液漏斗效果更好。此法操作迅速，分离效果好，应用广泛。但萃取试剂通常易燃、易挥发，且有毒性。

3. 蒸馏法

蒸馏法是利用液体混合物中各组分沸点不同进行分离的方法，可用于除去干扰物组分，也可用于将待测组分蒸馏逸出，收集馏出液进行分析。

根据样品中待测成分的性质不同，可采用常压蒸馏、减压蒸馏、水蒸气蒸馏等蒸馏方式。

（1）常压蒸馏

当被蒸馏的物质受热后不发生分解或沸点不太高，可在常压下进行蒸馏。加热方式可根据被测蒸馏物质的沸点和特性选择水浴、油浴或者直接加热。一般在水产品中的甲醛及水质中的挥发酚测定中应用较多。

（2）减压蒸馏

当常压蒸馏情况下温度太高容易使蒸馏物质发生氧化、分解或者聚合等反应，使其无法在常压下蒸馏达到分离纯化的目的。而将减压系统连接在蒸馏装置上，使有机物在其低于正常沸点的温度下进行蒸馏，此为减压蒸馏。

（3）水蒸气蒸馏

水蒸气蒸馏是分离和纯化与水不相混溶的挥发性有机物常用的一种方法。此法是将水蒸气通入不溶于水的有机物中，使其与水经过共沸而实现蒸馏。被提纯化合物应具备的条件：a. 不溶或难溶于水，如溶于水则蒸气压会显著下降；b. 在沸腾时与水不起化学反应；c. 在100℃，该化合物应具有一定的蒸气压，一般1 333 Pa。

4. 化学分离法

（1）磺化法和皂化法

磺化法和皂化法是除去油脂的方法，常用于农药分析中样品的净化。

①硫酸磺化法利用是浓硫酸处理样品提取液，有效地除去脂肪、色素等干扰物质。

原理：浓硫酸能使脂肪磺化，并与脂肪和色素中的不饱和键起加成作用，形成可溶于硫酸和水的强极性化合物，不再被弱极性的有机溶剂所溶解，从而达到分离净化的目的。

②皂化法是用热碱溶液处理样品提取液，以除去脂肪等干扰杂质。

原理：利用 KOH - 乙醇溶液将脂肪等杂质皂化除去，以达到净化目的。

（2）沉淀分离法

沉淀分离法是利用沉淀反应进行分离的方法。

原理：在试样中加入适当的沉淀剂，使被测组分沉淀下来，或将干扰组分沉淀下来，经过过滤或离心将沉淀与母液分开，从而达到分离目的。

根据沉淀剂的不同，可分为盐析法、等电点沉淀法、有机溶剂沉淀法、聚电解质沉淀法和高价金属离子沉淀法。

（3）掩蔽法

掩蔽法是利用掩蔽剂与样液中干扰成分作用，使干扰成分转变为不干扰成分的测定状态，即被掩蔽起来。

5. 微波消解法

这是一种新型样品消化技术，即微波消解法，适用于大部分重金属 Cu、Pb、Zn、Cd、Hg、As 等。

原理：在聚四氟乙烯容器中加入适量样品和氧化剂如硝酸和/或硫酸、双氧水、氢氟酸，加热至100 ~ 200℃、压力 1.0 ~ 2.5 MPa，5 ~ 10 min 即可消解，自然冷却至室温，便可取此液直接定容测定。

6. 色层分离法

色层分离法又称色谱分离法，是一种在载体上进行物质分离的一系列方法的总称。

基本原理：利用混合物各组分在某一物质中的吸附或者溶解性能（分配）的不同，或其亲和性的差异，使混合物的溶液流经该种物质进行反复的吸附或分配作用，从而使各组分分离。

根据分离原理的不同，可分为吸附色谱分离、分配色谱分离和离子交换色谱分离等。此类方法分离效果好，近年来在水产品分析中应用越来越广泛，特别适用于微量和半微量样品的分离提纯。

（1）吸附色谱分离

利用聚酰胺、硅胶、硅藻土、氧化铝等吸附剂经活化处理的吸附能力，对被测成分或干扰组分进行选择性吸附而进行的分离称吸附色谱分离。例如，聚酰胺对色素有强大的吸附能力，而其他组分则难以被吸附，在测定食品中色素含量时，常用聚酰胺吸附色素，经过过滤、洗涤，再用适当溶剂解析，可以得到较纯净的色素溶液，供测试用。

（2）分配色谱分离

此法是以分配作用为主的色谱分离法，是根据不同物质在两相间的分配比不同所进行的分离，两相中的一相是流动的（称流动相），另一相是固定的（称固定相）。被分离的组分在流动相沿着固定相移动的过程中，由于不同物质在两相中具有不同的分配比，当溶剂渗透在固定相中并向上渗展时，这些物质在两相中的分配作用下反复进行渗展，从而达到分离的目的。例如多糖类样品的纸上层析，样品经酸水解处理，中和后制成试液，点样于滤纸上，用苯酚－1%氨水饱和溶液展开，苯胺邻苯二酸显色剂显色，于105℃加热后，即可见到被分离开的戊醛糖（红棕色）、己醛糖（棕褐色）、己酮糖（淡棕色）、双糖类（黄棕色）的色斑。

（3）离子交换色谱分离

离子交换分离法是利用离子交换剂与溶液中的离子之间所发生的交换反应来进行分离的方法，分为阳离子交换和阴离子交换两种。

当将被测离子溶液与离子交换剂一起混合振荡，或将样液缓缓通过用离子交换剂做成的离子交换柱时，被测离子或干扰离子即与离子交换剂上的氢离子或氢氧根离子发生交换，被测离子或干扰离子留在离子交换柱上，被交换出的氢离子或氢氧根离子，以及不发生交换的其他物质留在溶液内，从而达到分离的目的。在水产品分析中，可应用离子交换分离法制备无氟水、无铅水。离子交换分离法还常用于分离较为复杂的样品，例如在水产品磺胺类和喹诺酮类的检测过程中，可选择使用 WCX 柱（含混合型弱阳离子交换反相吸附剂）实现微量药物的分离纯化。

（4）凝胶渗透色谱

凝胶渗透色谱技术是根据溶质（被分离物质）分子量的不同，通过具有分子筛性质的固定相（凝胶），使物质达到分离。主要应用于药物残留分析中脂类提取物与药物的分离，是含脂类食物样品农药残留分析的主要净化手段。

但根据所用的凝胶（固相）的性质和流动相的组成，有时兼有分配、吸附等作用。一般来讲，当采用较小孔径的凝胶和较强极性的流动相（如四氢呋喃）时，则以排阻作用过程为主。

与吸附柱色谱等净化技术相比，凝胶净化技术净化容量较大，可重复使用，适用范围广，使用自动化装置后净化时间缩短、简便、准确随着凝胶品种的增多和高效凝胶的出现，凝胶净化技术会受到越来越多的重视，并将成为药物残留分析的常规净化手段。

7. 固相萃取

固相萃取技术是一种基于色谱分离的样品前处理方法，主要用于样品的分离，净化和富集。其目的在于降低样品基质干扰，提高检测灵敏度。多用于孔雀石绿、青霉素、氯霉素等药物的残留检测。

原理：利用选择性吸附和选择性洗脱的液相色谱分离原理，液体样品在正压、负压或中立的作用下通过装有固体吸附剂的固相萃取装置。由于固体吸附剂具有不同的官能团，能将特定的化合物吸附并保留在 SPE 柱上。根据萃取机制一般分为吸附剂保留目标化合物和吸附剂保留杂质两种。

固相萃取的操作步骤主要包括活化、上样、淋洗、干燥和洗脱五个步骤。目前商品 SPE 柱或芯片有一次性使用和多次使用两种，一次性 SPE 柱一般不能反复使用。固相萃取技术根据吸附剂的保留机理可分为正相吸附、反相吸附和离子交换（阳离子和阴离子）等模式。

8. 衍生化

使用色谱分离原理检测化学成分，当被检测目标成分的理化性质（如沸点、极性、吸光性）不便分离检测时，经常采用衍生化技术。改变其理化性状，达到可以使用色谱仪检测的目的。

原理：借助化学反应将待测组分接上某种特定基团，利用化学衍生反应达到改变化合物特性的目的，使其更适合于特定分析的过程。在仪器分析中被广泛应用，如常用于硝基呋喃类代谢物的液相色谱质谱检测。

9. 浓缩

食品样品经提取、净化后，有时净化液的体积较大，在测定前需进行浓缩，以提高被测成分的浓度。常用的浓缩方法有常压浓缩法和减压浓缩法。

（1）常压浓缩法

主要用于待测组分为非挥发性的样品净化液的浓缩，通常采用蒸发皿直接挥发；若要回收溶剂，则可用一般蒸馏装置或旋转蒸发器。

（2）减压浓缩法

主要用于待测组分为热不稳定性或易挥发的样品净化液的浓缩，通常使用旋转蒸发器或者平行蒸发仪等仪器实现，一般附加水浴加热并抽气减压，通过减压使溶剂沸点降低，并通过加热和旋转（增大蒸发表面积）来促进溶剂蒸发以达到浓缩的目的。

三、样品的分析检测

样品的分析检测方法很多，同一检测项目可以采用不同的方法进行测定，选择检测方法时，应根据样品其性质特点，被测组分的含量多少，以及干扰组分的情况，采取最适宜的分析方法，既要简便又要准确快速。水产品检验主要分析的对象是样品中已明确的待检成分，上述的相关性质一般已相对稳定，所以分析方法一般较为固定。具体检测方法将在以后各章节中介绍。

同一检验项目如有两个或两个以上的检验方法时，要依据适用范围选择适宜的方法，但应优先选取第一种推荐方法。一般样品在检验结束后应保留一个月以上备需要时复查，保留期限从检验报告单签发日起计算；易变质食品不予保留。保留样品应加封存放在适当的地方，并尽可能保持原状。

四、分析结果的记录与处理

分析结果应准确记录，并按规定的方法进行处理，用正确的方式表示，才能确保分析结果的最终正确性，具体方法和要点详见第四章第四节相关内容。

对于结果的表述，平行样的测定值报告其算术平均值，一般测定值的有效数的数位应能满足相应标准的要求，甚至高于相应标准，报告结果应比相应标准多一位有效数字，如 Pb 卫生标准为 1 mg/kg；报告值应为 1.0 mg/kg。

样品测定值的单位，应与相应标准一致。常用的单位有：g/kg，g/L，mg/kg，mg/L，g/kg，g/L 等。

第三节　检验的基本要求

一、检验方法的一般要求

1. 称取

是指用天平进行称量操作，其精度要求用数值的有效数位表示，如"称取 20.0 g……"指称量的精度为 ±0.1 g；"称取 20.00 g……"指称量的精度为 ±0.01 g。

2. 准确称取

是指用精密天平进行的称量操作，其精度为 ±0.000 1 g。

3. 恒量

是指在规定的条件下，连续两次干燥或灼烧后称定的质量差异不超过规定的范围。

4. 量取

是指用量筒或量杯量取液体物质的操作，其精度要求用数值的有效数位表示。

5. 吸取

是指用移液管、刻度吸量管取液体物质的操作。其精度要求用数值的有效数位表示。

6. 空白试验

是指除不加样品外，采用完全相同的分析步骤、试剂和用量（滴定法中标准滴定液的用量除外），进行平行操作所得的结果。用于扣除样品中试剂本底和计算检验方法的检出限。

二、试剂的要求及溶液浓度的基本表示方法

检验方法中所使用的水，未注明其他要求时，均指蒸馏水或去离子水。未指明溶液用何种溶剂配制时，均指水溶液。检验方法中未指明具体浓度的 H_2SO_4、HNO_3、HCL、$NH_3 \cdot H_2O$ 时，均指市售试剂规格的浓度。液体的滴是指蒸馏水自标准滴管流下的一滴的量，在 20℃时 20 滴相当于 1.0 mL。

溶液浓度的表示方法主要有：

①以标准浓度（即物质的量浓度）表示：其定义为单位体积溶液中所含有溶质的物质的量，单位为 mol/L。

②以比例浓度表示：即以几种固体试剂的混合质量份数或液体试剂的混合体积份数表示，可记为 (1＋1)，(4＋2＋1) 等形式。

③以质量（体积）分数表示：是以溶质占溶液的质量分数或体积分数表示，可记为 w 或 φ。

④如果溶液浓度以质量、容量单位表示，可表示为 g/L 或以其适当分倍数表示（如 mg/mL）。

三、配制溶液的要求

配制溶液时所使用的试剂和溶剂的纯度应符合分析项目的要求。一般试剂用硬质玻璃瓶存放，碱液

和金属溶液用聚乙烯瓶存放，需避光试剂贮于棕色瓶中。

四、其他要求

检验取样一般只取可食部分，以所检验样品计算。检验方法中所列仪器为该方法所需用的特殊仪器，一般实验室仪器不再列入。检验时必须做平行试验。检验结果的表示方法应与相应标准的表示方法一致，数据的计算和取值应遵循有效数字法则及数字取舍规则。如送检样品感官检查已不符合食品卫生标准或已腐败变质，可不必再进行理化检验。

检验过程中应严格按照标准中规定的分析步骤进行检验，对实验中的不安全因素（中毒、爆炸、腐蚀、烧伤等）应有防护措施。理化检验实验室实行分析质量控制，理化检验实验室在建立良好技术规范的基础上，测定的方法应有检出限、精密度、准确度、绘制标准曲线的数据等技术参数。检验人员应填写好检验记录。

第四章　基础知识

第一节　用水及试剂

一、水产品检验用水的要求

1. 试验用水分类及要求

水产品分析检验中绝大多数的分析是对其水溶液的分析检测，因此水是最常用的溶剂。在实验室中离不开蒸馏水或特殊用途的纯水。在未特殊注明的情况下，无论配制试剂用水，还是分析检验操作过程中加入的水，均为纯度能满足分析要求的蒸馏水或去离子水。实验室用水共分为三级：一级水、二级水、三级水。不同的实验需要不同级别的实验用水，三级水用于一般化学分析试验，可通过蒸馏或离子交换等方法制取；二级水用于无机痕量分析等试验，如原子吸收光谱分析用水等，可通过多次蒸馏或离子交换等方法制取；一级水用于有严格要求的分析试验，包括对颗粒有要求的试验，如高效液相色谱分析用水，可通过二级水经过石英设备蒸馏或离子交换混合床处理后再经过 $0.2~\mu m$ 微孔滤膜过滤制取。

为保证纯水的质量能符合分析工作的要求，对于所制备不同级别的实验用水，都必须进行质量检验。一般应达到以下标准，具体见表4.1：

表 4.1　试验用水规格要求

名称	一级	二级	三级
pH 值范围（25℃）	——	——	5.0 ~ 7.5
电导率（25℃）（mS/m）	≤0.01	≤0.10	≤0.50
可氧化物质含量（以 O 计）（mg/L）	——	≤0.08	≤0.4
吸光度（254 nm，1 cm 光程）	≤0.001	≤0.01	——
蒸发残渣（105±2）℃含量（mg/L）	——	≤1.0	≤2.0
可溶性硅（以 SiO_2 计）含量（mg/L）	≤0.01	≤0.02	——

注1：由于在一级水、二级水的纯度下，难于测定其真实的 pH 值，因此，对一级水、二级水的 pH 值范围不做规定。

　2：由于在一级水的纯度下难于测定可氧化物质和蒸发残渣，对其限量不做规定，可用其他条件和制备方法来保证一级水的质量。

2. 试验用水的贮存

各级用水在贮存期间，其玷污的主要来源是容器可溶成分的溶解、空气中二氧化碳和其他杂质。因此，一级水不可贮存，使用前制备。二级水、三级水可适量制备，分别贮存在预先经同级水清洗过的相应容器中。

二、检验用试剂的要求

化学试剂是符合一定质量标准的纯度较高的化学物质，它是分析检测的物质基础。试剂的纯度对分析检验很重要，它会影响到结果的准确性。试剂的纯度达不到分析检验的要求就不能得到准确的分析结果。能否正确选择、使用化学试剂，将直接影响到分析实验的成败，准确度的高低及实验成本。因此，仪器检验人员必须充分了解化学试剂的性质、类别、用途与使用方面的知识。

1. 试剂的分类

化学试剂的种类很多，世界各国对化学试剂的分类和分级的标准不尽一致，国际理论和应用化学联合会对化学标准物质的分为五类：

A 级：原子量标准。

B 级：和 A 级最接近的基准物质。

C 级：含量为（100±0.02）% 的标准试剂。

D 级：含量为（100±0.05）% 的标准试剂。

E 级：以 C 级或 D 级为标准比对测定得到的纯度的试剂。

我国一般按用途将化学试剂分为标准试剂、一般试剂、生化试剂等。

（1）标准试剂

我国习惯将相当于国际理论和应用化学联合会的 C 级、D 级的试剂称为标准试剂。基准试剂规定采用浅绿色标签。

（2）一般试剂

一般试剂是实验室广泛使用的通用试剂，一般可分为优级纯、分析纯、化学纯三个级别，其规格和适用范围见表 4.2。

表 4.2　一般试剂的规格和适用范围

等级	名称	纯度	符号	适用范围	标签颜色
一级	优级纯	≥99.8%	GR	用于精密分析试验	绿色
二级	分析纯	≥99.7%	AR	用于一般分析试验	红色
三级	化学纯	≥99.5%	CP	用于一般化学试验	蓝色

（3）生化试剂

生化试剂（Biochemical reagent）是指有关生命科学研究的生物材料或有机化合物，以及临床诊断、医学研究用的试剂。

2. 试剂存放基本要求及管理

化学试剂大多数具有一定的毒性和危险性，对化学试剂的管理，不仅是保障分析结果质量的需要，也是确保人民生命财产安全的需要。化学试剂的管理应根据实际的毒性、易燃性、腐蚀性和潮解性等不同的特点，以不同的方式妥善管理。

实验室内只易存放少量短期内需要的试剂，易燃易爆剂应放在铁柜中，铁柜的顶部要有通风口，严禁在实验室里放置总量超过 20 L 的瓶装易燃液体。大量试剂应放在药品库内，化学试剂必须分类隔离保存，不能混放在一起，通常把试剂分成下面几类存放。

（1）易燃类

易燃类液体易挥发成气体，遇明火燃烧，通常把闪点在25℃以下的液体均列入易燃类。这类试剂要求单独存放于阴凉通风处，理想存放温度－4～4℃，闪点在25℃以下的试剂存放最高室温不能超过30℃。

（2）剧毒类

这里的剧毒类专指由消化道侵入少量即能引起中毒致死的试剂。生物试验半致死量为50 mg/kg体重以下者称为剧毒物品。这类物质要置于阴凉通风处，与酸类试剂隔离，应锁在专门的毒品柜中，建立双人登记签字领用制度，建立使用消耗废液处理制度，皮肤有伤口时禁止使用这类物质。

（3）强腐蚀类

把对人的皮肤、黏膜、眼、呼吸道和物品等有强腐蚀性的液体和固体（包括气体）这类物质归类强腐蚀性物质。这些药品存放要求阴凉通风，并与其他药品隔离放置，应选用抗腐蚀性的材料、耐酸水泥或耐酸陶瓷制成架子来放置这些药品。料架不宜过高，也不要放在高架上，最好放在地面靠墙处，以保证存放安全。

（4）易爆类

这类试剂遇水反应十分猛烈的有钾、钠、锂、钙、氯化铝锂、电石等。钾和钠应保存在煤油里，实际本身就极易爆炸的有硝酸纤维苦味酸、三硝基甲苯、三硝基苯、叠氮或重氮化合物等，要轻拿轻放。与空气接触能发生强烈反应的物质如白磷应保存在水中，切割时也要在水中进行。引火点低、受热、冲击、摩擦或与氧化剂接触能急剧燃烧的物质有硫化磷、赤磷、镁粉、锌粉、铝粉、萘、樟脑。这类物质要求存放温度不超过30℃，与易燃物，氧化剂均需隔离，料架用砖和水泥砌成，有槽，槽内放消防砂，试剂置于砂中，加盖，万一出事不至于扩大事态。装在自动滴定管中的试剂，如滴定管是敞口的，应用小烧杯或纸套盖上，防止灰尘落入。

（5）强氧化剂类

这类化合物有过氧化物或含氧酸及其盐。在适当条件下会发生爆炸，并可与有机物、镁、铝、锌粉、硫等易燃固体形成爆炸化合物。这类物质有的遇水起剧烈反应。这类试剂存放要求阴凉通风，最高温度不得超过30℃，要与酸类及木屑、炭粉、硫化物、糖类等易燃物、可燃物或易被氧化物等隔离，注意散热。

（6）放射类

这些物质放在铅器皿中，操作这类物质需要特殊防护设备和知识，以保护人身安全，并防止放射性物质的污染和扩散。

（7）低温存放类

此类物质需要低温存放才不至于聚合变质或发生其他事故。存放温度10℃以下。

（8）贵重类

单价贵的特殊试剂、超纯试剂或稀有元素以及化合物均属此类。这类试剂应与一般试剂分开存放，加强管理，建立领用制度。

（9）指示剂与有机试剂类

指示剂可按酸碱指示剂、氧化还原指示剂、络合滴定指示剂及荧光吸附指示剂分类排列，有机试剂可按分子中碳原子数目多少排列，或按官能团排列。

（10）一般试剂类

一般试剂分类存放于阴凉通风处，温度低于30℃柜内即可。这类试剂包括不易变质的无机酸碱盐、不易挥发燃点低的有机物。尽管这类物质的储存条件要求不是很高，但要对这类物质进行定期察看，做到药品的密封性良好，要在保质期内用完。

第二节　溶液配制

一、标准物质标准溶液配制

1. 标准物质

（1）标准物质的定义

①标准物质 reference material（RM）：是一种已经确定了具有一个或多个足够均匀的特性值的物质或材料，作为分析测量行业中的"量具"，在校准测量仪器和装置、评价测量分析方法、测量物质或材料特性值和考核分析人员的操作技术水平，以及在生产过程中产品的质量控制等领域起着不可或缺的作用。

②有证标准物质（Certified Reference Material，CRM）：是指附有证书的标准物质，其一种或多种特性值用建立了溯源性的程序确定，使之可溯源到准确复现的用于表示该特性值计量单位，而且每个标准值都附有给定置信水平的不确定度。标准物质证书是介绍标准物质的技术文件，是研制（或生产）者向用户提出的质量保证。标准物质证书不仅给出标准物质的标准值及其准确度，而且扼要描述标准物质的制备程序、均匀性、稳定性、特性量值及其测量方法，介绍标准物质的正确使用方法和储存方法，使用户对标准物质有一个大概的了解。所有的化学分析，无论是定性的还是定量的，都依赖于并且最后可溯源至一种有证标准物质或某种类型的标准物质。

（2）标准物质的分级

标准物质的特性值准确度是划分级别的依据，不同级别的标准物质对其均匀性和稳定性以及用途都有不同的要求。通常把标准物质分为基准物质、一级标准物质和二级标准物质。基准物质、一级标准物质和二级标准物质之间的区别与联系见表 4.3。

表 4.3　标准物质的分级

等级	定义	适用范围
基准物质	通过基准装置、基本方法直接将量值溯源至国家基准的一类化学纯物质，用于化学成分量值的溯源与复现	基准物质，一级标准物质由国务院计量行政部门批准、颁布并授权生产，它的代号基以"国"、"标"、"物"三个字的汉语拼音首字母"GBW"表示
一级标准物质	一级标准物质（GBW）的准确度具有国内最高水平，主要用于评价标准方法、作仲裁分析的标准，为二级标准物质定值。是量值传递的依据	
二级标准物质	二级标准物质 GBW（E）是与一级标准物质进行比较测量的方法定值，或用与一级标准物质相同的定值方法定值，可作为工作标准直接使用	二级标准物质由国务院计量行政部门批准、颁布并授权生产，它的代号是在"GBW"后加上"二"字的汉语拼音首字母并以小括号括起来——GBW（E）

标准物质的形态包括纯物质、固体、气体和水溶液。根据它们在 SI 基本单位与日常测试样品之间的相对计量学位置，不同等级标准物质的排序如图 4.1 所示。

基准物质 ⇒ 一级标准物质 ⇒ 二级标准物质 ⇒ 测试样品

图 4.1　标准物质层级

（3）标准物质的作用

标准物质在化学分析以及食品质量保证中具有非常重要的作用，是保证分析结果准确的重要因素。它的主要作用包括：校准仪器、确认方法和评定分析测量不准确度、检验分析人员的能力和实验室内部质量控制。

①用于仪器校准

在使用标准物质绘制标准曲线校准仪器，在测试过程中修正分析结果。引进量值准确已知的特性分析物来校准仪器的输出信号，通过比较校准物信号与测试样品信号，可以准确计算出样品中被分析物的量。

②用于评价分析数据的准确性

在食品分析中虽然实验室使用的是标准化的分析方法，但在实际工作中需要提供其结果的准确度可接受并且适用的证明。分析适当的基础准物质也是评价和证明分析数据质量的一个特别有效的方法。

③用于方法确认及测量不确定度评定

方法确认是进行足够详细的方法性能描述以证明方法适合预期目的的过程，这个过程的基础是方法特性的性能范围测定，有些是定量的（偏差、准确度、精密度、检出限），有些是定性的或半定量的。标准物质在方法确认中的主要作用是评估方法的正确度（偏差）及其测量不确定度，通过对实验进行细致的安排，也可以同时得到方法精密度等其他有用的信息。应用标准物质除了具有规定水平的不确定度的标准值，还可以在一定程度上确保所用标准物质的均匀性。

④用于质量控制

在分析过程中同时分析标准物质，通过标准物质的分析结果考察操作过程的正确性。

（4）标准物质的正确使用

标准物质的使用应以保证测量的可靠性为原则，应注意以下几点：

①有效期

大部分化学分析用标样是需要配制后使用的，即便是严格按说明书配制和使用，制备过程、使用的介质（溶剂）的种类和浓度对标准工作液的稳定性都是有影响的。所以实际工作中应当注意标准物质的有效期，同时也要对标准物质的变化情况，加强核查。

②不确定度

在选择标准物质时应当考虑其对预期分析结果要求的不确定度水平。使用标准物质时其不确定度并不是越小越好，还应当考虑供应状况、成本、预期使用的化学适用性和物理适用性。

③溯源性

溯源性是通过一条具有规定不确定度的不间断的比较链，使测量结果能够与规定的参考标准，通常是国家计量标准或国际计量标准联系起来的特性。

食品质量分析中很多分析结果是靠标准物质来溯源的，实验室在选购标准物质时应注意其证书是否能够证明其对国家计量标准的溯源性。

2. 标准溶液

（1）标准溶液的定义

标准溶液是指含有某一特定浓度的参数的溶液。在食品分析中需要通过标准溶液的浓度和用量来计算待测组分的含量，因此标准溶液的正确配制与标定及标准溶液的妥善保存对提高分析结果的准确度有重大意义。

（2）标准溶液配制的基本要求

标准溶液浓度的准确度直接影响分析结果的准确度，因此，配制标准溶液在方法、使用仪器、量具和试剂方面都有严格的要求。

①制备标准溶液用水，在未注明其他要求时，最低应符合 GB/T 6682 - 2008 三级水的规格；配制有特殊要求的标准溶液还需要事先做纯水的空白值检验。

②标定标准溶液所用的基准试剂应为容量分析工作基准试剂，制备标准溶液所用试剂为分析纯以上试剂。

③所用分析天平的砝码、滴定管、容量瓶及移液管均需检定并定期校正。

④制备的标准溶液浓度与规定浓度相对误差不得大于 5%。

⑤制备好的标准溶液在储存时严格按照温度要求，有些标准溶液指 20℃时的浓度，在标定和使用时，如温度有差异，应按规定进行补正。

⑥对凡规定用"标定"或"比较"两种方法测定浓度时，不得略去其中一种，且两种方法测得的浓度值之差不得大于 0.2%，以标定结果为准。

⑦标定后的标准溶液必须贴有标签，标明溶液的名称、浓度、标定日期、有效日期、标定人名和校核人名。

（3）标准溶液的配制方法

①直接配制法

A. 操作。根据配制溶液的浓度要求，使用精度为 0.1 mg 的电子天平称取固体物质于烧杯中，用少量溶剂溶解，将溶液定量转移至容量瓶中，然后再用少量溶剂仔细洗涤烧杯 2～3 次，洗涤液也转移到容量瓶中，最后用溶剂定容至刻度、将容量瓶反复倒置并用力摇动几次，使溶液完全混合均匀。根据计算求出该溶液的准确浓度。

B. 适用情况。可以用直接法配制标准溶液的物质必须具备以下条件：

a. 物质必须具有足够的纯度，即含量≥99.9%，其杂质含量应少于容量分析所允许的误差限度。一般可用基准试剂或优级纯试剂。

b. 物质的组成与化学分子式应完全相符。若含结晶水，结晶水的含量也应与化学分子式相符。

c. 稳定。物质具有非常好的稳定性能，一般条件下不发生物理性质或化学性质的变化。

②间接配制法

很多物质不符合基准物质的条件，如易挥发、易潮解、不稳定等。因此这些物质必须采用间接法配制标准溶液。

间接配制法，就是粗略地称取一定量物质或量取一定体积溶液，配制成接近于所需要浓度的溶液，再用基准物质或已知浓度的标准溶液来确定其准确浓度。

（4）标准溶液的标定

①用基准物质标定

先配制近似浓度的溶液，然后准确称取一定量的基准物质，用适量的溶剂溶解，用被标定的溶液滴定至等电点，根据消耗的溶液体积和基准物质的质量计算被标定溶液的准确浓度。

②用已知准确浓度的标准溶液标定

先配置好近似浓度的溶液，然后使用已知准确浓度的标准溶液进行标定，根据消耗的标准溶液的体积，算出未知溶液的浓度。

③标准溶液标定体积校正

标准滴定溶液的浓度，一般都是指溶液在 20℃时的浓度。在标准溶液标定、直接制备和使用时如果温度有差异，应按照相关要求（见标准 GB/T 601－2002 的附录 A）对因温度差异引起的溶液体积进行校正。标准溶液和标定所用的滴定管、容量瓶、单标线吸管等都需要定期校正，校正体积有差异的，也需要在标定和使用中进行校正。

④标准溶液标定的注意事项

A. 标准滴定溶液的浓度值应在规定值的 ±5% 范围以内，超过此范围需要对标准溶液加水稀释或添加较浓的溶液进行调节。

B. 选择合适的基准物质。一般选择摩尔质量较大的基准物质，以减少称量误差。称量基准物质的质量小于或等于 0.5 g 时，称量精度为 0.01 mg，大于 0.5 g 时，称量精度为 0.1 mg。

C. 标定标准溶液时，滴速一般应保持在 6 ~ 8 mL/min。标定时所用标准溶液的体积不能太少，以减少滴定误差。

D. 尽量用基准物质标定，避免用另外一种标准溶液标定，以减少另外一种标准溶液引入的误差。

E. 标定时的反应条件和测定样品时的条件力求一致。

F. 标定标准滴定溶液的浓度时，需要两人进行试验，分别各做 4 平行，取两人 8 平行测定结果的算术平均值为测定结果，并且需要写出每人的极差以及两人之间的极差。

⑤基准物质的选取

A. 选择摩尔质量较大的物质为基准物质

在标定标准溶液时，摩尔质量大的物质所需要的称样量大，由于天平的精度原因造成的称重误差可以减小，最终减小标定溶液的误差。

B. 选择性质稳定的物质为基准物质

能够滴定标准溶液的高纯度物质有很多种类，如果该物质不具有足够的稳定性，在储存时容易失去结晶水或者发生其他化学反应，称量出来的数据不能准确反映实际称样量，会干扰标定结果。因此在标定时选择的基准物要具有稳定性高、不吸湿、不风化等性质。

C. 选择易溶解的物质为基准物质

标定一般都是在溶液间进行的，因为液体状态反应比较快速和完全，易溶解的物质能够保证标定过程的正常进行，减少反应过慢等因素的影响。

D. 选择滴定中能产生准确的当量反应的物质为基准物质

标定标准溶液是为了获得该溶液的准确浓度，与标准溶液之间发生化学反应的关系越简单，就越容易对参与反应的物质进行定量，通过计算得到的标准溶液的浓度数值越准，同时标定中反应终点的容易判断与否也是选择基准物质的一个非常重要的条件。

（5）标准溶液的校核

标准溶液按照规定方法标定后，还可以通过校核程序再次确认获得的溶液浓度是否准确可靠。标准溶液的校核方法常见的是用另外一种已知准确浓度的标准溶液滴定待标定的溶液，通过校核方法计算出待标定的溶液的校核浓度，将校核浓度与标定浓度进行比较，两种方法测得的浓度值之差不得大于 0.2%，以标定结果为准。

（6）标准溶液的储存

①标准溶液应密闭储存，防止溶液蒸发。储存标准溶液的容器，其材料不应与溶液发生理化反应，壁厚最薄处不小于 0.5 mm。

②易挥发的溶液，应储存于较低的温度条件下。

③除另有规定外，标准溶液在常温（15~25℃）下储存，储存有效期根据溶液性质具体决定。当溶液出现浑浊、沉淀、颜色变化等现象时，应重新制备。

④见光易分解、易挥发的溶液，应储存在棕色磨口瓶中。

⑤易吸收 CO_2 并能腐蚀玻璃的溶液，如 NaOH、KOH 溶液，应储存于耐腐蚀的玻璃瓶或聚乙烯瓶中，用橡胶塞代替玻璃瓶塞。在瓶口还应设有碱石灰干燥管，以防倒出溶液时吸入 CO_2。

⑥由于溶剂易蒸发而挂于瓶内壁上，在使用时应摇匀，使浓度均匀。

⑦低浓度的标准溶液储存时间较短，应于临用前将高浓度的标准滴定溶液用去离子水稀释，必要时重新标定。

（7）标准溶液制备的相关国家标准

关于标准溶液的制备，我国已经制定了一些标准，目前在食品分析检测中使用比较广泛的国家标准有两个，分别为 GB/T 603—2002《化学试剂·标准滴定溶液的制备》和 GB/T 602—2002《化学试剂·杂质测定用标准溶液的制备》。

二、溶液配制

1. 一般溶液的配制步骤

①计算。计算所需溶质的量。

②称量。固体用天平，液体用量筒（或滴定管、移液管）移取。

③溶解或稀释。

④转移。把烧杯中的液体转入容量瓶，洗涤烧杯和玻璃棒 2~3 次，洗涤液一并移入容量瓶。

⑤定容，向容量瓶中注入去离子水至距离刻度线 1 cm 左右处，改用滴管滴去离子水至液面与刻度线正好相切，如果溶液为凹液面则凹液面最下端与刻度线相切，如果溶液液面为凸液面则液面最高端与刻度线相切。

⑥盖好瓶塞，上下反复颠倒，摇匀。

⑦将配置好的溶液转移至试剂瓶中，粘贴好溶液标签储存。

2. 配置过程的注意事项

①容量瓶使用之前一定要检查瓶塞是否漏水。

②配置一定体积的溶液时，容量瓶的规格必须与要配制的溶液的体积相同。

③不能把溶质直接放入容量瓶中溶解或稀释。

④溶解时产生放热反应的必须冷却至室温后才能移液。

⑤定容后，经反复颠倒、摇匀后会出现容量瓶中的液面低于容量瓶刻度线的情况，这时不能再向容量瓶中加入去离子水。因为定容后的液体的体积刚好为容量瓶标定的容积。

⑥如果加水定容时超过了刻度线，必须重新配制。

⑦检验方法中所使用的水，未注明其他要求时，均指蒸馏水或去离子水，未指明溶液用何种溶剂配制时，均指水溶液。

⑧检验方法中未指明具体浓度的硫酸、硝酸、盐酸、氨水时，均指市售试剂规格的浓度。

⑨一般试剂用硬质玻璃瓶存放，碱液和金属溶液用聚乙烯瓶存放，需避光的试剂储存于棕色瓶中。

3. 溶液的浓度表示

溶液浓度通常是指在一定量的溶液中所含的溶质的量，在国际标准和国家标准中，溶剂用 A 表示，溶质用 B 表示。

（1）B 的质量分数

①定义。B 的质量分数是指 B 的质量与混合物的质量之比。

②公式：

$$w_B = \frac{m_B}{m} \times 100\%$$

式中：w_B——溶质 B 的质量分数，%；

　　m_B——溶质 B 的质量，g；

　　m——溶质与溶剂的质量之和，g。

（2）B 的质量浓度（ρ_B）

①定义：B 的质量浓度是指单位体积溶液中所含溶质 B 的质量。

②公式：

$$\rho_B = \frac{m_B}{V}$$

式中：ρ_B——溶质 B 的质量浓度，g/L；

　　m_B——溶质 B 的质量，g；

　　V——溶液的体积，L。

（3）B 的体积分数（φ_B）

①定义。B 的体积分数是指混合前 B 的体积与混合物的体积之比。

②公式：

$$\varphi_B = \frac{V_B}{V} \times 100\%$$

式中：φ_B——溶质 B 的体积分数，%；

　　V_B——溶质 B 的体积，mL；

　　V——混合物的体积，mL。

（4）B 的物质的量浓度（C_B）

①定义，B 的物质的量浓度是指单位体积溶液中所含 B 的物质的量。

②公式

$$C_B = \frac{n_B}{V}$$

式中：C_B——溶质 B 的物质的量浓度，mol/L；

　　n_B——溶质 B 的物质的量，mol；

　　V——溶液的体积，L。

（5）比例浓度

比例浓度是指溶质（或浓溶液）体积与溶液体积之比值。比例浓度包括容量比浓度和质量比浓度。容量比浓度是指液体试剂相互混合或用溶剂稀释时的表示方法，质量比浓度是指两种固体试剂相互混合的表示方法。

（6）溶液的稀释和溶液浓度的换算

①溶液的稀释。在溶液中加入溶剂后，溶液的体积增大而浓度变小的过程，叫做溶液的稀释，由于稀释时只加入溶剂而不加入溶质，所以溶液在稀释前后，溶质的量不变。即稀释前溶质的量等于稀释后溶质的量。

$$c_1 V_1 = c_2 V_2$$

式中：c_1——稀释前溶液的浓度，mol/L；

V_1——稀释前溶液的体积，L；

c_2——稀释后溶液的浓度，mol/L；

V_2——稀释后溶液的体积，L；

②溶液浓度的换算

A. 质量分数与物质的量浓度换算，即

$$c_B = \frac{\rho \times 1000 \times w_B}{M_B}$$

式中：C_B——溶质 B 的物质的量浓度，mol/L；

ρ——物质的密度，g/cm^3；

w_B——溶质 B 的质量分数，%；

M_B——B 的摩尔质量，g/mol。

B. 质量浓度与物质的量浓度换算，即

$$c_B = \frac{\rho_B}{M_B}$$

式中：C_B——溶质 B 的物质的量浓度，mol/L；

ρ_B——溶质 B 的质量浓度，g/L；

M_B——B 的摩尔质量，g/mol。

（7）溶液浓度表示方法

①标准滴定溶液用物质的量浓度表示，如 c（H_2SO_4）= 0.1mol/L，c（$KMnO_4$）= 0.05 mol/L。

②几种固体试剂的混合质量分数或液体试剂的混合体积分数可表示为（1 + 1），（4 + 2 + 1）等。

③如果溶液的浓度是以质量比或体积比为基础给出，则可用质量分数或体积分数表示。如 $w_B = 0.1\%$ = 10% 表示物质 B 的质量与混合物的质量之比为 10%；$\varphi_B = 0.1 = 10\%$ 表示物质 B 的体积与混合物体积之比为 10%。

④溶液浓度以质量、容量单位表示，可表示为 g/L 或适当分倍数表示（mg/L 等）。

⑤如果溶液由另一种等量溶液稀释配制，应按照下列惯例表示："稀释 $V_1 \rightarrow V_2$"，表示将体积为 V_1 的特定溶液以某种方式稀释，最终混合物的总体积为 V_2；"稀释 $V_1 + V_2$"，表示将体积为 V_1 的特定溶液加到体积为 V_2 的溶液中，如（1 + 1），（2 + 1）等。

第三节　常用器皿仪器设备

一、检验用一般器皿的要求

1. 器皿的选用

分析检验时离不开各种器皿，所需的器皿应根据检验方法的要求来选用。一般应选用硬质的玻璃仪器皿；有些试剂对玻璃有腐蚀性（如氢氟酸等），需选聚乙烯瓶贮存；遇光不稳定的试剂（如硝酸银、碘等）应选择棕色玻璃瓶避光贮存。选用时还应考虑到容量及容量精度和加热的要求等。

　　检验中所使用的各种器皿必须洁净，否则会造成结果误差，这是微量和痕量分析中极为重要的问题。

2. 器皿的洗涤

　　（1）常用洗涤液的配制

　　①肥皂水、洗衣粉水、去污粉水：根据洗涤的情况用水配制。

　　②铬酸洗液：称取 50 g 重铬酸钾，加 170～180 mL 水。加热溶解成饱和溶液，在搅拌下缓缓加入浓硫酸至约 500 mL。

　　③盐酸洗液（1+3）：1 份盐酸与 3 份水混合。

　　④王水：3 份盐酸与 1 份硝酸混合。

　　⑤碱性酒精洗液：用体积分数为 95% 的乙醇与质量分数为 30% 的氢氧化钠溶液等体积混合。

　　（2）器皿的洗涤方法

　　①新的玻璃器皿：先用自来水冲洗，晾干后用铬酸洗液浸泡，以除去黏附的其他物质，然后用自来水冲洗干净后用去离子水冲洗 3 次。

　　②有油污的玻璃器皿：先用碱性酒精洗液洗涤，然后用洗衣粉水或肥皂水洗涤。再用自来水冲洗干净，最后用去离子水冲洗 3 次。

　　③有凡士林油污的器皿：先将凡士林擦去，再在洗衣粉水或肥皂水中烧煮，取出后用自来水冲洗干净，最后用去离子水冲洗 3 次。

　　④有锈迹水垢的器皿：用（1+3）盐酸洗液浸泡。再用自来水冲洗干净，最后用去离子水冲洗 3 次。

　　⑤瓷坩埚污物：用（1+3）盐酸洗液洗涤，再用自来水冲洗干净，最后用去离子水冲洗 3 次。

　　⑥铂坩埚污物：用（1+3）盐酸洗液煮沸洗涤，再用自来水冲洗干净，最后用去离子水冲洗 3 次。

　　⑦比色皿：先用自来水冲洗，再用稀盐酸洗涤，然后用自来水冲洗干净，最后用去离子水冲洗 3 次。

　　⑧塑料器皿：用稀硝酸洗涤后，再用自来水冲洗干净，最后用去离子水冲洗 3 次。

3. 仪器设备要求

　　（1）玻璃量器的要求

　　检验方法中所使用的滴定管、移液管、容量瓶，刻度吸管、比色管等玻璃量器均需按国家有关规定及规程进行校正。玻璃量器和玻璃器皿须经彻底洗净后才能使用。

　　（2）控温设备的要求

　　检验方法中所使用的马弗炉、恒温干燥箱、恒温水浴锅等均需按国家有关规程进行测试和校正。

　　（3）测量仪器的要求

　　天平、酸度计、温度计、分光光度计、色谱仪等均应按国家有关规程进行测试和校正。

二、水产品检验常用仪器设备

1. 常用玻璃器皿

　　（1）玻璃器皿的分类

　　按照玻璃器皿的用途，可将玻璃器皿分为三类，见表4.4。

表4.4　玻璃器皿的分类

类别	玻璃器皿的名称
容器类玻璃器皿	试剂瓶、烧杯、烧瓶、锥形瓶、碘量瓶、称量瓶、坩埚等
量器类玻璃器皿	量筒、具塞量筒、容量瓶、滴定管、吸管等
其他类玻璃器皿	比色管、表面皿、冷凝管、漏斗、干燥器、培养皿，试管等

容器类玻璃器皿的图示、规格、用途见表4.5。

表4.5　容器类玻璃器皿

名称	型号、规格	用途	图号
试剂瓶	按瓶口分可分为广口和细口两种，按颜色分为棕色和无色两种，大小有 50 mL、100 mL、250 mL、500 mL、1000 mL 等	用于配制好的溶液储存	
烧杯	分为大小 50 mL、100 mL、250 mL、500 mL、1 000 mL 等	用于溶液溶解、转移、盛放等	
烧瓶	分为 500 mL、1 000 mL 等	用于蒸馏实验	
锥形瓶	分为 50 mL、100 mL 等	用于滴定实验中待测物盛放等	
称量瓶	分为扁形、高形两种外形。根据材料有普通玻璃称量瓶和石英玻璃称量瓶，大小分为 10 mL、15 mL、20 mL 等	一般用于准确称量一定量的固体，也可用于烘干试样	

名称	型号、规格	用途	图号
坩埚	第一类炼铜坩埚，其规格"号"；第二类为炼铜合金坩埚，特圆形有 100 个号，圆形有 100 个号，第三种炼钢用的坩埚，有 100 个号	用于灼烧固体物质，也可用于溶液的蒸发、浓缩或结晶	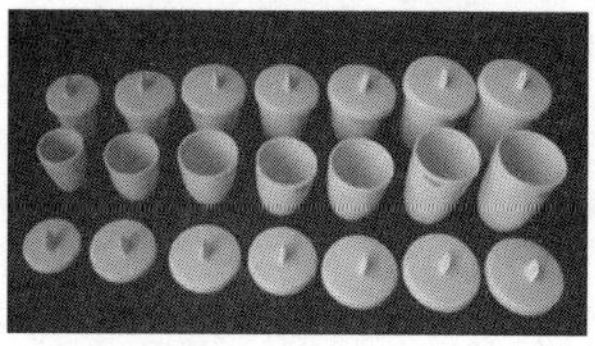

量器类玻璃器皿的图示、规格、用途见表4.6

表 4.6　量器类玻璃器皿

名称	型号、规格	用途	图号
量筒	一般有 5 mL，10 mL，25 mL，50 mL，100 mL，250 mL，500 mL，1 000 mL等规格	用于量取液体的体积	 图 4.8
容量瓶	小的有 5 mL、25 mL、50 mL、100 mL，大的有 50 mL、500 mL、1 000 mL、2 000 mL 等	主要用于直接法配制标准溶液和准确稀释溶液以及制备样品溶液	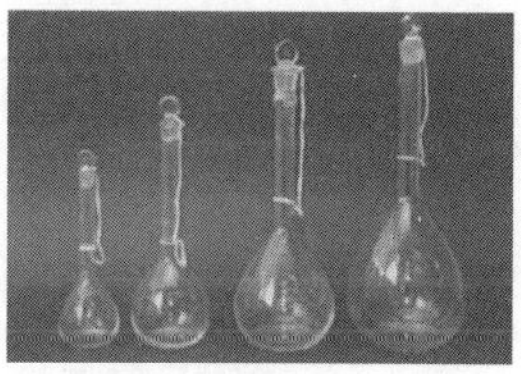 图 4.9
滴定管	分为酸式、碱式和通用型三种，按盛液体积分为 25 mL、50 mL 等	用来准确放出不确定量液体	 图 4.10
吸管	分玻璃吸管和塑料吸管	用于溶液定容等过程中逐滴滴加液体	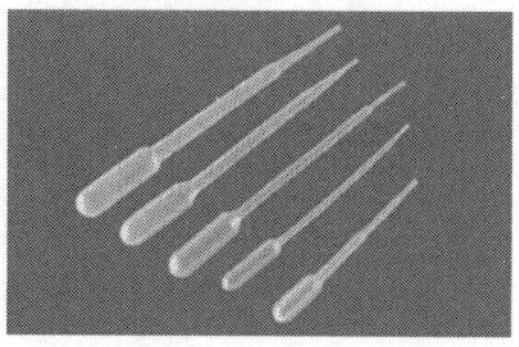 图 4.11

其他类玻璃器皿的型号、规格、用途见表4.7

表 4.7 其他类型玻璃器皿

名称	型号、规格	用途	图号
比色管	10 mL、25 mL、50 mL	主要用于目视比色分析实验	图 4.12
冷凝管	有直形、球形、蛇形三种，规格以长度（mm）表示，有 150～350 种。	用于蒸馏液体或有机制备中，起冷凝或回流的作用	图 4.13
三角漏斗		用作把液体及幼粉状物体注入入口较细小的容器	图 4.14
布式漏斗	瓷制或玻璃制，以容量（mL）或斗径（cm）表示	与吸滤瓶配套，用于无机制备中晶体或粗颗粒沉淀的减压过滤	图 4.15
分液漏斗	分为球型分液漏斗、梨型和筒型等多种样式，有 250 mL、500 mL 等多种型号	固液或液体与液体反应发生装置：控制所加液体的量及反应速率的大小 物质分离提纯：对萃取后形成的互不相溶的两液体进行分液	图 4.16
干燥器	流化干燥器、气流干燥器、厢式干燥器、喷雾干燥器、隧道式干燥器等	常用于储存烘干后需要干燥保存的物质	图 4.17

续表

名称	型号、规格	用途	图号
试管	试管分普通试管、具支试管、离心试管等，普通试管的规格以外径（mm）×长度（mm）表示，如 15×150、18×180、20×200 等。离心试管以容量毫升数表示	盛取液体或固体试剂；加热少量固体或液体；制取少量气体反应器；收集少量气体；溶解少量气体、液体或固体的溶质；用作少量试剂的反应容器，在常温或加热时使用	图 4.18

（2）玻璃器皿的干燥和保管

①玻璃器皿的干燥。一般定量分析中的烧杯、锥形瓶等仪器洗净即可使用，而用于有机化学实验或有机分析的仪器很多是要求干燥的，有的要求无水迹，有的要求无水。干燥主要分以下三种方式：

A. 晾干。不急等用的玻璃仪器，可在纯水刷洗后倒置在无尘处，然后自然干燥。一般把玻璃仪器倒放在玻璃柜中。

B. 烘干。洗净的玻璃仪器尽量倒净其中的纯水，放在带鼓风机的电烘箱中烘干。烘箱温度在 105～120℃保温约 1 h。称量瓶等烘干后要放在干燥器中冷却保存。组合玻璃仪器需要分开后烘干，以免因膨胀系数不同而烘裂。砂芯玻璃滤器及厚壁玻璃仪器烘干时需慢慢升温且温度不可过高，以免烘裂。玻璃量器的烘干温度也不宜过高，以免引起体积变化。

C. 吹干。体积小又急需干燥的玻璃仪器，可用电吹风机吹干。先用少量乙醇、丙酮（或乙醚）倒入仪器中将其润湿，倒出并流净溶剂后，再用电吹风机吹，开始用冷风，然后用热风把玻璃仪器吹干。

②玻璃器皿的保管

A. 称量瓶。烘干后放在干燥器中冷却和保存。

B. 吸管。洗净后置于防尘的盒中保存。

C. 滴定管。用后，洗去内装的溶液，洗净后装满纯水，上盖玻璃短试管或塑料套管，也可倒置夹于滴定管架上。

D. 带磨口塞的器皿。容量瓶或比色管最好在洗净前就用橡皮筋或小线绳把塞和管口拴好，以免打破塞子或互相弄混。需长期保存的磨口器皿要在塞间垫一张纸片，以免日久黏住。长期不用的滴定管要除掉凡士林后垫纸，用皮筋拴好活塞保存。

2. 常用其他器皿

除了上述的一些玻璃器皿还有很多其他器皿，例如：温度计/湿度计（图 4.19）、量杯（图 4.20）、移液管（图 4.21）、蒸发皿（图 4.22）等。

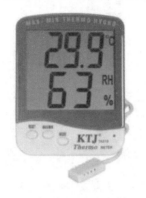

图 4.19　温度计/湿度计

图 4.20　量杯

图 4.21　移液管

图 4.22　蒸发皿

3. 常用器皿的使用

（1）容量瓶的操作

①检查瓶口是否漏水：加水至刻度线，盖上瓶塞，颠倒 10 次（每次颠倒过程中要停留在倒置状态 10 s）以后不应有水渗出（可用滤纸片检查）。将瓶塞旋转 180°再检查一次，合格后用皮筋或塑料绳将瓶塞和瓶颈上端拴在一起，以防摔碎或与其他瓶塞混淆。

②洗涤：

A. 将容量瓶中的残留水倒尽，再倒入 1/10 体积左右的铬酸洗液。

B. 盖上容量瓶瓶塞，缓缓摇动并颠倒数次，让洗液布满容量瓶内壁，浸泡一段时间。

C. 将洗掖倒回废液缸，倒出时用洗液冲洗瓶塞。

D. 用自来水将容量瓶冲洗干净，边转动容量瓶边倒出洗液。让洗液布满瓶颈，同时再用蒸馏水润洗备用。

③配制溶液。用固体物质配制溶液时，应先在烧杯中将固体物质完全溶解，然后再转移至容量瓶中。转移时要使溶液沿搅拌棒流入瓶中。烧杯中的溶液倒尽后，烧杯不要离开搅拌棒，而应在烧杯扶正的同时使杯嘴沿搅拌棒上提 1~2 cm，随后使烧杯离开搅拌棒，这样可避免杯嘴与搅拌棒之间的溶液流到烧杯的外面。再用少量水（或其他溶剂）刷洗烧杯 3~4 次，每次用洗瓶或滴管冲洗杯壁和搅拌棒，按同样的方法移入瓶中。当溶液达到 2/3 容量时，应将容量瓶沿水平方向轻轻摆动几周以使溶液初步混匀。加水至距离刻度线约 1 cm 处，等待 1~2 min，用滴管从距刻度线以上 1 cm 以内的一点沿颈壁缓缓加水至弯液面最低点与刻度线上边缘水平相切，随机盖紧瓶塞，左手捏住瓶颈上端，食指压住瓶塞，右手三指托住瓶底，将容量瓶颠倒 15 次以上，每次颠倒时都应使瓶内气泡升到顶部，倒置时应水平摇动几周，如此重复操作，可使瓶内溶液充分混匀。

右手托瓶时，应尽量减小与瓶身的接触面积，以避免体温对溶液的影响。100 mL 以下的容量瓶，可不用右手托底，只用一只手抓住瓶颈及瓶塞进行颠倒和摇动即可。

（2）移液管的使用准备及其操作

①洗涤。在烧杯中放入自来水，用洗耳球洗液然后放液以进行移液管的洗涤操作。以上操作为洗涤 1 次，一般洗涤 3 次，洗净的移液管应为内壁和下部外壁能够被水均匀润湿而不挂水珠。再用蒸馏水冲洗 3 次，然后将其置于洁净的移液管架上备用。

若用水冲洗不净时，可用铬酸洗液洗涤。但必须注意以下两点：

A. 在移液管插入铬酸洗液之前，应将管尖贴在滤纸上，用洗耳球吹去残留在管内的水。

B. 吸取铬酸洗液的量应超过上部环形刻度线或最高刻度线，稍等一会儿再将洗液从管的下端出口处放回原瓶。然后用自来水冲洗 3 次，再用蒸馏水冲洗 3 次，最后将其置于洁净的移液管架上备用。

②吸取溶液：

A. 用滤纸片将流液口内外残留的水擦掉。

B. 移取溶液之前，先用欲移取的溶液刷洗三次。方法是：吸入溶液至刚入膨大部分，立即用右手食指按住管口（尽量勿使溶液回流，以免稀释），将管横过来，用两手的拇指及食指分别拿住移液管的两端，转动移液管并使溶液布满全管内壁，当溶液流至距上口 2～3 cm 时，将管直立，使溶液由流液口放出，弃去。

C. 用移液管自容量瓶中移取液体时，右手拇指及中指拿住管颈刻度线以上的地方（后面两指依次靠拢中指），将移液管插入容量瓶内液面以下 1～2 cm 深度。不要插入太深，以免外壁黏带溶液过多；也不要插入太浅，以免溶液下降时吸空。左手拿吸耳球，排除空气后紧按在移液管口上，借吸力使液面慢慢上升，移液管应随容量瓶中液面的下降而下降。

D. 调节液面。当管中液面上升至刻度线以上时，迅速用右手食指堵住管口，用滤纸擦去管尖外部的溶液，将移液管的流液口靠着容量瓶颈的内壁，左手拿容量瓶，并使其倾斜约30°。稍松手指，用拇指及中指轻轻捻转管身，使液面缓慢下降，直到调定零点。

E. 放出溶液。按紧食指，使溶液不再流出，将移液管移入准备接受溶液的容器中，仍使其流液口接触倾斜的器壁。松开食指，使溶液自由地沿壁流下，待下降的液面静止后，再等待 15 s，然后拿出移液管。

（3）滴定管的准备及其操作

①检漏：使用滴定管前应检查其是否漏水，活塞转动是否灵活。若酸式滴定管漏水或活塞转动不灵，就应给活塞重新涂凡士林。涂凡士林的方法：将滴定管平放，取出活塞，用滤纸条将活塞和塞槽擦干净，在活塞粗的一端和塞槽小口端，全圈均匀地涂上一薄层凡士林。为了避免凡士林堵住塞孔，油层要尽量薄，尤其是小孔附近；将活塞插入槽时，活塞孔要与滴定管平行。转动活塞，直至活塞与塞槽接触的地方呈透明状态，即表明凡士林已均匀。用滤纸在活塞周围和滴定管尖检查有无水渗出。

若碱式滴定管漏水，则需要更换橡胶管或换个稍大的玻璃珠。

②洗涤：根据滴定管的沾污情况，采用相应的洗涤方法将它洗净，为了使滴定管中溶液的浓度与原来相同，最后还应该用滴定用的溶液润洗 3 次（每次溶液用量约为滴定管容积的1/5），润洗液由滴定管下端排出。

③装液：将溶液加入滴定管时，要注意使下端出口管也充满溶液，特别是碱式滴定管，它下端的橡胶管内的气泡不易被察觉，这样就会造成读数误差，如果是酸式滴定管，可迅速地旋转活塞，让溶液急骤流出以带走气泡；如果是碱式滴定管，向上弯曲橡胶管，使玻璃尖嘴斜向上方，向一边挤动玻璃珠，

使溶液从尖嘴喷出，气泡便随之除去。排除气泡后，继续加入溶液到刻度"0"以上，放出多余的溶液，调整液面在"0.00"刻度处。

④注入或放出溶液后应稍等片刻，待附着在内壁的溶液完全流下后再读数。读数时，滴定管必须保持垂直状态，视线必须与液面在同一水平面。对于无色或浅色溶液，读弯月面实线最低点的刻度。对于深色溶液如 KM_nO_4 溶液、碘水等，弯月面不易看清，则读液面的最高点。若滴定管背后有一条蓝线（或蓝带），无色溶液就形成了两个弯月面，并且相交于蓝线的中线上，读数时就读此交点的刻度。滴定时，最好每次都从 0.00 mL 开始，这样读数方便，且可以消除由于滴定管上下粗细不均匀而带来的误差。

⑤滴定：使用酸式滴定管时，必须用左手的拇指、食指及中指控制活塞，旋转活塞的同时稍向左扣住，这样可避免把活塞顶松而漏液；使用碱式滴定管时，应该用左手的拇指及食指在玻璃珠所在部位稍偏上处，轻轻地往一边挤压橡胶管，使橡胶管与玻璃珠之间形成一条缝隙，溶液即可流出，要能掌握手指用力的轻重来控制缝隙的大小，从而控制溶液的流出速度。

滴定时，将滴定管垂直地夹在滴定管架上，下端伸入锥形瓶口约 1 cm。左手按上述方法操作滴定管，右手的拇指、食指和中指拿住锥形瓶的瓶颈，沿同一方向旋转锥形瓶，使溶液混合均匀，不要前后、左右摇动。开始滴定时，无明显变化，溶液流出的速度可以快一些，但必须是成滴而不是成股流下。随后，滴落点周围出现暂时性的颜色变化，但随着旋转锥形瓶，颜色很快消失。当接近终点时，颜色消失较慢，这时就应该逐滴加入溶液。每加入一滴后都要摇匀，观察颜色的变化情况，再决定是否还要滴加溶液。最后应控制液滴悬液滴悬而不落，用锥形瓶内壁把液滴沾下来（这样加入的是半滴溶液），用洗瓶以少量蒸馏水冲洗瓶的内壁，摇匀。如此重复操作，直到颜色变化符合要求为止。

滴定完毕后，滴定管尖嘴外不应留有液滴，尖嘴内不应留有气泡。将剩余溶液弃去，依次用自来水、蒸馏水洗涤滴定管，滴定管中装满蒸馏水，罩上滴定管盖，以备下次使用或将滴定管收起。

4. 天平

天平是实验室中常用的仪器。天平是一种衡器，是衡量物体质量的仪器。

（1）托盘天平

托盘天平（图 4.23）又称台天平，用于粗略的称量，精度为 0.1 g。

图 4.23　托盘天平

①原理：天平依据杠杆原理制成，在杠杆的两端各有一小盘，一端放砝码，另一端放要称的物体，杠杆中央装有指针，两端平衡时，两端的质量（重量）相等。

②构造：托盘天平主要由游码标尺、平衡调节螺钉、托盘、刻度盘、指针、横梁和台秤、游码组成。

③注意事项:

A. 被测物体的质量不能超过天平的测量范围。

B. 取砝码要用镊子,不能用手。

C. 潮湿样品和化学试剂不准直接放在托盘内。

(2) 电子天平

电子天平(图4.24)是定量分析中最重要的精密衡量仪器之一。其特点是称量准确可靠、显示快速清晰,并且具有自动检测系统、简便的自动校准装置以及超载保护装置等。按电子天平的精度可将其分为超微量电子天平、微量电子天平、半微量电子天平和常量电子天平。

图4.24 电子天平

①原理:电子天平一般采用应变式传感器、电容式传感器、电磁平衡式传感器。

②构造:子天平主要由外框部分(外框和底脚)、称量部分(传感器、秤盘、盘托和水平仪)、键盘部分和电路部分(位移检测器、PID调节器、前置放大器、模数转换器、微机和显示器)组成。

③注意事项:

A. 电子天平应置于稳定的工作台上避免振动、气流及阳光照射。

B. 在使用前调整水平仪气泡至中间位置,并按要求进行预热。

C. 被称量的物体只能由边门取放,称量时要关好边门。

D. 对于易挥发、易吸湿和具有腐蚀性的被称量物品,应盛于带盖称量瓶内称量。

E. 称量严禁超过电子天平最大载荷。

F. 称量的物体与电子天平箱内的温度应一致。过冷、过热的物品应先放在干燥器中。待与室温一致后,再进行称量。

G. 称量完毕后必须取出被称量的物品,回零后关闭电源,关好电子天平的门,保证电子天平内外清洁,最后罩上布罩。为了防潮,在电子天平箱里应放干燥剂(一般用变色硅胶),并应勤检查、勤更换。

H. 如发现电子天平损坏或不正常,应立即停止使用,并送相关部门检修,检定合格后方可再用。

5. 电热恒温水浴锅

电热水浴锅，又称电热恒温水浴锅（图4.25），广泛应用于干燥、浓缩、蒸馏、浸渍化学试剂、药品和生物制品，也可用于水浴恒温加热和其他温度试验，是生物、遗传、水产、环保、医药、卫生学科、生化实验室、教育科研的必备工具。常用的电热恒温水浴锅有单孔、双孔、四孔等。

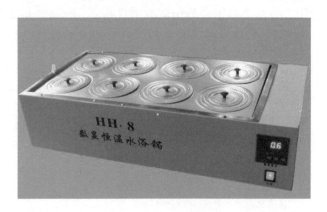

图4.25　电热水浴锅

（1）构造

电热恒温水浴锅分内外两层，内层用铝板制成，槽底安装铜管，内装电阻丝，用瓷接线柱连通双股导线至控制器，控制器由热开关及电路组成；外壳用薄钢板制成，表面烤漆，内壁用隔热材料制成。控制器的全部电器部件均装在电器箱内，控制器表面有电源开关、调温旋钮和指示灯。在水箱左下侧有放水阀门。

（2）原理

电阻丝通电后产生热量并传导到水浴锅内液体（一般为纯水）并将水加热，通过控制器控制电流开关控制液体温度，从而进行实验加热。

（3）注意事项

①水位应高于电热管。

②控制箱内部不可受潮，以防漏电。

③使用时注意水箱是否有渗漏现象。

6. 电热恒温干燥箱

电热恒温干燥箱（图4.26a）主要用于烘干称量瓶、玻璃器皿、基准物、试样及沉淀等。根据烘干的对象不同，可以调节不同的温度。另外在减压干燥法中使用了真空干燥箱（图4.26b）。

（1）构造

电热恒温干燥箱一般由箱体、电热系统和自动恒温控制系统三部分组成。真空干燥箱除具有上述三部分外，还配有真空系统。

（2）原理

通过数显仪表与温感器的连接来控制温度，采用热风循环送风方式，热风循环系统分为水平式和垂直式。均经精确计算，风源是由送风马达运转带动风轮经由电热器，将热风送至风道后进入干燥箱工作室，且将使用后的空气吸入风道成为风源再度循环加热运用，如此可有效提高温度均匀性。如箱门使用

（a）　　　　　　　　　　　　　　（b）

图 4.26　电热恒温干燥箱（a）和真空干燥箱（b）

中被开关，可借此将风循环系统迅速恢复操作状态温度值。

（3）注意事项

①严禁将易燃、易爆等危险品及能产生腐蚀性气体的物质放在恒温干燥箱内加热烘干。

②避免将被烘干的物质撒落在箱内，以防止腐蚀内壁及搁板。

③在使用过程中如出现异常、气味、烟雾等情况，应立即关闭电源，查看并检修。

④避免将超过搁板载荷的物品放置在搁板上及过密摆放物品。

⑤使用完后，应切断电源。

⑥若长期不用，应定期运行仪器一次，以驱除电器部分的潮气，避免损坏有关器件。

⑦真空干燥箱使用前，应开启抽气电磁阀，打开真空泵电源开关；使用后取出已干燥的物品时，先打开放气阀，逐渐放入空气以便开启箱门，防止压力表受冲击破坏。

7. 马弗炉

马弗炉（图 4.27）主要用于质量分析中灼烧沉淀、灰分测定等分析检验工作。其工作温度可高达 1 000℃以上，配有自动控温仪，用来设定、控制、测量炉膛内的温度。

图 4.27　马弗炉

（1）构造

马弗炉一般由炉膛、自动温度控制系统和热电耦组成。

（2）原理

根据炉温对给定温度的偏差，自动接通或断开供给炉子的热源能量，或连续改变热源能量的大小，使炉温稳定在给定温度范围，以满足热处理工艺的需要。

（3）注意事项

①使用时要经常查看，防止温控失灵，造成电炉丝烧断等事故。

②炉内要保持清洁，炉子周围不要堆放易燃、易爆物品。

③马弗炉不用时，应切断电源，并将炉门关好，防止耐火材料受潮气浸蚀。

8. 组织捣碎器和拍打器

目前，实验室主要采用组织捣碎器（图 4.28）和拍打器（图 4.29）将样品安全快速地捣碎和搅拌成匀浆，以利于提取其中成分。

图 4.28　组织捣碎器

图 4.29　拍打器

（1）组织捣碎器

①构造。组织捣碎器主要由高速电动机、调速器、玻璃容器三大部分组成，电动机下端由联轴节连接不锈钢刀轴。

②原理。电机带动刀头高速旋转，通过旋转将容器杯内的物质绞碎混匀。

③注意事项。使用中切勿让电动机空转，否则容易烧毁电动机，每次旋转最多不得超过 5 min，若采用微电脑控制，可分别预设三种捣碎速率及时间。

（2）拍打器

无菌均质器，又称拍打式匀浆机，拍打式匀浆器。主要用于生物技术领域的组织分散、医药领域的样品准备、食品工业的酶处理以及在制药工业、化妆品工业、油漆工业和石油化工等方面。

①构造。拍打器主要由前部混合均质拍击仓和后部的控制运动部件两部分组成。

②原理：将原始样本（大的需要剪成约 10 mm × 10 mm 块状），与某种液体或溶剂放入均质袋，经本仪器的锤击板反复在样品均质袋上锤击，产生压力、引起振荡、加速混合、从而达到溶液中微生物成分处于均匀分布状态。

③注意事项：A. 每次使用后应及时清理仓内遗留物质。B. 透明窗应用细软的纯棉布擦拭干净。C. 滴液盘用来盛放均质袋破裂所漏出的溶液，应随时观察，及时清理。D. 通常，连续运转时间不超过 20 min。

9. 均质器

实验室中使用均质器（图 4.30）进一步将样品绞碎混合均匀。

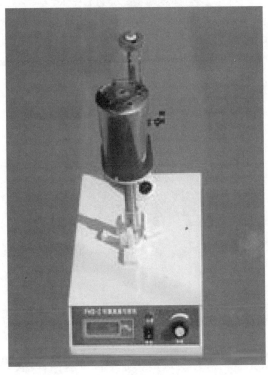

图 4.30　均质器

（1）构造

该机选用单相串激式微型电机，电机驱动旋刀在杯内作用利用瓶内流体力学和高速机械剪切力做功。

（2）原理

将实验样本和溶液或溶剂混合均匀，达到实验所要求的标准溶液。

（3）注意事项

①电源必须与技术数据相符合。

②用橡皮管将机轴与刀轴连接垂直。

③为避免刀轴产生过量力矩，损坏机件，打碎瓶杯，调速旋钮应在零位上方可开机，调速由慢至快。

④刀片要经常修磨锋利，对角角度要对称，不能变形，保证开机稳定，高效率。

⑤电机、调速器不能受潮，经常要保持清洁，妥善保管。

⑥轴承要定期检查，半年加耐高温润滑脂一次。

⑦发现电机不转，调速器不调，指示灯仍亮着，要停机检查。

⑧碳刷要经常检查，磨损了要更新，发现碳刷火花过大应停止使用，检查故障原因，修理好后方可开机，以免整流子和线圈烧坏。

10. 生化培养箱

生化培养箱（图 4.31）主要应用于环境保护、卫生防疫、药检、农畜、水产等研究、院校、生产部门等领域。是细菌、霉菌、微生物的培养、保存、植物栽培、育种实验的专用恒温设备。

图 4.31　生化培养箱

（1）构造

培养箱一般为方形或长方形，以铁皮喷漆制成外壳。铅板做内壁。夹层充以石棉或玻璃棉等隔热材料以防热量扩散。内层底部安装电阻丝用以加热，利用空气对流使箱内温度均匀。箱内设有金属孔架数层，用以搁置培养材料。箱门双重，内层为玻璃门，便于观看箱内样品，外层为金属门。每次取放培养物时，均应尽快进行，以免影响恒温。箱顶装有一支温度计，可以测量箱内温度。箱壁装有温度调节器可以调节温度。

（2）原理

通过控制培养箱内的环境条件，达到微生物培养的条件，进行微生物测定的培养。

（3）注意事项

①首次使用或长期搁置恢复使用时，应空载启动 6~8 h，期间启闭 2~3 次，以消除因运输或储存过程中可能发生的故障，然后再进行正常使用。

②箱内不应放入过热或过冷之物，以免箱内温度急剧变化，阻碍微生物的生长。取放物品时，应随手关闭箱门，以保持恒温。

③箱内放置的培养物不应过挤，以免空气不能流通，而使箱内温度不匀。各层金属孔上放置物不应过重，以免将金属孔架压弯滑脱，打碎培养物。

④为防止污染，低温使用时应尽量避免在工作腔壁上凝结水珠。

⑤不适用于含有易挥发性化学试剂、低浓度爆炸气体和低着火点气体的物品以及有毒物品的培养。

⑥箱内可放入装水容器一只，以维持箱内湿度和减少培养物中的水分大量蒸发。

⑦培养箱底部因接近电源，温度较高，因此，培养物不宜放在底层，以免培养物周围的温度过高，从而影响微生物的生长繁殖。

⑧箱内要保持清洁，并经常用消毒剂消毒，再用干净抹布擦净。

11. 高压蒸汽灭菌锅

高压蒸汽灭菌锅（图 4.32）是应用最广、效果最好的灭菌器，可用于培养基、生理盐水、废弃的培养物以及耐高温药品、纱布、玻璃等实验材料的灭菌。其种类有卧式和直立式两种，它们的构造与灭菌原理基本相同。

图 4.32　高压蒸汽灭菌锅

（1）构造

主要由密封的桶体、压力表、排气阀、安全阀、电热丝等组成。

（2）原理

利用电热丝加热水以产生蒸汽，并维持一定压力，通过高温高压从而进行灭菌。

（3）注意事项

①无菌包不宜过大（小于 50 cm×30 cm×30 cm），不宜过紧，各包裹间要有间隙，使蒸汽能对流，易传递到包裹中央。锅内的冷空气必须排尽，否则易形成"冷点"，影响灭菌效果。消毒前，打开贮槽或盒的通气孔，有利于蒸汽流通。而且排气时要使蒸汽能迅速排出，以保持物品干燥。消毒灭菌完毕，关闭贮槽或盒的通气孔，以保持物品的无菌状态。

②布类物品应放在金属包装材料内，否则蒸汽遇冷凝聚成水珠，使包布受潮，阻碍蒸汽进入包裹中央，严重影响灭菌效果。

③定期检查灭菌效果。经高压蒸汽灭菌的无菌包、无菌容器有效期以 1 周为宜。

12. 光学显微镜

光学显微镜（图 4.33）是由一个透镜或几个透镜的组合构成的一种光学仪器，是人类进入原子时代的标志。主要用于放大微小物体成为人的肉眼所能看到的仪器。

（1）构造

光学显微镜由目镜、物镜、粗准焦螺旋、细准焦螺旋、压片夹、通光孔、遮光器、转换器、反光镜、载物台、镜臂、镜筒、镜座、聚光器、光阑组成。

（2）原理

光学显微镜主要由目镜、物镜、载物台和反光镜组成。目镜和物镜都是凸透镜，焦距不同。物镜的凸透镜焦距小于目镜的凸透镜的焦距。物镜相当于投影仪的镜头，物体通过物镜成倒立、放大的实像。目镜相当于普通的放大镜，该实像又通过目镜成正立、放大的虚像。经显微镜到人眼的物体都成倒立放大的虚像。反光镜用来反射光线，照亮被观察的物体。反光镜一般有两个反射面：一个是平面镜，在光

图 4.33　光学显微镜

线较强时使用；一个是凹面镜，在光线较弱时使用，可会聚光线。

（3）注意事项

①搬动显微镜时应右手握住镜臂，左手托住镜座，使镜身保持直立，并靠近身体，切忌单手拎提。

②切忌用手或非擦镜纸涂抹各个镜面，以免污染或损伤镜面。

③用油镜时应特别小心，切忌眼睛对着目镜边观察边下降镜筒。

④用二甲苯擦镜头时用量要少，且不宜久抹，以防黏合透镜的树脂溶解。切勿用酒精擦镜头和支架。

⑤显微镜放置的地方要干燥，以避免镜片生霉；也要避免灰尘，在箱外暂时放置时，要用细布等盖住镜体。显微镜应避免阳光暴晒，且须远离热源。

13. 暗视野显微镜

在微生物学检查中，暗视野显微镜（图 4.34）主要用于检查未染色的活体细菌，尤其是未染色的活螺旋体的形态和运动。

（1）构造

暗视野显微镜的分辨率比普通光学显微镜大，在普通光学显微镜上，安装下述器件即成暗视野显微镜。

①暗视野集光器。它代替显微镜原有的明视野集光器。该集光器的中央被不透光的黑板遮盖，光线不能直接射入镜筒，仅可从其四周边缘射到载玻片的标本上，因光线不能直接上升，所以视野背景是黑暗的。从集光器斜射到细菌等微粒上的光线，由于散射作用而发出亮光，反射到接物镜内。集光器上有准中设备，在低倍镜下可见一光亮的环形光圈。

②遮光器。呈漏斗形，加于原油浸镜头的后部透镜处，如使用光栏的油浸镜头则更便利，可直接调节光栏至 VN. A. 小于 1.0，即能获得良好的暗视野效果。

③人工光源。用弧光灯或用光线较强的显微镜灯，将上述光源装于能散热并备有聚光透镜的灯罩内，亦可于灯前置一盛满水的 500 mL 圆烧瓶，水中加入美蓝染液 1 滴以代替灯罩。

④载物玻片。要求洁净无油渍。厚度 1.0 ~ 1.1 mm，此点极为重要，因暗视野集光器的焦点距离约为 1.2 mm，如玻片太厚，实物将处于激光器焦点以上，结果照明不良，但玻片也不能过薄，因集光器与玻

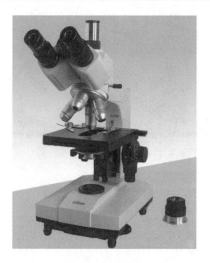

图 4.34　暗视野显微镜

片间距离增大，需要使用多量镜油才可使其相互接触。

⑤盖玻片。厚度不得超过 0.15 mm，应洁净无油渍。

（2）使用方法与注意事项

①将显微镜原有集光器取下，换上暗视野集光器，并将暗视野集光器上端的透镜面与载物台齐平。将镜头旋下，加遮光器后再装上。如应用富有光栏的油浸镜头，调节好物镜的孔径数即可。

②将光源对准显微镜的凹面反光镜，并调节两者的距离，使灯丝在反光镜上清晰可见。拨调反光镜，使在低倍镜下所见的光环亮度最大。

③在低倍镜下找集光器的光亮环装圈，并扭动暗视野激光器两旁的调节棒使其移至视野的正中央。

④将集光器稍扭向下，于集光器透镜面上端滴加镜油一滴，再暂将光源关闭。

⑤将标本滴在载物玻片上，如标本浓稠时可用 0.9% 盐水适当稀释。滴加的标本也不可过多或过少。以盖玻片覆盖标本液，保证液体不致外溢或产生气泡。

⑥将涂片放置于镜台上，将集光器上移，使其与载物玻片紧密接触但不可有气泡存在。在盖玻片上再滴加镜油 1 滴。

⑦将镜头下移使之与标本上的镜油接触。

⑧开启光源，按常规显微镜操作方法来调节物镜和标本之间焦距及反光镜的位置，以求在均匀的暗视野中看到明亮清晰的微生物个体。

14. 酸度计

酸度计（图 4.35）是一种用于实验室或现场测定酸碱度的仪器设备，广泛应用于环保、污水处理、科研、制药、发酵、化工、养殖、自来水等领域。

（1）构造

酸度计主要由电极和电计组成，电极主要包括参比电极（甘汞电极），指示电极（玻璃电极）和精密电位计三部分组成。

（2）原理

酸度计进行测量过程中主要利用电位法测定。

（3）注意事项

①仪器电源为交流电源者，电压必须符合仪器要求。

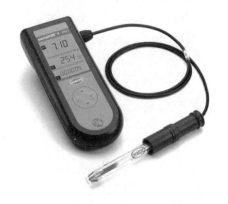

图 4.35　酸度计

②仪器的电极插头和插口必须保持清洁干燥，不用时应将短路插头或电极插头插上，以防止灰尘及湿气浸入而降低仪器的输入阻抗，影响测定准确性。

③在样品测量时，电极的引入导线须保持静止，不要用手触摸，否则将会引起测量不稳定。

④配制标准溶液必须使用二次蒸馏水或去离子水，其电导率应小于 2 μs/cm，最好煮沸使用。

⑤勿使用超过保质期的标准缓冲液，勿将使用过的标准缓冲液倒回标准液储藏瓶中。

⑥在仪器使用过程中若更换电极，最好关机后再开机，重新进行标定。

15. 分光光度计

分光光度计（图 4.36）是通过测定被测物质在特定波长处或一定波长范围内光的吸光度或发光强度，对该物质进行定性和定量分析的仪器。分光光度计也可鉴定分子结构比较复杂的有机物质，用于研究物质的分子结构和反应历程等。

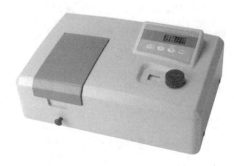

图 4.36　分光光度计

（1）构造

分光光度计有光源、单色器、样品室、检测器和显示器五部分组成。

（2）原理

分光光度计采用一个可以产生多个波长的光源，通过系列分光装置，从而产生特定波长的光源，光线透过测试的样品后，部分光线被吸收，再计算样品的吸光值，从而转化成样品的浓度。样品的吸光值与样品的浓度成正比。

（3）注意事项

①接通电源开关，打开光源灯预热 20 min。

②该仪器应放在干燥的房间内，使用时放置在坚固平稳的工作台上，室内照明不宜太强。热天时不

能用电扇直接向仪器吹风，防止灯泡灯丝发亮不稳定。

③仪器停用时，应切断电源，开关置于"关"的位置。用塑料套子罩住仪器。仪器搬动后，要检查波长、精确性等，以确保仪器的使用和测定的精确。

16. 超声波清洗器

超声波清洗器（图4.37）利用超声波发生器所发出的高频振荡信号，通过换能器转换成高频机械振荡而传播到介质（清洗液）中的仪器，用于器皿的清洗等。广泛应用于电子、电机、电镀、液压、气动、航天、航空、航运、汽车、机械、轴承、光学、医药、医学、医疗、化学、试剂、食品以及大专院校、研究所、科研单位等各种需要清洗的物品。

图4.37　超声波清洗器

（2）原理

超声波发生器发出的高频振荡信号，通过换能器转换成高频机械振荡而传播到介质（清洗溶剂）中，超声波在清洗液中疏密相间的向前辐射，使液体流动而产生数以万计的直径为 $50\sim500~\mu m$ 的微小气泡，存在于液体中的微小气泡在声场的作用下振动。这些气泡在超声波纵向传播的负压区形成、生长，而在正压区，当声压达到一定值时，气泡迅速增大，然后突然闭合。并在气泡闭合时产生冲击波，在其周围产生上千个大气压，破坏不溶性污物而使他们分散于清洗液中，当固体粒子被油污裹着而黏附在清洗件表面时，油被乳化，固体粒子及脱离，从而达到清洗件净化的目的。

（3）构造

主要包括超声波发生装置、控制部分及水槽三部分。

（4）注意事项

①超声波清洗机电源及加热器电源必须有良好接地装置。

②超声波清洗机严禁无清洗液开机，即清洗缸没有加一定数量的清洗液，不得开超声波开关。

③有加热设备的清洗设备严禁无液时打开加热开关。

④禁止用重物（铁件）撞击清洗缸缸底，以免能量转换器晶片受损。

⑤漂洗完毕后对物品进行干燥、存放。

⑥清洗缸缸底要定期冲洗，不得有过多的杂物或污垢。

⑦每次换新液时，待超声波启动后，方可洗件。

17. 酶标仪

酶联免疫检测仪（图4.38）是酶联免疫吸附试验的专用仪器又称微孔板检测器。可广泛应用于低紫外区的 DNA、RNA 定量及纯度分析（A260/A280）和蛋白定量（A280/BCA/Braford/Lowry），酶活、酶动力学检测，酶联免疫测定（ELISAs），细胞增殖与毒性分析，细胞凋亡检测（MTT），报告基因检测及 G 蛋白耦联受体分析（GPCR）等。

图 4.38　酶联免疫检测仪

（1）原理

待测物对特定波长的光产生吸收，通过测定待测物对特定波长的光的吸光度计算其含量，其核心都是一个比色计，即用比色法来进行分析。

（2）构造

酶标仪主要由光源系统、单色器系统、样品室、探测器和微处理器控制系统组成。

（3）注意事项

①使用加液器加液，加液头不能混用。

②洗板要洗干净。如果条件允许，使用洗板机洗板，避免交叉污染。

③严格按照试剂盒的说明书操作，反应时间准确。

④在测量过程中，请勿碰酶标板，以防酶标板传送时挤伤操作人员的手。

⑤请勿将样品或试剂洒到仪器表面或内部，操作完成后请洗手。

⑥如果使用的样品或试剂具有污染性、毒性和生物学危害，请严格按照试.剂盒的操作说明，以防对操作人员造成损害。

⑦如果仪器接触过污染性或传染性物品，请进行清洗和消毒；使用后盖好防尘罩。

⑧不要在测量过程中关闭电源。

⑨对于因试剂盒问题造成的测量结果的偏差，应根据实际情况及时修改参数，以达到最佳效果；出现技术故障时应及时与厂家联系，切勿擅自拆卸酶标仪。

18. 原子荧光光度计

原子荧光分光光度计（图 4.39）是用于扫描液相荧光标记物所发出的荧光光谱的一种仪器。广泛应用于食品厂、药品厂、化妆品厂、饲料厂、高校、研究所等单位对 12 种重金属含量的分析。

（1）原理

原子荧光是原子蒸气受具有特征波长的光源照射后，其中一些自由原子被激发跃迁到较高的能态，然后去活化回到某一能态（常常是基态）而发射出特征光谱的物理现象。当激发辐射的波长与产生的荧光波长相同时，称为共振荧光，它是原子荧光分析中最主要的分析线。各元素都有其特定的原子荧光光谱，根据原子荧光强度的高低可测得试样中待测元素含量，这就是原子荧光光谱分析。

（2）结构

原子荧光光度主机主要有四部分构成：原子化系统、光学系统、电路系统、气路系统。

图 4.39　原子荧光分光光度计

（3）注意事项

①在开启仪器前，一定要注意开启载气。

②测试结束后，一定在空白溶液杯和还原剂容器内加入蒸馏水，运行仪器清洗管道，关闭载气，并打开压块，放松泵管。

③自动进样器上取下样品盘，清洗样品管及样品盘，防止样品盘被腐蚀。

④换元素灯时，一定要在主机电源关闭的情况下，不得带电源换灯。

19. 冷原子吸收测汞仪

冷原子吸收测汞仪（图 4.40）适用于环境监测、卫生防疫、自来水、化工等行业测量水、空气、土壤、食品、化妆品、化工原料中汞的含量。它测量快速，操作简单，数字显示，直读，是化验室中测量汞的理想工具。

图 4.40　冷原子吸收测汞仪

（1）原理

汞及其化合物的特有性质，在科研和生产领域得到广泛应用，但也带来了环境污染，并对生物造成了危害，因此汞的检测得到国家很大的重视，从而对微量汞的分析方法也在不断改进，对测汞仪的要求也越来越高。NCG－1/ETCG－1 冷原子吸收测汞仪在原有产品的基础上进行了改进，极大地改善了漂移和噪声，提高了灵敏度和精确度，并具有数字保持功能。

元素汞在室温不加热的条件下就可挥发成汞蒸气，并对波长 253.7 nm 紫外线具有强烈的吸收作用，在一定范围内，汞的浓度和吸收值成正比，符合比尔定律。

（2）使用注意事项

①还原瓶的磨口处应避免与金属等硬物摩擦，以保持其密闭性能。

②被测样品的浓度不宜超过 10 μg/L，超过此浓度的被测样品应定量稀释后再进行测定，以免污染仪

器的进样系统。

③进、出气管路不可接错，否则可能导致液体流入仪器的进样系统。如果发生此种情况，必须彻底清洗进样系统（其中包括循环泵、吸收池、连接管），并进行干燥处理。

④必须等仪器预热时间过后再进行调零操作，否则可能显示"调零失败！"。

20. 原子吸收分光光度计

原子吸收分光光度计（图 4.41）又称原子吸收光谱仪，根据物质基态原子蒸汽对特征辐射吸收的原理来进行金属元素分析。它能够灵敏可靠地测定微量或痕量元素。在地质、冶金、机械、化工、农业、食品、轻工、生物医药、环境保护、材料科学等领域有广泛的应用。

图 4.41　原子吸收分光光计度

（1）原理

原子吸收分光光度计的原理是由一种特制的光源（元素的空心阴极灯）发射出该元素的特征谱线（具有规定波长的光），该谱线通过将试样转变为气态自由原子的火焰或石墨炉，则被待测元素的自由原子所吸收产生吸收信号。所测得的吸光度的大小与试样中该元素的含量成正比。

（2）构造

原子吸收光谱仪器主要由光源、原子化器、单色器、背景校正系统、自动进样系统和检测系统等组成。

原子化器主要有两大类，即火焰原子化器和石墨炉原子化器。

（3）注意事项

在原子吸收分光光度法分析中，必须注意背景以及其他原因引起的对测定的干扰。仪器某些工作条件（如波长、狭缝、原子化条件等）的变化可影响灵敏度、稳定程度和干扰情况。在火焰法原子吸收测定中可采用选择适宜的测定谱线和狭缝、加入络合剂或释放剂、采用标准加入法等方法消除干扰；在石墨炉原子吸收测定中可采用选择适宜的背景校正系统、加入适宜的基体改进剂等方法消除干扰。具体方法应按各品种项下的规定选用。

21. 高效液相色谱仪

高效液相色谱法（HPLC）是目前应用广泛的分离、分析、纯化有机化合物（包括能通过化学反应转变为有机化合物的无机物）的有效方法之一。在已知的有机化合物中，约有 80% 能用高效液相色谱法分离、分析，而且由于此法条件温和，不破坏样品，因此特别适合高沸点、难气化挥发、热稳定性差的有机化合物和生命物质（图 4.42）。

图 4.42　高效液相色谱仪

（1）原理

高效液相色谱法按分离机制的不同分为液 – 固吸附色谱法、液 – 液分配色谱法（正相与反相）、离子交换色谱法、离子对色谱法及分子排阻色谱法。

①液 – 固色谱法。使用固体吸附剂，被分离组分在色谱柱上分离原理是根据固定相对组分吸附力的大小不同而分离。分离过程是一个吸附 – 解吸附的平衡过程。常用的吸附剂为硅胶或氧化铝，粒度 5 ~ 10 μm。适用于分离分子量 200 ~ 1 000 的组分，大多数用于非离子型化合物，离子型化合物易产生拖尾。常用于分离同分异构体。

②液 – 液色谱法。使用将特定的液态物质涂于载体表面，或化学键合于载体表面而形成的固定相，分离原理是根据被分离的组分在流动相和固定相中溶解度不同而分离。分离过程是一个分配平衡过程。现在多采用的是化学键合固定相，如 C18、C8、氨基柱、氰基柱和苯基柱。

液 – 液色谱法按固定相和流动相的极性不同可分为正相色谱法（NPC）和反相色谱法（RPC）。

正相色谱法采用极性固定相（如聚乙二醇、氨基与腈基键合相）；流动相为相对非极性的疏水性溶剂（烷烃类如正乙烷、环己烷），常加入乙醇、异丙醇、四氢呋喃、三氯甲烷等以调节组分的保留时间。常用于分离中等极性和极性较强的化合物（如酚类、胺类、羰基类及氨基酸类等）。

反相色谱法一般用非极性固定相（如 C18、C8）；流动相为水或缓冲液，常加入甲醇、乙腈、异丙醇、丙酮、四氢呋喃等与水互溶的有机溶剂以调节保留时间。适用于分离非极性和极性较弱的化合物。RPC 在现代液相色谱中应用最为广泛，据统计，它占整个 HPLC 应用的 80% 左右。

③离子交换色谱法。固定相是离子交换树脂，常用苯乙烯与二乙烯交联形成的聚合物骨架，在表面末端芳环上接上羧基、磺酸基（称阳离子交换树脂）或季氨基（阴离子交换树脂）。被分离组分在色谱柱上分离原理是树脂上可电离离子与流动相中具有相同电荷的离子及被测组分的离子进行可逆交换，根据各离子与离子交换基团具有不同的电荷吸引力而分离。离子交换色谱法主要用于分析有机酸、氨基酸、多肽及核酸。

④离子对色谱法又称偶离子色谱法，是液 – 液色谱法的分支。它是根据被测组分离子与离子对试剂离子形成中性的离子对化合物后，在非极性固定相中溶解度增大，从而使其分离效果改善。主要用于分析离子强度大的酸碱物质。分析碱性物质常用的离子对试剂为烷基磺酸盐，如戊烷磺酸钠、辛烷磺酸钠等。另外，高氯酸、三氟乙酸也可与多种碱性样品形成很强的离子对。分析酸性物质常用四丁基季铵盐，如四丁基溴化铵、四丁基铵磷酸盐。

离子对色谱法常用 ODS 柱（即 C18），流动相为甲醇 – 水或乙腈 – 水，水中加入 3 ~ 10 mmol/L 的离子对试剂，在一定的 pH 值范围内进行分离。被测组分保留时间与离子对性质、浓度、流动相组成及其 pH 值、离子强度有关。

⑤排阻色谱法固定相是有一定孔径的多孔性填料，流动相是可以溶解样品的溶剂。小分子量的化合物可以进入孔中，滞留时间长；大分子量的化合物不能进入孔中，直接随流动相流出。它利用分子筛对分子量大小不同的各组分排阻能力的差异而完成分离。常用于分离高分子化合物，如组织提取物、多肽、蛋白质、核酸等。

（2）结构

高效液相色谱仪由输出泵、进样装置、色谱柱、梯度冲洗装置、检测器及数据处理系统等组成。

（3）注意事项

①水相使用不要超过 2 d，色谱柱使用后最好冲洗一次。

②每次分析结束后，均需用甲醇和水（1∶1）冲洗柱子。若流动相为缓冲液，需先用水冲洗，再用甲醇冲洗。

③如果流动相中有缓冲盐必须先将缓冲盐换成水，流速 0.8 mL/min，80% 水相冲洗至少 30 min，换成 80% 有机相冲洗 20 min。

④仪器应放在无强烈光照、无腐蚀性气体的相对恒温的条件下。

⑤严格按照开机关机程序开机和关机。

22. 气相色谱仪

气相色谱仪（图 4.43）在石油、化工、生物化学、医药卫生、食品工业、环保等方面应用很广。它除用于定量和定性分析外，还能测定样品在固定相上的分配系数、活度系数、分子量和比表面积等物理化学常数，是一种对混合气体中各组成分进行分析检测的仪器。

图 4.43　气相色谱仪

（1）工作原理

气相色谱仪，将分析样品在进样口中气化后，由载气带入色谱柱，通过对待检测混合物中组分有不同保留性能的色谱柱，使各组分分离，依次导入检测器，以得到各组分的检测信号。按照导入检测器的先后次序，经过对比，可以区别出是什么组分，根据峰高度或峰面积可以计算出各组分含量。通常采用的检测器有：热导检测器、火焰离子化检测器、氩离子化检测器、超声波检测器、光离子化检测器、电子捕获检测器、火焰光度检测器、电化学检测器、质谱检测器等。

（2）结构

气相色谱仪主要由载气系统、进样系统、分离系统（色谱柱）、检测系统以及数据处理系统构成。

（3）注意事项

①定期更换石墨压环、进样垫及衬管，当重现性变差或有鬼峰出现时也要检查是否需要进行更换。

②定期更换或还原 ECD 检测器前的氧气补集器。

③使用高纯度气体，毛细管柱分析一般要求使用纯度为 99.999% 以上的气体。

④定期更换毛细管柱和 ECD 池，但应注意勿超过其最高使用温度。

23. 液相色谱－质谱联用仪

液相色谱－质谱联用仪（图 4.44），简称 LC－MS，是液相色谱与质谱联用的仪器。它结合了液相色谱仪有效分离热不稳性及高沸点化合物的分离能力与质谱仪很强的组分鉴定能力。是一种分析复杂有机混合物的有效手段。主要应用于药物代谢及药物动力学研究、临床药理学研究、天然药物（中草药等）开发研究、新生儿筛选、蛋白与肽类的鉴定、残留分析、毒物分析、环境分析，并在公安、环保、食品、自来水、卫生防疫等行业广泛使用。液质联用仪的灵敏度高，通量性能好、优异的高流量性能、降低离子抑制效应、自清洁离子源探针设计和可靠的接口设计，分析速度快；使用简便。

图 4.44　液相色谱－质谱联用仪

（1）原理

液质联用（HLPC－MS）又叫液相色谱－质谱联用技术，它以液相色谱作为分离系统，质谱为检测系统。样品在质谱部分和流动相分离，被离子化后，经质谱的质量分析器将离子碎片按质量数分开，经检测器得到质谱图。

（2）结构

液质联用仪一般由液相色谱接口（离子源）、质量分析器、检测器、数据处理系统等组成。分析样品经液相色谱分离后，进入离子源离子化，经质量分析器分离，通过检测器检测。

（3）注意事项

①仪器应放在无强烈光照、无腐蚀性气体的相对恒温的条件下。

②严格按照开机关机程序开机和关机。

24. 气相色谱－质谱联用仪

气质联用仪（图 4.45）是指将气相色谱仪和质谱仪联合起来使用的仪器。气质联用仪被广泛应用于复杂组分的分离与鉴定，其具有气相色谱的高分辨率和质谱的高灵敏度，是生物样品中药物与代谢物定性定量的有效工具。

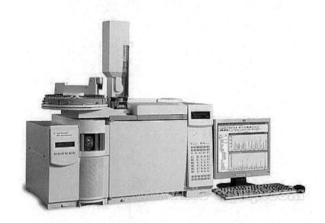

图 4.45　气相色谱 – 质谱联用仪

（1）原理

质谱法的基本原理是将样品分子置于高真空（ $<10^{-3}$ Pa ）的离子源中，使其受到高速电子流或强电场等作用，失去外层电子而生成分子或离子，或化学键断裂生成各种碎片离子，经加速电场的作用形成离子束，进入质量分析器，再利用电场和磁场使其发生色散、聚焦，获得质谱图。根据质谱图提供的信息可进行有机物、无机物的定性、定量分析，复杂化合物的结构分析，同位素比的测定及固体表面的结构和组成等分析。

（2）结构

气相色谱 – 质谱联用仪由气相色谱单元、质谱单元、计算机和接口四大件组成，其中气相色谱单元一般由载气控制系统、进样系统、色谱柱与控温系统组成；质谱单元由离子源、离子质量分析器及其扫描部件、离子检测器和真空系统组成；接口是样品组分的传输线以及气相色谱单元、质谱单元工作流量或气压的匹配器；计算机控制系统不仅用作数据采集、存储、处理、检索和仪器的自动控制，而且还拓宽了质谱仪的性能。

（3）注意事项

①定期更换石墨压环、进样垫及衬管，当重现性变差或有鬼峰出现时也要检查是否需要进行更换。

②定期更换或还原气体过滤器。

③使用高纯度气体，毛细管柱分析一般要求使用纯度为 99.999% 以上的气体。

④定期更换老化毛细管柱和 ECD 池，但应注意勿超过其最高使用温度。

⑤定期更换或看到真空泵油变色后，及时更换泵油。

25. 自动快速微生物鉴定仪

传统的微生物鉴定主要参考《伯杰式细菌鉴定手册》和《真菌鉴定手册》，鉴定过程繁琐，耗时长，容易出错，对经验要求非常高。

商品化的自动微生物系统有效地解决了这个问题，目前自动微生物鉴定系统从原理上包括以下几种：

（1）基于表型的鉴定方法

如美国 Biolog 公司的 Microstation 和 Omnilog 自动微生物鉴定系统，基于 95 种碳源或化学敏感物质的利用为原理，可鉴定细菌、酵母和霉菌超过 2 650 种；另外还有基于脂肪酸鉴定的方法，采用气相色谱分析微生物细胞壁的脂肪酸构成；在临床领域，梅里埃、BD、热电和西门子都有相应的自动微生物鉴定系统，其数据库主要以鉴定致病菌为主，通常是 200～600 种数据库，可做药敏测试。

（2）基于基因型的鉴定方法

如基因测序法及基因条带图谱法，以 Life 和杜邦为典型代表。

（3）基于蛋白的鉴定方法

以布鲁克和梅里埃为代表，基于蛋白质飞行质谱平台，分析不同高度保守的微生物核糖体蛋白电解离后的电子飞行时间进行鉴定。

三类方法各有优缺点，理论上不冲突，应该互为补充，应根据需要进行选择。

第四节　检测结果处理基础知识

一、计量单位

1. 法定计量单位

所谓计量，就是实现单位统一、量值准确可靠的活动。它不同于一般生活中的测量，而是科学技术活动中的术语，包含着单位和量值两个含义，其中单位更确切地称为计量单位。我国法定计量单位从 1986 年 7 月 1 日起施用。

法定计量单位的组成如下：

①国际单位制的基本单位；

②国际单位制辅助单位；

③国际单位制中具有专门名称的导出单位；

④可与国际单位制单位并用的中国法定计量单位；

⑤由以上单位构成的组合形式的单位；

⑥由词头和以上单位构成的十进倍数和分数单位。

其主要内容为国际单位制的基本单位，共有 7 个（时间——秒、长度——米、质量——千克、温度——开尔文、电流强度——安培、发光强度——坎德拉、物质的量——摩尔）；国际单位制的辅助单位 2 个；国际单位制中具有专门名称的导出单位 19 个；可与国际单位制单位并用的中国法定计量单位 16 个；由词头和以上单位构成的十进倍数和分数单位 20 个。

2. 化学分析中常用的法定计量单位

（1）质量法定计量单位

千克（kg）、克（g）、毫克（mg）、吨（t）、原子质量单位（u）等；应废除的质量单位及符号：公斤、市斤、磅（lb）等。

注：u 是原子质量统一的计量单位，1u 等于一个 ^{12}C 原子质量的十二分之一，约为 $1.660\ 565\ 5 \times 10^{-27}$ kg，元素的原子量就是其原子质量为 1u 的几倍，称为"相对原子量"（Ar）。

（2）物质的量法定计量单位

摩尔（mol）、毫摩（mmol）、皮摩（pmol）等；应废除的单位名称：克分子数、克原子数、克离子数以及摩尔数等。

物质的量是量的名称，物质 B 的物质的量 n_B 是以 Avogadro（A）常数为计数单位来表示物质的指定的基本单元是多少的一个物理量。

物质的量的单位名称是摩尔,它所包含的基本单元数与 0.012 kg^{12}C 的原子数目(约为 6.023×10^{23})相等,在使用摩尔时应指明基本单元:原子、离子、分子、电子等粒子,或是这些粒子的特定组合。

摩尔质量(M)的定义:物质的质量除以该物质的物质的量即 $M = m/n$,其单位为 kg/mol、g/mol。

(3)物质的量浓度简称"浓度"

物质 B 的物质的量浓度定义为:物质 B 的物质的量 n_B 与溶液体积 V 之比,符号为 c_B;法定单位为:摩(尔)每立方米(mol/m^3)、摩每升(mol/L)、mmol/L、mol/L、nmol/L 等,质量 m、M_B、n_B 间的关系:$m = n_B M_B = c_B M_B V$。

当已知物质的相对分子量时,使用物质的量浓度;物质的相对分子量未知时,暂用物质的质量浓度克每升(g/L)、毫克每升(mg/L)等。

*注意:物质的量浓度单位 mol/L 和质量浓度单位 g/L 中,分子可以加各种词头,但分母统一用升(L),一般不能加词头,如 nmol/L、mg/L 等。

(4)长度法定计量单位

米(m)、厘米(cm)等,应废除的单位和名称:公尺、市尺、尺、公分、英寸等

(5)体积法定计量单位

立方米(m^3)、升(L)、毫升(mL)、微升(μL)等,

应废除的单位名称和符号:是立升、公升、CC 等。

3. 量、单位和符号的使用规则

每一个物理量都有一个规定的符号和一个单位名称,它的倍数或分数单位应由这个单位加词头构成;

量的符号:用斜体拉丁文或希腊字母表示;

单位符号:一律用正体字母,来源于人名时符号第一字母为大写体,其余一律用小写;

词头:一律用正体,10^6 及其以上符号用大写,其余一律用小写;

不能用词头代替单位,不能重叠使用词头;

国际符号可用于一切场合;单位与词头名称,一般只宜在叙述性文字中使用,不要用于公式、图表中。

二、准确度精密度

水产品检验工作的任务就是提供准确可靠的分析结果,并根据结果进行质量评价、工艺评价、工艺考核和质量把关。但是,准确、可靠是相对的,而结果的误差是绝对的,也是不可避免的。误差的产生是有规律的,检验人员应了解和掌握误差的产生原因和规律,不断地改进分析方法,改进操作,把误差降到允许的范围之内,使分析结果达到一定的准确度。

1. 准确度和误差

(1)误差

误差是指测定值与真实值之间的差值。误差根据其产生的原因可分为系统误差和偶然误差两种。

①系统误差

系统误差是经常反复的。且向同一方向发展的误差,这种误差的大小是可测的,所以又叫做可测定误差。主要来源于仪器误差、试剂误差、方法误差和操作者的主观误差。

②偶然误差

偶然误差是由于未知的因素引起的误差，其大小和方向都不可测定，又叫做不可测定误差。主要来源于分析过程中一些偶然的、暂时不能控制的因素所引起的误差。

（2）准确度

准确度是指测定值与实际值相符合的程度，常用误差来表示。误差越小，说明测定值的准确度越高。准确度反映测定值的准确性与真实性。有两种表示方法：

绝对误差——测定值与真实值之间的差值。

相对误差——绝对误差在真实值中所占的百分率。

2. 精密度和偏差

（1）精密度

精密度是指对同一样品多次测定值的相互接近程度。常用偏差表示分析结果的精密度。偏差越小，表示平行测定的测得值越接近，精密度越好。

（2）偏差

偏差是指单次分析结果与多次分析结果的平均值之差，可分为绝对偏差和相对偏差。

绝对偏差——单次测定值与测定平均值的差值

相对偏差——单次测定绝对偏差的绝对值在平均值中所占的百分率。

3. 灵敏度

灵敏度是指检验方法或仪器能测到的最低限度，一般用最小检出量或最低浓度来表示。如灵敏度为 0.001 mg，说明方法或仪器能检测到的最低量为 0.001 mg；又如灵敏度为 0.001 mg/L 说明方法或仪器在 IL 溶液中能检测到 0.001 mg 的某物质。

4. 控制和消除误差的方法

误差的大小，直接关系到分析结果的精密度和准确度。因此，获得正确的分析结果，必须采取相应的措施减少误差。

（1）正确选择样品量

样品量的多少与分析结果的准确度关系很大。在常量分析中，滴定量或质量过多或过少都直接影响准确度；在比色分析中，含量与吸光度之间往往只在一定浓度范围内呈线性关系，这就要求测定时读数在此范围内，并尽可能在仪器读数较灵敏的范围内，以提高准确度。

通过增减取样量或改变稀释倍数可以达到以上目的。

（2）增加平行测定次数，减少偶然误差

测定次数越多，则平均值就越接近真实值，偶然误差亦可抵消，所以分析结果就越可靠。一般要求每个样品的测定次数不应少于两次，如要更精确的测定，分析次数应更多一些。

（3）对照试验

对照试验是检查系统误差的有效方法。在进行对照试验时，常常用已知结果的试样与被测试样以完全相同的步骤操作，或由不同单位、不同人员进行测定，最后将结果进行比较。这样可以抵消许多不确定因素引起的误差。

（4）空白试验

在进行样品测定的同时，采用完全相同的操作方法和试剂，唯独不加被测定的物质，进行空白试验。在测定值中扣除空白值，就可以抵消由于试剂中的杂质干扰等因素造成的系统误差。

（5）校正仪器和标定溶液

各种计量测试仪器，如天平、旋光仪、分光光度计以及移液管、滴定管、容量瓶等，在精确的分析中必须进行检定校准，并在计算时采用校正值。各种标准溶液（尤其是容易变化的试剂）应按规定定期标定，以保证标准溶液的浓度和质量。

（6）严格遵守操作规程

分析方法所规定的技术条件应严格遵守。经国家或主管部门规定的分析方法，在未经有关部门同意前，不应随意改动。

三、有效数字

1. 有效数字

在分析工作中实际能够测量到的数字。能够测量到的是包括最后一位估计的，不确定的数字。我们把通过直读获得的准确数字叫做可靠数字；把通过估读得到的那部分数字叫做存疑数字。把测量结果中能够反映被测量大小的带有一位存疑数字的全部数字叫有效数字。

数字 1，2，3，…，9 都可作为有效数字。只有"0"需要判断是否为有效数字，当用"0"表示实测的量时，它是有效数字，当用"0"来表示小数点的位置时，它就不是有效数字。例：1.000 3 为五位有效数字，0.030 5 为三位有效数字。

在计算中常会遇到倍数和分数，如 6 × 3.984，5.13/8 中 6 和 8 是自然数，非测量所得，不是可疑数字，可以当做无限多位有效数字。

2. 有效数字的运算规则

检验工作中仪器报出的数是由有效数字组成，其最末一位是近似数，前几位是准确数。由于在检验中以测定值直接作为报出结果的是少数，多数结果经过计算测定值才得出，因此，运算后量值的有效位数能反映出整个测量过程的准确度，故应有一套运算规则来确定结果的有效位数。有效位数过多会造成虚假的高准确度，反之，会降低测定的准确度。

（1）加减法的运算——以小数点后位数最少的数为准

例如：20.4 + 6.25 + 1.325 = 27.975，小数点后位数最少的是 1 位（20.4），故结果为 28.0。

（2）乘除法的计算——以有效数字位数最少的数为准

例如 2.41 × 0.12 × 1 035 = 2.993 22，有效位数最少的是 2 位（0.12），故结果为 3.0。

（3）常数值不参与有效位数计算

例如测定蔗糖质量分数，（11.30 − 4.654）× 0.95 = 6.313 7，因 0.95 是常数，所以只考虑括号内的数，小数点后位数最少的是 2 位（11.30），故结果为 6.31。

3. 有效数字的修约规则

修约按国家标准 GB 8170 − 2008《数值修约规则》中的规定进行。尾数大于且等于 6 时入，尾数小于且等于 4 时舍，尾数为 5 时或舍或入需根据具体情况决定。

（1）四舍六入

例1：12.34 修约到 3 位有效数字，得 12.3，4 舍去。

例2：12.36 修约到 3 位有效数字，得 12.4，6 入。

（2）5 按不同的情况修约"舍"或修约"入"

①5 的后面若不全部为零时，则入 1，既保留的末位数字加 1。

例1：将 12.345 2 修约到 4 位有效数字，得 12.35。

例2：将 12.345 001 修约到 4 位有效数字，得 12.35。

②5 的后面无数字或全部为零时，若 5 的前面数字为奇数（1，3，5，7，9）则入 1，为偶数（2，4，6，8，0）则舍弃。

例1：将 12.345 00 修约到 4 位有效数字，得 12.34。

例2：将 12.335 00 修约到 4 位有效数字，得 12.34。

（3）负数修约时，现将其绝对值按如上规则修约，然后加上负号

例1：将 -0.0375 修约到 2 位有效数字，得 -0.038。

例2：将 -0.0265 修约到 2 位有效数字，得 -0.026。

（4）不许连续修约

修约数字时，只能对原始数据进行一次性修约到所需位数，不能逐级修约。

例如：7.548 9 修约到 2 位有效数字时为 7.5，不能如下逐级修约：7.548 9→7.549→7.55→7.6。

四、数值判断方法

在标准中规定以数量形式考核某个指标时，表示符合标准要求的数值范围界限值，称为极限数值。在判定检测数据是否符合标准要求时，应将检验所得的测定值或其计算值与标准规定的极限值作比较。比较的方法有全数值比较法和修约值比较法。

（1）全数值比较法

全数值比较法是将检验所得的测定值或其计算值不经修约处理（或可作修约处理，但应表明它是经舍、进或未舍、未进而得），而用数值的全部数字与标准规定的极限值作比较，只要越出规定的极限值（不论越出程度大小），都判定为不符合标准要求。全数值比较法判断结果以符合或不符合标准要求表示，见表 4.8。

表 4.8　全数值比较法数值判断方法示例

项目	极限数值	测定值或计算值	或写成	是否符合标准要求
某样品中镉的质量分数（%）	≤0.05	0.046	0.05（－）	符合
		0.054	0.05（＋）	不符合
		0.055	0.06	不符合
某样品中锰的质量分数（%）	0.30~0.60	0.294	0.29	不符合
		0.295	0.30（－）	不符合
		0.605	0.60（＋）	不符合不符合
		0.606	0.61	

（2）修约值比较法

修约值比较法是将测定值或计算值进行修约，修约位数与标准的极限值书写位数一致，将修约后的

数值与标准规定的极限数值进行比较，修约值比较法判断结果以符合或不符合标准要求表示，以判断其是否符合标准的要求，见表4.9。

表4.9 修约值比较法数值判断方法示例

项目	极限数值	测定值或计算值	或写成	是否符合标准要求
某样品中镉的质量分数（%）	≤0.05	0.046	0.05	符合
		0.054	0.05	符合
		0.055	0.06	不符合
某样品中锰的质量分数（%）	0.30~0.60	0.294	0.29	不符合
		0.295	0.30	符合
		0.605	0.60	符合
		0.606	0.61	不符合

由此可见，全数值比较法相对严格。

（3）使用说明

①有一类极限数值为绝对极限，写为"≥0.2"和写为"≥0.20"或"≥0.200"，具有同样的界限上的意义，对于此类极限数值，用测定值或其计算值判定是否符合要求，需要用全数值比较法。

②对附有极限偏差值的数值，以及涉及安全性能指标和计量仪器中有误差传递的数值或其他重要指标，应优先采用全数值比较法。

③标准中各种极限数值（包括带有极限偏差值的数值）未加说明时，均指采用全数值比较法；如规定采用修约值比较法，应在标准中加以注明。

五、原始记录

原始记录是记述实验过程中的各种实验现象及检测数据的原始资料，因此，必须详细记录，以保证其科学性、严肃性、真实性和完整性。按标准要求设计科学的原始记录格式，为确保检测值准确可靠，并能有据可查。

1. 原始记录包括的内容

记录中应标明检验样品名称、编号标记、检验完成日期；检验项目和方法；检测仪器名称、型号、仪器检测条件；必需的检测环境条件；检测过程中所出现的现象的观察记录；检测的原始数据记录、计算及数据处理结果；检验人员、校核人员和审核人员签名。但这并不意味着记录内容越多越好，原则是"做有痕、追有踪、查有据"，体现客观、规范、准确、及时的要求。

2. 原始记录的要求：记录填写及时、准确、规范

①实验室对所有工作应在工作的当时予以记录，不允许事后补记或追记。

②原始记录必须用钢笔或签字笔填写，不允许用圆珠笔、铅笔，字迹要工整、清晰、完整，不得任意涂改、贴盖。

③原始记录各项内容应逐项填写，若有缺项，应在格内画一横线，所采用的计量单位，符号和计算公式必须按有关规定、规范要求执行。

④测量数据记录的有效位数应与检测系统的准确度相适应，不能超过检测方法最低检出限度下有效

数字的位数，允许保留一位可疑数字，不足的部分以"0"补齐。

⑤原始记录应真实地记录实验现象，数据及情况，不准转抄。仪器自动记录数据应剪下贴在原始记录纸上，工作完毕后，检测人员应签名。

⑥凡需用微机处理的测试数据必须履行详细的原始处理记录，数据贮存硬件，复制（磁带、磁盘）并作出标记，分类登记编号，不准个人保管或转借他人或受检单位。

3. 更改规范

一旦出现误记，应遵循记录的更改原则（如采用"杠改法"），不要涂擦，也不能用涂改液，被更改的原记录内容仍须清晰可见，不允许消失或不清楚，改正后的值应在被更改值的附近，并有更改人的签名或盖章，更改人一般为直接检测人，一张原始记录上更改的次数不得多于3次否则应该重新书写一张。

六、检测报告

检验报告是分析工作的最后体现，是产品质量的凭证，也是产品是否合格的技术根据。因此，分析人员要实事求是报出结果，决不允许弄虚作假。检验报告的内容一般包括样品名称、送检单位、生产日期及批号、取样日期、检验日期、检验项目、检验结果、报告日期、检验员签字、报告签发人签字、检验单位盖章等。

填写检验报告单应做到：

①检验报告单应由考核合格的检验技术人员填报。进修及代培人员不得独自报出检验结果，必须有指导人员或实验室负责人的同意和签字，检验结果才能生效。

②检验结果必须经第二人复核无误后，才能填写检验报告单。检验报告单上应有检验人员和校核人员的签字及审核人的签字。

③检验报告单一式两份，其中一份留存备查。检验报告单在经签字和盖章后即可报出，但如果遇到检验结果不合格或样品不符合要求等情况，检验报告单应交给技术人员审查签字后才能报出。

检验报告单可按规定格式设计，也可按产品特点单独设计，一般可设计成如表4.10所示的格式。

表 4.10 ×××××× （检验单位名称）检验报告单

编号

检测单位名称
检 验 报 告

NO.

共　页第　页

产（样）品名称		型号规格	
		商标	
受（送）检单位		检验类别	
生产单位		样品等级、状态	
抽样地点		抽（到）样日期	
样品数量		抽（送）样者	
抽样基数		原编号或生产日期	
检验依据		检验项目	
所用主要仪器		实验环境条件	
检验结论		（检验报告专用章） 签发日期　　年　月　　日		
备注			

批准：　　　　　审核：　　　　　制表：

编号

检测单位名称

检　验　报　告

NO.

共　　页第　　页

检测结果

检测项目	检测依据	最低检出限	现行标准	单位	实测结果	判定结果

第五节　微生物检验的基本操作

微生物检验的基本操作包括消毒灭菌、微生物的分离培养以及微生物的形态观察等。这里着重介绍常用的一些基本操作，如接种和培养、培养基的配制、灭菌和消毒以及染色的基本技术。

一、接种和培养

1. 接种

接种是指将微生物的纯种或含有微生物的材料转移到适于它生长繁殖的人工培养基上或活的生物体内的过程。

（1）接种方法

①划线接种。将纯种或含菌材料用微生物接种法在固体培养基表面进行划线，使微生物细胞分散在培养基表面，使得培养基的单位面积内的接种量随着划线不断稀释，从多量逐渐减少为少量。划线法是进行微生物分离的一种常规接种法，也是最简单的分离微生物的方法，在斜面接种和平板划线中常用此法。划线的方法很多，常见的比较容易出现单个菌落的划线方法有斜线法、曲线法、方格法、放射法、四格法等。

②涂布接种。将纯菌或含菌材料（包括固形物或液体）均匀地分布在固体培养基表面，或者将含菌材料在固体培养基的表面仅作局部涂布，然后再用划线法使它分散在整个培养基的表面。

③倾注接种。取少许纯菌或少许含菌材料（一般是液体材料），先放入无菌的培养皿中，而后倾入已溶化并冷却至46℃左右含有琼脂的灭菌培养基，使它与含菌材料均匀混合后，冷却至凝固。

④点植接种。将纯菌或含菌材料用接种针在固体培养基表面的几个点接触一下。点植法常用于霉菌的接种。比如三点接种法，即把少量的微生物接种在平皿表面上，使之成等边三角形的三点，让它们各自独立形成菌落后，来观察、研究它们的形态。

⑤穿刺接种。用接种针使微生物纯种经穿刺而进入到培养基中去。穿刺法常应用于半固体培养基，通过穿刺进行培养，有助于探知这种菌种对氧的需要情况以及有无动力产生。

⑥浸洗接种。用接种针挑取含菌材料后，即插入液体培养基中，将菌洗入培养基内，有时也可将某些固形含菌材料直接浸入培养液中，把附着在表面的菌体洗下。

⑦活体接种。活体接种应用于病毒培养或疫苗预防，因为病毒必须接种在活的组织细胞中才能生长繁殖。接种的方式可以是注射或拌料喂养。致病菌毒素验证也采用此方法。

（2）接种的无菌操作

微生物的接种要求为无菌操作。无菌是指物体中没有活的微生物存在，而无菌操作则是指防止微生物进入人体或物体的操作方法。接种时无菌操作需注意以下几点：

①接种食品样品前，先用肥皂洗手，然后用75%的酒精棉球将手擦干净。

②接种用的吸管、平皿及培养基等器具必须经消毒灭菌。对已打开包装但未使用完的器皿，不能留待下次使用。金属用具应高压灭菌或用95%的酒精点燃灼烧三次后使用。

③接种样品、转种菌种必须在酒精灯前操作，接种时，吸管从包装中取出后及打开试管盖都要通过火焰消毒。

④从包装中取出吸管时，吸管尖部不能触及外露部位，使用吸管接种于试管或平皿时，吸管尖部不

得触及试管或平皿边。接种时，打开培养皿的时间应尽量短。平皿接种时，通常把平板的面倾斜，把培养皿的盖打开一小部分进行接种。

⑤接种环和针在接种细菌前应经火焰烧灼全部金属丝，可一边转动接种柄一边慢慢地来回通过火焰三次，使接种环在火焰上充分烧红，必要时还要烧到环和针与杆的连接处。然后冷却，先接触一下培养基，待接种环冷却到室温后，方可用它来挑取含菌材料或菌体。接种后，将接种环从柄部至环端逐渐通过火焰灭菌。不要直接烧环，以免残留在接种环上的菌体爆溅而污染环境。

2. 培养

（1）根据培养时是否需要氧气

可将培养类型分为需氧培养和厌氧培养两大类：

①需氧培养，对需氧微生物的培养必须在有氧的环境中进行。在实验室中，液体或固体培养基经接种微生物后，一般将其置于保温箱中，在有氧的条件下培养。有时为了加速繁殖的速度或进行大量液体培养，可用通气搅拌或振荡方法来充分供氧，但通入的空气必须经过净化或无菌处理。

②厌氧培养。培养厌氧性微生物时，要除去培养基中的氧或使氧化还原电位降低，并在培养过程中一直保持与外界氧隔绝以使厌氧微生物生长。在培养中保持无氧环境的方法很多，有物理法除氧、化学法除氧和生物法除氧。例如，将还原剂谷胱甘肽、硫基醋酸盐等，加入到培养基中以降低氧化还原电位；用焦性没食子酸、磷等吸收氧气以除氧；用石蜡油封存、半固体穿刺培养等隔绝阻氧；用二氧化碳、氮气、真空、氢气驱除氧气等。

（2）根据培养基的物理状态

可将培养类型分为固体培养、半固体培养和液体培养三类。

二、培养基的制备

培养基通常指人工配制的适合微生物生长繁殖或积累代谢产物的营养物质，主要用来培养、分离、鉴定、保存各种微生物或其代谢产物。

1. 培养基的种类

由于微生物种类繁多，对营养物质的要求各异，加之实验和研究的目的不同，所以培养基在组成成分上也各有差异。迄今为止，已有数千种不同的培养基。为了更好地研究培养基，我们可以根据不同的标准，将种类繁多的培养基分为若干类型。

（1）培养基按物理状态的分类（表4.11）

表 4.11　培养基按物理状态分类表

物理状态	配制方法
液体培养基	各营养成分按一定比例配成的水溶液或液体状态的培养基
固体培养基	在液体培养基中加入一定量的凝固剂配制而成的固体状态的培养基
半固体培养基	琼脂加入量为 0.2%～0.5% 而配置的半固体状态的培养基

（2）培养基按组成成分的分类（表4.12）

表4.12　培养基按组成成分分类表

组成成分	配制方法
天然培养基	利用生物组织、器官及其抽取物或制品配成
合成培养基	使用成分完全已知的化学药品配制而成
半合成培养基	由部分天然材料和部分已知的纯化学药品组成

（3）培养基按目的用途的分类（表4.13）

表4.13　培养基按目的用途分类表

类别	配制方法	举例
基础培养基	含有微生物所需要的基本营养成分	肉汤培养基等
营养培养基	在基础培养基中加入葡萄糖、血液、血清或酵母浸膏等物质，可供营养要求较高的微生物生长	血平板、血清肉汤等
选择培养基	根据某一种或某一类微生物的特殊营养要求或对一些物理、化学条件的抗性而设计的培养基。利用这种培养基可以把所需要的微生物从混杂的其他微生物中分离出来	在培养基中加入胆盐可抑制革兰氏阳性菌的生长，以有利于革兰氏阴性菌的生长
鉴定培养基	加入某些试剂或化学药品，使培养基在培养后发生某种变化，从而鉴别不同类型的微生物	伊红美蓝（EMB）培养基、糖发酵管、醋酸铅培养基等
厌氧培养基	将培养基与环境中的空气隔绝，或降低培养基中的氧化还原电位，以保证专性厌氧菌的生长	在液体培养基的表面加盖凡士林或蜡，或在液体培养基中加入碎肉块制成庖肉培养基等

2. 培养基的主要成分

（1）营养物质

不同的微生物对营养物质，如蛋白胨、肉浸汁、牛肉膏、糖（醇）类、血液、鸡蛋与动物血清、无机盐类及生长因子等有不同的需求。

（2）水分

制备培养基应使用蒸馏水。

（3）凝固物质

配制固体培养基的凝固物质有琼脂、明胶和卵黄蛋白及血清等。琼脂是从石花菜等海藻中提取的胶体物质，其化学成分主要是多糖，本身并无营养价值，但是应用最广的凝固剂。加入琼脂后制成的培养基在98~100℃下熔化，于40℃凝固。但经多次反复熔化后，其凝固性会降低。

根据琼脂含量的多少，可配制成不同物理性状的培养基。另外，由于各种牌号琼脂的凝固能力不同，以及使用时气温的不同，配制时用量应酌情增减，夏季可适当多加。

（4）抑制剂

在制备某些培养基时需加入一定的抑制剂，来抑制竞争菌的生长或使其少生长，以利于目标菌的生长。抑制剂种类很多，常用的有胆盐、煌绿、玫瑰红酸、亚硫酸钠、某些染料及抗菌素等。这些物质具有选择性抑菌作用。

（5）指示剂

为便于了解和观察细菌是否利用和分解糖类等物质，常在某些培养基中加入一定种类的指示剂，如常见的酸碱指示别有酚红、甲基红、中性红、溴甲酚紫、煌绿等。

3. 培养基的配制

现代的培养基很多已经商品化生产，不同的培养即可根据匹配的说明书或特定的要求采取不同的方法配制。常用的培养基可根据配方，称适量取于合适大小的烧杯中（由于其中粉剂极易吸潮，故称量时要迅速），然后取一定量（约占总量的1/2）蒸馏水小火加热溶解，并不时用玻璃棒搅拌，以防结焦、溢出。待完全溶解后，停止加热，补足水分，调节 pH 值。再按不同要求进行分装，液体分装高度以试管高度的 1/4 左右为宜；固体分装量为管高的 1/5；半固体分装量一般以试管高度 1/3 为宜；分装三角瓶，以不超过三角瓶容积的 2/3 为宜。培养基分装后加好棉塞或试管帽，再包上一层防潮纸，用棉绳系好。在包装纸上应标明培养基名称、配置者姓名及配置日期等。

最后按照配方所规定的条件及时进行灭菌，普通培养基需在121℃灭菌 20 min，以保证灭菌效果和不损伤培养基的有效成分。若不能及时灭菌，应暂时冷藏，以防微生物生长而改变培养基的营养比例和酸碱度所带来的不利影响。如做斜面固体培养基，则应灭菌后立即摆放成斜面，并调整斜度，使斜面长度不超过试管长度的 1/2。每批培养基可另外分装 20 mL 于一小玻璃瓶中，随该批培养基同时灭菌，用来测定该批培养其最终的 pH 值。

将已灭菌的培养其放于37℃培养箱中培养，经过 1～2 d，若无菌生长，即可使用或冷藏备用。

三、灭菌和消毒

食品微生物的检验操作，基本上要求在无菌环境中通过无菌操作进行，所用的器皿、培养基，甚至实验操作环境都应该是无菌的。为达到无菌效果，我们可采取灭菌、消毒和防腐的措施。

灭菌：杀灭物体中或物体上所有微生物（包括病原微生物和非病原微生物）的繁殖体和芽孢的过程。灭菌的方法分为物理灭菌法和化学灭菌法两大类。

消毒：用物理、化学或生物学的方法杀死病原微生物的过程。具有消毒作用的药物称为消毒剂，一般消毒剂在常用浓度下，只对细菌的繁殖体有效，对于细菌芽孢则无杀灭作用。

防腐：防止或抑制微生物生长繁殖的方法。用于防腐的药物称为防腐剂。某些药物在低浓度时是防腐剂，在高浓度时则为消毒剂。

1. 常用的灭菌方法

（1）加热灭菌

加热灭菌是通过加热高温使菌体内蛋白质变性凝固，酶失活，从而达到杀菌目的。蛋白质的凝固变性与其自身含水量有关，含水量越高，其凝固所需要的温度越低。

加热灭菌法包括湿热灭菌和干热灭菌两种。在同一温度下，湿热的杀菌效力比干热大，湿热的穿透力比干热强，可增加灭菌效力；湿热的蒸汽有潜热存在，这种潜热，能迅速提高被灭菌物品的温度。

①干热灭菌法。通过使用干热空气杀灭微生物的方法叫干热灭菌法。一般是把待灭菌的物品包装后，放入干燥箱中加热至 160℃，维持 2 h。干热灭菌法常用于空玻璃仪器、金属器具的灭菌。凡带有橡胶的物品、液体及固体培养基等都不能用此方法灭菌。

A. 灭菌前的准备。玻璃仪器等在灭菌前必须经正确包裹和加塞，以保证玻璃仪器灭菌后不被外界杂菌所污染。

常用玻璃仪器的包扎和加塞方法，平皿用纸包扎或装在金属平皿筒内；三角瓶在棉塞与瓶口外再包以厚纸，用棉绳以活结扎紧；吸管用拉直的曲别针将棉花轻轻捅入管口（松紧必须适中，管口外露的棉花可统一通过火焰烧去），灭菌时将吸管装入金属管筒内进行灭菌，也可用纸条斜着从吸管尖端包起，逐步向上卷，头端的纸卷捏扁并拧几下，再将包好的吸管集中灭菌。

B. 干燥箱灭菌。将包扎好的物品放入干燥烘箱内，注意不要摆放太密，以免妨碍空气流通；不得使器皿与烘箱的内层底板直接接触。将烘箱的温度升至160℃并恒温2 h，注意勿使温度过高，若超过170℃，器皿外包裹的纸张、棉花会被烤焦燃烧。如果是为了烤干玻璃仪器，温度升至120℃，持续30 min即可。温度降至50～60℃时方可打开箱门，取出物品，否则，玻璃仪器会因骤冷而爆裂。

对于接种环、接种针或其他金属用具等耐燃烧物品，可用火焰灼烧灭菌法直接在酒精灯火焰上烧至红热进行灭菌。此外，在接种过程中。针对试管或三角瓶口，也采用火焰灼烧灭菌法使其达到灭菌的目的。

②湿热灭菌法。常用的湿热灭菌法有巴氏消毒法、煮沸消毒法、流通蒸汽消毒法及高压蒸汽灭菌法。

A. 巴氏消毒法。巴氏消毒法既可杀死液体中致病菌的繁殖体，又不破坏液体物质中原有的营养成分。典型的温度时间组合有两种：一种是61.1～62.8℃，30 min；另一种是87.7℃，10 min。现多用后一种。巴氏消毒法适用于牛奶或酒类的消毒。

B. 高压蒸汽灭菌法。高压蒸汽灭菌是微生物实验中最常用的灭菌方法。这种灭菌方法是利用水的沸点随着蒸汽压力的升高而升高的原理。当蒸汽压力达到103.4 kPa 时，水蒸气的温度升高到121℃，经15～20 min，可全部杀死物品上的各种微生物和它们的孢子或芽孢。此法一般用于耐高温而又不怕蒸汽的物品的灭菌，一般培养基、生理盐水、金属器材、玻璃仪器以及传染性标本和工作服等都可应用此法灭菌。

（2）过滤除菌

凡不能耐受高温或化学药物灭菌的药液、毒素、血液等，可使用过滤除菌法除菌。

（3）辐射灭菌

辐射灭菌是利用电磁波杀死大多数物质中的微生物的一种有效方法。用于灭菌的电磁波有微波、紫外线、X射线和伽马射线等。例如，紫外线波长与DNA的吸收光谱范围一致，能使DNA分子中相邻的嘧啶形成嘧啶二聚体，抑制DNA复制与转录等功能，从而杀死微生物。但紫外线的穿透力不强，仅适用于空气及物品表面的消毒。

2. 常用的消毒试剂

消毒试剂有很多，目前常用的约有十多种，常用的消毒试剂、类别及适用范围见表4.14。

表4.14 常用的消毒试剂、类别及适用范围

类别	试剂	常用质量浓度或质量分数	适用范围
氧化剂	高锰酸钾	1～30 g/L	皮肤、蔬菜、水果、餐具等的消毒
卤素及其化合物	漂白粉	10～50 g/L	饮用水、水果、蔬菜、环境卫生等的消毒
	碘酒	2%～5%	一般皮肤、手术部位皮肤的消毒
酚类	石碳酸	2%～5%	吸管消毒，室内喷雾消毒，擦洗被污染的桌子、地面
	来苏水	3%～5%	器械、排泄物、家具、地面的消毒

续表

类别	试剂	常用质量浓度或质量分数	适用范围
醇类	乙醇	70% ~ 75%	皮肤、器械表面的消毒（对芽孢无效）
醛类	甲醛	370 ~ 400g /L	空气熏蒸消毒（无菌室），2 ~ 6 mL/m³
表面活性剂	新洁尔灭	0.05% ~ 1%	皮肤、器械、浸泡用过的载玻片和盖玻片等的消毒
染料	结晶紫	20 ~ 40g/L	体表及伤口的消毒
酸类	有机酸（如乳酸）	80%	空气熏蒸消毒，1mL/m³
碱类	石灰水（氢氧化钙）	10 ~ 30 g/L	粪便、畜舍的消毒
	烧碱（氢氧化钠）	40 g/L	病毒性传染病用具的消毒

3. 影响灭菌与消毒的因素

影响灭菌与消毒的因素有很多，比如酸碱度、灭菌处理剂量的大小、微生物所依附的介质等都可以影响灭菌和消毒的效果，而微生物的特性、微生物污染程度、温度、湿度的影响尤为重要。

（1）微生物的特性

不同的微生物对热的抵抗力和对消毒剂的敏感性不同，细菌、酵母菌的营养体、霉菌的菌丝体对热较敏感，细菌芽孢、放线菌、酵母、霉菌的孢子比营养细胞抗热性强。

不同菌龄的细胞，其抗热性、抗毒力也不同，在同一温度下，对数生长期的菌体细胞抗热性、抗毒力较小，稳定期的老龄细胞抗性较大。

（2）微生物污染程度

待灭菌的物品中含菌数越多，灭菌越困难，灭菌所需的时间和强度均应相应增加。这是因为微生物群集在一起，加强了机械保护作用，而且抗性强的个体增多，也增加了灭菌的难度。

（3）温度

温度越高，灭菌效果越好。菌液被冰冻时，灭菌效果则显著降低。

（4）湿度

熏蒸消毒、喷洒干粉、喷雾等都与空气的相对湿度有关。相对湿度合适时，灭菌效果最好。此外，在干燥的环境中，微生物常被介质包被而受到保护，使电离辐射的作用受到限制，这时必须加强灭菌所需的电离辐射剂量。

四、染色

由于微生物个体很小，细胞又较透明，不易观察其形态，故必须借助于染色的方法使菌体着色，增加与背景的明暗对比，才能在光学显微镜下较为清楚地观察其个体形态和部分结构。

1. 染色的基本原理

微生物染色的基本原理，主要是通过细胞及细胞物质对染料的毛细、渗透、吸附等物理因素，以及各种化学反应进行的。比如酸性物质对碱性染料较易吸附，且吸附作用稳固；而碱性物质对酸性染料较易吸附。

2. 染料的种类

①染料按其组成成分可以分为天然染料和人工染料。

②染料按其电离后染料离子所带电荷的性质，分为酸性染料、碱性染料、中性（复合）染料和单纯染料四大类。

3. 染色方法

按照所用染料种类的不同，可把染色法分为单染色法、复染色法和特殊染色法。

（1）单染色法

单染色法是用一种染料使微生物染色，其简便易行，适用于菌体一般形态观察，一般常用碱性染料进行单染色，如美蓝、孔雀绿、碱性番红、结晶紫和中性红等，镜检时基本只能看到细胞的排列和形状。单染色法一般要经过涂片、固定、染色、水洗和干燥五个步骤。

（2）复染色法

复染色法又称鉴别染色法，使用两种或两种以上染料进行染色，有协助鉴别微生物的作用。最常用的鉴别染色法为革兰氏染色法。

革兰氏染色法是1884年由丹麦病理学家 C. Gram 创立的。基本方法是用草酸铵结晶紫液再加碘液使菌体着色，继而用乙醇脱色，再用番红复染，经此法染色后的细菌可分为两类：一类经乙醇处理后仍然保持初染的深紫色，称为革兰氏阳性菌，以"G⁺"表示；另一类经乙醇脱色后迅速脱去原来的着色，称为革兰氏阴性菌，以"G⁻"表示。革兰氏染色法可将所有的细菌区分为革兰氏阳性菌（G⁺）和革兰氏阴性菌（G⁻）两大类，是细菌学上最常用的鉴别染色法。

①革兰氏染色原理。该染色法之所以能将细菌分为 G⁺菌和 G⁻菌，是由这两类菌的细胞壁结构和成分的不同所决定的。G⁻菌的细胞壁中含有较多易被乙醇溶解的类脂质，而且肽聚糖层较薄、交联度低，故用乙醇或丙酮脱色时溶解了类脂质，增加了细胞壁的通透性，使初染的结晶紫和碘的复合物易于渗出，结果细菌被脱色，再经番红复染后成红色。而 G⁺菌细胞壁中类脂质含量少，肽聚糖层较厚且与其特有的磷壁酸交联构成了三维网状结构，经脱色剂处理后，肽聚糖层的孔径缩小，通透性降低，因此细菌仍保留初染时的颜色。

②革兰氏染色过程

A. 制片

a. 涂片。取干净载玻片一块，在载玻片上加一滴蒸馏水，按无菌操作法取菌涂片，做成浓菌液。再取干净载玻片一块将刚制成的浓菌液挑 2～3 环制成薄的涂面，亦可直接在载玻片上制薄的涂面，注意取菌不要太多。涂片务求均匀，切忌过厚。

b. 晾干。让涂片自然晾干或者在酒精灯火焰上方文火烘干。

c. 固定。手执载玻片一端，让菌膜朝上，通过火焰 2～3 次固定，温度不宜过高，以载玻片背面不烫手背为宜，温度过高，会破坏细胞的结构和形态。

B. 革兰氏染色步骤

a. 初染。将已固定的玻片置于玻片搁架上，加适量（以盖满细菌涂面为宜）的结晶紫染色液染色 1 min，水洗。

b. 媒染。滴加卢哥氏碘液，媒染 1 min，水洗。

c. 脱色。将载玻片倾斜，连续滴加 95% 乙醇脱色 20～30 s 至流出液无色，立即水洗。

d. 复染。滴加番红（沙黄），复染 1 min，水洗。

C. 镜检。涂片干燥后，进行镜检。镜检时先用低倍镜观察，再用高倍镜观察，找到适当的视野后．将高倍镜转出，在涂片上加香柏油一滴，将油镜头浸入油滴中仔细调焦观察细菌的形态。并判断菌体的革兰氏染色反应。

③革兰氏染色的判定

若被染成蓝紫色为革兰氏阳性菌；若被染成淡红色为革兰氏阴性菌。

（3）特殊染色法

特殊染色法是针对一些特殊情况（如观察微生物某个特殊构造或某个内含物）而进行的染色方法，常见的特殊染色法有芽孢染色法、荚膜染色法和鞭毛染色法。

①芽孢染色法是利用细菌和菌体对染料的亲和力不同的原理，用不同染料进行着色，使芽孢和菌体呈不同的颜色而便于区别，芽孢壁厚、透性低，着色、脱色均较困难。因此。当先用一弱碱性染料，如孔雀绿或碱性品红，在加热条件下进行染色时，此染料不仅可以进入菌体，而且也可以进入芽孢。进入菌体的染料可经水洗脱色，而进入芽孢的染料则难以透出。若再用复染液（如碱性番红）或衬托液（如黑色素）处理，镜检时可见芽孢呈绿色，菌体呈红色。其染色过程为：制片→初染→加热→水洗脱色→复染。

②荚膜染色法通常用补托染色法（负染色法）染色，使菌体和背景着色，而荚膜不着色，从而在菌体周围形成一透明圈。其染色过程为：制片→自然风干→镜检。也可以采用 Anthony 氏染色法，首先用结晶紫初染，使细胞和荚膜都着色，随后用硫酸铜水溶液洗，由于荚膜对染料亲和力差而被脱色，硫酸铜还可以吸附在荚膜上使其呈现淡蓝色，从而与深紫色菌体区分。

③鞭毛染色法是采用不稳定的胶体溶液作媒染剂，如单宁酸或明矾钾，在鞭毛上生产沉淀，加大鞭毛的直径，然后用碱性复红、碱性复品红、硝酸银或结晶紫进行染色。需要注意的是培养稍久的菌，鞭毛易脱落，所以要用新鲜的菌体。一般是用经 3~5 代（每代培养时间 16~20 h）的斜面，最后一代接到含 0.8%~1.2% 琼脂的软琼脂培养基（带有冷凝水）经 12~16 h 培养的菌体为佳。

第五章　样品采集与制备

第一节　抽　样

水产品质量检测，首先要采集样品。采样的原则是所取样品必须具有代表性，能够真实地反映采样地点样品的质量。

从采集到检测的一段时间内，由于环境条件变化，微生物新陈代谢活动和化学反应的影响，样品的某些物理参数及化学成分会发生变化。为了将这些变化降低到最低程度，应采取必要的保护措施。

一、水产品样品的抽样

抽样必须按批次和不同的存放位置，根据抽样方案规定的数量抽取具有代表性的样品，样品分现场检验用的非破坏性样品和带回实验室检验用的破坏性样品两种。对于需要进行细菌和化学检验的，应按规定的方法，在开启包装的同时抽取样品。抽取顺序应先抽细菌检验样品，后取其他检验样品。具体抽样方法如下：

1. 不同样品抽样注意事项

（1）抽样批次

①鲜活水产品

同一养殖场内，以同一水域、同一品种、同期捕捞或养殖条件相同的产品为一个抽样批次。

②冰鲜及冷冻水产品

来源及大小相同的产品为一抽样批次。

③初级水产加工品

在原料及生产条件基本相同的条件下，同一天或同一班组生产的产品为一个抽样批次。

（2）抽样注意事项

①鲜活的样本应选择能代表整批产品水平的生物体，不能特意选择特殊的生物体（如新鲜或不新鲜、畸形、有病的）作为样本。

②作为进行渔药残留检验的样本应为已经过停药期的、养成的、即将上市进行交易的养殖水产品，处于生长阶段的或使用渔药后未经过停药期的养殖水产品可作为查处使用违禁药的样本。

③用于微生物检验的样本应单独抽取，取样后应置于无菌的容器中，且存放温度为 0 ~ 10℃，应在 48 h 内送到实验室进行检验。

④同一企业抽取样本数一般不应超过 2 个。

（3）抽样量

每个批次随机抽取约 1 500 g 样品进行检验（每个样品取其可食部分，不低于 400 g）。

2. 抽样

（1）抽样准备

①技术准备

A. 确定抽样目的：不同的抽样检验所采用的抽样方法不同，应明确是出厂检验、需方或供需双方的交付验收、仲裁及监督检验中的哪种类型的检验；

B. 熟悉被检查产品的性状、质量安全的状况、生产工艺及过程控制、生产地区或生产者的情况，产品标准及验收规则；

C. 明确确定检验分析的内容：包括检验项目（感官、物理、化学、微生物等），检验分析是否有破坏性；

D. 选择抽样方法：综合上述情况决定抽样方法，抽样检验水平、质量水平；

E. 建立抽样的质量保证措施。

②人员准备

A. 抽样人员在抽样前应进行培训，培训内容为：与抽样产品相关知识和产品标准、已经确定的样品抽取方法及抽样量、抽样及封样时的注意事项、样品运送过程中的注意事项等；

B. 每个抽样组织至少由两人组成，其中至少一人有抽样经验。

③物资准备

A. 根据所抽取样品性质不同，需要准备以下器具：取样器（粉状样品）、温度计（现场测温）、定位仪、卷尺或直尺（测长度）、样品袋、保温箱（冻品或鲜品）、照相机等；

B. 应用灭菌容器盛装用于微生物检验的样品；

C. 介绍信、抽样人员有效身份证件、抽样表（单）、任务书、抽样细则、有关记录表或调查表、封条、文件夹、纸笔文具以及交通图、抽样方位图（养殖区域）等。

（2）水产养殖场抽样

根据水产养殖的池塘及水域的分布情况，合理布设采样点，从每个批次中随机抽取样品。抽样量：每个批次产品不超过 400 t 的，安全指标和感官检验抽样量按 1 500 g 执行，微生物指标检验的样品应采取无菌抽样，在养殖水域随机抽取，抽样量按（鱼类 2 尾/批次）执行；每个批次产品超过 400 t 的，抽样量加倍（表 5.1 和表 5.2）。

表 5.1　水产品安全指标和感官检验的抽样量

种类	样品量
小型鱼（体长 < 20 cm）	15 ~ 20 条
中型鱼（体长 20 ~ 60 cm）	5 条
大型鱼（体长 > 60 cm）	2 ~ 3 条
虾	≥10 尾
蟹	≥5 只
贝类	≥3 kg
藻类	≥500 g
龟、鳖类	3 ~ 5 只
其他	≥3 只

表5.2　水产品微生物指标检验的抽样量

种类	样品量
鱼类	≥2 尾
虾	≥8 尾
蟹	≥8 只
贝类	≥8 个
藻类	≥500 g
龟类	≥2 只
蛙类	≥5 只

（3）水产加工厂抽样

从一批水产加工品中随机抽取样品，每个批次随机抽取净含量1kg（至少4个包装袋）以上的样品，干制品随机抽取净含量500 g（至少4个包装袋）以上的样品。

3. 抽样记录及封样

在抽样单上要认真填写所抽取产品和所属企业的各项数据（名称、批号、抽样量、抽样基数），并要准确地描述产品的性状、规格及生长周期等，由抽样人（两人）签字确认后，再由被抽样单位陪同人员签字确认。

4. 样品保存、运输及交接

①鲜活及其他水产品应用塑料袋或类似的材料密封保存，并要保证其从抽样时到实验室进行检验的过程中的品质不变。必要时可使用冷藏设备。

②所抽样品应由抽样人员送到实验室，与样品接收人员交接样品。

③若情况特殊不能亲自带回时，应将产品封于纸箱等容器中，由抽样人员签字后，交付专人送回实验室妥善保存，待抽样人员确认无误后，再与实验室的样品接收人员交接样品。

二、水环境样品的抽样

1. 水样的采集

（1）采集表层水（池塘）

池塘等小面积的水体要采集混合水样，即在池塘四角各选一个点，取水面下50 cm的水样，混合后作为一个样品保存。若水深不足1 m，取中层的水样作为样品。

（2）采集深层水（湖泊、水库）

将采水器沉入水中，达到所需深度（从拉伸的绳子标度上看出），待水样充满后提出来

（3）采集自来水或带抽水设备的地（井水）

先排放2～3 min，让积存的杂质流去，然后用瓶、桶等直接采集。

（4）浮游生物的采样

浮游植物：用采水器取1 L水样，并立即加入15 mL碘液固定。

浮游动物：用采水器采10 L水样用筛绢制的采集网过滤后浓缩成100 mL水样，并加入2 mL福尔马林固定。

2. 水样的保存

（1）冷藏

其作用是抑制微生物活动，减慢物理挥发和化学反应速率。

（2）加入化学试剂。

加入酸或碱调节 pH 值，能使一些化学成分在水样中保持稳定；

加入生物抑制剂，可抑制微生物的氧化还原作用；

加入氧化剂或还原剂，可使一些待测成分转化为稳定的化学物质，而且不干扰以后的分析测定。

（3）贮存容器

PE 塑料瓶或者硬化玻璃瓶，有的需要避光的还要贮存在棕色玻璃瓶内。

（4）需要现场测定的项目

检测仪器要提前校准：酸度计保持探头缓冲液饱满，并用 pH 值为 4 和 pH 值为 7 的基准液进行校正；溶氧测定仪要保持探头缓冲液饱满无气泡，并定期用滴定法进行校正（表5.3）。

表5.3　一些常用的水样保存方法

项目	采样量（mL）	保存要求	备注
色、嗅、味			现场测定
pH 值、溶解氧			现场测定
总大肠菌群	250	玻璃瓶	200℃灭菌 2 h
汞、镉、铅、锌、铜	1 000	塑料瓶	加 HNO_3 至 pH 值 <2
六价铬	500	玻璃瓶	加 NaOH，至 pH 值 8 ~ 9
砷	500	玻璃瓶	加 H_2SO_4 至 pH 值 <2
氟化物	500	塑料瓶	4℃保存
石油类	500	玻璃瓶（棕色）	（避光）
挥发性酚	500	玻璃瓶	加 H_3PO_4 至 pH 值 <2；1 克 $CuSO_4$

3. 说明

①采集瓶或装水容器必须事前洗干，以免杂质进入水样中，影响水样质量。采样前，最好先用水样洗涤容器 2 ~ 3 次。

②供细菌检验用的水样采集前必须先对样品瓶进行灭菌处理。

③有些测定项目对时间、温度的变化异常敏感，需要现场测定。

三、饲料样品的抽样

1. 采样位置

在条件许可的情况下，采样应在不受诸如潮湿空气、灰尘或煤烟等外来污染危害影响的地方进行。条件许可时，采样应在装货或卸货中进行。如果流动中的饲料不能进行采样，被采样的饲料应安排在能使每一部分都容易接触到，以便取到有代表性的实验室样品。

2. 样品采集

对于散装产品，尽可能地在装或卸时采样。同理，如果产品是直接装到料仓或仓库中，则尽可能地在装入时取样。

（1）从散装产品中采样

如果是从堆状等散装产品中取样，应随机选取到样品的各个位置，这些位置既覆盖产品的表面，又包括产品的内部，使该批次产品的每个部分都被覆盖。

在产品流水线上取样时，根据流动的速度，在一定的时间间隔内，人工或机械地在流水线的某一截面取样。根据流速和本批次产品的量，计算产品通过采样点的时间，该时间除以所需采样的份样数，即得到采样的时间间隔。

（2）从袋装产品中采样

如果是在密闭的包装袋中采样，则需要取样器。采样时，不管是水平还是垂直，都必须经过包装物的对角线。份样可以是包装物的整个深度，或是表面、中间、底部这三个水平。在采样完成后，将包装袋上的采样孔封闭。

如果上述的方法不适合，则将包装物打开倒在干净、干燥的地方，混合后铲其一部分为份样。

3. 样品量

要得到能代表整个批次产品的样品，就必须设置足够的份样数量。根据批次产品数量和实际采样的特点制定采样计划，在计划中确定需采的份样数量和重量。

对于袋装的产品批次量是由包装袋的数量决定和包装袋的容量确定。对于散装的产品，批次量是由盛该散样的容器数量决定的，或由满装该产品的容器的最少数量所决定。如果一个容器内装的产品量已超过一个批次产品的最大量时，该容器内产品即为一个批次。如果一批次散装产品形态上出现明显的分级，则需要分成不同的批次（表5.4）。

表5.4　批次产品数量和实际采样量表

批次产品总量（t）	最小的总份样量（kg）	最小的缩份样量（a）（kg）	最小的实验室样品量（kg）
1	4	2	0.5
>1≤5	8	2	0.5
>5≤50	16	2	0.5
>50≤100	32	2	0.5
>100≤500	64	2	0.5

注：a 最小量可供4个实验室样品。

4. 采样时的注意事项

由于产品是经加工处理的，因此受微生物侵害腐败的可能性增加。在预先检查整个批次产品时，应特别注意有无异常。如有异常，应将这部分与其他部分分开。

第二节　样品制备

一、细菌检验样品制备

根据不同检验目的采用不同的样品制备方法具体如下。

1. 以判断质量为目的作菌落总数测定用的检样处理

（1）鱼类

采取检样的部位为背肌。先用流水将鱼体体表冲净，去磷，再用蘸有70%酒精的棉花擦净鱼背，待干后用无菌刀在鱼背部沿脊椎切开6 cm，再切开两端使两块背肌分别向两侧翻开，然后用无菌剪子剪取肉10 g，放入无菌乳钵中，用无菌剪子剪碎，加无菌海砂或玻璃砂研磨（有条件情况下可用均质器），检样磨碎后加入90 mL无菌生理盐水，混匀成稀释液。

（2）虾类

采取检样的部位为腹节内的肌肉。摘去头胸甲，用无菌剪子剪除腹节与头胸甲连接处的肌肉，然后挤出腹节内的肌肉，称取10 g放入无菌乳钵中，以后操作同鱼类检样处理。

（3）蟹类

采取检样的部位为胸部肌肉。将蟹体在流水下冲净，剥去壳盖和腹脐，去除鳃条，腹脐置于流水下冲净，用蘸有70%酒精的棉花擦拭前后外壁，置无菌瓷盘上待干，然后用无菌剪子剪开成左右两片，再用双手将一片蟹体的胸部肌肉挤出，称取10 g于无菌乳钵内。以下操作同鱼类检样处理。

（4）贝类

贝类必须鲜活才能食用，而活贝又不做菌落总数测定。

2. 以判断生物污染状况为目的作大肠菌群或其他致病菌检验用的检样处理

（1）鱼类

采样部位为肠和鳃。先用流水将鱼体表冲净，置清洁并铺有无菌毛巾的白瓷盘或工作台上，用无菌剪子剪开腹部，用无菌镊子取肠子，再剪去鳃盖，钳取鳃部，检样处理见大肠菌群检验和各有关致病菌检验操作。

（2）虾类

采样部位为肠管和内脏。先将虾体在流水下冲洗干净，用无菌剪子在头胸甲和腹节连接处剪断，从头胸甲挤出内脏置于无菌乳钵内，再剥开腹节外壳，用无菌镊子取下附着在背沿上的肠管（如肠管已腐烂，可剪取肠管附近的肌肉），放入同一乳钵内，检样处理见大肠菌群检验和各有关致病菌检验操作。

（3）蟹类

采样部位为胃和鳃丝。先将蟹体在流水下冲洗干净，剥开蟹盖，用无菌剪子和镊子先后从盖壳内和蟹体上取下胃和鳃丝，放在无菌乳钵内（蟹的胃壁较硬不易研磨，可取其内容物或用漂洗法），检样处理见大肠菌群检验和各有关致病菌检验操作。

（4）贝类

采样部位按品种稍异；蛤、蚶、蚌等瓣鳃类为内脏和外套膜；螺等腹足类为腹部；蛏为内脏和吸水管，如个体过小而难以辨认，则可采整个贝体（包括体液）。检样处理见大肠菌群检验和各有关致病菌检验操作。

二、化学检验样品制备

化学检验样品分为检验样品、原始样品和平均样品三种。由整批产品的各部分采取的少量样品称为检验样品；把许多份检验样品混合在一起称为原始样品；原始样品经过处理再抽取其中一部分做检验用，称为平均样品。

平均样品的制备，将抽来的样品取其可食部分，切碎混合于组织捣碎机内混匀，不能用组织捣碎机捣碎的样品，如藻类干制品等则剪成很小的碎片充分混合均匀。

1. 苗种样品制备

（1）鱼类

①当鱼苗体长 <8 cm 时，取适量小鱼清洗后，整条绞碎混合均匀后备用。

②当鱼苗体长≧8 cm 时，将鱼清洗后，去头、鳞、骨，取肌肉、内脏等部分绞碎混合均匀后备用。

（2）虾类

①当虾苗体长 <5 cm 时，取适量小虾清洗后，整条绞碎混合均匀后备用。

②当虾苗体长≧5 cm 时，将虾清洗后，去虾头、虾皮，取肌肉、内脏部分绞碎混合均匀后备用。

（3）贝类

软壳贝类可直接绞碎混合均匀后备用；硬壳贝类样品清洗后开壳剥离，收集全部的软组织和体液匀浆，备用。

（4）蟹类

①当蟹苗种甲长 <3 cm 时，取适量样品清洗后，整只绞碎混合均匀后备用。

②当蟹苗种甲长≧3 cm 时，取蟹清洗后，去蟹盖等硬壳，取其他部分绞碎混匀后备用。

（5）龟鳖类

①当龟（鳖）苗种背甲长 <3 cm 时，取适量样品清洗后，整只绞碎混合均匀后备用。

②当龟（鳖）苗种背甲长≧3 cm 时，取龟（鳖）清洗后，去硬盖，取可食部分绞碎混匀后备用。

2. 成体样品制备

至少取 3 尾鱼清洗后，去头、骨、内脏，取肌肉等可食部分绞碎混合均匀后备用；试样量为 400 g，分为两份，其中一份用于检验，另一份作为留样。

3. 注意事项

①检验鲜度的样品要装入清洁的保温容器内，加冰保存，并及时分析。如加冰样品保存超过 4 h 或冰已融化，则不得用于挥发性盐基氮的测定。

②抽取的样品应当在当天进行分析，以防止水分或挥发性物质的散失及其他所测物质含量的变化。如不能立即分析，必须妥善保存。易腐易变的产品要低温（0℃以下）保存。

三、饲料检验样品制备

1. 分样

将样品充分混匀，用四分法分取到检查所需量。

2. 筛分

根据样品粒度情况及测定的项目情况，选用适当组筛，将最大孔径筛置最上面，最小孔径筛置下面，最下是筛底盘。将四分法分取的样品置于套筛上充分振摇后，用药勺从每层筛面及筛底各取部分样品，分别平摊于培养皿中（必要时样品可先经氯仿处理再筛分）。

3. 氯仿处理

油脂含量高或黏附有大量细小颗粒的饲料样品可先用氯仿处理（鱼粉、肉骨粉及大多数家禽饲料和未知饲料最好用此方法处理）。

取约 10 g 样品置 100 mL 高型烧杯中，加入约 90 mL 氯仿（在通风柜内），搅拌约 10 s，静置 2 min，待上下分层清楚后，用勺捞出漂浮物过滤，稍挥发干后置 70℃ 干燥箱中 20 min，取出冷却至室温后将样品过筛。必要时也可将沉淀物过滤、干燥、筛分。

4. 丙酮处理

因有糖蜜而形成团块结构或模糊不清的饲料样品，可先用此法处理。取约 10 g 样品置 100 mL 高型烧杯中，加入 75 mL 丙酮搅拌数分钟以溶解糖蜜，静置沉降。小心倾析，用丙酮重复洗涤、沉降、倾析二次。稍挥干后置 60℃ 干燥箱中 20 min，取出于室温下冷却。

5. 颗粒或团粒饲料样品处理

取几粒于研钵中，用研杆碾压使其分散成各种组分，但不要再将组分本身研碎。初步研磨后过孔径为 0.45 mm 筛。根据研磨后饲料样品的特征，依照以上方法进行处理。

第三节　样品前处理

一、样品前处理方法

水产品的成分复杂，既含有大分子的有机化合物，如蛋白质、糖、脂肪、维生素，也有小分子的无机矿物质元素等，如 K、Na、Ca、Fe 等。这些组分往往以复杂的结合态或络合态形式存在。当应用某种化学方法或物理方法对其中某种组分的含量进行测定时，其他组分的存在常给测定带来干扰。因此，为了保证分析工作的顺利进行，得到准确的分析结果，必须在测定前排除干扰组分；此外，有些被测组分在水产品中含量极低，如污染品，农药，要准确的测出他们的含量，必须在测定前，对样品进行浓缩，以上这些操作过程通称为样品预处理，它是水产品分析过程中的一个重要环节，直接关系着检验的成败。所以，在实际检测中，一个样品的分析常常需要应用两种或两种以上的前处理方法进行处理。

常用的样品前处理有以下 9 种，应用时应根据水产品的种类、分析对象、被测组分的理化性质及所选用的分析方法决定选用哪种预处理方法。

总的原则是：①消除干扰因素；②完整保留被测组分；③使被测组分浓缩，以获得可靠的分析结果。

1. 有机物破坏法

有机物破坏法主要用于水产品中无机元素的测定。

水产品中的无机元素，常与蛋白质等有机物结合，成为难溶、难解离的化合物，从而失去其原来活性。欲测定这些无机成分的含量，需要在测定前破坏有机结合体，释放出被测组分。通常采用高温，或高温加强氧化条件，使有机物质分解，呈气态逸散，而被测的组分残留下来。根据具体操作条件的不同，又可分为干法和湿法两大类。

（1）干法灰化

这是一种高温灼烧的方式破坏样品中有机物的方法，因而又称为灼烧法。除汞外大多数金属元素和部分非金属元素的测定都可用此法处理样品。

原理：将一定量的试样放置在坩埚中加热，使其中的有机物脱水、炭化、分解、氧化，再在马弗炉中以 $500 \sim 600℃$ 的高温灰化，直至残灰为白色或浅灰白色为止。所得的残渣即为无机物，可供测定用。

方法特点：此法基本不加或加入很少的试剂，故空白值低；因多数食品经灼烧后灰分体积很小，因而能处理较多的样品，可以富集被测组分，降低检测下限；有机物分解彻底，操作简单，不需工作者经常看管。但此法所需时间长；因温度高易造成某些易挥发元素的损失；坩埚对被测组分有吸留作用，只是测定结果和回收率降低。

提高回收率的措施：①根据被测组分的性质，采用适宜的灰化温度。②加入助灰化剂，防止被测组分的挥发损失和坩埚的吸留。例如，加氯化镁或硝酸镁可使磷元素、硫元素转变为磷酸镁或硫酸镁，防止它们损失；加入氢氧化钠或氢氧化钙可使卤素转为难挥发的碘化钠或氟化钠；加入氯化镁及硝酸镁可使砷转变为不挥发的焦砷酸镁；加硫酸可使一些易挥发的氯化铅、氯化镉等转变为难挥发的硫酸盐。

（2）湿法消化

此法简称消化法，是常用的样品无机化方法，适用于大部分重金属 Cu、Pb、Zn、Cd、Hg、As 等。

原理：向样品中加入强氧化剂，并加热消煮，使样品中的有机物质完全分解、氧化，呈气态溢出，待测成分转化为无机物状态存在于消化液中，供测定使用。常用的强氧化剂有浓硝酸、浓硫酸、高氯酸、高锰酸钾、过氧化氢等。

方法特点：此法有机物分解速度快，所需时间短；由于加热温度较干法低，故可减少金属挥发逸散的损失，容器吸留也少。但在消化过程中，常产生大量有害气体，因此操作过程需在通风好的场所内进行；消化初期，易产生大量泡沫外溢，故需操作人员随时照管；此外，试剂用量较大，空白值偏高。

2. 溶剂提取法

在同一溶剂中，不同的物质溶解性不同。利用样品各组分在某一溶剂中溶解度的差异，将各组分完全或部分地分离的方法称为溶剂提取法。此法常用于渔药、非法添加物的测定。

溶剂提取法又分为浸提法、溶剂萃取法。

（1）浸提法

用适当的溶剂将固体样品中的某种待测成分提出来的方法称为浸提法，又称液-固萃取法。

原理：一般来说，提取效果符合相似相溶的原理，故应根据被提取物的极性强弱选择提取剂。对极性较弱的成分（如有机氯农药）可用极性小的溶剂（如正乙烷、石油醚）提取；对极性强的成分（如黄曲霉毒素B1）可用极性大的溶剂（如甲醇和水的混合溶液）提取。溶剂沸点宜在 $45 \sim 80℃$，沸点太低易挥发，沸点太高则不易浓缩，且对热稳定性差的被提取成分也不利。此外，溶剂要稳定，不易与样品发生反应。

浸提法有以下三种：

①振荡浸渍法：将样品切碎，放在一合适的溶剂系统中浸渍、振荡一定时间，即可从样品中提取出

被测成分。此法简便易行，但回收率较低。

②捣碎法：将切碎的样品放入捣碎机中，加溶剂捣碎一定时间，使被测成分提取出来。此法回收率较高，但干扰杂质溶出较多。

③索氏提取法：将一定量的样品放入索氏提取器中，加入溶剂加热回流一段时间，将被测成分提取出来。此法溶剂用量少，提取完全，回收率高，但操作麻烦，且需专用的索氏提取器。

（2）溶剂萃取法

利用某组分在两种互不相溶的溶剂中分配系数的不同，使其从一种溶剂转移到另一种溶剂中，而与其他组分分离的方法，叫溶剂萃取法。分配定律是萃取的主要理论依据。

萃取溶剂的选择：萃取溶剂应与原溶剂互不相溶，对被测组分有最大溶解度，而对杂质有最小溶解度。被测组分在萃取溶剂中有最大的分配系数，而杂质只有最小的分配系数。经萃取后，被测组分进入萃取溶剂中，即同仍留在原溶剂中的杂质分开。此外，还应考虑两种溶剂分层的难易以及是否会产生泡沫等问题。

特点：萃取通常在分液漏斗中进行，一般需经过 4~5 次萃取，才能达到完全分离的目的。当用较水轻的溶剂，从水溶液中提取分配系数较小或震荡后易乳化的物质时，采用连续液体萃取器比分液漏斗效果更好。此法操作迅速，分离效果好，应用广泛。但萃取试剂通常易燃、易挥发，且有毒性。

3. 蒸馏法

蒸馏法是利用液体混合物中各组分沸点不同进行分离的方法，可用于除去干扰物组分，也可用于将待测组分整流逸出，收集馏出液进行分析。

根据样品中待测成分的性质不同，可采用常压蒸馏、减压蒸馏、水蒸气蒸馏等蒸馏方式。

（1）常压蒸馏

当被蒸馏的物质受热后不发生分解或沸点不太高，可在常压下进行蒸馏。加热方式可根据被测蒸馏物质的沸点和特性选择水浴、油浴或者直接加热。一般在水产品中的甲醛及水质中的挥发酚测定中应用较多。

（2）减压蒸馏

当常压蒸馏情况下温度太高容易使蒸馏物质发生氧化、分解或者聚合等反应，使其无法在常压下蒸馏达到分离纯化的目的。而将减压系统连接在蒸馏装置上，使有机物在其低于正常沸点的温度下进行蒸馏，此为减压蒸馏。

（3）水蒸气蒸馏

水蒸气蒸馏是分离和纯化与水不相混溶的挥发性有机物常用的一种方法。此法是将水蒸气通入不溶于水的有机物中，使其与水经过共沸而实现蒸馏。被提纯化合物应具备的条件：①不溶或难溶于水，如溶于水则蒸气压会显著下降；②在沸腾时与水不起化学反应；③在 100℃ 下，该化合物应具有一定的蒸气压，一般为 1 333 Pa。

特点：蒸馏法具有分离和纯化的双重效果，其优点是不需要系统以外的其他溶剂，从而保证不引入其他溶剂，缺点是仪器装置和操作较为复杂。

4. 化学分离法

（1）磺化法和皂化法

磺化法和皂化法是除去油脂的方法，常用于农药分析中样品的净化。

①硫酸磺化法利用是浓硫酸处理样品提取液，有效地除去脂肪、色素等干扰物质。

原理：浓硫酸能使脂肪磺化，并与脂肪和色素中的不饱和键起加成作用，形成可溶于硫酸和水的强极性化合物，不再被弱极性的有机溶剂所溶解，从而达到分离净化的目的。

特点：此法简单、快速、净化效果好，仅限于在强酸介质中稳定的农药（如有机氯农药六六六、DDT）提取液的净化，其回收率在80%以上。

②皂化法是用热碱溶液处理样品提取液，以除去脂肪等干扰杂质。

原理：利用 KOH – 乙醇溶液将脂肪等杂质皂化除去，以达到纯化目的。

特点：此法仅适用于对碱稳定的药物提取液的净化。

（2）沉淀分离法

沉淀分离法是利用沉淀反应进行分离的方法。

原理：在试样中加入适当的沉淀剂，使被测组分沉淀下来，或将干扰组分沉淀下来，经过过滤或离心将沉淀与母液分开，从而达到分离目的。

根据沉淀剂的不同，可分为盐析法、等电点沉淀法、有机溶剂沉淀法、聚电解质沉淀法和高价金属离子沉淀法。

特点：沉淀法分离纯化具有选择性，可选择性沉淀杂质和选择性沉淀所需成分，是最古老的分离纯化方法之一。

（3）掩蔽法

掩蔽法是利用掩蔽剂与样液中干扰成分作用，使干扰成分转变为不干扰成分的测定状态，即被掩蔽起来。

特点：运用这种方法可以不需要进行分离干扰成分操作，简化分析步骤。

因此在食品分析中应用十分广泛，常用于金属元素的测定。如双硫腙比色法测定铅时，在测定条件（pH = 9）下，铜离子、镉离子等离子对测定有干扰，可加入氰化钾和柠檬酸铵掩蔽，消除它们的干扰。

5. 微波消解

这是一种新型样品消化技术，即微波消解法，适用于大部分重金属 Cu、Pb、Zn、Cd、Hg、As 等。

原理：在聚四氟乙烯容器中加入适量样品和氧化剂如硝酸和/或硫酸、双氧水、氢氟酸，加热至100 ~ 200℃、压力1.0 ~ 2.5 MPa，5 ~ 10 min 即可消化，自然冷却至室温，便可取此液直接定容测定。

方法特点：此法是结合高压消解和微波快速加热两方面的性能，是一种先进高效的样品处理方法，能够满足现代仪器分析对样品处理过程的要求. 尤其在易挥发元素的分析检测中更具有优势。目前微波消解技术的发展主要集中在设备的改进上，即如何提高设备的安全性、智能化及消解效率。此种方法具有样品溶解快、试剂消耗少、空白低、避免挥发元素损失、减少环境污染、回收完全等优点，还能消解许多常规方法难以消解的样品。但要求密封程度高，高压密封罐的使用寿命有限。

6. 色层分离法

色层分离法又称色谱分离法，是一种在载体上进行物质分离的一系列方法的总称。

基本原理：利用混合物各组分在某一物质中的吸附或者溶解性能（分配）的不同，或其亲和性的差异，使混合物的溶液流经该种物质进行反复的吸附或分配作用，从而使各组分分离。

根据分离原理的不同，可分为吸附色谱分离、分配色谱分离和离子交换色谱分离等。此类方法分离效果好，近年来在水产品分析中应用越来越广泛，特别适用于微量和半微量样品的分离提纯。

（1）吸附色谱分离

利用聚酰胺、硅胶、硅藻土、氧化铝等吸附剂经活化处理的吸附能力，对被测成分或干扰组分进行选择性吸附而进行的分离称吸附色谱分离。例如，聚酰胺对色素有强大的吸附能力，而其他组分则难以被吸附，在测定食品中色素含量时，常用聚酰胺吸附色素，经过过滤、洗涤，再用适当溶剂解吸，可以得到较纯净的色素溶液，供测试用。

（2）分配色谱分离

此法是以分配作用为主的色谱分离法，是根据不同物质在两相间的分配比不同所进行的分离，两相中的一相是流动的（称流动相），另一相是固定的（称固定相）。被分离的组分在流动相沿着固定相移动的过程中，由于不同物质在两相中具有不同的分配比，当溶剂渗透在固定相中并向上渗展时，这些物质在两相中的分配作用下反复进行渗展，从而达到分离的目的。例如多糖类样品的纸上层析，样品经酸水解处理，中和后制成试液，点样于滤纸上，用苯酚−1%氨水饱和溶液展开，苯胺邻苯二酸显色剂显色，于105℃加热后，即可见到被分离开的戊醛糖（红棕色）、己醛糖（棕褐色）、己酮糖（淡棕色）、双糖类（黄棕色）的色斑。

（3）离子交换色谱分离

离子交换分离法是利用离子交换剂与溶液中的离子之间所发生的交换反应来进行分离的方法，分为阳离子交换和阴离子交换两种。

当将被测离子溶液与离子交换剂一起混合振荡，或将样液缓缓通过用离子交换剂做成的离子交换柱时，被测离子或干扰离子即与离子交换剂上的氢离子或氢氧根离子发生交换，被测离子或干扰离子留在离子交换柱上，被交换出的氢离子或氢氧根离子，以及不发生交换的其他物质留在溶液内，从而达到分离的目的。在水产品分析中，可应用离子交换分离法制备无氟水、无铅水。离子交换分离法还常用于分离较为复杂的样品，例如在水产品磺胺类和喹诺酮类的检测过程中，可选择使用WCX柱（含混合型弱阳离子交换反相吸附剂）实现微量药物的分离纯化。

（4）凝胶渗透色谱

凝胶渗透色谱技术是根据溶质（被分离物质）分子量的不同，通过具有分子筛性质的固定相（凝胶），使物质达到分离。主要应用于药物残留分析中脂类提取物与药物的分离，是含脂类食物样品农药残留分析的主要净化手段。

但根据所用的凝胶（固相）的性质和流动相的组成，有时兼有分配、吸附等作用。一般来讲，当采用较小孔径的凝胶和较强极性的流动相（如四氢呋喃）时，则以排阻作用过程为主。

与吸附柱色谱等净化技术相比，凝胶净化技术净化容量较大，可重复使用，适用范围广，使用自动化装置后净化时间缩短、简便、准确。随着凝胶品种的增多和高效凝胶的出现，凝胶净化技术会受到越来越多的重视，并将成为药物残留分析的常规净化手段。

特点：色谱分离法分离效率高，分析速度快，检验灵敏度高，样品用量少，选择性好，多组分同时分析，易于自动化；其缺点为定性能力较差。

7. 固相萃取

固相萃取技术是一种基于色谱分离的样品前处理方法，主要用于样品的分离，净化和富集。其目的在于降低样品基质干扰，提高检测灵敏度。多用于孔雀石绿、青霉素、氯霉素等药物的残留检测。

原理：利用选择性吸附和选择性洗脱的液相色谱分离原理，液体样品在正压、负压或中立的作用下通过装有固体吸附剂的固相萃取装置。由于固体吸附剂具有不同的官能团，能将特定的化合物吸附并保留在 SPE 柱上。根据萃取机制一般分为吸附剂保留目标化合物和吸附剂保留杂质两种。

固相萃取的操作步骤主要包括活化、上样、淋洗、干燥和洗脱五个步骤。目前商品 SPE 柱或芯片有一次性使用和多次使用两种，一次性 SPE 柱一般不能反复使用。固相萃取技术根据吸附剂的保留机理可分为正相吸附、反相吸附和离子交换（阳离子和阴离子）等模式。

特点：可同时完成样品的富集与净化，提高检测灵敏度；相比液液萃取来说，可节省大量萃取溶剂，节省成本，实现自动化处理，重现性好等优点。但是仍存在一定的局限性，要求样品必须呈液态或气态。

8. 衍生化

使用色谱分离原理检测化学成分，当被检测目标成分的理化性质（如沸点、极性、吸光性）不便分离检测时，经常采用衍生化技术。通过改变其理化性状，达到可以使用色谱仪检测的目的。

（1）原理

借助化学反应将待测组分接上某种特定基团，从而改善其检测灵敏度和分离效果的方法、利用化学衍生反应达到改变化合物特性的目的，使其更适合于特定分析的过程．在仪器分析中被广泛应用，如常用于硝基呋喃类代谢物的液相色谱质谱检测。

气相色谱中应用化学衍生反应是为了增加样品的挥发度或提高检测灵敏度，而高效液相色谱的化学衍生法是指在一定条件下利用某种试剂（通称化学衍生试剂或标记试剂）与样品组分进行化学反应，反应的产物有利于色谱检测或分离。

（2）特点

可提高样品检测的灵敏度，改善样品混合物的分离度；适合于进一步做结构鉴定，如质谱、红外或核磁共振等。进行化学衍生反应应该满足如下要求：对反应条件要求不苛刻，且能迅速，定量地进行；对样品中的某个组分只生成一种衍生物反应副产物及过量的衍生试剂不干扰被测样品的分离和检测；化学衍生试剂方便易得，通用性好。

（3）方法

衍生化常用的反应有酯化、酰化、烷基化、硅烷化、硼烷化、环化和离子化等。虽然气相色谱已有许多衍生化方法，但它有一个致命的缺点是不能用于热不稳定化合物。此外，对于一些有复杂基质的实际样品，除分离上的困难外，还容易污染进样器和损坏柱子。

衍生化反应从是否形成共价键来说，可分为两种：标记和非标记反应。标记反应是在反应过程中，被分析物与标记试剂之间生成共价键；所有其他类型的反应，如形成离子对、光解、氧化还原、电化学反应等都是非标记反应。另一种区分衍生化反应是从衍生反应的场所来分，有柱前衍生化、柱上衍生化和柱后衍生化 3 种。从是否与仪器联机的角度来分有：在线（On – Line）、离线（Off – Line）和旁线（Ai – lirte（自动化）三种，目前在 HPLC 中以离线的柱前衍生法（简称柱前衍生法）与在线的柱后衍生法（简称柱后衍生法）使用居多，旁线衍生化方法是发展方向。

柱前衍生法的优点是：相对自由地选择反应条件，打破了不存在反应动力学的限制；衍生化的副产物可进行预处理以降低或消除其干扰号；容易允许多步反应的进行，有较多的衍生化试剂可选择；不需要复杂的仪器设备。缺点是：形成的副产物可能对色谱分离造成较大困难；在衍生化过程中容易引入杂质或干扰峰，或使样品缺失。

柱后衍生法的优点有：形成副产物不重要，反应不需要完全，产物也不需要高的稳定性，只需要有好的重复性即可；被分析物可以在其原有的形式下进行分离，容易选用已有的分析方法。缺点是：对于一定的溶剂和有限的反应时间来说，目前只有有限的反应可供选择；需要额外的设备，反应器可造成峰展宽，降低分辨率；过量的试剂会造成干扰。

9. 浓缩

食品样品经提取、净化后，有时净化液的体积较大，在测定前需进行浓缩，以提高被测成分的浓度。常用的浓缩方法有常压浓缩法和减压浓缩法。

（1）常压浓缩法

主要用于待测组分为非挥发性的样品净化液的浓缩，通常采用蒸发皿直接挥发；若要回收溶剂，则可用一般蒸馏装置或旋转蒸发器。

特点：该法简便、快速，是常用的方法。

（2）减压浓缩法

主要用于待测组分为热不稳定性或易挥发的样品净化液的浓缩，通常使用旋转蒸发器或者平行蒸发仪等仪器实现，一般附加水浴加热并抽气减压，通过减压使溶剂沸点降低，并通过加热和旋转（增大蒸发表面积）来促进溶剂蒸发以达到浓缩的目的。

特点：此法浓缩温度低、速度快、被测组分损失少，特别适合于药物残留分析中样品净化液的浓缩。

第六章　感官检验

第一节　概　　述

一、感官检验的概念与内容

水产品质量的感官检验是通过人的视觉、嗅觉、味觉、触觉、听觉来鉴别水产品外观形态、色泽、气味、滋味、硬度等以评价其品质优劣的一种检验方法，依据是根据多年来人们的经验来判别品质优劣。检验过程是通过检验实体与标准的比照，判断是否符合水产品有关规定的过程。

感官检验是一种比较快速、简便的检验方法，被世界各国广泛采用和承认。

感官检验的项目主要是色、香、味、形态、活力、鲜度等。感官评定人员应具有良好的专业知识和职业道德，排除各种干扰因素，实事求是地进行鉴定。

人们的感官和认识不尽相同，在判断过程中存在主观的差别，要做到准确判别水产品的品质，尤其在某些争议性的问题上，还需要进行水产品的理化和微生物检验，于是水产品感官检验应当积极地与理化、微生物检验联系起来。

二、感官检验的方法

1. 比较法

比较法用于测定三种以上样品时，按顺序排列进行比较。对其质量优劣进行评述。

2. 评分法

评分法需要先制定所检验项目的评分标准，然后在排队比较的基础上对各项指标进行评比记分。

3. 描述法

描述法是将目测感官项目得到的印象客观地、仔细地进行记录。

4. 对照法

对照法多应用于颜色的感官检验，即将样品与标准色板进行对照。标准色板是用人工办法模仿实物颜色的明度、色调、饱和度制造出来的颜色深浅不同的系列色板或色卡；它和真实食品的颜色相当一致。因此，用它对照检验食品时，大大减少不同地方、不同实验室之间的误差，对于统一检验标准以及在原料挑选、食品加工中统一目标都具有很大的作用。

第二节　鲜活水产品的感官检验

一、水产品感官检验原则

感官鉴别水产品的质量优劣时，主要是通过体表形态，鲜活程度、色泽、气味、肉质的弹性和洁净程度等感官指标来进行综合评价。对于水产品，首先是观察其鲜活程度，即是否具备一定的生命活力；其次是看外观形体的完整性，注意有无伤痕、鳞爪脱落、骨肉分离等现象；再次观察是体表卫生洁净程度，即有无污染物和杂质等；然后才是看其色泽，嗅其气味，有必要的话还要品尝其滋味。

二、活力

水产品活力鉴别方法如表6.1。

表6.1　常见水产品活力鉴别方法

种类	活的	死的或活力差的
常见鱼类	活泼好游动，对外界刺激有敏锐的反应，体表有一层清洁透亮的黏液，无伤残，不掉鳞、无病害	在水中腹部朝上，不能立背或能立背但游动迟缓，身上有伤残或有病害，以及黏液脱落，活力差，是快要死亡的征兆
鳝鱼	在水中头朝上直立，身上黏液饱满，无硬伤	反之则为活力差
甲鱼	腹部不红，头不肿胀，身上无硬伤，背部朝下能自动翻转过来的	反之则为活力差
虾	活泼好游动，对外界刺激有敏锐的反应，虾体外表洁净，虾身较挺，有一定的弹性和弯曲度，颜色鲜亮	反之则为活力差
蟹类	休眠良好时整足紧缩。手指压脐部，步足伸动为活力正常	螯足松弛下垂以致脱落
海水贝类	双壳紧闭，用手掰不开。两贝相击发出实声，自动开口的若有触动迅速闭合	用手掰双壳立即张开，双贝相击发出空响声为破碎。大规格贝类用手中度振摇听得体内有水晃动声以及小规格贝类放入盛有泥沙和海水的容器中，用手拂动容器里的水使水波动，随水波动而晃动的；贝壳自动张口而触动也不闭合，这三种情况均为死贝
田螺	将样品放入水中，沉入水底，用手压靥部有反应	将样品放入水中浮在水面

三、鲜度

1. 鲜活鱼类鲜度感官检验等级标准（表6.2）

表6.2　鲜活鱼类鲜度感官检验等级标准

项目	一级品	二级品
活动（活鱼）	在相应的水中游动能立背，对水流刺激反应敏感，身体摆动有力	在水中腹部向上，对水流刺激反应欠敏感，身体乏力
体表	鱼体具固有色泽和光泽，体表有黏液，鳞片完整、不易脱落，体态匀称，不畸形	鱼体光泽稍差，有黏液脱落，鳞片易脱落

续表

项目	一级品	二级品
鳃	色鲜红或紫红，鳃丝清晰，无异味，无黏液或有少量透明黏液	色淡红或暗红，黏液发暗，但仍透明，鳃丝稍有粘连，无异味及腐败臭
眼	眼球明亮饱满，稍突出，角膜透明	眼球平坦，角膜略浑浊
肌肉	结实，有弹性	肉质稍松弛，弹性略差
肛门	紧缩不外凸（雌鱼产卵期除外）	发软，稍突出
内脏（鲜鱼）	无印胆现象	允许微印胆

2. 虾鲜度感官标准见表6.3

表6.3 虾鲜度感官标准

等级	质量标准
一级	虾体完整，品质新鲜，色泽清亮，皮壳附着坚实，无黑箍。黑裙或黑斑不超过一处
二级	虾体完整，品质新鲜，有弹性，色泽正常，允许黑箍一处，黑裙或黑斑不超过两处
三级	虾体基本完整，稍有弹性，色泽正常，允许黑箍一处，黑裙或黑斑不超过三处
四级	虾体基本完整，无异味，不发红，黑箍、黑裙、黑斑不严重影响外观

注：（1）自然斑点不限；（2）头上黑点不限；（3）无头对虾其质量符合上述等级标准的，按各等级分别确定。

3. 梭子蟹鲜度感官等级标准见表6.4

表6.4 梭子蟹鲜度感官等级标准

项目	新鲜	变质
体表色泽	背壳青褐色或紫色，纹理清晰有光泽，脐上无印，螯足足内壁洁白	背壳褐色，纹理模糊无光泽，腹壁灰白色，脐上部透现出深色胃印，螯足内壁灰白色
鳃	鳃丝清晰，白色或略带褐色	鳃丝暗浊，灰褐色或深褐色
蟹黄性状	凝固不流动	呈液态，能流动
肢体连接程度	步足和躯体连接紧密，提起蟹体时不松弛下垂	步足和躯体连接松弛，提起蟹体时步足下垂

第三节 冻水产品的感官检验

一、冻鱼感官要求

1. 单冻产品

冰衣透明光亮，应将鱼体完全包覆，基本保持鱼体原有形态，不变形，个体间应易于分离，无明显干耗和软化现象。

2. 块冻产品

冻块清洁、坚实、表面平整不破碎，冰被均匀盖没鱼体，需要排列的鱼体排列整齐，允许个别冻鱼块表面有不大的凹陷。

二、冰鲜鱼类鲜度感官检验标准（表6.5）

表6.5　冰鲜鱼类鲜度感官检验标准

项目	一级	二级	三级
鱼体	鱼体僵直、完整，无破肚，具有鲜鱼固有色泽，色泽鲜亮，花纹清晰，有鳞鱼的鳞片紧贴鱼体不易脱落（鲳鱼、小黄鱼、大黄鱼除外）	鱼体稍软，完整，无破肚，具有鲜鱼固有色泽，色泽稍暗，花纹清晰，有鳞鱼的鳞片紧贴鱼体有脱落	鱼体较软，基本完整，中上层鱼稍有破肚，鱼体色泽较暗，花纹较清晰，有鳞鱼的鳞片局部脱落，与鱼体连接稍松弛
肌肉	肌肉组织紧密有弹性，切面有光泽，肌纤维清晰	肌肉组织较紧密，有弹性，肌纤维清晰	肌肉组织尚紧密，弹性较差，肌纤维较清晰
眼球	眼球饱满，角膜清晰明亮	眼球平坦，角膜较明亮	眼球略有凹陷，角膜稍浑浊
鳃	鳃丝清晰，色鲜红，有少量黏液	鳃丝清晰，色暗红，有些黏液	鳃丝较清晰，色粉红到褐色，有黏液覆盖
气味	具土腥味或海腥味，腮部无异味	肌肉略带腥酸味	鳃丝有轻微异味但无臭味、氨味
杂质	无外来杂质，去内脏鱼腹部无残留内脏		
蒸煮试验	具鲜鱼固有的鲜味，口感肌肉组织紧密有弹性，滋味鲜美	气味正常，口感肌肉组织稍松弛，滋味较鲜	气味较正常，口感肌肉组织较松弛，滋味稍鲜

第四节　腌制干制水产品的感官检验

一、腌制水产品

咸鱼感官鉴别特征见表6.6。

表6.6　咸鱼的感官鉴别特征

质量好	质量一般	质量差
色泽新鲜，具有咸鱼所特有的气味，度适中，鱼体完整，体型平展，肉质有弹性，清洁，无残鳞，无污物	色泽暗淡不鲜，稍有异味，鱼体基本完整，肉质弹性韧性较差，残鳞及污物较多	稍有臭味，鱼体不完整，肉质无弹性，无韧性，残鳞及污物多。

二、干制水产品

干鱼的感官鉴别特征见表6.7。

表 6.7　干鱼的感官鉴别特征

项目	质量好	质量差
色泽	洁净，有光泽，表面无盐霜	无光泽深棕色
气味	洁净，有光泽，表面无盐霜	有油烧味
状态	鱼体外观完整，肉质韧度好，剖割刀口平滑	肉质有裂纹，破碎残缺

第五节　杂质感官检验

一、杂质检验

1. 杂质种类

杂质一般指水产品本身不应该有的夹杂物或外来杂物，外来夹杂物分为动物性杂质、植物性杂质和矿物性杂质，见表 6.8。

表 6.8　一般杂质如下

种类	所含物
动物性杂质	昆虫、苍蝇、毛等
植物性杂质	有害的植物种子、飞纸片及其他纤维等
矿物性杂质	砂、玻璃、金属片、塑料等
其他杂质	人发等

2. 检验方法

一般用目测法检查，必要时可以用放大镜或显微镜检验确定。

二、泥沙杂质的测定

1. 测定步骤（以干海带为例）

将抽取的海带称重，然后逐根用毛刷刷去叶体附着的泥沙、杂质，至无明显泥沙为止。减去未除净的海带根，然后将刷下的泥沙、海带根等杂质称重。使用称量器具的量程为 10 kg（分度值不得大于 5 g）。

2. 结果计算

$$\omega = \frac{m_2}{m_1} \times 100$$

式中：ω——试样中泥沙杂质质量分数，%；

m_1——海带样品质量，g；

m_2——泥沙杂质质量，g。

第六节　水产罐头感官检测

水产罐头的感官检验主要分为商标的检验、罐藏容器的检验和内容物的检验。感官检验按照 QB/T 3599－1999《罐头食品的感官检验》：

1. 工具

白瓷盘、匙、不锈钢圆筛、烧杯、量筒、开罐刀等。

2. 组织与形态检验

水产类罐头先经加热至汤汁溶化，然后将内容物倒入白瓷盘中，观察其组织、形态是否符合标准。

3. 色泽检验

水产类罐头在白瓷盘中观察其色泽是否符合标准，将汤汁注入量筒中，静置 3 min 后，观察其色泽和澄清程度。

4. 滋味和气味检验

水产类罐头检验其是否具有该产品应有的滋味与气味，有无哈喇味及异味。各类鱼罐头内容物感官指标应符合表 6.9 规定。

表 6.9　内容物感官指标

分类	指标及规定		
	色泽	滋味及气味	组织状态
红烧类	肉色正常，具有红烧鱼罐头之酱红褐色略带黄褐色，或呈该品种鱼的自然色泽	具有各种鲜鱼经处理、烹饪罐装加调味液制成的红烧鱼罐头应有的滋味及气味，无异味	组织紧密适度，鱼体小心从罐内倒出时，不碎散，整条或段装，大小大致均匀，无杂质存在
茄汁类	肉色正常，茄汁为橙红色，鱼皮为该品种鱼的自然色泽	具有各种鲜鱼经处理、装罐、加入经调味后的番茄酱制成的鱼罐头应有的滋味及气味，无异味	组织紧密适度，鱼体小心从罐内倒出时，不碎散，鱼块应竖装（按鱼段）排列整齐，块形大小均匀，无杂质存在
鲜炸类	肉色正常，表面呈该品种之酱红褐色或棕黄褐色	具有各种鲜鱼经处理、油炸调味罐装制成的鲜炸鱼罐头应有的滋味及气味，无异味	组织紧密适度，鱼体小心从罐内倒出时，不碎散，整条或段装，大小大致均匀，无杂质存在
清蒸类	具有鲜鱼的光泽，略显带淡黄色，汁液澄清	具有新鲜鱼经处理、罐装、加盐及糖制成的清蒸鱼罐头应有的滋味及气味，无异味	组织柔嫩，鱼体小心从罐内倒出时，不碎散，鱼块竖装，块形大小均匀，无杂质存在
烟熏类	肉色正常，呈该品种应有的酱红褐色	具有鲜鱼经处理、油炸、调味制成的熏鱼罐头应有的滋味及气味，无异味	组织紧密，软硬适度，鱼块骨肉连结，块形大小均匀，无杂质存在
油浸类	具有新鲜鱼的光泽，油应清晰，汤汁允许有轻微混浊及沉淀	具有油浸鱼罐头应有的滋味及气味，无异味	组织紧密适度，鱼块小心从罐内倒出时，不碎散，无黏罐现象，鱼块应竖装（按鱼段）排列整齐，块形大小均匀，无杂质存在

第七章 水产品营养成分及鲜度检验

第一节 水产品营养成分测定

一、水产品净含量的测定（SC/T 3017 - 2004）

1. 设备

（1）塑料筐或金属网筐

与所解冻样品的体积大小相称。

（2）金属筛

孔径为 2.8 mm。

（3）导管

胶管或塑料管。

（4）温度计

量程为 $0 \sim 50℃$，分度值为 $1℃$。

（5）称量器具

最大称量值不能超过被称样品质量的 5 倍。

2. 未包冰衣冷冻水产品

（1）称量

将样品从冷库或冰箱中取出后，去除包装外表的冰霜，立刻称重（m_1），然后打开包装，取出内容物（包括产品和冰霜颗粒），室温下用干净的软布拭去包装上的水分，并称包装材料重（m_2）。

（2）净含量的计算

净含量的计算按下式进行：

$$m = m_1 - m_2$$

式中：m ——样本的净含量，g；

m_1 ——样本与包装的总质量，g；

m_2 ——包装的质量，g。

3. 包冰衣、冰被的冷冻水产品

（1）解冻

①流水解冻法

A. 解冻用水为饮用水，其质量应符合 GB 5749—2006（生活饮用水卫生标准）中的规定；

B. 将样品打开包装，放入塑料或金属筐中，再放入水池或其他容器中，将温度低于 25℃ 的饮用水以导管通入容器的底部，调整水流方向为从下至上流动，直到冰衣、冰被全部融化为止；

C. 块冰水产品，在解冻过程中要翻转几次，至个体间能分开时即可；单冻水产品至冰衣已全部除去，个体之间很容易分开时即可。

②喷淋解冻法

将样品打开包装，放入塑料或金属筐中，置于缓缓喷淋的温度低于 25℃ 的饮用水之下，小心搅动使产品不被破坏。喷淋至所有可见或可触及到的冰衣全部去掉。

喷淋解冻法比较适合个体较大的鱼虾蟹等产品，也适合单冻的小包装冷冻水产品。

（2）沥干及称量

①将解冻的产品倒入金属筛中，然后倾斜成 20°角沥干 2 min，用秒表计时。

②当样品量 ≤1.0 kg 时，在直径 20 cm 的筛中沥水，当样品量 >1.0 kg 时，则分为多份，每份约 1.0 kg，分别置于直径 20 cm 的筛中沥水，以利于排水。

③将已沥水的产品移至已知质量的称量盘中，称其质量为 m，得到净含量。

4. 净含量偏差的计算

冷冻水产品净含量偏差的计算按下式进行：

$$A = \frac{m - m_0}{m_0} \times 100$$

式中：A ——样本的净含量偏差，%；

m ——样本的净含量，g；

m_0 ——样本标示的净含量，g。

二、水产品中水分含量的测定

水产品中水分含量的测定一般按食品安全国家标准即食品中水分的测定（GB 5009.3 – 2010）进行测定。本书以食品安全国家标准即食品中水分的测定（GB 5009.3 – 2010）中的第一法直接干燥法为例介绍。

1. 原理

利用食品中水分的物理性质，在 101.3 kPa（一个大气压），温度 101 ~ 105℃ 下采用挥发方法测定样品中干燥减失的重量，包括吸湿水、部分结晶水和该条件下能挥发的物质，再通过干燥前后的称量数值计算出水分的含量。

2. 试剂和材料

除非另有规定，本方法中所用试剂均为分析纯。

①盐酸：优级纯。

②氢氧化钠（NaOH）：优级纯。

③盐酸溶液（6 mol/L）：量取 50 mL 盐酸，加水稀释至 100 mL。

④氢氧化钠溶液（6 mol/L）：称取 24 g 氢氧化钠，加水溶解并稀释至 100 mL。

⑤海砂：取用水洗去泥土的海砂或河砂，先用盐酸溶液煮沸 0.5 h，用水洗至中性，再用氢氧化钠溶液煮沸 0.5 h，用水洗至中性，经 105℃ 干燥备用。

3. 仪器和设备

①扁形铝制或玻璃制称量瓶。

②电热恒温干燥箱。

③干燥器：内附有效干燥剂。

④天平：感量为 0.1 mg。

4. 分析步骤

（1）固体试样

取洁净铝制或玻璃制的扁形称量瓶，置于 101～105℃ 干燥箱中，瓶盖斜支于瓶边，加热 1.0 h，取出盖好，置干燥器内冷却 0.5 h，称量，并重复干燥至前后两次质量差不超过 2 mg，即为恒重。将混合均匀的试样迅速磨细至颗粒小于 2 mm，不易研磨的样品应尽可能切碎，称取 2～10 g 试样（精确至 0.000 1 g），放入此称量瓶中，试样厚度不超过 5 mm，如为疏松试样，厚度不超过 10 mm，加盖，精密称量后，置 101～105℃ 干燥箱中，瓶盖斜支于瓶边，干燥 2～4 h 后，盖好取出，放入干燥器内冷却 0.5 h 后称量。

注：两次恒重值在最后计算中，取最后一次的称量值。

（2）半固体或液体试样

取洁净的称量瓶，内加 10 g 海砂及一根小玻棒，置于 101～105℃ 干燥箱中，干燥 1.0 h 后取出，放入干燥器内冷却 0.5 h 后称量，并重复干燥至恒重。然后称取 5～10 g 试样（精确至 0.000 1 g），置于蒸发皿中，用小玻棒搅匀放在沸水浴上蒸干，并随时搅拌，擦去皿底的水滴，置 101～105℃ 干燥箱中干燥 4 h 后盖好取出，放入干燥器内冷却 0.5 h 后称量。

然后再放入 101～105℃ 干燥箱中干燥 1 h 左右，取出，放入干燥器内冷却 0.5 h 后再称量。并重复以上操作至前后两次质量差不超过 2 mg，即为恒重。

5. 分析结果的表述

试样中的水分的含量按式（1）进行计算。

$$X = \frac{m_1 - m_2}{m_1 - m_3} \times 100 \tag{1}$$

式中：X ——试样中水分的含量，g/100 g；

　　　m_1 ——称量瓶（加海砂、玻棒）和试样的质量，g；

　　　m_2 ——称量瓶（加海砂、玻棒）和试样干燥后的质量，g；

　　　m_3 ——称量瓶（加海砂、玻棒）的质量，g。

水分含量≥1 g/100 g 时，计算结果保留 3 位有效数字；水分含量 <1 g/100 g 时，结果保留 2 位有效数字。

6. 精密度

在重复性条件下获得的两次独立测定结果的绝对差值不得超过算术平均值的 5%

三、水产品中脂肪含量的测定

水产品中脂肪含量的测定一般按食品中脂肪的测定（GB 5009.6-2003）进行测定。本书以食品中脂肪的测定（GB 5009.6-2003）第一法即索式抽提法为例介绍。

1. 原理

试样用无水乙醚或石油醚等溶剂抽提后，蒸去溶剂所得的物质，称为粗脂肪。因为除脂肪外，还含色素及挥发油、蜡、树脂等物。抽提法测得的脂肪为游离脂肪。

2. 试剂

①无水乙醚或石油醚；

②海砂：用水洗去泥土的海砂或河砂，先用盐酸（1+1）煮沸 0.5 h，用水洗至中性，再用氢氧化钠溶液（240 g/L）煮沸 0.5 h，用水洗至中性，经过（100±5）℃干燥备用。

3. 仪器

索氏抽取器。

4. 分析步骤

（1）试样处理

①固体试样：谷物或干燥制品用粉碎机粉碎过 40 目筛；肉用绞肉机绞两次；一般用组织捣碎机捣碎后，称取 2.00~5.00 g（可取测定水分后的试样），必要时拌以海砂，全部移入滤纸筒内。

②液体或半固体试样：称取 5.00~10.00g，置于蒸发皿中，加入约 20 g 海砂于沸水浴上蒸干后，在（100±5）℃干燥，研细，全部移入滤纸筒内。蒸发皿及附有试样的玻棒，均用沾有乙醚的脱脂棉擦净，并将棉花放入滤纸筒内。

（2）抽提

将滤纸筒放入索氏抽提器的抽提筒内，连接已干燥至恒量的接受瓶，由抽提器冷凝管上端加入无水乙醚或石油醚至接受瓶内容积的 2/3 处，于水浴上加热，使乙醚或石油醚不断回流提取（6 次/h~8 次/h），一般抽提 6~12 h。

（3）称量

取出滤纸筒，用脂肪抽提器回收乙醚或石油醚，待接受瓶内乙醚剩 1~2 mL 时在水浴上蒸干，再于 95~105℃干燥 2 h，放干燥器内冷却 0.5 h 后称量，重复以上操作至恒重。

5. 结果计算

$$X = \frac{m_1 - m_0}{m_2} \times 100$$

式中：X——样品中脂肪的含量，g/100g；

m_0——接受瓶的质量，g；

m_1——接受瓶和脂肪的质量，g；

m_2——样品的质量，g。

计算结果表示到小数点后一位。

6. 精密度

在重复性条件下获得的两次独立测定结果的绝对差值不得超过算术平均值的 10%。

四、水产品中蛋白质含量的测定

水产品中蛋白质含量的测定一般按食品安全国家标准即食品中蛋白质的测定（GB 5009.5 – 2010）进行测定。本书以食品安全国家标准食品中蛋白质的测定（GB 5009.5 – 2010）中的第二法分光光度法为例介绍。

1. 原理

食品中的蛋白质在催化加热条件下被分解，分解产生的氨与硫酸结合生成硫酸铵，在 pH 值为 4.8 的乙酸钠 – 乙酸缓冲溶液中与乙酰丙酮和甲醛反应生成黄色的 3，5 – 二乙酰 – 2，6 – 二甲基 – 1，4 – 二氢化吡啶化合物。在波长 400 nm 下测定吸光度值，与标准系列比较定量，结果乘以换算系数，即为蛋白质含量。

2. 试剂和材料

除非另有规定，本方法中所用试剂均为分析纯，水为 GB/T 6682 规定的三级水。

①硫酸铜（$CuSO_4 \cdot 5H_2O$）。

②硫酸钾（K_2SO_4）。

③硫酸（H_2SO_4 密度为 1.84 g/L）：优级纯。

④氢氧化钠（NaOH）。

⑤对硝基苯酚（$C_6H_5NO_3$）。

⑥乙酸钠（$CH_3COONa \cdot 3H_2O$）。

⑦无水乙酸钠（CH_3COONa）。

⑧乙酸（CH_3COOH）：优级纯。

⑨37% 甲醛（HCHO）。

⑩乙酰丙酮（$C_5H_8O_2$）。

⑪氢氧化钠溶液（300 g/L）：称取 30 g 氢氧化钠加水溶解后，放冷，并稀释至 100 mL。

⑫对硝基苯酚指示剂溶液（1 g/L）：称取 0.1 g 对硝基苯酚指示剂溶于 20 mL 95% 乙醇中，加水稀释至 100 mL。

⑬乙酸溶液（1 mol/L）：量取 5.8 mL 乙酸，加水稀释至 100 mL。

⑭乙酸钠溶液（1 mol/L）：称取 41 g 无水乙酸钠或 68 g 乙酸钠，加水溶解后并稀释至 500 mL。

⑮乙酸钠 – 乙酸缓冲溶液：量取 60 mL 乙酸钠溶液与 40 mL 乙酸溶液混合，该溶液 pH 4.8。

⑯显色剂：15 mL 甲醛与 7.8 mL 乙酰丙酮混合，加水稀释至 100 mL，剧烈摇荡混匀（室温下放置稳定 3 d）。

⑰氨氮标准储备溶液（以氮计）（1.0 g/L）：称取 105℃ 干燥 2 h 的硫酸铵 0.472 0 g 加水溶解后移于 100 mL 容量瓶中，并稀释至刻度，混匀，此溶液每毫升相当于 1.0 mg 氮。

⑱氨氮标准使用溶液（0.1 g/L）：用移液管吸取 10.00 mL 氨氮标准储备液于 100 mL 容量瓶内，加水定容至刻度，混匀，此溶液每毫升相当于 0.1 mg 氮。

3. 仪器和设备

①分光光度计。

②电热恒温水浴锅：（100±0.5）℃。

③10 mL 具塞玻璃比色管。

④天平：感量为1mg。

⑤定氮瓶：100 mL 或 250 mL。

4. 分析步骤

（1）试样消解

称取经粉碎混匀过 40 目筛的固体试样 0.1~0.5 g（精确至 0.001 g）、半固体试样 0.2~1 g（精确至 0.001 g）或液体试样 1~5 g（精确至 0.001 g），移入干燥的 100 mL 或 250 mL 定氮瓶中，加入 0.1 g 硫酸铜、1 g 硫酸钾及 5 mL 硫酸，摇匀后于瓶口放一小漏斗，将定氮瓶以 45°角斜支于有小孔的石棉网上。缓慢加热，待内容物全部炭化，泡沫完全停止后，加强火力，并保持瓶内液体微沸，至液体呈蓝绿色澄清透明后，再继续加热半小时。取下放冷，慢慢加入 20 mL 水，放冷后移入 50 mL 或 100 mL 容量瓶中，并用少量水洗定氮瓶，洗液并入容量瓶中，再加水至刻度，混匀备用。按同一方法做试剂空白试验。

（2）试样溶液的制备

吸取 2.00~5.00 mL 试样或试剂空白消化液于 50 mL 或 100 mL 容量瓶内，加 1~2 滴对硝基苯酚指示剂溶液，摇匀后滴加氢氧化钠溶液中和至黄色，再滴加乙酸溶液至溶液无色，用水稀释至刻度，混匀。

（3）标准曲线的绘制

吸取 0.00 mL、0.05 mL、0.10 mL、0.20 mL、0.40 mL、0.60 mL、0.80 mL 和 1.00 mL 氨氮标准使用溶液（相当于 0.00 μg、5.00 μg、10.0 μg、20.0 μg、40.0 μg、60.0 μg、80.0 μg 和 100.0 μg 氮），分别置于 10 mL 比色管中。根据标准各点吸光度值绘制标准曲线或计算线性回归方程。

（4）试样测定

吸取 0.50~2.00 mL（约相当于氮 <100 μg）试样溶液和同量的试剂空白溶液，分别于 10 mL 比色管中。加 4.0 mL 乙酸钠 - 乙酸缓冲溶液及 4.0 mL 显色剂，加水稀释至刻度，混匀。置于 100℃ 水浴中加热 15 min。取出用水冷却至室温后，移入 1 cm 比色杯内，以零管为参比，于波长 400 nm 处测量吸光度值，试样吸光度值与标准曲线比较定量或代入线性回归方程求出含量。

5. 分析结果的表述

试样中蛋白质的含量按式（2）进行计算，即：

$$X = \frac{(c - c_0)}{m \times \dfrac{V_2}{V_1} \times \dfrac{V_4}{V_3} \times 1000 \times 1000} \times 100 \times F \tag{2}$$

式中：X ——试样中蛋白质的含量，g/100 g；

c ——试样测定液中氮的含量，μg；

c_0 ——试剂空白测定液中氮的含量，μg；

V_1 ——试样消化液定容体积，mL；

V_2 ——制备试样溶液的消化液体积，mL；

V_3 ——试样溶液总体积，mL；

V_4 ——测定用试样溶液体积，mL；

m ——试样质量，g；

F ——氮换算为蛋白质的系数。一般食物为 6.25；纯乳与纯乳制品为 6.38；面粉为 5.70；玉米、高粱为6.24；花生为5.46；大米为5.95；大豆及其粗加工制品为5.71；大豆蛋白制品为6.25；肉与肉制品为6.25；大麦、小米、燕麦、裸麦为5.83；芝麻、向日葵为5.30；复合配方食品为6.25。以重复性条件下获得的两次独立测定结果的算术平均值表示，蛋白质含量≥1 g/100 g时，结果保留三位有效数字；蛋白质含量<1 g/100 g时，结果保留两位有效数字。

6. 精密度

在重复性条件下获得的两次独立测定结果的绝对差值不得超过算术平均值的10%。

五、水产品中灰分含量的测定（GB 5009.4 – 2010）

水产品中灰分含量的测定一般按食品安全国家标准 食品中灰分的测定（GB 5009.4 – 2010）进行测定。

1. 原理

食品经灼烧后所残留的无机物质称为灰分。灰分数值系用灼烧、称重后计算得出。

2. 试剂和材料

①乙酸镁 ［（CH₃COO)₂Mg·4H₂O)］：分析纯。

②乙酸镁溶液（80 g/L）：称取8.0 g乙酸镁加水溶解并定容至100 mL，混匀。

③乙酸镁溶液（240 g/L）：称取24.0 g乙酸镁加水溶解并定容至100 mL，混匀。

3. 仪器和设备

①马弗炉：温度≥600℃。

②大半：感量为0.1 mg。

③石英坩埚或瓷坩埚。

④干燥器（内有干燥剂）。

⑤电热板。

⑥水浴锅。

4. 分析步骤

（1）坩埚的灼烧

取大小适宜的石英坩埚或瓷坩埚置马弗炉中，在（550±25)℃下灼烧0.5 h，冷却至200℃左右，取出，放入干燥器中冷却30 min，准确称量。重复灼烧至前后两次称量相差不超过0.5 mg为恒重。

（2）称样

灰分大于10 g/100 g的试样称取2~3 g（精确至0.000 1 g）；灰分小于10 g/100 g的试样称取3~10 g（精确至0.000 1 g）。

（3）测定

①一般食品

液体和半固体试样应先在沸水浴上蒸干。固体或蒸干后的试样，先在电热板上以小火加热使试样充分炭化至无烟，然后置于马弗炉中，在（550±25)℃灼烧4 h。冷却至200℃左右，取出，放入干燥器中冷却 30 min，称量前如发现灼烧残渣有炭粒时，应向试样中滴入少许水湿润，使结块松散，蒸干水分再次灼烧至无炭粒即表示灰化完全，方可称量。重复灼烧至前后两次称量相差不超过 0.5 mg 为恒重。按式（1）计算。

②含磷量较高的豆类及其制品、肉禽制品、蛋制品、水产品、乳及乳制品

A. 称取试样后，加入 1.00 mL 乙酸镁溶液（240 mg/L）或 3.00 mL 乙酸镁溶液（80 mg/L），使试样完全润湿。放置 10 min 后，在水浴上将水分蒸干，以下步骤按①自"先在电热板上以小火加热……"起操作。按式（2）计算。

B. 吸取 3 份与上述相同浓度和体积的乙酸镁溶液，做 3 次试剂空白试验。当 3 次试验结果的标准偏差小于 0.003 g 时，取算术平均值作为空白值。若标准偏差超过 0.003 g 时，应重新做空白值试验。

5. 分析结果的表述

试样中灰分按式（1）、（2）计算

$$X_1 = \frac{m_1 - m_2}{m_3 - m_2} \times 100 \tag{1}$$

$$X_2 = \frac{m_1 - m_2 - m_0}{m_3 - m_2} \times 100 \tag{2}$$

式中：X_1 ——（测定时未加乙酸镁溶液）——试样中灰分的含量，g/100 g；

X_2 ——（测定时加入乙酸镁溶液）——试样中灰分的含量，g/100 g；

m_0 ——氧化镁（乙酸镁灼烧后生成物）的质量，g；

m_1 ——坩埚和灰分的质量，g；

m_2 ——坩埚的质量，g；

m_3 ——坩埚和试样的质量，g。

试样中灰分含量≥10 g/100 g 时，保留三位有效数字；试样中灰分含量<10 g/100 g 时，保留两位有效数字。

6. 精密度

在重复性条件下获得的两次独立测定结果的绝对差值不得超过算术平均值的 5%。

六、水产品中盐分的测定（SC/T 3011 – 2001）

本书以水产品中盐分的测定（SC/T 3011 – 2001）中的电位滴定法为例介绍。

1. 原理

样品经处理后，取液体酸化，以甘汞电极为参比电极，银电极为指示电极，用硝酸银标准液滴定试液中的氯化钠，根据电位的突跃判定滴定终点，用硝酸银的消耗量计算氯化钠的含量。

2. 试剂

①稀硝酸（1 + 49）：吸取 20 mL 硝酸用水稀释到 1 L。

②0.1 mol/L 硝酸银。

2. 仪器

①电位计（或自动电位滴定仪）：数字直读式，量程至少 ±700 mV，配有甘汞电极和银电极，银电极

应经常冲洗。

②电磁搅拌器：可调变速，调定后以恒速搅拌。

③高温炉。

3. 分析步骤

（1）样品

①固体样品：粉末状样品可直接取样，片状或其他形状的大块样品需将其处理成 3 mm×3 mm 以下小块或捣碎，混合均匀。

称试样 2~3 g（称准至 0.000 1 g）置于干燥的 30 mL 瓷坩埚中，在电炉上炭化至无烟（样品水分大的可先在 130℃烘箱中烘干），放入550~600℃高温炉中灼烧 2 h（至样品残渣易压碎为止），取出放冷。在坩埚内加入少量水润湿后用玻璃棒捣碎并研磨均匀，小心移入 100 mL 容量瓶中，摇匀过滤，取滤液备用（含盐量低的样品可直接全量过滤于 250 mL 三角烧瓶中）。

②液体样品：称取充分混匀的样品 10 g（称准至 0.01 g）或移取 10 mL（按产品标准中标示单位要求确定）于 100 mL 容量瓶中，用水稀释至刻度备用（如样品中含有悬浮物干扰测定，可甩干滤纸过滤，弃取最初的 10 mL，取滤液备用）。

③固液体样品：按固液体比例，取具有代表性样品至少 200 g，去除不可食用的部分，用研钵或组织捣碎机捣碎，混匀。取样品 5 g 于 30 mL 瓷坩埚中，在 130℃烘箱中烘干。在电炉上炭化至无烟，放入550~600℃高温炉中灼烧 2 h，取出放冷后，在坩埚内加少量水用玻棒捣碎并研磨均匀转移入 100 mL 容量瓶中定容至刻度，混匀，过滤，滤液备用。

④盐渍样品：用滤纸吸干样品表面水分，将表面附盐杂质去除干净（至肉眼看不见为止），捣碎混匀，或剪成 5 mm×5 mm 以下的小块，混合均匀。称取 20 g 样品（称准至 0.01 g）于 250 mL 烧杯中，加水 150 mL，加热煮沸，自然放冷后，将液体转入 500 mL 容量瓶中，然后将残渣用 50 mL 水冲洗三次，洗液合并于同一容量瓶中，放冷，用水稀释至刻度备用。

（2）测定

取试液适量（含氯化钠 50~100 mg，含量低的样品可采用全量分析）于 250 mL 烧杯中，加水至约 50 mL，加稀硝酸（1+49）50 mL，插入电极，开动磁力搅拌器剧烈搅动，在无外溅并固定速度下，用硝酸银标准溶液进行滴定，按照电位计读数变化速度调节滴定速度（起始时每加 1 mL 滴定一次，在终点附近每滴入一滴读一次数），以便准确绘制毫伏—硝酸银毫升数（E-V）的曲线。连续滴定至电位改变不明显为止，记录每次滴加硝酸银标准液的体积和电位。

在滴定曲线最大曲率的两点上划两条直线与轴成 40°倾斜，并与滴定曲线相切来定出拐点，在此两直线当中画一条平行线，该线与滴定曲线的交点即为终点，记录所用硝酸银标准液的体积。

4. 结果计算

样品中盐分含量按下式进行计算（结果保留两位小数）：

$$X(\text{以 } NaCl \text{ 计},\%) = \frac{(V - V_0) \times c \times 0.05845}{m \times \dfrac{V_1}{V_2}} \times 100$$

式中：X——样品中盐分含量，%；

V——滴定样品所用硝酸银体积，mL；

V_1——滴定移取滤液体积，mL；

V_2——样品处理后的总体积，mL；

c——硝酸银标准溶液浓度，mol/L；

m——称取样品质量，g；

0.05845——与 1 mL 的 1 mol/L 硝酸银标准液相当的氯化钠质量，g。

5. 重复性

同时做两个平行样，盐分含量 >3% 时，测定结果相对偏差允许 3%；盐分含量 <3%，测定结果绝对差允许 0.2%，结果取平行样的算术平均值。

七、植物类水产品中粗纤维的测定（GB/T 5009.10 – 2003）

植物类水产品中粗纤维的测定一般按植物类食品中粗纤维的测定（GB/T 5009.10 – 2003）进行测定。

1. 原理

在硫酸作用下，试样中的糖、淀粉、果胶质和半纤维素经水解除去后，再用碱处理，除去蛋白质及脂肪酸，剩余的残渣为粗纤维。如其中含有不溶于酸碱的杂质，可灰化后除去。

2. 试剂

①1.25% 硫酸。

②1.25% 氢氧化钾溶液。

③石棉：加 5% 氢氧化钠溶液浸泡石棉，在水浴上回流 8h 以上，再用热水充分洗涤。然后用 20% 盐酸在沸水浴上回流 8 h 以上，再用热水充分洗涤，干燥。在 600～700℃ 中灼烧后，加水使成混悬物，贮存于玻璃瓶中。

3. 分析步骤

①称取 20～30 g 捣碎的试样（或 5.0 g 干试样），移入 500 mL 锥形瓶中，加入 200 mL 煮沸的 1.25% 硫酸，加热使微沸，保持体积恒定，维持 30 min，每隔 5 min 摇动锥形瓶一次，以充分混合瓶内的物质。

②取下锥形瓶，立即用亚麻布过滤后，用沸水洗涤至洗液不呈酸性。

③再用 200 mL 煮沸的 1.25% 氢氧化钾溶液，将亚麻布上的存留物洗入原锥形瓶内加热微沸 30 min 后，取下锥形瓶，立即以亚麻布过滤，以沸水洗涤 2～3 次后，移入已干燥称量的 G2 垂融坩埚或同型号的垂融漏斗中，抽滤，用热水充分洗涤后，抽干。再依次用乙醇和乙醚洗涤一次。将坩埚和内容物在 105℃ 烘箱中烘干后称量，重复操作，直至恒量。

如试样中含有较多的不溶性杂质，则可将试样移入石棉坩埚，烘干称量后，再移入 550℃ 高温炉中灰化，使含碳的物质全部灰化，置于干燥器内，冷却至室温称量，所损失的量即为粗纤维量。

4. 结果计算

按下式计算：

$$X = \frac{G}{m} \times 100\%$$

式中：X——试样中粗纤维的含量；

　　G——残余物的质量（或经高温炉损失的质量），g；

m ——试样的质量，g。

计算结果表示到小数点后一位。

5. 精密度

在重复性条件下获得的两次独立测定结果的绝对差值不得超过算术平均值的 10%。

八、水产品中不溶性膳食纤维的测定（GB/T 5009.88 – 2008）

水产品中不溶性膳食纤维的测定一般按食品中膳食纤维的测定（GB 5009.88 – 2008）中不溶性膳食纤维的测定方法进行测定。

1. 原理

在中性洗涤剂的消化作用下，试样中的糖、淀粉、蛋白质、果胶等物质被溶解除去，不能消化的残渣为不溶性膳食纤维，主要包括纤维素、半纤维素、木质素、角质和二氧化硅等，还包括不溶性灰分。

2. 试剂

①无水硫酸钠。

②石油醚：沸程 30 ~ 60℃。

③丙酮。

④甲苯。

⑤中性洗涤剂溶液：将 18.61gEDTA 二钠盐和 6.81 g 四硼酸钠（含 10H$_2$O）置于烧杯中，加水约 150 mL，加热使之溶解，将 30 g 月桂基硫酸钠（化学纯）和 10 mL 乙二醇独乙醚（化学纯）溶于约 700 mL 热水中，合并上述两种溶液，再将 4.56 g 无水磷酸氢二钠溶于 150 mL 热水中，再并入上述溶液中，用磷酸调节上述混合液至 pH 值 6.9 ~ 7.1，最后加水至 1 000 mL。

⑥磷酸盐缓冲液：由 38.7 mL0.1 mol/L 磷酸二氢钠混合而成，pH 值为 7.0。

⑦2.5% α – 淀粉酶溶液：称取 2.5 gα – 淀粉酶（美国 Sigma 公司，VI – A 型，产品号 6880）溶于 100 mL、pH 值 7.0 的磷酸盐缓冲溶液，离心、过滤，滤过的酶液备用。

⑧耐热玻璃棉（耐热 130℃，美国 Coring 玻璃厂出品，PYREX 牌。其他牌号也可，但要耐热并不易折断的玻璃棉）。

3. 仪器

①实验室常用设备。

②烘箱：110 ~ 130℃。

③恒温箱：（37 ± 2）℃。

④纤维测定仪。

⑤如没有纤维测定仪，可由下列部件组成。

A. 电热板：带控温装置。

B. 高型无嘴烧杯：600 mL。

C. 坩埚式耐热玻璃滤器：容量 60 mL，孔径 40 ~ 6 μm。

D. 回流冷凝装置。

E. 抽滤装置：由抽滤瓶、抽滤垫、及水泵组成。

4. 分析步骤

（1）试样的处理

取可食部分，用水冲洗 3 次后，用纱布吸去水滴，切碎，取混合均匀的样品于 60℃ 烘干，称量并计算水分含量，磨粉；过 20 ~ 30 目筛，备用。或鲜试样用纱布吸去水滴，打碎、混合均匀后备用。

（2）测定

①准确称取试样 0.5 ~ 1.0 g，置高型无嘴烧杯中，若试样脂肪含量超过 10%，需先去除脂肪，例如 1.0 g 试样，用石油醚（30 ~ 60℃）提取 3 次，每次 10 mL。

②加 100 mL 中性洗涤剂溶液，再加 0.5 g 无水亚硫酸钠。

③电炉加热，5 ~ 10 min 内使其煮沸，移至电热板上，保持微沸 1 h。

④于耐热玻璃滤器中，铺 1 ~ 3 g 玻璃棉，移至烘箱内，110℃ 烘 4 h，取出置干燥器中冷却至室温，称重（得 mL）（准确至小数点后四位）。

⑤将煮沸后试样趁热倒入滤器，用水泵抽滤。用 500 mL 热水（90 ~ 100℃），分数次洗烧杯及滤器，抽滤至干。洗净滤器下部的液体和泡沫，塞上橡皮塞。

⑥于滤器中加酶液体，液面需覆盖纤维，用细针挤压掉其中气泡，加数滴甲苯，上盖表玻皿，37℃ 恒温箱中过夜。

⑦取出滤器，除去底部塞子，抽滤去酶液，并用 300 mL 热水分数次洗去残留酶液，用碘液检查是否有淀粉残留，如有残留，继续加酶水解，如淀粉已除去，抽干，再以丙酮洗 2 次。

⑧将滤器置烘箱中，110℃ 烘 4 h，取出，置干燥器中，冷却至室温，称量（得 m^2）（准确至小数点后四位）。

5. 结果计算

结果按下式计算：

$$X = \frac{m_2 - m_1}{m} \times 100$$

式中：X ——试样中不溶性膳食纤维的含量，%；

　　　m_2 ——滤器加玻璃棉及试样中纤维的质量，g；

　　　m_1 ——滤器加玻璃棉的质量，g；

　　　m ——样品的质量，g；

计算结果保留到小数点后两位。

6. 精密度

在重复条件下获得的两次独立测定结果的绝对值差不得超过算术平均值的 10%。

九、水产品中氨基酸的测定（GB/T 5009.124 – 2003）

水产品中氨基酸的测定一般按食品中氨基酸的测定（GB/T 5009.124 – 2003）方法进行测定。

本标准适用于食品中的天冬氨酸、苏氨酸、丝氨酸、谷氨酸、脯氨酸、甘氨酸、丙氨酸、缬氨酸、蛋氨酸、异亮氨酸、亮氨酸、酪氨酸、苯丙氨酸、组氨酸、赖氨酸和精氨酸等十六种氨基酸的测定。其最低检出限为 10 pmol。

本标准不适用于蛋白质含量低的水果、蔬菜、饮料和淀粉类食品中氨基酸测定。

1. 原理

食品中的蛋白质经盐酸水解成为游离氨基酸，经氨基酸分析仪的离子交换柱分离后，与茚三酮溶液产生颜色反应，再通过分光光度计比色测定氨基酸含量。

2. 试剂

①浓盐酸：优级纯。

②6 mol/L 盐酸：浓盐酸与水 1＋1 混合。

③苯酚：须重蒸馏。

④（0.002 5 mol/L）混合氨基酸标准液（仪器制造公司出售）。

⑤缓冲液。

A. pH 值为 2.2 的柠檬酸钠缓冲液：称取 19.6 g 柠檬酸钠和 16.5 mL 浓盐酸加水稀释到 1 000 mL，用浓盐酸或 500 g/L 的氢氧化钠溶液调节 pH 值为至 2.2。

B. pH 值为 3.3 的柠檬酸钠缓冲液：称取 19.6 g 柠檬酸钠和 12 mL 浓盐酸加水稀释到 1 000 mL，用浓盐酸或 500 g/L 的氢氧化钠溶液调节 pH 值为至 3.3。

C. pH 值为 4.0 的柠檬酸钠缓冲液：称取 19.6 g 柠檬酸钠和 9 mL 浓盐酸加水稀释到 1 000 mL，用浓盐酸或 500 g/L 的氢氧化钠溶液调节 pH 值为至 4.0。

D. pH 值为 6.4 的柠檬酸钠缓冲液：称取 19.6 g 柠檬酸钠和 46.8 g 氯化钠（优级纯）加水稀释到 1 000 mL，用浓盐酸或 500 g/L 的氢氧化钠溶液调节 pH 值为至 6.4，

⑥茚三酮溶液

a. pH5.2 的乙酸锂溶液：称取氢氧化锂 168 g，加入冰乙酸（优级纯）279 mL，加水稀释到 1 000 mL，用浓盐酸或 500 g/L 的氢氧化钠溶液调节 pH 值为至 5.2

b. 茚三酮溶液：取 154 mL 二甲基亚砜和乙酸锂溶液 50 mL 加入 4g 水合茚三酮和 0.12 g 还原茚三酮搅拌至完全溶解。

⑦高纯氮气：纯度 99.99%。

⑧冷冻剂：市售食盐与冰按 1＋3 混合。

3. 仪器和设备

①真空泵。

②恒温干燥箱。

③水解管：耐压螺盖玻璃管或硬质玻璃管，体积 20～30 mL，用去离子水冲洗干净并烘干。

④真空干燥器（温度可调节）。

⑤氨基酸自动分析仪。

4. 试样处理

试样采集后用匀浆机打成匀浆（或者将试样尽量粉碎）于低温冰箱中冷冻保存，分析用时将其解冻后使用。

5. 分析步骤

（1）试样

准确称取一定量均匀性好的试样如奶粉等，精确到 0.000 1 g，使试样蛋白质含量在 10 mg ~ 20 mg 范围内，均匀性差的试样如鲜肉等，为减少误差可适当增大称样量，测定前再稀释。将称好的试样放于水解管中。

（2）水解

在水解管内加 6 mol/L 盐酸 10 ~ 15mL（视试样蛋白质含量而定），含水量高的试样（如牛奶）可加入等体积的浓盐酸，加入新蒸馏的苯酚 3 ~ 4 滴，再将水解管放入冷冻剂中，冷冻 3 ~ 5 min，再接到真空泵的抽气管上，抽真空（接近 0 Pa），然后充入高纯氮气，再抽真空充氮气，重复三次后，在充氮气状态下封口或拧紧螺丝盖将已封口的水解管放在（110 ± 1）℃的恒温干燥箱内，水解 22 h 后，取出冷却。

打开水解管，将水解液过滤后，用去离子水多次冲洗水解管，将水解液全部转移到 50 mL 容量瓶内用去离子水定容。吸取滤液 1 mL 于 5 0mL 容量瓶内，用真空干燥器在 40 ~ 50℃ 干燥，残留物用 1 ~ 2mL 水溶解，再干燥，反复进行两次，最后蒸干，用 1 mL pH 值为 2.2 的缓冲液溶解，供仪器测定用。

（3）测定

准确吸取 0.200 mL 混合氨基酸标准，用 pH 值为 2.2 的缓冲液稀释到 5 mL，此标准稀释液浓度为 5.00 nmol/50 μL，作为上机测定用的氨基酸标准，用氨基酸自动分析仪以外标法测定试样测定液的氨基酸含量。

6. 结果计算

结果按下式计算：

$$X = \frac{m_1}{m_2 \times \frac{2}{V_t} \times \frac{2}{10} \times \frac{2}{10} \times 1\,000} \times 100 \tag{1}$$

式中：X ——试样氨基酸的含量，1/100 g

c ——试样测定液中氨基酸含量，nmol/50 μL

F ——试样稀释倍数；

V ——水解后试样定容体积，mL；

M ——氨基酸分子量；

m ——试样质量，g；

1/50——折算成每毫升试样测定的氨基酸含最，mol/L；

109——将试样含量由纳克（ng）折算成克（g）的系数。

十六种氨基酸分子量：天冬氨酸 133.1、苏氨酸 119.1、丝氨酸 105.1、谷氨酸 147.1、脯氨酸 115.1、甘氨酸 75.1、丙氨酸 89.1、撷氨酸 117.2、蛋氨酸 149.2、异亮氨酸 131.2、亮氨酸 131.2、酪氨酸 181.2、苯丙氨酸 165.2、组氨酸 155.2、赖氨酸 146.2 和精氨酸 174.2。

计算结果表示为：试样氨基酸含量在 1.00 g/100 g 以下，保留两位有效数字；含量在 1.00 g/100 g 以上，保留三位有效数字。

标准图谱见图 7.1。

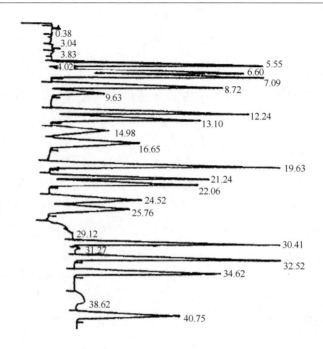

图 7.1　标准图谱

出峰顺序		保留时间（min）	出峰顺序		保留时间（min）
1	天冬氨酸	5. 55	9	蛋氨酸	19. 63
2	苏氨酸	6. 60	10	异亮氨酸	21. 24
3	丝氨酸	7. 09	11	亮氨酸	22. 06
4	谷氨酸	8. 72	12	酪氨酸	24. 52
5	脯氨酸	9. 63	13	苯丙氨酸	25. 76
6	甘氨酸	12. 24	14	组氨酸	30. 41
7	丙氨酸	13. 10	15	赖氨酸	32. 52
8	缬氨酸	16. 65	16	精氨酸	40. 75

7. 精密度

在重复性条件下获得的两次独立测定结果的绝对差值不得超过算术平均值的 12% 。

第二节　水产品鲜度检验

捕获的水产品离水死亡后，由于自身的酶和附着体表及内脏微生物的作用，会发生一系列的化学变化，如蛋白质的分解、脂肪的氧化、色泽减退、臭味出现等。在这一系列的变化过程中，除了感官表现外还产生一些活的及新鲜的水产品不含的分解产物。有些分解产物在水产品鲜度发生变化过程中，以稳步的速度增长或消失，并可以通过化学方法定量分析测定，因此，可以作为水产品原料鲜度的指标，如挥发性盐基氮、三甲胺、氨、pH 值、二氧化碳、吲哚、硫化氢等。

挥发性盐基氮包括氨和胺类（淡水水产品鲜度变化主要产生氨，海水水产品除了氨外，还有胺类），具有挥发性，均呈碱性（又称盐基），故称挥发性盐基氮。一般用 TVBN 或 TVB – N 表示，单位为 mg/100 g。不同种类的水产品，由于其氨基酸组成不同，鲜度变化过程中产生的 TVBN 速度和数量不同。因此，初期腐败时的 TVBN 界限值不同。例如，大黄鱼一级品 TVBN < 13 mg/100 g，二级品 TVBN < 30 mg/100 g，；青鱼、

草鱼一级品 TVBN < 13 mg/100 g，二级品 TVBN < 20 mg/100 g 等。软骨鱼类由于肌肉内自身含有尿素以平衡体内外的渗透压，因此，新鲜的软骨鱼含 TVBN 就很高。

氧化三甲胺是水产动物肌肉中具有鲜味的碱性物质，一般海水硬骨鱼类含有氧化三甲胺 100 ~ 100 mg/100 g，海水软骨鱼类含氧化三甲胺 700 ~ 1 400 mg/100 g，淡水鱼类氧化三甲胺含量很少，一般氧化三甲胺 10 mg/100 g 以下。当水产动物鲜度发生变化时，肌肉中的氧化三甲胺被还原成三甲胺，其单位也是 mg/100 g。此外，水产动物体内的卵磷脂经微生物作用分解也产生三甲胺。测得三甲胺含量越多，说明水产品鲜度越差。

由于肌肉中乳酸的产生，肌肉 pH 值下降；随着鲜度变化，蛋白质分解，呈碱性的产物不断增加，肌肉中 pH 值上升。肌肉 pH 值先降后升的规律性变化，是随水产品鲜度变化而变化，pH 值高说明鲜度不好。

一、吲哚的测定

1. 原理

样品中的吲哚随水蒸气蒸馏蒸出，用三氯甲烷萃取，加显色剂振摇，分离出酸层，以乙酸定容，用分光光度计测定，标准曲线法定量。

2. 试剂和材料

①无水乙醇：分析纯。

②磷酸：分析纯。

③浓盐酸：分析纯。

④消泡剂：聚醚。

⑤饱和硫酸钠溶液。

⑥三氯甲烷：分析纯。

⑦显色剂：对二甲氨基苯甲醛。

显色剂的配制：溶解 0.4 g 对二甲氨基苯甲醛于 5 mL 乙酸中，加 92 mL 磷酸和 3 mL 盐酸混匀。由于对二甲氨基苯甲醛的纯度影响试剂空白的强度，如果试剂是黄色的，则按下述方法提纯。

溶解 100 g 对二甲氨基苯甲醛于 600 mL 稀盐酸（1 + 6）中，加 300 mL 水，边用力搅拌边缓慢地加入 10% 氢氧化钠溶液沉淀对二甲氨基苯甲醛，一旦出现白色沉淀，停止加氢氧化钠溶液，过滤，弃去沉淀。继续中和至对二甲氨基苯甲醛大部分沉淀。过滤，并用水洗涤沉淀至洗液不再呈酸性。将对二甲氨基苯甲醛干燥，应为白色，置于干燥器中保存。

⑧乙酸：若该试剂与显色剂反应后变为桃红色，则按以下方法提纯。将 500 mL 乙酸，25 g 高锰酸钾和 20 mL 硫酸，依次加到 1 000 mL 圆底烧瓶中，在全玻璃蒸馏器中蒸馏，收集馏出液应不大于 400 mL。

⑨ 稀盐酸（5 + 95）。

⑩吲哚标准溶液：准确称取 20 mg 吲哚，加乙醇溶解，定容至 200 mL，其质量为浓度 0.10 mg/mL，贮存在冰箱内，两周内使用有效。标准工作液作 1 : 10 稀释。

3. 仪器和设备

①分光光度计。

②蒸馏装置：使用单独的蒸汽发生器。蒸汽发生器可由 1 000 mL 锥形瓶制成。用最短的橡皮管与全玻璃蒸汽蒸馏瓶连接，蒸馏瓶容量应在 500 mL 以上，用 500 mL 锥形瓶作接收器。没有保护层的天然或合成橡胶连接器和塞，会产生不同的蒸馏空白。

③均质器。

4. 测定步骤

①称取试样 25 ~ 50 g（取决于所预计的吲哚量，蟹肉、牡蛎称取 50 g 样品），移至均质器中，加 80 mL 乙醇（蟹肉加 80 mL 水），均质（3 000 r/min 保持 5 min）。转入蒸馏瓶中，用少量乙醇冲洗均质器（蟹肉、牡蛎用水冲洗），加 5 滴消泡剂。

②将蒸馏瓶与蒸汽发生器连接，缓慢地供气至开始蒸馏（注意通入蒸汽不可太猛以免产生过多泡沫）。给蒸汽发生器提供足够的热量，使蒸馏瓶保持 80 ~ 90 mL 的体积，在约 45 min 内收集 450 mL 蒸馏液（蟹肉、牡蛎收集 350 mL），用少量乙醇洗涤蒸馏瓶，并入接收瓶中。

③将馏出液移至 500 mL 分液漏斗中，加入 5 mL 稀盐酸和 5 mL 饱和硫酸钠溶液，依次用 25 mL、20 mL 和 14 mL 三氯甲烷提取，每次用力振摇 1 min，静置分层，先将 25 mL 和 20 mL 三氯甲烷提取液合并到另一 500 mL 分液漏斗中，依次加入 400 mL 水、5 mL 饱和硫酸钠溶液和 5 mL 稀盐酸洗涤，保留洗涤液，通过脱脂棉花将合并的提取液滤入干燥的 125 mL 分液漏斗，再用同一三氯甲烷提取液 15 mL 洗涤，将三氯甲烷合并入同一 125 mL 分液漏斗中。

④测定

加 10 mL 显色剂与合并的三氯甲烷提取液中，用力振摇 2 min，使酸层尽可能的分层。取 8 mL 酸层移至 50 mL 容量瓶中，用乙酸稀释定容，混匀，移取该溶液于分光光度计比色池中，在 560 nm 处测定吸光度 A。将 8 mL 显色剂用乙酸稀释定容至 50 mL，混匀，测定空白。

⑤通过蒸汽蒸馏一组新制备的吲哚标准工作液，分别移取 1 mL、2 mL、3 mL、4 mL、5 mL 按测定步骤制备标准曲线，用不加吲哚标准工作溶液，按同样方法测定蒸馏空白。

⑥空白试验。除不加试样外，按测定步骤进行。

5. 结果计算

按下式是计算样品中吲哚的质量分数：

$$w = \frac{m_1}{m_2} \times 100$$

式中：w —— 试样中吲哚质量分数，μg/100 g；

m_1 —— 从标准曲线上查得的吲哚质量，μg；

m_2 —— 最终测试样液所代表的样品质量，g；

注：空白值应从计算结果中扣除。

二、挥发性盐基氮的测定（SC/T 3032 – 2007）

1. 原理

挥发性盐基氮是指水产品在腐败过程中，由于酶和细菌的作用使蛋白质分解而产生氨以及胺类等碱性含氮物质。此类物质具有挥发性，使用高氯酸溶液浸提，在碱性溶液中蒸出后，用硼酸吸收，再以标准酸滴定计算含量。

2. 试剂

本标准所用试剂为分析纯，试验用水符合 GB/T 6682 的规定。

①高氯酸溶液（0.6 mol/L）：取 50 mL 高氯酸加水定容至 1 000 mL。

②硼酸吸收液（30 g/L）：称取硼酸 30 g，溶于 1 000 mL 水中。

③盐酸标准溶液（0.01 mol/L）：吸取浓盐酸 0.85 mL，定容至 1 000 mL，摇匀。并按 GB/T 5009.1 2003 附录 B 的方法进行标定。

④混合指示剂：将一份 2 g/L 甲基红 – 乙醇溶液与一份 1 g/L 次甲基蓝乙醇溶液临用时混合。

⑤酚酞指示剂（10 g/L）：称取 1 g 酚酞指示剂溶解于 100 mL 的 95% 乙醇中。

⑥硅油防泡剂。

3. 仪器

①半微量定氮器。

②微量滴定管：最小分度 0.01 mL。

③均质机。

④离心机。

4. 检测步骤

（1）样品处理

鱼，去鳞、去皮，沿背脊取肌肉；虾，去头、去壳，取可食肌肉部分；蟹、甲鱼等（其他水产品）取可食部分；将样品切碎备用。

（2）样品制备

称取处理好的试样 10 g（精确到 0.01 g）于均质杯中，再加入 90 mL 高氯酸溶液，均质 2 min，用滤纸过滤或离心分离，滤液于 2~6℃ 的环境下贮存，可保存 2 d。

（3）蒸馏

吸取 10 mL 硼酸吸收液注入锥形瓶内，再加 2~3 滴混合指示剂，并将锥形瓶置于半微量定氮器蒸馏冷凝管下端，使其下端插入硼酸吸收液的液面下。

准确吸取 5.0 mL 样品滤液注入半微量定氮器反应室内，再分别加入 1~2 滴酚酞指示剂、1~2 滴硅油防泡剂、5 mL 氢氧化钠溶液，然后迅速盖塞，并加水以防漏气。

通入蒸汽，蒸馏 5 min 后将冷凝管末端移离锥形瓶中吸收液的液面，再蒸馏 1 min，用少量水冲洗冷凝管末端，洗入锥形瓶中。

（4）滴定

锥形瓶中吸收液用盐酸标准溶液（0.01 mol/L）滴定至溶液显蓝紫色为终点。

同时用 5.0 mL 高氯酸溶液代替样品滤液进行空白试验。

5. 计算公式

结果按下式计算：

$$X = \frac{(V1 - V2) \times C \times 14}{m \times 5/100} \times 100$$

式中：X ——试样中挥发性盐基氮的含量，mg/100 g；

V_1——测定用样液消耗盐酸标准溶液体积，mL；

V_2——试剂空白消耗盐酸标准溶液体积，mL；

C——盐酸标准溶液的浓度，mol/L；

14——与 1.00 mL 盐酸标准滴定溶液 [C（HCl）=1.00 mol/L] 相当的氮的质量，mg；

m——试样质量，g。

计算结果保留三位有效数字。

6. 精密度

在重复条件下获得的两次独立测定结果的绝对差值不得超过算术平均值的 10%。

三、三甲胺氮的测定

1. 原理

三甲胺是鱼类食品由于细菌的作用，在腐败过程中将氧化三甲胺还原而产生的，系挥发性碱性含氮物质，将此项物质抽提于无水甲苯中，与苦味酸作用，形成黄色的苦味酸三甲胺盐，然后与标准管同时比色，即可测得试样中三甲胺氮含量。

2. 试剂

①20% 三氯乙酸溶液。

②甲苯：试剂级，用无水硫酸钠脱水，再用 0.5 mol/L 硫酸振摇，蒸馏，除干扰物质，最后再用无水硫酸钠脱水使其干燥。

③苦味酸甲苯溶液。

④储备液：将 2 g 干燥的苦味酸（试剂级）溶于 100 mL 无水甲苯中，使其成为 2% 苦味酸甲苯溶液。

⑤应用液：将储备液稀释成为 0.02% 苦味酸甲苯溶液即可应用。

⑥碳酸钾溶液（1+1）。

⑦10% 甲醛溶液：先将甲醛（试剂级，含量为 36%～38%）用碳酸镁振摇处理并过滤，然后稀释成浓度 10%。

⑧无水硫酸钠。

⑨三甲胺氮标准溶液配制：称取盐酸三甲胺（试剂级）约 0.5 g，稀释至 100 mL，取其 5 mL 再稀释到 100 mL，取最后稀释液 5 mL 用微量或半微量凯氏蒸馏法准确测定三甲胺氮含量，并计算出每毫升的含量，然后稀释使每毫升含有 100 μg 的三甲胺氮，作为储备液用。测定时将上述储备液 10 倍稀释，使每毫升含有 10 μg 三甲胺氮。准确吸取最后稀释标准液 1.0 mL，2.0 mL，3.0 mL，4.0 mL，5.0 mL（相当于 10 μg，20 μg，30 μg，40 μg，50 μg）于 25 mL Maijel Gerson 反应瓶中，加蒸馏水至 5.0 mL，并同时做一空白，以下处理按试样测定操作方法，以光密度数制备成标准曲线。

3. 仪器

①25 mL Maijel Gerson 反应瓶。

②100 mL 或 150 mL 波塞三角瓶。

③100 mL 量筒。

④试管。

⑤吸管。

⑥微量或半微量凯氏蒸馏仪。

⑦581 型或 72 型光电比色计。

4. 分析步骤

（1）试样处理

取被检样品 20 g（视试样新鲜程度确定取样量）剪细研匀，加水 70 mL 移入玻塞三角瓶中，并加入 20% 三氯乙酸 10 mL，振摇，沉淀蛋白后过滤，滤液即可供测定用。

（2）测定方法

取上述滤液 5 mL（亦视试样新鲜程度确定取样量，但必须加水补足至5 mL）于 Maijel Gerson 反应瓶中，加 10% 甲醛溶液 1 mL，甲苯 10 mL 及碳酸钾溶液（1 + 1）3 mL，立即盖塞，上下剧烈振摇 60 次，静置 20 min，吸取下面水层，加入无水硫酸钠约 0.5 g 进行脱水，吸出 5 mL 于预先已置有 0.02% 苦味酸甲苯溶液 5 mL 的试管中，在 410 nm 处或用蓝色滤光片测得吸光度，并做一空白试验，同时将上述三甲胺氮标准溶液（相当于 10 μg，20 μg，30 μg，40 μg，50 μg）按上法同样测定，制备标准曲线，按下式计算。

5. 结果计算

结果按公式计算：

$$w = \frac{\dfrac{OD_1}{OD_2} \times m}{m_1 \times \dfrac{V_1}{V_2}} \times 100$$

式中：w ——试样中三甲胺氮质量分数，mg/100 g；

OD_1 ——试样光密度；

OD_2 ——标准光密度；

m ——标准管三甲胺氮质量，mg；

m_1 ——试样质量，g；

V_1 ——测定时体积，mL；

V_2 ——稀释后体积，mL。

四、氨的鉴别

1. 操作

取蚕豆大一块鱼肉，挂在一端附有胶塞另一端带钩的玻璃棒上，用吸管吸取艾贝尔试液（取 25% 比重为 1.12 的盐酸 1 份，无水乙醚 1 份，96% 酒精 3 份混合而成）2 mL，注入试管内，稍加振摇后，把带胶塞的玻璃棒放入试管内（注意，勿碰管壁），直到检样距液面 1～2 cm 处，迅速拧紧胶塞，立即在黑色背景下观察，看试管中样品周围的变化。

2. 识别

新鲜鱼：无白色云雾出现，为阴性反应（－）。

次新鱼：在取出检样离开试管的瞬间有少许白色云雾出现，但立即消散，微弱阳性反应（＋）；或检样放入试管后，经数秒钟后才出现明显的云雾状，为阳性反应（＋＋）。

变质鱼：检样放入试管内，立即出现云雾，为强阳性反应（＋＋＋）。

五、硫化氢的鉴别

称取检样鱼肉 20 g，装入小广口瓶内，加入 10% 硫酸 40 mL，置大于瓶口的方形或圆形滤纸一张，在滤纸块中央滴 10% 醋酸铅碱性液 1～2 滴，然后将有液滴的一面向下盖在瓶口上并用橡皮圈扎好。15 min 后取下滤纸块，观察其颜色有无变化。

识别方法如下：

新鲜鱼：滴乙酸铅碱性液处，颜色无变化，为阴性反应（－）。

次鲜鱼：在接近滴液边缘处，呈现微褐色或褐色痕迹，为疑似反应（±）或弱阳性反应（＋）。

腐败鱼：滴液处全是褐色，边缘处色较深，为阳性反应（＋＋）；或全部呈深褐色，为强阳性反应（＋＋＋）。

六、水产品 pH 值的测定（GB/T9695.5－2008）

水产品 pH 值的测定一般按肉与肉制品 pH 值测定（GB/T 9695.5－2008）的测定方法进行测定。

1. 原理

测定浸没在肉和肉制品试样中的玻璃电极和参比电极之间的电位差。

2. 试剂

（1）水

符合 GB/T 6682－1992 规定的三级水。

用于配制缓冲溶液的水应新煮沸，或用不含二氧化碳的氮气排除二氧化碳。

（2）用于校正 pH 计的缓冲溶液

可选用下列缓冲溶液：

① pH 值读数准确至 0.01 的有证 pH 值缓冲溶液；

② 由商品化的 pH 值缓冲剂配制而得的缓冲溶液；

③ 按一下所示方法自行配制的缓冲溶液。

20℃时，pH 值为 4.00 的缓冲溶液

称取苯二甲酸氢钾 [$KHC_6H_4(COO)_2$] 10.21g，预先在 125℃ 烘干至恒重，溶于水中，稀释至 1 000 mL。

该溶液的 pH 值在 10℃ 时为 4.00，而在 30℃ 时为 4.01。

20℃时，pH 值为 5.45 的缓冲溶液

取 7.01 g 一水柠檬酸，加入 500 mL 水溶解，加入 375 mL 1.0 mol/L 氢氧化钠溶液，用水定容至 1 000 mL。

该溶液的 pH 值在 10℃ 时为 5.42，而在 30℃ 时为 5.48。

20℃时，pH 值为 6.88 的缓冲溶液。

称取磷酸二氢钾（KH2PO4）3.40 g 和磷酸氢二钠（Na2HPO4）3.55 g，溶解于水中，稀释

至 1 000 mL。

该溶液的 pH 值在 0℃时为 6.98，在 10℃时为 6.92，在 30℃时为 6.85。

（3）氢氧化钠溶液（1.0 mol/L）

称取 40 g 氢氧化钠，溶于水中，用水稀释至 1 000 mL。

（4）氯化钾溶液（0.1 mol/L）

称取 7.5 g 氯化钾，溶于水中，用水稀释至 1 000 mL。

若待测试样处在僵硬前的状态，需加入已用氢氧化钠溶液（1.0 mol/L）调节 pH 值至 7.0 的 925 mg/L 碘乙酸溶液，以阻止糖酵解。

（5）清洗液

①乙醚：用水饱和。

②乙醇：体积分数为 95%。

3. 仪器与设备

①机械设备：用于试样的均质化，包括高速旋转的切割机，或多孔板的孔径不超过 4 mm 的绞肉机。

②pH 计：准确度为 0.01。

仪器应有温度补偿系统，若无温度补偿系统，应在 20℃下使用，并能防止外界感应电流的影响。

③复合电极：由玻璃指示电极和 $Ag/AgCl$ 或 Hg/Hg_2Cl_2 参比电极组装而成。

玻璃电极可为球形、圆锥形、圆柱形或针状。

④均质器：转速可达 20 000 r/min。

⑤磁力搅拌器。

4. 试样制备

（1）非均质化的试样

在试样中选取有代表性的 pH 值测定点，按 5 继续操作。

（2）均质化的试样

使用适当的机械设备将试样均质。注意避免试样的温度超过 25℃，若使用绞肉机，试样至少通过该仪器两次。

将试样装入密封的容器里，防止变质和成分变化。试样应尽快进行分析，均质化后最迟不超过 24 h。

5. 分析步骤

（1）pH 值计的校正

用两个接近待测试样 pH 值的标准缓冲溶液，在测定温度下用磁力搅拌器搅拌的同时校正 pH 计。若 pH 计不带温度补偿系统，应保证缓冲溶液的温度在（20±2）℃范围内。

对于均质化的试样，按（2）继续操作。

对于非均质化的试样，按（4）继续操作。

（2）试样

在均质化试样中，加入 10 倍于待测试样质量的氯化钾溶液，用均质器进行均质。

（3）均质化试样的测定

取一定量能够浸没或埋置电极的试样，将电极插入试样中，将 pH 计的温度补偿系统调至试样的温度。若 pH 计不带温度补偿系统，应保证待测试样的温度在（20±2）℃。

采用适合于所用 pH 值计的步骤进行测定，于搅拌的同时测试 pH 值。读数显示稳定以后，直接读数，准确至 0.01。

按（5）继续操作。

（4）非均质化试样的测定

用小刀或大头针在试样上打一个孔，以免复合电极破损。将 pH 计的温度补偿系统调至试样的温度。若 pH 计不带温度补偿系统，应保证待测试样的温度在（20 ±2）℃。

采用适合于所用 pH 计的步骤进行测定，读数显示稳定以后，直接读数，准确至 0.01。

鲜肉通常保存于 0 ~5℃，测定时需用带温度补偿系统的 pH 计。

在同一点重复测定。

必要时可在试样的不同点重复测定，测定点的数目随试样的性质和大小而定。

（5）电极的清洗

用脱脂棉先后蘸乙醚和乙醇擦拭电极，最后用水冲洗并按生产商的要求保存电极。

6. 分析结果的表述

（1）非均质化试样的测定

在同一试样上同一点的测定，取两次测定值的算术平均值作为结果。pH 值读数准确至 0.05。

在同一试样不同点的测定，描述所有的测定点及各自的 pH 值。

（2）均质化试样的测定

结果准确至 0.05。

七、组胺的测定

组胺是一种生物胺，来源于氨基酸脱羧反应，氨基酸脱羧酶广泛存在于各种动植物组织中，肠道杆菌科细菌，尤其是大肠杆菌，具有很强的脱羧能力，即使被杀死，其酶仍然能具有产生组胺的能力。生物胺除参与高级生命活动调节外，也存在于保护组织之中，他们一般很容易代谢，在食物中也有较好的耐受性，但如果由于细菌的污染导致食物中胺的浓度超出正常水平，超过生物解毒能力，就会对机体产生危害，食品中的组胺含量是衡量食品的质量指标。鱼、肉类等富含蛋白质的食品中均含有大量游离的氨基酸，在细菌作用下，易产生大量组胺。摄入过量的组胺或人体缺乏组胺酶会导致通常所谓的组胺性头痛、酒精性头痛或哈里斯神经痛，其他的症状还有呕吐、腹泻、盗汗、胃酸分泌过多、心跳加快、舒张压下降。

1. 原理

鱼体中组胺用正戊醇提取，遇偶氮试剂显橙色，与标准系列比较定量。

2. 试剂与仪器

①正戊醇。

②三氯乙酸溶液（100 g/L）。

③碳酸钠溶液（50 g/L）。

④氢氧化钠溶液（250 g/L）。

⑤盐酸（1 + 11）。

⑥组胺标准储备液：准确称取 0.276 7 g 于（100±5）℃干燥 2 h 的磷酸组胺溶于水，移入 100 mL 容量瓶中，再加水稀释至刻度。此溶液每毫升相当于 1.0 mg 组胺。

⑦磷酸组胺标准使用液：吸取 1.0 mL 组胺标准溶液，置于 50 mL 容量瓶中，加水稀释至刻度。此溶液每毫升相当于 20.0 ug 组胺。

⑧偶氮试剂如下：

甲液：称取 0.5 g 对硝基苯胺，加 5 mL 盐酸溶液溶解后，再加水稀释至 200 mL，置冰箱中。

乙液：亚硝酸钠溶液（5 g/L），临用现配。

吸取甲液 5 mL、乙液 40 mL 混合后立即使用。

⑨分光光度计。

3. 分析步骤

（1）试样处理

称取 5.00～10.00 g 试样绞碎并混合均匀的试样，置于具塞锥形瓶中，加入 15～20 mL 三氯乙酸溶液，浸泡 2～3 h，过滤，吸取 2.0 mL 滤液，置于分液漏斗中，加氢氧化钠溶液使呈碱性，每次加入 3 mL 正戊醇，振摇 5 min，提取三次，合并正戊醇并稀释至 10.0 mL。吸取 2.0 mL 正戊醇提取液于分液漏斗中，每次加 3 mL 盐酸（1 + 11）振摇提取三次，合并盐酸提取液并稀释至 10.0 mL，备用。

（2）测定

吸取 2.0 mL 盐酸提取液于 10 mL 比色管中，另吸取 0 mL、0.20 mL、0.40 mL、0.60 mL、0.80 mL、1.0 mL 组胺标准使用液（相当于 0 ug、4.0 ug、8.0 ug、12 ug、16 ug、20 ug 组胺），分别置于 10 mL 比色管中，加水至 1 mL，再各加 1 mL 盐酸（1 + 11）。试样与标准管各加 3 mL 碳酸钠溶液（50 g/L），3 mL 偶氮试剂，加水至刻度，混匀，放置 10 min 后用 1 cm 比色杯以零管调节零点，于 480 nm 波长处测吸光度，绘制标准曲线比较，或与标准系列目测比较。

4. 结果计算

试样中组胺的含量按式（1）进行计算：

$$X = \frac{m_1}{m_2 \times \dfrac{2}{V_t} \times \dfrac{2}{10} \times \dfrac{2}{10} \times 1000} \times 100 \qquad (1)$$

式中：X ——试样中组胺的含量，mg/100 g；

　　　V_1 ——加入三氯乙酸溶液（100 g/L）的体积，mL；

　　　m_1 ——测定时试样中组胺的质量，μg；

　　　m_2 ——试样质量，g。

计算结果表示到小数点后一位。

5. 精密度

在重复性条件下获得的两次独立测定结果的绝对差值不得超过算术平均值的 10%。

第八章　水产品中微生物、寄生虫检验

第一节　水产品中细菌检验

一、菌落总数的测定（GB/T 4789.2－2010 食品微生物学检验 菌落总数测定）

1. 材料与设备

除微生物实验室常规灭菌和培养设备外，其他设备和材料如下：
①超净工作台。
②高压灭菌锅。
③恒温培养箱：（30±1）℃。
④恒温水浴箱：（46±1）℃。
⑤均质器。
⑥天平：感量0.1 g。
⑦吸管10 mL和100～1 000 μL微量移液器及相应吸头。
⑧平皿：直径为90 mm。
⑨稀释瓶：广口瓶或三角烧瓶，容量为200 mL和500 mL。
⑩放大镜或菌落计数器。
⑪pH计或精密pH试纸。
⑫电炉或微波炉。
⑬量筒：250 mL。

2. 培养基和试剂

（1）平板计数琼脂培养基
胰蛋白胨：5.0g。
酵母浸膏：2.5g。
葡萄糖：1.0g。
琼脂：15.0g。
蒸馏水：1 000 mL。
将各成分溶解于蒸馏水内，加热煮沸，校正pH值至7.0±0.2。分装烧瓶，121℃高压灭菌15 min。
（2）磷酸盐缓冲液
贮存液：称取34.0 g的磷酸二氢钾溶于500 mL蒸馏水中，用大约175 mL的1 mol/L氢氧化钠溶液调节pH值至7.2，用蒸馏水稀释至1 000 mL后贮存于冰箱。
稀释液：取贮存液1.25 mL，用蒸馏水稀释至1 000 mL，分装于适宜容器中，121℃高压灭菌15 min。

（3）无菌生理盐水

称取 8.5 g 的氯化钠溶于 1 000 mL 蒸馏水中，121℃高压灭菌 15 min。

（4）75% 酒精棉球

按纯酒精：水等于 75：25 进行混合，制备 75% 酒精。取磨口瓶，加入适量棉球，然后加 75% 的酒精至所有棉球刚好浸湿。

3. 操作程序

（1）样品处理

无菌操作称取样品 25 g，放入灭菌乳钵或均质袋内，用无菌剪子剪碎，加灭菌海沙研磨或拍击式均质器拍打 1～2 min，检样磨碎后加入 225 mL 灭菌生理盐水，混匀成 1:10 的样品匀液。

（2）样品稀释

① 用 1 mL 微量移液器吸取 1:10 样品匀液 1 mL，沿管壁缓慢注入盛有 9 mL 稀释液（磷酸盐缓冲液或无菌生理盐水）的无菌试管中（注意枪头或枪头尖端不要触及稀释液面），振荡试管或换用 1 个枪头反复吹打使其混合均匀，制成 1:100 的样品匀液。

② 按①操作方法，制备 10 倍系列稀释样品匀液。每递增稀释一次，换用 1 次 1 mL 枪头。

③ 根据样品的污染状况的估计，选择 2～3 个适宜稀释度的样品匀液，在进行 10 倍递增稀释时，吸取 1 mL 样品匀液于无菌平皿内，每个稀释度做两个平皿。同时，分别吸取 1 mL 空白稀释液加入两个无菌平皿内作空白对照。

④ 及时将 15～20 mL 冷却至 46℃的平板计数琼脂培养基（可放置于（46±1）℃恒温水箱中保温）倾注平皿，并转动平皿使其混合均匀。每个样品从开始稀释到倾注最后一个平皿所用的时间不得超过 20 min。

（3）培养

待琼脂凝固后，将平板翻转，立即放进（30±1）℃的恒温培养箱内培养（72±3）h。

如果样品中可能含有在琼脂培养基表面弥漫生长的菌落时，可在凝固后的琼脂表面覆盖一薄层琼脂培养基（约 4 mL），凝固后翻转平板，（30±1）℃的恒温培养箱内培养（72±3）h。

（4）菌落计数

可用肉眼观察，必要时用放大镜或菌落计数器，记录稀释倍数和相应的菌落数量。菌落计数以菌落形成的单位（colony – forming units，CFU）表示。

① 选取菌落数在 30～300 CFU、无蔓延菌落生长的平板计数菌落总数。低于 30 CFU 的平板记录具体菌落数，大于 300 CFU 的可记录为多不可计。每个稀释度的菌落数应采用两个平板的平均数。

② 其中一个平板有较大片状菌落生长时，则不宜采用，而应以无片状菌落生长的平板作为稀释度的菌落数；若片状菌落不到平板的一半，而其余一半中菌落分布又很均匀，即可计算半个平板后乘以 2，代表一个平板菌落数。

③ 当平板上出现菌落间无明显界限的链状生长时，则将每条单链作为一个菌落计算。

4. 结果与报告

（1）菌落总数的计算方法

① 若只有一个稀释度平板上的菌落数在适宜计数范围内，计算两个平板菌落数的平均值，再将平均值乘以稀释倍数，作为每 g 样品中菌落总数结果。

② 若有连续两个稀释度的平板菌落数在适宜计数范围内时，按以下公式计算：

$$N = \sum C_i / (n_1 + 0.1 n_2) d$$

式中：N——样品中菌落数；

$\sum C_i$——平板（适宜范围菌落数的平板）菌落数之和；

n_1——第一稀释度（低稀释倍数）平板个数；

n_2——第二稀释度（高稀释倍数）平板个数；

d——稀释因子（第一稀释度）。

例如：

稀释度	1:100（第一稀释度）	1:1 000（第二稀释度）
菌落数（CFU）	232，244	33，35

运用上述公式，$N = \dfrac{232 + 244 + 33 + 35}{[2 + (0.1 \times 2)] \times 10^{-2}} = \dfrac{544}{0.022} = 24\ 727$

上述数据按菌落总数的报告中方式修约后，表示为 25 000 或 2.5×10^4。

③ 若所有稀释度的平板上菌落数均大于 300 CFU，则对稀释度最高的平板进行计数，其他平板可记录为多不可计，结果按平均菌落数乘以最高稀释倍数计算。

④ 若所有稀释度的平板菌落数均小于 30 CFU，则应按稀释度最低的平均菌落数乘以稀释倍数计算。

⑤ 若所有稀释度平板均无菌落生长，则以小于 1 乘以最低稀释倍数计算。

⑥ 若所有稀释度的平板菌落数均不在 30 ~ 300 CFU，其中一部分小于 30 CFU 或大于 300 CFU 时，则以最接近 30 CFU 或 300 CFU 的平均菌落数乘以稀释倍数计算。

（2）菌落总数的报告

菌落总数小于 100 CFU 时，按"四舍五入"原则修约，以整数报告。

菌落总数大于或等于 100 CFU 时，第三位数字采取"四舍五入"原则修约后，取前 2 位数字，后面用 0 代替位数；也可用 10 的指数形式来表示，按"四舍五入"原则修约后，取前 2 位数字。

若所有平板上为蔓延菌落而无法计数，则报告菌落蔓延。

若空白平板上有菌落生长，则此次检测结果无效。

样品以 CFU/g 为单位报告。

二、大肠菌群计数（GB 4789.3 – 2010 食品微生物学检验 大肠菌群计数）

1. 材料与设备

除微生物实验室常规灭菌和培养设备外，其他设备和材料如下：

①超净工作台；

②高压灭菌锅；

③恒温培养箱：（36 ± 1）℃；

④冰箱：2 ~ 5℃；

⑤恒温水浴箱：（46 ± 1）℃；

⑥天平：感量 0.1 g；

⑦均质器；

⑧吸管 10 mL 和 100 ~ 1 000 μL 微量移液器及相应吸头；

⑨无菌锥形瓶：500 mL；

⑩无菌培养皿：直径 90 mm；

⑪pH 计或精密 pH 值试纸；

⑫电炉或微波炉；

⑬量筒：250 mL。

2. 培养基和试剂

（1）月桂基硫酸盐胰蛋白胨（Lauryl Sulfate Tryptose，LST）肉汤

胰蛋白胨或胰酪胨：20.0 g

氯化钠：5.0 g

乳糖：5.0 g

磷酸氢二钾（K_2HPO_4）：2.75 g

磷酸二氢钾（KH_2PO_4）：2.75 g

月桂基硫酸钠：0.1 g

蒸馏水：1 000 mL

将各成分溶解于蒸馏水内，校正 pH 值至 6.8 ± 0.2。分装到有玻璃小导管的试管中，每管 10 mL。121℃ 高压灭菌 15 min。

（2）煌绿乳糖胆盐（Brilliant Green Lactose Bile，BGLB）肉汤

蛋白胨：10.0 g

乳糖：10.0 g

牛胆粉（Oxgall 或 Oxbile）溶液：200 mL

0.1% 煌绿水溶液：13.3 mL

蒸馏水：800 mL

将蛋白胨、乳糖溶于约 500 mL 蒸馏水中，加入牛胆粉溶液 200 mL（将 20.0 g 脱水牛胆粉溶于 200 mL 蒸馏水中，调节 pH 值至 7.0 ~ 7.5），用蒸馏水稀释到 975 mL，调节 pH 值为 7.2 ± 0.1，再加入 0.1% 煌绿水溶液 13.3 mL，用蒸馏水补足到 1 000 mL，用棉花过滤后，分装到有玻璃小导管的试管中，每管 10 mL。121℃ 高压灭菌 15 min。

（3）结晶紫中性红胆盐琼脂（Violet Red Bile Agar，VRBA）

蛋白胨：7.0 g

酵母膏：3.0 g

乳糖：10.0 g

氯化钠：5.0 g

胆盐或 3 号胆盐：1.5 g

中性红：0.03 g

结晶紫：0.002 g

琼脂：15 ~ 18 g

蒸馏水：1 000 mL

将各成分溶于蒸馏水中，静置几分钟，充分搅拌，调节 pH 值至 7.4±0.1。煮沸 2 min，将培养基冷却至 45～50℃倾注平板。使用前临时制备，不得超过 3 h。

（4）磷酸盐缓冲液

见菌落总数测定中的培养基和试剂部分。

（5）无菌生理盐水

见菌落总数测定中的培养基和试剂部分。

（6）1 mol/L NaOH

称取 40 g 氢氧化钠溶于 1 000 mL 蒸馏水中，121℃高压灭菌 15 min。

（7）1 mol/L HCl

移取浓盐酸 90 mL，用蒸馏水稀释至 1 000 mL，121℃高压灭菌 15 min。

3. 操作程序

第一种方法：大肠菌群 MPN 计数法。

（1）样品处理

无菌操作称取样品 25 g，放入灭菌乳钵或均质袋内，用无菌剪子剪碎，加灭菌海沙研磨或拍击式均质器拍打 1～2 min，检样磨碎后加入 225 mL 灭菌生理盐水，混匀成 1∶10 的样品匀液。

（2）样品稀释

① 样品处理后，制备样品匀液的 pH 值应在 6.5～7.5，必要时分别用 1 mol/L NaOH 或 1 mol/L HCl 调节。

② 用 1 mL 微量移液器吸取 1∶10 样品匀液 1 mL，沿管壁缓慢注入盛有 9 mL 稀释液（磷酸盐缓冲液或无菌生理盐水）的无菌试管中（注意枪头或枪头尖端不要触及稀释页面），振荡试管或换用 1 个枪头反复吹打使其混合均匀，制成 1∶100 的样品匀液。

③ 根据样品的污染状况的估计，按②操作方法，依次制成 10 倍递增系列稀释样品匀液。每递增稀释一次，换用 1 次 1 mL 枪头。从制备样品匀液至样品接种完毕，全过程不超过 15 min。

（3）初发酵试验

每个样品，选择 3 个适宜的连续稀释度的样品匀液，每个稀释度接种 3 管月桂基硫酸盐胰蛋白胨（LST）肉汤，每管接种 1 mL（如接种量超过 1 mL，则用双料 LST 肉汤），（36±1）℃培养（24±2）h，观察导管内是否有气泡产生，（24±2）h 产气者进行复发酵试验，如未产气则继续培养至（48±2）h，产气者进行复发酵试验。未产气者为大肠菌群阴性。

（4）复发酵试验

用接种环从产气的 LST 肉汤管中分别取培养物 1 环，移种于煌绿乳糖胆盐肉汤（BGLB）管中，（36±1）℃培养（48±2）h，观察产气情况。产气者，计为大肠菌群阳性管。

第二种方法：大肠菌群平板计数法。

（1）样品处理

无菌操作称取样品 25 g，放入灭菌乳钵或均质袋内，用无菌剪子剪碎，加灭菌海沙研磨或拍击式均质器拍打 1～2 min，样品磨碎后加入 225 mL 灭菌生理盐水，混匀成 1∶10 的样品匀液。

（2）样品稀释

样品稀释方法同第一种方法，大肠菌群 MPN 计数法中的样品稀释。

（3）平板计数

① 选取 2~3 个适宜的连续稀释度，每个稀释度接种 2 个无菌平皿，每皿 1 mL。同时取 1 mL 生理盐水加入无菌平皿作空白对照。

② 及时将 15~20 mL 冷至 46℃的结晶紫中性红胆盐琼脂（VRBA）倾注于每个平皿中。小心旋转平皿，将培养基与样液充分混匀，待琼脂凝固后，再加 3~4 mL VRBA 覆盖平板表层。翻转平板，置于（36±1）℃培养 18~24 h。

（4）平板菌落数的选择

选取菌落数在 15~150 CFU 的平板，分别计数平板上出现的典型和可疑大肠菌群菌落。典型菌落为紫红色，菌落周围有红色的胆盐沉淀环，菌落直径为 0.5 mm 或更大。

（5）证实试验

从 VRBA 平板上挑取 10 个不同类型的典型和可疑菌落，分别移种于 BGLB 肉汤管内，（36±1）℃培养 24~48 h，观察产气情况。凡 BGLB 肉汤管产气，即可报告为大肠菌群阳性。

4. 结果与报告

采用第一种方法按复发酵试验确证的大肠菌群 LST 阳性管数，检索 MPN 表见表 8.1，报告每 g 样品中大肠菌群的最可能数 MPN 值。

表 8.1　大肠菌群最可能数（MPN）检索表

阳性管数			MPN	95% 可信限		阳性管数			MPN	95% 可信限	
0.1	0.01	0.001		下限	上限	0.1	0.01	0.001		下限	上限
0	0	0	<3.0	——	9.5	2	2	0	21	4.5	42
0	0	1	3.0	0.15	9.6	2	2	1	28	8.7	94
0	1	0	3.0	0.15	11	2	2	2	35	8.7	94
0	1	1	6.1	1.2	18	2	3	0	29	8.7	94
0	2	0	6.2	1.2	18	2	3	1	36	8.7	94
0	3	0	9.4	3.6	38	3	0	0	23	4.6	94
1	0	0	3.6	0.17	18	3	0	1	38	8.7	110
1	0	1	7.2	1.3	18	3	0	2	64	17	180
1	0	2	11	3.6	38	3	1	0	43	9	180
1	1	0	7.4	1.3	20	3	1	1	75	17	200
1	1	1	11	3.6	38	3	1	2	120	37	420
1	2	0	11	3.6	42	3	1	3	160	40	420
1	2	1	15	4.5	42	3	2	0	93	18	420
1	3	0	16	4.5	42	3	2	1	150	37	420
2	0	0	9.2	1.4	38	3	2	2	210	40	430
2	0	1	14	3.6	42	3	2	3	290	90	1 000
2	0	2	20	4.5	42	3	3	0	240	42	1 000
2	1	0	15	3.7	42	3	3	1	460	90	2 000
2	1	1	20	45	42	3	3	2	1 100	180	4 100
2	1	2	27	8.7	94	3	3	3	>1 100	420	——

注 1：本表采用 3 个稀释度［0.1 g、0.01 g 和 0.001 g］，每个稀释度接种 3 管。

2：表内所列检样量如改用 1 g、0.1 g 和 0.001 g 时，表内数字应相应降低 10 倍；如改用 0.01 g、0.001 g 和 0.000 1 g 时，则表内数字相应增高 10 倍，其余类推。

采用第二种方法，经最后证实为大肠菌群阳性的试管比例乘以平板上计数的典型和可疑菌落数，再乘以稀释倍数，即为每 g 样品中大肠菌群数。例：10^{-4} 样品稀释液 1 mL，在 VRBA 平板上有 100 个典型和可疑菌落，挑取其中 10 个接种 BGLB 肉汤管，证实有 6 个阳性管，则该样品的大肠菌群数为：$100 \times (6/10) \times 10^4/g = 6.0 \times 10^5$ CFU/g。

三、金黄色葡萄球菌检验（GB/T 4789.10 食品微生物学检验 金黄色葡萄球菌检验）

1. 材料与设备

除微生物实验室常规灭菌和培养设备外，其他设备和材料如下：

①生物安全柜；

②高压灭菌锅；

③冰箱：$2 \sim 5℃$、$7 \sim 10℃$；

④恒温培养箱：$(36 \pm 1)℃$；

⑤均质器；

⑥电子天平：感量 0.1 g；

⑦无菌锥形瓶：容量 250 mL，500 mL 和 10 00 mL；

⑨吸管 10 mL 和 $100 \sim 1\,000\,\mu L$ 微量移液器及相应吸头

⑨无菌培养皿：直径 90 mm；

⑩显微镜：$10 \times \sim 100 \times$；

⑪无菌试管：$18\ mm \times 180\ mm$ 和 $15\ mm \times 100\ mm$；

⑫pH 计或精密 pH 试纸；

⑬电炉或微波炉；

⑭量筒：250 mL 和 1 000 mL；

⑮全自动微生物生化鉴定系统；

⑯无菌手术剪、镊子。

2. 培养基和试剂

（1）10% 氯化钠胰酪胨大豆肉汤

胰酪胨（或胰蛋白胨）：17.0 g

植物蛋白胨（或大豆蛋白胨）：3.0 g

氯化钠：100.0 g

磷酸氢二钾：2.5 g

丙酮酸钠：10.0 g

葡萄糖：2.5 g

蒸馏水：1 000 mL

将上述成分混合，加热，轻轻搅拌并溶解，调节 pH 值为 7.3 ± 0.2，分装，每瓶 225 mL，121℃ 高压灭菌 15 min。

（2）7.5% 氯化钠肉汤

蛋白胨：10.0 g

牛肉膏：5.0 g

氯化钠：75 g

蒸馏水：1 000 mL

将上述成分混合，加热溶解，调节 pH 值为 7.4，分装，每瓶 225 mL，121℃ 高压灭菌 15 min。

（3）血琼脂平板

豆粉琼脂（pH 值为 7.4~7.6）：100 mL

脱纤维羊血（或兔血）：5 mL~10 mL

加热溶化琼脂，冷却至 50℃，以无菌操作加入脱纤维羊血，摇匀，倾注平板。

（4）Baird – Parker 琼脂平板

胰蛋白胨：10.0 g

牛肉膏：5.0 g

酵母膏：1.0 g

丙酮酸钠：10.0 g

甘氨酸：12.0 g

氯化锂（LiCl·6H$_2$O）：5.0 g

琼脂：20.0 g

蒸馏水：950 mL

将各成分加到蒸馏水中，加热煮沸至完全溶解，调节 pH 值为 7.0±0.2。分装每瓶 95 mL，121℃ 高压灭菌 15 min。

30% 卵黄盐水 50 mL 与经除菌过滤的 1% 亚碲酸钾溶液 10 mL 混合，保存于冰箱内。

临用时加热溶化琼脂，冷至 50℃，每 95 mL 加入预热至 50℃ 的卵黄亚碲酸钾增菌剂 5 mL 摇匀后倾注平板。培养基应是致密不透明的。使用前在冰箱储存不得超过 48 h。

（5）脑心浸出液肉汤（BHI）

胰蛋白质胨：10.0 g

氯化钠：5.0 g

磷酸氢二钠（Na$_2$HPO$_4$·12H$_2$O）：2.5 g

葡萄糖：2.0 g

牛心浸出液：500 mL

加热溶解，调节 pH 值为 7.4±0.2，分装 16 mm×160 mm 试管，每管 5 mL，121℃ 高压灭菌 15 min。

（6）兔血浆

取柠檬酸钠 3.8 g，加蒸馏水 100 mL，溶解后过滤，装瓶，121℃ 高压灭菌 15 min。

兔血浆制备：取 3.8% 柠檬酸钠溶液一份，加兔全血四份，混好静置（或以 3 000 r/min 离心30 min），使血液细胞下降，即可得血浆。

（7）稀释液：磷酸盐缓冲液

见菌落总数检测中磷酸盐缓冲液配制。

（8）营养琼脂小斜面

蛋白胨：10.0 g

牛肉膏：3.0 g

氯化钠：5.0 g

琼脂：15.0～20.0 g

蒸馏水：1 000 mL

将除琼脂以外的各成分溶解于蒸馏水内，加入 15% 氢氧化钠约 2 mL，调节 pH 值至 7.2～7.4。加入琼脂，加热煮沸，使琼脂溶化，分装 13 mm×130 mm 管，121℃高压灭菌 15 min。

（9）革兰氏染色液

① 结晶紫染色液

结晶紫：1.0 g

95% 乙醇：20.0 mL

1% 草酸铵水溶液：80.0 mL

将结晶紫完全溶解于乙醇中，然后与草酸铵溶液混合。

② 革兰氏碘液

碘：1.0 g

碘化钾：2.0 g

蒸馏水：300.0 mL

将碘和碘化钾先行混合，加蒸馏水少许充分振摇，待完全溶解后，再加蒸馏水至 300 mL。

③ 沙黄复染液

沙黄：0.25 g

95% 乙醇：10.0 mL

蒸馏水：90.0 mL

将沙黄溶解于乙醇中，然后用蒸馏水稀释。

④ 染色方法

涂片在火焰上固定，滴加结晶紫染液，染 1 min，水洗。

滴加革兰氏碘液，作用 1 min，水洗。

滴加 95% 乙醇脱色约 15～30 s，直至染色液被洗掉，不要过分脱色，水洗。

滴加复染液，复染 1 min，水洗、待干、镜检。

（10）无菌生理盐水

见菌落总数检测中无菌生理盐水配制。

3. 操作程序

（1）样品处理

无菌操作称取样品 25 g，放入灭菌乳钵或均质袋内，用无菌剪子剪碎，加灭菌海沙研磨或拍击式均质器拍打 1～2 min，检样磨碎后加入 225 mL 7.5% 氯化钠肉汤或 10% 氯化钠胰酪胨大豆肉汤中，制备成 1:10 的样品匀液。

（2）增菌和分离培养

① 将上述样品匀液于（36±1）℃培养 18～24 h。金黄色葡萄球菌在 7.5% 氯化钠肉汤中呈混浊生长，污染严重时在 10% 氯化钠胰酪胨大豆肉汤内呈混浊生长。

② 将上述培养物，分别划线接种到 Baird - Parker 平板和血平板，血平板（36±1）℃培养 18～24 h。Baird - Parker 平板（36±1）℃培养 18～24 h 和 45～48 h。

③ 经黄色葡萄球菌在 Baird - Parker 平板夯，菌落直径为 2～3 mm，颜色呈灰色到黑色，边缘为淡色，

周围为一混浊带，在其外层有以透明圈。用接种针接触菌落有似奶油至树胶样的硬度，偶然会遇到非脂肪溶解的类似菌落，但无混浊带及透明圈。长期保存的冷冻货干燥食品中所分离的菌落比典型菌落所产生的黑色较淡些，外观可能粗糙并干燥。在血平板上，形成菌落较大，圆形、光滑凸起、湿润、金黄色（有时白色），菌落周围可见完全透明溶血圈。挑取上述菌落进行革兰氏染色镜检及血浆凝固酶试验。

（3）鉴定

① 染色镜检：金黄色葡萄球菌为革兰氏阳性球菌，排列呈葡萄球状，无芽孢，无荚膜，直径约 0.5 ~ 1 μm。

② 血浆凝固酶试验：挑取 Baird – Parker 平板或血平板上可疑菌落 1 个或以上，分别接种到 5 mL BHI 和营养琼脂小斜面，（36 ±1）℃培养 18 ~ 24 h。

取新鲜配制兔血浆 0.5 mL，放入小试管中，再加入 BHI 培养物 0.2 ~ 0.3 mL，振荡摇匀，置（36 ± 1）℃温箱或水浴箱内，每半小时观察一次，观察 6 h，如呈现凝固（即将试管倾斜或倒置时，呈现凝块）或凝固体积大于原体积的一半，被判定为阳性结果。同时以血浆凝固酶试验阳性和阴性葡萄球菌菌株的肉汤培养物作为对照。也可用商品化的试剂，按说明书操作，进行血浆凝固酶试验。

结果如可疑，挑取营养琼脂小斜面的菌落到 5 mL BHI，（36 ±）1℃培养 18 ~ 48 h，重复试验。

（4）结果与报告

在 25 g 样品中检出或未检出金黄色葡萄球菌。

四、沙门氏菌检验（GB 4789.4 – 2010 食品微生物学检验 沙门氏菌检验）

1. 材料与设备

除微生物实验室常规灭菌和培养设备外，其他设备和材料如下：

①生物安全柜；

②高压灭菌锅；

③冰箱：2 ~ 5℃；

④恒温培养箱：（36 ±1）℃，（42 ±1）℃；

⑤均质器；

⑥电子天平：感量 0.1 g；

⑦无菌锥形瓶：容量 250 mL 和 500 mL；

⑧吸管 10 mL 和 100 ~ 1 000 μL 微量移液器及相应吸头；

⑨无菌培养皿：直径 90 mm；

⑩无菌试管：3 mm ×50 mm 和 10 mm ×75 mm；

⑪无菌毛细管；

⑫pH 计或精密 pH 试纸；

⑬电炉或微波炉；

⑭量筒：250 mL 和 1 000 mL；

⑮全自动微生物生化鉴定系统。

2. 培养基和试剂

（1）缓冲蛋白胨水（BPW）

称取蛋白胨：10.0 g

氯化钠：5.0 g

磷酸氢二钠（含12个结晶水）：9.0 g

磷酸二氢钾：1.5 g，

蒸馏水：1 000 mL

将各成分溶解于蒸馏水中，充分搅拌，静置10 min，煮沸溶解，调节pH值至7.2±0.2。121℃高压灭菌15 min。

（2）四硫磺酸钠煌绿（TTB）增菌液

① 配制基础液

蛋白胨：10.0 g

牛肉膏：5.0 g

氯化钠：3.0 g

碳酸钙：45.0 g

蒸馏水：1 000 mL

除碳酸钙外，将各成分加入蒸馏水中，煮沸溶解，再加入碳酸钙，调节pH值至7.0±0.2，121℃高压灭菌20 min。

② 硫代硫酸钠溶液

硫代硫酸钠（含5个结晶水）：50.0 g

蒸馏水：加至1000 mL

高压灭菌121℃，20 min。

③碘溶液

碘片：20.0 g

碘化钾：25.0 g

蒸馏水：加至100 mL

将碘化钾充分溶解于少量的蒸馏水中，再投入碘片，振摇玻瓶至碘片全部溶解为止，然后加蒸馏水至规定的总量，贮存于棕色瓶内，塞紧瓶盖备用。

④0.5%煌绿水溶液

煌绿：0.5 g

蒸馏水：100 mL

溶解后，存放暗处，不少于1d，使其自然灭菌。

⑤牛胆盐溶液

牛胆盐：10.0 g

蒸馏水：100 mL

加热煮沸至完全溶解，高压灭菌121℃，20 min。

⑥制法

基础液：900 mL

硫代硫酸钠溶液：100 mL

碘溶液：20.0 mL

煌绿水溶液：2.0 mL

牛胆盐溶液：50.0 mL

临用前，按上列顺序，以无菌操作依次加入基础液中，逐一添加，每次均应摇匀。

（3）亚硒酸盐胱氨酸（SC）增菌液

蛋白胨：5.0 g

乳糖：4.0 g

磷酸氢二钠：10.0 g

亚硒酸氢钠：4.0 g

L－胱氨酸：0.01 g

蒸馏水：1 000 mL

除亚硒酸氢钠和L－胱氨酸外，将各成分加入蒸馏水中，煮沸溶解，冷至55℃以下，以无菌操作加入亚硒酸氢钠和1 g/L L－胱氨酸溶液10 mL（称取0.1 g L－胱氨酸，加1 mol/L氢氧化钠溶液15 mL，使溶解，再加无菌蒸馏水至100 mL即成，如为DL－胱氨酸，用量应加倍），摇匀，调节pH值至7.0±0.2。

（4）亚硫酸铋（BS）琼脂

蛋白胨：10.0 g

牛肉膏：5.0 g

葡萄糖：5.0 g

硫酸亚铁：0.3 g

磷酸氢二钠：4.0 g

煌绿：0.025 g或5.0 g/L水溶液5.0 mL

柠檬酸铋铵：2.0 g

亚硫酸钠：6.0 g

琼脂：18.0 g～20.0 g

蒸馏水：1 000 mL

将前三种成分加入300 mL蒸馏水（制作基础液），硫酸亚铁和磷酸氢二钠分别加入20 mL和30 mL蒸馏水，柠檬酸铋铵和亚硫酸钠分别加入另一20 mL和30 mL蒸馏水中，琼脂加入600 mL蒸馏水中。然后分别搅拌均匀，煮沸溶解。冷至80℃左右时，先将硫酸亚铁和磷酸氢二钠混匀，倒入基础液中，混匀。将柠檬酸铋铵和亚硫酸钠混匀，倒入基础液中，再混匀。调节pH值至7.5±0.2，随即倾入琼脂液中，混合均匀，冷至50～55℃。加入煌绿溶液，充分混匀后立即倾注平皿。

（5）HE琼脂

蛋白胨：12.0 g

牛肉膏：3.0 g

乳糖：12.0 g

蔗糖：12.0 g

水杨素：2.0 g

胆盐：20.0 g

氯化钠：5.0 g

琼脂：18.0～20.0 g

蒸馏水：1 000 mL

0.4%溴麝香草酚蓝溶液：16.0 mL

Andrade指示剂：20.0 mL

甲液：20.0 mL

乙液：20.0 mL

将前面七种成分溶解于400 mL蒸馏水内作为基础液，将琼脂加入于600 mL蒸馏水内。然后分别搅拌均匀，煮沸溶解。加入甲液和乙液于基础液内，调节pH值至7.5±0.2。再加入指示剂，并与琼脂液合并，待冷至50～55℃，倾注平皿。

注：① 本培养基不需要高压灭菌，在制备过程中不宜过分加热，避免降低其选择性。

②甲液的配制

硫代硫酸钠：34.0 g

柠檬酸铁铵：4.0 g

蒸馏水：100 mL

③乙液的配制

去氧胆酸钠：10.0 g

蒸馏水：100 mL

④Andrade 指示剂

酸性复红：0.5 g

1 mol/L 氢氧化钠溶液：16.0 mL

蒸馏水：100 mL

将复红溶解于蒸馏水中，加入氢氧化钠溶液。数小时后如复红褪色不全，再加氢氧化钠1～2 mL。

（6）木糖赖氨酸脱氧胆盐（XLD）琼脂

酵母膏：3.0 g

L－赖氨酸：5.0 g

木糖：3.75 g

乳糖：7.5 g

蔗糖：7.5 g

去氧胆酸钠：2.5 g

柠檬酸铁铵：0.8 g

硫代硫酸钠：6.8 g

氯化钠：5.0 g

琼脂：15.0 g

酚红：0.08 g

蒸馏水：1 000 mL

除酚红和琼脂外，将其他成分加入400 mL蒸馏水中，煮沸溶解，调节pH值至7.4±0.2。另将琼脂加入600 mL蒸馏水中，煮沸溶解。

将上述两溶液混合混匀后，再加入指示剂，待冷至50～55℃，倾注平皿。

注：本培养基不需要高压灭菌，在制备过程中不宜过分加入，避免降低其选择性，贮存室温暗处。本培养基于当天制备，第二天使用。

（7）三糖铁（TSI）琼脂

蛋白胨：20.0 g

牛肉膏：5.0 g

乳糖：10.0 g

蔗糖：10.0 g

葡萄糖：1.0 g

硫酸亚铁铵（含6个结晶水）：0.2 g

酚红：0.025 g 或 5 g/L 溶液：5.0 mL

氯化钠：5.0 g

硫代硫酸钠：0.2 g

琼脂：12.0 g

蒸馏水：1 000 mL

除酚红和琼脂外，将其他成分加入 400 mL 蒸馏水中，煮沸溶解，调节 pH 值 7.4±0.2。另将琼脂加入 600 mL 蒸馏水中，煮沸溶解。

将上述两溶液混合均匀后，再加入指示剂，混匀，分装试管，每管约 2～4 mL，高压灭菌 121℃ 10 min 或 115℃ 15 min，灭菌后置成高层斜面，呈橘红色。

（8）蛋白胨水、靛基质试剂

① 蛋白胨水

蛋白胨（或胰蛋白胨）：20.0 g

氯化钠：5.0 g

蒸馏水：1 000 mL

将上述成分加入蒸馏水中，煮沸溶解，调节 pH 值至 7.4±0.2，分装小试管，121℃ 高压灭菌 15 min.

② 靛基质试剂

柯凡克试剂：将 5 g 对二甲氨基甲醛溶解于 75 mL 戊醇中，然后缓慢加入浓盐酸 25 mL。

欧 - 波试剂：将 1 g 对二甲氨基苯甲醛溶解于 95 mL95% 乙醇内。然后缓慢加入浓盐酸 20 mL

③ 试验方法

挑取小量培养物接种，在（36±1）℃ 培养 1 d～2 d，必要时可培养 4～5 d。加入柯凡克试剂约 0.5 mL，轻摇试管，阳性者于试剂层层深红色；或加入欧 - 波试剂约 0.5 mL，沿管壁流下，覆盖于培养液表面，阳性者于液面接触处呈玫瑰红色。

注：蛋白胨中应含有丰富的色氨酸。每批蛋白胨买来后，应先用已知菌种鉴定后方可使用。

（9）尿素琼脂（pH 值为 7.2）

蛋白胨：1.0 g

氯化钠：5.0 g

葡萄糖：1.0 g

磷酸二氢钾：2.0 g

0.4% 酚红：3.0 mL

琼脂：20.0 g

蒸馏水：1 000 mL

20% 尿素溶液：100 mL

除尿素、琼脂和酚红外，将其他成分加入 400 mL 蒸馏水中，煮沸溶解，调节 pH 值至 7.2±0.2。另将琼脂加入 600 mL 蒸馏水中，煮沸溶解。

将上述两溶液混合均匀后，再加入指示剂分装，121℃ 高压灭菌 15 min。冷至 50～55℃，加经除菌过滤的尿素溶液。尿素的最终浓度为2%。分装于无菌试管内，放成斜面备用。

挑取琼脂培养物接种，在（36±1）℃培养24 h，观察结果。尿素酶阳性者由于产碱而使培养基变成红色。

（10）氰化钾（KCN）培养基

蛋白胨：10.0 g

氯化钠：5.0 g

磷酸二氢钾：0.225 g

磷酸氢二钠：5.64 g

蒸馏水 ：1 000 mL

0.5%氰化钾：20 mL

将除氰化钾以外的成分加入蒸馏水中，煮沸溶解，分装后121℃高压灭菌15 min。放在冰箱内使其充分冷却。每100 mL培养基加入0.5%氰化钾溶液2.0 mL（最后浓度为1:10 000），分装于无菌试管内，每管约4 mL，立刻用无菌橡皮塞塞紧，放在4℃冰箱内，至少可保存两个月。同时，将不加氰化钾的培养基作为对照培养基，分装试管备用。

将琼脂培养物接种于蛋白胨水内成稀释菌液，挑取1环接种于氰化钾（KCN）培养基。并另挑取1环接种于对照培养基。在（36±1）℃培养1~2 d，观察结果。如有细菌生长即为阳性（不抑制），经2 d细菌不生长为阴性（抑制）。

注：氰化钾是剧毒药，使用时应小心，切勿沾染，以免中毒。夏天分装培养基应在冰箱内进行。试验失败的主要原因是封口不严，氰化钾逐渐分解，产生氰酸气体逸出，以致药物浓度降低，细菌生长，因而造成假阳性反应。试验时对每一环节都要特别注意。

（11）赖氨酸脱羧酶试验培养基

蛋白胨：5.0 g

酵母浸膏：3.0 g

葡萄糖：1.0 g

蒸馏水：1 000 mL

1.6%溴甲酚紫-乙醇溶液：1.0 mL

L-赖氨酸或DL-赖氨酸：0.5 g/100 mL或1.0 g/100 mL

除赖氨酸以外的成分加热溶解后，分装每瓶100 mL，分别加入赖氨酸。L-赖氨酸按0.5%加入，DL-赖氨酸按1%加入。调节pH值为6.8±0.2。对照培养基不加赖氨酸。分装于无菌的小试管内，每管0.5 mL，上面滴加一层液体石蜡，115℃高压灭菌10 min。

从琼脂斜面挑取培养物接种，于（36±1）℃培养18~24 h，观察结果。氨基酸脱羧酶阳性者由于产碱，培养基应呈紫色。阴性者无碱性产物，但因葡萄糖产酸而使培养基变成黄色。对照管应为黄色。

（12）糖发酵管

牛肉膏：5.0 g

蛋白胨：10.0 g

氯化钠：3.0 g

磷酸氢二钠（含12个结晶水）：2.0 g

0.2%溴麝香草酚蓝溶液：12.0 mL

蒸馏水：1 000 mL

葡萄糖发酵管按上述成分配好后，调节 pH 值至 7.4±0.2。按 0.5% 加入葡萄糖，分装于有一个倒置小管的小试管内，121℃高压灭菌 15 min。

其他各种糖发酵管可按上述成分分配好后，分装每瓶 100 mL，121℃高压灭菌 15 min。另将各种糖类分别配好 10% 溶液，同时高压灭菌。将 5 mL 糖溶于加入 100 mL 培养基内，以无菌操作分装小试管。

注：蔗糖不纯，加热后会自行水解者，应采用过滤法除菌。

从琼脂斜面上挑取小量培养物接种，于（36±1）℃培养，一般 2～3 d。迟缓反应需观察 14～30 d。

（13）邻硝基酚 β–D 半乳糖苷（ONPG）培养基

邻硝基酚 β–D 半乳糖苷（ONPG）：60.0 mg

0.01 mol/L 磷酸钠缓冲液（pH 值为 7.5）：10.0 mL

1% 蛋白胨水（pH 值为 7.5）：30.0 mL

将 ONPG 溶于缓冲液内，加入蛋白胨水，以过滤法除菌，分装于无菌的小试管内，每管 0.5 mL，用橡皮塞塞紧。

自琼脂斜面上挑取培养物 1 满环接种，于（36±1）℃培养 1～3 h 和 24 h 观察结果。如果 β–半乳糖苷酶产生，则于 1～3 h 变黄色，如无此酶则 24 h 不变色。

（14）半固体琼脂

牛肉膏：0.3 g

蛋白胨：1.0 g

氯化钠：0.5 g

琼脂：0.35～0.4 g

蒸馏水：100 mL

按以上成分分配好，煮沸溶解，调节 pH 值至 7.4±0.2。分装小试管。121℃高压灭菌 15 min。直立凝固备用。

注：供动力观察、菌种保存、H 抗原位相变异试验等用。

（15）丙二酸钠培养基

酵母浸膏：1.0 g

硫酸铵：2.0 g

磷酸氢二钾：0.6 g

磷酸二氢钾：0.4 g

氯化钠：2.0 g

丙二酸钠：3.0 g

0.2% 溴麝香草酚蓝溶液：12.0 mL

蒸馏水：1 000 mL

除指示剂以外成分溶解于水，调节 pH 值，再加入指示剂，分装试管，121℃高压灭菌 15 min。

用新鲜的琼脂培养物接种，于（36±1）℃培养 48 h，观察结果。阳性者由绿色变为蓝色。

（16）沙门氏菌 O 和 H 诊断血清

3. 操作程序

（1）前增菌

无菌操作称取样品 25 g，放入灭菌乳钵或均质袋内，用无菌剪子剪碎，加灭菌海沙研磨或拍击式均质器拍打 1～2 min，检样磨碎后加入 225 mL BPW 中。用 1 mol/mL 无菌 NaOH 或 HCl 调 pH 至 6.8±0.2。于 (36±1)℃培养 8～18 h。

如为冷冻产品，应在 45℃以下不超过 15 min，或 2～5℃不超过 18 h 解冻。

（2）增菌

轻轻摇动培养过的样品混合物，移取 1 mL，转种于 10 mLTTB 内，于（42±1）℃培养 18～24 h。同时，另取 1 mL，转种于 10 mL SC 内，于（36±1）℃培养 18～24 h。

（3）分离

分别用接种环取增菌液 1 环，划线接种于一个 BS 琼脂平板和一个 XLD 琼脂平板（或 HE 琼脂平板或沙门氏菌显色培养基平板）。于（36±1）℃分别培养 18～24 h（XLD 琼脂平板、HE 琼脂平板或沙门氏菌显色培养基平板）或 40～48 h（BS 琼脂平板），观察个平板上生长的菌落，各个平板上的菌落特征见表 8.2。

表 8.2　沙门氏菌属在不同选择性琼脂平板上的菌落特征

选择性琼脂平板	沙门氏菌
BS 琼脂	菌落为黑色有金属光泽、棕褐色或灰色，菌落周围培养基可呈黑色或棕色；有些菌株形成灰绿色的菌落，周围培养基不变
HE 琼脂	蓝绿色或蓝色，多数菌落中心黑色或几乎全黑色；有些菌株为黄色，中心黑色或几乎全黑色
XLD 琼脂	菌落呈粉红色，带或不带黑色中心，有些菌株可呈现大的带光泽的黑色中心，或呈现全部黑色的菌落；有些菌株为黄色菌落，带或不带黑色中心
沙门氏菌属显色培养基	按照显色培养基的说明进行判定

（4）生化试验

① 自选择性琼脂平板上分别挑取 2 个以上典型或可疑菌落，接种三糖铁琼脂，先在斜面划线，再于底层穿刺；接种针不要灭菌，直接接种赖氨酸脱羧酶试验培养基和营养琼脂平板，于（36±1）℃培养 18～24 h，必要时可延长至 48 h。在三糖铁琼脂和赖氨酸脱羧酶试验培养基内，沙门氏菌属的反应结果见表 8.3。

表 8.3　沙门氏菌属在三糖铁琼脂和赖氨酸脱羧酶试验培养基内的反应结果

三糖铁琼脂				赖氨酸脱羧酶试验培养基	初步判断
斜面	底层	产气	硫化氢		
K	A	＋（－）	＋（－）	＋	可疑沙门氏菌属
K	A	＋（－）	＋（－）	－	可疑沙门氏菌属
A	A	＋（－）	＋（－）	＋	可疑沙门氏菌属
A	A	＋/－	＋/－		非沙门氏菌
K	K	＋/－	＋/－	＋/－	非沙门氏菌

注：K：产碱，A：产酸；＋：阳性，－阴性；＋（－）：多数阳性，少数阴性；＋/－：阳性或阴性

②接种三糖铁琼脂和赖氨酸脱羧酶试验培养基的同时，可直接接种蛋白胨水（供做靛基质试验）、尿素琼脂（pH 值 7.2）、氰化钾（KCN）培养基，也可再初步判断结果后从营养琼脂平板上挑取可疑的菌落接种。于（36±1）℃培养 18～24 h，必要时可延长至 48 h。按表 8.4 判定结果。将已挑菌落的平板储存于 2～5℃或室温至少保留 24 h，以备必要时复查。

表 8.4 沙门氏菌属生化反应初步鉴定表

反应序号	硫化氢（H₂S）	靛基质	pH 值 7.2 尿素	氰化钾（KCN）	赖氨酸脱羧酶
A1	+	−	−	−	+
A2	+	+	−	−	+
A3	−	−	−	−	+ / −

注：＋阳性；－阴性；＋/－阳性或阴性。

③反应序号 A1：典型反应判定为沙门氏菌属。如尿素、KCN 和赖氨酸脱羧酶 3 项中有 1 项异常，按表 8.5 可判定为沙门氏菌。如有 2 项异常为非沙门氏菌。

④反应序号 A2：补做甘露醇和山梨醇试验，沙门氏菌靛基质阳性变体两项试验结果均未阳性，但需要结果血清学鉴定结果进行判定。

⑤反应序号 A3：补做 ONPG。ONPG 阴性为沙门氏菌，同时赖氨酸脱羧酶阳性，甲型副伤寒沙门氏菌为赖氨酸脱羧酶阴性。

表 8.5 沙门氏菌属生化反应初步鉴定表

pH 值 7.2 尿素	氰化钾（KCN）	赖氨酸脱羧酶	判定结果
−	−	−	甲型副伤寒沙门氏菌（要求血清学鉴定结果）
−	+	+	沙门氏菌Ⅳ或Ⅴ（要求符合本群生化特性）
+	−	+	沙门氏菌个别变体（要求血清学鉴定结果）

注：＋表示阳性；－表示阴性。

⑥必要时按表 8.6 进行沙门氏菌生化群的鉴别。

表 8.6 沙门氏菌属各生化群的鉴别

项目	Ⅰ	Ⅱ	Ⅲ	Ⅳ	Ⅴ	Ⅵ
卫矛醇	+	+	−	−	+	−
山梨醇	+	+	+	+	+	−
水杨苷	−	−	−	+	−	−
ONPG	−	−	+	−	+	−
丙二酸盐	−	+	+	−	−	−
KCN	−	−	−	+	+	−

注：＋表示阳性；－表示阴性。

⑦如选择生化鉴定试剂盒或全自动微生物生化鉴定系统，可依据初步判断结果，从营养琼脂平板上挑取可疑菌落，用生理盐水制成浊度适当的菌悬液，使用生化鉴定试剂盒或全自动微生物生化鉴定系统进行鉴定。

（5）血清学鉴定

①抗原的准备

一般采用 1.2% ~ 1.5% 琼脂培养物作为玻片凝集试验用得抗原。

O 血清不凝集时，将菌株接种在琼脂量较高的（如 2% ~ 3%）培养物上再检查；如果是由于 Vi 抗原的存在而阻止了 O 凝集反应时，可挑取菌台于 1 mL 生理盐水中做成浓菌液，于酒精灯火焰上煮沸后再检查。H 抗原发育不良时，将菌株接种在 0.55% ~0.65% 半固体琼脂平板的中央，在菌落蔓延生长时，在其边缘部分取菌检查；或将菌株通过装有 0.3% ~0.4% 半固体琼脂的小玻管 1 ~2 次，自远端取菌培养后再检查。

②多价菌体抗原（O）和多价鞭毛抗原（H）鉴定

在玻片上划出 2 个约 1 cm×2 cm 的区域，挑取 1 环待测菌，各放 1/2 环玻片上的每一区域上部，在其中一个区域下部加 1 滴多价菌体（O）抗血清（H 抗原做法雷同），在另一区域下部加入 1 滴生理盐水，作为对照。再用无菌的接种环或针分别将两个区域内的菌落研成乳状液。将玻片倾斜摇动混合 1 min，并对着黑暗背景进行观察，任何程度的凝集现象皆为阳性反应。

4. 结果与报告

综合生化试验和血清学鉴定的结果，报告 25 g 样品中检出或未检出沙门氏菌。

五、副溶血性弧菌检验（GB/T 4789.7 食品微生物学检验　副溶血性弧菌检验）

1. 材料与设备

除微生物实验室常规灭菌和培养设备外，其他设备和材料如下：
①生物安全柜；
②高压灭菌锅；
③冰箱：2 ~5℃、7 ~10℃；
④恒温培养箱：（36 ±1）℃；
⑤均质器；
⑥电子天平：感量 0.1 g；
⑦无菌锥形瓶：容量 250 mL、500 mL 和 1 000 mL；
⑧吸管 10 mL 和 100 ~1 000 μL 微量移液器及相应吸头；
⑨无菌培养皿：直径 90 mm；
⑩显微镜：10× ~100×；
⑪无菌试管：18 mm×180 mm 和 15 mm×100 mm；
⑫pH 计或精密 pH 试纸；
⑬电炉或微波炉；
⑭量筒：250 mL、1 000 mL；
⑮全自动微生物生化鉴定系统；
⑯恒温水浴箱：（36 ±1）℃；
⑰无菌手术剪、镊子。

2. 培养基和试剂

（1）3% 氯化钠碱性蛋白胨水
蛋白胨：10.0 g
氯化钠：30.0 g

蒸馏水：1 000.0 mL

将各成分溶于蒸馏水中，校正 pH 值至 8.5±0.2，121℃高压灭菌 10 min。

（2）硫代硫酸盐－柠檬酸盐－胆盐－蔗糖（TCBS）琼脂

蛋白胨：10.0 g

酵母浸膏：5.0 g

柠檬酸钠（$C_6H_3O_7Na_3 \cdot 2H_2O$）：10.0 g

硫代硫酸钠（$Na_2S_2O_3 \cdot 5H_2O$）：10.0 g

氯化钠：10.0 g

牛胆汁粉：5.0 g

柠檬酸铁：1.0 g

胆酸钠：3.0 g

蔗糖：20.0 g

溴麝香草酚蓝：0.04 g

麝香草酚蓝：0.04 g

琼脂：15.0 g

蒸馏水：1 000 mL

将各成分溶于蒸馏水中，校正 pH 值至 8.6±0.2，加热煮沸至完全溶解。冷至 50℃左右倾注平板备用。

（3）3%氯化钠胰蛋白胨大豆琼脂

胰蛋白胨：15.0 g

大豆蛋白胨：5.0 g

氯化钠：30.0 g

琼脂：15.0 g

蒸馏水：1 000.0 mL

将各成分溶于蒸馏水中，校正 pH 值至 7.3±0.2，121℃高压灭菌 15 min。

（4）3%氯化钠三糖铁琼脂

蛋白胨：15.0 g

月示蛋白胨：5.0 g

牛肉膏：3.0 g

酵母浸膏：3.0 g

氯化钠：30.0 g

乳糖：10.0 g

蔗糖：10.0 g

葡萄糖：1.0 g

硫酸亚铁（$FeSO_4$）：0.2 g

苯酚红：0.024 g

硫代硫酸钠（$Na_2S_2O_3$）：0.3 g

琼脂：12.0 g

蒸馏水：1 000.0 mL

将各成分溶于蒸馏水中，校正 pH 值至 7.4 ±0.2。分装到适当容量的试管中。121℃高压灭菌 15 min。制成高层斜面，斜面长 4~5 cm，高层深度为 2~3 cm。

（5）嗜盐性试验培养基

胰蛋白胨：10.0 g

氯化钠：按不同量加入

蒸馏水：1 000.0 mL

将各成分溶于蒸馏水中，校正 pH 值至 7.2 ±0.2，共配制 5 瓶，每瓶 100 mL。每瓶分别加入不同量的氯化钠：①不加；②3 g；③6 g；④8 g；⑤10 g。分装试管，121℃高压灭菌 15 min。

（6）3%氯化钠甘露醇试验培养基

牛肉膏：5.0 g

蛋白胨：10.0 g

氯化钠：30.0 g

磷酸氢二钠（$Na_2HPO_4 \cdot 12H_2O$）：2.0 g

甘露醇：5.0 g

溴麝香草酚蓝：0.024 g

蒸馏水：1 000.0 mL

将各成分溶于蒸馏水中，校正 pH 值至 7.4 ±0.2，分装小试管，121℃高压灭菌 10 min。

从琼脂斜面上挑取培养物接种，于（36 ±1）℃培养不少于 24 h，观察结果。甘露醇阳性者培养物呈黄色，阴性者为绿色或蓝色。

（7）3%氯化钠赖氨酸脱羧酶试验培养基

蛋白胨：5.0 g

酵母浸膏：3.0 g

葡萄糖：1.0 g

溴甲酚紫：0.02 g

L – 赖氨酸：5.0 g

氯化钠：30.0 g

蒸馏水：1 000.0 mL

除赖氨酸外的成分溶于蒸馏水中，校正 pH 值至 6.8 ±0.2。再按 0.5%的比例加入赖氨酸，对照培养基不加赖氨酸。分装小试管，每管 0.5 mL，121℃高压灭菌 15 min.

从琼脂斜面上挑取培养物接种，于（36 ±1）℃培养不少于 24 h，观察结果。赖氨酸脱羧酶阳性者由于产碱综合葡萄糖产的酸，故培养基仍应呈紫色。阴性者无产碱性产物，但因葡萄糖产酸而使培养基变为黄色。对照管应为黄色。

（8）3%氯化钠 MR – VP 培养基

多胨：7.0 g

葡萄糖：5.0 g

磷酸氢二钾（K_2HPO_4）：5.0 g

氯化钠：30.0 g

蒸馏水：1 000.0 mL

将各成分溶于蒸馏水中，校正 pH 值至 6.9 ±0.2，分装试管，121℃高压灭菌 15 min。

（9）3%氯化钠溶液

氯化钠：30.0 g

蒸馏水：1 000.0 mL

将氯化钠溶于蒸馏水中，校正 pH 值至 7.2±0.2，121℃高压灭菌 15 min。

（10）我妻氏血琼脂

酵母浸膏：3.0 g

蛋白胨：10.0 g

氯化钠：70.0 g

磷酸氢二钾（K_2HPO_4）：5.0 g

甘露醇：10.0 g

结晶紫：0.001 g

琼脂：15.0 g

蒸馏水：1 000.0 mL

将各成分溶于蒸馏水中，校正 pH 值至 8.0±0.2，加热至 100℃，保持 30 min，冷至 45～50℃，与 50 mL预先洗涤的新鲜人活兔红细胞（含抗凝剂）混合，倾注平板。干燥平板，尽快使用。

（11）氧化酶试剂

N，N，N′，N′－四甲基对苯二胺盐酸盐：1.0 g

蒸馏水：100.0 mL

将 N，N，N′，N′－四甲基对苯二胺盐酸盐溶于蒸馏水中，2～5℃冰箱内避光保存，在 7 d 之内使用。

用细玻璃棒或一次性接种针挑取新鲜（24 h）菌落，涂布在氧化酶试纸湿润的滤纸上。如果滤纸在 10 s 内呈酚红或紫红色，即为氧化酶试验阳性。不变色为氧化酶试验阴性。

（12）革兰氏染色液

见金黄色葡萄球菌检验2 培养基和试剂中（9）革兰氏染色液。

（13）ONPG 试剂

①缓冲液

磷酸二氢钠（$NaH_2PO_4·H_2O$）：6.9 g

蒸馏水加至：50.0 mL

将磷酸二氢钠溶于蒸馏水中，校正至 7.0. 缓冲液置 2～5℃冰箱保存。

② ONPG 溶液

邻硝基酚－β－半乳糖苷（ONPG）：0.08 g

蒸馏水：15.0 mL

缓冲液：5.0 mL

将 ONPG 在 37℃的蒸馏水中溶解，加入缓冲液。ONPG 溶液置 2～5℃冰箱保存。试验前，将所需用量的 ONPG 溶液加热至 37℃。

将待检培养物接种 3%氯化钠三糖铁琼脂，（36±1）℃培养 18 h。挑取 1 满新鲜培养物接种于0.25 mL 3%氯化钠溶液，在通风橱中，滴加 1 滴甲苯，摇匀后置 37℃水浴 5 min。加 0.25 mL ONPG 溶液，（36±1）℃培养观察 24 h。阳性结果呈黄色。阴性结果则 24 h 不变色。

（14）Voges－Proskauer（V－P）试剂

甲液：

α-萘酚：5.0 g

无水乙醇：100.0 mL

乙液

氢氧化钾：40.0 g

用蒸馏水加至：100.0 mL

将3%氯化钠胰蛋白胨大豆琼脂生长物接种3%氯化钠 MR-VP 培养物，（36±1）℃培养48 h。取1 mL培养物，转放到一个试管内，加0.6 mL甲液，摇动。加0.2 mL乙液，摇动。加入3 mg肌酸结晶，4 h后观察结果。阳性结果呈现伊红得粉红色。

（15）弧菌显色培养基

3. 操作程序

（1）样品处理

无菌操作称取样品25 g，放入灭菌乳钵或均质袋内，用无菌剪子剪碎，加灭菌海沙研磨或拍击式均质器拍打1~2 min，检样磨碎后加入225 mL3%氯化钠碱性蛋白胨水中，制备成1：10的样品匀液。

（2）增菌

定性检测：将上述1：10样品匀液于（36±1）℃培养8~18 h。

定量检测：

① 用无菌吸管吸取1：10样品匀液1 mL，注入含有9 mL 3%氯化钠碱性蛋白胨水的试管内，振摇试管混匀，制备1：100的样品匀液。

② 另取1 mL无菌吸管，按上述①操作程序，依次制备10倍系列稀释样品匀液，每递增稀释一次，换用一支1 mL无菌吸管。

③ 根据对检样污染情况的估计，选择三个连续的适宜稀释度，每个稀释度接种三支含有9 mL 3%氯化钠碱性蛋白胨水的试管，每管接种1 mL。置（36±1）℃恒温箱内，培养8~18 h。

（3）分离

对所有显示生长的增菌液，用接种环在距离液面以下1 cm内醮取一环增菌液，于 TCBS 平板或弧菌显色培养基平板上划线分离。一支试管划线一块平板。于（36±1）℃培养18~24 h。

典型的副溶血性弧菌在 TCBS 上呈圆形、半透明、表面光滑的绿色菌落，用接种环轻触，有类似口香糖的质感，直径2~3 mm。从培养箱取出 TCBS 平板后，应尽快（不超过1 h）挑取菌落或标记要挑取的菌落。典型的副溶血性弧菌在弧菌显色培养基上的特征按照产品说明进行判定。

（4）纯培养

挑取三个或以上可疑菌落，划线接种3%氯化钠胰蛋白胨大豆琼脂平板，（36±1）℃培养18~24 h。

（5）初步鉴定

① 氧化酶试验：挑选纯培养的单个菌落进行氧化酶试验，副溶血性弧菌为氧化酶阳性。

② 涂片镜检：将可疑菌落涂片，进行革兰氏染色，镜检观察形态。副溶血性弧菌为革兰氏阴性，呈棒状、弧状、卵圆状等多形态，无芽孢，有鞭毛。

③ 挑取纯培养的单个可疑菌落，转种3%氯化钠三糖铁琼脂斜面并穿刺底层，（36±1）℃培养24 h观察结果。副溶血性弧菌在3%氯化钠三糖铁琼脂中的反应为底层变黄不变黑，无气泡，斜面颜色不变或红色加深，有动力。

④ 嗜盐性试验：挑取纯培养的单个可疑菌落，分别接种0%、6%、8%和10%不同氯化钠浓度的胰

胨水，（36±1）℃培养 24 h，观察液体混浊情况。副溶血性弧菌在无氯化钠和 10% 氯化钠的胰胨水中不生长或微弱生长，在 6% 氯化钠和 8% 氯化钠的胰胨水中生长旺盛。

（6）确定鉴定

取纯培养物分别接种含 3% 氯化钠的甘露醇试验培养基、赖氨酸脱羧酶试验培养基、MR－VP 培养基，（36±1）℃培养 24～48 h 后观察结果；3% 氯化钠三糖铁琼脂隔夜培养物进行 ONPG 试验。可选择生化鉴定试剂盒或全自动微生物生化鉴定系统。

4. 结果与报告

当检出的可疑菌落生化性状符合表 8.7 要求时，报告 25 g（mL）样品中检出副溶血性弧菌。副溶血性弧菌主要性状与其他弧菌的鉴别见表 8.9。如果进行定量检测，根据证实为副溶血性弧菌阳性的试管管数，查最可能数（MPN）检索表，报告每 g（mL）副溶血性弧菌的 MPN 值（表 8.9）。

表 8.7 副溶血性弧菌的生化性状

试验项目	结果
革兰氏染色镜检	阴性，无芽孢
氧化酶	+
动力	+
蔗糖	－
葡萄糖	+
甘露醇	+
分解葡萄糖产气	－
乳糖	－
硫化氢	－
赖氨酸脱羧酶	+
V－P	－
ONPG	－

注：+阳性；－阴性。

表 8.8 副溶血性弧菌主要性状与其他弧菌的鉴别

名称	氧化酶	赖氨酸	精氨酸	鸟氨酸	明胶	脲酶	V－P	42℃生长	蔗糖	D－纤维二糖	乳糖	阿拉伯糖	D－甘露糖	D－甘露醇	ONPG	嗜盐性试验 氯化钠含量/%				
																0	3	6	8	10
副溶血性弧菌 V. parahaemolyticus	+	+	－	+	+	V	－	+	－	V	－	+	+	+	－	－	+	+	+	－
创伤弧菌 V. vulnificus	+	+	－	+	+	－	－	+	－	+	－	－	V	－	+	－	+	+	V	－
溶藻弧菌 V. algino-lyticus	+	+	－	+	+	V	+	+	+	－	－	－	+	+	－	－	+	+	+	+
霍乱弧菌 V. cholerae	+	+	－	+	+	－	V	+	+	－	－	－	+	+	+	+	+	－	－	－

名称	氧化酶	赖氨酸	精氨酸	鸟氨酸	明胶	脲酶	V－P	42℃生长	蔗糖	D－纤维二糖	乳糖	阿拉伯糖	D－甘露糖	D－甘露醇	ONPG	嗜盐性试验 氯化钠含量/%				
																0	3	6	8	10
拟态弧菌 V. mimicus	+	+	-	+	+	-	-	+	-	-	-	-	+	+	+	+	+	-	-	
河弧菌 V. fluvialis	+	-	+	-	+	-	-	V	+	+	-	+	+	+	+	-	+	+	V	-
弗氏弧菌 V. furnissii	+	-	+	-	+	-	-	+	+	+	-	+	+	+	+	-	+	+	+	-
梅氏弧菌 V. metschnikovii	-	+	+	-	+	-	+	V	+	-	-	+	+	+	+	-	+	+	V	-
霍利斯弧菌 V. hollisae	+	-	-	-	-	-	-	nd	-	-	-	+	+	-	-	-	+	+	-	-

注：nd 表示未试验；V 表示可变。

表 8.9 副溶血性弧菌最可能数（MPN）检索表

阳性管数			MPN	95%可信限		阳性管数			MPN	95%可信限	
0.1	0.01	0.001		下限	上限	0.1	0.01	0.001		下限	上限
0	0	0	<3.0	——	9.5	2	2	0	21	4.5	42
0	0	1	3.0	0.15	9.6	2	2	1	28	8.7	94
0	1	0	3.0	0.15	11	2	2	2	35	8.7	94
0	1	1	6.1	1.2	18	2	3	0	29	8.7	94
0	2	0	6.2	1.2	18	2	3	1	36	8.7	94
0	3	0	9.4	3.6	38	3	0	0	23	4.6	94
1	0	0	3.6	0.17	18	3	0	1	38	8.7	110
1	0	1	7.2	1.3	18	3	0	2	64	17	180
1	0	2	11	3.6	38	3	1	0	43	9	180
1	1	0	7.4	1.3	20	3	1	1	75	17	200
1	1	1	11	3.6	38	3	1	2	120	37	420
1	2	0	11	3.6	42	3	1	3	160	40	420
1	2	1	15	4.5	42	3	2	0	93	18	420
1	3	0	16	4.5	42	3	2	1	150	37	420
2	0	0	9.2	1.4	38	3	2	2	210	40	430
2	0	1	14	3.6	42	3	2	3	290	90	1 000
2	0	2	20	4.5	42	3	3	0	240	42	1 000
2	1	0	15	3.7	42	3	3	1	460	90	2 000
2	1	1	20	45	42	3	3	2	1 100	180	4 100
2	1	2	27	8.7	94	3	3	3	>1 100	420	——

注 1：本表采用 3 个稀释度（0.1 g、0.01 g 和 0.001 g），每个稀释度接种 3 管。

2：表内所列检样量如改用 1 g、0.1 g 和 0.001 g 时，表中数字应相应降低 10 倍；如改用 0.01 g、0.001 g 和 0.000 1 g 时，则表内数字相应增高 10 倍，其余类推。

六、霍乱弧菌检验（SN/T 1022 –2010 进出口食品中霍乱弧菌检验方法）

1. 材料与设备

除微生物实验室常规灭菌和培养设备外，其他设备和材料如下：

①生物安全柜；

②高压灭菌锅；

③冰箱：2~5℃、7~10℃；

④恒温培养箱：（36 ±1）℃，（41.5 ±1）℃；

⑤均质器；

⑥电子天平：感量 0.1g；

⑦无菌锥形瓶：容量 250 mL，500 mL、1 000 mL；

⑧吸管 10 mL 和 100~1 000 μL 微量移液器及相应吸头；

⑨无菌培养皿：直径 90 mm；

⑩显微镜：10× ~100×；

⑪无菌试管：18 mm×180 mm、15 mm×100 mm；

⑫pH 计或精密 pH 试纸；

⑬电炉或微波炉；

⑭量筒：250 mL、1 000 mL；

⑮全自动微生物生化鉴定系统；

⑯无菌手术剪、镊子；

⑰恒温水浴锅：（37 ±1）℃。

2. 培养基和试剂

（1）碱性蛋白胨水

蛋白胨：20.0 g

氯化钠：20.0 g

蒸馏水：1 000.0 mL

将各成分溶于蒸馏水中，校正 pH 值至 8.6 ±0.2（25℃），121℃高压灭菌 15 min。

（2）TCBS 琼脂

见副溶血弧菌检测中 TCBS 琼脂配制。

（3）CHROM ID VIBRIO 弧菌显色培养基

法国梅里埃公司产品，按说明书使用。

（4）氯化钠营养琼脂

牛肉浸膏：5.0 g

蛋白胨：3.0 g

氯化钠：10.0 g

琼脂：18.0 g

蒸馏水：1 000 mL

混匀后，调节 pH 值至灭菌后为 7.2 ±0.2，121℃高压灭菌 15 min。分装 15~20 mL 于培养皿内制成平板。或者分装 10 mL 于灭菌试管中，倾斜放置，制成斜面。

（5）氯化钠三糖铁琼脂

蛋白胨：20.0 g

牛肉浸膏：3.0 g

酵母浸膏：3.0 g

氯化钠：10.0 g

乳糖：10.0 g

蔗糖：10.0 g

柠檬酸铁：0.3 g

酚红：0.024 g

琼脂：18.0 g

蒸馏水：1 000.0 mL

将各成分溶于蒸馏水中，校正 pH 值至 7.4 ±0.2。分装到适当容量的试管中。121℃高压灭菌 15 min。制成高层斜面，斜面长 4 ~ 5 cm，高层深度为 2 ~ 3 cm。

（6）氧化酶试纸

参见副溶血弧菌检测中氧化酶试纸配制。

（7）鸟氨酸脱羧酶氯化钠肉汤（ODC）

L – 鸟氨酸：5.0 g

酵母浸膏：3.0 g

葡萄糖：1.0 g

溴甲酚紫：0.015 g

氯化钠：10.0 g

蒸馏水：1 000 mL

将各成分溶于蒸馏水中，校正 pH 值至 6.8 ±0.2。分装 2 ~ 5 mL 于小试管中，121℃高压灭菌 15 min。

（8）赖氨酸脱羧酶氯化钠肉汤（LDC）

L – 赖氨酸：5.0 g

酵母浸膏：3.0 g

葡萄糖：1.0 g

溴甲酚紫：0.015 g

氯化钠：10.0 g

蒸馏水：1 000 mL

将各成分溶于蒸馏水中，校正 pH 值至 6.8 ±0.2。分装 2 ~ 5 mL 于小试管中，121℃高压灭菌 15 min。

（9）精氨酸双水解酶氯化钠肉汤（ADH）

精氨酸：5.0 g

酵母浸膏：3.0 g

葡萄糖：1.0 g

溴甲酚紫：0.015 g

氯化钠：10.0 g

蒸馏水：1 000 mL

将各成分溶于蒸馏水中，校正 pH 值至 6.8 ±0.2。分装 2 ~ 5 mL 于小试管中，121℃高压灭菌 15 min。

（10）β-半乳糖苷酶试剂

①液体法（ONPG法）

邻硝基苯β-D-半乳糖苷（ONPG）60.0 mg。

0.01 mol/L磷酸钠缓冲液（pH值7.5±0.2）10.0 mL。

1%蛋白胨水（pH值7.5±0.2）30.0 mL。

将ONPG溶于缓冲液内，加入蛋白胨水，以过滤法除菌，分装于10 mm×75 mm试管内，每管0.5 mL，用橡皮塞塞紧。

自琼脂斜面挑取培养物一满环接种，于（36±1）℃培养1~3 h和24 h观察结果。如β-D-半乳糖苷酶产生，则于1~3 h变黄色，如无此酶则24 h不变色。

②平板法（X-Gal法）

蛋白胨20.0 g

氯化钠3.0 g

5-溴-4-氯-3-吲哚-β-D-半乳糖苷（X-Gal）200.0 mg

琼脂15.0 g

蒸馏水1 000 mL

将各成分加热煮沸于1 L水中，冷却至25℃左右校正pH值7.2±0.2，115℃高压灭菌10 min。倾注平板避光冷藏备用。

挑取琼脂斜面培养物接种于平板，划线和点种均可，于（36±1）℃培养18~24 h观察结果。如果β-D-半乳糖苷酶产生，则平板上培养物颜色变蓝色，如无此酶则培养物为无色或不透明色，培养48~72 h后有部分转为淡粉红色。

（11）靛基质氯化钠肉汤

见沙门氏菌检测中靛基质培养基配制。

（12）氯化钠蛋白胨水

见副溶血弧菌检测中氯化钠蛋白胨水配制。

（14）5%红细胞生理盐水

（15）多黏菌素B纸片：50单位

（16）O/129纸片：10 μg和150 μg

（17）霍乱弧菌诊断血清（O1群及O139群）

3．操作程序

（1）样品处理

从混合样品中取出代表性样品（每个样品至少包含6个贝类个体），将可食用部分（贝类取含内脏的全部贝肉和贝液），充分混匀。用四分法缩分出不小于500 g作为试样，装入灭菌容器内。

样品采集后应立即在7~10℃保存或-18℃保存，24 h内检验。避免样品与冰直接接触。

（2）第一次增菌

无菌操作称取样品25 g，放入灭菌乳钵或均质袋内，用无菌剪子剪碎，加灭菌海沙研磨或拍击式均质器拍打1~2 min，检样磨碎后加入225 mL APW增菌液，制备成1:10的样品匀液。新鲜样品放置在（41.5±1）℃培养（6±1）h。深冻样品、干品、盐渍产品放置在（37±1）℃培养（6±1）h。

（3）第二次增菌

取 1 mL 第一次增菌液接种到 10 mL 的 APW 中，置于（41.5±1）℃培养（18±1）h。

（4）分离

用直径为 3 mm 的接种环从第一次增菌液和第二次增菌液中分别蘸取一接种环，划线接种于 TCBS 琼脂和 CHROM ID VIBRIO 弧菌显色培养基平板以分离菌落，在（37±1）℃培养（24±3）h。在 TCBS 上可疑菌落形态为：表面光滑，黄色，直径约为 2~3 mm。在 CHROM ID VIBRIO 弧菌显色培养基平板上可疑菌落形态为：蓝色，蓝绿色到绿色菌落（某些弧菌如创伤弧菌及梅氏弧菌可能会产生与霍乱弧菌相似的蓝色到蓝绿色菌落）。

（5）选择可疑菌落纯化

至少应挑取 5 个可疑菌落，进行传代培养。如果平板上的可疑菌落少于 5 个，则应该全部挑取传代培养。每个可疑菌落接种于氯化钠营养琼脂平板或试管斜面以获取培养物，在（37±1）℃培养（24±3）h。

（6）初步鉴定

① 显微镜下检验

A. 革兰氏染色试验：霍乱弧菌革兰氏染色为阴性，无芽孢，弧形或弯曲状；

B. 动力试验：将可疑菌落接种一管 APW，在（37±1）℃培养 1~6 h。滴一滴菌悬液于一干净的载玻片上，盖上盖玻片，镜下检查细菌运动性。霍乱弧菌应为运动性阳性。

② 氧化酶试验

以无菌白色滤纸蘸取营养琼脂表面纯培养物，滴加氧化酶试剂进行试验。如果滤纸颜色在 10 s 内变为紫色或者深紫色，则为阳性反应。

③氯化钠三糖铁试验

接种氯化钠三糖铁斜面，穿刺底层并划线斜面。（37±1）℃培养（24±3）h。反应结果解释如下：

琼脂底层：黄色：葡萄糖发酵反应阳性（发酵葡萄糖）；

红色或者未变色：葡萄糖发酵反应阴性（不发酵葡萄糖）；

黑色：产生硫化氢；

产生气泡或者培养基爆裂：葡萄糖发酵产气。

琼脂斜面：黄色：乳糖或蔗糖阳性（利用乳糖或蔗糖）；

红色或者未变色：乳糖或蔗糖阴性（不利用乳糖或蔗糖）；

可疑的霍乱弧菌在氯化钠三糖铁斜面上的反应为底层黄色，斜面黄色，不产生硫化氢，不产气。培养应不超过 24 h（斜面的黄色可能在 24 h 后变为红色）。

④ 生化测试菌株选择

选择革兰氏染色阴性，运动性阳性，氧化酶阳性，氯化钠三糖铁试验符合霍乱弧菌特性的菌落在氯化钠琼脂平板或试管斜面纯化后进行生化确认，或者采用法国梅里埃公司的 ID 32E 鉴定试剂条进行生化鉴定（按试剂盒的操作说明书进行）。

（7）生化确认

①鸟氨酸脱羧酶试验

接种鸟氨酸脱羧酶氯化钠肉汤，在肉汤上面覆盖 1 mL 灭菌矿物油。（37±1）℃培养（24±3）h。培养后液体混浊变紫为阳性反应（细菌生长，鸟氨酸脱羧）。液体黄色为阴性反应。

② 赖氨酸脱羧酶试验

接种赖氨酸脱羧酶氯化钠肉汤，在肉汤上面覆盖 1 mL 灭菌矿物油。（37±1）℃培养（24±3）h。培养后液体混浊变紫为阳性反应（细菌生长，赖氨酸脱羧）。液体黄色为阴性反应。

③ 精氨酸双水解酶试验

接种精氨酸双水解酶氯化钠肉汤，在肉汤上面覆盖 1 mL 灭菌矿物油。（37±1）℃培养（24±3）h。培养后液体混浊变紫为阳性反应（细菌生长，精氨酸双水解）。液体黄色为阴性反应。

④ β-半乳糖苷酶试验

挑取可疑菌落，在装有 0.25 mL 氯化钠溶液的试管中制成菌悬液，加入一滴甲苯，振摇试管。将试管放入（37±1）℃水浴锅中，静置 5 min。再加入 0.25 mL β-半乳糖苷试剂，混匀。将试管放入（37±1）℃水浴锅中，放置（24±3）h，随时观察。培养后液体变黄色为阳性反应（存在β-半乳糖苷酶）。反应结果通常在 20 min 后可见。24 h 后无颜色变化为阴性反应。

⑤ 靛基质试验

将可疑菌落接种于装有 5 mL 胰蛋白胨-色氨酸氯化钠肉汤中。（37±1）℃培养（24±3）h。培养后加入 1 mL Kovacs' 试剂。形成红色环为阳性反应（形成吲哚），黄色环为阴性反应。

⑥ 氯化钠耐受试验

准备一系列浓度的氯化钠蛋白胨水，氯化钠浓度依次为：0、2%、4%、6%、8% 和 10%。用待鉴定菌落的菌悬液接种每个试管。（37±1）℃培养（24±3）h。观察试管中液体变混浊可知细菌能在相应的氯化钠浓度下生长。

⑦ O/129 敏感试验

将 O/129（2，4-二氨基-6，7-二异丙基喋啶）为 10 μg 及 150 μg 的药敏纸片贴在接种有待测菌的氯化钠营养琼脂平板，（37±1）℃培养（18~24）h 孵育后，纸片周围任何大小的抑菌环均表现为敏感。

霍乱弧菌的生化性状见表 8.10。

表 8.10 霍乱弧菌的生化性状

生化项目	生化性状	生化项目	生化性状
氧化酶	+	靛基质	+
产气（葡萄糖）	−	蛋白胨水中生长	
乳糖	−	0% 氯化钠	+
蔗糖	+	2% 氯化钠	+
鸟氨酸脱羧酶（ODC）	+	6% 氯化钠	−
赖氨酸脱羧酶（LDC）	+	8% 氯化钠	
精氨酸双水解酶（ADH）	−	10% 氯化钠	
D-纤维二糖	−	抑菌试验	
D-甘露醇	+	10μg O/129	S
阿拉伯糖	−	150 μg O/129	S
ONPG 水解	+	明胶酶	+
42℃生长	+	尿素酶	−

注 1：+表示 76%~89% 或更多的菌株阳性；S 表示敏感。

　　2：培养基中含有 1% 氯化钠。

　　3：所有试验均不产生硫化氢和气体。

　　4：有的非 O1 群霍乱弧菌 0% 氯化钠不生长。

4. 结果与报告

在 25 g 样品中检出或未检出霍乱弧菌。

七、单核细胞增生李斯特氏菌检验（GB/T 4789.30 – 2010）

1. 材料与设备

除微生物实验室常规灭菌和培养设备外，其他设备和材料如下：

①生物安全柜；

②高压灭菌锅；

③冰箱：2~5℃；

④恒温培养箱：（30±1）℃，（36±1）℃；

⑤均质器；

⑥电子天平：感量 0.1 g；

⑦无菌锥形瓶：100 mL、500 mL；

⑧吸管 10 mL 和 100~1 000 μL 微量移液器及相应吸头；

⑨无菌培养皿：直径 90 mm；

⑩显微镜：10×~100×；

⑪无菌试管：16 mm×160 mm；

⑫pH 计或精密 pH 试纸；

⑬电炉或微波炉；

⑭量筒：250 mL、1 000 mL；

⑮全自动微生物生化鉴定系统；

⑯无菌手术剪、镊子；

⑰离心管：30 mm×100 mm；

⑱无菌注射器：1 mL；

⑲金黄色葡萄球菌（ATCC 25923）；

⑳马红球菌（*Rhodococcus equi*）；

㉑小白鼠：16~18 g。

2. 培养基和试剂

（1）含 0.6% 酵母浸膏的胰酪胨蛋白大豆肉汤（TSB – YE）

胰胨：17.0 g

多价胨：3.0 g

酵母膏：6.0 g

氯化钠：5.0 g

磷酸氢二钾：2.5 g

葡萄糖：2.5 g

蒸馏水：1 000 mL

将上述各成分加热搅拌溶解，调节 pH 值至 7.3 ± 0.1，分装，121℃高压灭菌 15 min，备用。

（2）含 0.6% 酵母浸膏的胰酪胨蛋白大豆琼脂（TSA – YE）

胰胨：17.0 g

多价胨：3.0 g

酵母膏：6.0 g

氯化钠：5.0 g

磷酸氢二钾：2.5 g

葡萄糖：2.5 g

琼脂：15.0 g

蒸馏水：1 000 mL

将上述各成分加热搅拌溶解，调节 pH 值至 7.3 ± 0.1，分装，121℃高压灭菌 15 min，备用。

（3）李氏增菌肉汤 LB（LB1，LB2）

胰胨：5.0 g

多价胨：5.0 g

酵母膏：5.0 g

氯化钠：20.0 g

磷酸二氢钾：1.4 g

磷酸氢二钠：12.0 g

七叶苷：1.0 g

蒸馏水：1 000 mL

将上述各成分加热溶解，调节 pH 值至 7.3 ± 0.1，分装，121℃高压灭菌 15 min，备用。

（4）1% 盐酸吖啶黄（acriflavine HCl）溶液

李氏 I 液（LB1）225 mL 中加入：

1% 萘啶酮酸（用 0.05 mol/L 氢氧化钠溶液配制）：0.5 mL

1% 吖啶黄（用无菌蒸馏水配制）：0.3 mL

（5）1% 萘啶酮酸钠盐（naladixic acid）溶液

李氏 II 液（LB2）200 mL 中加入：

1% 萘啶酮酸：0.4 mL

1% 吖啶黄：0.5 mL

（6）PALCAM 琼脂

酵母膏：8.0 g

葡萄糖：0.5 g

七叶：0.8 g

柠檬酸铁铵：0.5 g

甘露醇：10.0 g

酚红：0.1 g

氯化锂：15.0 g

酪蛋白胰酶消化物：10.0 g

心胰酶消化物：3.0 g

玉米淀粉：1.0 g

肉胃酶消化物：5.0 g

氯化钠：5.0 g

琼脂：15.0 g

蒸馏水：1 000 mL

将上述各成分加热搅拌溶解，调节 pH 值至 7.3 ± 0.1，分装，121℃ 高压灭菌 15 min，备用。

PALCAM 选择性添加剂

多粘菌素 B：5.0 mg

盐酸吖啶黄：2.5 mg

头孢他啶：10.0 mg

无菌蒸馏水：500 mL

将 PALCAM 基础培养基溶化后冷却到 50℃，加入 2 mL PALCAM 选择性添加剂，混匀后倾倒在无菌的平皿中，备用。

（7）革兰氏染色液

见金黄色葡萄球菌检验 2. 培养基和试剂中（9）革兰氏染色液。

（8）SIM 动力培养基

胰胨：20.0 g

多价胨：6.0 g

硫酸铁铵：0.2 g

硫代硫酸钠：0.2 g

琼脂：3.5 g

蒸馏水：1 000 mL

将上述各成分加热溶解，调节 pH 值至 7.2，分装小试管，121℃ 高压灭菌 15 min，备用。

试验方法：挑取纯培养的单个可疑菌落穿刺接种到 SIM 培养基中，于 30℃ 培养 24 ~ 48 h，观察结果。

（9）缓冲葡萄糖蛋白胨水 ［甲基红（MR）和 V - P 试验用］

① 葡糖糖蛋白胨水

多胨：7.0 g

葡萄糖：5.0 g

磷酸氢二钾：5.0 g

蒸馏水：1 000 mL

溶化后调节 pH 值至 7.0，分装试管，每管 1 mL，121℃ 高压灭菌 15 min，备用。

② 甲基红（MR）试验

甲基红：10 mg

95% 乙醇：30 mL

蒸馏水：20 mL

制法：10 mg 甲基红溶于 30 mL 95% 乙醇中，然后加入 20 mL 蒸馏水。

试验方法：取适量琼脂培养物接种于本培养基，（36 ± 1）℃ 培养 2 ~ 5 d。滴加甲基红试剂一滴，立即观察结果。鲜红色为阳性，黄色为阴性。

③V－P 试验

6% α－萘酚－乙醇溶液：取 α－萘酚 6.0 g，加入无水乙醇溶解，定容至 100 mL。

40% 氢氧化钾溶液：取氢氧化钾 40 g，加蒸馏水溶解，定容至 100 mL。

试验方法：取适量琼脂培养物接种于本培养基，（36±1）℃培养 2～4 d。加入 6% α－萘酚－乙醇溶液 0.5 mL 和 40% 氢氧化钾溶液 0.2 mL，充分振摇试管，观察结果。阳性反应立刻或于数分钟内出现红色，如为阴性，应放在（36±1）℃继续培养 4 h 再进行观察。

（10）5%～8% 羊血琼脂

蛋白胨：1.0 g

牛肉膏：0.3 g

氯化钠：0.5 g

琼脂 1.5 g

蒸馏水：100 mL

脱纤维羊血：5～10 mL

除新鲜脱纤维羊血外，加热溶化上述各组分，121℃高压灭菌 15 min，冷到 50℃，以无菌操作加入新鲜脱纤维羊血，摇匀，倾注平板。

（11）糖发酵管

见沙门氏菌检测糖发酵管配制。

（12）过氧化氢酶试验

试剂：3% 过氧化氢溶液（现配现用）。

试验方法：用细玻璃棒或一次性接种针挑取单个菌落，置于洁净试管内，滴加 3% 过氧化氢 2 mL，观察结果。

结果：于半分钟内发生气泡者为阳性，不发生气泡者为阴性。

（13）生化鉴定试剂盒：按商品说明书使用

3. 操作程序

（1）增菌

无菌操作取 25 g 样品加入到含有 225 mL LB_1 增菌液的均质袋中，在拍击式均质器上连续均质 1～2 min。于（30±1）℃培养 24 h，移取 0.1 mL，转种于 10 mL LB_2 增菌液内，于（30±1）℃培养 18～24 h。

（2）分离

取 LB_2 二次增菌液划线接种于 PALCAM 琼脂平板和李斯特氏显示培养基上，于（36±1）℃培养 24～48 h，观察各个平板上生长的菌落。典型菌落在 PALCAM 琼脂平板上为小的圆形灰绿色菌落，周围有棕黑色水解圈，有些菌落有黑色凹陷；典型菌落在李斯特氏显色培养基上的特征按照说明进行判定。

（3）初筛

自选择性琼脂平板上分别挑取 5 个以上典型或可疑菌落，分别接种在木糖、鼠李糖发酵管，于（36±1）℃培养 24 h；同时在 TSA－YE 平板上划线纯化，于（30±1）℃培养 24～48 h。选择木糖阴性、鼠李糖阳性的纯培养物继续进行鉴定。

（4）鉴定

① 染色镜检：李斯特氏菌为革兰氏阳性短杆菌，大小为（0.4～0.5 μm）×（0.5～2.0 μm）；用生理盐水制成菌悬液，在油镜或相差显微镜下观察，该菌出现轻微旋转或翻滚样的运动。

② 动力试验：李斯特氏菌有动力，呈伞状或月牙状生长。

③ 生化鉴定：挑取纯培养的单个可疑菌落，进行过氧化氢酶试验，过氧化氢酶阳性反应的菌落继续进行糖发酵试验和 MR－VP 试验。单核细胞增生李斯特氏菌的主要生化特征见表 8.11。

表 8.11　单核细胞增生李斯特氏菌生化特征与其他李斯特氏菌的区别

菌　种	溶血反应	葡萄糖	麦芽糖	MR－VP	甘露醇	鼠李糖	木糖	七叶苷
单核细胞增生李斯特氏菌（*L. monocytogenes*）	+	+	+	+/+	−	+	−	+
格氏李斯特氏菌（*L. grayi*）	−	+	+	+/+	+	−	−	+
斯氏李斯特氏菌（*L. seeligeri*）	+	+	+	+/+	−	−	+	+
威氏李斯特氏菌（*L. welshimeri*）	−	+	+	+/+	−	v	+	+
伊氏李斯特氏菌（*L. ivanovii*）	+	+	+	+/+	−	−	+	+
英诺克李斯特氏菌（*L. innocua*）	−	+	+	+/+	−	v	−	+

注：＋阳性；－阴性；v 反应不定。

④ 溶血试验：将羊血琼脂平板底面划分为 20～25 个小格，挑取纯培养的单个可疑菌落刺种到血平板上，每格刺种一个菌落，并刺种阳性对照菌（单增李斯特氏菌和伊氏李斯特氏菌）和阴性对照菌（英诺克李斯特氏菌），穿刺时尽量接近底部，但不要触到底面，同时避免琼脂破裂，（36±1）℃培养 24～48 h，于明亮处观察，单增李斯特氏菌和斯氏李斯特氏菌在刺种点周围产生狭小的透明溶血环，英诺克李斯特氏菌无溶血环，伊氏李斯特氏菌产生大的透明溶血环。

⑤ 协同溶血试验（cAMP）：在羊血琼脂平板上平行划线接种金黄色葡萄球菌和马红球菌，挑取纯培养的单个可疑菌落垂直划线接种于平行线之间，垂直线两端不要触及平行线，于（30±1）℃培养 24～48 h。单核细胞增生李斯特氏菌在靠近金黄色葡萄球菌的接种端溶血增强，斯氏李斯特氏菌的溶血液增强，而伊氏李斯特氏菌在靠近马红球菌的接种端溶血增强。

⑥其他方法鉴定：可选择生化鉴定试剂盒或全自动微生物鉴定系统对纯培养的可疑菌落进行鉴定。

4. 结果与报告

在 25 g 样品中检出或未检出单核细胞增生李斯特氏菌。

八、空肠弯曲杆菌检验

1. 材料与设备

①生物安全柜；

②高压灭菌锅；

③冰箱：2～5℃；

④恒温培养箱：（25±1）℃，（36±1）℃，（42±1）℃；

⑤恒温震荡培养箱：（36±1）℃，（42±1）℃；

⑥均质器及配套的均质袋；

⑦振荡器；

⑧电子天平：感量 0.1 g；

⑨无菌锥形瓶：100 mL、200 mL 和 2 000 mL；

⑩吸管 10 mL 和 100 ~ 1 000 μL 微量移液器及相应吸头

⑪无菌培养皿：直径 90 mm；

⑫显微镜：10 × ~ 100 × ，具有相差功能；

⑬无菌试管：16 mm × 160 mm；

⑭pH 计或精密 pH 试纸；

⑮电炉或微波炉；

⑯量筒：250 mL、1 000 mL；

⑰全自动微生物生化鉴定系统。

⑱无菌手术剪、镊子。

⑲水浴装置：（36 ± 1）℃、100℃。

⑳微需氧培养装置：提供微需氧条件（5% 氧气、10% 二氧化碳和 85% 氮气）；

㉑过滤装置及滤膜（0.22 μm、0.45 μm）；

㉒离心机：离心速度 ≥20 000 g。

2. 培养基和试剂

（1）Bolton 肉汤（Bolton broth）

① 基础培养基

动物组织酶解物：10.0 g

乳白蛋白水解物：5.0 g

酵母浸膏：5.0 g

氯化钠：5.0 g

偏亚硫酸氢钠：0.5 g

碳酸钠：0.6 g

α - 酮戊二酸：1.0 g

蒸馏水：1 000.0 mL

将各成分溶于蒸馏水中，121℃ 灭菌 15 min，备用。

② 无菌裂解脱纤维绵羊血或马血

对无菌脱纤维绵羊血或马血通过反复冻融进行裂解或使用皂角苷进行裂解。

③ 抗生素溶液

头孢哌酮（cefoperazone）：0.02 g

万古霉素（vancomycin）：0.02 g

三甲氧苄胺嘧啶乳酸盐（trimethoprim lactate）：0.02g

两性霉素 B（amphotercin B）：0.01 g

多粘菌素 B（polymyxin B）：0.01 g

乙醇/灭菌水（50/50，体积分数）：5.0 mL

将各成分溶解于乙醇/灭菌水混合溶液中。

④ 完全培养基

基础培养基：1 000.0 mL

无菌裂解脱纤维绵羊或马血：50.0 mL

抗生素溶液：5.0 mL

当基础培养基的温度约为 45℃ 左右，无菌加入绵羊血或马血和抗生素溶液，混匀，校正 pH 值至 7.4±0.2（25℃），常温下放置不得超过 4 h，或在 4℃ 左右避光保存不得超过 7 d。

（2）改良 CCD 琼脂（modified Charcoal Cefoperazone Deoxycholate Agar，mCCDA）

① 基础培养基

肉浸液：10.0 g

动物组织酶解物：10.0 g

氯化钠：5.0 g

木炭：4.0 g

酪蛋白酶解物：3.0 g

去氧胆酸钠：1.0 g

硫酸亚铁：0.25 g

丙酮酸钠：0.25 g

琼脂：8.0~18.0 g

蒸馏水：1 000.0 mL

将各成分溶于蒸馏水中，121℃ 灭菌 15 min，备用。

② 抗生素溶液

头孢哌酮（cefoperazone）：0.032 g

两性霉素 B（amphotercin B）：0.01 g

利福平（rifampicin）：0.01 g

乙醇/灭菌水（50/50，体积分数）：5.0 mL

将各成分溶解于乙醇/灭菌水混合溶液中。

③ 完全培养基

基础培养基：1 000.0 mL

抗生素溶液：5.0 mL

当基础培养基的温度约为 45℃ 左右时，加入抗生素溶液，混匀。校正 pH 值至 7.4±0.2（25℃）。倾注 15 mL 于无菌平皿中，静置至培养基凝固。使用前需预先干燥平板。制备的平板未干燥时在室温放置不得超过 4 h，或在 4℃ 左右冷藏不得超过 7 d。

（3）哥伦比亚血琼脂

① 基础培养基

动物组织酶解物：23.0 g

淀粉：1.0 g

氯化钠：5.0 g

琼脂：8.0~18.0 g

蒸馏水：1 000.0 mL

将各成分溶于蒸馏水中，121℃ 灭菌 15 min，备用。

② 无菌脱纤维绵羊血

无菌操作条件下，将绵羊血倒入盛有灭菌玻璃珠的容器中，振摇约 10 min，静置后除去附有血纤维的玻璃珠即可。

③ 完全培养基

基础培养基：1 000.0 mL

无菌脱纤维绵羊血：50.0 mL

当基础培养基的温度约为 45℃ 左右时，无菌加入绵羊血，混匀。校正 pH 值至 7.3 ± 0.2（25℃）。倾注 15 mL 于无菌平皿中，静置至培养基凝固。制备的平板未干燥时在室温放置不得超过 4 h，或在 4℃ 左右冷藏不得超过 7 d。

（4）布氏肉汤

酪蛋白酶解物：10.0 g

动物组织酶解物：10.0 g

葡萄糖：1.0 g

酵母浸膏：2.0 g

氯化钠：5.0 g

亚硫酸氢钠：0.1 g

蒸馏水：1 000.0 mL

将各成分溶于蒸馏水中，校正 pH 值至 7.0 ± 0.2（25℃），121℃ 灭菌 15 min，备用。

（5）氧化酶试剂

见副溶血性弧菌检验 2. 培养基和试剂中（11）氧化酶试剂。

（6）马尿酸钠水解试剂

① 马尿酸钠溶液

马尿酸钠：10.0 g

磷酸盐缓冲液（PBS）组分：

氯化钠：8.5 g

磷酸氢二钠：8.98 g

磷酸二氢钠：2.71 g

蒸馏水：1 000.0 mL

将马尿酸钠溶于磷酸盐缓冲溶液中，过滤除菌。无菌分装，每管 0.4 mL，储存于 −20℃。

② 3.5%（水合）茚三酮溶液（质量/体积）

（水合）茚三酮（ninhydrin）：1.75 g

丙酮：25.0 mL

丁醇：25.0 mL

将（水合）茚三酮溶解于丙酮/丁醇混合液中。该溶液在避光冷藏时不超过 7 d。

（7）Skirrow 血琼脂（Skirrow blood agar）

① 基础培养基

蛋白胨：15.0 g

胰蛋白胨：2.5 g

酵母浸膏：5.0 g

氯化钠：5.0 g

琼脂：15.0 g

蒸馏水：1 000.0 mL

将各成分溶于蒸馏水中，121℃灭菌 15 min，备用。

② FBP 溶液

丙酮酸钠：0.25 g

焦亚硫酸钠：0.25 g

硫酸亚铁：0.25 g

蒸馏水：100.0 mL

将各成分溶于蒸馏水中，经 0.22 μm 滤膜过滤除菌。FBP 根据需要量现用现配，在 −70℃ 储存不超过 3 个月或 −20℃ 储存不超过 1 个月。

③ 抗生素溶液

头孢哌酮（cefoperazone）：0.032 g

两性霉素 B（amphotercin B）：0.01g

利福平（rifampicin）：0.01 g

乙醇/灭菌水（50/50，体积分数）：5.0 mL

将各成分溶解于乙醇/灭菌水混合溶液中。

④ 无菌脱纤维绵羊血

无菌操作条件下，将绵羊血倒入盛有灭菌玻璃珠的容器中，振摇约 10 min，静置后除去附有血纤维的玻璃珠即可。

⑤ 完全培养基

基础培养基：1 000.0 mL

FBP 溶液：5.0 mL

抗生素溶液：5.0 mL

无菌脱纤维绵羊血：50.0 mL

当基础培养基的温度约为 45℃ 左右时，加入 FBP 溶液、抗生素溶液与冻融的无菌脱纤维绵羊血，混匀。校正 pH 值至 7.4 ± 0.2（25℃）。倾注 15 mL 于无菌平皿中，静置至培养基凝固。预先制备的平板未干燥时在室温放置不得超过 4 h，或在 4℃ 左右冷藏不得超过 7 d。

（8）吲哚乙酸酯纸片

吲哚乙酸脂：0.1 g

丙酮：1.0 mL

将吲哚乙酸脂溶于丙酮中，吸取 25 ~ 50 μL 溶于于空白纸片上（直径为 0.6 ~ 1.2 cm）。室温干燥，用带有硅胶塞的棕色试剂管/瓶于 4℃ 保存。

（9）0.1% 蛋白胨水

蛋白胨：1.0 g

蒸馏水：1 000.0 mL

将蛋白胨溶解于蒸馏水中，校正 pH 值至 7.0 ± 0.2（25℃），121℃灭菌 15 min。

（10）1 mol/L 硫代硫酸钠（$Na_2S_2O_3$）溶液

硫代硫酸钠（无水）：160.0 g

碳酸钠（无水）：2.0 g

蒸馏水：1 000.0 mL

称取 160 g 无水硫代硫酸钠，加入 2 g 无水碳酸钠，溶于 1 000 mL 水中，缓缓煮沸 10 min，冷却。

（11）3% 过氧化氢（H_2O_2）溶液

30% 过氧化氢（H_2O_2）溶液：100.0 mL

蒸馏水：900.0 mL

吸取 100 mL 30% 过氧化氢（H_2O_2）溶液，溶于 900 mL 蒸馏水中，混匀，分装备用。

（12）空肠弯曲菌显色培养基

（13）生化鉴定试剂盒或生化鉴定卡

3. 操作程序

（1）样品处理

一般水产品：取 50 g，加入盛有 225 mL Bolton 肉汤的有滤网的均质袋中（若为无滤网均质袋可使用无菌纱布过滤），用拍击式均质器均质 1~2 min，经滤网或无菌纱布过滤，将滤过液进行培养。

贝类：取至少 12 个带壳样品，除去外壳后将所有内容物放到均质袋中，用拍击式均质器均质 1~2 min，取 25g 样品至 225 mL Bolton 肉汤中（1:10 稀释），充分震荡后再转移 25 mL 于 225 mL Bolton 肉汤中（1:100 稀释），将 1:10 和 100 稀释的 Bolton 肉汤同时进行培养。

（2）预增菌和增菌

在微需氧条件下，（36 ±1）℃培养 4 h，如条件允许配以 100 r/min 的速度进行振荡。必要时测定增菌液的 pH 值并调整至 7.4 ±0.2，（42 ±1）℃继续培养 24~48 h。

（3）分离

将 24 h 增菌液、48 h 增菌液及对应的 1:50 稀释液分别划线接种于 Skirrow 血琼脂与 mCCDA 琼脂平板上，微需氧条件下（42 ±1）℃培养 24~48 h。另外可选择使用空肠弯曲菌显色平板作为补充。

观察 24 h 培养与 48 h 培养的琼脂平板上的菌落形态，mCCDA 琼脂平板上的可疑菌落通常为淡灰色，有金属光泽、潮湿、扁平、呈扩散生长的倾向。Skirrow 血琼脂平板上的第一型可疑菌落为灰色、扁平、湿润有光泽，呈沿接种线向外扩散的倾向；第二型可疑菌落呈分散凸起的单个菌落，边缘整齐、发亮。空肠弯曲菌显色培养基上的可疑菌落按照说明进行判定。

（4）鉴定

① 概述

挑取 5 个（如少于 5 个则全部挑取）或更多的可疑菌落接种到哥伦比亚血琼脂平板上，微需氧条件下（42 ±1）℃培养（24~48）h，按照 ②~⑥ 进行鉴定，结果符合表 8.12 的可疑菌落确定为弯曲菌属。

② 形态观察

挑取可疑菌落进行革兰氏染色，镜检。

③ 动力观察

挑取可疑菌落用 1 mL 布氏肉汤悬浮，用相差显微镜观察运动状态。

④ 氧化酶试验

用铂/铱接种环或玻璃棒挑取可疑菌落至氧化酶试剂润湿的滤纸上，如果在 10 s 内出现紫红色、紫罗兰或深蓝色为阳性。

表 8.12　弯曲菌属的鉴定

项目	弯曲菌属特性
形态观察	革兰氏阴性，菌体弯曲如小逗点状，两菌体的末端相接时呈 S 形、螺旋状或海鸥展翅状[a]
动力观察	呈现螺旋状运动[b]
氧化酶试验	阳性
微需氧条件下 (25 ±1)℃生长试验	不生长
有氧条件下 (42 ±1)℃生长试验	不生长

注：a. 有些菌株的形态不典型。b. 有些菌株的运动不明显。

⑤ 微需氧条件下 (25 ±1)℃生长试验

挑取可疑菌落，接种到哥伦比亚血琼脂平板上，微需氧条件下 (25 ±1)℃培养 (44 ±4) h，观察细菌生长情况。

⑥ 有氧条件 (42 ±1)℃生长试验

挑取可疑菌落，接种到哥伦比亚血琼脂平板上，有氧条件 (42 ±1)℃培养 (44 ±4) h，观察细菌生长情况。

⑦ 过氧化氢酶试验

挑取菌落，加到干净玻片上的 3% 过氧化氢溶液中，如果在 30 s 内出现气泡判断结果为阳性。

⑧ 马尿酸钠水解试验

挑取菌落，加到盛有 0.4 mL 1% 马尿酸钠的试管中制成菌悬液。混合均匀后在 (36 ±1)℃水浴中温育 2 h 或 (36 ±1)℃培养箱中温育 4 h。沿着试管壁缓缓加入 0.2 mL 茚三酮溶液，不要振荡，在 (36 ±1)℃的水浴或培养箱中再温育 10 min 后判读结果。若出现深紫色则为阳性；若出现淡紫色或没有颜色变化则为阴性。

⑨ 吲哚乙酸酯水解试验

挑取菌落至吲哚乙酸酯纸片上，再滴加一滴灭菌水。如果吲哚乙酸酯水解，则在 5 ~ 10 min 内出现深蓝色；若无颜色变化则表示没有发生水解。空肠弯曲菌的鉴定结果见表 8.13。

表 8.13　空肠弯曲菌的鉴定

特征	空肠弯曲菌 (C. jejuni)	结肠弯曲菌 (C. coli)	海鸥弯曲菌 (C. lari)	乌普萨拉弯曲菌 (C. upsaliensis)
过氧化氢酶试验	+	+	+	－ 或微弱
马尿酸钠水解试验	+	－	－	－
吲哚乙酸酯水解试验	+	+	－	+

注：+ 表示阳性；－ 表示阴性。

⑩ 其他方法鉴定

对于确定为弯曲菌属的菌落，可选择生化鉴定试剂盒或全自动微生物鉴定系统进行鉴定。

4. 结果与报告

综合试验结果，报告检样单位中检出或未检出空肠弯曲菌。

九、志贺氏菌检验（GB/T 4789.5 食品微生物学检验　志贺氏菌检验）

1. 材料与设备

①生物安全柜；

②高压灭菌锅；

③冰箱：2~5℃；

④厌氧培养装置：(41.5±1.0)℃；

⑤均质器；

⑥电子天平：感量0.1 g；

⑦无菌锥形瓶：容量250 mL，500 mL；

⑧吸管10 mL和100~1 000 μL微量移液器及相应吸头；

⑨无菌培养皿：直径90 mm；

⑩显微镜：10×~100×；

⑪0.22 μm滤器；

⑫pH计或精密pH试纸；

⑬电炉或微波炉；

⑭量筒：250 mL、1 000 mL；

⑮全自动微生物生化鉴定系统。

2. 培养基和试剂

（1）志贺氏菌增菌肉汤 - 新生霉素

① 志贺氏菌增菌肉汤

胰蛋白胨：20.0 g

葡萄糖：1.0 g

磷酸氢二钾：2.0 g

磷酸二氢钾：2.0 g

氯化钠：5.0 g

吐温：801.5 mL

蒸馏水：1 000 mL

将以上成分混合加热溶解，冷却至25℃左右校正pH值至7.0±0.2，分装适当的容器，121℃灭菌15 min，取出后冷却至50~55℃，加入除菌过滤的新生霉素溶液（0.5 μg/mL），分装225 mL备用。

注：如不立即使用，在2~8℃条件下可储存一个月。

② 新生霉素溶液

新生霉素：25.0 mg

蒸馏水：1 000 mL

将新生霉素溶解于蒸馏水中，用0.22 μm过滤膜除菌，如不立即使用，在2~8℃条件下可储存一个月。

③ 临用时每225 mL志贺氏菌增菌肉汤，加入5 mL新生霉素溶液，混匀。

（2）麦康凯（MAC）琼脂

蛋白胨：20.0 g

乳糖：10.0 g

3 号胆盐：1.5 g

氯化钠：5.0 g

中性红：0.03 g

结晶紫：0.001 g

琼脂：15.0 g

蒸馏水：1 000 mL

将以上成分混合加热溶解，冷却至25℃左右，校正 pH 值至 7.2±0.2，分装，121℃高压灭菌 15 min。冷却至 45～50℃，倾注平板。

注：如不立即使用，在 2～8℃条件下可储存二周。

（3）木糖赖氨酸脱氧胆酸盐（XLD）琼脂

见沙门氏菌检测中木糖赖氨酸脱氧胆酸盐（XLD）琼脂配制。

（4）志贺氏菌显色培养基

（5）三糖铁（TSI）琼脂

见沙门氏菌检测三糖铁（TSI）琼脂配制。

（6）营养琼脂斜面

蛋白胨：10.0 g

牛肉膏：3.0 g

氯化钠：5.0 g

琼脂：15.0 g

蒸馏水：1 000 mL

将除琼脂以外的各成分溶解于蒸馏水内，加入15%氢氧化钠溶液约 2 mL，冷却至 25℃左右，校正 pH 值至 7.0±0.2。加入琼脂，加热煮沸，使琼脂溶化。分装小号试管，每管约 3 mL。于 121℃灭菌 15 min，制成斜面。

注：如不立即使用，在 2～8℃条件下可储存二周。

（7）半固体琼脂

蛋白胨：1.0 g

牛肉膏：0.3 g

氯化钠：0.5 g

琼脂：0.3～0.7 g

蒸馏水：100 mL

按以上成分配好，加热溶解，校正 pH 值至 7.4±0.2，分装小试管，121℃灭菌 15 min，直立凝固备用。

（8）葡糖糖铵培养基

氯化钠：5.0 g

硫酸镁（$MgSO_4 \cdot 7H_2O$）：0.2 g

磷酸二氢铵：1.0 g

磷酸氢二钾：1.0 g

葡萄弹：2.0 g

琼脂：20.0 g

0.2%溴麝香草酚蓝水溶液：40.0 mL

蒸馏水：1 000 mL

先将盐类和糖溶解于水内，校正 pH 值至 6.8 ±0.2，再加入琼脂加热溶解，然后加入指示剂。混合均匀后分装试管，121℃高压灭菌 15 min。制成斜面备用。

（9）尿素琼脂

蛋白胨：1.0 g

氯化钠：5.0 g

葡萄糖：1.0 g

磷酸二氢钾：2.0 g

0.4%酚红溶液：3.0 mL

琼脂：20.0 g

20%尿素溶液：100.0 mL

蒸馏水：1 000 mL

将上述成分加入蒸馏水中，煮沸溶解，调节 pH 值至 7.2 ±0.2，分装小试管，121℃高压灭菌 15 min。除酚红和尿素外的其他成分加热溶解，冷却至 25℃左右校正 pH 值，加入酚红指示剂，混匀，于 121℃灭菌 15 min。冷至约 55℃，加入用 0.22 μm 过滤膜除菌后的 20%尿素水溶液 100 mL，混匀，以无菌操作分装灭菌试管，每管约 3～4 mL，制成斜面后放冰箱备用。

挑取琼脂培养物接种，在（36 ±1）℃培养 24 h，观察结果。尿素酶阳性者由于产碱而使培养基变为红色。

（10）β-半乳糖苷酶培养基

①液体法（ONPG 法）

邻硝基苯 β-D-半乳糖苷（ONPG）：60.0 mg

0.01 mol/L 磷酸钠缓冲液（pH 值为 7.5 ±0.2）10.0 mL

1%蛋白胨水（pH 值为 7.5 ±0.2）30.0 mL

将 ONPG 溶于缓冲液内，加入蛋白胨水，以过滤法除菌，分装于 10 mm × 75 mm 试管内，每管 0.5 mL，用橡皮塞塞紧。

自琼脂斜面挑取培养物一满环接种，于（36 ±1）℃培养 1～3 h 和 24 h 观察结果。如 β-D-半乳糖苷酶产生，则于 1～3 h 变黄色，如无此酶则 24 h 不变色。

② 平板法（X-Gal 法）

蛋白胨：20.0 g

氯化钠：3.0 g

5-溴-4-氯-3-吲哚-β-D-半乳糖苷（X-Gal）：200.0 mg

琼脂：15.0 g

蒸馏水：1 000 mL

将各成分加热煮沸于 1 L 水中，冷却至 25℃左右校正 pH 值至 7.2 ±0.2，115℃高压灭菌 10 min。倾注平板避光冷藏备用。

挑取琼脂斜面培养物接种于平板，划线和点种均可，于（36±1）℃培养18～24 h观察结果。如果β－D－半乳糖苷酶产生，则平板上培养物颜色变蓝色，如无此酶则培养物为无色或不透明色，培养48～72 h后有部分转为淡粉红色。

（11）赖氨酸脱羧酶试验培养基

见沙门氏菌检测赖氨酸脱羧酶试验培养基配制。

（12）糖发酵管

见沙门氏菌检测糖发酵管配制。

（13）西蒙氏柠檬酸盐培养基

氯化钠：5.0 g

硫酸镁（$MgSO_4 \cdot 7H_2O$）：0.2 g

磷酸二氢铵：1.0 g

磷酸氢二钾：1.0 g

柠檬酸钠：5.0 g

琼脂：20 g

0.2%溴麝香草酚蓝溶液：40.0 mL

蒸馏水：1 000 mL

先将盐类溶解于水内，节至pH值至6.8±0.2，加入琼脂，加热溶化。然后加入指示剂，混合均匀后分装试管，121℃灭菌15 min。制成斜面备用。

挑取少量琼脂培养物接种，于（36±1）℃培养4 d，每天观察结果。阳性者斜面上有菌落生长，培养基从绿色转为蓝色。

（14）黏液酸盐培养基

① 测试肉汤

酪蛋白胨：10.0 g

溴麝香草酚蓝溶液：0.024 g

蒸馏水：1 000 mL

黏液酸：10.0 g

慢慢加入5N氢氧化钠以溶解黏液酸，混匀。其余成分加热溶解，加入上述黏液酸，冷却至25℃左右校正pH值至7.4±0.2，分装试管，每管约5 mL，于121℃高压灭菌10 min。

② 质控肉汤

酪蛋白胨：10.0 g

溴麝香草酚蓝溶液：0.024 g

蒸馏水：1 000 mL

所有成分加热溶解，冷却至25℃左右，校正pH值至7.4±0.2，分装试管，每管约5 mL，于121℃高压灭菌10 min。

将待测新鲜培养物接种测试肉汤和质控肉汤，于（36±1）℃培养48 h观察结果，肉汤颜色蓝色不变则为阴性结果，黄色或稻草黄色为阳性结果。

（15）蛋白胨水、靛基质试剂

见沙门氏菌检测中蛋白胨水、靛基质试剂配制。

（16）志贺氏菌属诊断血清

（17）生化鉴定试剂盒

3. 操作程序

（1）增菌

无菌操作称取样品 25 g，放入灭菌乳钵或均质袋内，用无菌剪子剪碎，加灭菌海沙研磨或拍击式均质器拍打 1 ~ 2 min，检样磨碎后加入 225 mL 志贺氏菌增菌肉汤中。于（41.5 ± 1）℃厌氧培养 16 ~ 20 h。

（2）分离

取增菌后的志贺氏增菌液分别划线接种于 XLD 琼脂平板和 MAC 琼脂平板或志贺氏菌显色培养基平板上，于（36 ± 1）℃培养 20 ~ 24 h，观察各个平板上生长的菌落形态。宋内氏志贺氏菌的单个菌落直径大于其他志贺氏菌。若出现的菌落不典型或菌落较小不易观察，则继续培养至 48 h 再进行观察。志贺氏菌在不同选择性琼脂平板上的菌落特征见表 8.14。

表 8.14　志贺氏菌在不同选择性琼脂平板上的菌落特征

选择性琼脂平板	志贺氏菌的菌落特征
MAC 琼脂	无色至浅粉红色，半透明、光滑、湿润、圆形、边缘整齐或不齐
XLD 琼脂	粉红色至无色，半透明、光滑、湿润、圆形、边缘整齐或不齐

（3）初步生化试验

① 自选择性琼脂平板上分别挑取 2 个以上典型或可疑菌落，分别接种 TSI、半固体和营养琼脂斜面各一管，置（36 ± 1）℃培养 20 ~ 24 h，分别观察结果。

② 凡是三糖铁琼脂中斜面产碱、底层产酸（发酵葡萄糖，不发酵乳糖，蔗糖）、不产气（福氏志贺氏菌 6 型可产生少量气体）、不产硫化氢、半固体管中无动力的菌株，挑取已培养的营养琼脂斜面上生长的菌苔，进行生化试验和血清学分型。

（4）生化试验及附加生化试验

① 生化试验：用已培养的营养琼脂斜面上生长的菌苔，进行生化试验，即 β - 半乳糖苷酶、尿素、赖氨酸脱羧酶、鸟氨酸脱羧酶以及水杨苷和七叶苷的分解试验。除宋内氏志贺氏菌、鲍氏志贺氏菌 13 型的鸟氨酸阳性；宋内氏菌和痢疾志贺氏菌 1 型，鲍氏志贺氏菌 13 型的 β - 半乳糖苷酶为阳性以外，其余生化试验志贺氏菌属的培养物均为阴性结果。另外由于福氏志贺氏菌 6 型的生化特性和痢疾志贺氏菌或鲍氏志贺氏菌相似，必要时还需加做靛基质、甘露醇、棉子糖、甘油试验，也可做革兰氏染色检查和氧化酶试验，应为氧化酶阴性的革兰氏阴性杆菌。生化反应不符合的菌株，即使能与某种志贺氏菌分型血清发生凝集，仍不得判定为志贺氏菌属。志贺氏菌属生化特性见表 8.15。

表 8.15　志贺氏菌属四个群的生化特征

生化反应	A 群： 痢疾志贺氏菌	B 群： 福氏志贺氏菌	C 群： 鲍氏志贺氏菌	D 群： 宋内氏志贺氏菌
β - 半乳糖苷酶	−[a]	−	−[a]	+
尿素	−	−	−	−
赖氨酸脱羧酶	−	−	−	−
鸟氨酸脱羧酶	−	−	−[b]	+

生化反应	A 群： 痢疾志贺氏菌	B 群： 福氏志贺氏菌	C 群： 鲍氏志贺氏菌	D 群： 宋内氏志贺氏菌
水样苷	-	-	-	-
七叶苷	-	-	-	-
靛基质	- / +	(+)	- / +	-
甘露醇	-	+°	+	+
棉子糖	-	+	-	+
甘油	(+)	-	(+)	d

注：+表示阳性；-表示阴性；-/+表示多数阴性；+/-表示多数阳性；(+) 表示迟缓阳性；d 表示有不同生化型。

a 痢疾志贺 1 型和鲍氏 13 型为阳性。b 鲍氏 13 型为鸟氨酸阳性。c 福氏 4 型和 6 型常见甘露醇阴性变种。

② 附加生化实验：由于某些不活泼的大肠埃希氏菌（anaerogenic E. coli）、A－D（Alkalescens－D is-parbiotypes 碱性－异型）菌的部分生化特征与志贺氏菌相似，并能与某种志贺氏菌分型血清发生凝集；因此前面生化实验符合志贺氏菌属生化特性的培养物还需另加葡萄糖胺、西蒙氏柠檬酸盐、黏液酸盐试验（36℃培养 24～48 h）。志贺氏菌属和不活泼大肠埃希氏菌、A－D 菌的生化特性区别见表 8.16。

表 8.16　志贺氏菌属和不活泼大肠埃希氏菌、A－D 菌的生化特性区别

生化反应	A 群： 痢疾志贺氏菌	B 群： 福氏志贺氏菌	C 群： 鲍氏志贺氏菌	D 群： 宋内氏志贺氏菌	大肠埃希氏菌	A－D 菌
葡萄糖胺	-	-	-	-	+	+
西蒙氏柠檬酸盐	-	-	-	-	d	d
黏液酸盐	-	-	-	d	+	d

注 1：+表示阳性；-表示阴性；d 表示有不同生化型。

注 2：在葡萄糖铵、西蒙氏柠檬酸盐、黏液酸盐试验三项反应中志贺氏菌一般为阴性，而不活泼的大肠埃希氏菌、A－D（碱性－异型）菌至少有一项反应为阳性。

③ 如选择生化鉴定试剂盒或全自动微生物生化鉴定系统，可根据初步判断结果，用已培养的营养琼脂斜面上生长的菌苔，使用生化鉴定试剂盒或全自动微生物生化鉴定系统进行鉴定。

（5）血清学鉴定

① 抗原的准备

志贺氏菌属没有动力，所以没有鞭毛抗原。志贺氏菌属主要有菌体（O）抗原。菌体（O）抗原又可分为型和群的特异性抗原。

一般采用 1.2%～1.5%琼脂培养物作为玻片凝集试验用的抗原。

注 1：一些志贺氏菌如果因为 K 抗原的存在而不出现凝集反应时，可挑取菌苔于 1 mL 生理盐水做成浓菌液，100℃煮沸 15～60 min 去除 K 抗原后再检查。

注 2：D 群志贺氏菌既可能是光滑型菌株也可能是粗糙型菌株，与其他志贺氏菌群抗原不存在交叉反应。与肠杆菌科不同，宋内氏志贺氏菌粗糙型菌株不一定会自凝。宋内氏志贺氏菌没有 K 抗原。

② 凝集反应

在玻片上划出 2 个约 1 cm×1 cm 的区域，挑取一环待测菌，各放 1/2 环于玻片上的每一区域上部，在其中一个区域下部加 1 滴抗血清，在另一区域下部加入 1 滴生理盐水，作为对照。再用无菌的接种环或针分别将两个区域内的菌落研成乳状液。将玻片倾斜摇动混合 1 min，并对着黑色背景进行观察，如果抗血清中出现凝结成块的颗粒，而且生理盐水中没有发生自凝现象，那么凝集反应为阳性。如果生理盐水中出现凝集，视作为自凝。这时，应挑取同一培养基上的其他菌落继续进行试验。

如果待测菌的生化特征符合志贺氏菌属生化特征，而其血清学试验为阴性的话，则可挑取菌苔于 1 mL 生理盐水做成浓菌液，100℃煮沸 15 ~ 60 min 去除 K 抗原后再检查。

4. 结果与报告

综合生化试验和血清学鉴定的结果，报告 25 g 样品中检出或未检出志贺氏菌。

十、小肠结肠炎耶尔森氏菌检验

1. 材料与设备

①冰箱：2 ~ 5℃。

②恒温培养箱：(26 ± 1)℃、(36 ± 1)℃。

③显微镜：10 × ~ 100 ×。

④均质器或灭菌乳钵。

⑤天平：感量 0.1g。

⑥灭菌试管：16 mm × 160 mm、15 mm × 100 mm。

⑦灭菌吸管：1 mL（具 0.01 mL 刻度）、10 mL（具 0.1 mL 刻度）。

⑧灭菌锥形瓶：200 mL、500 mL。

⑨灭菌培养皿：直径 90 mm。

⑩全自动细菌生化鉴定仪，如 VITEK。

2. 培养基和试剂

（1）改良磷酸盐缓冲液

磷酸氢二钠：8.23 g

磷酸二氢钠：1.2 g

氯化钠：5.0 g

三号胆盐：1.5 g

山梨醇：20 g

将磷酸盐及氯化钠溶于蒸馏水中，再加入三号胆盐及山梨醇，溶解后校正 pH 值为 7.6，分装试管，于 121℃高压灭菌 15 min，备用。

（2）CIN – 1 培养基

①基础培养基：

胰胨：20.0 g

酵母浸膏：2.0 g

甘露醇：20.0 g

氯化钠：1.0 g

去氧胆酸钠：2.0 g

硫酸镁：0.01 g

琼脂：12.0 g

蒸馏水：950 mL

pH 值：7.5±0.1

将基础培养基于121℃高压灭菌15 min，备用。

② Irgasan：以95%的乙醇作溶剂，溶解二苯醚，配成0.4%的溶液，待基础培养基冷至80℃时，加入1 mL混匀。

③冷至50℃时，加入：

中性红（3 mg/mL）：10.0 mL

结晶紫（0.1 mg/mL）：10.0 mL

头孢菌素（1.5 mg/mL）：10.0 mL

新生霉素（0.25 mg/mL）：10.0 mL

最后不断搅拌加入10.0 mL的10%氯化锶，倾注平皿。

（3）改良 Y 培养基

蛋白胨：15.0 g

氯化钠：5.0 g

乳糖：10.0 g

草酸钠：2.0 g

去氧胆酸钠：6.0 g

三号胆盐：5.0 g

丙酮酸钠：2.0 g

孟加拉红：40 mg

水解酪蛋白：5.0 g

琼脂：17 g

蒸馏水：1 000 mL.

将上述成分混合，校正 pH 值至7.4±0.1。于121℃高压灭菌15 min，待冷至45℃左右时，倾注平皿。

（4）改良克氏双糖培养基

蛋白胨：20 g

牛肉膏：3 g

酵母膏：3 g

山梨醇：20 g

葡萄糖：1 g

氯化钠：5 g

柠檬酸铁铵：0.5 g

硫代硫酸钠：0.5 g

琼脂：12 g

酚红：0.025 g

蒸馏水：1 000 mL

将除琼脂和酚红以外的各成分溶解于蒸馏水中，校正 pH 值至 7.4。加入 0.02% 的酚 ETJ（溶液 12.5 mL），摇匀，分装试管，装量宜多些，以便得到比较高的底层。121℃ 高压灭菌 15 rain，放置高层斜面备用。

（5）糖发酵管

参见沙门氏菌检测中糖发酵管配制。

（6）鸟氨酸脱羧酶试验培养基

蛋白胨：5.0 g

酵母浸膏：3.0 g

葡萄糖：1.0 g

1.6% 溴甲酚紫 – 乙醇溶液：1 mL

L – 鸟氨酸或 DL – 鸟氨酸：0.5 g/100 mL 或 1 g/100 mL

蒸馏水：1 000 mL

除鸟氨酸以外的成分加热溶解后，分装，每瓶 100 mL，分别加入鸟氨酸。L – 鸟氨酸按 0.5% 加入，DL – 鸟氨酸按 1% 加入。再校正 pH 值至 6.8。对照培养基不加鸟氨酸。分装于无菌的小试管内，每管 0.5 mL，上面滴加一层液体石蜡，115℃ 高压灭菌 10 min。

从琼脂斜面上挑取培养物接种，于（26±1）℃ 培养 18 ~ 24 h，观察结果。鸟氨酸脱羧酶阳性者由于产碱，培养基呈紫色；阴性者无碱性产物，但因葡萄糖产酸而使培养基变为黄色。对照管为黄色。

（7）半固体琼脂

见沙门氏菌检测半固体琼脂配制。

（8）缓冲葡萄糖蛋白胨水（甲基红（MR）和 V – P 试验用）

① 基础培养基

磷酸氢二钾：5 g

多胨：7 g

葡萄糖：5 g

蒸馏水：1 000 mL

溶化后校正 pH 值至 7.0，分装试管，每管 1 mL，121℃ 高压灭菌 15 min。

② 甲基红（MR）试验

自琼脂斜面挑取少量培养物接种本培养基中，于（26±1）℃ 培养 2 ~ 5 d，哈夫尼亚菌则应在 22 ~ 25℃ 培养。滴加甲基红试剂一滴，立即观察结果。鲜红色为阳性，黄色为阴性。甲基红试剂配法：10 mg 甲基红溶于 30 mL 95% 乙醇中，然后加入 20 mL 蒸馏水。

③ V – P 试验

用琼脂培养物接种本培养基中，于（26±1）℃ 培养 2 ~ 4 d。哈夫尼亚菌则应在 22 ~ 25℃ 培养。加入 6% α – 萘酚 – 乙醇溶液 0.5 mL 和 40% 氢氧化钾溶液 0.2 mL，充分振摇试管，观察结果。阳性反应立刻或于数分钟内出现红色，如为阴性，应放在（36±1）℃ 培养 4 h 再进行观察。

（9）碱处理液

①0.5% 氯化钠溶液

氯化钠：0.5 g

蒸馏水：100 mL

② 0.5% 氢氧化钾溶液

氢氧化钾：0.5 g

蒸馏水：100 mL

将 0.5% 氯化钠及 0.5% 氢氧化钾等量混合。

（10）尿素培养基

尿素：20.0 g

酵母浸膏：0.1 g

磷酸二氢钾：0.091 g

磷酸氢二钠：0.095 g

酚红：0.01 g

蒸馏水：1 000 mL.

将上述成分于蒸馏水中溶解，校正 pH 值至为 6.8 ± 0.2。不要加热，过滤除菌，无菌分装于灭菌小试管中，每管为约 3 mL。

挑取琼脂培养物接种在尿素培养基，（26 ± 1）℃培养 24 h。尿素酶阳性者由于产碱而使培养基变为红色。

（11）API 20 NE 生化鉴定试剂盒或 VITEK GNI + 生化鉴定卡

3. 操作程序

（1）增菌

无菌操作称取样品 25 g，放入灭菌乳钵或均质袋内，用无菌剪子剪碎，加灭菌海沙研磨或拍击式均质器拍打 1 ~ 2 min，检样磨碎后加入 225 mL 改良磷酸盐缓冲液中，于（26 ± 1）℃增菌 48 ~ 72 h。

（2）碱处理

增菌液 0.5 mL 与碱处理液 4.5 mL 充分混合 15 s。

（3）分离

将经过碱处理的增菌液分别接种 CIN - 1 琼脂平板和改良 Y 琼脂平板，于（26 ± 1）℃培养（48 ± 2）h，典型菌落在 CIN - 1 琼脂平板上为红色牛眼状菌落，在改良 Y 琼脂平板上为无色透明、不黏稠的菌落。

（4）改良克氏双糖试验

分别挑取上述可疑菌落 3 ~ 5 个，接种改良克氏双糖斜面，于（26 ± 1）℃培养 24 h，将斜面和底部皆变黄不产气者做进一步的生化鉴定。

（5）尿素酶试验和动力观察

将改良克氏双糖上的可疑培养物接种到尿素培养基上，注意接种量要大，挑取一接种环，振摇几秒钟，于（26 ± 1）℃培养 2 ~ 4 h，然后将阳性者接种两管半固体，分别于（26 ± 1）℃和（36 ± 1）℃恒温培养箱中培养 24 h。将 26℃有动力的可疑菌落接种营养琼脂平板，进行革兰氏染色和生化试验。

（6）革兰氏染色镜检

小肠结肠炎耶尔森氏菌呈革兰氏阴性球杆菌，有时呈椭圆或杆状，大小为（0.8 ~ 3.0 μm）× 0.8 μm。

（7）生化鉴定

①常规生化鉴定：从营养琼脂平板上挑取单个菌落做生化试验，所有的生化反应皆在（26 ± 1）℃培养。小肠结肠炎耶尔森氏菌的主要生化特性以及与其他菌的区别见表 8.17。

表 8.17　小肠结肠炎耶尔森氏菌与其他相似菌的生化性状鉴别表

项目	小肠结肠炎耶尔森氏菌	中间型耶尔森氏菌	弗氏耶尔森氏菌	克氏耶尔森氏菌	假结核耶尔森氏菌	鼠疫耶尔森氏菌
动力（26℃）	+	+	+	+	+	−
尿素酶	+	+	+	+	+	−
VP 试验（26℃）	+	+	+	−	−	−
鸟氨酸脱羧酶	+	+	+	+	−	−
蔗糖	d	+	+	−	−	−
棉子糖	−	+	−	−	−	d
山梨醇	+	+	+	+	−	−
甘露醇	+	+	+	+	+	+
鼠李糖	−	+	+	−	−	+

注：+阳性；−阴性；d有不同生化型。

② 生化鉴定系统

可选择使用两种生化鉴定系统（API 20E 或 VITEK GNI +）中任一种，代替常规的生化鉴定。

A. API 20E：从营养琼脂平板上挑取单个菌落，按照 API 20E 操作手册进行并判读结果。

B. VITEK 全自动细菌生化分析仪：从营养琼脂平板上挑取单个菌落，按照 VITEK GNI + 操作手册进行并判定结果。

4. 结果与报告

报告 25 g 样品中检出或未检出小肠结肠炎耶尔森氏菌。

十一、肉毒杆菌检验（又叫肉毒梭菌 GB/T 4789.12 − 2003）

1. 材料与设备

①生物安全柜；

②高压灭菌锅；

③冰箱：2~5℃；

④恒温培养箱：（30±1）℃，（35±1）℃，（36±1）℃；

⑤均质器；

⑥电子天平：感量 0.1 g；

⑦无菌锥形瓶：100 mL、500 mL；

⑧吸管 10 mL 和 100~1 000 μL 微量移液器及相应吸头；

⑨无菌培养皿：直径 90 mm；

⑩显微镜：10 × ~100 ×；

⑪相差显微镜；

⑫离心机：3 000 r/min；

⑬pH 计或精密 pH 试纸;

⑭电炉或微波炉;

⑮量筒:250 mL、1 000 mL;

⑯厌氧培养装置:常温催化除氧式或碱性焦性没石子酸除氧式;

⑰无菌手术剪、镊子;

⑱注射器:1 mL;

⑲小白鼠:12 ~ 15 g。

2. 培养基和试剂

(1) 庖肉培养基

牛肉浸液:1 000 mL

蛋白胨:30 g

酵母膏:5 g

磷酸二氢钠:5 g

葡萄糖:3 g

可溶性淀粉:2 g

碎肉渣:适量

称取新鲜除脂肪和筋膜的碎牛肉 500 g,加蒸馏水 1 000 mL 和 1 mol/L 氢氧化钠溶液 25 mL,搅拌煮沸 15 min,充分冷却,除去表层脂肪,澄清,过滤加水补足至 1 000 mL。加入除碎肉渣外的各种成分,校正 pH 值至 7.8。

碎肉渣经水洗后晾至半干,分装 15 mm × 150 mm 试管约 2 ~ 3 cm 高,每管加入还原铁粉 0.1 ~ 0.2 g 或铁屑少许。将上述液体培养基分装至每管内超过肉渣表面约 1 cm。上面覆盖溶化的凡士林或液体石蜡 0.3 ~ 0.4 cm。121℃ 高压灭菌 15 min。

(2) 卵黄琼脂培养基

① 基础培养基

肉浸液:1 000 mL

蛋白胨:15 g

氯化钠:5 g

琼脂:25 ~ 30 g

② 50% 葡萄糖水溶液

③ 50% 卵黄盐水悬液

制备基础培养基,分装每瓶 100 mL,121℃ 高压灭菌 15 min。临用时加热溶化琼脂,冷至 50℃,每瓶内加入 50% 葡萄糖水溶液 2 mL 和 50% 卵黄盐水悬液 10 ~ 30 mL,y 摇匀,倾注平板。

(3) 明胶磷酸盐缓冲液

明胶:2 g

磷酸氢二钠:4 g

蒸馏水:1 000 mL

加热溶解,校正 pH 值至 6.2,121℃ 高压灭菌 15 min

肉毒分型抗毒诊断血清

胰酶：活力 1∶250

革兰氏染色液

见金黄色葡萄球菌检验2. 培养基和试剂中（9）革兰氏染色液。

3. 操作程序

（1）肉毒毒素检测

取 25 g 样品，加入 25 mL 明胶磷酸盐缓冲液，均质，然后离心，取上清液进行检测。

另取一部分上清液，调 pH 值至 6.2，每 9 份加 10% 胰酶（活力 1∶250）水溶液 1 份，混匀，不断轻轻搅动，37℃ 作用 60 min，进行检测。

肉毒毒素检测以小白鼠腹腔注射法为标准方法。

① 检出试验：取上述离心上清液及其胰酶激活处理液分别注射小白鼠三只，每只 0.5 mL，观察 4 d。注射液中若有肉毒毒素存在，小白鼠一般多在注射后 24 h 内发病、死亡。主要症状为竖毛、四肢瘫软，呼吸困难，呼吸呈风箱式，腰部凹陷、宛若蜂腰，最终死于呼吸麻痹。

若遇小鼠猝死以致症状不明显时，则可将注射液做适当稀释，重做试验。

② 确证试验：不论上清液或其胰酶激活处理液，凡能致小鼠发病、死亡者，取样分成三份进行试验，一份加等量多型混合肉毒抗毒诊断血清，混匀，37℃ 作用 30 min，一份加等量明胶磷酸盐缓冲液，混匀，煮沸 10 min；一份加等量明胶磷酸盐缓冲液，混匀即可，不做其他处理。三份混合液分别注射小白鼠各 2 只，每只 0.5 mL，观察 4 d，若注射加诊断血清和煮沸加热的两份混合液的小白鼠均获保护存活，而唯有注射未经其他处理的混合液的小白鼠以特有的症状死亡，则可判定检样中的肉毒毒素存在，必要时要进行毒力测定和定型试验。

③ 毒力测定：取已判定含有肉毒毒素的检样离心，取上清液，用明胶磷酸盐缓冲液做成 50 倍、500 倍及 5 000 倍的稀释液，分别注射小白鼠各两只，每只 0.5 mL，观察 4 d。根据动物死亡情况，计算检样所含肉毒毒素的大体毒力（MLD/g）。例如 5 倍、50 倍及 500 倍稀释的动物全部死亡，而注射 5 000 倍稀释液的动物全部存活，则可大体判定检样上清液所含毒素的毒力为 1 000 MLD/g ~ 10 000 MLD/g。

④ 定型试验：按毒力测定结果，用明胶磷酸盐缓冲液将检样上清液稀释至所含毒素的毒力大体在 10 ~ 1 000 MLD/g，分别与各单型肉毒抗诊断血清等量混匀，37℃ 作用 30 min，各注射小鼠 2 只，每只注射 0.5 mL，观察 4 d。同时以明胶磷酸盐缓冲液代替诊断血清，与稀释毒素液等量混合作为对照。能保护动物免于发病、死亡的诊断血清型即为检样所含肉毒毒素的型别。

注 1：未经胰酶激活处理的检样的毒素检出试验或确证试验若为阳性结果，则胰酶激活处理液可省略毒力测定及定型试验。

注 2：为争取时间尽快得出结果，毒素检测的各项试验液可同时进行。

注 3：根据具体条件和可能性，定型试验可酌情先省略 C、D、F 和 G 型。

注 4：进行确证及定型等中和试验时，检样的稀释应参照所有肉毒诊断血清的效价。

注 5：试验动物的观察可按阳性结果的出现随时结束，以缩短观察时间；唯有出现阴性结果时，应保留充分的观察时间。

（2）肉毒梭菌检出

取庖肉培养基三支，煮沸 10 ~ 15 min，做如下处理：

① 第一支：急速冷却，接种检样均质液 1 ~ 2 mL；

② 第二支：冷却至 60℃，接种检样，继续于 60℃ 保温 10 min，急速冷却；

③ 第三支：接种检样，继续煮沸加热 10 min，急速冷却。

以上接种物于 30℃ 培养 5 d，若无生长，可再培养 10 d。培养到期，若有生长，取培养液离心，以其上清液进行毒素检测试验，阳性结果证明检样中有肉毒梭菌存在。

（3）分离培养

选取经毒素检测试验证实含有肉毒梭菌的前述增菌产毒培养物（必要时重复一次适宜的加热处理）接种于卵黄琼脂平板，35℃ 厌氧培养 48 h。肉毒梭菌在卵黄琼脂平板上生长时，菌落及周围培养基表面覆盖着特有的虹彩样（或珍珠层样）薄层，但 G 型菌无此现象。

根据菌落形态及菌体形成挑取可疑菌落，接种庖肉培养基，于 30℃ 培养 5 d，进行毒素检测及培养特征检查确证试验。

毒素检测：方法按本部分的毒素检测方法进行。

培养特性检查：接种卵黄琼脂平板，分成两份，分别在 35℃ 的需氧和厌氧条件下培养 48 h，观察生长情况及菌落形态。肉毒梭菌只有在厌氧条件下才能在卵黄琼脂平板上生长并形成具有上述特征的菌落，而在需氧条件下则不生长。

4. 结果与报告

报告（一）：检样含有某型肉毒毒素。

报告（二）：检样含有某型肉毒梭菌。

报告（三）：由样品分离的菌株为某型肉毒梭菌。

如上所示，检样经均质处理后及时接种培养，进行增菌、产毒，同时进行毒素检测试验。毒素检测试验结果可证明检样中有无肉毒毒素以及有何型肉毒毒素存在。

对增菌产毒培养物，一方面做一般的生长特性观察，同时检测肉毒毒素的产生情况。所得结果可证明检样中有无肉毒梭菌以及有何型肉毒梭菌存在。

为其他特殊目的而欲获得纯菌株，可用增菌产毒培养物进行分离培养，对所得纯菌株进行形态、培养特征等观察及毒素检测，其结果可证明所得纯菌为何型肉毒梭菌。

十二、霉菌和酵母计数（GB/T 4789.15－2003 食品微生物学检验 霉菌和酵母计数）

1. 材料与设备

①冰箱：2℃～5℃；

②恒温培养箱：（28±1）℃；

③显微镜：10×～100×；

④均质器；

⑤天平：感量 0.1 g；

⑥灭菌试管：10 mm×75 mm；

⑦灭菌吸管：1 mL（具 0.01 mL 刻度）、10 mL（具 0.1 mL 刻度）；

⑧灭菌锥形瓶：200 mL、500 mL；

⑨无菌广口瓶：500 mL；

⑩灭菌培养皿：直径 90 mm；

⑪无菌牛皮纸袋、塑料袋。

2. 培养基和试剂

（1）马铃薯－葡萄糖－琼脂培养基

马铃薯（去皮切块）：300 g

葡萄糖：20.0 g

琼脂：20.0 g

氯霉素：0.1 g

蒸馏水：1 000 mL

将马铃薯去皮切块，加 1 000 mL 蒸馏水，煮沸 10~20 min。用纱布过滤，补加蒸馏水至 1 000 mL。加入葡萄糖和琼脂，加热融化，分装后，121℃高压灭菌 20 min。倾注平板前，用少量乙醇溶解氯霉素加入培养基中。

（2）孟加拉红培养基

蛋白胨：5.0 g

葡萄糖：10.0 g

磷酸二氢钾：1.0 g

硫酸镁（无水）：0.5 g

琼脂：20.0 g

孟加拉红：0.033 g

氯霉素：0.1 g

蒸馏水：1 000 mL

将上述各成分加入蒸馏水中，加热溶化，补足蒸馏水至 1 000 mL，分装后，121℃高压灭菌 20 min。倾注平板前，用少量乙醇溶解氯霉素加入培养基中。

3. 操作程序

（1）样品处理

无菌操作称取样品 25 g，放入灭菌乳钵或均质袋内，用无菌剪子剪碎，加灭菌海沙研磨或拍击式均质器拍打 1~2 min，检样磨碎后加入 225 mL 灭菌蒸馏水，混匀成 1:10 的样品匀液。

（2）样品稀释

①用 1 mL 微量移液器吸取 1:10 样品匀液 1 mL，沿管壁缓慢注入盛有 9 mL 稀释液（磷酸盐缓冲液或无菌生理盐水）的无菌试管中（注意枪头或枪头尖端不要触及稀释液面），振荡试管或换用 1 个枪头反复吹打使其混合均匀，制成 1:100 的样品匀液。

② 按①操作方法，制备 10 倍系列稀释样品匀液。每递增稀释一次，换用 1 次 1 mL 枪头。

③ 根据样品的污染状况的估计，选择 2~3 个适宜稀释度的样品匀液，在进行 10 倍递增稀释时，吸取 1 mL 样品匀液于无菌平皿内，每个稀释度做两个平皿。同时，分别吸取 1 mL 空白稀释液加入两个无菌平皿内作空白对照。

④ 及时将 15~20 mL 冷却至 46℃的马铃薯－葡萄糖－琼脂或孟加拉红培养基（可放置于（46±1）℃恒温水箱中保温）倾注平皿，并转动平皿使其混合均匀。每个样品从开始稀释到倾注最后一个平皿所用的时间不得超过 20 min。

（3）培养

待琼脂凝固后，将平板倒置，（28±1）℃培养 5 d。

（4）菌落计数

肉眼观察，必要时可用放大镜，记录各稀释倍数和相应的霉菌和酵母数量。以菌落形成单位（colony – forming units，CFU）表示。

选取菌落数在 10~150 CFU 的平板，根据菌落形态分别计数霉菌和酵母数。霉菌蔓延生长覆盖整个平板的可记录为多不可计。菌落数应采取两个平板的平均数。

（5）结果

计算两个平板菌落数的平均值，再将平均值乘以相应稀释倍数。

若所有平板上菌落数均大于 150 CFU，则对稀释度最高的平板进行计数，其他平板可记录为多不可计，结果按平均菌落数乘以最高稀释倍数计算。

若所有平板上菌落数均小于 10 CFU，则应按稀释度最低的平均菌落数乘以稀释倍数计算。

若所有稀释度平板均无菌落生长，则以小于 1 乘以最低稀释倍数计算。

4. 结果与报告

菌落总数小于 100 时，按"四舍五入"原则修约，采用两位有效数字报告。

菌落总数大于或等于 100 时，前三位数字采取"四舍五入"原则修约后，取前 2 位数字，后面用 0 代替位数；也可用 10 的指数形式来表示，按"四舍五入"原则修约后，取前 2 位数字。

样品以 CFU/g 为单位报告，分别报告霉菌或酵母数。

第二节 病毒检测

一、甲型肝炎病毒检测（参考 GB/T 22287 – 2008 贝类中甲型肝炎病毒检测方法 普通 RT – PCR 方法和实时荧光 RT – PCR 方法）

目前的诊断方法主要有电镜、免疫电镜、固相放射免疫、酶联免疫分析和 PCR 方法等。其中最灵敏、最准确、应用最广的方法是 RT – PCR 方法。

1. 材料与设备

①组织匀浆器（0 r/min ~ 20 000 r/min）；

②PCR 仪；

③实时荧光 PCR 仪；

④凝胶成像系统；

⑤恒温水浴锅（10 ~ 95℃）；

⑥涡旋混匀器（200 ~ 2 500 r/min）；

⑦电泳仪（0 ~ 300 V）；

⑧酸度计（pH 值 0 ~ 14，最小显示单位 0.01，1 mV）；

⑨高速冷冻离心机；

⑩微量加样器（0.1 ~ 2.5 μL，10 ~ 100 μL，20 ~ 200 μL，100 ~ 1 000 μL）；

⑪超低温冰箱（-80℃）；

⑫带滤芯的无 Rnase 的微量加样吸头（10 μL，100 μL，200 μL，1 mL）；

⑬无 RNase 的离心管和 PCR 反应管（20 μL，1.5 mL，2 mL）；

⑭磁力搅拌器；

⑮电子天平（最小精度值 0.01 g）。

2. 试剂

除有特殊说明外，所有试验用试剂均为分析纯；实验用水均为去离子水，规格符合 GB/T 6682 相关规定。

（1）甘氨酸缓冲液

甘氨酸（优级纯）：7.5 g

氯化钠（NaCl）：17.5 g

去离子水：800 mL

5 mol/L 氢氧化钠溶液（NaOH）：调 pH 值至 9.5

加去离子水至 1 000 mL，121℃高压灭菌 15 min 备用。此溶液可于 4℃保存 9 个月。

（2）PE8000 沉降液

PEG 8000（优级纯）：16 g

氯化钠（NaCl）：3.07 g

加去离子水至 100 mL，于磁力搅拌器上混匀后，121℃高压灭菌 15 min 备用。此溶液可于 4℃保存 9 个月。

（3）裂解液

Trizol – reagent 或其他等效产品。

（4）poly（dt）磁珠

Dynalbeads – oligo（dt）25 或其他等效产品。

注：给出这一信息是为了方便本标准使用者，并不表示对该产品的认可。如果其他等效产品具有相同的效果，则可使用这些等效产品。

（5）1×RNA 吸附缓冲液

（6）2×RNA 吸附缓冲液

（7）洗涤缓冲液

（8）QIAmp Viral RNA Mini Kit（Qiagen 529004）或其他等效产品

（9）SuperscriptTM one – step RT – PCR with platinum Taq（Invitrogen Cat. NO. 10928 – 031）或其他等效产品

（10）SuperscriptTM firststrand syhthesis system for RT – PCR（Invitrogen Cat. NO. 180 – 051）或其他等效产品

（11）Universal PCR Master Mix（ABI 4304437）或其他等效产品

（12）普通 RT PCR 检测引物序列（5' –3'）

For：5' – CAGCACATCAGAAAGGTGAG – 3'；Rev：5' – CTCCAGAATCATCTCCAAC – 3'。引物位于 HAV 基因组中编码 VP1 – VP3 壳蛋白的区域，目的片段长度为 192 bp。加无 RNase 的去离子水配制成 100 μmol/L 储备液。

（13）实时荧光 RT PCR 检测的引物和探针

F1：5′ - TTTCCGGAGCCCCTCTTG - 3′；

R1：5′ - AAAGGGAAATTTAGCCTATAGCC - 3′；

R2：5′ - AAAGGGAAAATTTAGCCTATAGCC - 3′。

探针：FAM 5′ - ACTTGATACCTCACCGCCGTTTGCCT - 3′ TAMRA

加无 RNase 的去离子水配制成 100 μmol/L 储备液。

（14）DNA 分子量标记

100 bp ~ 2 000 bp。

（15）50 × TAE 或其他等效缓冲液

① 0.5mol/L EDTA - Na$_2$（乙二铵四乙酸二钠）溶液，pH 值为 8.0

EDTA - Na$_2$ · H$_2$O：186.1 g

灭菌去离子水：800 mL

5 mol/L 氢氧化钠溶液：调 pH 值至 8.0

灭菌去离子水加至 1 000 mL，121℃高压灭菌 15 min 备用。

② TAE 电泳缓冲液（50 ×）配制

羟基甲基氨基甲烷（Tris）：242 g

冰乙酸：57.1 mL

0.5 mol/L EDTA 溶液，pH 值为 8.0，100 mL

灭菌去离子水加至 1 000 mL，121℃高压灭菌 15 min 备用。同时用灭菌去离子水稀释至 1 × 使用。

（16）6 × 上样缓冲液

（17）甲肝减毒活疫苗

作为阳性对照添加于已知的阴性样品制成阳性质控样品。

（18）三氯甲烷

每次使用时注意防止 Rnase 污染。

（19）异丙醇

每次使用时注意防止 Rnase 污染。

（20）75% 乙醇

无水乙醇：7.5 mL

无 RNase 去离子水：2.5 mL

现用现配。

（21）无 RNase 的去离子水

去离子水：100mL

焦碳酸二乙酯（DEPC）：50 μL

室温过夜，121℃高压灭菌 15 min，或者直接购买无 RNase 去离子水。

（22）溴化乙锭（10 μg/μL）

溴化乙锭：20 mg

灭菌去离子水：2 mL

（23）焦碳酸二乙酯

3. 操作步骤

（1）样品处理

用灭菌蒸馏水将水产品表面的污泥清晰干净，使用灭菌的剪刀和镊子取毛蚶、牡蛎、蟹、蛤类等水产品的鳃、消化腺和内脏组织，混匀后取 10 g。

将 10 g 组织中加入 70 mL 甘氨酸缓冲液（样品质量与缓冲液体积之比为 1:7），组织匀浆器中充分破碎混匀 2 min。取出匀浆液 30 mL，置 37℃ 孵育 30 min。于 4℃ 15 000 g 离心 20 min。收集上清液，加入等体积三氯甲烷，涡旋混匀 1min，室温放置 5 min，1 700 g，4℃ 离心 30 min. 从上层液相取出 15 mL 上清液，加入等体积的 PEG 800 溶液（PEG 终浓度为 8%），于 4℃ 过夜沉降病毒。10 000 g，4℃ 离心 5 min。弃上清，保留沉淀。

（2）病毒 RNA 提取

① 硅胶膜法

向沉淀中加入 6 mol/L 的异氰酸胍溶液 1 mL 尽量使沉淀充分溶解，涡旋混匀，使用 Qiagen 的 QIAamp Vial RNA Mini Kit 或其他等效产品进行 RNA 提取。按照厂家的试剂盒使用说明进行操作。

② 磁珠法

于沉淀中加入 5mL Trizol – reagent，涡旋混匀使沉淀充分溶解。4℃ 放置 1 h。转移至 10 mL 或 15 mL 的离心管中，加入 1.2 mL 三氯甲烷，剧烈涡旋混匀 1 min，室温放置 5 min。4℃，12 000 g 离心 5 min，取上清液。加入 0.5 倍体积异丙醇，室温放置 5 min。4℃，5 000 g 离心 10 min。弃上清液，用 75% 乙醇（4℃）洗涤沉淀。11 000 g，4℃ 离心 10 min。弃上清液，倒置吸水纸上，尽量吸干液体。3 000 g，4℃ 离心 10 s，将管壁上的残余液体甩到管底，用微量加样器尽量将其吸干，冰上干燥 5~10 min。用 300 μL 无 RNA 酶的水重悬沉淀，加热至 90℃，涡旋混匀使沉淀溶解。按照 Dynalbeads – oligo（dt）25 或其他等效产品使用说明进行 RNA 纯化。

③ RNA 的保存

制备好的 RNA 应尽快进行反转录。若暂时不能进行发转录，应于 –80℃ 保存备用。

（3）核酸扩增

①普通 RT – PCR 方法

反应体系：

2 × 反应混合物：25 μL

正义引物（10 pmol/μL）：1 μL

反义引物（10 pmol/μL）：1 μL

酶混合物：20 μL

DEPC 水：2 μL

反应条件：50℃，30 min；变性（94℃，5 min）。94℃；1 min，49℃，1 min 20 s；72℃，1 min；40 个循环。延伸（72℃ 10 min）。

琼脂糖凝胶电泳检测扩增产物：

用 1 × 电泳缓冲液配制 1.5% 的琼脂糖凝胶。在电泳槽中加入电泳缓冲液，使液面刚刚没过凝胶。用 10 μL PCR 扩增产物分别与适量加样缓冲液混合，点样。5 V/cm 恒压 20 min。凝胶成像仪下观察并记录电泳结果。

阳性产物的确认：

在阴、阳性对照均成立的前提下，如果扩增出与目的片段大小相符的扩增条带，可初步判断为 RT - PCR 扩增阳性。将 PCR 产物进行测序，并与 GeneBank 数据库中的序列进行比对。

② 实时荧光 RT - PCR 方法

反转录反应

RNA：2 μL

dNTP：1 μL

随机引物（10 pmol/μL）：1 μL

无 RNase 的去离子水：6 μL

上述混合物于 65℃ 孵育 5 min，放于冰上 1 min 后，加入下列反应混合物：

10 × 缓冲液：2 μL

氯化镁（$MgCl_2$）：4 μL

DTT：2 μL

RNase out：1 μL

反转录酶：1 μL

反转录反应条件：42℃，60 min；75℃，15 min；4℃。

实时荧光 PCR 反应体系：

2 × PCR 反应缓冲液：25 μL

反义引物 R1 和 R2（均为 10 pmol/μL）：各 2.25 μL

正义引物 F1（10 pmol/μL）：4.5 μL

探针（10pmol/μL）：1.25 μL

cDNA：2 μL

加灭菌去离子水至：50 μL

反应参数：50℃，2 min；95℃，10 min；95℃，15 s；60℃，1 min；50 个循环。

（4）质量控制

阳性对照：将 100 个 TCID50 的甲肝疫苗添加于 10 g 已知的阴性贝类消化道组织中，与待检样品进行相同的处理。阳性对照的目的是测试样品中的核酸是否被有效的提取出来。如果阳性对照出现阴性结果，说明病毒 RNA 提取失败，应重新对样品进行检测。

阴性对照：取已知的阴性贝类消化道组织 10 g，与待检样品进行相同的处理。若阴性对照出现阳性结果，可能是试剂、反应体系有污染，应查找原因，重新进行检测。

空白对照：进行普通 PCR 及实时荧光 PCR 需设立试剂对照，以检测 PCR 反应混合物中是否存在污染。若试剂空白对照出现阳性结果，应更换试剂后重新进行检测。

（5）结果判断

① 普通 RT - PCR

对待测样品进行 RT - PCR 检测，如果阴性对照和空白对照未出现条带，阳性对照出现预期大小的扩增条带，而样品未出现预期大小的扩增条带，则可判定样品甲型肝炎病毒核酸检测阴性。

如果阴性对照和空白对照未出现条带，阳性对照和样品出现预期大小的扩增条带，并且对 PCR 产物序列分析证实待测样品的序列与甲型肝炎病毒的序列一致，则可判定样品甲型肝炎病毒核酸检测阳性；若两者序列不一致，则可判断样品甲型肝炎病毒核酸检测阴性。

② 实时荧光 RT – PCR

检测样品的 Ct 值≥43 时，则判定甲型肝炎病毒核酸检测阴性。

检测样品的 Ct 值≤40 时，则判定甲型肝炎病毒核酸检测阳性。

检测样品的 40 < Ct 值 < 43，应重新进行测试，如果重新测试的 Ct 值≥43 时，则判定甲型肝炎病毒核酸检测阴性；如果重新测试的 40≤Ct 值 < 43，则判定甲型肝炎病毒核酸检测阳性。

4. 结果报告

10 g 肠道组织中甲型肝炎病毒核酸检测为阳性/阴性。

二、诺沃克病毒检测（参考 SN/T 1635 – 2005 贝类中诺沃克病毒检测方法 普通 RT – PCR 方法和实时荧光 RT – PCR 方法）

目前的诊断方法主要有电镜、免疫电镜、固相放射免疫、酶联免疫分析和 PCR 方法等。其中最灵敏、最准确、应用最广的方法是 RT – PCR 方法。

1. 材料和设备

①实时荧光 PCR 仪；

②PCR 仪；

③电泳仪；

④凝胶分析成像系统；

⑤冷冻离心机；

⑥匀浆器；

⑦水浴锅；

⑧微量可调移液器；

⑨高压灭菌锅；

⑩ – 80℃ 低温冰箱；

⑪50 mL 离心管；

⑫无 RNase 玻璃容器；

⑬无 RNase 离心管（1.5 mL，15 mL）、无 RNase 移液器吸嘴（20 μL、200 μL、1 000 μL、无 RNase 钥匙、无 RNase PCR 薄壁管）；

⑭1.5 mL 磁性抽提架。

2. 试剂

所有实验用试剂均为分析纯；除特别说明外，实验用水为蒸馏水或去离子水。

①诺沃克病毒阳性标本：由国家质量监督检验检疫总局指定单位提供。 – 80℃ 低温冰箱保存；

②甘氨酸缓冲液：见甲型肝炎病毒检测试剂部分；

③PEG 8000 溶液：见甲型肝炎病毒检测试剂部分；

④裂解液：Tri – reagent 或其他等效裂解液；

⑤Poly（dT）磁珠：Dynadeads – oligo（dT）$_{25}$ 或等效品；

⑥无 RNase 超纯水；

⑦75%乙醇；

⑧异丙醇：未开封的新品；

⑨1×RNA 吸附缓冲液：见甲型肝炎病毒检测试剂部分；

⑩2×RNA 吸附缓冲液：见甲型肝炎病毒检测试剂部分；

⑪洗液；

⑫RNase 抑制剂；

⑬逆转录酶 AMV；

⑭DNA 聚合酶；

⑮dNTPs：含 dATP、dUTP、dCTP、dGTP 各 10 mmol/L；

⑯引物和探针：根据表 8.18 和表 8.19 的序列进行合成引物和探针，加无 Rnase 超纯水制成 50 μmol/L储存液。

表 8.18　普通 RT – PCR 检测的引物

检测的病毒类群	引　　物	扩增片段大小/bp
G I 和 G II	正义引物 JV12：5′ – ATACCACTATGATGCAGATTA – 3′ 反义引物 JV13：5′ – TCATCATCACCATAGAAAGAG – 3′	326

⑰DNA 分子量标记：100 bp ~ 2 000 bp；

⑱50×TAE 缓冲液。见甲型肝炎病毒检测试剂部分；

⑲溴化乙锭溶液（10 μmol/L）见甲型肝炎病毒检测试剂部分；

⑳含 0.5 μg/mL 溴化乙锭的 1.5% 琼脂糖凝胶；

㉑10×加样缓冲液　见甲型肝炎病毒检测试剂部分。

表 8.19　实时荧光 RT – PCR 检测的引物和探针

检测的病毒类群	引物和探针序列	扩增片段大小/bp
G I	正义引物 COG1F：5′ – CGYTGGATGCGNTTYCATGA – 3′ 反义引物 COG1R：5′ – CTTAGACGCCATCATCATTYAC – 3′ 探针 R1（a）：5′ – FAM – AGATYGCGATCYCCTGTCCA – TAMRA – 3′ 探针 R1（b）：5′ – FAM – AGATCGCGGTCTCCTGTCCA – TAMRA – 3′	107
G II	正义引物 COG2F：5′ – CARGARBCNATGTTYGRTGGATGAG – 3′ 反义引物 COG2R：5′ – TCGACGCCATCTTCATTCACA – 3′ 探针 R2：5′ – FAM – TGGGAGGGCGATCGCAATCT – TAMRA – 3	119

3. 操作步骤

（1）病毒的富集

① 解剖取下贝类的中肠腺组织，取 5 g 加入 35 mL 甘氨酸缓冲液（pH 值为 9.5）。

② 匀浆器高速匀浆 3 min，将匀浆液装入 50 mL 离心管，37℃温育 30 min 或室温下振荡 30 min，4℃，10 000 g 离心 30 min。

③ 移取上清液至 50 mL 新管，加入等体积的 PEG 8 000 溶液，颠倒 5 次混匀。冰上放置至少 1 h，4℃，10 000 g 离心 5 min，弃去上清，保留沉淀。

（2）病毒 RNA 的提取和纯化

① 在沉淀中加入 5 mL Tri－reagent 或其他等效裂解液，剧烈震荡 30 s，室温放置 5 min。

② 转移溶液至一 15 mL 无 RNA 酶离心管，加入 1.2 mL 三氯甲烷，剧烈震荡 30 s，室温放置 5 min，4℃，12 000 g 离心 5 min，吸取上清至另一 15 mL 无 RNA 酶离心管。

③ 在上清液中加入 0.5 倍体积（约 2.5 mL）的异丙醇，室温放置 5 min，4℃，5 000 g 离心 5 min。

④ 弃去上清，用 5 mL，4℃预冷的 75% 乙醇洗涤沉淀。

⑤ 沉淀重悬于 300 μL 无 RNase 的水中，将悬液转移至一 1.5 mL 的无 RNase 的离心管中。

⑥ 加入 400 μL 1×RNA 吸附缓冲液，震荡 30 s，60℃放置 3 min。

⑦ 加入 100μL Dynabeads－oligo（dT）$_{25}$，轻柔混合，磁性抽屉架上放置 1 min。

⑧ 弃去上清，加入 500 μL 2×RNA 吸附缓冲液，室温下晃动 5 min 洗涤。

⑨ 离心管在磁性抽提架上放置 1 min，弃去上清。加入 500μL 洗液，颠倒 5 次混匀，离心管在磁性抽提架上放置 1 min，弃去洗液。重复洗涤 3 次。

⑩ 沉淀用 100 μL 无 RNase 水悬浮，90℃放置 2 min 释放 RNA。磁性抽提架上放置 1 min，取上清液。将上清液至另一 1.5 mL 无 RNase 的离心管中，加入 20U RNase 抑制剂，即时进行 RT－PCR 检测。

（3）普通 RT－PCR 检测

普通 RT－PCR 反应体系

检测贝类中诺沃克病毒的一步法普通 RT－PCR 反应体系见表 8.20。每个反应体系设置两个平行反应。反应体系中各试剂的量可根据具体情况或不同的反应总体积进行适当调整。也可采取 RT－PCR 两步法试剂盒。

表 8.20　普通 RT－PCR 反应体系

名称	贮液浓度	终浓度	加样量（μL）
RT－PCR 缓冲液	5×	1×	10
MgSO$_4$	25 mmol/L	1 mmol/L	2
正义引物	50 μmol/L	1 μmol/L	1
反义引物	50 μmol/L	1 μmol/L	1
逆转录酶	5 U/μL	0.1 U/μL	1
模板	——	——	10
水（无 RNase）	——	——	23
总体积	——	——	50

以诺沃克病毒 RNA 作为阳性对照，以不含有诺沃克病毒的贝类 RNA 作为阴性对照，以水代替模板作为空白对照。

普通 RT－PCR 反应参数：42℃，60 min；94℃，10 min；94℃，1 min；37℃，90 s；74℃，1 min；40 个循环；74℃，7 min。

PCR 产物的琼脂糖凝胶电泳检测：

将适量 50×TAE 稀释成 1×TAE 溶液，配制溴化乙锭含量为 0.5 μg/mL 的 1.5% 琼脂糖凝胶。取 15 μL PCR 产物，加 1.5μL 上样缓冲液点样进行电泳，并加 DNA 分子量标记点样以判断 PCR 产物的片段大小。电压大小根据电泳槽长度来确定，一般控制在 3～5 V/cm 长度，当溴酚蓝移动到凝胶边缘时关闭电源，电泳检测结果用凝胶分析成像系统记录。

若样品检测出预期带型，则对 PCR 产物进行测序，并与 GeneBank 数据中的序列进行比对。

（4）实时荧光 RT – PCR

实时荧光 RT – PCR 反应体系

检测贝类中诺沃克病毒的一步法实时荧光 RT – PCR 反应体系见表 8.21，每个反应体系设置两个平行反应。反应体系中各试剂的量可根据具体情况或不同的反应总体积进行适当调整。可采用商业 RT – PCR 一步法或两步法试剂盒。

以诺沃克病毒 RNA 作为阳性对照，以不含有诺沃克病毒的贝类 RNA 作为阴性对照，以水代替模板作为空白对照。

表 8.21　实时荧光 RT – PCR 反应体系

名称	贮备浓度	终浓度	加样量（μL）	
			G I 型病毒	G II 型病毒
RT – PCR 缓冲液	5 ×	1 ×	10	10
MgSO$_4$	25 mmol/L	1 mmol/L	2	2
dNTPs	10 mmol/L	0.2 mmol/L	1	1
正义引物	50 μmol/L	1 μmol/L	1	1
反义引物	50 μmol/L	1 μmol/L	1	1
逆转录酶	5 U/μL	0.1 U/μL	1	1
DNA 聚合酶	5 U/μL	0.1 U/μL	1	1
探针	5 μmol/L	0.1 μmol/L	探针 a：3 探针 b：1	1
模板	——	——	10	10
水（无 RNase）	——	——	19	22
总体积	——	——	50	50

实时荧光 RT – PCR 的反应参数：48℃，45 min；50℃，2 min；95℃，10 min；95℃，15 s；56℃，1 min；45 个循环。

注：可依据不同仪器将反应参数作适当调整。

（5）结果判断

① 普通 RT – PCR

对样品进行 RT – PCR 检测，如果阴性对照和空白对照未出现条带，阳性对照出现预期大小的扩增条带，而样品未出现预期大小的扩增条带，则可判定样品诺沃克病毒阴性。

如果阴性对照和空白对照未出现条带，阳性对照和样品出现预期大小的扩增条带，并且对 PCR 产物序列分析证实待测样品的序列与诺沃克病毒的 cDNA 序列一致，则可判定样品诺沃克病毒阳性；若两者序列不一致，则可判断样品诺沃克病毒阴性。

② 实时荧光 RT – PCR

检测样品的 Ct 值大于或等于 45 时，则判定诺沃克病毒阴性。

检测样品的 Ct 值小于或等于 30 时，则判定诺沃克病毒阳性。

检测样品的 Ct 值小于 45 而大于 30 时，应重新进行测试，如果重新测试的 Ct 值为大于或等于 45 时，则判定诺沃克病毒阴性；如果重新测试的 Ct 值小于 45，则判定诺沃克病毒阳性。

4. 结果报告

诺沃克病毒阳性/阴性。

第三节　寄生虫检验

一、肺吸虫、肝片形吸虫、华支睾吸虫等吸虫囊蚴检测

肺吸虫（卫氏并殖吸虫或斯氏狸殖吸虫）、肝片形吸虫和华支睾吸虫寄生于人和哺乳动物会引起肺吸虫病、肝片形吸虫病和华支睾吸虫病。这些病的传染源均是吸虫的囊蚴，人因生食或食入未熟的含有囊蚴的水产品而导致感染。其中肺吸虫囊蚴主要来源于淡水蟹和蝲蛄，肝片形吸虫囊蚴和华支睾吸虫囊蚴主要存在于淡水鱼和淡水虾中。因此，因此检测对象为淡水鱼、虾、蟹和蝲蛄中的囊蚴。

1. 仪器与设备

①体视显微镜；

②普通光学显微镜；

③剪刀、镊子、解剖针和手术刀；

④培养皿；

⑤载玻片和盖玻片。

2. 试剂

（1）0.65%生理盐水

氯化钠：6.5 g

蒸馏水：1 000 mL

溶解后，备用。

（2）人工消化液

胃蛋白酶：10.0 g

浓盐酸：10.0 mL

蒸馏水：1 000 mL

搅拌溶解，现配现用。

3. 操作步骤

（1）样品的采集

采集淡水鱼、虾、蟹和蝲蛄的肌肉、鳃、皮、鳍、鳞、心、肝、肾等。

（2）样品处理

将有疑似囊蚴的组织样品，用手术刀和镊子剥离疑似囊蚴，生理盐水清洗后滤纸吸干。

或取寄生虫的寄生部位，用剪刀剪碎组织，称量，按1:20（W/V）比例加进人工消化液，充分搅拌，放在37℃温箱中，每隔20~30 min搅拌一次，消化3~6 h或过夜后，将消化好的组织自温箱中取出，静置15 min，以每英寸100目铜筛过滤，去除粗渣，水洗沉淀3~4次，取全部底层沉淀于平皿中，解剖镜

下查找囊蚴。

（3）病原鉴定

用剪刀剪开囊壁，取出完整的头节，再以滤纸吸干囊液后，将其置于两张载玻片之间，于两张载玻片间加入 1~2 滴生理盐水，压片后置于显微镜下镜检（10×4）。观察囊蚴的完整性。

囊蚴为椭圆形或圆形的囊泡，白色，半透明，具头节和吸盘等复殖吸虫的特征。

4. 结果报告

若样品检出囊蚴，则报告样品吸虫囊蚴检测阳性；反之，为阴性。

二、阔节裂头绦虫的裂头蚴检测

阔节裂头绦虫病是因人生食或食入未熟的含有阔节裂头绦虫裂头蚴的淡水鱼而感染。因此，水产品质量检测时需要检测淡水鱼是否携带阔节裂头绦虫的幼虫裂头蚴。

1. 仪器与设备

①体视显微镜；

②剪刀、镊子、解剖针和手术刀；

③培养皿；

④载玻片和盖玻片。

2. 试剂

（1）0.65% 生理盐水

氯化钠：6.5 g

蒸馏水：1 000 mL

溶解后，备用。

（2）人工消化液

胃蛋白酶：10.0 g

浓盐酸：10.0 mL

蒸馏水：1 000 mL

搅拌溶解，现配现用。

3. 操作步骤

（1）样品的采集

采集淡水鱼的肌肉、性腺、卵巢、心、肝、肾等器官。

（2）样品处理

将有疑似裂头蚴的组织样品，用手术刀和镊子剥离疑似裂头蚴，生理盐水清洗后滤纸吸干。解剖镜下查找裂头蚴。

（3）病原鉴定

将虫体以滤纸吸干后，将其置于两张载玻片之间，于两张载玻片间加入 1~2 滴生理盐水，压片后置于显微镜下镜检（10×4）。观察形态特征，裂头蚴具头节、节片（多节），有吸盘、小钩或吸钩等构造。

4. 结果报告

若样品检出裂头蚴，则报告样品阔节裂头绦虫的裂头蚴检测阳性；反之，报告阴性。

三、异尖线虫检测（参考 SN/T 1509 - 2005 异尖线虫病诊断规程）

异尖线虫病是由异尖线虫引起的人兽共患寄生虫病。人主要因生食或食入未熟的含有异尖线虫第三期幼虫的海鱼而导致异尖线虫病。因此需检测海水鱼产品的异尖线虫幼虫。

1. 仪器与设备

①体视显微镜；

②普通光学显微镜；

③剪刀、镊子、解剖针和手术刀；

④培养皿；

⑤酒精灯；

⑥载玻片和盖玻片。

2. 试剂耗材

（1）5% 福尔马林溶液

氯化钠：0.85 g

甲醛溶液（37% ~40% 甲醛）：5 mL

去离子水：95 mL

将氯化钠溶于水后，加甲醛溶液室温保存。

（2）乳酸 - 酚 - 甘油混合液

苯酚：50.0 mL

乳酸：50.0 mL

甘油：100 mL

蒸馏水：50 mL

3. 操作步骤

（1）分离

解剖鱼体，从鱼腹腔、胃、肠系膜、肝脏、生殖腺、肌肉等组织查找虫体或囊包。

（2）固定

用小镊子、解剖针、手术刀轻轻取出虫体或从囊包中分离出虫体，将虫体置于 0.85% 生理盐水的培养皿中，清除虫体周围杂物，迅速观察并计数。

然后将部分虫体用 5% 福尔马林巴氏液固定。

接着将虫体置于乳酸 - 酚 - 甘油混合液中透明。形态学观察。

（3）形态特征

幼虫活体呈黄白色、半透明，在生理盐水中时而卷曲呈盘状，时而如蚯蚓样蠕动。虫体长圆筒形，两端略细，体长 10 ~30 mm。前端钝圆，口唇尚未发育完全，无间唇，排泄孔位于两亚腹唇间。头部顶端有一钻孔齿，平均高 10.5 μm。食道为肌肉质，中间较细，前端和后端均膨大。神经环位于食道前端约 1/7 距离处。食道之后是腺体胃，胃肠圆筒形，黑色不透明（活体时胃呈乳白色），长为宽的 3～5 倍，腺胃与中肠交接处分界线明显。肠管粗大，直肠明显，尾部很短，末端圆钝。无胃盲囊和肠盲囊。性腺未发育。简单异尖线虫食道椭圆形，通常呈 S 形，长度超过宽度，交合刺超过0.7 mm，长交合刺长度很少超过短交合刺的 2 倍，比例大约是 1:1.6。

4. 结果报告

样品中发现异尖线虫幼虫虫体，判定样品异尖线虫幼虫检测阳性；

样品中未发现异尖线虫幼虫虫体，判定样品异尖线虫幼虫检测阴性。

四、颚口线虫检测（参考 SN/T 3497－2013 水产品中颚口线虫检疫技术规范）

1. 仪器与设备

①生物显微镜；
②体视显微镜；
③网筛（10 目）；
④PCR 扩增仪；
⑤电泳仪；
⑥凝胶成像系统。

2. 试剂

（1）蒸馏水
符合 GB/T 6682 中一级水的规定。
（2）人工消化液
胃蛋白酶：10.0 g
浓盐酸：10.0 mL
蒸馏水：1 000 mL
搅拌溶解，现配现用。
（3）乳酸苯酚透明液
苯酚：50.0 mL
乳酸：50.0 mL
甘油：100 mL
蒸馏水：50 mL
（4）50% 和 70% 乙醇

3. 操作步骤

（1）样品处理
样品选择淡水鱼、两栖类、爬行类等，如鳝鱼、泥鳅。取样品 250 g，剪成小块，按照样品与人工消化液 1:5 的比例加入消化液，于 37℃ 消化至无可见的肉组织。消化后的悬液用 10 目网筛过滤，滤液置于锥形瓶量筒内，加水至量筒的最大刻度处，沉淀洗涤至水清。全部沉渣吸入玻璃平皿，用体视显微镜观察，挑出所见的虫体。用生物显微镜观察形态进行鉴定。然后将虫体放入 70℃ 的 50% 乙醇中固定，使虫体伸直，冷却后移入 70% 乙醇中保存。

（3）颚口线虫第三期幼虫的形态鉴定

① 颚口线虫属的形态学鉴定

颚口线虫第三期幼虫有头球，头球上有 3~4 个环小钩，每环钩数约 40 个；有 4 个颈囊；体表有横纹和环列的小棘，体前部棘数明显且密，体后部棘渐小且疏；食道呈棒状，分肌质部和腺质部；肠管粗大。根据这些特征可疑判定为颚口线虫属第三期幼虫。

② 颚口线虫种的形态学鉴定

将乙醇保存的虫体放入乳酸苯酚透明液中，待虫体由白色变为透明，挑出放在载玻片上，并盖上盖玻片，在显微镜下观察。

根据第三期幼虫虫体大小；头球大小、头球基板形态、头球披列每环小钩的数目和形态；颈乳突、排泄孔的位置；以及体表的环列数进行颚口线虫虫种的初步鉴定。常见的致病颚口线虫虫种第三期幼虫的形态特征见表 8.22。由于颚口线虫第三期幼虫在不同的宿主体内，长度有很大的差异，各虫种之间头球大小、头球披列每环小钩的数目、颈乳突的位置等相似，形态特征虫种进行初步鉴定，需要结合分子生物学方法进行进一步的鉴定。

表 8.22　常见致病颚口线虫第三期幼虫形态特征

形态特征		棘颚口线虫 a	刚棘颚口线虫 a	杜氏颚口线虫 a	日本颚口线虫 a	日本颚口线虫 b	双核颚口线虫 b
虫体（长度×宽度，单位 mm×mm）		(1.1~4.55)×(0.145~0.732)	(1.555~2.961)×(0.253~0.315)	(1.502~2.888)×(0.217~0.333)	(0.6~2.11)×(0.10~0.20)	(0.520~1.440)×(0.051~0.130)	(0.518~0.558)×(0.044~0.058)
头球大小（高×直径，mm×mm）		(0.062~0.244)×(0.127~0.366)	(0.062~0.164)×(0.126~0.226)	(0.051~0.073)×(0.121~0.179)	——c	(0.038~0.060)×(0.079~0.110)	——c
头球基板形态		类长方形	不规则哑铃形	不规则梅花状	类长方形	——d	——d
每排头球小钩数	I	36~45	33~39	34~43	34~38	32~38	37~41
	II	39~49	33~45	34~38	37~38	33~40	39~44
	III	40~52	34~46	33~40	41~46	38~45	41~47
	IV	46~55	36~48	33~42	无	无	44~53
颈乳突位置		位于体棘的第 11~16 环列之间	位于体棘的第 9~14 列之间，多数在 9~10 列之间	位于体棘的第 14~18 环列之间，多数在 15~16 列之间	位于体棘的第 8~12 环列之间	位于体棘的第 8~17 环列之间	位于体棘的第 12~16 环列之间
排泄孔位置		在体棘第 24~27 环列之间	在体棘第 19~24 环列之间，多数在 19~20 之间	在体棘第 23~27 环列之间，多数在 24~25 之间	——d	——d	——d
体棘环列数		227~288	175~245	185~225	213~232	191~248	242~285

注：a Advanced third-stage 晚三期幼虫。b Early third-stage 早三期幼虫。c 未测定。d 无资料。

4. 结果报告

样品中发现颚口线虫第三期幼虫虫体，判定样品颚口线虫检测阳性；

样品中未发现颚口线虫第三期幼虫虫体，判定样品颚口线虫检测阴性。

第九章　水产品中农药渔药残留检验

随着检测技术的发展，目前各类物质的检测方法已不止一种，各部门单位使用的仪器、设备、方法不尽相同。本章每种待测物质主要介绍一种方法供读者参考。

第一节　水产品中渔药残留检测

一、抗生素检测

1. 水产品中氯霉素、甲砜霉素、氟甲砜霉素的测定

本书以进出口动物源食品中氯霉素、甲砜霉素、氟甲砜霉素残留量的检测方法液相色谱－串联质谱法（SN/T 1865－2007）为例介绍氯霉素、甲砜霉素、氟甲砜霉素的检测。

（1）原理

样品用乙酸乙酯提取，旋转蒸干后，残渣用水溶解，经正乙烷液分配脱脂，液相色谱－串联质谱仪检测。

（2）试剂材料

①甲醇、乙酸乙酯、正乙烷：色谱纯。

②氢氧化铵：25%～28%。

③无水硫酸钠：经650℃灼烧4 h，置于干燥器中备用。

④氯霉素、甲砜霉素、氟苯尼考标准品：纯度≥99% 氘代氯霉素内标标准溶液：100 μg/mL。

⑤氯霉素、甲砜霉素、氟苯尼考标准储备液：精确称取0.01 g（精确到0.000 1 g）标准品，加少量甲醇溶解，用甲醇定容至100 mL棕色容量瓶中，保存于－18℃冰箱中可用一年。

⑥氯霉素、甲砜霉素、氟苯尼考混合标准储备液：分别取适量氯霉素、甲砜霉素、氟苯尼考标准储备液，用甲醇稀释配成浓度为1 μg/mL的混合标准储备液，置于－18℃冰箱中保存，可使用6个月。

⑦氯霉素、甲砜霉素、氟苯尼考混合标准使用液：准确移取适量氯霉素、甲砜霉素、氟苯尼考混合标准储备液，用甲醇稀释成浓度为20 ng/mL的混合标准使用溶液，置于4℃冰箱中保存，可使用3个月。

⑧氘代氯霉素内标标准溶液储备液：准确移取适量氘代氯霉素（d5－氯霉素）标准溶液，用甲醇稀释配成浓度为1 μg/mL的内标标准储备溶液，置－18℃冰箱中保存，可使用6个月。

⑨氘代氯霉素内标标准使用溶液：准确移取适量氘代氯霉素内标标准储备溶液，用甲醇稀释配成浓度为20 ng/mL的内标标准使用溶液，置4℃冰箱中保存，可使用3个月。

⑩滤膜：0.2 μm。

⑪聚丙烯离心管：50 mL、1.5 mL，具塞。

⑫心瓶：50 mL。

⑬比色管：50 mL，具塞。

（3）仪器

①液相色谱－串联质谱仪：配有电喷雾离子源。

②分析天平：感量0.1 mg和0.01 g。

③离心机：4 000 r/min、13 000 r/min。

④旋转蒸发器、超声波、涡旋混合器。

（4）测定步骤

①提取

称取5 g试样（精确至0.01 g），置于50 mL聚丙烯离心管中，加入内标使用液75 μL，加入15 mL乙酸乙酯，0.45 mL氢氧化铵，5 g无水硫酸钠，均质提取30 s，以4 000 r/min离心5 min，上清液转移至50 mL比色管中。向残渣中再加入15 mL乙酸乙酯，0.45 mL氢氧化铵，涡旋混匀，以4 000 r/min离心5 min，上清液合并至50 mL比色管中。残渣再加入15 mL乙酸乙酯，重复上述操作，合并全部上清液至50 mL比色管中，用乙酸乙酯定容至50 mL。摇匀后移去10 mL乙酸乙酯提取液于鸡心瓶中，45℃旋转浓缩至干。

②净化

鸡心瓶中的残渣用3 mL水溶解，超声5 min，加入3 mL正乙烷涡旋混合30 s，静置分层，弃掉上层的正乙烷，再加入3 mL正乙烷涡旋混合30 s，移取1 mL水相于1.5 mL聚丙烯离心管中，以13 000 r/min离心5 min，过0.2 μm滤膜后，供液相色谱—串联质谱测定。

③色谱测定

A. 液相色谱条件

a. 色谱柱：Discovery C18色谱柱，5 μ，150 mm×2.1 mm（内径）或相当者；

b. 柱温：40℃；

c. 流动相：甲醇＋水（40＋60）；

d. 流速：0.30 mL/min；

e. 进样量：20 μL。

B. 质谱条件

a. 离子源：电喷雾离子源；

b. 扫描方式：负离子扫描；

c. 检测方式：多反应监测（MRM）；

d. 电喷雾电压：－1 750 V；

e. 雾化气、气帘气、辅助加热气、碰撞气均为高纯氮气及其他合适其他，使用前应调节各气流量以使质谱灵敏度达到检测要求；

f. 辅助气温度：500℃；

g. 定性离子对、定量离子对、采集时间、去簇电压及碰撞能量见表9.1。

表 9.1　氯霉素、甲砜霉素、氟苯尼考和氘氯霉素（d₅－氯霉素）的质谱参数

被测物名称及 内标名称	定性离子对 （m/z）	定量离子对 （m/z）	采集时间（ms）	去簇电压 （V）	碰撞能量 （V）
氯霉素	320.9/257.0	320.9/152.0	200	−55	−15
	320.9/152.0				−26
甲砜霉素	354.0/290.0	354.0/185.0	200	−55	−18
	354.0/185.0				−27
氟苯尼考	356.0/336.0	356.0/336.0	200	−55	−14
	356.0/185.0				−27
氘氯霉素 （d₅－氯霉素）	326.0/157.0	326.0/157.0	200	−55	−26

C. 液相色谱—串联质谱测定

a. 定性测定：每种被测组分选择 1 个母离子，2 个以上子离子，在相同实验条件下，样品中待测物和内标物的保留时间之比，也就是相对保留时间，与标准溶液中对应的相对保留时间偏差在 ±2.5% ；且样品中各组分定性离子的相对丰度与浓度接近的标准溶液中对应的定性离子的相对丰度进行比较，若偏差不超过表 9.2 规定的范围，则可判定为样品中存在对应的待测物。

表 9.2　定性确证时相对离子丰度的最大允许偏差

相对离子丰度	> 50	> 20 ~ 50	> 10 ~ 20	≤ 10
允许的最大偏差	± 20	± 25	± 30	± 50

b. 定量测定：在仪器最佳的工作条件下，对基质混合标准工作液进样，以标准溶液中被测组分峰面积和氘代氯霉素（d5—氯霉素）峰面积的比值为纵坐标，标准溶液中被测组分浓度与氘代氯霉素（d5—氯霉素）浓度的比值为横坐标绘制标准工作曲线，用标准工作曲线对样品进行定量，样品溶液中待测物的响应值应在仪器测定的线性范围内。内标法定量。

（5）检出限

本方法的检出限：氯霉素为 0.1 μg/kg，甲砜霉素和氟苯尼考为1.0 μg/kg。

2. 水产品中硝基呋喃类的测定

硝基呋喃类药物是人工合成的广谱抗生素，它有非常好的抗菌作用和药物动力学的特性，曾经被广泛应用，作为猪、禽类和水产品促生长的添加剂。但在长时间的实验室研究过程中发现，硝基呋喃类的药物和代谢物均可使实验动物发生癌变和基因突变由于硝基呋喃类抗生素药物在体内很快就能被代谢，而在组织中结合的代谢产物则能存留较长的一段时间。在检验、分析硝基呋喃类抗生素药物残留时，需要在分析原药物的基础上分析检验其代谢后的产物，目前，很多国家和地区对硝基呋喃类抗生素药物的检测，陆续采用先进的检测代谢物的检验方法，以实现对硝基呋喃类抗生素药物的检测和控制。呋喃唑酮及其代谢物（AOZ）、呋喃它酮及其代谢物（AMOZ）常用的检测方法是酶联免疫法（ELISA）、液相—质谱法（LC－MS）和液相色谱－串联质谱法（LC－MS/MS）。酶联免疫法结合了色谱技术，采用 AOZ、AMOZ 的特异性杭体有很高的精确度，更灵敏的反应，不高的技术要求和更短的检测时间。硝基呋喃妥因及其代谢物（AHD），硝基糠腙（呋喃西林）及其代谢物（SEM）的检测目前仍无普及的方法。

本书以液相色谱－串联质谱法（农业部 783 号公告－1－2006）为例介绍水产品中硝基呋喃类药物的检测：

（1）检测原理

样品肌肉组织中残留的硝基呋喃类代谢物在酸性条件下水解，用 2－硝基苯甲醛衍生化，经乙酸乙酯液－液萃取净化后，如用液相色谱－串联质谱仪测定，内标法定量。

（2）试剂和溶液

除另有规定外，所用试剂均为分析纯，实验用水符合 GB/T 6682 一级水指标。

①甲醇：色谱纯。

②醋酸铵：色谱纯。

③二甲亚砜。

④2－硝基苯甲醛：色谱纯。

⑤磷酸氢二钾。

⑥乙酸乙酯。

⑦0.002 mol/L 醋酸铵溶液：称取 0.15 g 醋酸铵，用水溶解并定容至 1 000 mL。

⑧5% 甲醇溶液：甲醇∶水 = 5∶95（V/V）。

⑨0.2 mol/L 盐酸溶液：量取浓盐酸（$\rho = 1.19$ g/mL）1.8 mL，用水稀释至 100 mL。

⑩0.05 mol/L 2－硝基苯甲醛溶液：称取 0.037 8 g 2－硝基苯甲醛，溶于 5 mL 二甲亚砜中，现用现配。

⑪磷酸氢二钾溶液：1.0 mol/L。称取 87.10 g 磷酸氢二钾，溶解于 500 mL 水中。

⑫标准物质 AOZ、AMOZ、SEM·HCl 和 AHD·HCl：纯度 ≥98%。

⑬同位素内标储备液：AOZ－D4、AMOZ－D5、AHD－13C3 和 SEM·HCl－13C－15N2，浓度均为 100 μg/mL，或分别准确称取 10.0 mg AOZ－D4、AMOZ－D5、AHD－13C3 和 SEM·HCl－13C－15N2 内标标准物质，用甲醇溶解并定容至 10 mL 棕色容量瓶中，配成浓度为 1.0 mg/mL 内标标准储备液，－20℃冷冻保存。

⑭AOZ 标准储备溶液：1.0 mg/mL。准确称取 10.0 mg AOZ，用甲醇溶解并定容至 10 mL 棕色容量瓶中，－20℃冷冻保存。

⑮AMOZ 标准储备溶液：1.0 mg/mL。准确称取 10.0 mg AMOZ，用甲醇溶解并定容至 10 mL 棕色容量瓶中，－20℃冷冻保存。

⑯SEM 标准储备溶液：1.0 mg/mL。准确称取 14.9 mg SEM·HCl，用甲醇溶解并定容至 10 mL 棕色容量瓶中，－20℃冷冻保存。

⑰AHD 标准储备溶液：1.0 mg/mL。准确称取 13.2 mg AHD·HCl，用甲醇溶解并定容至 10 mL 棕色容量瓶中，－20℃冷冻保存。

⑱混合标准工作溶液：准确吸取 AOZ、AMOZ、SEM 和 AHD 标准储备液，用水逐级稀释配成 100 ng/mL 和 10 ng/mL 混合溶液，4℃冷藏保存。

⑲混合内标工作液：准确吸取同位素内标标准储备液，用水逐级稀释配成 100 ng/mL 混合溶液，4℃冷藏保存。

（3）仪器和设备

①液相色谱串联四级杆质谱仪：配备电喷雾（ESI）离子源。

②均质机。

③分析天平：感量 0.000 1 g。

④分析天平：感量 0.01 g。

⑤涡旋混合器。

⑥恒温水浴振荡器：可控温（37 ± 1）℃。

⑦离心机：4 000 r/min。

⑧氮气吹干仪。

⑨微量移液器：最大体积量程为 50、200、1 000 μL 各 1 支。

（4）检验步骤

①样品处理

A. 制样

取水产品可食部分，切成不大于 0.5 cm × 0.5 cm × 0.5 cm 的小块，充分匀浆，备用。

B. 水解和衍生化

称取样品 2.0 g（精确到 0.01 g）于 50 mL 离心管中，加入 0.05 mL 混合内标工作液涡旋混合 50 s，再加入 5 mL 0.2 mol/L 盐酸溶液和 0.15 mL 0.05 mol/L 2 – 硝基苯甲醛溶液，涡旋振荡 50 s 后，置于恒温水浴振荡器中 37℃ 避光振荡 16 h。

C. 提取净化

取出离心管冷却至室温，加入 3 ~ 5 mL 1.0 mol/L 磷酸氢二钾溶液，调节 pH 值至 7.0 ~ 7.5，加入 4 mL 乙酸乙酯，涡旋振荡 50 s，4 000 r/min 离心 5 min，取上层清液至 10 mL 玻璃离心管中；再加入 4 mL 乙酸乙酯重复上述操作，合并上清液于 40℃ 下氮气吹干。准确加入 1 mL 正乙烷，混匀后，再加 1 mL 5% 甲醇，混合 1 min，4 000 r/min，离心 5 min，取上清过 0.45 μm 滤膜，待测。

②标准工作曲线制作

分别准确移取 10 ng/mL 混合标准工作液 0.010 mL、0.025 mL、0.050 mL、0.10 mL 和 100 ng/mL 混合标准工作液 0.025 mL、0.050 mL、0.10 mL 于 7 个 50 mL 离心管中，除不加样品外，按上述检验步骤操作及测定。

③测定

A. 色谱参考条件

色谱柱：C18 柱，100 mm × 2.1 mm（i.d.），5 μm，或性能相当者；

柱温：30℃；

进样量：20 μL；

流动相：A. 0.002 mol/L 醋酸铵溶液，B. 甲醇；梯度洗脱程序见表 9.3。

表 9.3　流动相梯度洗脱程序

时间（min）	A（%）	B（%）	流速（mL/min）
0.0	60	40	0.25
6.0	40	60	0.25
9.0	40	60	0.25
9.1	60	40	0.25
10.0	60	40	0.25

B. 质谱参考条件

离子化模式：大气压电喷雾离子源（ESI），正离子模式；

喷雾电压：4 100 V；

鞘气压力：35 psi；

辅助气压力：3 L/min；

离子传输毛细管温度：350℃；

锥孔电压：35 V；

源内碰撞诱导解离电压：10 V；

扫描模式：选择反应监测（SRM），选择反应监测母离子、子离子及碰撞能量见表9.4；

Q1 峰宽：0.7 Da；

Q3 峰宽：0.7 Da；

碰撞气压：氩气，1.5 mTorr。

表 9.4　选择反应监测母离子、子离子及碰撞能量

目标化合物	母离子（m/z）	子离子（m/z）	碰撞能量（V）
AOZ	236	104	19
	236	134 *	22
AOZ – D4	240	134 *	14
AHD	249	104	22
	249	134 *	14
AHD – 13C3	252	134 *	14
SEM	209	166 *	11
	209	192	13
SEM – 13C – 15N2	212	168 *	11
AMOZ	335	262	19
	335	291 *	12
AMOZ – D5	340	296 *	12

注：* 为定量碎片离子

C 定性依据

在同样测试条件下，阳性样品保留时间与标准物质保留时间相对标准偏差在 ±5% 以内，且检测到的离子的相对丰度，用与最强离子（基峰）的强度百分比表示，应当与浓度相当的校正标准相对丰度一致，校正标准可以是校正标准品溶液，也可以是添加了标准物质的样品。次强碎片离子丰度与基峰丰度比应符合表9.5要求：

表 9.5　次强碎片离子与基峰丰度比要求

次强碎片离子相对丰度（%）	允许相对偏差（%）
> 50	± 20
> 20 ~ 50	± 25
> 10 ~ 20	± 30
≤ 10	± 50

D. 定量测定

按 A 和 B 设定仪器条件，待仪器稳定后，将混合标准工作液和样品制备液等体积进样测定，内标法定量，定量离子采用丰度最大的二级特征离子碎片。

④空白试验

除不加试验外，均按上述测定条件和步骤进行。

（5）结果计算

用仪器自带工作站按内标法进行自动计算，以化合物上机响应的峰面积与内标物峰面积比值为纵坐标、化合物浓度与内标物浓度比值为横坐标，绘制标准曲线，再根据样品的峰面积响应值与内标物峰面积比值，利用标准曲线，得到样品制备液的实际测定浓度。

样品中硝基呋喃类代谢物残留量按下式计算。计算结果需扣除空白值。

$$X = Ci \times V/m$$

式中：X——样品中硝基呋喃类代谢物的含量，单位为微克每千克（μg/kg）；

Ci——样品制备液中硝基呋喃类代谢物的浓度，单位为纳克每毫升（ng/mL）；

V——最终定容体积，mL；

m——样品质量，g。

（6）方法灵敏度、准确度、精密度

①方法灵敏度

四种硝基呋喃类代谢物的检测限为 0.25 μg/kg，定量限为 0.5 μg/kg。

②方法准确度

本方法添加浓度为 0.25 ~ 5 μg/kg 时，回收率为 75% ~ 110%。

③方法精密度

本方法的批内相对标准偏差小于 10%，批间相对标准偏差小于 15%。

（7）注意事项

硝基呋喃类代谢物衍生物对光敏感，以上操作尽量在避光条件下进行。若样品脂肪含量较高，可考虑定容后用正乙烷净化（用 2 mL×2 mL 正乙烷脱脂，取下清液过 0.45 μm 微孔滤膜），或者高速离心去脂（14 000 r/min 离心，取下清液过 0.45 μm 微孔滤膜）。

定期（每 2 个月）对标准储备液进行期间核查。

（8）硝基呋喃类药物特征离子质量色谱图见图 9.1 至图 9.3。

3. 水产品中磺胺类药物和喹诺酮类药物的测定

磺胺类药物（Sulfonamides，SAs）指具有对氨基苯磺酰胺结构的一类药物的总称为广谱抑菌剂，对大多数革兰氏阳性菌和阴性菌都有抑制作用。此外，部分磺胺类药物对某些放线菌、衣原体和原虫如球虫、鞭毛虫等也有较好的抑制作用。因其具有价廉、使用方便等特点，被广泛应用于畜牧业、水产养殖中。磺胺类药物在动物体内的作用和代谢时间较长，如果使用不当可造成药物在动物组织中的残留。食用磺胺类药物残留量较多的食品会对人体产生不良影响并危害人类健康。主要表现为细菌的耐药性、过敏反应与变态反应、致癌、致畸、致突变等。因此，中国农业部、日本、国际食品法典委员会、欧盟和欧美等大多数国家规定食品和饲料中磺胺类药物的最大残留限量标准。

喹诺酮类药物是近 20 年来迅速发展起来的一类十分重要的广谱抗生素。这类药物抗菌谱广、高效、

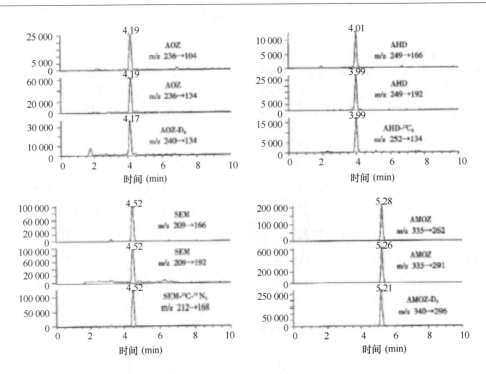

图 9.1　SEM、AOZ、AHD 和 AMOZ 混合标准（1.0 ng/mL）特征离子质量色谱

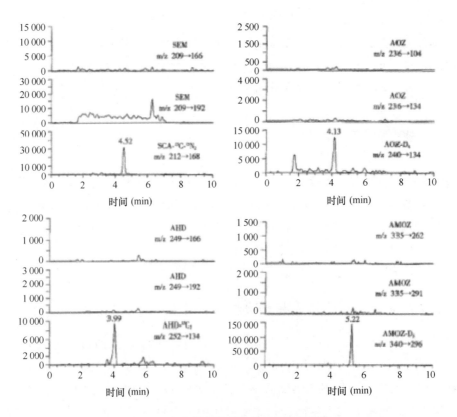

图 9.2　空白鳗鱼样品特征离子质量色谱

低毒、组织穿透能力强，抗菌作用是磺胺类的近千倍，可与第三代头孢类抗生素相媲美。成为治疗动物疾病的主要抗菌药物。但随之而来的在动物源性食品中残留问题也引起了人们的重视，已证实喹诺酮类

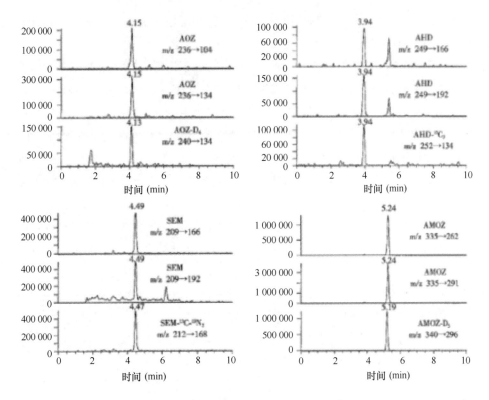

图 9.3　鳗鱼添加样品特征离子质量色谱（添加水平：5 μg/kg）

药物存在耐药菌。日本、欧盟均对喹诺酮类药物制定了最大允许限量，但美国等一些国家未允许用于水产养殖业。因此，加强对喹诺酮类药物的残留监控、制定适合的检测方法有着重要意义。

本书以水产品中 17 种磺胺类及 15 种喹诺酮类药物残留的测定"液相色谱 – 串联质谱法（农业部 1077 号公告 –1 –2008）"为例介绍水产品中 17 磺胺类种和 15 种喹诺酮类的检测：

（1）原理

样品采用酸化乙腈提取并浓缩，经正乙烷液 – 液萃取净化后，利用液相色谱 – 串联质谱仪测定，内标法定量。

（2）试剂

①水：实验用水符合 GB/T6682 一级水的标准。

②乙腈：色谱纯。

③甲醇：色谱纯。

④醋酸铵：色谱纯。

⑤甲酸：色谱纯。

⑥酸化乙腈：99 mL 乙腈中加入 1 mL 甲酸。

⑦无水硫酸钠：经 650℃灼烧 4 h，置于干燥器内备用。

⑧0.1% 甲酸溶液（含 5.0 mmol/ L 醋酸胺）：取 0.19 g 醋酸铵、0.5 mL 甲酸，用水溶解并定容至 500 mL。

⑨20% 甲醇溶液：取甲醇 20 mL，加水稀释至 100 mL。

⑩标准储备液：1 mg/mL，分别称取氟罗沙星、氧氟沙星、诺氟沙星、依诺沙星、环丙沙星、恩诺沙星、洛美沙星、丹诺沙星、奥比沙星、双氟沙星、沙拉沙星、司帕沙星、噁喹酸、氟甲喹、培氟沙星对

照品约 10 mg，于各自的 10 mL 量瓶中，加甲酸 0.2 mL，用甲醇溶解并稀释至刻度。配制成浓度为 1 mg/mL 的标准储备液，避光 -18℃下保存，有数期 6 个月。

分别称取磺胺二甲异噁啶、磺胺噻唑、磺胺吡啶、磺胺间甲氧嘧啶、磺胺甲氧哒嗪、磺胺甲噁唑、磺胺甲噁二唑、磺胺二甲基嘧啶、磺胺对甲氧嘧啶、磺胺甲基嘧啶、磺胺胍、磺胺邻二甲氧嘧啶、磺胺间二甲氧嘧啶、磺胺嘧啶、磺胺氯哒嗪、磺胺喹噁啉对照品约 10 mg，于各自的 10 mL 量瓶中，用甲醇溶解并稀释至刻度。配制成浓度为 1 mg/mL 的标准储备液，避光 -18℃下保存，有数期 6 个月。

⑪氚代同位素内标标准储备液：0.5 mg/mL，分别称取氚代磺胺邻二甲氧嘧啶、氚代磺胺间二甲氧嘧啶内标对照品约 5 mg，用甲醇溶解井稀释至刻度。配制成浓度为 0.5 mg/mL 的同位素内标标准储备液，避光 -18℃下保存，有数期 6 个月。

分别称取氚代诺氟沙星、氚代环丙沙星、氚代恩诺沙星内标对照品约 5 mg，加甲酸 0.2 mL，用甲醇溶解井稀释至刻度。配制成浓度为 0.5 mg/mL 的同位素内标标准储备液，避光 -18℃下保存，有效期 6 个月。

⑫混合标准工作液：准确吸取各磺胺和喹诺酮标准储备液适量，用甲醇稀释分别配成 1.0 μg/mL 和 0.1 μg/mL 混合标准工作液。避光 4℃冷藏保存，有效期 1 个月。

⑬混合内标标准工作液：准确吸取各氚代同位素内标标准储备液适量，用甲醇稀释配成 1.0 μg/mL 的混合内标标准工作液。避光 4℃冷藏保存，有效期 1 个月。

（3）仪器与设备

①液相色谱 - 串联四极杆质谱仪：配备电喷雾离子源（ESI）。

②均质机。

③分析天平：感量 0.000 1 g。

④天平：感量 0.01 g。

⑤涡旋混匀器。

⑥超声波清洗仪。

⑦离心机：4 000 r/min。

⑧旋转蒸发仪。

（4）色谱条件

①色谱柱：C18 柱，MGⅡ，2.1 mm * 150 mm，5 μm；或相当者。

②柱温：室温。

③进样：10 μL。

④流动相：A 为 0.1% 甲酸溶液（含 5 mmol/L 醋酸胺），B 为甲醇，C 为乙腈，配梯度洗脱程序见表 9.6。

表 9.6　流动相梯度洗脱程序

时间（min）	A（%）	B（%）	C（%）	流速（mL/min）
0	78	20	2	0.20
3.0	75	20	5	0.20
6.0	70	20	10	0.20
8.0	40	20	40	0.20
13.0	40	20	40	0.20
13.1	78	20	2	0.20
16.0	78	20	2	0.20

（5）质谱条件

①离子化模式：电喷雾离子源头（ESI），正离子模式。

②喷雾电压：4 500 V。

③雾化气电力：12 L/min。

④辅助气流量：2 L/min。

⑤离子传输管温度：350℃。

⑥源内碰撞诱导解离电压：10 V。

⑦扫描模式：选择反应监测（SRM）。

Q1 半峰宽：0.7 Da。

Q3 半峰宽：0.7 Da。

碰撞气压力：氩气，1.5 mTorr。

（6）分析步骤

①样品制备

按 SC/T 3016 的规定执行。

②提取净化

称取（5±0.02）g 试样，于 50 mL 具塞离心管中，准确加入 50 μL 混合内标标准工作液，涡旋混合 30 s，避光放置 10 min。加入 10 g 无水硫酸钠，涡旋混匀，再加入 20 mL 酸化乙腈，涡旋混合 1 min，超声波提取 10 min。4 000 r/min 离心 5 min，取上清液于 50 mL 梨形瓶中。残渣中加入 20 mL 酸化乙腈，重复提取一次，合并两次提取液，于 40℃ 水浴旋转蒸发至干，加 1.0 mL 甲醇溶液，涡旋溶解残留物，再加入 2.0 mL 正乙烷涡旋混合 30 s. 转入 5 mL 具塞离心管中，以 4 000 r/min 离心 5 min，弃上层液，取下层清液，过 0.2 μm 滤膜，供液相色谱 – 串联质谱仪测定。

③标准工作曲线制备

准确量取适量混合标准工作液，用甲酸溶液稀释成浓度分别为 0.010 μg/mL、0.020 μg/mL、0.050 μg/mL、0.100 μg/mL 和 0.200 μg/mL 的混合标准工作液，供液相色谱 – 串联质谱仪测定。

（7）结果计算

样品中磺胺及喹诺酮类药物残留量按式计算，计算结果需扣除空白值，保留三位有效数字。

$$X_i = \frac{\rho_i \times V}{m}$$

式中：X_i—样品中磺胺及喹诺酮类药物残留的含量，单位为微克每千克（μg/kg）；

　　　ρ_i—样品制备液中磺胺及喹诺酮类药物残留的浓度，单位为纳克每毫升（ng/mL）；

　　　V—最终定容体积，单位为毫升（mL）；

　　　m—样品质量，单位为克（g）。

（8）方法灵敏度、准确度和精密度

①灵敏度

本方法的最低检出限均为 1.0 μg/kg，最低定量限均为 2.0 μg/kg。

②准确度

本方法添加浓度为 2.0 ~ 10.0 μg/kg，回收率为 70% ~ 120%。

③精密度

本方法的批内相对标准偏差≤15%，批间相对标准偏差≤15%。

4. 水产品中土霉素、四环素、金霉素残留量的测定

高浓度时有杀菌作用。在水产养殖领域用来预治疗细菌性疾病和促进生长。人类长期食用可引起骨骼畸形和生长抑制，因此，严格控制四环素类抗生素的使用量，实施水产品中土霉素、四环素和金霉素的残留检测分析十分重要。

本书以 GB/T 21317—2007 动物源性食品中四环素类兽药残留量检测方法"液相色谱 – 质谱/质谱法"为例介绍水产品中四环素的检测：

（1）原理

试样中四环素类残留用 0.1 mol/LNa$_2$EDTA—Mcllvaine 缓冲液（pH 值 4.0）提取，经过滤和离心后，上清液用 HLB 固相萃取柱净化，液相色谱 – 质谱/质谱法测定，外标法定量。

（2）试剂

本部分所用试剂除另有说明外，均为分析纯试剂，实验用水为去离子水。

①乙腈：液相色谱纯。

②甲醇：液相色谱纯。

③乙酸乙酯：液相色谱纯。

④乙二胺四乙酸二钠。

⑤柠檬酸溶液：0.1 mol/L。称取 21.01 g 柠檬酸，用水定容至 1 000 mL。

⑥磷酸氢二钠溶液：0.2 mol/L。称取 28.41 g 磷酸氢二钠，用水定容至 1 000 mL。

⑦Mcllvaine 缓冲溶液：将 1 000 mL 0.1 mol/L 柠檬酸溶液与 625 mL 0.2 mol/L 磷酸氢二钠溶液混合，用氢氧化钠溶液或盐酸调节 pH 值 = 4.0。

⑧Na$_2$EDTA – Mcllvaine 缓冲溶液：0.1 mol/L，称取 60.5g 乙二胺四乙酸二钠放入 1 625 mL Mcllvaine 缓冲溶液中，溶解，摇匀。

⑨甲醇 + 水（1 + 19）：量取 5 mL 甲醇与 95 mL 水混合。

⑩甲醇 + 乙酸乙酯（1 + 9）：量取 10 mL 甲醇与 90 mL 乙酸乙酯混合。

⑪Oasis HLB 固相萃取柱：60 mg，3 mL。使用前分别用 5 mL 甲醇和 5 mL 水预处理，保持柱体湿润。

（3）标准溶液

①土霉素标准储备液：称取土霉素 0.010 0 g（称准至 ±0.000 1 g），用甲醇溶解并定容至 100.00 mL，此溶液每毫升含土霉素 100 μg。

②四环素标准储备液：称取四环素 0.010 0 g（称准至 ±0.000 1 g），用甲醇溶解并定容至 100.00 mL，此溶液每毫升含土霉素 100 μg。

③金霉素标准储备液：称取金霉素 0.010 0 g（称准至 ±0.000 1 g），用甲醇溶解并定容至 100.00 mL，此溶液每毫升含土霉素 100 μg。

④强力霉素标准储备液：称取强力霉素 0.010 0 g（称准至 ±0.000 1 g），用甲醇溶解并定容至 100.00 mL，此溶液每毫升含土霉素 100 μg。

⑤混合标准工作液：根据需要用甲醇 + 水溶液（4.2.9）将标准储备液配置成 1.00 μg/mL 混合标准工作液。

（4）仪器

①液相色谱串联四级杆质谱仪。

②涡旋混合器。

③离心机：最高转速 10 000 r/min。控温范围 –40℃至室温。

④氮吹浓缩仪。

⑤固相萃取柱装置。

⑥pH 计。

⑦超声波提取仪。

（5）测定步骤

①提取

称取试样 5.00 g（精确到 0.01 g），置于 50 mL 离心管中，分别用 10 mL、10 mL Na₂EDTA – Mcllvaine 缓冲溶液水浴超声提取两次，每次涡旋混匀 1 min，超声波提取 10 min，10 000 r/min 离心 5 min（温度低于 15℃），合并上清液定容至 25 mL 比色管中并定容至 25 mL。

②净化

准确吸取 5 mL 提取液以 1 滴/s 的速度过 HLB 固相萃取柱，待样液完全流出后，依次用 5 mL 水和 5 mL 甲醇 + 水淋洗，弃去全部流出液。减压抽干 5 min，用 8 mL 甲醇 + 乙酸乙酯洗脱，收集洗脱液，用氮吹浓缩至干，用 1 mL 甲醇 + 水溶液溶解残渣，过 0.45 μm 滤膜过滤备用。

③测定

A. 液相条件

a. 色谱柱：C_{18}，5 μm，150 mm × 2.1 mm（内径）。

b. 流动相：甲醇 + 0.1% 甲酸溶液。

c. 流速：0.3 mL/min。

d. 柱温：30℃。

e. 进样量：30 μL。

B. 质谱条件

离子化模式；大气压电喷雾，正离子模式（ESI +）；质谱扫描方式：多反应监测。

C. 定性测定

a. 保留时间

待测样品中化合物色谱峰的保留时间与标准溶液相比变化范围应在 ±2.5% 之内。

b. 信噪比

待测化合物的定性离子的重构离子色谱峰的信噪比应大于等于 3，定量离子的重构离子色谱峰的信噪比应大于等于 10。

D. 定性离子、定量离子及子离子丰度比

每种化合物的质谱定性离子必须出现，至少应包括一个母离子和两个子离子，而且同一检测批次，对应同一化合物，样品中目标化合物的两个离子的相对丰度比与浓度相当的标准溶液相比，其允许偏差不超过表一规定范围（表 9.7）。

表 9.7　定性时相对离子丰度比的最大允许偏差

相对离子比	> 50%	> 20% ~ 50%	> 10% ~ 20%	≤ 10%
允许相对偏差	± 20%	± 25	± 3%	± 5%

E 定量测定

用甲醇 + 水溶液稀释混合标准工作液。以峰面积为纵坐标，以标准物质含量为横坐标，绘制工作曲线。

④结果计算

$$x = \frac{5\rho v}{m}$$

式中：x——样品中待测组分残留量，$\mu g/kg$；

　　　ρ——样品中待测组分浓度，ng/mL；

　　　v——样品定容体积，mL；

　　　m——样品称样量，g。

⑤测定限

土霉素、四环素、金霉素和强力霉素的测定限为 50 $\mu g/kg$。

⑥回收率

在样品中添加 50 ug/kg，100 ug/kg，200 ug/kg 四环素类时，回收率在 70% ~ 120%。

5. 水产品中噁喹酸的测定

本书以水产品中噁喹酸残留量的测定 "液相色谱法（SC/T 3028 – 2006）" 为例介绍水产品中 E 噁喹酸的检测：

（1）检测原理

水产品样品中用乙酸乙酯提取，浓缩后，用流动相溶解残渣，正乙烷脱去脂肪，利用噁喹酸的荧光性质，采用具有荧光检测器的液相色谱仪检测，外标法定量。

（2）仪器设备

①高效液相色谱仪，配有荧光检测器；

②分析天平：感量为 0.000 01 g；

③天平：感量 0.01 g；

④匀浆机；旋转蒸发仪；

⑤离心机：4 000 r/min；

⑥涡旋混合器；

⑦离心管：50 mL，25 mL；

⑧鸡心瓶：50 mL；

⑨刻度离心管：5 mL。

（3）试剂和溶液

除另有规定外，所有试剂均为分析纯，试验用水应符合 GB/T 6682 中一级水的规定：

①乙酸乙酯：取无水硫酸钠 25 g 于 500 mL 乙酸乙酯中，摇匀，放置清晰即可；

②正乙烷：色谱纯；

③乙腈：色谱纯；

④四氢呋喃：色谱纯；

⑤无水硫酸钠：650℃灼烧 4 h，冷却后贮存于密封容器中；

⑥0.03 mol/L 氢氧化钠溶液：取 1.2 g 氢氧化钠于烧杯中，加水 1 000 mL 溶解；

⑦0.02 mol/L 磷酸：取 85% 磷酸（优级纯）1.36 mL，用水稀释至 1 000 mL；

⑧噁喹酸标准品：纯度大于 99%；

⑨噁喹酸标准储备液：准确称取噁喹酸标准品 50.0 mg，用 0.03 mol/L 氢氧化钠溶液溶解并稀释至浓

度为 1.0 mg/mL，4℃保存。有效期为 1 个月；

⑩恶喹酸系列标准使用液：用乙腈将标准储备液稀释至 1.0 μg/mL 作为标准工作液。准确量取恶喹酸标准工作液，用流动相配成浓度分别为 0.01 μg/mL、0.02 μg/mL、0.05 μg/mL、0.1 μg/mL、0.2 μg/mL 的标准使用液，此溶液临用时配置。

（4）检测步骤

①样品预处理

将鱼去鳞去皮，沿背脊取肌肉；虾去头、去壳，取可食肌肉部分；其他水产样品取可食部分，切为不大于 0.5 cm×0.5 cm×0.5 cm 的小块，充分匀浆，备用。

——取均质后的供试样品，作为供试试样；

——取均质后的空白样品，作为空白试样。

——取均质后的空白样品，添加适宜浓度的标准溶液，作为标准添加试样。

②样品提取

称取样品 2 g（精确到 0.01 g）于 50 mL 离心管中，加入乙酸乙酯 15 mL，无水硫酸钠 2 g，10 000～12 000 r/min 匀浆提取 30 s，4 000 r/min 离心 5 min，上清液转入 50 mL 鸡心瓶中；另取一 25 mL 离心管加入 10 mL 乙酸乙酯，清洗匀浆机刀头，清洗液移入上述 50 mL 离心管中，用玻璃棒捣碎离心管中的沉淀，涡旋混匀 1 min，4 000 r/min 离心 5 min，上清液合并至 50 mL 鸡心瓶中。

③样品净化及浓缩

提取液 40～50℃下真空浓缩至近干，立即精确加入 2.0 mL 流动相溶解，再加入 1 mL 正乙烷，涡旋混匀 1 min，转入 5 mL 离心管中，4 000 r/min 离心 5 min，弃去正乙烷层（如脂肪较多，可用正乙烷重复提取 1 次）。提取液经 0.45 μm 滤膜过滤后供液相色谱分析。

（5）记录与计算

①参考色谱条件

色谱柱：C_{18}柱，250 mm×4.6 mm，5 μm；或性能相当者。

检测波长：激发波长 325 nm，发射波长 369 nm。

流速：1.0 mL/min。

流动相：0.02 mol/L 磷酸：乙腈：四氢呋喃＝65：20：15。

进样量：20 μL。

②液相色谱测定

在上述色谱条件下，将标准工作溶液和样液等体积进样测定，按外标法使用标准工作曲线对样品进行定量。标准工作溶液和样液中待测组分响应值均应在仪器检测线性范围内。

③结果计算

试样中恶喹酸残留量按以下公式计算，计算结果需扣除空白值，结果保留三位有效数字。

$$X = \frac{C \times V}{m}$$

式中：X——试样中的恶喹酸的含量，mg/kg；

　　　C——样品提取液中恶喹酸的含量，μg/mL；

　　　V——最终定容体积，mL；

　　　m——样品质量，g。

④结果判定

本方法的检出限为 0.01 mg/kg。

⑤注意事项

乙酸乙酯沸点较低，旋转蒸发过程中，极易沸腾造成回收率过低，影响实验结果，可根据具体情况适度的降低真空度或者降低旋转蒸发的温度；

由于鸡心瓶旋转蒸发过程中液面与内壁接触面积较大，在用流动相清洗时，一定要溶解充分且保证提取溶液的均一性，以保证回收率；

鉴于有些原料含脂肪较多，在正乙烷去脂过程中，可能在上下液面中间形成一层油膜，建议在用流动相溶解充分后，在鸡心瓶中即加入正乙烷去脂，充分混匀后，取下层至 2.5 mL 离心管中，10 000 r/min 离心，取上清液装入进样小瓶中，备用。

6. 水产品中链霉素的测定

本书以水产品中链霉素残留量的测定高效液相色谱法（农业部 1077 号公告 - 3 - 2008）为例介绍水产品中链霉素的检测：

（1）检测原理

以三氯乙酸提取样品中的链霉素，经过 C_{18} 固相萃取柱净化，在碱性条件下柱后衍生，高效液相色谱荧光检测器测定，外标法定量。

（2）仪器设备

①高效液相色谱仪：配荧光检测器。

②柱后衍生仪。

③固相萃取仪。

④分析天平：感量 0.000 1 g。

⑤天平：感量 0.01 g。

⑥离心机：最大转速 5 000 r/min。

⑦均质机。

⑧旋转蒸发器。

⑨C_{18} 固相萃取柱：500 mg，3 mL，或性能相当者。

（3）试剂和溶液

以下试剂，除特殊说明外均为色谱纯试剂。

实验用水应符合 GB/T 6682 中一级水的规定。

①链霉素标准品：硫酸链霉素，纯度≥98%。

②甲醇。

③叔丁基甲醚。

④正乙烷。

⑤庚烷磺酸钠。

⑥1，2 - 萘醌 - 4 - 磺酸钠。

⑦乙腈。

⑧三氯乙酸：分析纯。

⑨氢氧化钠：优级纯。

⑩10% 三氯乙酸溶液：称取三氯乙酸 27.7 g，用 250 mL 水溶解。

⑪0.5 mol/L 庚烷磺酸钠溶液：准确称取 5.05 g 庚烷磺酸钠，用水溶解，定容至 50 mL。

⑫叔丁基甲醚－正乙烷溶液：叔丁基甲醚＋正乙烷（4＋1）（V/V）。

⑬0.2 mol/L 氢氧化钠溶液：称取 8.00 g NaOH，用 1 000 mL 水溶解，使用前过 0.45 μm 微孔滤膜，过滤并脱气。

⑭乙腈溶液：乙腈＋水（3＋7）（V/V）。

⑮庚烷磺酸钠－萘醌磺酸钠溶液：准确称取 1.10 g 庚烷磺酸钠、0.052 0 g 萘醌磺酸钠，用乙腈溶液溶解，定容至 500 mL，然后用乙酸调节至 pH 值 3.3 ±0.1，避光。

⑯0.01 mol/L 庚烷磺酸钠溶液：准确称取 1.10 g 庚烷磺酸钠，用乙腈溶液溶解，定容至 500 mL，用乙酸调节至 pH 值 3.3 ±0.1。

⑰链霉素标准储备液：准确称取链霉素标准品 0.100 g，用水溶解定容至 100 mL，配制成 1 mg/mL 的储备液，－4℃密封避光存放，存放时间不超过 15 d。

⑱链霉素标准工作液：使用前将链霉素标准储备液用庚烷磺酸钠溶液稀释成一系列的标准工作液，现用现配。

（4）检测步骤

①样品制备

鱼，去鳞、去皮，沿脊背取肌肉；虾，去头、去壳，取肌肉；贝类，去壳，取可食部分（包括体液）。样品均质混匀，样品如不能及时检测，应于 －18℃以下冷冻保存。

②提取

称取试样（5 ± 0.02）g 于 50 mL 离心管中，加入 10 mL 三氯乙酸溶液，10 000 r/min 均质 1 min，振荡 5 min，4 500 r/min 离心 15 min，上清液转移至容量瓶中，残渣用 10 mL 三氯乙酸溶液，按上述方法重复提取 1 次，合并上清液，收集至 25 mL 容量瓶中，加入 2 mL 庚烷磺酸钠溶液，用水定容至 25 mL，摇匀。

③净化

依次用 5 mL 甲醇和 10 mL 水预洗 C_{18} 固相萃取柱。将 7.2 步骤的提取液以约 1.5 mL/min 流速通过固相萃取柱。依次用 10 mL 水和 4 mL 叔丁基甲醚－正乙烷溶液洗柱，弃去洗出液。用 5 mL 甲醇以约 1.5 mL/min 流速进行洗脱，收集洗脱液于鸡心瓶中，加入 2 mL 水，45℃减压浓缩至约 1 mL，转移至 5 mL 容量瓶，用 2 mL 庚烷磺酸钠溶液洗瓶，合并于容量瓶，用庚烷磺酸钠溶液定容至 5 mL，经 0.45 μm 微孔滤膜过滤，待上机分析。

④标准工作曲线的制作

准确取标准储备液，用庚烷磺酸钠溶液稀释成浓度为 0.05 μg/mL、0.1 μg/mL、0.5 μg/mL、1.0 μg/mL、2.5 μg/mL、5.0 μg/mL 系列标准工作液，供高效液相色谱分析。

⑤测定

色谱条件：

色谱柱：C_{18}柱，150 mm ×4.6 mm，5 μm，或性能相当者。

色谱柱温度：45℃。

流动相：庚烷磺酸钠－萘醌磺酸钠溶液（6.16）。

流动相流速：0.8 mL/min。

进样量：50 μL。

检测波长：激发波长 263 nm，发射波长 438 nm。

衍生试剂：0.2 mol/L NaOH（6.14）。

反应温度：50℃。

衍生试剂流速：0.3 mL/min。

反应管：10 m×2.8 mm。

⑥空白试验

除不加试样外，均按上述测定条件和步骤进行。

（5）记录与计算

①记录

A. 原始记录

按农业部相关要求填写原始记录，原始记录中应包含样品编号、检测时间、执行标准、标准溶液浓度、计量器具编号、计算公式等信息，以便通过原始记录能够溯源。

B. 图谱

谱图上应显示样品编号、测定组分峰面积或峰高、保留时间及测定组分名标识等信息。

②计算

试样中链霉素的含量按下列公式计算。计算结果需扣除空白值，结果保留 3 位有效数字。

$$X = \frac{C_s \times V \times 1000}{m}$$

式中：X——试样中链霉素含量，μg/kg；

C_s——标准溶液中链霉素的含量，μg/mL；

V——试样提取液最终定容体积，mL；

m——试样质量，g。

（6）结果判定

回收率应满足 70%～120%。

批内和批间相对标准偏差应满足≤15%。

方法的最低定量限为 100 μg/kg。

（7）注意事项

固相萃取柱的预处理和净化过程保持柱子湿润。

（8）附加说明

本操作规程参照农业部第 1077 号公告 – 3—2008 编写。

（9）链霉素液相色谱图见图 9.4 至 9 – 6

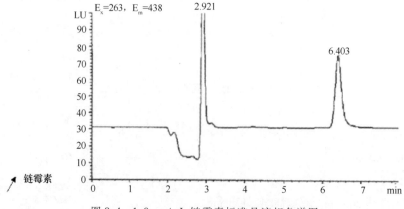

图 9.4　1.0 μg/mL 链霉素标准品液相色谱图

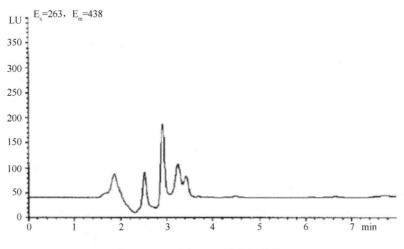

附 9 - 5　空白鲫鱼试样液相色谱图

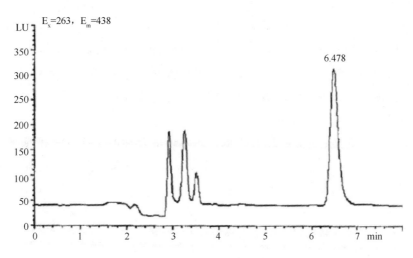

图 9.6　5.0 mg/kg 鲫鱼样品添加链霉素液相色谱图

二、水产杀虫剂检测

1. 水产品中孔雀石绿的测定

孔雀石绿又名碱性绿、孔雀绿。又分为孔雀石绿和无色孔雀石绿，一般作为水体消毒剂、杀虫剂和水质改良剂，孔雀石绿对鱼类和人类均有较大的副作用，它能溶解足够的锌，引起水生动物急性锌中毒，更严重的是孔雀石绿是一种致癌、致畸药物，可对人类造成潜在的危险。

本书以水产品中孔雀石绿残留的测定液相色谱 - 串联质谱法（GB/T 19857 - 2005）为例介绍水产品中孔雀石绿的检测：

（1）原理

试样中的残留物用乙腈提取后，经中性氧化铝柱净化后用液相色谱 - 串联质谱测定，内标法定量。

（2）试剂

本部分所用试剂除另有说明外，均为分析纯试剂，实验用水为去离子水。

①乙腈：液相色谱纯。

②甲醇：液相色谱纯。

③二氯甲烷。

④无水乙酸铵。

⑤5 mmol/L 乙酸铵缓冲溶液：称取 0.385 g 无水乙酸铵溶液于 1 000 mL 水中，冰乙酸调 pH 值至 4.5，0.2 μm 滤膜。

⑥冰乙酸。

⑦中性氧化铝柱：1 g/3 mL，使用前用 5 mL 乙腈活化。

⑧标准品：孔雀石绿（MG）、隐色孔雀石绿（LMG）、结晶紫（CV）、隐色结晶紫（LCV）、同位素内标氘代孔雀石绿（D_5-MG）、同位素内标氘代隐色孔雀石绿（D_6-LMG），纯度大于 98%。

⑨标准储备溶液：准确称取适量的孔雀石绿、隐色孔雀石绿、结晶紫、隐色结晶紫、氘代孔雀石绿、氘代隐色孔雀石绿标准品，用乙腈分别配制成 100 μg/mL 的标准储备液。

⑩混合标准储备溶液（1 μg/mL）：分别准确吸取 1.00 mL 孔雀石绿、隐色孔雀石绿、结晶紫、隐色结晶紫的标准储备溶液至 100 mL 容量瓶中，用乙腈稀释至刻度，1 mL 该溶液分别含 1 μg 的孔雀石绿、隐色孔雀石绿、结晶紫、隐色结晶紫。-18℃ 避光保存。

⑪混合标准储备溶液（100 ng/mL）：用乙腈稀释混合标准储备溶液配制成每毫升含孔雀石绿、隐色孔雀石绿、结晶紫、隐色结晶紫均为 100 ng 的混合标准储备溶液。-18℃ 避光保存。

⑫混合内标标准溶液：用乙腈稀释标准溶液，配制成每毫升含氘代孔雀石绿和氘代隐色孔雀石绿各 100 ng 的内标混合溶液。-18℃ 避光保存。

⑬混合标准工作溶液：根据需要，临用时吸取一定量的混合标准储备溶液和混合内标标准溶液，用乙腈+5 mmol/L 乙酸铵溶液（1+1）稀释配制适当浓度的混合标准工作液，每毫升该混合标准工作溶液含有氘代孔雀石绿和氘代隐色孔雀石绿各 2 ng。

（3）仪器和设备

①高效液相色谱—串联质谱联用仪：配有电喷雾（ESI）离子源。

②超声波水浴。

③漩涡振荡器。

④鸡心瓶：50 mL。

⑤固相萃取装置。

⑥旋转蒸发仪。

（4）样品制备

①提取

称取 5.00 g 已捣碎样品于 50 mL 离心管中，加入 200 μL 混合内标标准溶液加入 11 mL 乙腈，超声波振荡 2 min，，4 000 r/min 离心 5 min，上清液转移至 25 mL 比色管中；用玻璃棒捣碎离心管中沉淀，再加入 11 mL 乙腈，漩涡混匀器上振荡 30 s，超声波振荡 5 min，4 000 r/min 离心 5 min，上清液合并至 25 mL 比色管中，用乙腈定容至 25.0 mL，摇匀备用。

②净化

移取 5.00 mL 样品溶液加至已活化的中性氧化铝柱上，用鸡心瓶接收流出液，4 mL 乙腈洗涤中性氧化铝柱，收集全部流出液，45℃ 旋转蒸发至干，加入 2 mL 乙腈 5 mmol/L 乙酸铵缓冲溶液（1+1），超声波振荡 1 min，样液经 0.2 μm 滤膜过滤供液相色谱-串联质谱测定。

（5）测定

①色谱柱：C18 柱，5 mm×2.1 mm（内径），粒径 3μm；

②流动相：乙腈 + 5 mmol/L 乙酸铵缓冲溶液 = 75 + 25（体积比）；

③流速：0.25mL/min；

④柱温：35℃；

⑤进样量：10μL；

⑥离子源：电喷雾 ESI，正离子；

⑦扫描方式：多反应监测 MRM；

⑧雾化气、窗帘气、辅助加热气、碰撞气均为高纯氮气，使用前调节个气体流量使质谱灵敏地达到检测要求；

⑨喷雾电压、去集簇电压、碰撞能灯电压优化至最优灵敏度；

⑩监测离子对：孔雀石绿 m/z 329/313（定量离子）、329/208；隐色孔雀石绿 m/z 331/316（定量离子）、331/239；结晶紫 m/z 372/356（定量离子）、372/251；隐色结晶紫 m/z 374/359（定量离子）、374/238；氘代孔雀石绿 m/z 334/318（定量离子）；氘代隐色孔雀石绿 m/z 337/322（定量离子）。

（6）液相色谱 - 串联质谱确定

分别计算样品和标准工作溶液中非定量离子对与定量离子对色谱峰面积的比值，仅当两者数值的相对偏差小于 25% 时方可确定两者为同一物质。

（7）结果计算

$$x = \frac{5\rho v}{m}$$

式中：x——样品中待测组分残留量，μg/kg；

　　　ρ——样品中待测组分浓度，ng/mL；

　　　m——样品称样量，g。

（8）方法检测限

本方法孔雀石绿、隐色孔雀石绿、结晶紫、隐色结晶紫的检出限均为 0.5 μg/kg。

2. 水产品中敌百虫的测定

敌百虫（Trich lorfon）为广谱性磷酸酯类杀虫剂，目前广泛应用于水产养殖中的虫害防治。敌百虫在弱碱性条件下，或进入环境、或在生物体内代谢能分解成毒性更大的敌敌畏，因此，水产养殖中敌百虫的使用，不仅要顾及对养殖鱼本身的毒性效应，其残毒对养殖鱼的食用安全也不可忽视。

本书以水产品中敌百虫残留量的测定气相色谱法（农业部 783 号公告 - 3 - 2068）为例介绍水产品中敌百虫的检测：

（1）试剂

①乙腈、三氯甲烷、乙酸乙酯：色谱纯。

②无水硫酸钠：经 650℃灼烧 4 h，置于干燥器内备用。

③20 g/L 硫酸钠溶液：将 2 g 无水硫酸钠溶于 100 mL 去离子水中。

④敌百虫标准品：纯度≥98.0%。

⑤敌百虫标准溶液：准确称取适量的敌百虫标准品，用乙酸乙酯配成浓度为 100 μg/mL 的标准储备液，根据需要再用乙酸乙酯稀释成适当浓度的标准工作液。

⑥1 + 9 乙腈溶液：将 1 份水加入到 9 份乙腈中。

⑦2 + 9 乙腈溶液：将 2 份水加入到 9 份乙腈中。

（2）仪器和设备

①气相色谱仪：配有火焰光度检测器（具 526 nm 磷滤光片）。

②均质器、离心机、旋转蒸发器、振荡器、漩涡混合器。

③离心机：5 mL、50 mL。

④分液漏斗：250 mL。

⑤梨形瓶：250 mL。

⑥无水硫酸钠柱：8 cm×1.5 cm（内径）玻璃柱，内装 2 cm 高无水硫酸钠。

（3）色谱条件

①色谱柱：DB - 225 毛细管柱，30 m×0.25 μm×0.32 mm，或与之性能相当者。

②柱温：70℃（保持 1 min），10℃/min 升至 180℃（保持 2 min），30℃/min 升至 230℃（保持 2 min）。

③进样口温度：280℃，不分流进样（衬管中不带玻璃纤维）。

④检测器温度：250℃。

⑤载气：高纯氮，纯度≥99.999%，1.8 mL/min；氢气：纯度 99.9%。

（4）测定步骤

①提取

称取样品 5 g（精确到 0.01 g）于 50 mL 离心管中，加入 0.5 g 乙酸锌，再加入 20 mL（1 + 9）乙腈水溶液（干制样品加入 2 + 9 乙腈水溶液），均质器均质 1 min，以 4 000 r/min 离心 3 min，将上层清液转移至 250 mL 分液漏斗中。离心管中残渣再加入 20 mL 乙腈，均质 1 min，以 4 000 r/min 离心 3min，合并提取液于同一 250 mL 分液漏斗中。

②净化

在盛有提取液的分液漏斗中加入 100 mL 硫酸钠水溶液，震荡混匀，加入 30 mL 三氯甲烷，剧烈震荡混匀 3 min，静止分层，将下层三氯甲烷通过无水硫酸钠柱，上层再加入 30 mL 三氯甲烷，在重复提取 2 次，萃取液合并至 250 mL 梨形瓶中，用旋转蒸发器浓缩至干，定量加入 1.0 mL 乙酸乙酯溶解残留物，供气相色谱测定。

③色谱测定

根据样液中敌百虫的含量情况，选定浓度与样液相近的标准工作溶液。

标准工作液和样液中敌百虫响应值应在仪器检测线性范围内。标准工作液和样液等体积残差进样测定。在上述色谱条件下，敌百虫热分解产物亚磷酸二甲酯的保留时间约为 4.6 min。

④空白试验

除不加试样外，均按上述步骤进行。

（5）方法回收率与检出限

标准添加浓度为 0.04 ~ 1.00 mg/kg 时，回收率≥75%；方法检出限为 0.04 mg/kg。

（6）方法精密度和线性范围

本方法精密度≤10%；线性范围：0.4 ~ 25 μg/mL。

三、水产品中代谢改善及强化剂的检测

1. 水产品中喹乙醇的测定

喹乙醇，主要作为一种化学促生长剂在水产动物饲料中添加，它的抗菌作用是次要的，由于此药的长期添加，已发现对水产养殖动物的肝、肾功能造成很大的破坏，引起水产养殖动物肝脏肿大、腹水，造成水产动物的死亡，如果长期使用该药物，则会造成耐药性，导致肠球菌广为流行，严重危害人类健康，因此，喹乙醇在水产品养殖过程中被我国以及世界众多国家和地区确定为禁用药物。

本书参照（SC/T 3019 - 2004）液相色谱法介绍水产品中喹乙醇的检测：

（1）原理

水产品中的喹乙醇用乙腈提取，用无水硫酸钠脱水，正乙烷脱脂。将乙腈层蒸干，用甲醇溶解残渣，用液相色谱紫外检测器检测，外标法定量。

（2）试剂

①乙腈：色谱级。

②正乙烷：色谱级，用乙腈饱和。

③甲醇：色谱级。

④无水硫酸钠：分析纯，650℃干燥 4 h，冷却后贮存于密封容器中备用。

⑤喹乙醇标准品：纯度大于 99 %。

⑥喹乙醇标准溶液：精确称取喹乙醇标准品 10.0 mg，用少量水溶解，用甲醇稀释至 100 mL。取此液 10 mL，再用甲醇稀释至 100 mL。此标准液需置于棕色容量瓶内避光冷藏保存，保存期为 1 个月。

⑦喹乙醇标准使用液：分别取喹乙醇标准溶液 1.0 mL，2.0 mL，5.0 mL，10.0 mL，再用15%甲醇水溶液稀释至 100 mL，配成浓度分别为 0.1 ug/mL，0.2 ug/mL，0.5 ug/mL，1.0 ug/mL 的标准使用液，此溶液现用现配。

⑧实验用水：应符合 GB/T 6682 一级水指标。

⑨助滤剂：Celite545，使用前用甲醇洗净烘干。

（3）仪器

①玻璃砂芯漏斗；

②高速匀质器；

③旋转蒸发器；

④离心机；

⑤高效液相色谱仪，配有紫外检测器。

（4）色谱条件

①色谱柱：ODS - C18，5 um，4.6 mm×250 mm。

②流动相：15%的甲醇水溶液（V／V），1.0 mL/min。

③色谱柱温度：35℃。

④检测器波长：380 nm。

⑤进样量：20 uL。

（5）分析步骤

喹乙醇遇光易分解，因此在测定过程中要避开光线的直射。

①工作曲线的绘制

在上述工作条件下，分别取标准使用溶液各 20 uL 进样，以峰面积为纵坐标，以标准样品中喹乙醇含量为横坐标，绘制工作曲线。喹乙醇保留时间约为 7.3 min（参见附录 A）。

②样品测定

A. 样品处理

鱼去鳞沿背脊取肌肉；虾去头、壳，取肌肉部分；蟹、中华鳖等取可食部分；样品切为不大于 0.5 cm ×0.5 cm×0.5 cm 的小块后混匀。

B. 提取

称取试样 10 g（精确到 0.01 g）于 100 mL 均质杯中，加入助滤剂 1 g，乙腈 30 mL，均质 1 min，以 4 000 r/min 离心 10 min，将上清液倒入 150 mL 锥形瓶中，再向残留物中加入 20 mL 乙腈，同上均质，离心，合并上清液。

C. 净化

向乙腈提取液中加入正乙烷 10 mL，振荡 5 min，静置分层。弃去正乙烷相，再加入正乙烷 10 mL，振荡 5 min，静置分层，将乙腈层转移到茄形瓶中，在 45℃水浴中旋转蒸发除去溶剂；用 1 mL l5%甲醇水溶液溶解残留物，经 0.45 um 微孔滤膜过滤后，供液相色谱测定。

D. 色谱测定

取试样滤液 20 uL 进样，记录峰面积，从工作曲线查得样品提取液中喹乙醇的含量。

（6）计算

样品中喹乙醇含量按式计算。

$$X = C \times V/m$$

式中：X——试样中喹乙醇含量，mg/kg；

C——试样溶液中喹乙醇含量，ug/mL；

m——试样质量，g；

V——试样溶液体积，mL。

（7）说明

①检出限：0.05 mg/kg；

②回收率：≥70%；

③批间变异系数≤15%。

2. 水产品中己烯雌酚的测定

己烯雌酚，属于激素类药物，主要用于诱导雄性罗非鱼性反转，在水产动物体内的代谢较慢，极小的残留都可对人体生理功能产生影响，人体摄入后可引起恶心、呕吐、食欲不振、头痛反应等症状，可损害肝脏和肾脏，可引起子宫内膜过度增生，导致孕妇胎儿畸形等。因此己烯雌酚在水产品养殖过程中被我国以及世界众多国家和地区确定为禁用药物。

本书参照酶联免疫法（SC/T 3020 - 2004）介绍水产品中己烯雌酚的检测：

（1）原理

测定的基础是竞争性酶联免疫抗原抗体反应，所有的免疫反应都在微孔中进行，加入己烯雌酚标准或样品溶液、己烯雌酚酶标记物、己烯雌酚抗体后，己烯雌酚与己烯雌酚酶标记物相互竞争己烯雌酚抗体的结合位点。结合的己烯雌酚酶标记物可以将无色的发色剂转化为蓝色的产物，在 450 nm 处检测，吸收光强度与样品中的己烯雌酚浓度成反比，按校正曲线定量。

（2）试剂

本标准所用试剂除标明外，其他均为分析纯及其更高纯度，试验用水符合一级水标准。

① 叔丁基甲基醚：色谱纯。

②石油醚。

③二氯甲烷。

④甲醇：色谱纯。

⑤氢氧化钠：1 mol/L。

⑥磷酸：6 mol/L。

⑦20%甲醇的20 mmol/L三羟基甲基氨基甲烷（Tris）缓冲液（pH值为8.5），40%，70%，80%的甲醇溶液，此溶液现用现配。

⑧67 mmol/L磷酸盐缓冲液（pH值为7.2）：9.61 g磷酸氢二钠，1.79 g磷酸二氢钠溶解于蒸馏水，定容至1 000 mL，此溶液现用现配。

⑨己烯雌酚酶联免疫定量测定试剂盒。

（3）仪器

①酶标仪：波长450 nm。

②离心机：转速4 000 r/min。

③氮吹仪。

④电热恒温水浴锅。

⑤高速匀浆机。

⑥固相提取柱：C_{18}长6.5 cm，内径0.7 cm。

⑦固相萃取器。

⑧微型漩涡混合仪。

⑨振荡器。

⑩微量加样器：20 μL，50 μL，100 μL，250 μL，1 000 μL。

⑪微量多通道加样器：50 μL，100μL。

（4）分析步骤

①试样提取

取出鱼、虾、蟹、鳖等水产品肌肉部分，除净脂肪和结缔组织，样品切成不大于0.5 cm×0.5 cm×0.5 cm的小块后混匀，置冰箱中冷冻备用。

将样品解冻，取5 g（精确到0.01 g）样品于匀浆机的玻璃管中，加10 mL 67 mmol/L磷酸盐缓冲液（pH值7.2），充分匀浆，称取3g（精确到0.01 g）匀浆组织于20 mL玻璃离心管中，加入8 mL叔丁基甲基醚，强烈振荡20 min，4 000 r/min离心10 min，转移出上清液至20 mL玻璃离心管中，再用8 mL叔丁基甲基醚重复提取沉淀物，将两次提取的醚相合并，70℃水浴蒸发至干。

取70%的甲醇1 mL溶解干燥的残留物，加3 mL石油醚洗涤甲醇溶液，漩涡混合1 min，4 000 r/min离心1 min，吸除石油醚，置水浴锅中蒸发甲醇溶液，用1 mL二氯甲烷溶解，加1 mol/L氢氧化钠溶液3 mL，漩涡振荡后静置，取出上层氢氧化钠溶液，加入6 mol/L磷300 μL中和提取液，用固相提取柱进一步纯化。

②样品纯化

将固相提取柱垂直固定，用 3 mL 无水甲醇洗涤柱子，再用 2 mL 20% 甲醇的 20 mmol/L Tris 缓冲液（pH 值 8.5）平衡柱子，紧接着将上述用磷酸中和后的氢氧化钠提取液用 1 000 μL 微量加样器全部加入柱中，过柱，然后用 2 mL 20% 甲醇的 20 mmol/L Tris 缓冲液（pH 值 8.5）洗涤柱子，接着用 3 mL 40% 的甲醇洗涤柱子，弃去过柱的溶液，用正压去除残留的液体并且用空气或氮气吹 2 min 以干燥柱子。

用 2 mL 80% 的甲醇洗脱样品（以上溶液洗柱、平衡柱和提取液过柱的流速皆为 1 滴/s 左右，可用固相萃取器抽真空控制），收集洗脱液，向洗脱液中加入 2 mL 水，取 20 μL 进行酶联免疫测定。

③测定

控制室温至 20～24℃，取出足够数量的微孔条插入微孔架中，加入 20 μL 的标准液和处理好的样品到各自的微孔底部，记录各标准液和样品的位置，标准和样品做两个平行实验。每个微孔中加入 50 μL 稀释后的己烯雌酚抗体，微旋振荡混合，置 2～8℃ 冰箱中孵育 20 h。

取出微孔架，回复到室温 20～24℃，洗板（甩出孔中的液体，将微孔架倒置在吸水纸上每行拍打 3 次，以保证完全除去孔中的液体。用 250 μL 蒸馏水充入孔中，再次倒掉微孔中液体，再重复操作两次），加入 50 μL 稀释的酶标记物到微孔底部，微旋振荡充分混合后，置室温孵育 1 h，再洗板后（同上述洗板方法），每个微孔中加入 50 μL 基质和 50 μL 发色试剂，充分混合，并在室温暗处孵育 30 min，每个微孔中再加入 100 μL 反应停止液，混合后在 60 min 内测量并记录每个微孔 450 nm 处的吸光度值。

（5）结果计算

①计算相对吸光度值

计算每个己烯雌酚标准液和样液的平均吸光度值，按下列公式求出己烯雌酚标准液和样液的相对吸光度值。

$$R_i = A_i / A_o \times 100$$

式中：R_i——相对吸光度值，%；

    A_o——空白标准的吸光度值；

    A_i——标准或样品的平均吸光度值。

②绘制校正曲线

以计算的标准液相对吸光度值为纵坐标，以己烯雌酚浓度的对数为横坐标，绘制出己烯雌酚标准液相对吸光度值与己烯雌酚浓度的校正曲线，校正曲线在 0.05～0.4 μg/L 应当成为线性，相对应每一个样品的己烯雌酚浓度可以从校正曲线上读出。每次试验均应重新绘制校正曲线。

③结果计算

在绘制的校正曲线上读出的相对应每一个样品的己烯雌酚浓度乘以相对应的稀释系数（本标准所采用的稀释系数为 4），即为试样中的己烯雌酚残留量。

（6）说明

① 检测限

本方法的检测限为 0.6 μg/kg。

②回收率

本方法的回收率≥70%。

3. 水产品中甲基睾丸酮的测定

甲基睾丸酮（methyltestosterone，MT），又名甲睾酮、甲基睾酮和甲基睾丸素，是一种合成类固醇，属于蛋白同化激素，具有雄性和蛋白同化双重作用。在水产养殖业中，一直作为苗种培育和性别控制等方面的特效药物。但其在水产品中的残留严重威胁人体健康。大量实验表明，MT代谢时间长，对人类的危害是慢性、远期和累积性的。其危害主要表现在干扰体内自然激素的平衡、使正常人的生理功能发生紊乱，严重时还会致新生儿畸形，影响儿童的正常生长发育。

本书参照 SC/T 3029 - 2006 水产品中甲基睾丸酮的测定"液相色谱法"介绍水产品中甲基睾丸酮的测定：

（1）检测原理

检样中残留的甲基睾丸酮药物经有机试剂提取并浓缩，经正乙烷和石油醚脱脂去杂质，中性氧化铝固相萃取柱净化后，反相色谱柱分离，紫外检测器检测，外标法定量。

（2）仪器设备

①液相色谱仪：配紫外检测器。

②电子分析天平：感量 0.01 g 和 0.000 1 g。

③恒温振荡器。

④离心机：最大转速 5 000 r/min。

⑤减压旋转蒸发仪。

⑥氮吹仪。

⑦固相萃取装置。

⑧旋涡混匀器。

⑨聚丙烯离心管：带盖，50 mL。

⑩具塞玻璃离心管：10 mL。

⑪玻璃鸡心瓶：50 mL。

⑫均质机。

⑬马弗炉。

⑭冷冻离心机：最低温度≤4℃，最大转速 10 000 r/min。

（3）试剂和溶液

本标准所用试剂，除特别注明外，均为分析纯试剂。

①实验用水：应符合 GB/T 6682 中一级水标准。

②甲醇：色谱纯。

③无水硫酸钠：使用前将无水硫酸钠放入马弗炉中，640℃灼烧 4 h，放入干燥器内冷却待用。

④无水乙醚。

⑤石油醚。

⑥磷酸。

⑦氯仿。

⑧磷酸水溶液：准确量取 1 mL 磷酸（6.4）和 1 000 mL 水，将磷酸加入水搅拌混匀，用三乙胺调节 pH 值至 2.4。

⑨甲基睾丸酮（$C_{20}H_{30}O_2$）：标准品纯度均≥99.0%。

⑩标准储备液：精确称取甲基睾丸酮 0.010 g 置于 10 mL 棕色容量瓶中，加入甲醇溶解并定容至刻度，使成浓度为 1 mg/mL 的标准储备液，-18℃避光保存，存放时间为 6 个月。

⑪标准应用液：取上述储备液（6.10）100 μL 置于 100 mL 容量瓶中，用甲醇定容摇匀，使成浓度为

100 μg/mL 的标准应用液，0 ~ 4℃ 避光保存，存放时间不超过 3 个月。

⑫标准工作液：临用时，分别用流动相稀释成各质量浓度的标准溶液。

⑬中性氧化铝层析柱：3 mL，500 mg。

⑭滤膜：有机相，孔径 0. 45 μm。

（4）检测步骤

①样品处理

取水产品的可食部分，切成不大于 0. 5 cm × 0. 5 cm × 0. 5 cm 的小块后混匀，充分匀浆。

②提取

方法一：取 5. 00 g（精确到 0. 01 g）检样于 50 mL 离心管中，加入适量无水硫酸钠，用玻璃棒搅拌均匀，向离心管中加入 15 mL 乙醚，30℃ 下振荡 15 min，5 000 r/min 离心 10 min，所得上清液转移至旋发瓶中；残渣用 15 mL 乙醚重复提取 1 次。将两次合并后的提取液置于 40℃ 水浴条件下减压旋转蒸发至干（也可以在通风柜中自然挥干），残渣中加入 4 mL 甲醇清洗瓶壁，溶液转移至 10 mL 具塞玻璃离心管中。

方法二：取 5. 00 g（精确到 0. 01 g）检样于 50 mL 离心管中，加入适量无水硫酸钠，用玻璃棒搅拌均匀，向离心管中加入 5 mL 氯仿，30℃ 下振荡15 min，5 000 r/min 离心 10 min，所得下层清液转移至旋发瓶中；残渣用5 mL氯仿重复提取 1 次。将两次合并后的提取液置于 10 mL 具塞玻璃离心管中，40℃ 下氮气吹干，残渣中加入 3 mL 甲醇，漩涡充分。

③净化

加 2 mL 的石油醚至上述离心管中（预先加 0. 3 mL 水），加塞剧烈旋涡振荡 1 min，4 000 r/min 离心 10 min，弃去上层石油醚层，加入 2 mL 石油醚重复净化 1 次。下层甲醇液过中性氧化铝柱（预先用 3 mL 甲醇平衡），流出液接收至 10 mL 玻璃离心管中，再用 3 mL 甲醇淋洗柱子，淋洗液合并至离心管中，40℃ 下氮气吹干，用 1. 0 mL 流动相定容，经 0. 45 μm 四氟乙烯膜过滤，上机分析。

（5）色谱分析

①色谱条件

色谱柱：C₁₈柱，ZORBAX ODS 250 mm × 4. 6 mm，5 μm，或同类色谱柱。

流动相：甲醇：磷酸水溶液 = 72 : 28（V/V）。

流速：1. 0 mL/min。

柱温：30℃。

进样量：20 μL。

检测波长：254 nm

②标准工作液的配制

使用前采用倍比稀释方法，用流动相将标准应用液稀释成 0、0. 1 μg/mL、0. 5 μg/mL、1. 0 μg/mL、5. 0 μg/mL 的系列工作液，现配现用。

③标准曲线绘制

取系列浓度工作液进样分析，用标准品峰面积值对相应浓度作线性回归，得回归方程和相关系数。

（6）样品分析

注入 20 uL 上机液于高效液相色谱仪中，按设定的色谱条件进行检测分析，记录峰面积，相应值均应在仪器检测的线性范围之内。根据标准品的保留时间定性，外标法定量。

（7）空白试验

除不加试样外，均按上述测定条件和步骤进行。

（8）记录与计算

根据甲基睾丸酮标准品的保留时间对测定样品进行定性。以标准工作曲线溶液上机响应的峰面积为纵坐标、浓度为横坐标，绘制标准曲线，利用标准曲线外标法根据样品的峰面积响应值进行定量。

样品中甲基睾丸酮的残留量按下式计算，计算结果需扣空白值。

$$X = \frac{C \times V}{m} \times 1\ 000$$

式中：X——试样中甲基睾丸酮的含量，$\mu g/kg$；

　　　C——试样溶液中甲基睾丸酮的含量，$\mu g/mL$；

　　　m——试样质量，g；

　　　V——试样定容体积，mL。

结果表述：测定结果用平行测定的算术平均值表示，保留 3 位有效数字。

（9）结果判定

①定性判定

试样品中被测组分的出峰时间与标准品的出峰时间最大允许偏差为 5%，否则认定出峰物质非被测组分；试样品中被测组分的含量低于方法的检出限，则判定为未检出。

②方法的检出限和回收率、精密度

A. 方法检出限

本方法的检出限为 10 $\mu g/kg$。

B. 回收率

在本实验方法和条件下，添加甲基睾丸酮含量在 10～100 $\mu g/kg$ 时，其加标回收率符合 70.0%～110%；添加甲基睾丸酮含量大于 100 $\mu g/kg$ 时，其加标回收率符合 80.0%～110%。

C. 精密度

平行样品测定结果的平行性应符合以下要求：

表 9.8　测定结果平行性要求

待测物浓度（mg/kg）	变异系数（CV,%）	
	室内（重复性）	室间（重现性）
10	7	11
1	11	16
0.1	17	26
0.01	21	32

（10）注意事项

①提取步骤中加入适量无水硫酸钠，可以根据检测样品的含水量而定。当含水量大于 80% 以上时，加入 1 g 左右。应采用均质机或玻璃棒搅拌的方法使样品分散在提取剂中，混匀后使样品保持颗粒分散状态，否则影响提取效率。

②商品化中性氧化铝固相萃取柱，一旦拆开包装后，应放入干燥器内密封保存。

③检测步骤中方法一适用于油脂含量较多的样品，方法二适合于油脂少，色素多的样品。

④遇到油脂含量特别多的样品，如鳗鱼，有机试剂震荡提取后在冷冻离心机中 5℃ 左右，5 000 r/min、离心 10 min，并适当增加液液萃取净化的次数，提高去油脂的效果。

⑤遇到色素含量高的样品，如虾、甲鱼等，用甲醇溶解残渣后，加入等比例正乙烷剧烈漩涡振荡1 min、4 000 r/m、离心 10 min，弃去上层正乙烷。

⑥若样品经预处理后甲基睾丸酮色谱峰附近明显无杂质干扰时，可以将流动相调整为甲醇：乙腈：磷酸水溶液 = 72∶5∶20（V/V），适当增加乙腈的含量可以缩短出峰时间。

⑦本实验上机液中仍带有一定杂质，为延长色谱柱使用寿命，建议使用保护柱。

（11）记录和计算要求

①原始记录中要求填写试验时间、样品编号、执行标准、检测环境温湿度值、仪器设备编号和名称，以及标准储备液的配置时间和有效期等信息。

②原始记录必须附上色谱图，包括标准溶液图谱、同批平行样、加标样、空白样记录图谱，谱图上应显示样品编号、测定组分峰搞活峰面积、测定组分峰高或峰面积、测定组分标识等信息。

③检测结果超出线性范围时，必须通过对提取溶液稀释来进行测定计算。

（12）附加说明

本操作参照 SC/T 3029—2006《水产品中甲基睾丸酮残留量测定 高效液相色谱法》编写。

（13）色谱图见图9.7 和图9.8

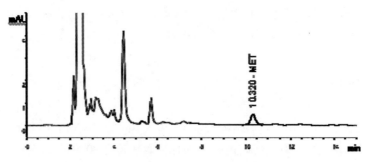

图 9.7　空白罗非鱼中添加甲基睾丸酮的色谱图

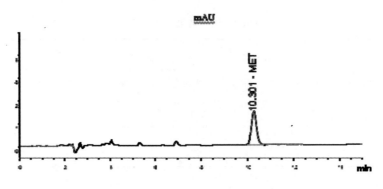

图 9.8　0.5 μg/mL 甲基睾丸酮标准品的色谱图

第二节　水产品中农药残留检测

一、水产品中有机氯的测定

有机氯主要包括 α—BHC、β—BHC、γ—BHC、δ–BHC、六氯苯（HCB）、七氯、艾氏剂、环氧七氯、狄氏剂、pp′—DDE、pp′—DDD、op′—DDT、pp′—DDT 等，此方法是用于水产品中 14 种有机氯农药残留检验。

本书参照 SN/T 0598 - 1996 出口水产品中多种有机氯农药残留量检验方法介绍水产品中有纪律的检测：

1. 方法提要

试样经与无水硫酸钠一起研磨干燥后，用丙酮 - 石油醚提取农药残留，提取液经佛罗里硅土净化后，样液用配有电子俘获检测器的气相色谱仪测定，外标法定量。

2. 试剂和材料

①丙酮：重蒸馏。

②石油醚：沸程 60 ~ 90℃。经氧化铝柱净化后用全玻璃蒸馏器蒸馏，收集 60 ~ 90℃馏分。

③乙醚：重蒸馏。

④乙醚 + 石油醚淋洗溶液（15 + 85）。

⑤无水硫酸钠：分析纯，650℃灼烧 4 h，冷却后，储于干燥器中。

⑥氧化铝：层析用，中性，100 ~ 200 目，800℃灼烧 4 h，冷却至室温储存于密闭容器中备用。使用前，应在 130℃干燥 2 h。

⑦佛罗里硅土：60 ~ 100 目，650℃灼烧 4 h，冷却后贮存于密闭容器内备用，使用前于 130℃烘 1 h。（注：每批佛罗里硅土用前应做淋洗曲线）

⑧有机氯农药标准品：α – BHC、β – BHC、γ – BHC、δ – BHC、六氯苯（HCB）、七氯、艾氏剂、环氧七氯、狄氏剂、pp' – DDE、pp' – DDD、op' – D DT、pp' – DDT 标准品，纯度均 ≥99%。

⑨14 种有机氯农药标准溶液：准确称取适量的每种农药标准品，分别用少量苯溶解，然后用石油醚配成质量浓度为 0.100 mg/kg 的标准储备溶液，根据需要再用石油醚配成适用浓度的混合标准工作溶液。

3. 仪器和设备

①气相色谱仪：配有电子俘获检测器。

②氧化铝净化柱：300 mm × 20 mm（内径）玻璃柱，装入氧化铝 40g，上端装入 10 g 无水硫酸钠，干法装柱，流量为 2 mL/min。注：该柱可连续净化处理石油醚 1 000 mL。

③佛罗里硅土净化柱：200 mm × 20 mm（内径）玻璃柱，装入佛罗里硅土 13 g，上端装入 5 g 无水硫酸钠，干法装柱，使用前用 40 mL 石油醚淋洗。

④索氏抽提器：250 mL。

⑤绞肉机。

⑥全玻璃重蒸馏装置。

⑦玻璃研钵：口径 11.5 cm。

⑧旋转蒸发器或氮气流浓缩装置：配有 250 mL 蒸发瓶。

⑨微量注射器：10 μL。

⑩脱脂棉：经过丙酮 + 石油醚（2 + 8）混合液抽提 6 h 处理过。

4. 测定步骤

（1）提取

称取试样 10.0 g（准确值 0.1 g）于研钵中，加 15 个无水硫酸钠研磨几分钟，将试样制成干松粉末。装入滤纸筒内，放入索氏抽提器中。在抽提器的瓶中加入 100 mL 丙酮 + 石油醚（2 + 8）混合液。在水浴中提取 6 h（回流速度 10 ~ 12 L/h）。将提取液减压或氮气流浓缩至约 5 mL。

（2）净化

将提取液全部移入佛罗里硅土净化柱中，弃去流出液。注入 200 mL 乙醚 + 石油醚淋洗液进行洗脱。开始时，取部分乙醚 + 石油醚混合液反复清洗提取瓶，并把洗液注入净化柱中。洗脱流速为 2 ~ 3 mL/min，收集流出液于 250 mL 蒸发瓶中，减压或氮气流浓缩至约 10 mL，供气相色谱测定。

（3）测定

①色谱条件

色谱柱：SGE 毛细管柱（或等效的色谱柱），25 m × 0.53 mm（内径）。

膜厚：0.15 μm。

固定相：HT5（非极性）键和相。

载气：氮气纯度 ≥ 99.99%，10 mL/min。

助气：氮气纯度 ≥ 99.99%，40 mL/min

柱温：程序升温如下：

开始温度 100℃，保持 2 min；以 5℃/min 升温至 140℃，保持 5 min；以 10℃/min 升温至 200℃，保持 5 min，以 15℃/min 升温至 230℃。

进样口温度：300℃。

进样方式：柱头进样方式。

②色谱测定

根据样液中有机氯农药种类和含量情况，选定峰高相近的相应标准工作混合液。标准工作混合液和样液中有机氯农药响应值均应在仪器检测线性范围内。对标准工作混合液和样液等体积交叉进样测定。

③空白试验

除不加试样外，均按上述测定步骤进行。

5. 结果计算

用色谱数据处理机或按下式计算试样中各有机氯农药残留量：

$$w_1 = \frac{h_1 \cdot \rho \cdot V}{h_2 \cdot m}$$

式中：w_1——试样中各有机氯农药残留量，mg/kg；

h_1——样液中各有机氯农药的峰高，mm；

h_2——标准工作溶液中各有机氯农药的峰高，mm；

ρ——标准工作溶液中各有机氯农药的质量浓度，μg/mL；

V——最终样液的体积，mL；

m——称取试样质量，g。

注：计算结果需扣除空白值。

6. 测定低限

本方法的测定低限如表9.9所示。

表 9.9　气相色谱法测定低限

农药名称	测定低限（mg/kg）
α – BHC	0.005
六氯苯（HCB）	0.005
γ – BHC	0.005
β – BHC	0.005
δ – BHC	0.005
七氯	0.01
艾氏剂	0.01
环氧七氯	0.02
狄氏剂	0.02
异狄氏剂	0.02
pp′ – DDE	0.02
op′ – DDT	0.025
pp′ – DDD	0.025
pp′ – DDT	0.025

7. 回收率

回收率的实验数据如表9.10所示。

表 9.10　回收率数据

农药名称	添加浓度（mg/kg）	回收率（%）
α – BHC	0.005	89.28
	0.01	91.15
	0.05	90.16
六氯苯（HCB）	0.005	86.24
	0.01	89.84
	0.05	89.93
γ – BHC	0.005	92.86
	0.01	93.06
	0.05	91.26
β – BHC	0.005	89.50
	0.01	88.94
	0.05	90.28

续表

农药名称	添加浓度（mg/kg）	回收率（%）
δ – BHC	0.005	86.14
	0.01	89.99
	0.05	90.44
七氯	0.01	91.88
	0.02	92.00
	0.1	91.91
艾氏剂	0.01	91.91
	0.03	91.92
	0.1	92.67
环氧七氯	0.02	94.57
	0.04	92.80
	0.2	93.00
狄氏剂	0.01	90.04
	0.02	93.11
	0.1	93.57
pp' – DDE	0.02	94.71
	0.05	94.73
	0.2	95.65
异狄氏剂	0.02	92.15
	0.04	91.91
	0.3	93.45
op' – DDT	0.025	93.64
	0.06	93.54
	0.25	94.22
pp' – DDD	0.025	92.00
	0.05	94.80
	0.25	96.29
pp' – DDT	0.025	92.89
	0.05	94.27
	0.25	94.08

二、毒杀芬残留量的测定

本书参照 SN/T 0502 – 2013《出口水产品中毒杀芬残留量的测定》气相色谱法介绍水产品中毒杀芬的检测

1. 方法提要

样品中的毒杀芬经用石油醚提取、净化、浓缩后，用配有电子俘获检测器的气相色谱仪测定，外标法定量。

2. 试剂和材料

所用水为蒸馏水，所用试剂除特殊规定外均为分析纯。

①无水硫酸钠：经650℃灼烧4 h，置于干燥器内备用。

②无水硫酸钠柱：25 mm（id）×200 mm玻璃柱，内装50 cm高的无水硫酸钠。

③石油醚：30～60℃，经全玻璃装置重蒸馏。

④乙醚：经全玻璃装置重蒸馏。

⑤乙腈：色谱纯，用石油醚饱和。

⑥氯化钠溶液：饱和溶液。

⑦佛罗里硅土：675℃灼烧2 h，置于干燥器内，使用前于130℃烘5 h。

⑧佛罗里硅土净化柱：200 mm×22 mm（内径）玻璃柱，装入10 mm高的佛罗里硅土，上端装入10 mm无水硫酸钠。

⑨毒杀芬标准品：已知纯度（约78%）。

⑩毒杀芬标准储备液：准确称取适量的毒杀芬标准品，用石油醚配成质量浓度为100 μg/mL的标准储备溶液，根据需要再配成适用浓度的标准工作溶液。

3. 仪器和设备

①气相色谱仪：配有电子俘获检测器。

②微量注射器：10 μL。

③高速组织捣碎机。

④恒温水浴。

⑤马弗炉。

⑥烘箱。

⑦K–D浓缩器。

⑧分液漏斗：1 000 mL，125 mL。

⑨刻度试管：10 mL，具磨口塞。

4. 测定步骤

（1）提取

①鱼类

称取约50 g（精确至0.1 g）试样于高速组织捣碎机中，加100 g无水硫酸钠，混匀。加150 mL石油醚，均质2 min。上清液通过铺有两层滤纸的12 cm布氏漏斗滤入500 mL抽滤瓶中，用2×100 mL石油醚提取捣碎机中残渣，每次3 min，过滤，合并提取液。转移残渣至布氏漏斗上，以3×50 mL石油醚洗涤。全部滤液过无水硫酸钠柱，收集流出液。用少量石油醚洗柱，合并石油醚流出液，与旋转蒸发器中蒸发近干，用少量石油醚转移残渣至已知质量烧杯中，在60℃水浴上蒸发，得到脂肪，称量并记录脂肪质量。

称取3 g脂肪于125 mL分液漏斗中，加石油醚使之总体积为15 mL，加30 mL用石油醚饱和的乙腈，振荡1 min，分层后，放乙腈层至盛有650 mL水、40 mL饱和氯化钠溶液及100 mL石油醚的分液漏斗中，用3×3 mL石油醚饱和的乙腈液洗125 mL分液漏斗中的液体三次，合并乙腈置于1 L的漏斗中，放1 L分液漏斗中的水层至另一分液漏斗中，振摇15 s，弃去水层，合并石油醚层，以100 mL水洗涤两次。将石油醚层过无水硫酸钠柱，收集于 500 mL K-D 浓缩器中，以 10 mL 石油醚洗涤漏斗及柱三次，合并石油醚洗液于浓缩器中，浓缩至 5~10 mL。

②扇贝类

称取约 100 g（精确至 0.1 g）试样于高速组织捣碎机中，加 200 mL 乙腈，均质 2 min，通过铺有滤纸的布氏漏斗滤入 500 mL 抽滤瓶中。转移滤液至分液漏斗中，加 100 mL 石油醚，振摇 1~2 min，再加 10 mL 饱和氯化钠溶液及 600 mL 水，振摇 30~40 s，弃去水层，以 100 mL 水洗涤两次，转移溶剂层于 100 mL 具塞量筒中，加 15 g 无水硫酸钠，振摇，转至 K-D 浓缩器中浓缩至 5~10 mL。

（2）净化

用 50 mL 石油醚预洗弗罗里硅土柱，将试样提取液移入柱中，以 5 mL/min 速度过柱，用 200 mL 乙醚 + 石油醚（6+94）以 5 mL/min 速度洗脱。收集洗脱液，与旋转蒸发器上浓缩至 5 mL。

（3）测定

①色谱条件

色谱柱：玻璃柱，2 m×2 mm（内径），填充物为 1.95% OV-210 + 1.5% OV-17，涂于 Chromosorb W HP。

载气：氮气纯度≥99.99%，30 mL/min。

柱温：程序升温如下：

195℃保持 10 min，以 10℃/min 速度升温至 225℃，保持 8 min。

进样口温度：250℃

检测器温度：300℃。

②色谱测定

分别准确注射 1 μL 样液及标准工作溶液于气相色谱仪中，按指定条件进行色谱分析，响应值均应在仪器检测的线性范围内，毒杀芬含量采用最后四个峰的峰面积总和进行定量（峰 V，W，X，Y）。在上述条件下峰 V，W，X，Y 的保留时间分别为 14.5 min，15.3 min，17.0 min，18.2 min。

（4）空白试验

除不加试样外，均按上述测定步骤进行。

（5）结果计算

用色谱数据处理机或按式计算试样中毒杀芬残留量质量分数

$$w = \frac{A \times \rho \times V}{A_S \times m}$$

式中：w——试样中毒杀芬残留量质量分数，mg/kg；

　　　A——样液中毒杀芬四个峰的峰面积之和，mm^2；

　　　A_S——标准工作溶液中毒杀芬四个峰的峰面积之和，mm^2；

　　　ρ——标准工作溶液中毒杀芬的质量浓度，μg/mL；

　　　V——最终样液的体积，mL；

　　　m——称取试样质量，g。

　　　注：计算结果需扣除空白值。

（6）测定低限

本方法的测定低限为 0.5 mg/kg。

（7）回收率

回收率的实验数据：毒杀芬添加浓度在 0.5~5.0 mg/kg，回收率为 84.5%~89.5%。

三、水产品中有机磷的测定

有机磷农药属于杀动物剂中最大的一类即杀虫剂。我国农药的使用经历 20 世纪 50 年代的砷、铅、汞制剂，60—80 年代初的有机氯农药，以及后来的各类取代农药等 3 个发展阶段。有机磷农药已有 70 年的历史，并仍被广泛使用。现在世界上有数百种有机磷农药，我国也有 200 多种，例如，我们常见的乐果、氧化乐果、甲胺磷、甲拌磷等都属于这类农药。我国有机磷农药的产量占全世界总量的 1/3，有机磷农药的产量占全国农药总量的一半以上。根据美国《食品质量保护法》的规定，有机磷农药被美国环保局列为最先接受再登记和残留限量再评价的一类农药。批准登记的有 40 种，久效磷、速灭磷等有机磷农药已被严格禁止施用。

本书参照 SN/T 1776 – 2006《进出口动物源食品中 9 种有机磷农药残留量检测方法》气相色谱法介绍水产品中有机磷的检测。

1. 检测原理

样品中残留的有机磷以乙腈提取，经凝胶色谱柱净化，用配有火焰光度检测器的气相色谱仪测定，外标法定量。

2. 仪器设备

①气相色谱仪：配火焰光度检测器（具 525 nm 磷滤光片）。

②分析天平：感量 0.000 01 g。

③天平：感量 0.01 g。

④梨形瓶：100 mL。

⑤离心管：50 mL。

⑥均质机。

⑦旋涡混合器。

⑧离心机：5 000 r/min。

⑨旋转蒸发仪。

⑩氮吹仪。

3. 试剂和溶液

①试验用水应符合 GB/T 6682 一级水的要求。

②乙腈：色谱纯。

③乙酸乙酯：色谱纯。

④环己烷：色谱纯。

⑤GPC 洗脱液：乙酸乙酯 + 环己烷（1：1，V/V）。

⑥5% 氯化钠溶液：25 g 氯化钠，加水溶解，稀释至 500 mL。

⑦敌敌畏、甲胺磷、乙酰甲胺磷、甲基对硫磷、马拉硫磷、对硫磷、喹硫磷、杀扑磷、三唑磷标准品：纯度不低于 99%。

⑧有机磷标准储备液：准确称取适量的有机磷标准物质，用丙酮配制成 100 μg/mL 的标准储备液。或直接购买 100 μg/mL 三唑磷标准储备液（丙酮配制）。储备液置 –18℃冰箱中保存，保质期 6 个月。

⑨有机磷标准中间液（1 μg/mL）：准确移取 0.5 mL 标准储备液至 50 mL 容量瓶中，用正乙烷定容。置 –18℃冰箱中保存，保质期 3 个月。

⑩有机磷标准工作液：使用前，移取适量有机磷标准中间液用正乙烷稀释成所需浓度。置 – 18℃冰箱中保存，保质期 1 个月。

4. 检测步骤

（1）试样的制备

①鱼，去鳞，去皮，沿脊背取肌肉；虾，去头，去壳，取肌肉部分；贝类，去壳，取可食部分（包括体液）。样品均质混匀，样品如不能及时检测，应于 –18℃以下冷冻保存。

②取均质后的供试样品，作为供试试样。

③取均质后的空白样品，作为空白试样。

④取均质后的空白样品，添加适宜浓度的标准工作液，作为空白添加试样。

（2）提取

称取样品 20 g（精确到 0.05 g），置于 100 mL 玻璃离心管中，加入乙腈 50 mL，30℃振荡器上振摇 2 h，过滤，用乙腈洗涤残渣，合并滤液，35℃水浴中减压旋转蒸发至近干。

（3）净化

向梨形瓶中加入 3.5 溶液溶解残留物 10 mL，转移至离心管中，振荡混合 1 min，4 000 r/min 离心 5 min，取 5 mL 上清液过 GPC 柱，流速 5 mL/min，用 3.5 溶液洗脱，弃去前 100 mL 淋洗液，收集 100 ~ 165 mL 洗脱液，35℃水浴中减压旋转蒸发至近干，加入 8 mL 乙酸乙酯溶解，定量转移至 10 mL 离心管中，40℃以下水浴中氮气吹干。加入 5 mL 丙酮，供气相色谱分析用。

（4）工作曲线

准确移取三唑磷标准溶液，用正乙烷稀释成为 0.05 μg/mL、0.10 μg/mL、0.25 μg/mL、0.50 μg/mL、1.00 μg/mL、5.00 μg/mL 系列标准工作液，以峰面积为纵坐标，浓度为横坐标绘制标准曲线。

（5）测定

①色谱条件

A. 色谱柱

DB – 5 毛细管柱，30 m × 0.25 mm × 0.25 μm；或性能相当者。

B. 载气

高纯氮，纯度 ≥99.999%，流速 1.5 mL/min。

C. 进样口温度

250℃。

D. 柱温（选用氮磷检测器）

初始柱温 150℃，10℃/min 升至 220℃，维持 8 min，40℃/min 升至 280℃，维持 10 min。柱温（选用火焰光度检测器）：初始温度 150℃，以 10℃/min 升温至 250℃，保持 6 min。

E. 检测器

选择下列任一种检测器。

氮磷检测器：氢气 3.0 mL/min，空气 60 mL/min，尾吹气 5.0 mL/min。

火焰光度检测器：氢气 75 mL/min，空气 100 mL/min，尾吹气 60 mL/min。

F. 检测器温度

氮磷检测器为300℃，火焰光度检测器为250℃。

G. 进样方式及进样量

不分流进样，1 μL。

②气相色谱测定

在上述色谱条件下将标准工作液和试样溶液等体积进样测定，作单点或多点校准，用外标法对样品定量。试样溶液及标准溶液中的有机磷响应值均应在方法检测的线性范围之内。若样品中的有机磷含量超过工作曲线范围，则应将样品稀释后进行测定。标准溶液与样液中被测组分的保留时间之差应≤0.1 min。

（6）空白试验

除不加试样外，均按上述测定步骤进行。

（7）计算

样品中三唑磷的含量按以下公式计算。计算结果需扣空白值，保留3位有效数字。

$$X = \frac{Cs \times A \times V}{A_s \times m}$$

式中：X——样品中有机磷含量，μg/kg；

Cs——标准溶液含量，ng/mL；

A——样品中有机磷的峰面积或峰高；

V——样品经提取和净化后的定容体积，mL；

As——标准溶液的峰面积或峰高；

m——样品质量，g。

5. 结果判定

①方法定量限：10 μg/kg。

②有机磷在10 ~200 μg/kg的添加浓度范围内，回收率应达到70% ~120%。

③本方法的批内相对标准偏差≤15%，批间相对标准偏差≤15%。

④样品中的有机磷残留量＜10 μg/kg时，为阴性样品；样品中有机磷的残留量≥10 μg/kg时，为阳性样品。阳性样品应进行复检。

第十章 水产品中重金属等化学元素的测定

第一节 水产品中铅的测定

铅是一种不降解的环境污染物，在环境中可以长期蓄积，也可以通过食物链、水及空气进入人体。铅在自然界分布很广，植物可通过根部吸收土壤中溶解状态的铅。很多和食品接触的器具中如瓷、搪瓷、马口铁等餐具容器的原料中含有铅。用含铅的材料、器具、管道等加工、储运食品，非食品用化工产品用作添加剂，均有可能造成铅污染。

铅在人体内有蓄积作用，超量将对人体健康造成危害。急性和慢性铅中毒均可引起肾病，慢性铅中毒可以引起渐进性肾小管萎缩、间质纤维化、肾功能障碍、肾小球过滤减少，最后导致肾衰竭。早期文献中有报告接触高浓度铅的女性，有不孕、易流产、胎儿异常等，男性则出现性功能减退、精子减少、精子异常等。铅可通过胎盘进入胎儿体内并产生危害已无疑问。

本测定方法主要依据 GB 5009.12 – 2010 食品安全国家标准 食品中铅的测定制定。

一、试剂

①硝酸：优级纯。

②磷酸二氢铵：优级纯。

③磷酸二氢铵溶液（20 g/L）：称取 2g 磷酸二氢铵试剂溶于 100 mL 水中。

④铅标准溶液（1 000 mg/L）。

⑤铅标准工作液（30 μg/L）：使用铅标准溶液用硝酸溶液（1 + 499）逐级稀释。

二、仪器

①石墨炉原子吸收分光光度计。

②微波消解仪。

③电热赶酸器。

④电子天平。

三、步骤

1. 样品消解

称取 1.0 g 左右制好的水产品样品置于微波消解聚四氟乙烯内罐中，加入 7.0 mL 浓硝酸，缓慢晃动消解罐，使样品和硝酸充分接触，放在室温下浸泡过夜，然后将消解罐装入外罐中并旋紧外罐，放入微波消解仪中进行程序升温消解，消解程序见表10.1，消解程序完成后等其自然冷却到温度低于50℃，取出整个消解罐缓慢拧动泄压钮，使罐内压力降至正常大气压，拧开外罐取出消解内罐，将消解罐内罐的盖子去掉，并将其放在赶酸器上在 120℃ 下赶酸至近干，切忌蒸干。取下冷却，加入 1 mL 硝酸溶液（1 + 1）并转移至 50 mL 容量瓶中，然后用去离子水多次冲洗消解罐并将洗液并入容量瓶中，定容至刻度，同程制备样品空白，待测。

表 10.1　微波消解条件

升温程序（℃）	设定压力（atm）	设定时间（min）	功率（W）
150	10	3	2 000
170	20	3	2 000
190	30	5	2 000

2. 样品测定

水产品中铅测定采用石墨炉原子吸收分光光度法，以使用德国耶拿 ZEEnit 700 原子吸收分光光度计测定为例，使用仪器自动稀释功能将标准工作液自动稀释成标准曲线各个标准点，测定各标准点吸光度，测定过程中使用自动添加功能，在进样同时添加 5 μL 磷酸二氢铵溶液（20 g/L）基体改进剂，绘制浓度 – 吸光度标准曲线，采用线性最小二乘法拟合，绘制的曲线拟合度不得低于 0.995。将待测样液经自动进样器注入石墨炉中进行测定，得出样液吸光度带入标准曲线中得出样液中待测组分浓度。仪器参数设定见表 10.2。

表 10.2　水产品铅测定仪器参数

	波长（nm）	石墨管类型	带宽（nm）	灯电流（mA）	背景校正	干燥（℃）	灰化（℃）	原子化温度（℃）	基体改进剂及浓度
铅	283.3	平台	0.8	3.0	2 – Field	75、90、120	1 000	1 800	$NH_4H_2PO_4$ 20g/L

四、计算

样品中铅含量（mg/kg）利用下式进行计算：

$$X = \frac{\rho \times V}{1\ 000 \times m} \times 100\%$$

式中：X——样品中铅含量，mg/kg；

ρ ——消解后样品中铅含量，μg/L；

V——样品定容体积，mL；

m——称样质量，g。

五、其他

两次测定结果之差不得超过算数平均值的 20%，方法最低检出限为 0.005 mg/kg。

六、限量

我国水产品中铅限量标准见表 10.3。

表 10.3　水产品中铅含量限量

标准号	标准名称	水产品名称	限量（mg/kg）
GB 2762－2005	食品中污染物限量	鱼	≤0.5
GB 19643－2005	藻类制品卫生标准	藻类制品	≤1.0
GB 5073－2006	无公害产品　水产品中有毒有害物质限量	鱼类	≤0.5
GB 5073－2006	无公害产品　水产品中有毒有害物质限量	甲壳类	≤0.5
GB 5073－2006	无公害产品　水产品中有毒有害物质限量	贝类	≤1.0
GB 5073－2006	无公害产品　水产品中有毒有害物质限量	头足类	≤1.0

第二节　水产品中镉的测定

镉是蓄积性的毒物，人体摄入很微量的镉就可能对肾脏造成危害。主要是会引起肾近曲小管上皮细胞的损害，临床症状出现高钙尿、蛋白尿、糖尿、氨基酸尿，最后导致负钙平衡，引起骨质疏松症。自 1988 年日本将"骨痛病"列为镉危害而引起的公害病之后，镉的安全摄入量问题引起世界各国的关注。

本测定方法主要依据 GB 5009.15－2014 食品安全国家标准　食品中镉的测定制定。

一、试剂

①硝酸：优级纯。

②磷酸二氢铵：优级纯。

③磷酸二氢铵溶液（20 g/L）：称取 2g 磷酸二氢铵试剂溶于 100 mL 水中。

④镉标准溶液（1 000 mg/L）。

⑤镉标准工作液（2 μg/L）：使用铅标准溶液用硝酸溶液（1＋499）逐级稀释。

二、仪器

①石墨炉原子吸收分光光度计。

②微波消解仪。

③电热赶酸器。

④电子天平。

三、步骤

1. 样品消解

称取 1.0 g 左右制好的水产品样品置于微波消解聚四氟乙烯内罐中，加入 7.0 mL 浓硝酸，缓慢晃动消解罐，使样品和硝酸充分接触，放在室温下浸泡过夜，然后将消解罐装入外罐中并旋紧外罐，放入微波消解仪中进行程序升温消解，消解程序见表 10.1。消解程序完成后等其自然冷却到温度低于 50℃，取出整个消解罐缓慢拧动泄压钮，使罐内压力降至正常大气压，拧开外罐取出消解内罐，将消解罐内罐的盖子去掉，并将其放在赶酸器上在 120℃下赶酸至近干，切忌蒸干。取下冷却，加入 1 mL 硝酸溶液（1＋1）并转移至 50 mL 容量瓶中，然后用去离子水多次冲洗消解管并将洗液并入容量瓶中，定容至刻度，同程制备样品空白，待测。

2. 样品测定

水产品中镉测定采用石墨炉原子吸收分光光度法，以使用德国耶拿 ZEEnit 700 原子吸收分光光度计测定为例，使用仪器自动稀释功能将标准工作液自动稀释成标准曲线各个标准点，测定各标准点吸光度，测定过程中使用自动添加功能，在进样同时添加 5 μL 磷酸二氢铵溶液（20 g/L）基体改进剂，绘制浓度 – 吸光度标准曲线，采用线性最小二乘法拟合，绘制的曲线拟合度不得低于 0.995。将待测样液经自动进样器注入石墨炉中进行测定，得出样液吸光度带入标准曲线中得出样液中待测组分浓度。仪器参数设定见表 10.4。

表 10.4　水产品镉测定仪器参数

	波长（nm）	石墨管类型	带宽（nm）	灯电流（mA）	背景校正	干燥（℃）	灰化（℃）	原子化温度（℃）	基体改进剂及浓度
镉	228.8	平台	0.8	3.0	3 – Field	75、90、120	800	1400	$NH_4H_2PO_4$ 20g/L

四、计算

样品中镉含量（mg/kg）利用下式进行计算：

$$X = \frac{\rho \times V}{1\,000 \times m} \times 100\%$$

式中：X——样品中镉含量，mg/kg；

ρ——消解后样品中镉含量，μg/L；

V——样品定容体积，mL；

m——称样质量，g。

五、其他

两次测定结果之差不得超过算数平均值的 20%，方法最低检出限为 0.001 mg/kg。

六、限量

我国水产品中镉限量标准见表 10.5：

表 10.5　水产品中镉限量标准

标准号	标准名称	水产品名称	限量（mg/kg）
GB 2762 – 2005	食品中污染物限量	鱼	≤0.1
GB 5073 – 2006	无公害产品 水产品中有毒有害物质限量	鱼类	≤0.1
GB 5073 – 2006	无公害产品 水产品中有毒有害物质限量	甲壳类	≤0.5
GB 5073 – 2006	无公害产品 水产品中有毒有害物质限量	贝类	≤1.0
GB 5073 – 2006	无公害产品 水产品中有毒有害物质限量	头足类	≤1.0

第三节　水产品中汞的测定

汞是化学元素，元素周期表第 80 位。汞常温下即可蒸发，汞蒸气和汞的化合物多有剧毒，汞在生物体内会形成有机化合物。汞及其化合物的毒性会因吸入或食入方式的不同，或量的不同而不同。对人体的损害以慢性神经毒性居多，水俣症即甲基汞中毒，也是对人体危害极为严重的汞中毒病症。

本测定方法主要依据 GB 5009.17 – 2014 食品中总汞及有机汞的测定制定。

一、试剂

①盐酸：优级纯。

②硝酸：优级纯。

③过氧化氢：优级纯。

④氢氧化钾（5 g/L）：称取 1.5 g 氢氧化钾溶于 300 mL 去离子水中。

⑤硝酸溶液（体积分数 5%）：移取 50 mL 优级纯硝酸置于 1 000 mL 容量瓶中并用去离子水定容至刻度。

⑥硼氢化钾还原剂：称取 6 g 硼氢化钾溶于 300 mL 氢氧化钾溶液（氢氧化钾浓度为 5 g/L）中。

⑦汞标准溶液（10 μg/mL）。

⑧汞标准中间工作液：（100 ng/mL）：使用汞标准溶液用硝酸溶液（1 + 9）逐级稀释。

⑨汞标准使用液（ 1 ng /mL、3 ng /mL、5 ng g/mL、8 ng /mL、10 ng /mL）：从汞标准中间工作液分别取 1.00 mL、3.00 mL、5.00 mL、8.00 mL、10.00 mL 用硝酸溶液（1 + 9）定容至 100 mL。

二、仪器

①原子荧光光度计。

②电子控温电热板。

③电子天平。

三、步骤

1. 样品消解

称取 0.5 g 左右水产品样品，置于聚四氟乙烯消解罐中，加 5.0 mL 硝酸、2.0 mL 过氧化氢，缓慢晃动消解罐使样品与试剂充分接触，盖好盖子室温放置过夜。然后将消解罐放入电子控温加热板中 56℃ 加热 3 ~ 5 h。冷却至室温，将消解液用硝酸溶液（体积比为 1 + 9）洗涤消解罐至 25 mL 比色管中，混匀，同时做试剂空白试验，待测。

2. 样品测定

水产品中汞的测定采用原子荧光分光光度法，以使用北京吉天 AFS – 830 原子分光光度计为例，将标准工作液以硝酸溶液（体积分数 5%）做载流液导入原子荧光分光光度计，同时导入硼氢化钾还原剂进行荧光强度测定，以线性最小二乘法绘制浓度 – 荧光强度曲线，标准曲线拟合度不得低于 0.995，待测样液在相同条件下测定其荧光强度，将待测样液荧光强度带入标准曲线得出样液总汞浓度。仪器参数设定见

表 10.6。

表 10.6　水产品汞测定仪器参数

	负高压 （V）	灯电流 （mA）	观测高度 （mm）	载气流量 （mL/min）	屏蔽气流量 （mL/min）	加热温度 （℃）
汞	250	25	8	400	1 000	200

四、计算

样品中汞含量（mg/kg）利用下式进行计算：

$$X = \frac{\rho \times V}{1\,000 \times m} \times 100\%$$

式中：X——样品中汞含量，mg/kg；

ρ——消解后样品中汞含量，μg/L；

V——样品定容体积，mL；

m——称样质量，g。

五、其他

两次测定结果之差不得超过算数平均值的 20%，方法最低检出限为 0.003 mg/kg。

第四节　水产品中砷的测定

砷在自然界分布很广，主要存在于天然染料、水体、土壤、食盐、水产品以及动植物体内，主要以硫化物形式存在，通过各种途径一旦进入人体后，可使人出现一些胃肠、神经及循环衰竭等中毒症状。值得注意的是，世界卫生组织国际癌症研究所已将砷及其化合物列为致癌物质，因此防止水及食品受砷污染对保障人民身体健康很有必要。

本测定方法主要依据 GB 5009.11 – 2014 食品中总砷及无机砷的测定制定。

一、试剂

①硝酸　优级纯。

②硫酸　优级纯。

③盐酸　优级纯。

④硫脲溶液（50 g/L）：称取 50 g 硫脲溶于 1 L 去离子水中。

⑤砷标准溶液（10 μg/mL）。

⑥砷标准中间工作液：（100 ng/mL）：使用砷标准溶液用去离子水逐级稀释。

⑦砷标准使用液（0、1 ng/mL、3 ng/mL、5 ng g/mL、8 ng/mL、10 ng/mL）：从砷标准中间工作液分别取 1.00 mL、3.00mL、5.00mL、8.00mL、10.00 mL，各加 50 mL 硫酸溶液（1 + 9）、10 mL 硫脲，再用去离子水定容至 100 mL。

二、仪器

①原子荧光光度计。

②电热板。
③电子天平。

三、步骤

1. 样品消解

称取水产品样品1.0 g左右置于100 mL硬质玻璃烧杯中同时加入三颗玻璃珠，加入20.0 mL硝酸、1.3 mL硫酸，缓慢摇动烧杯后室温放置过夜，将过夜后的盛放样品的烧杯放在电热板上170℃加热消解至消解液剩余约10 mL左右，取下冷却后向烧杯内补加15 mL去离子水，继续将烧杯放于电热板上于150℃消解至硫酸冒浓白烟。取下冷却，将剩余消解液转移至25 mL比色管中，用去离子水少量多次冲洗烧杯合并洗液于样液比色管中，向比色管中加入2.5 mL硫脲溶液（50 g/L），用水稀释至刻度，混匀待测。同时做试剂空白试验。

2. 样品测定

水产品中砷的测定采用原子荧光分光光度法，以使用北京吉天AFS－830原子分光光度计为例，将标准工作液以盐酸溶液（体积分数5%）做载流液导入原子荧光分光光度计，同时导入硼氢化钾还原剂进行荧光强度测定，以线性最小二乘法绘制浓度－荧光强度曲线，标准曲线拟合度不得低于0.995，待测样液在相同条件下测定其荧光强度，将待测样液荧光强度带入标准曲线得出样液中总砷浓度。再根据样品称样质量及定容体积算出样品中的砷含量。仪器参数设定见表10.7。

表10.7　水产品砷测定仪器参数

	负高压（V）	灯电流（mA）	观测高度（mm）	载气流量（mL/min）	屏蔽气流量（mL/min）	加热温度（℃）
砷	270	30	8	400	1 000	200

四、计算

样品中砷含量（mg/kg）利用下式进行计算：

$$X = \frac{\rho \times V}{1\ 000 \times m} \times 100\%$$

式中：X——样品中砷含量，mg/kg；

　　　ρ——消解后样品中砷含量，μg/L；

　　　V——样品定容体积，mL；

　　　m——称样质量，g。

五、其他

两次测定结果之差不得超过算数平均值的20%，方法最低检出限为0.010 mg/kg。

六、限量

我国对水产品中砷允许含量见表10.8。

表 10.8　我国对水产品中砷允许含量

标准代号	水产品名称	指标（以 As 计）（mg/kg）
GB 4810 – 1994	淡水鱼	≤0.5
GB 14939 – 1994	鱼罐头	≤0.5
NY 5073 – 2002	淡水鱼	≤0.5

第五节　水产品中无机砷的测定

在自然界中，砷多以无机砷化合物的形式存在于火成岩和沉积岩中。工业与矿产开发排放的含砷废水和废弃物及农业中使用的含砷杀虫剂、除草剂，也是砷来源之一。无机砷，是砷的一种存在方式，短时间大量进食会导致急性中毒，长期过量摄入会损害皮肤以及慢性肝脏病变。无机砷俗称"砒霜"，国际癌症研究机构于 1980 年将无机砷正式确认为人类致癌物。

本测定方法主要依据 GB 5009.11 – 2014 食品中总砷及无机砷的测定制定。

一、试剂

①硝酸：优级纯。

②无水乙酸钠：优级纯。

③磷酸二氢钠：优级纯。

④乙二胺四乙酸二钠：优级纯。

⑤硝酸钾：优级纯。

⑥正乙烷：色谱纯。

⑦无水乙醇：优级纯。

⑧氨水：优级纯。

⑨砷标准储备液：三价砷标准储备溶液 100 mg/L；五价砷标准储备溶液 100 mg/L。

⑩无机砷混合标准中间工作液：（1 mg/L）：使用砷标准溶液用去离子水逐级稀释。

⑪无机砷混合标准使用液（0、2.5 ng/mL、5 ng/mL、10 ng g/mL、50ng/mL、100 ng/mL）：从无机砷混合标准中间工作液分别取 0、0.025 mL、0.050 mL、0.10 mL、0.50 mL、1.00 mL，用去离子水定容至 100 mL。

二、仪器

①液相色谱串电感耦合等离子体质谱联用仪。

②恒温干燥箱。

③电子天平。

④高速离心机。

三、步骤

1. 样品消解

称取试样 1.0 g（试样应先打成匀浆）于 50 mL 塑料离心管中，加20 mL 0.15 mol/L 硝酸溶液，放置过夜，于90℃恒温箱中热浸2.5 h，每0.5 h振摇1 min。提取完取出冷却至室温，8 000 r/min离心15 min。取5 mL上清液置于离心管中，加入5 mL正乙烷，振摇后8 000 r/min离心15 min，弃去上层正乙烷。重复此过程一次。取下层液，过0.45 μm有机滤膜及C_{18}小柱净化后进样。同时制作空白样品。

2. 样品测定

水产品中无机砷的测定采用液相色谱串联电感耦合等离子体质谱联用仪法，用调谐液调整仪器各项指标。将标准系列溶液注入仪器中，得到色谱图，以保留时间定性，以标准系列溶液中化合物的浓度为横坐标，色谱峰面积为纵坐标，绘制标准曲线，曲线拟合度不得小于0.995。然后将同样体积的样品溶液注入仪器中，得到色谱图，以保留时间定性，根据标准曲线得到试样溶液中三价砷与五价砷的含量，此两种含量之和为总无机砷含量。仪器参数设定见表10.9。

表10.9 水产品无机砷测定仪器参数

	色谱柱	进样量（μL）	RF入射功率（W）	载气流速（L/min）	补偿气流速（L/min）	加热温度（℃）	检测质量数
砷	长250 mm，内径4 mm阴离子交换色谱柱或等效柱	50	1 550	0.85	0.15	200	m/z=75（As） m/z=35（Cl）

四、计算

样品中单个无机砷含量（mg/kg）利用下式进行计算：

$$X = \frac{\rho \times V}{1\ 000 \times m} \times 100\%$$

式中：X——样品中无机砷含量，mg/kg；

ρ ——消解后样品中三价砷和五价砷浓度之和，μg/L；

V——样品定容体积，mL；

m——称样质量，g。

五、其他

两次测定结果之差不得超过算数平均值的20%，方法最低检出限为0.02 mg/kg。

六、限量

我国海产水产品中无机砷限量见表10.10。

表10.10 海产食品中无机砷的允许含量

标准代号	水产品名称	限量（mg/kg）
GB 4810－1994	海鱼类（鲜重计）	≤0.5
	贝类（鲜重计）	≤1.0
	藻类（干重计）	≤2.0
	甲壳类（鲜重计）	≤1.0

标准代号	水产品名称	限量（mg/kg）
GB 4810 – 1994	甲壳类干制品（干重计）	≤2.0
	其他海产品（鲜重计）	≤1.0
NY 5073 – 2002	贝类、甲壳类、其他海产品	≤1.0
	海水鱼	≤0.5

第六节　水产品中铜的测定

铜是植物生长的必需元素，在叶绿素合成中起重要作用。水产品中的铜主要来源于水体污染，由于工农业的不断发展，铜及其化合物广泛应用，如用于试剂、农药、木材防腐、船底涂料、媒染剂、触剂、瓷器、颜料、乳化剂、玻璃、陶器、电器、肥料等，大量含铜"三废"被排入水体，被水生生物吸收。铜也是人体的一种正常成分，成年人每天由食物摄取 2.5 ~ 5 mg 铜。铜进入消化道后，只有 20% ~ 30% 由胃肠膜吸收，大部分由粪便排出。人体缺铜时能发生缺铜性贫血。铜与氧化酶中的过氧化氢酶、过氧化物酶、细胞色素氧化酶等有关。其盐毒性大于铜，其中硫酸铜、乙酸铜毒性较大，误食可引起强烈的肠胃炎、腹痛、呕吐，腹泻等。

本测定方法主要依据 GB/T 5009.13 – 2003 食品中铜的测定制定。

一、试剂

①硝酸 优级纯。

②铜标准溶液（1 000 mg/L）。

③硝酸溶液（1 + 499）：移取 1.00 mL 硝酸，向硝酸中加入 499 mL 去离子水。

④铜标准工作液：将铜标准溶液分别稀释成铜含量为 0.50 mg/L、1.00 mg/L、3.00 mg/L、5.00 mg/L、10.0 mg/L 的标准系列工作液。

二、仪器

①原子吸收分光光度计。

②微波消解仪。

③智能电热赶酸器。

④电子天平。

三、步骤

1. 样品消解

称取 1.0 g 左右制好的水产品样品置于微波消解聚四氟乙烯内罐中，加入 7.0 mL 浓硝酸，缓慢晃动消解罐，使样品和硝酸充分接触，放在室温下浸泡过夜，然后将消解罐装入外罐中并旋紧外罐，放入微波消解仪中进行程序升温消解，消解程序见表10.1。消解程序完成后等其自然冷却到温度低于 50℃，取出整个消解罐缓慢拧动泄压钮，使罐内压力降至正常大气压，拧开外罐取出消解内罐，将消解罐内罐的盖子去掉，并将其放在赶酸器上在 120℃下赶酸至近干。切忌蒸干。取下冷却，加入 1 mL 硝酸溶液（1 + 1）并转移至 50 mL 容量瓶中，然后用去离子水多次冲洗消解管并将洗液并入容量瓶中，定容至刻度，同时制备样品空白，待测。

2. 样品测定

水产品中铜的测定采用火焰原子吸收法，以使用美国热电 Solaar S4 型原子吸收分光光度计测定为例，将配置的标准工作液按照浓度从小到大的顺序依次吸喷入火焰原子化器测定其特征波长的吸光度，仪器参数设定见表 10.11，采用线性最小二乘法将测定的特定波长的吸光度与对应的浓度绘制浓度 – 吸光度标准曲线，标准曲线拟合度不得低于 0.995，然后将消解后的样品溶液按照相同的仪器测定参数依次吸喷入火焰原子化器测定其吸光度，将吸光度带入标准曲线得出样液中待测组分的含量，根据样品称样质量及定容体积算出样品中的待测物质含量。

表 10.11   水产品铜测定仪器参数

	波长（nm）	火焰类型	带宽（nm）	燃气流量（L/min）	灯电流（%）	背景校正	燃烧器高度（mm）
铜	324.8	空气 – 乙炔	0.5	1.1	75	D_2	7.0

四、计算

样品中铜含量（mg/kg）利用下式进行计算：

$$X = \frac{\rho \times V}{m} \times 100\%$$

式中：X——样品中铜含量，mg/kg；

ρ——消解后样品中铜含量，mg/L；

V——样品定容体积，mL；

m——称样质量，g。

五、其他

两次测定结果的绝对差值不超过算数平均值的 10%，方法最低检出限为 1.0 mg/kg。

六、限量

我国对水产品中铜的允许量见表 10.12。

表 10.12   水产品中铜限量标准

标准号	标准名称	水产品名称	限量（mg/kg）
GB 13106 – 1991	食品中铜限量卫生标准	水产类	≤50
GB 5073 – 2006	无公害产品 水产品中有毒有害物质限量	水产类	≤50

第七节   水产品中铬的测定

铬的毒性与其存在的价态有关，六价铬的毒性较强，为中等毒性物质，三价铬属于低毒物质。六价铬有很强的致突变作用，已确认为致癌物，对皮肤有刺激性，并能在体内蓄积。而三价铬经动物实验表明，仅有弱的蓄积作用，也不表现有致突变活性。食品中的铬同时有三价铬和六价铬存在，在一定条件下可以转化，铬虽是人体必需的微量元素，但六价铬对人体有危害应予以重视。

由于铬及其化合物广泛应用于化工、冶金、皮革、电镀等工业上，尤其用在制造坚韧优质钢及不锈钢。诸如此类工业"三废"的排放，用含铬废水养鱼，对农作物施用铬肥，以及用不锈钢钢器皿烹调食物都可以使食物污染铬，而有些生物特别是水生生物对铬有富集作用，使得水产品中铬含量的检测，逐渐成为全世界水产品消费所关注的重点。

本测定方法主要依据 GB 5009.123 - 2014 食品中铬的测定制定。

一、试剂

①硝酸：优级纯。

②硝酸镁：优级纯。

③硝酸镁溶液（5 g/L）：称取 0.5 g 硝酸镁溶于少量去离子水中，转移至 100 mL 容量瓶中并用去离子水定容至刻度。

④硝酸溶液（1 + 499）：移取 1.00 mL 硝酸，向硝酸中加入 499 mL 去离子水。

⑤铬标准溶液（1 000 mg/L）。

⑥铬标准工作液（50 μg/L）：将铬标准溶液用硝酸溶液（1 + 499）逐级稀释成 50 μg/L 铬标准工作液。

二、仪器

①原子吸收分光光度计。

②微波消解仪。

③电热赶酸器。

④电子天平。

三、步骤

1. 样品消解

称取 1.0 g 左右制好的水产品样品置于微波消解聚四氟乙烯内罐中，加入 7.0 mL 浓硝酸，缓慢晃动消解罐，使样品和硝酸充分接触，放在室温下浸泡过夜，然后将消解罐装入外罐中并旋紧外罐，放入微波消解仪中进行程序升温消解，消解程序见表 10.1。消解程序完成后等其自然冷却到温度低于 50℃，取出整个消解罐缓慢拧动泄压钮，使罐内压力降至正常大气压，拧开外罐取出消解内罐，将消解罐内罐的盖子去掉，并将其放在赶酸器上在 120℃ 下赶酸至近干，切忌蒸干。取下冷却，用去离子水多次冲洗消解管并将洗液转移至 50 mL 容量瓶中，定容至刻度，同时制备样品空白，待测。

2. 样品测定

水产品中铬的测定采用石墨炉原子吸收分光光度法，以使用德国耶拿 ZEEnit 700 原子吸收分光光度计测定为例，使用仪器自动稀释功能将标准工作液自动稀释成标准曲线各个标准点，测定各标准点吸光度，测定过程中使用自动添加功能，在进样同时添加 5 μL 硝酸镁溶液（5 g/L）基体改进剂，绘制浓度 -

吸光度标准曲线，采用线性最小二乘法拟合，绘制的曲线拟合度不得低于0.995。将待测样液经自动进样器注入石墨炉中进行测定，得出样液吸光度带入标准曲线中得出样液中待测组分浓度，再根据样品称样质量及定容体积算出样品中的铬含量。仪器参数设定见表10.13。

表10.13 水产品铬测定仪器参数

	波长（nm）	石墨管类型	带宽（nm）	灯电流（mA）	背景校正	干燥（℃）	灰化（℃）	原子化温度（℃）	基体改进剂及浓度（g/L）
铬	357.9	平台	0.8	4.0	3－Field	90、105、120	1 350	2 200	Mg（NO_3）$_2$ 5g/L

四、计算

样品中铬含量（mg/kg）利用下式进行计算：

$$X = \frac{\rho \times V}{1\ 000 \times m} \times 100\%$$

式中：X——样品中铬含量，mg/kg；

ρ——消解后样品中铬含量，μg/L；

V——样品定容体积，mL；

m——称样质量，g。

五、其他

两次测定结果的差值不超过算数平均值的20%，方法最低检出限为0.01 mg/kg。

六、限量

我国制定的食品中铬的允许量见表10.14。

表10.14 食品中铬限量

标准代号	水产品名称	限量值（mg/kg）
GB 14961－1994	鱼贝类	2.0
NY 5073－2002	鱼贝类	2.0

第八节　水产品中锌的测定

锌及其化合物广泛用于黄铜、电池、电镀，颜料、丙烯纤维、人造纤维、赛璐珞、橡胶等工业，因此，工业"三废"中含有不同程度的锌及锌化合物，都会对环境造成污染，对植物、生物以及人体健康造成危害。锌元素是人体必需的微量元素，人体缺锌会对健康造成影响，特别是儿童，缺锌会影响生长发育。1986年卫生部已批准锌可作为营养强化剂使用。但由于锌和钙、磷、铁等物质容易形成拮抗，过多的摄入锌会影响钙、磷、铁等物质的吸收，导致慢性中毒。研究表明，锌有很强的致畸胎作用。因此，人对锌元素的补或摄入应合理评价、综合全面考虑。

本测定方法主要依据GB/T 5009.14－2003食品中锌的测定制定。

一、试剂

①硝酸：优级纯。

②硝酸溶液（1+499）：量取 1.00 mL 硝酸并向其中注入 499 mL 去离子水。

③锌标准溶液（1 000 mg/L）。

④锌标准工作液：将锌标准溶液用硝酸溶液（1+499）逐级稀释成锌含量为 0.05 mg/L、0.10 mg/L、0.30 mg/L、0.50 mg/L、0.70 mg/L 的标准工作液。

二、仪器

①原子吸收分光光度计。

②微波消解仪。

③电子天平。

三、步骤

1. 样品消解

称取 1.0 g 左右制好的水产品样品置于微波消解聚四氟乙烯内罐中，加入 7.0 mL 浓硝酸，缓慢晃动消解罐，使样品和硝酸充分接触，放在室温下浸泡过夜，然后将消解罐装入外罐中并旋紧外罐，放入微波消解仪中进行程序升温消解，消解程序见表 10.1。消解程序完成后等其自然冷却到温度低于 50℃，取出整个消解罐缓慢拧动泄压钮，使罐内压力降至正常大气压，拧开外罐取出消解内罐，将消解罐内的罐盖子去掉，并将其放在赶酸器上在 120℃下赶酸至近干，切忌蒸干。取下冷却，加入 1 mL 硝酸溶液（1+1）并转移至 50 mL 容量瓶中，然后用去离子水多次冲洗消解管并将洗液并入容量瓶中，定容至刻度，同程制备样品空白，待测。

2. 样品测定

水产品中锌的测定采用火焰原子吸收法，以使用美国热电 Solaar S4 型原子吸收分光光度计测定为例，将配置的标准工作液按照浓度从小到大的顺序依次吸喷入火焰原子化器测定其特征波长的吸光度，仪器参数设定见表 10.15，采用线性最小二乘法将测定的特定波长的吸光度与对应的浓度绘制浓度－吸光度标准曲线，标准曲线拟合度不得低于 0.995，然后将消解后的样品溶液按照相同的仪器测定参数依次吸喷入火焰原子化器测定其吸光度，将吸光度带入标准曲线得出样液中待测组分的含量，根据样品称样质量及定容体积算出样品中的待测物质含量。

表 10.15　水产品锌测定仪器参数

	波长（nm）	火焰类型	带宽（nm）	燃气流量（L/min）	灯电流（%）	背景校正	燃烧器高度（mm）
锌	213.9	空气－乙炔	0.5	1.1	80	D_2	7.0

四、计算

样品中锌含量（mg/kg）利用下式进行计算：

$$X = \frac{\rho \times V}{m} \times 100\%$$

式中：X——样品中锌含量，mg/kg；

ρ——消解后样品中锌含量，mg/L；

V——样品定容体积，mL；

m——称样质量，g。

五、其他

两次测定结果的差值不超过算数平均值的 10%，方法最低检出限为 0.4 mg/kg。

第十一章　水产品中生物毒素检验

第一节　麻痹性贝类毒素检验

本书以麻痹性贝类毒素的测定（SC/T 3023 – 2004）为例介绍麻痹性贝毒的检测。

一、生物法

1. 原理

根据小鼠注射贝类抽取液后的死亡时间，查出鼠单位，并按小鼠体重，校正鼠单位，计算确定每 100 g 贝肉内的 PSP 的含量。所测定结果代表存在于贝肉内各种化学结构的麻痹性贝类毒素的总量。

2. 试剂

①盐酸溶液：0.1 mol/L。
②盐酸溶液：5 mol/L。
③氢氧化钠溶液：0.1 mol/L。
④麻痹性贝类毒素（Saxitoxin）标准溶液：100 μg/mL，经酸化，含有 20% 的乙醇作为保护剂，冷藏保存，无限期稳定。

3. 仪器和设备

①均质器。
②天平（感量 0.1 g）。
③离心机。
④pH 计。
⑤秒表。
⑥玻璃皿：烧杯、量筒、容量瓶、搅拌棒等。
⑦注射器：1 mL。
⑧注射器针头：8#。
⑨小鼠：体重为 19～21 g 的健康 ICR 系雄性小鼠，若体重 <19 g 或 >21 g，查表的校正系数便可得到实际的死亡时间，体重 >23 g 或已用过的小鼠则不能使用。

4. ICR 系小鼠毒性单位的确定

（1）PSP 工作标准溶液
用移液管取 100 μg/mL Saxitoxin 标准液 1 mL 于 100 mL 容量瓶中，加入用盐酸酸化至 pH 值为 3 的蒸馏水并定容。该液为 1 μg/mL Saxitoxin 标准液，pH 值在 2.0～4.0。在 3～4℃ 条件下能稳定数周。

（2）测定用标准溶液

分别用 10 mL，15 mL，20 mL，25 mL 和 30 mL 水稀释 10 mL 浓度为 1 μg/mL 的 Saxitoxin 标准液，稀释液的 pH 值应为 2～4。

（3）中值死亡时间的标准液选择

①将测定用标准液的各浓度的标准稀释液各 1 mL 腹腔注射小鼠数只，选择中值死亡时间为 5～7 min 的浓度。如某浓度稀释液已达到要求，还需以 1 mL 水的增减量进行补充稀释试验。

例如：用 25 mL 水稀释的 10 mL 标准液在 5～7 min 杀死小鼠，还需进行 24 mL + 10 mL 和 26 mL + 10 mL 的稀释度的试验。

②先将小鼠称重（精确到 0.5 g），以 10 个小鼠为一组。用中值死亡时间在 5～7 min 内的各种浓度的标准稀释液两份（最好是三份）注射小鼠，测定并记录每只小鼠腹腔注射完毕至停止呼吸的所需死亡时间。

③记录注射完毕至死亡时间的最短间隔为 5 s，即 7 s 记为 5 s，8 s 记为 10 s（表 11.1）。

表 11.1　麻痹性贝类毒素死亡时间 - 鼠单位的关系

时间	鼠单位（MU）	时间	鼠单位（MU）	时间	鼠单位（MU）
1′00″					
1′10″					
1′15″					
1′20″					
1′25″					

（4）毒素转换系数（CF）的计算

①小鼠中值死亡时间的选择

若注射某浓度标准稀释液的 10 只小鼠中值死亡时间 < 5 min 或 > 7 min 则弃去该组结果；若注射另一浓度标准稀释液的 10 只小鼠中值死亡时间在 5～7 min，即使个别小鼠死亡时间 < 5 min 或 > 7 min，也应使用该组的数据。但是若注射某浓度标准稀释液后，10 只小鼠中有 3 只以上存活，则要另取 10 只小鼠进行重复试验。

②校正鼠单位（A）：根据注射毒素后中值死亡时间为 5～7 min 的 10 只小鼠的个别死亡时间，分别查出鼠单位（M），再由表 11.2 查出小鼠的重量校正因子（k），每毫升标准稀释液的校正鼠单位（A）按以下公式计算：

$$A = k \cdot M$$

式中：A——校正鼠单位，MU；

　　　k——小鼠的重量校正因子；

　　　M——鼠单位，MU

表 11.2　小鼠体重校正表

小鼠体重（g）	小鼠的体重校正因子（k）	小鼠体重（g）	小鼠的体重校正因子（k）
10	0.50	17	0.88
10.5	0.53	17.5	0.905
11	0.56	18	0.93
11.5	0.59	18.5	0.95
12	0.62	19	0.97
12.5	0.65	19.5	0.985
13	0.675	20	1.000
13.5	0.70	20.5	1.015
14	0.73	21	1.03
14.5	0.76	21.5	1.04
15	0.785	22	1.05
15.5	0.81	22.5	1.06
16	0.84	3	1.07
16.5	0.86		

③毒素转换系数（F）：毒素转换系数按下式进行计算：

$$F = c/A$$

式中：F——毒素转换系数；

　　　c——每毫升实际毒素含量，$\mu g/mL$；

　　　A——校正鼠单位，MU

④计算每组 10 只小鼠的平均毒素转换系数值（$\overline{F}$），再计算各组间的平均毒素转换系数值（$\overline{\overline{F}}$），并以此为标准做常规检测。

（5）毒素转换系数（F）值的定期检查

①如 PSP 检测间隔时间较长，每次测定时要用适当的标准稀释液注射 5 只小鼠，重新测定 $\overline{F}$ 值。如果一周有几次检测，则用中值死亡时间 5～7 min 的标准稀释液每周检查一次，测得的 $\overline{F}$ 值应在原测定 $\overline{F}$ 值的 ±20% 范围内。

②若结果不符，用同样的标准稀释液另外注射 5 只小鼠，综合先前注射的 5 只小鼠结果，算出 $\overline{F}$ 值。并用同样的标准稀释液注射第二组 10 只小鼠，将第二组求出的 $\overline{F}$ 值和第一组的 $\overline{F}$ 值进行平均，即为一个新的 $\overline{F}$ 值。

③重复检查的 $\overline{F}$ 值通常在原结果的 ±20% 之内，若经常发现有较大偏差，在进行常规检测前应调查该方法中是否存在未控制或未意识到的可变因素。

5. 样品的测定

（1）检样的制备

①牡蛎、蛤及贻贝：用清水彻底洗净贝类外壳，切断闭壳肌，开壳，用清水淋洗内部去除泥沙及其他外来杂质，仔细取出贝肉，切勿割破肉体。收集贝肉沥水 5 min（避免贝肉堆积），捡出碎壳等杂物，将贝肉均质。开壳前不能加热或用麻醉剂。

②扇贝：取可食部分（闭壳肌）用作检测。沥干及均质过程同上述的规定。

③贝类罐头：将罐内所有内容物（包括贝肉组织及汁液）于均质器中均质。大容量的罐头，则过滤分离贝肉及汁液，分别称重，将固形物和汤汁按比例混合，充分均质。

④冷冻贝类：在室温下，使冷冻的样品（带壳或脱壳的）呈半冷冻状态，按上述规定的方法清洗、开壳、淋洗、取肉、均质。

（2）提取

①取 100 g 制备的样品于 800 mL 烧杯中，加 0.1 mol/L 盐酸溶液 100 mL 充分搅拌，检查 pH 值（pH 值应为 2.0~4.0）。需要时，可逐滴加入 5 mol/L HCl 溶液或 0.1 mol/L NaOI 溶液调整 pH 值，加碱时速度要慢，同时需不断搅拌，防止局部碱化破坏毒素。

②将混合物加热，并徐徐煮沸 5 min，冷却至室温，调节 pH 值至 2.0~4.0（切勿 >4.5）。将混合物移至量筒中并稀释至 200 mL。

③将混合物倒回烧杯，搅拌至匀质状，使其沉降至上清液呈半透明状，不堵塞注射针头即可，必要时将混合物或上清液以 3 000 r/min 离心 5 min，或用滤纸过滤。保留进行小鼠注射用的足量液体。

（3）小鼠试验

①以感量为 0.1 g 的天平将小鼠称重并记录重量。每个样品注射 3 只小鼠。

②对每只试验小鼠腹腔注射 1 mL 提取液。注射时若有一滴以上提取液溢出，须将该只小鼠丢弃，并重新注射一只小鼠。

③记录注射完毕时间，仔细观察并用秒表记录小鼠停止呼吸时的死亡时间（到小鼠呼出最后一口气止）。

④若注射样品原液后，1 只或 2 只小鼠的死亡时间大于 7 min，则需再注射至少 3 只小鼠以确定样品的毒力。

⑤若小鼠的死亡时间小于 5 min，则要稀释样品提取液后，再注射另一组小鼠（3 只），得到 5~7 min 的死亡时间；稀释提取液时，要逐滴加入 0.1 mol/L 或 0.01 mol/HCl 溶液，调节 pH 值至 2.0~4.0。

6. 结果的计算与判断

（1）毒力的计算

①根据小鼠的死亡时间，在表 11.1 中查出相应的每毫升注射液的鼠单位数 M，将存活鼠的死亡时间视为大于 60 min 即相当于 <0.875 MU。

②若试验动物重量 <19 g 或 >21 g，则根据表 11.2 查出重量校正系数 k。

③样品中 PSP 的含量按下式计算。

$$X = \frac{\sum_i k_i M_i}{i} \times D \times 200$$

式中：X——样品中 PSP 含量，MU/100 g；

k_i——每只小鼠的重量校正系数；

M_i——每只小鼠的鼠单位数，MU；

D——样品提取液的稀释倍数；

200——样品量，g。

（3）毒力单位转换

样品中的毒力单位按下式计算

$$F \times 80\mu g/100g = 400MU/100g$$

式中：F——毒素转换系数；

　　　$80\mu g/100g$——样品中 PSP 限量，$\mu g/100g$；

　　　$400MU/100\ g$——样品中 PSP 限量，$MU/100\ g$。

三、酶联免疫法

1. 原理

检测的基础是抗原抗体反应，微孔板包被有针对麻痹性贝类毒素抗体的捕捉抗体。加入标准品、样品溶液和麻痹性贝类毒素酶连接物。游离的麻痹性贝类毒素与麻痹性贝类毒素酶连接物竞争麻痹性贝类毒素抗体（竞争性酶联免疫法）。没有结合的麻痹性贝类毒素酶连接物在洗涤步骤中被除去。将底物/发色剂加入到孔中并且孵育。结合的酶连接物将无色的发色剂转化为蓝色的产物。加入反应终止液后使颜色由蓝色转变为黄色。在 450 nm 测量。吸光度值与样品中的麻痹性贝类毒素浓度成反比。

2. 试剂

除标明外，其他均为分析纯及其更高纯度，试验用水符合一级水标准。

①0.1 mol 盐酸；

②麻痹性贝类毒素酶联免疫定量测定试剂盒。

3. 仪器

①微孔板酶标仪（450 nm）；

②离心机；

③磁力搅拌器；

④均质器；

⑤50 μL、100 μL 、1 000 μL 微量移液器；

⑥多道移液器。

4. 分析步骤

（1）样品处理

样品应当保存在阴凉避光之处或冷藏保存。

取 10 g 均质后的样品加入 10 mL 的 0.1 mol 盐酸，煮沸并搅拌 5 min，4℃ 3 500 g 离心 10 分钟，用 5 mol/L盐酸调节 pH 值至 4.0 以下，取 100 μL 上清液，用样品稀释缓冲液（1:10）稀释（1 + 9）；取 50 μL 进行检测。高浓度的样品应进一步稀释。

（2）测定

控制室温 20 ~ 25℃，将足够标准品和样品检测所需数量的孔条插入微孔板架，均做两个平行实验，记录下标准品和样品的位置。将 50 μL 标准品及处理好的样品溶液加到相应的微孔中。加入 50 μL 稀释的酶连接物，再加入 50 μL 稀释的抗体溶液，用手将轻敲微孔板进行溶液混合，在室温（2 ~ 25℃）下孵育 15 min。倒出孔中的液体，将微孔板架倒置在吸水纸上拍打（每轮拍打 3 次）以保证完全除去孔中的液体。加入 250 μL 蒸馏水，再次倒掉微孔中液体。上述操作重复进行两遍。向每一个微孔中加入 100 μL 底物/发色剂，充分混合并在室温 20～25℃ 条件下暗处孵育 15 min。向每一个微孔中加入 100 μL 反应终止液，充分混合。在加入反应终止液后 10 min 内于 450 nm 处测量吸光度值。

5. 结果计算

（1）计算相对吸光度值

计算每个麻痹性贝类毒素标准液和样液的平均吸光度值，按下式计算出麻痹性贝类毒素标准液和样液的相对吸光度值：

$$R_i = \frac{A_i}{A_0} \times 100$$

式中：R_i——相对吸光度值，%；

$\quad A_0$——空白标准的吸光度值；

$\quad A_i$——标准液和样液的平均吸光度值。

（2）绘制校正曲线

以计算的标准溶液相对吸光度值为纵坐标，以麻痹性贝类毒素浓度的对数为横坐标，绘制出麻痹性贝类毒素麻痹性贝类毒素标准液相对吸光度值与麻痹性贝类毒素浓度的校正曲线，校正曲线在 0.25 μg/100 g～4.00 μg/100 g，范围内应当成为线性，相对应每个样品的麻痹性贝类毒素浓度可以从校正曲线上读出。每次试验均应重新绘制校正曲线。

（3）结果计算

在绘制的校正曲线上读出每个样品的麻痹性贝类毒素浓度乘以相对应的稀释系数（20），即为试样中的麻痹性贝类毒素浓度值。

6. 说明

①检出限：5 μg/100 g。

②回收率：（90±12）%。

三、液相色谱法

1. 原理

采用高效液相色谱法（HPLC）——柱前衍生法对麻痹性贝类毒素（PSP）进行定性分析。采用盐提取。高碘酸或过氧化氢衍生化，以石房蛤毒素（STX）；新石房蛤毒素（Neo）；膝沟藻毒素 1.4（GTX1，4）；膝沟藻毒素 2，3（GTX2，3）作为标准品，液相色谱荧光检测分析，外标法定量。

2. 试剂

①甲酸铵：分析纯。

②乙腈：色谱纯。

③水：符合一级标准。

④冰乙酸，分析纯 0.1 mol/L。

⑤标准物质：石房蛤毒素（STX）；新石房蛤毒素（Neo）；膝沟藻毒素 1.4（GTX1，4）；膝沟藻毒素 2，3（GTX2，3）。

标准物质储备液：用 0.1 mol/L 醋酸将 STX 和 Neo 稀释至 5.60 ng/μL、GTX2，3 稀释至 5.96 ng/μL、

GTX1，4稀释至4.24 ng/μL，保存在4℃冰箱内。

标准溶液：分别取80 μLSTX、Neo、GTX2，3和200 μLGTX1，4标准储备液，混合均匀，并用水稀释至4 mL。

⑥氢氧化钠：分析纯，0.2 mol/L。

⑦高碘酸衍生化试剂：取下列试剂按V高碘酸：V甲酸铵：V磷酸氢二钠＝1∶1∶1配制，加入0.2 mol/L氢氧化钠溶液调整pH值至8.2。

高碘酸：分析纯，0.03 mol/L。

甲酸铵：分析纯，0.3 mol/L。

磷酸氢二钠：分析纯，0.3 mol/L。

盐酸：分析纯，0.1 mol/L。

滤膜：0.45 μm，直径37 mm。

3. 仪器

①高效液相色谱仪：配有荧光检测器和二元梯度泵。

②微量注射器：规格100 uL。

③恒温水浴。

④天平：感量0.01 g。

⑤离心机：3 000 r/min。

⑥pH计。

⑦秒表。

⑧均质器。

⑨振荡器。

⑩磁性搅拌器。

⑪玻璃器皿：烧杯、量筒、容量瓶、搅棒、50 mL离心管、1.5 mL离心管。

4. 检样的制备

（1）牡蛎、蛤及贻贝

用清水彻底洗净贝类外壳，用清水彻底洗净贝类外壳，开壳，用清水淋洗内部去除泥沙及其他外来杂质，仔细取出贝肉，切勿割破肉体。收集贝肉，沥水5 min，捡出碎壳等杂物，均质处理。

（2）扇贝

取可食（闭壳肌）部分做检测，其他过程同上。

（3）贝类罐头

将罐内所有内容物（包括贝肉组织及汁液），与均质器中均质，如果是大容量的罐头，则以筛网过滤分离贝肉及汁液，分别称重，将固形物和汤汁按比例混合，充分均质。

（4）冷冻贝类

在室温下，使冷冻的样品（带壳的或脱壳的），呈半冷冻状态，按上述方法处理。

5. 检样的处理

①取经制备的检样5～10 g，加入0.1 mol/L盐酸溶液5～10 mL，充分混匀后，恒温水浴加热搅拌煮

沸 5 min，快速冷却至室温。

②将混合物离心 5 min（3 000 r/min），上清液移至量筒，稀释至 5 ~ 10 mL。

6. 样品的衍生

高碘酸衍生：在 1.5 mL 离心管中加入标准溶液 100 μL 或按经制备的样品 100 μL，高碘酸衍生化试剂 500 μL，充分混合后，反应 1 min，加入 5 μL 冰乙酸混合反应 10 min。

7. 色谱条件

（1）流动相

①流动相 A：6.3 g 甲酸铵溶解于 1 L 水中，使用 0.1 mol/L 冰乙酸调 pH 值至 6.0。

②流动相 B：6.3 g 甲酸铵溶解于 950 mL 水中，加入 50 mL 乙腈，使用 0.1 mol/L 冰乙酸调 pH 值至 6.0。

（2）柱温

室温。

（3）检测波长

激发波长：340 nm；发射波长：395 nm。

（4）进样量 50 μL

（5）梯度洗脱见表 11.3

表 11.3　梯度洗脱

时间/min	流速（mL/min）	流动相 A	流动相 B
0	2.0	100	0
2.0	2.0	80	20
7.5	2.0	20	80
11.0	2.0	100	0
15.0	2.0	100	0

8. 结果计算

按下式计算样品中 PSP 各组分的含量，以 μg/100g 表示

$$X_i = \{(A_i \times cs \times V3 \times V2)/(As \times m \times V1)\} \times 100 \times T_i$$

式中：X_i——试样中 i 组分含量，μg/100g；

Ai——样液中某一麻痹性贝类毒素组分峰面积；

As——标准液中某一麻痹性贝类毒素组分峰面积；

cs——标准溶液中某一麻痹性贝类毒素组分浓度；

m——称取的试样质量，g；

$V1$——衍生化时加入的样品量；

$V2$——衍生化后样品总体积；

$V3$——提取时加入盐酸的量。

9. 线性范围、检出限、回收率见表 11.4

表 11.4　线性范围、检出限、回收率

毒素名称	回收率（%）	变异系数（%）	线性范围（ng/mL）	检出限（μg/100g）
GTX1，4	98	4.2	20.4 ~ 1218	10.1
GTX2，3	74	9.3	3.1 ~ 868	1.6
Neo	76	7.1	37.8 ~ 1515	6.3
STX	82	6.4	8.5 ~ 1356	4.2

注：本方法精密度相对标准偏差≤10%。

10. 色谱图见附图 11.1

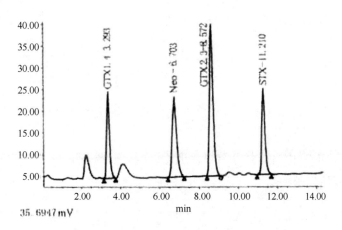

图 11.1　麻痹性贝类毒素流程色谱图

第二节　腹泻性贝类毒素检验

本书以腹泻性贝类毒素的测定（SC/T 3024 – 2004）为例介绍腹泻性贝毒的检测。

一、生物法

1. 原理

用丙酮提取贝类中毒素，再转移至乙醚中，经减压浓缩蒸干后，再以 1% 吐温 – 60 生理盐水溶解残留物，注射小鼠，观察存活情况，计算其毒力。

2. 试剂

①丙酮（分析纯）。

②乙醚（分析纯）。

③1% 吐温 – 60 生理盐水：称取 1.0 g 吐温 – 60，溶于生理盐水（0.8% NaCl）中，并定容至 100.0 mL。

3. 仪器

①旋转蒸发器。

②均质器。

③磨口烧瓶：圆底 500 mL，100 mL。

④天平（感量 0.1 g）。

⑤布氏漏斗：φ100 mm。

⑥分液漏斗：具塞 500 mL。

⑦刻度试管：10 mL，具塞。

⑧冰箱：0～5℃和 -15～-20℃。

⑨注射器：1 mL。

⑩注射器针头：8#。

⑪小鼠：体重为 16～20 g 的健康 ICR 系雄性小鼠。

4. 检样的制备

（1）生鲜带壳的贝类

①用清水彻底洗净贝类外壳，开壳，用清水淋洗内部去除泥沙及其他外来杂质，仔细取出贝肉，切勿割破肉体。

②收集贝肉，沥水 5 min，捡出碎壳等杂物，迅速冷冻，贮藏备用。

③注意不要破坏闭壳肌以外的组织，尤其是中肠腺（又称消化盲囊，组织呈暗绿色或褐绿色）。开壳前不能加热或用麻醉剂。

（2）冷冻贝类

在室温下，使冷冻的样品（带壳或去壳的）呈半冷冻状态，按上述方法清洗、开壳、淋洗、取肉。

（3）取样

①可以切取中肠腺的贝类（扇贝、贻贝、牡蛎等），称取 200 g 贝肉后，仔细切取全部中肠腺，将中肠腺称重后细切混合作为检样，注意不要使中肠内容物污染案板。

②对于尚未确定部位毒性的贝类及不易切取中肠腺的小型贝肉，可将全部贝肉细切、混合，作为检样。

③为避免毒素的危害，应戴手套进行检验操作，移液管等用过的器材应在 5% 的次氯酸钠溶液中浸泡 1 h 以上，以使毒素分解；废弃的提取液等也应用 5% 的次氯酸钠溶液处理。

5. 提取

①取处理的中肠腺，或处理的 200 g 贝肉置于均质杯内，均质 2 min。

②加 3 倍量丙酮，与样品充分搅拌均匀后，用布氏漏斗抽滤并收集提取液。对残渣以检样两倍量丙酮再次抽滤两次，合并抽滤液。

③将抽提液移入 500 mL 的磨口烧瓶中，减压浓缩（旋转蒸发器，56℃）去除丙酮，直至在液体表面分离出油状物。

④将浓缩液移入分液漏斗内，以 100～200 mL 乙醚和少量的水洗下黏壁部分，轻轻振荡（不能生成乳浊液），静置分层后，去除水层（下层），用相当乙醚半量的蒸馏水洗乙醚层两次，再将乙醚层移入 250

mL 的磨口烧瓶中，减压浓缩（旋转蒸发器，35℃）去除乙醚。

⑤以少量乙醚将浓缩物移入 100 mL 磨口烧瓶中，再次减压浓缩去除乙醚。

⑥以 1% 吐温 - 60 生理盐水将全部浓缩物在刻度试管中稀释到 10 mL。此时 1 mL 试液相当于 20 g 去壳贝肉的重量，以此悬浮液作为试验原液。

⑦以试验原液注射小鼠，24 h 内 3 只均死亡时，需将试验原液进一步稀释，再注射小鼠。稀释前，应先振荡使溶液成均匀悬浮液，再取部分试液以 1% 吐温 - 60 生理盐水稀释。

6. 小鼠实验

①以振荡器使试液或其稀释液成为均匀的悬浮液。

②将每只小鼠称重，每三只小鼠为一组，分别将 1 mL 试液注射到小鼠腹腔中。

③同时，另取三只小鼠作为对照组，注射 1 mL1% 吐温 - 60 生理盐水于腹腔中。

④观察自注射开始到 24 h 后的小鼠存活情况，求出一组三只中死亡两只及两只以上的最小注射量。

⑤小鼠注射腹泻性贝毒后的症状为运动不活泼，大多呼吸异常，致死时间长。

7. 结果计算和表述

（1）毒力的计算

使体重 16~20 g 的小鼠在 24 h 死亡的毒力为 1 个小鼠单位（MU）。

样品中 DSP 毒力的计算，按表 11.5 选择 24 h 内死亡两只及两只以上鼠的最小注射量及最大稀释倍数进行计算。

（2）注射量与毒力的关系见表 11.5

表 11.5　注射量与毒力的关系

实验液	注射量（mL）	检样量（g）	毒力（MU/g）
原液	1.0	20	0.05
原液	0.5	10	0.1
2 倍稀释液	1.0	10	0.1
2 倍稀释液	0.5	5	0.2
4 倍稀释液	1.0	5	0.2
4 倍稀释液	0.5	2.5	0.4
8 倍稀释液	1.0	2.5	0.4
8 倍稀释液	0.5	1.25	0.8
16 倍稀释液	1.0	1.25	0.8
16 倍稀释液	0.5	0.625	1.6

注：以中肠腺为检样时，相当于含有中肠腺的去壳贝肉量。

二、酶联免疫法

1. 原理

检测的基础是抗原抗体反应，微孔板包被有针对腹泻性贝类毒素抗体的捕捉抗体。加入标准品、样品溶液和腹泻性贝类毒素酶连接物。游离的腹泻性贝类毒素与腹泻性贝类毒素酶连接物竞争腹泻性贝类毒素抗体（竞争性酶联免疫法）。没有结合的腹泻性贝类毒素酶连接物在洗涤步骤中被除去，将底物/发色剂加入到孔中并且孵育；结合的酶连接物将无色的发色剂转化为蓝色的产物。加入反应终止液后使颜色由蓝色转变为黄色。在 450 nm 测量。吸光度值与样品中的腹泻性贝类毒素浓度成反比。

2. 试剂

除标明外，其他均为分析纯及其更高纯度，试验用水符合一级水标准。
①甲醇。
②腹泻性贝类毒素酶联免疫定量测定试剂盒。

3. 仪器

①微孔板酶标仪（450 nm）。
②离心机。
③均质器。
④50 μL、100 μL、1 000 μL 微量移液器。
⑤多道移液器。

4. 分析步骤

（1）样品处理

取 10 g 中肠腺（不能取中肠腺的可用贝肉代替）放入均质器中，加入 5 倍的 90% 甲醇，均质 1 ~ 2 min，用滤纸过滤或离心后取上清液，用双蒸水 2 倍稀释上清液。

（2）测定

控制室温 20 ~ 25℃，将足够标准品和样品检测所需数量的孔条插入微孔板架，均做两个平行实验，记录下标准品和样品的位置。将 50 μL 标准品及处理好的样品溶液加到相应的微孔中。加入 50 μL 稀释的酶连接物，用手将轻敲微孔板进行溶液混合，在室温（20 ~ 25℃）下孵育 10 min（覆膜，防止蒸发）。倒出孔中的液体，将微孔板架倒置在吸水纸上拍打（每轮拍打 3 次）以保证完全除去孔中的液体。加入 250 μL 蒸馏水，再次倒掉微孔中液体。上述操作重复进行四遍。向每一个微孔中加入 100 μL 底物/发色剂，充分混合并在室温（20 ~ 25℃）条件下暗处孵育 6 min。向每一个微孔中加入 50 μL 反应终止液，充分混合。在加入反应终止液后 3 min 内于 450 nm 处测量吸光度值。

5. 结果计算

（1）计算相对吸光度值

计算每个腹泻性贝类毒素标准液和样液的平均吸光度值，按下式计算出腹泻性贝类毒素标准液和样液的相对吸光度值：

$$R_i = \frac{A_i}{A_0} \times 100$$

式中：R_i——相对吸光度值，%；

A_0——空白标准的吸光度值；

A_i——标准液和样液的平均吸光度值。

（2）绘制校正曲线

以计算的标准溶液相对吸光度值为纵坐标，以腹泻性贝类毒素浓度的对数为横坐标，绘制出腹泻性贝类毒素标准液相对吸光度值与腹泻性贝类毒素浓度的校正曲线。校正曲线在 $1 \sim 10~\mu g/100~g$，范围内应当成为线性，相对应每个样品的腹泻性贝类毒素浓度可以从校正曲线上读出。每次试验均应重新绘制校正曲线。

（3）结果计算

在绘制的校正曲线上读出每个样品的腹泻性贝类毒素浓度乘以相对应的稀释系数（10），即为试样中的腹泻性贝类毒素浓度值。

6. 说明

①检出限：$10~\mu g/100~g$。

②回收率：90%。

三、液相色谱法

1. 原理

样品中的软海绵酸采用甲醇水溶液提取，二氯甲烷正乙烷溶液脱脂，萃取，蒸发浓缩提取，9 - 氯乙基蒽和四甲基氢氧化铵衍生化，硅胶固相萃取柱净化，乙腈定容，高效液相色谱荧光检测分析，外标法定量。

2. 试剂

①乙腈：色谱纯。

②水：符合一级标准。

③三氟乙酸（TFA），分析纯。

④正乙烷，色谱纯。

⑤甲醇：色谱纯。

⑥二氯甲烷，色谱纯。

80%甲醇水溶液（甲醇：水 = 80：20）。

0.95%甲醇二氯甲烷溶液（甲醇：二氯甲烷 = 1：105）。

5%甲醇二氯甲烷溶液（甲醇：二氯甲烷 = 5：95）。

15%二氯甲烷正乙烷溶液（二氯甲烷：正乙烷 = 15：85）。

40%二氯甲烷正乙烷溶液（二氯甲烷：正乙烷 = 40：60）。

50%二氯甲烷正乙烷溶液（二氯甲烷：正乙烷 = 50：50）。

⑦无水硫酸钠：分析纯。

⑧9 - 氯乙基蒽：分析纯，0.8 mmol/L。称取 18.14 g 9 - 氯乙基蒽用乙腈稀释至 100 mL，冷藏保存，使用一周。

⑨25%四甲基氢氧化铵甲醇溶液：分析纯，0.4mmol/L，21.0 μL TMAH 用乙腈稀释至 100 mL，冷藏保存，使用一周。

⑩标准物质：软海绵酸（浓度为 24.1 ng/μL）取 100 μL 软海绵酸，加入 300 μL 甲醇混合稀释成使

用液，标准溶液及使用液必须储存在 −80℃以下。

⑪滤纸。

⑫硅胶固相萃取柱：3 mL，500 mg。

3. 仪器

①高效液相色谱仪：配有荧光检测器和二元梯度泵。

②低温冰箱。

③可控温旋转蒸发仪。

④天平：感量 0.01 g。

⑤离心机：3 000 r/min。

⑥pH 计。

⑦秒表。

⑧均质器。

⑨振荡器。

⑩氮吹仪。

⑪磁性搅拌器。

⑫玻璃器皿：烧杯、量筒、容量瓶、搅棒、50 mL 离心管、1.5 mL 离心管。

4. 分析步骤

（1）检样的制备

①生鲜带壳的贝类

用清水彻底洗净贝类外壳，开壳，用清水淋洗内部去除泥沙及其他外来杂质，仔细取出贝肉，切勿割破肉体。

收集贝肉，沥水 5 min，捡出碎壳等杂物，迅速冷冻，贮藏备用。

注意不要破坏闭壳肌以外的组织，尤其是中肠腺（又称消化盲囊，组织呈暗绿色或褐绿色）。开壳前不能加热或用麻醉剂。

②冷冻贝类

在室温下，使冷冻的样品（带壳或去壳的）呈半冷冻状态，按上述方法清洗、开壳、淋洗、取肉。

（2）取样

①可以切取中肠腺的贝类（扇贝、贻贝、牡蛎等），称取 200 g 贝肉后，仔细切取全部中肠腺，将中肠腺称重后细切混合作为检样，注意不要使中肠内容物污染案板。

②对于尚未确定部位毒性的贝类及不易切取中肠腺的小型贝肉，可将全部贝肉细切、混合，作为检样。

③为避免毒素的危害，应戴手套进行检验操作，移液管等用过的器材应在 5% 的次氯酸钠溶液中浸泡 1 h 以上，以使毒素分解；废弃的提取液等也应用 5% 的次氯酸钠溶液处理。

（3）检样的处理

取经制备的检样 5.0 g（或 1.0 g 中肠腺），加入 15 mL 80% 甲醇水溶液充分均质，离心 5 min（4 000 r/min）充分混匀后，上清液移至 50 mL 离心管；残留物中加入 80% 甲醇溶液，混合后离心 5 min（4 000 r/min），合并上清液。离心管中加入 15 mL 15% 二氯甲烷正乙烷溶液，振荡 2 min，静置分层，去除上层，重复两次。残留物转入 60 mL 分液漏斗，10 mL 水清洗离心管。加入 15 mL 50% 二氯甲烷正乙烷溶液，振荡

2 min，静置分层，下层转入 100 mL 旋转蒸发瓶。重复两次，合并萃取液。40℃ 旋转至干。加入 5 mL 甲醇溶解残留物。

（4）样品的衍生

加入标准溶液 1～100 μL 或按经制备的样品 100～200 μL，60℃ 氮吹至干，加入 TMAH 150 μL，充分混合后，60℃ 反应 2 min，氮吹至干，加入 100 μL 9 - 氯乙基蒽 90℃ 混合反应 60 min。冷却至室温，加入 2 mL 40% 二氯甲烷正乙烷溶液。

（5）样品的纯化

在固相萃取柱中依次加入 6 mL 二氯甲烷和 6 mL 40% 二氯甲烷正乙烷溶液，使柱子完全湿润，加入衍生后的样品或标准溶液，分别用 6 mL 50% 二氯甲烷正乙烷溶液和 7 mL 1% 甲醇二氯甲烷溶液淋洗固相萃取柱。加入 7 mL 5% 甲醇二氯甲烷溶液洗脱，收集于 50 mL 旋转蒸发瓶，35℃ 挥发至干，加入 1 mL 乙腈溶解残留物，转移至进样瓶。

（6）色谱条件

①色谱柱：C18 反相柱，150 mm×4.6 mm，粒度 5 μm。

②流动相。

流动相 A：乙腈。

流动相 B：0.1% TFA 调 pH 值至 4.0。

③柱温：室温。

④检测波长：激发波长：365 nm；发射波长：412 nm。

⑤进样量 50 μL。

（7）梯度洗脱（表 11.6）

表 11.6　梯度洗脱

时间（min）	流速（mL/min）	流动相 A	流动相 B
0	1.2	75	25
3.0	1.2	75	25
9.0	1.2	95	5
11.0	1.2	85	15
13.0	1.2	75	25
15.0	1.2	75	25

5. 结果计算

按下式计算样品中软海绵酸各组分的含量：

$$X = \{(A \times cs \times V1 \times V3)/(As \times m \times V2)\} \times 1\,000$$

式中：X——试样中软海绵酸含量，ng/g；

　　　A——样液中软海绵酸峰面积；

　　　As——标准液中软海绵酸峰面积；

　　　cs——标准溶液中软海绵酸浓度；

　　　m——称取的试样质量，g；

　　　$V1$——萃取定容时加入甲醇体积；

*V*2——反应时加入样品体积；

*V*3——衍生反应后加入乙腈体积。

6. 说明

①检出限：20 ng/g。

②线性范围：1.2～120 ng/mL。

③回收率：＞73%。

④精密度：相对标准偏差＜10%。

7. 色谱图见图 11.2

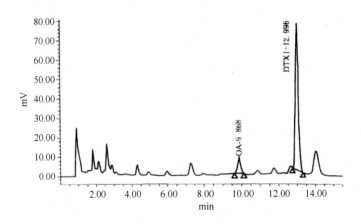

图 11.2　腹泻性贝类毒素液相色谱图

第三节　记忆缺失性贝类毒素

本书以记忆丧失性贝类毒素软骨藻酸的测定（GB/T 5009.198－2003）为例介绍记忆丧失性贝毒的检测。

1. 原理

试样以甲醇＋水提取经过 Lc－SAX 强阴离子柱固相萃取（SPE）净化，用 RP－HPLC 定量分析。

2. 试剂

①甲醇：色谱纯。

②乙腈：色谱纯。

③三氯乙酸：优级纯。

④一水柠檬酸：优级纯。

⑤柠檬酸三铵：优级纯。

⑥乙腈＋水（1＋9）。

⑦0.5 mol/L 柠檬酸溶液（pH 值＝3.2）：40.4 g 一水柠檬酸和 14.0 g 柠檬酸三铵溶解于 400 mL 水中，以浓氨水调 pH 值＝3.2，加入 50 mL 乙腈，完全溶解后，以水定容到 500 mL。

⑧LC – SAX 柱：3 mL。

⑨标准储备液：DACS – 1C（100 ug/mL）或相当者。

⑩软骨藻酸标准溶液：以乙腈 + 水（1 + 9）稀释标准储备液分别配成为含软骨藻酸 0.1 ug/mL、1.0 ug/mL、2.5 ug/mL、10.0 ug/mL、25.0 ug/mL 的标准工作溶液。

3. 仪器

①高效液相色谱仪：配有二极管阵列或紫外检测器。

②组织均质器：最大转速度 20 000 r/min。

③台式高速离心机：最大转速 6 000 r/min

④涡旋均匀器。

⑤超声波清洗器

4. 分析步骤

（1）提取

称取试样 5.0 g（精确到 0.1g）于 50 mL 加盖离心管中，加入 10 mL 甲醇 + 水（1 + 1）溶液，涡旋混匀 1 min，超声提取 5 min，以 4 000 r/min 离心 20 min，使固液两相彻底分离。移出上清液至 25 mL 容量瓶中，残渣再加入 5 mL 甲醇 + 水（1 + 1）重复提取两遍，上清液均移入 25 mL 容量瓶中，以水定容至刻度，混匀。

（2）净化

取上述提取液 5.0 mL，移入依次经 6 mL 甲醇，3 mL 水，3 mL 甲醇 + 水（1 + 1）处理过的 LC – SAX 柱上，待液体以 1 滴/S 的速度流出后，再依次用 5 mL 乙腈 + 水（1 + 9），0.5 mL 柠檬酸洗脱液以 1 滴/s 的速度过柱，弃去流出液，最后用 2 mL，柠檬酸洗脱液洗脱吸附在柱上的软骨藻酸，供 HPLC 测定。

注意：在液体过柱时，当液体凹液面下端与柱填料上端水平时，停止液体流出，避免 LC – SAX 柱填料与空气接触。

（3）测定

①色谱条件

色谱柱：Zorbax SB – C18，154 mm × 4.6 m（i × d.），5 μm，或相当者；

流动相：乙腈 + 1% 三氟乙酸（13 + 87）；

流速：1 mL/min；

进样量：10 μL；

测定波长：242 nm；

柱温：室温。

②色谱测定

分别取样液和标准溶液各 10 μL（或相同体积）注入高效液相色谱仪进行测定，以保留时间定性，峰面积定量。在上述色谱条件下，软骨藻酸的保留时间约为 6.6 min。

（4）空白对照

除不加试样外，均按上述测定步骤进行。

（5）色谱图见图 11.3

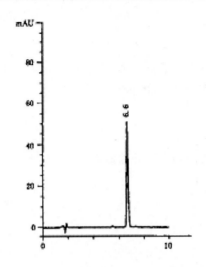

图 11.3　软骨藻酸标准样品液相色谱图

5. 结果计算

$$X = (A \times cn \times V3 \times 1\,000)/[An \times m \times (V2/V1)]\qquad(1)$$

式中：X——试样中软骨藻酸含量，mg/kg；

　　　　A——样液中软骨藻酸峰面积；

　　　　An——标准液中软骨藻酸峰面积；

　　　　cn——标准溶液中软骨藻酸浓度；μg/mL；

　　　　m——取的试样质量，g；

　　　　$V1$——试样提取液总体积，mL；

　　　　$V2$——净化用提取液体积，mL；

　　　　$V3$——洗脱液体积，mL。

计算结果保留两位有效数字。

注：计算结果需扣除空白值，报告结果时以贝类中可食组织部分的记忆丧失性贝类毒素软骨藻酸的含量（mg/kg）报告结果。

6. 说明

①检出限：1.0 μg。

②线性范围：1～250 μg。

③精密度：在重复性条件下获得的两次独立测定结果的绝对差值不得超过算术平均值的10%。

④本方法适用于海产双壳类贝肉、贝柱、外套膜（不包括腌渍品）及其制品的测定。

第十二章 水产品中其他毒物检验

第一节 水产品中多氯联苯的测定

多氯联苯又称氯化联苯，是一类含不等量氯原子和苯环的氯化烃化合物，在工业上用途很广泛。与污染有关的多氯联苯是二连苯的氯化物（PCBs），少数为三联苯的氯化物（PCT），此类化合物通过多种途径进入环境，加上其毒性高、难降解，极易在环境中残留。由于多氯联苯极易在生物体脂肪层和脏器堆积而几乎不被排出或降解，可通过食物链迅速富集，其富集系数可自数千倍至近 10 万倍，进而随着人类食用被污染的食物，特别是鱼、虾、贝等水产品，对人体的皮肤、牙齿、神经系统、免疫系统及肝脏等造成损害，且具有生殖毒性和致畸性、致癌性。

多氯联苯是目前世界上公认的全球性环境污染物之一，已引起世界各国关注。我国最早于 1988 年就制定了海产食品中 PCBs 的允许量标准，海产鱼、贝、虾及藻类中限量为 ≤0.5 mg/kg。我国非常重视此类化合物的研究，但对此类物质的检测一直是沿袭国外的方法，检测设备以及试剂目前仍须进口，一些检测内容并不适合我国的实际，使得对此类物质的检测成本较高，步骤繁琐且精度不够。

目前，对食品中多氯联苯的检测方法主要是 GB 5009.190 – 2014《食品安全国家标准 食品中指示性多氯联苯含量的测定》，本节以该标准中的气相色谱法进行介绍：

一、原理

以 PCB198 为定量内标，用正乙烷和二氯甲烷混合液水浴加热振荡提取后，经硫酸处理、色谱柱层析净化，用电子捕获检测器的气相色谱仪测定，以保留时间定性，内标法定量。

二、试剂

①正乙烷：农残级。

②二氯甲烷：农残级。

③丙酮：农残级。

④浓硫酸：优级纯。

⑤无水硫酸钠：优级纯。将市售无水硫酸钠装入玻璃色谱柱，依次用正乙烷和二氯甲烷淋洗两次，每次使用的溶剂体积约为无水硫酸钠体积的两倍。淋洗后，将无水硫酸钠转移至烧瓶中，在 50℃ 下烘烤至干，并在 225℃ 烘烤过夜，冷却后干燥器中保存。

⑥碱性氧化铝，色谱层析用碱性氧化铝。将市售色谱填料在 660℃ 中烘烤 6 h，冷却后于干燥器中保存。

⑦多氯联苯标准溶液：购买市售有证标准溶液，PCB28、PCB52、PCB101、PCB118、PCB138、PCB153、PCB180、PCB198 浓度均为 100μg/mL，并用容量瓶稀释至 1.0μg/mL 备用。

三、仪器

①100 mL 具塞三角烧瓶。

②气相色谱仪，配电子捕获检测器（ECD）。

③色谱柱：DB - 5ms 柱，30m × 0.25mm × 0.25μm 或等效色谱柱。

④组织匀浆器。

⑤绞肉机。

⑥旋转蒸发仪。

⑦氮气浓缩器。

⑧超声波清洗器。

⑨漩涡振荡器。

⑩分析天平。

⑪水浴振荡器。

⑫离心机。

⑬层析柱。

四、分析步骤

1. 提取

称取试样 5 ~ 10 g（精确到 0.1 g），置具塞锥形瓶中，加入定量内标 PCB198 后，以适量正乙烷 + 二氯甲烷（50 + 50）为提取溶液，于水浴振荡器上提取 2 h，水浴温度为 40℃，振荡速度为 200 r/min。将提取液转移到茄形瓶中，旋转蒸发浓缩至近干。如分析结果以脂肪计，则需要测定试样脂肪含量。

2. 试样脂肪的测定

浓缩前准确称取空茄形瓶重量，将溶剂浓缩至干后，再次准确称取茄形瓶及残渣重量，两次称重结果的差值即为试样的脂肪含量。

3. 净化

（1）硫酸净化

将浓缩的提取液转移至 10 mL 试管中，用约 5 mL 正乙烷洗涤茄形瓶 3 ~ 4 次，洗液并入浓缩液中，用正乙烷定容至刻度，并加入 0.5 mL 浓硫酸，振摇 1 min，以 3 000 r/min 的转速离心 5 min，使硫酸层和有机层分离。如果上层溶液仍然有颜色，表明脂肪未完全除去，再加入一定量的浓硫酸，重复操作，直至上层溶液呈无色。

（2）碱性氧化铝柱净化

净化柱装填：玻璃柱底端加入少量玻璃棉后，从底部开始，依此装入 2.5 g 经过烘烤的碱性氧化铝、2 g 无水硫酸钠，用 15 mL 正乙烷预淋洗。

净化：将经硫酸净化的浓缩液转移至层析柱上，用约 5 mL 正乙烷洗涤茄形瓶 3 ~ 4 次，洗液一并转移至层析柱中。当液面降至无水硫酸钠层时，加入 30 mL 正乙烷（2 mL × 15 mL）洗脱；当液面降至无水硫酸钠层时，用 25 mL 二氯甲烷 + 正乙烷（5 + 95）洗脱。洗脱液旋转蒸发浓缩至近干。

4. 试样溶液浓缩

将上述试样溶液转移至进样瓶中，用少量正乙烷洗茄形瓶 3~4 次，洗液并入进样瓶中，在氮气流下浓缩至 1 mL，待 GC 分析。

五、测定

1. 色谱条件

①色谱柱：DB-5ms 柱，30 m×0.25 mm×0.25 μm 或等效色谱柱。

②进样口温度：290℃。

③升温程序：开始温度 90℃，保持 0.5 min；以 15℃/min 升温至 200℃，保持 5 min；以 2.5℃/min 升温至 250℃，保持 2 min；以 20℃/min 升温至 265℃，保持 5 min。

④载气：高纯氮气（纯度 >99.999%），柱前压 67 kPa（相当于 10 psi）。

⑤进样量：不分流进样 1 μL。

2. PCBs 的定性分析

以保留时间或相对保留时间进行定性分析，所检测的 PCBs 色谱峰信噪比（S/N）大于 3。

3. PCBs 的定量测定

（1）相对响应因子（RRF）

采用内标法，以相对响应因子（RRF）进行定量计算。以校正标准溶液进样，按下式计算 RRF 值：

$$RRF = \frac{A_n \times C_s}{A_s \times C_n}$$

式中：RRF——目标化合物对定量内标的相对响应因子；

$\quad\quad A_n$——目标化合物的峰面积；

$\quad\quad C_s$——定量内标的浓度，μg/L；

$\quad\quad As$——定量内标的峰面积；

$\quad\quad C_n$——目标化合物的浓度，μg/L。

在系列标准溶液中，各目标化合物的 RRF 值相对标准偏差（RSD）应小于 20%。

（2）含量计算

按下列公式计算试样中 PCBs 含量：

$$X_n = \frac{A_n \times m_s}{A_s \times RRF \times m}$$

式中：X_n——目标化合物的含量，μg/kg；

$\quad\quad An$——目标化合物的峰面积；

$\quad\quad m_s$——试样中加入定量内标的量，ng；

$\quad\quad A_s$——定量内标的峰面积；

$\quad\quad RRF$——目标化合物对定量内标的相对响应因子；

$\quad\quad m$——取样量，g。

（3）检测限

本方法的检测限规定为具有 3 倍信噪比、相对保留时间符合要求的响应所对应的试样浓度。计算公式见下式：

$$DL = \frac{3 \times N \times m_s}{H \times RRF \times m}$$

式中：DL——检测限，μg/kg；

N——噪声峰高；

m_s——加入定量内标的量，ng；

H——定量内标的峰高；

RRF——目标化合物对定量内标的相对响应因子；

m——试样量，g。

试样基质、取样量、进样量、色谱分离状况、电噪声水平以及仪器灵敏度均可能对试样检测限造成影响，因此噪声水平应从实际试样谱图中获取。当某目标化合物的结果报告未检出时应同时报告试样检测限。

六、精密度

在重复性条件下获得的两次独立测定结果绝对差值不得超过算术平均值的 20%。

七、其他

各目标化合物定量限为 0.5 μg/kg。图 12.1 为指示性多氯联苯标准溶液典型性图谱。

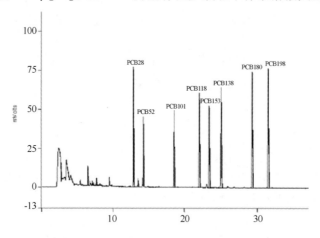

图 12.1　GC－ECD 测定的指示性多氯联苯标准溶液色谱

第二节　水产品中甲醛的测定

甲醛，又称蚁醛，为无色气体，有特殊的刺激气味，对人眼、鼻等有刺激作用，易溶于水和乙醇。水溶液的浓度最高可达 55%，通常是 40%，称甲醛水，俗称福尔马林。甲醛的主要危害表现为对皮肤黏膜的刺激作用，并在 2006 年确定为 1 类致癌物（即对人类及动物均致癌——"sufficient evidence of carcinogenicity"）。

甲醛为国家明文规定的禁止在食品中使用的添加剂，在食品中不得检出。但因为甲醛可以保持水发食品表面色泽光亮，可以增加韧性和脆感，改善口感，还可以防腐，如果用它来浸泡海产品，可以固定海鲜形态，保持鱼类色泽，所以有可能被一些不法商贩用于泡发水发产品中。市场上检出过甲醛的水发食品主要有：鸭掌、牛百叶、虾仁、海参、鱼肚、鲳鱼、章鱼、墨鱼、带鱼、鱿鱼头、蹄筋、海蜇、田螺肉、墨鱼仔等，其中虾仁、海参和鱿鱼中的甲醛含量较高。

此外，在对自然捕捞的鲜活的海水鱼的检验中有时也能检测出类似甲醛的物质。此类物质的检出含量随时间的延长而增加，分析证明某些水产品在死亡和腐败过程中亦会产生和甲醛类似的物质。此类现象和此类物质的本来面目有待进一步研究解决。

目前，对水产品中甲醛的测定方法有 SC/T 3025-2006《水产品中甲醛的测定》、SN/T 1547-2011《进出口食品中甲醛的测定 液相色谱法》、DB51/T 622-2007《食品中甲醛残留量的测定》和 DB44/T 519-2008《食品中甲醛的快速检测方法》。本节以 SC/T 3025-2006《水产品中甲醛的测定》为例进行介绍。

一、定性筛选法

1. 原理

依据甲醛与某些化学试剂的特异性反应，形成特定的颜色进行鉴别。

2. 试剂

下列试剂均为分析纯，应符合 GB/T 602 要求。实验用水应符合 GB/T 6682 要求。

①1% 间苯三酚溶液：称取固体间苯三酚 1 g，溶于 100 mL 的 12% 氢氧化钠溶液中（此溶液临现配现用）。

②4% 盐酸苯肼溶液：称取固体盐酸苯肼 4 g 溶于水中，稀释至 100 mL（现配现用）。

③5% 亚硝基亚铁氰化钠溶液：称取固体亚硝基亚铁氰化钠 5 g 溶于水中，稀释至 100 mL（现用现配）。

④10% 氢氧化钾溶液：称取固体氢氧化钾 10 g 溶于水中，稀释至 100 mL。

⑤盐酸溶液（1+9）：量取盐酸 100 mL，加到 900 mL 的水中。

3. 仪器

①组织捣碎机。

②10 mL 纳氏比色管。

4. 分析步骤

（1）取样

①鲜活水产品

鲜活水产品取肌肉等可食部分测定。鱼类去头、去鳞，取背部和腹部肌肉；虾去头、去壳、去肠腺后取肉；贝类去壳后取肉；蟹类去壳、去性腺和肝脏后取肉。

②冷冻水产品

冷冻水产品经半解冻直接取样，不可用水清洗。

③水发水产品

水发水产品可取其水发溶液直接测定。或将样品沥水后，取可食部分测定。

④干制水产品

干制水产品取肌肉等可食部分测定。

（2）制样

将取得的样品用组织捣碎机捣碎，称取 10 g 于 50 mL 离心管中，加入 20 mL 蒸馏水，震荡 30 min，离心后取上清液作为样品制备液进行定性测定。也可直接取用水发水品的水发溶液澄清液作为样品制备液进行定性筛选实验

（3）测定

①间苯三酚法

取样品制备液 5 mL 于 10 mL 纳氏比色管中，然后加入 1 mL 1% 间苯三酚溶液，两分钟内观察颜色变化。溶液若呈橙红色，则有甲醛存在，且甲醛含量较高；溶液若呈浅红色，则含有甲醛，且含量较低。对照甲醛参比液反应后的颜色，如接近或比之颜色要深则该样品须做定量测定，溶液若无颜色变化，甲醛未检出。

该方法操作时显色时间短，应在 2 min 内观察颜色变化。水发鱿鱼、水发虾仁等样品的制备液因带浅红色，不适合此法。

②亚硝基亚铁氰化钠法

取样品制备液 5 mL 于 10 mL 纳氏比色管中，然后加入 1 mL 4% 盐酸苯肼，3～5 滴新配的 5% 亚硝基亚铁氰化钠溶液，再加入 3～5 滴 10% 氢氧化钾溶液，5 min 内观察颜色变化。溶液若呈蓝色或灰蓝色，说明有甲醛，且甲醛含量高；溶液若呈浅蓝色，说明有甲醛，且含量低；溶液若呈淡黄色，甲醛未检出。

该方法显色时间短，应 5 min 内观察颜色的变化。

二、分光光度法

1. 原理

水产品中的甲醛在磷酸介质中经水蒸气加热蒸馏，冷凝后经水溶液吸收，再用乙酰丙酮与蒸馏液中甲醛反应，生成黄色的二乙酰基二氢二甲基吡啶，用分光光度计在 413 nm 处比色定量。

2. 试剂

①1 mol/L 氢氧化钠溶液。

②硫酸溶液（1+9）。

③0.1 mol/L 硫代硫酸钠标准溶液。

④0.5% 淀粉溶液。

⑤磷酸溶液（10%）：移取磷酸 10 mL，用水稀释至 100 mL。

⑥乙酰丙酮溶液：称取乙酰铵 25 g，溶于 100 mL 蒸馏水中，加冰乙酸 3 mL 和乙酰丙酮 0.4 mL，混匀，储存于棕色瓶中（此溶液可使用 1 个月）。

⑦甲醛标准液（100 μg/mL），有市售。

⑧甲醛标准使用液：精确吸取 12.50 mL 甲醛标准溶液（100 μg/mL）250 mL 容量瓶中，加水稀释至刻度，混匀备用（此溶液应当天配制）。

3. 仪器

①可见分光光度计。

②万分天平。

③组织捣碎机。

④移液器。

⑤比色管，容量瓶，蒸馏系统等玻璃仪器。

4. 测定步骤

（1）样品处理

将样品用捣碎机打成匀浆，称取 10 g 于 250 mL 圆底烧瓶中，加入 20 mL 蒸馏水，用玻璃棒搅拌混匀，浸泡 30 min 后加 10 mL 磷酸（1＋9）溶液后立即通入水蒸气蒸馏。接收管下口事先插入盛有 20 mL 蒸馏水且置于冰浴的蒸馏液接收装置中。收集蒸馏液至 200 mL，同时做空白试验。

（2）标准曲线制备

分别吸取 5 μg/mL 甲醛标准液 0 mL、0.25 mL、0.5 mL、1.0 mL、2.0 mL、3.0 mL、4.0 mL、5.0 mL 于 10 mL 纳氏比色管中，加水至 10 mL，加入乙酰丙酮溶液 1 mL，混合均匀，置沸水浴中 3 min，取出冷却，以空白为参比，于波长 413 nm 处，以 1 cm 比色杯进行比色，测定吸光度，绘制标准曲线。

（3）样品测定

分别移取样品蒸馏液 5 mL 于 10 mL 纳氏比色管中（如含量太高可稀释），加水至 10 mL，加入乙酰丙酮溶液 1mL，混合均匀，置沸水浴中 3 min，取出冷却，以空白为参比，于波长 413 nm 处，以 1 cm 比色皿进行比色，测定吸光度，查标准曲线计算结果。

（4）计算

样品中甲醛含量按下式计算：

$$X = \frac{C_2 \times 10}{m \times V_2} \times 200$$

式中：X——样品中甲醛含量，mg/kg；

C_2——样品管相当于标准甲醛的量，μg；

m——样品质量，g；

V_2——蒸馏液总体积，mL；

200——蒸馏液总体积，mL；

10——显色溶液的总体积，mL。

5. 最低检出限、回收率和重复性

本方法样品的最低检出浓度为 0.5 mg/kg，回收率≥60%。

在重复条件下获得两次独立测定结果：

样品中甲醛含量≤5 mg/kg 时，相对偏差≤10%；

样品中甲醛含量＞5 mg/kg 时，相对偏差≤5%。

第三节　苯并［α］芘的测定

苯并（α）芘［Benzopyrene，简称 B（α）P］是一种致癌性很强的物质，与黄曲霉毒素和亚硝胺为国际公认的三大致癌物质。虽然生物合成、火山活动会产生 B（α）P，但人类活动才是造成 B（α）P 污染的主要原因。煤炭、石油、天然气等不完全燃烧产生的 B（α）P 进入大气，随降雨污染水源。水上行驶的船舶漏油、工业废水排放等也是水体 B（α）P 的污染源。B（α）P 通过食物链在鱼类、植物和软体动物中富集，造成水产品的 B（α）P 污染。水产品在加工过程中也会产生。在 GB 2762 – 2012《食品安全国家标准　食品中污染物限量》中规定：熏、烤水产品中苯并（α）芘限量为 5 μg/kg。

目前，测定水产品中的苯并（a）芘较常用的方法是 SC/T 3041 – 2008《水产品中苯并（a）芘的测定》。

一、原理

试样经氢氧化钾皂化后用正乙烷提取，固相萃取柱净化后，用正乙烷二氯甲烷溶液洗脱，旋转蒸发器蒸干，残渣用乙腈溶解，经反相液相色谱柱分离，荧光检测器检测，外标法定量。

二、试剂

①水：符合 GB/T 6682 一级水的要求。

②乙腈、正乙烷、甲醇、二氯甲烷：色谱纯。

③无水硫酸钠：650℃下灼烧 4 h，冷却至室温，贮存于干燥器中备用。

④固相萃取柱：弗罗里柱（Florisil），250 mg，3 mL，使用前活化。

⑤50% 氢氧化钾溶液：称取 50.0 g 氢氧化钾加适量蒸馏水溶解，冷却后，用蒸馏水稀释定容至 100 mL，摇匀即可。

⑥正乙烷二氯甲烷溶液：将 2 mL 二氯甲烷加入到 6 mL 正乙烷溶液中。

⑦苯并［α］芘标准品：纯度≥98.0%。

⑧标准储备液：准确称取苯并［α］芘标准品 0.010 0 g，置于 100 mL 容量瓶中，加入乙腈定容至刻度，该储备液浓度为 100 μg/mL。置于 4℃冰箱中密封保存，不超过 3 个月。

⑨标准工作液：准确吸取 1.00 mL 标准储备液，用乙腈定容至 100 mL 容量瓶。分别吸取一定体积的该溶液，制成浓度为 0.5 ng/mL、5.0 ng/mL、10 ng/mL、50 ng/mL、100 ng/mL、150 ng/mL 和 200 ng/mL 的标准工作液。

三、仪器

①液相色谱仪：配荧光检测器。

②离心机：5 000 r/min。

③超声波振荡器。

④旋转蒸发器。

⑤漩涡振荡器。

⑥分析天平：感量 0.000 1 g。

⑦氮吹仪。

⑧高速组织捣碎机。

⑨无水硫酸钠柱：玻璃层析柱中装无水硫酸钠25 g。

⑩固相萃取装置。

⑪鸡心瓶：50 mL和100 mL。

⑫试管：10 mL。

⑬聚丙烯离心管：100 mL。

⑭微孔过滤膜：孔径0.45 μm。

四、测定步骤

1. 试样制备

①鲜活水产品的试样制备：按SC/T 3016执行。

②水产加工品的试样制备：抽取至少3个包装件，取试样200 g绞碎混合均匀后分为两份，一份用于检验，一份作为留样。

2. 提取

称取试样5 g（精确至0.01 g）至250 mL三角瓶中，加入25 mL甲醇和50%的氢氧化钾溶液10 mL，在60℃水浴中振荡提取30 min，然后再超声振荡10 min，转移至100 mL聚丙烯离心管中，加入20 mL正乙烷，漩涡混匀5 min，4 000 r/min离心10 min，取上层正乙烷经无水硫酸钠柱滤入100 mL鸡心瓶中，再用15 mL正乙烷按上述操作重复提取水相一次。将提取液在50℃水浴中旋转蒸发，当鸡心瓶中剩下约1 mL液体时，取下鸡心瓶，将液体转移至试管中，再加入2 mL正乙烷清洗，合并到试管中，重复清洗一次，收集的液体留过柱用。

3. 净化

先使用3 mL二氯甲烷、5 mL正乙烷活化弗罗里固相萃取柱，流速约为2 mL/min。将提取液用10 mL正乙烷洗入柱子中，再用8 mL的正乙烷二氯甲烷溶液洗脱，用50 mL鸡心瓶收集洗脱液。将洗脱液在50℃水浴中旋转蒸发，当鸡心瓶中剩下约1 mL液体时，取下鸡心瓶，将液体转移至试管中，再加入2 mL正乙烷清洗2次，合并到试管中，氮气吹干，准确加入1.00 mL乙腈，超声溶解后，用0.45 μm的微孔滤膜过滤，供液相色谱仪测定。

4. 试样的测定

（1）色谱条件

①色谱柱：反相C18，250 mm×4.6 mm，粒度5 μm；或与之相当的色谱柱。

②流动相：乙腈+水（75+25）。

③流速：1.0 mL/min。

④柱温：35℃。

⑤检测器波长：激发波长297 nm，发射波长405 nm。

⑥进样量：20 μL。

（2）色谱分析

分别取标准工作液和试样提取液于液相色谱仪中，按上述色谱条件进行色谱分析，记录分析结果，响应值均应在仪器检测的线性范围内，根据标准品的保留时间定性，外标法定量。

（3）空白试验

不加试样，在相同试验条件下，与试样测定的同批进行空白试验。

5. 计算

试样中苯并［α］芘的含量按下式计算：

$$X = \frac{C \times V}{m} \times 1\,000$$

式中：X——试样中苯并［α］芘的含量，$\mu g/kg$；

C——试样中苯并［α］芘的含量，$\mu g/mL$；

m——试样质量，g；

V——试样定容体积，mL。

五、方法灵敏度、准确度和精密度

1. 灵敏度

本方法最低检出限为 $0.1\ \mu g/kg$，最低定量限为 $0.5\ \mu g/kg$。

2. 准确度

本方法添加浓度为 $0.5 \sim 40\ \mu g/kg$ 时，回收率为 $75\% \sim 110\%$。

3. 精密度

本方法批内和批间的相对标准偏差 $< 15\%$。

第四节 苏丹红的检测

苏丹红学名苏丹（Sudan），共分为苏丹红Ⅰ、苏丹红Ⅱ、苏丹红Ⅲ和苏丹红Ⅳ。苏丹红为亲脂性偶氮染料，主要用于油彩、机油、蜡和鞋油等产品的染色。由于该物质具有偶氮结构，决定了它具有致癌性，对人体的肝肾器官具有明显的毒性作用。由于用苏丹红染色后的食品颜色非常鲜艳且不易褪色，能激发人的食欲，一些不法食品企业把苏丹红添加到食品中。常见的添加苏丹红的食品有辣椒粉、辣椒油、红豆腐，红心禽蛋等。

目前，国内用于检测食品中的苏丹红的方法主要是 GB/T 19681 – 2005《食品中苏丹红染料的检测方法 高效液相色谱法》。

一、原理

样品经溶剂提取、固相萃取净化后，用反相高效液相色谱—紫外可见光检测器进行色谱分析，采用外标法定量。

二、试剂

①乙腈：色谱纯。

②丙酮：色谱纯。

③甲酸：分析纯。

④乙醚：分析纯。

⑤正乙烷：分析纯。

⑥无水硫酸钠：分析纯。

⑦层析柱管：1 cm（内径）×5 cm（高）的注射器管。

⑧层析用氧化铝（中性 100~200 目）：105℃ 干燥 2 h，于干燥器中冷至室温，每 100 g 中加入 2 mL 水降活，混匀后密封，放置 12 h 后使用。

注：不同厂家和不同批号氧化铝的活度有差异，须根据具体购置的氧化铝产品略作调整，活度的调整采用标准溶液过柱，将 1 μg/mL 的苏丹红的混合标准溶液 1 mL 加到柱中，用 5%丙酮正乙烷溶液 60 mL 完全洗脱为准，4 种苏丹红在层析柱上的流出顺序为苏丹红Ⅱ、苏丹红Ⅳ、苏丹红Ⅰ、苏丹红Ⅲ，可根据每种苏丹红的回收率作出判断。苏丹红Ⅱ、苏丹红Ⅳ的回收率较低表明氧化铝活性偏低，苏丹红Ⅲ的回收率偏低时表明活性偏高。

⑨氧化铝层析柱：在层析柱管底部塞入一薄层脱脂棉，干法装入处理过的氧化铝至 3 cm 高，轻敲实后加一薄层脱脂棉，用 10 mL 正乙烷预淋洗，洗净柱中杂质后，备用。

⑩5%丙酮的正乙烷液：吸取 50 mL 丙酮用正乙烷定容至 1 L。

⑪标准物质：苏丹红Ⅰ、苏丹红Ⅱ、苏丹红Ⅲ、苏丹红Ⅳ；纯度≥95%。

⑫标准贮备液：分别称取苏丹红Ⅰ、苏丹红Ⅱ、苏丹红Ⅲ及苏丹红Ⅳ各 10.0 mg（按实际含量折算），用乙醚溶解后用正乙烷定容至 250 mL。

三、仪器

①高效液相色谱仪（配有紫外可见光检测器）。

②分析天平：感量 0.1 mg。

③旋转蒸发仪。

④均质机。

⑤离心机。

⑥0.45 μm 有机滤膜。

四、测定步骤

1. 样品前处理

称取粉碎样品 10 g（准确至 0.01 g）于三角瓶中，加入 60 mL 正乙烷充分匀浆 5 min，滤出清液，再以 20 mL×2 次正乙烷匀浆，过滤。合并 3 次滤液，加入 5 g 无水硫酸钠脱水，过滤后于旋转蒸发仪上蒸至 5 mL 以下，慢慢加入氧化铝层析柱中，为保证层析效果，在柱中保持正乙烷液面为 2 mm 左右时上样，在全程的层析过程中不应使柱干涸，用正乙烷少量多次淋洗浓缩瓶，一并注入层析柱。控制氧化铝表层吸附的色素带宽宜小于 0.5 cm，待样液完全流出后，视样品中含油类杂质的多少用 10~30 mL 正乙烷洗柱，直至流出液无色，弃去全部正乙烷淋洗液，用含5%丙酮的正乙烷液60 mL洗脱，收集、浓缩后，用丙酮转移并定容至5 mL，经0.45 μm有机滤膜过滤后待测。

2. 色谱条件

①色谱柱：Shimpack VP - ODS，5μm，4.6 mm×150 mm（或性能相当者）。

②流动相：溶剂A为0.1%甲酸的水溶液 + 乙腈（85 + 15）；溶剂B为0.1%甲酸的乙腈溶液 + 丙酮（80 + 20）。

③流速：1 mL/min。

④柱温：30℃。

⑤检测波长：苏丹红Ⅰ 478 nm；苏丹红Ⅱ、苏丹红Ⅲ、苏丹红Ⅳ 520 nm。

⑥梯度洗脱：0 min A% = 25，B% = 75；10 min A% = 25，B% = 75；25 min A% = 0，B% = 100；32 min A% = 0，B% = 100；35 min A% = 25，B% = 75；40 min A% = 25，B% = 75。

⑦进样量：10 μL。

3. 标准曲线

吸取标准储备液0、0.1 mL、0.2 mL、0.4 mL、0.8 mL、1.6 mL，用正乙烷定容至25 mL，此标准系列浓度为0、0.16 μg/mL、0.32 μg/mL、0.64 μg/mL、1.28 μg/mL、2.56 μg/mL，绘制标准曲线。

五、计算

按下式计算苏丹红含量：

$$X = \frac{C \times V}{m}$$

式中：X——样品中苏丹红含量，mg/kg；

C——由标准曲线得出的样液中苏丹红的浓度，μg/mL；

V——样液定容体积，mL；

m——样品质量，g。

六、检测限

本方法苏丹红Ⅰ、苏丹红Ⅱ、苏丹红Ⅲ、苏丹红Ⅳ最低检出限均为10 μg/kg。

第五节　水产品中石油烃的测定

随着工农业的迅猛发展，我国近岸海域遭到不同程度的污染，特别是石油工业和海上交通运输业的发展，使得石油成为近海中最主要的污染物。石油烃广泛存在于石油之中，主要是由碳和氢元素组成的烃类物质，包括烷烃、环烷烃、芳香烃三类，总数约有几千种。由于水域中石油类污染物可通过呼吸和皮肤渗透在水生生物体中蓄积并通过食物链富集，不仅能使鱼、虾、贝类海产品变味，严重时能产生毒性效应，进而影响水产品的食用安全。因此，在被石油污染的水域，特别是某些发生溢油事件的海域，石油烃的检测尤为重要。NY 5073 - 2006《无公害食品　水产品中有毒害物质安全限量》中规定：水产品中石油烃含量应≤15 mg/kg。

目前，在石油烃检测方面比较成熟的方法有紫外分光光度法、重量法、荧光分光光度法、气相色谱法等。本节将对被列为国家仲裁方法的 GB 17378.6 – 2007《海洋监测规范 第6部分：生物体分析》中的荧光分光光度法进行介绍。

一、原理

生物样品经氢氧化钠皂化，用二氯甲烷萃取。将萃取液中的二氯甲烷蒸发后，残留物用石油醚溶解，于激发波长 310 nm，发射波长 360 nm 处进行荧光分光光度测定。

二、试剂

①石油醚：沸点范围 60 ~ 90℃，色谱纯。
②氯化钠溶液：饱和溶液。
③无水乙醇：重蒸馏后使用或色谱纯。
④氢氧化钠：优级纯。
⑤二氯甲烷：重蒸馏后使用或色谱纯。
⑥氢氧化钠溶液（2 mol/L）：称取 80 g 氢氧化钠溶于水中，加水至 1 000 mL。
⑦油标准储备液（1.00 mg/mL）：市售有证标准物质。
⑧油标准使用液（100 μg/mL）：移取 5.00 mL 油标准储备液于 50mL 容量瓶中，用石油醚定容至标线，混匀，4℃ 避光保存，有效期 3 个月。

三、仪器

①荧光分光光度计。
②旋转蒸发仪。
③容量瓶、移液管、皂化瓶、分液漏斗、比色管等玻璃仪器。

四、测定步骤

1. 皂化

称取 2 ~ 5 g（精确至 0.000 1 g）匀浆好的样品于 100 mL 皂化瓶中，加入 20 mL 氢氧化钠溶液，在室温下避光（可放入橱柜中）皂化 8 ~ 12 h，期间每隔 1 h 摇动皂化瓶数次，加入 20 mL 无水乙醇，重复摇匀，4 h 后萃取（也可氢氧化钠溶液和无水乙醇一起加，12 ~ 16 h 后萃取）。

2. 萃取

将皂化液转入分液漏斗中，用 10 mL 二氯甲烷洗涤皂化瓶，洗涤液并入分液漏斗中，加入 30 mL 饱和氯化钠溶液和 100 mL 蒸馏水，震荡 2 ~ 3 min（注意放气），静置分层（若分层不好，应延长静置时间；有些脂肪含量高的样品，可离心，进行分层）。将萃取液转移到鸡心瓶中，用 10 mL 二氯甲烷再萃取一次，合并萃取液至鸡心瓶中。

3. 浓缩定容

将上述萃取液 50℃ 旋转蒸发至微干，加入 10.0 mL 石油醚，溶解残留物，上机测定。

4. 工作曲线与空白样品

按照上述操作步骤，制作标准曲线，同时做分析空白样品。

五、计算

生物样品中石油烃含量按下式计算：

$$\omega_{oil} = \frac{m \times V}{F \times M}$$

式中：ω_{oil} ——生物体样品中石油烃的含量（质量分数，10^{-6}）；

m——从工作曲线上查得的石油烃的含量，$\mu g/kg$；

V——萃取剂的体积，mL；

F——样品的干/湿比；

M——样品的称取量，g。

六、检出限

本方法测得石油烃的检出限为 2.0×10^{-7}。

第六节 水产品中乙胺嘧啶的测定

乙胺嘧啶，别名：息疟定、达拉匹林，是一种广谱抗菌药物，曾作为预防人的疟疾有效药物，也可用于治疗弓形虫病，在畜牧和水产养殖业上也有一定的应用。在水产养殖业中适量使用乙胺嘧啶对提高水产品的品质，增强水产动物的抗病能力有一定作用。但是，一方面病原体对乙胺嘧啶较易产生抗药性；另一方面乙胺嘧啶在水产品体内具有较高蓄积性。人们食用超出一定范围含乙胺嘧啶的水产品后，对中枢神经系统和生殖系统有直接的毒害作用。英、美早已明文规定禁用乙胺嘧啶等作饲料添加剂，日本对乙胺嘧啶残留量也给出了最大限量，但在国内乙胺嘧啶在水产品中尚没有统一的限量标准，仅在 SC/T 3119 - 2010《活鳗鲡》中规定限量为 50 $\mu g/kg$。目前，尚未有针对水产品中乙胺嘧啶的检测标准，在 SC - T 3119 - 2010 中规定了活鳗鲡中乙胺嘧啶残留量的测定参照 SN 0690 - 1997《出口禽肉中乙胺嘧啶残留量检验方法》。本节将以该标准例进行介绍。

一、原理

用乙腈 - 三氯甲烷提取试样中残留的乙胺嘧啶，提取液经蒸干后，用硫酸钠水溶液浸出，用正乙烷提取净化。水相再用乙腈 - 三氯甲烷提取，提取液蒸干后，用流动相溶解残渣，溶液供高效液相色谱法（HPLC）测定，外标法定量。

二、试剂

除另有规定外，所用试剂均为分析纯，水为蒸馏水。

①乙腈、甲醇、正乙烷、三氯甲烷：色谱纯。

②冰乙酸、无水硫酸钠：分析纯。

③乙腈 - 三氯甲烷（10 + 1）混合液。

④乙腈 - 三氯甲烷（1 + 2）混合液。

⑤硫酸钠水溶液10%（m/v）。

⑥硫酸钠水溶液：2%（m/v）。

⑦乙胺嘧啶标准品：纯度≥99%。

⑧乙胺嘧啶标准溶液：准确称取100 mg乙胺嘧啶标准品，用甲醇溶解并定容至100 mL，配成浓度为1.00 mg/mL标准储备液。根据需要由标准储备液用流动相逐级稀释成适当浓度的标准工作溶液。

三、仪器

①高效液相色谱仪：配有紫外检测器。

②捣碎机。

③快速混匀器或匀浆机。

④多功能微量化样品处理仪或氮吹仪及其他相当者。

⑤离心机：4 000 r/min。

⑥超声波发生器。

⑦微量可调移液管：10～100 μL，100～1 000 μL。

⑧离心管：15 mL。

⑨微量进样器：20 μL。

⑩尖嘴吸液管。

四、测定步骤

1. 提取和净化

称取约2 g试样（精确至0.01 g），置于15 mL离心管内，加入0.5 mL 10%硫酸钠水溶液和5 mL乙腈－三氯甲烷（10+1）混合液。在快速混匀器上剧烈混合成匀浆，以提取乙胺嘧啶。其后，以3 000 r/min速度离心3 min。用尖嘴吸液管将上清液转入第二支15 mL离心管内，再用2 mL乙腈－三氯甲烷（10+1）混合液提取残渣，离心3 min提取液并入第二支离心管。将该离心管置于多功能微量化样品处理仪或氮吹仪上，于40℃以下蒸发至干。向残渣中加入1 mL 2%硫酸钠水溶液和2 mL正乙烷，在快速混匀器上剧烈混合，使残渣溶解，离心3 min。用尖嘴吸液管移去正乙烷层，并舍弃。再用2 mL正乙烷洗水相一次，同法弃正乙烷相。分别向水相中加入3 mL、2 mL乙腈－三氯甲烷（1+2）混合液，于快速混匀器上剧烈混合，以提取水相中乙胺嘧啶，离心3 min。用尖嘴吸液管将下层有机相转入第三支离心管内，于多功能微量化样品处理仪或氮吹仪上，在40℃以下蒸发至干。以流动相溶解残渣，并准确定容为1.0 mL。经0.45 μm膜过滤，供HPLC测定。

2. 测定

（1）液相色谱条件

色谱柱：ODS－C18色谱柱，5 μm（直径），15 cm×4.6 mm（内径）；

柱温：40℃；

流动相：甲醇－水－乙酸（40+60+0.6）；

流速：0.7 mL/min；

检测器：UV；

检测波长：232 nm；

进样量：20 uL。

（2）色谱测定

根据样液中乙胺嘧啶含量情况，选定峰高相近的标准工作溶液。标准工作溶液和样液中乙胺嘧啶响应值均应在仪器检测线性范围内。对标准工作溶液和样液等体积穿插进样测定。或配制系列标准溶液，以峰高和浓度为坐标制作标准曲线，根据样品峰高和标准曲线计算样品浓度。在上述色谱条件下，乙胺嘧啶保留时间约为 7.8 min。

3. 空白试验

除不加试样外，均按上述测定步骤进行。

五、结果的计算和表述

用液相色谱仪软件，或按下式计算试样中乙胺嘧啶残留量：

$$X = \frac{h \times c \times V}{h_s \times m}$$

式中：X——试样中乙胺嘧啶残留含量，mg/kg；

h——样液中乙胺嘧啶峰高，mm；

h_s——标准工作溶液中乙胺嘧啶峰高，mm；

c——标准工作溶液中乙胺嘧啶浓度，μg/mL；

V——样液最终定容体积，mL；

m——称取的试样量，g。

注：计算结果需扣除空白值。

六、检出限、回收率

1. 最低检出限

本方法的测定低限为 0.02 mg/kg。

2. 回收率

乙胺嘧啶添加浓度在 0.02～1.00 mg/kg 时，回收率范围为 70%～120%。

第十三章　添加剂检验

食品添加剂是指为改善食品品质和色、香、味，以及为防腐和加工工艺的需要而加入食品中的化学合成或天然物质。食品中常用的添加剂有：防腐剂、酸味剂、甜味剂、着色剂、护色剂、漂白剂、抗氧化剂、营养强化剂等。

①防腐剂：水产品加工能用到的主要有以下几种：山梨酸、山梨酸钾、苯甲酸、丙酸钠、丙酸钙、对羟基苯甲酸酯、脱氢乙酸、乙氧基喹、亚硝酸盐、茶多酚等。其中硼酸、硼砂、水杨酸为禁用添加剂，亚硝酸盐又可做发色剂。

②酸味剂：主要是有机酸（酒石酸、苹果酸、柠檬酸、丁二酸）。

③甜味剂：主要是糖精钠、环己基氨基磺酸钠等。

④漂白剂：亚硫酸钠、亚硫酸氢钠、低亚硫酸钠、焦亚硫酸钠和硫磺燃烧生成的二氧化硫。这些漂白剂用于食品中解离成亚硫酸。本文主要介绍水产品中亚硫酸盐的测定方法。

⑤着色剂：合成着色剂、诱惑红、栀子黄、红曲色素等。

⑥抗氧化剂：叔丁基羟基茴香醚与 2，6 - 二叔丁基对甲酚、没食子酸丙酯（PG）等。

⑦营养强化剂：二十碳五烯酸（EPA）和二十二碳六烯酸（DHA）、牛磺酸等。

⑧脱水剂：明矾（硫酸铝钾）。

⑨保水剂和品质改良剂：多聚磷酸盐。

第一节　水产品中防腐剂的测定

一、山梨酸、苯甲酸的测定

本部分参照标准"食品中山梨酸、苯甲酸的测定"（GB/T 5009.29 - 2003）对水产品中山梨酸、苯甲酸的测定方法做以下介绍：

1. 气相色谱法

（1）原理

试样酸化后，用乙醚提取山梨酸、苯甲酸，用附氢火焰离子化检测器的气相色谱仪进行分离测定，与标准系列比较定量。

（2）试剂

①乙醚：不含过氧化物。

②石油醚：沸程 30 ~ 60℃。

③盐酸。

④无水硫酸钠。

⑤盐酸（1 + 1）：取 100 mL 盐酸，加水稀释至 200 mL。

⑥氯化钠酸性溶液（40 g/L）：于氯化钠溶液（40 g/L）中加少量盐酸（1＋1）酸化。

⑦山梨酸、苯甲酸标准溶液：准确称取山梨酸、苯甲酸各 0.200 0 g，置于 100 mL 容量瓶中，用石油醚－乙醚（3＋2）混合溶剂溶解后并稀释至刻度。此溶液每毫升相当于 2.0 mg 山梨酸或苯甲酸。

⑧山梨酸、苯甲酸标准使用液：吸取适量的山梨酸、苯甲酸标准溶液，以石油醚－乙醚（3＋1）混合溶剂稀释至每毫升相当于 50 μg、100 μg、150 μg、200 μg、250 μg 山梨酸或苯甲酸。

（3）仪器

气相色谱仪：具有氢火焰离子化检测器。

（4）分析步骤

①试样提取

称取 2.50 g 事先混合均匀的试样，置于 25 mL 带塞量筒中，加 0.5 mL 盐酸（1＋1）酸化，用 15 mL、10 mL 乙醚提取两次，每次振摇 1 min，将上层乙醚提取液吸入另一个 25 mL 带塞量筒中，合并乙醚提取液。用 3 mL 氯化钠酸性溶液（40 g/L）洗涤两次，静止 15 min，用滴管将乙醚层通过无水硫酸钠滤入 25 mL 容量瓶中。加乙醚至刻度，混匀。准确吸取 5 mL 乙醚提取液于 5 mL 带塞刻度试管中，置 40℃水浴上挥干，加入 2 mL 石油醚－乙醚（3＋1）混合溶剂溶解残渣，备用。

②色谱参考条件

A. 色谱柱：玻璃柱，内 3 mm，2 m，内装徐以 5% DEGS＋1% 磷酸固定液的 60～80 目 Chromosorb W AW。

B. 气流速度：载气为氮气，50 mL/min（氮气和空气、氢气之比按各仪器型号不同选择各自的最佳比例条件）。

C. 温度：进样口 230℃；检测器 230℃；柱温 170℃。

③测定

进样 2 μL 标准系列中各浓度标准使用液于气相色谱仪中，可测得不同浓度山梨酸、苯甲酸的峰高，以浓度为横坐标，相应的峰高值为纵坐标，绘制标准曲线。同时进样 2 μL 试样溶液，测得峰高与标准曲线比较定量。

（5）结果计算

试样中山梨酸或苯甲酸的含量按下式计算：

$$X = \frac{A \times 1\ 000}{m \times \frac{5}{25} \times \frac{V_2}{V_1} \times 1\ 000}$$

式中：X——试样中苯甲酸或山梨酸的含量，mg/kg；

A——进样体积中苯甲酸或山梨酸的质量，μg；

V_2——进样体积，mL；

V_1——加入混合溶剂的体积，mL；

m——试样质量，g；

由测得苯甲酸的量乘以 1.18，即为试样中苯甲酸钠的含量。

计算结果保留两位有效数字。

（6）说明

①最低检出浓度：气相色谱法最低检出量为 1 μg，用于色谱分析的试样为 1 g 时，最低检出浓度为 1 mg/kg。

②在重复性条件下获得的两次独立测定结果的绝对差值不得超过算术平均值的 10%。

③山梨酸保留时间 2 min 53 s；苯甲酸保留时间 6 min 8 s。

2. 液相色谱法

（1）原理

试样加温除去二氧化碳和乙醇，调 pH 值至近中性，过滤后进高效液相色谱仪，经反相色谱分离后，根据保留时间和峰面积进行定性和定量。

（2）试剂

方法中所用试剂，除另有规定外，均为分析纯试剂，水为蒸馏水或同等纯度水，溶液为水溶液。

①甲醇：经滤膜（0.5 μm）过滤。

②稀氨水（1 + 1）：氨水加水等体积混合。

③乙酸铵溶液（0.02 mol/L）：称取 1.54 g 乙酸铵，加水至 1 000 mL，溶解，经 0.45 μm 滤膜过滤。

④碳酸氢钠溶液（20 g/L）：称取 2 g 碳酸氢钠（优级纯），加水至 100 mL，振摇溶解。

⑤苯甲酸标准储备溶液：准确称取 0.100 0 g 苯甲酸，加碳酸氢钠溶液（20 g/L）5 mL，加热溶解，移入 100 mL 容量瓶中，加水定容至 100 mL，苯甲酸含量为 1 mg/mL，作为储备溶液。

⑥山梨酸标准储备溶液：准确称取 0.100 0 g 山梨酸，加碳酸氢钠溶液（20 g/L）5 mL，加热溶解，移入 100 mL 容量瓶中，加水定容至 100 mL，苯甲酸含量为 1 mg/mL，作为储备溶液。

⑦苯甲酸、山梨酸标准混合使用溶液：取苯甲酸、山梨酸标准储备溶液各 10.0 mL，放入 100 mL 容量瓶中，加水至刻度。此溶液含苯甲酸、山梨酸各 0.1 mg/mL。经 0.45 μm 滤膜过滤。

（3）仪器

高效液相色谱仪（带紫外检测器）。

（4）分析步骤

①试样处理

称取 10.00 g，加水定容至适当的体积，混匀，放置 2 h，上清液经 0.45 μm 滤膜过滤。

②高效液相色谱参考条件

A. 柱：10 μm，4.6 mm × 250 mm，不锈钢柱。

B. 流动相：甲醇 + 乙酸铵溶液（0.02 mol/L）（5 + 95）。

C. 流速：1 mL/min。

D. 进样量：10 μL。

E. 检测器：紫外检测器，230 nm 波长。

根据保留时间定性，外标峰面积法定量。

（5）结果计算

试样中山梨酸或苯甲酸的含量按下式计算：

$$X = \frac{A \times 1\ 000}{m \times \dfrac{V_2}{V_1} \times 1\ 000}$$

式中：X——试样中苯甲酸或山梨酸的含量，g/kg；

　　　A——进样体积中苯甲酸或山梨酸的质量，mg；

　　　V_2——进样体积，mL；

　　　V_1——稀释液总体积，mL；

　　　m——试样质量，g。

计算结果保留两位有效数字。

（6）说明

①在重复性条件下获得的两次独立测定结果的绝对差值不得超过算术平均值的10%。

②山梨酸保留时间2 min 53 s；苯甲酸保留时间6 min 8 s。

③本方法可同时测定糖精钠。

3. 薄层色谱法

（1）原理

试样酸化后，用乙醚提取苯甲酸、山梨酸。将试样提取液浓缩，点于聚酰胺薄层板上，展开。显色后，根据薄层板上苯甲酸、山梨酸的比移值。与标准比较定性，并可进行概略定量。

（2）试剂

①异丙醇；正丁醇；石油醚：沸程30～60℃；乙醚：不含过氧化物；氨水；无水乙醇；聚酰胺粉：200目。

②盐酸（1+1）：取100 mL盐酸，加水稀释至200 mL。

③氯化钠酸性溶液（40 g/L）：于氯化钠溶液（40 g/L）中加少量盐酸（1+1）酸化。

④展开剂：正丁醇+氨水+无水乙醇（7+1+2）；异丙醇+氨水+无水乙醇（9+1+2）。

⑤山梨酸标准溶液：准确称取0.200 0 g山梨酸，用少量乙醇溶解后移入100 mL容量瓶中，并稀释至刻度，此溶液每毫升相当于2.0 mg山梨酸。

⑥苯甲酸标准溶液：准确称取0.200 0 g苯甲酸，用少量乙醇溶解后移入100 mL容量瓶中，并稀释至刻度，此溶液每毫升相当于2.0 mg苯甲酸。

⑦显色剂：溴甲酚紫－乙醇（50%）溶液（0.4 g/L），用氢氧化钠溶液（4 g/L）调至pH值为8。

（3）仪器

①吹风机。

②层析缸。

③玻璃板：10 cm×18 cm。

④微量注射器。

⑤喷雾器。

（4）分析步骤

①试样提取

称取2.5 g事先混合均匀的试样，置于25 mL带塞量筒中，加0.5 mL盐酸（1+1）酸化，用15 mL，10 mL乙醚提取两次，每次振摇1 min，将上层醚提取液吸入另一个25 mL带塞量筒中，合并乙醚提取液。用3 mL氯化钠酸性溶液（4 g/L）洗涤两次，静止15 min，用滴管将乙醚层通过无水硫酸钠滤入25 mL容量瓶中。加乙醚至刻度，混匀。吸取10.0 mL乙醚提取液分两次置于1.0 mL带塞离心管中，在约40℃的水浴上挥干，加入0.10 mL乙醇溶解残渣，备用。

②测定

A. 薄层板的制备：称取1.6 g聚酰胺粉，加0.4 g可溶性淀粉，加约7.0 mL水，研磨3～5 min，立即涂成0.25～0.34 mm厚的10 cm×20 cm的薄层板，室温干燥后，在80℃下干燥1 h，置于干燥器中。

B. 点样：在薄层板下端2 cm处，用微量注射器点1 μL和2 μL的样液两个点，同时点1 μL、2 μL山梨酸、苯甲酸标准溶液，各点间距1.5 cm。

C. 展开与显色：将点好的薄层板放入盛有展开剂的展开槽中，展开剂液层约 0.5 cm，并预先已达到饱和状态。展开至 10 cm，取出薄层板，挥干，喷显色剂，斑点显黄色，根据试样点和标准点的比移值进行定性，根据斑点颜色深浅进行半定量测定（山梨酸、苯甲酸的比移值依次为 0.82、0.73）。

（5）结果计算

试样中山梨酸或苯甲酸的含量按下式计算：

$$X = \frac{A \times 1\,000}{m \times \frac{10}{25} \times \frac{V_2}{V_1} \times 1\,000}$$

式中：X——试样中苯甲酸或山梨酸的含量，g/kg；

A——进样体积中苯甲酸或山梨酸的质量，mg；

V_2——测定时点样体积，mL；

V_1——加入乙醇的体积，mL；

m——试样质量，g。

计算结果保留两位有效数字。

（6）说明

本方法还可以同时测定果酱、果汁中的糖精。

二、对羟基苯甲酸酯类的测定

本部分参照标准"食品中对羟基苯甲酸酯类的测定"（GB/T 5009.31 – 2003）对水产品中对羟基苯甲酸酯类的测定方法做以下介绍：

1. 原理

试样酸化后，对羟基苯甲酸酯类用乙醚提取浓缩后，用具氢火焰离子化检测器的气相色谱仪进行分离测定，外标法定量。

2. 试剂

除特别注明外，本方法所用试剂均为分析纯试剂，水为蒸馏水。

①乙醚，重蒸。

②无水乙醇。

③无水硫酸钠。

④饱和氯化钠溶液。

⑤1 g/100 mL 碳酸氢钠溶液。

⑥1:1 盐酸：取 50 mL 盐酸，加水稀释至 100 mL。

⑦对羟基苯甲酸乙酯、丙酯标准溶液：准确称取对羟基苯甲酸乙酯、丙酯各 0.050 g 溶于 50 mL 容量瓶中，用无水乙醇稀释至刻度，该溶液每毫升相当于 1 mg 对羟基苯甲酸乙酯、丙酯。

⑧对羟基苯甲酸乙酯、丙酯使用溶液：取适量的对羟基苯甲酸乙酯、丙酯标准溶液，用无水乙醇分别稀释至每毫升相当于 50 μg、100 μg、200 μg、600 μg、800 μg 的对羟基苯甲酸乙酯、丙酯。

3. 仪器

①气相色谱仪：具有氢火焰离子化检测器。

②KD 浓缩器。

4. 分析步骤

（1）提取净化

吸取 5 g 预先均匀化的试样于 125 mL 分液漏斗中，加入 1 mL 1:1 盐酸酸化，10 mL 饱和氯化钠溶液，摇匀，分别以 75 mL，50 mL，50 mL，乙醚提取三次，每次 2 min，放置片刻，弃去水层，合并乙醚层于 250 mL 分液漏斗中，加 10 mL 饱和氯化钠溶液洗涤一次，再分别以 1 g/100 L 碳酸氢钠溶液 30 mL，30 mL，30 mL 洗涤三次，弃去水层。用滤纸吸去漏斗颈部水分，塞上脱脂棉，加 10 g 无水硫酸钠于室温放置 30 min，在 KD 浓缩器上浓缩近干，用吹氮除去残留溶剂。用无水乙醇定容至每毫升含 1 mg 对羟基苯甲酸乙酯、丙酯供气相色谱用。

（2）色谱条件

①色谱柱：玻璃柱，长 2.6m，内径 3 mm，涂以 10% SE – 30，60 ~ 80 目 Chromosorb W AW DMC5，柱温：170℃，进样口 220℃，检测器 220℃。

②气流条件：氮气 40 mL/min；氢气 50 mL/min；空气 500 mL/min。

（3）测定

进样 1 μL 标准系列中各浓度标准使用液于气相色谱中，测定不同浓度对羟基苯甲酸乙酯、丙酯的峰高。以浓度为横坐标，峰高为纵坐标绘制标准曲线。同时进样 1 uL 试样溶液，测定峰高与标准曲线定量比较。

5. 结果计算

试样中对羟基苯甲酸乙酯、丙酯的含量按下式计算：

$$X = \frac{A \times 1\,000}{m \times \dfrac{V_2}{V_1} \times 1\,000}$$

式中：X——试样中对羟基苯甲酸酯类的含量，g/kg；

$\quad\quad$ A——进样体积中对羟基苯甲酸酯类的质量，μg；

$\quad\quad$ V_1——制备液体积，mL；

$\quad\quad$ V_2——进样体积，μL；

$\quad\quad$ m——试样质量，g；

$\quad\quad$ 计算结果保留两位有效数字。

三、丙酸钙、丙酸钠的测定

本部分参照标准"食品中丙酸钠、丙酸钙的测定"（GB/T 5009.120 – 2003）对水产品中丙酸钠、丙酸钙的测定方法做以下介绍：

1. 原理

试样酸化后，丙酸盐转化为丙酸，经水蒸气蒸馏，收集后直接进气相色谱，用氢火焰离子化检测器检测，与标准系列比较定量。

2. 试剂

①磷酸溶液，取 30 mL 磷酸（85%）加水至 100 mL。

②甲酸溶液：取 1mL 甲酸（99%）加水至 50 mL。

③硅油。

④丙酸标准溶液：标准储备液（10 mg/mL），准确称取 250 mg 丙酸于 25 mL 容量瓶中，加水至刻度。

⑤标准使用液，将储备液用水稀释成 10～250 ug/mL 的标准系列。

3. 仪器

①气相色谱仪：具有氢火焰离子化检测器。

②水蒸气蒸馏装置。

4. 分析步骤

（1）提取

准确称取 30 g 事先均匀化的试样，置于 500 mL 蒸馏瓶中，加入 100 mL 水，再用 50 mL 水冲洗容器，转移到蒸馏瓶中，加 10mL 磷酸溶液，2～3 滴硅油，进行水蒸气蒸馏，将 250 mL 容量瓶置于冰浴中作为吸收液装置，待蒸馏约 250 mL 时取出，在室温下放置 30 min，加水至刻度，吸取 10 mL 该溶液于试管中，加入 0.5 mL 甲酸溶液，混匀，供色谱测定用。

（2）色谱条件

①色谱柱：玻璃柱，内径 3 mm，长 1m，内装 80～100 目 Porapak QS。

②仪器条件：柱温 180℃，进样口、检测器温度 220℃。

③气流条件：氮气 50mL/min；氢气：50mL/min；空气：500 mL/min。

（3）测定

取标准系列中各种浓度的标准使用液 10 mL，加 0.5 mL 甲酸溶液，混匀。取 5 μL 进气相色谱，测定不同浓度丙酸的峰高，根据浓度和峰高绘制标准曲线。同时进试样溶液，根据试样的峰高与标准曲线比较定量。

5. 结果计算

试样中丙酸含量按下式计算：

$$X = \frac{A}{m} \times \frac{250}{1\,000}$$

式中：X——试样中丙酸含量，g/kg；

　　　A——待测液中丙酸含量，μg/mL；

　　　m——试样质量，g。

丙酸钠含量 = 丙酸含量 × 1.2967

　丙酸钙含量 = 丙酸含量 × 1.2569

计算结果保留两位有效数字。

6. 说明

①检出限：0.05 g/kg。

②在重复性条件下获得的两次独立测定结果的绝对差值不得超过算术平均值的 10%。

四、脱氢乙酸的测定——液相色谱法

本部分参照标准"食品中脱氧乙酸的测定"（GB/T 5009.121－2003）对水产品中脱氧乙酸的测定方

法做以下介绍：

1. 原理

试样酸化后，脱氢乙酸用乙醚提取，浓缩，用附氢火焰离子化检测器的气相色谱仪进行分离测定，与标准系列比较定量。

2. 试剂

①乙醚：重蒸。
②丙酮：重蒸。
③无水硫酸钠。
④饱和氯化钠溶液。
⑤10 g/L 碳酸氢钠溶液。
⑥10%（体积分数）硫酸。

1 000×标准溶液：精密称取脱氢乙酸标准品 50 mg，加丙酮溶于 50 mL 容量瓶中，用丙酮分别稀释至每毫升相当于 100 μg，200 μg，300 μg，400 μg，500 μg，800 μg 脱氢乙酸。

3. 仪器

①气相色谱仪：具有氢火焰离子化检测器。
②KD 浓缩器。

4. 分析步骤

（1）提取

称取 20 g 先均匀化的试样于 250 mL 分液漏斗中，加 10 mL 饱和氯化钠溶液，1 mL 硫酸酸化，摇匀，分别以 50 mL，30 mL，30 mL 乙醚提取三次，每次 2 min，弃去水层，合并乙醚层于另一 250 mL 分液漏斗中，以 10 mL 饱和氯化钠溶液洗涤一次，弃去水层，用滤纸去除漏斗颈部水分，塞上脱脂棉，10 g 无水硫酸钠，室温下放置 30 min。在 50℃水浴 K-D 浓缩器上浓缩至近干，吹氮气除去残留溶剂，丙酮定容后供色谱测定。

（2）色谱条件

①色谱柱：玻璃柱，长 2.6 m，内径 3 mm，涂以 5% EDGS + 1% 磷酸固定液，60～80 目 Chromosorb W AW DMC5
②柱温：165℃，进样口 220℃，检测器 220℃。
③气流条件：氮气 40 mL/min；氢气 50 mL/min；空气 500 mL/min。

（3）测定

进样 2 μL 标准系列中各浓度标准使用液于色谱仪中，测定不同浓度脱氢乙酸的峰高，以浓度为横坐标，峰高为纵坐标绘制标准曲线。同时进样 2 μL 试样溶液，测定峰高与标准曲线比较定量。

5. 结果计算

试样中脱氧乙酸的含量按下式计算：

$$X = \frac{A \times V}{m \times 1000}$$

式中：*X*——试样中脱氧乙酸含量，g/kg；

$\qquad$ *A*——待测液中脱氧乙酸含量，μg/mL；

$\qquad$ *V*——待测液定容后体积，mL；

$\qquad$ *m*——试样质量，g。

计算结果保留两位有效数字。

6. 说明

①检出限：0.8 mg/kg。

②在重复性条件下获得的两次独立测定结果的绝对差值不得超过算术平均值的10%。

五、乙氧基喹残留量的测定

本部分参照标准"水果中乙氧基喹残留量的测定"（GB/T 5009.129 – 2003）对水产品中乙氧基喹的测定方法做以下介绍：

1. 原理

乙氧基喹采用正乙烷提取。经蒸馏水清洗后，直接用配有氮磷检测器的气相色谱仪测定，以禾草敌作内标进行定量。

2. 试样和材料

①正乙烷：重蒸后收集68~69℃馏分。

②无水硫酸钠：分析纯。

③N，N – 六甲撑硫赶氨基甲酸乙酯（又名禾草敌）：纯度 >99.0%。

④乙氧基喹：纯度 >98.4%。

⑤标准溶液配制：准确称取适量的乙氧基喹和禾草敌标准品，分别用正乙烷溶解，并配制成浓度为1.000 mg/mL的储备液。根据需要将储备液稀释成适宜浓度的标准工作液，其中乙氧基喹浓度为10 μg/mL或与样液中乙氧基喹浓度相近，禾草敌浓度为20 μg/mL。临用时新配。

3. 仪器

①气相色谱仪配备氮磷检测器。

②振荡器。

③锥形瓶：250 mL。

④容量瓶：50 mL，100 mL。

⑤微量注射器：10μL。

4. 分析步骤

（1）试样制备

随机分取有代表性试样，取可食部分切碎，用四分法缩分出约1 kg，于高速组织捣碎机中，捣碎成果浆状，均分成两份，装入洁净容器内、密封、标明标记。

（2）提取

准确称取约 10 g 试样（精确到 0.001 g）于锥形瓶中。加入约 20 g 无水硫酸钠脱水后，再加入 45 mL 正乙烷和 1 mL 20 μg/mL 禾草敌内标溶液。振荡 20 min，过滤，用正乙烷洗涤残渣。合并提取液，定容于 50 mL 容量瓶中，混匀。吸取 5 mL 正乙烷提取液于 10 mL 有刻度的离心管中，加入 5 mL 蒸馏水，振摇。待溶液分层后，取上层正乙烷提取液供气相色谱测定。

（3）测定

①色谱条件

色谱柱：玻璃柱 2 m，内径 3 mm，填充柱为 3%（质量分数）OV – 101 涂于 Chromosorb W HP （100 ~ 120 目）。

色谱柱温度：150℃。

进样口温度：200℃。

检测器温度：220℃。

氮气：纯度 > 99.99%；流速 46 mL/min。

空气：140 mL/min。

氢气：23 mL/min。

②色谱测定

分别将等体积的标准工作液、样液注入气相色谱仪。禾草敌出峰保留时间约为 3.8 min，乙氧基喹出峰保留时间为 5.8 min。空白试验：除不称取试样外，其余均按上述步骤进行。

5. 结果计算

试样中乙氧基喹的含量按下式计算：

$$X = \frac{C_s \times A \times A_{si} \times m_i}{C_{si} \times A_i \times A_s \times m}$$

式中：X——试样中乙氧基喹含量，mg/kg；

C_s——标准工作液中乙氧基喹浓度，μg/mL；

C_{si}——标准工作液中禾草敌浓度，μg/mL；

A——样液中乙氧基喹色谱峰面积；

A_i——样液中禾草敌色谱峰面积；

A——标准工作液中乙氧基喹色谱峰面积；

A——标准工作液中禾草敌色谱峰面积；

m_i——样液中禾草敌总添加量，μg；

m——试样质量，g。

计算结果保留两位有效数字。

6. 说明

①检出限：0.05 mg/kg。

②在重复性条件下获得的两次独立测定结果的绝对差值不得超过算术平均值的 10%。

六、亚硝酸盐与硝酸盐的测定

本部分参照标准"食品安全国家标准 食品中亚硝酸盐与硝酸盐的测定"（GB 5009.33 – 2010）对水

产品中亚硝酸盐与硝酸盐的测定方法做以下介绍：

（一）离子色谱法

1. 原理

试样经沉淀蛋白质、除去脂肪后，采用相应的方法提取和净化，以氢氧化钾溶液为淋洗液，阴离子交换柱分离，电导检测器检测。以保留时间定性，外标法定量。

2. 试剂

①超纯水：电阻率 >18.2 M$\Omega \cdot$cm。

②乙酸（CH_3COOH）：分析纯。

③氢氧化钾（KOH）：分析纯。

④乙酸溶液（3%）：量取乙酸 3 mL 于 100 mL 容量瓶中，以水稀释至刻度，混匀。

⑤亚硝酸根离子（NO_2^-）标准溶液（100 mg/L，水基体）。

⑥硝酸根离子（NO_3^-）标准溶液（1000 mg/L，水基体）。

⑦亚硝酸盐（以 NO_2^- 计，下同）和硝酸盐（以 NO_3^- 计，下同）混合标准使用液：准确移取亚硝酸根离子和硝酸根离子的标准溶液各 1.0 mL 于 100 mL 容量瓶中，用水稀释至刻度，此溶液每 1 L 含亚硝酸根离子 1.0 mg 和硝酸根离子 10.0 mg。

3. 仪器

①离子色谱仪：包括电导检测器，配有抑制器，高容量阴离子交换柱，50 μL 定量环。

②超声波清洗仪。

③天平：感量为 0.1 mg 和 1 mg。

④离心机：转速 ≥10 000 转/分钟，配 5 mL 或 10 mL 离心管。

⑤0.22 μm 水性滤膜针头滤器。

⑥净化柱：包括 C18 柱、Ag 柱和 Na 柱或等效柱。

4. 分析步骤

（1）试样处理

用四分法取适量或取全部，用食物粉碎机制成匀浆备用。称取试样匀浆 2 g（精确至 0.01 g），以 80 mL水洗入 100 mL 容量瓶中，超声提取 30 min，每 5 min 振摇一次，保持固相完全分散。于 75℃水浴中放置 5 min，取出放置至室温，加水稀释至刻度。溶液经滤纸过滤后，取部分溶液于 10 000 转/分钟离心 15 min，上清液备用。取上述备用的上清液约15 mL，通过 0.22 μm 水性滤膜针头滤器、C18 柱，弃去前面 3 mL（如果氯离子大于 100 mg/L，则需要依次通过针头滤器、C18 柱、Ag 柱和 Na 柱，弃去前面 7 mL），收集后面洗脱液待测。固相萃取柱使用前需进行活化，如使用 OnGuard II RP 柱（1.0 mL）、On-Guard II Ag 柱（1.0 mL）和 OnGuard II Na 柱（1.0 mL），其活化过程为：OnGuard II RP 柱（1.0 mL）使用前依次用 10 mL 甲醇、15 mL 水通过，静置活化 30 min。OnGuard IIAg 柱（1.0 mL）和 OnGuard II Na 柱（1.0 mL）用 10 mL 水通过，静置活化 30 min。

（2）测定

移取亚硝酸盐和硝酸盐混合标准使用液，加水稀释，制成系列标准溶液，含亚硝酸根离子浓度为 0、0.02 mg/L、0.04 mg/L、0.06 mg/L、0.08 mg/L、0.10 mg/L、0.15 mg/L、0.20 mg/L；硝酸根离子浓度为 0.0 mg/L、0.2 mg/L、0.4 mg/L、0.6 mg/L、0.8 mg/L、1.0 mg/L、1.5 mg/L、2.0 mg/L 的混合标准

溶液，从低到高浓度依次进样。得到上述各浓度标准溶液的色谱图。以亚硝酸根离子或硝酸根离子的浓度（mg/L）为横坐标，以峰高（μS）或峰面积为纵坐标，绘制标准曲线或计算线性回归方程。

5. 结果计算

试样中亚硝酸根与硝酸盐的含量按下式计算：

$$X = \frac{(c - c_0) \times V \times f \times 1\,000}{m \times 1\,000}$$

式中：X——试样中亚硝酸根离子或硝酸根离子的含量，mg/kg；

c——测定用试样溶液中的亚硝酸根离子或硝酸根离子浓度，mg/L；

c_0——试剂空白液中亚硝酸根离子或硝酸根离子的浓度，mg/L；

V——试样溶液体积，mL；

f——试样溶液稀释倍数；

m——试样取样量，g。

计算结果保留两位有效数字。

6. 说明

在重复性条件下获得的两次独立测定结果的绝对差值不得超过算术平均值的10%。

（二）分光光度法

1. 原理

试样经沉淀蛋白质、除去脂肪后，在弱酸性的条件下亚硝酸盐与对氨基苯磺酸重氮化后，在弱碱性条件下再与8－羟基喹啉耦合形成橙色染料，该偶氮染料在汞电极上还原产生电流，电流与亚硝酸盐的浓度呈线性关系，可与标准曲线比较定量。

2. 试剂

①亚铁氰化钾溶液：称取106.0 g亚铁氰化钾，用水溶解，并稀释至1 000 mL。

②乙酸锌溶液：称取220.0 g乙酸锌，加30 mL冰乙酸溶于水，并稀释至1 000 mL。

③饱和硼砂溶液：称取5.0 g硼酸钠，溶于100 mL热水中，冷却后备用。

④对氨基苯磺酸溶液（8 g/L）：称取2 g对氨基苯磺酸，溶于25 mL盐酸中，移至250 mL容量瓶定容至刻度。

⑤8－羟基喹啉溶液（1 g/L）：称取0.250 g 8－羟基喹啉，加4 mL盐酸（0.1 mol/L）和少量水溶解，移至250 mL容量瓶稀释至刻度。

⑥EDTA溶液（0.10 mol/L）：称取3.722 g EDTA，加水30 mL溶解，转入100 mL容量瓶中用水稀释至刻度。

⑦氨水（5%）：吸取28%的浓氨水5.00 mL于100 mL容量瓶中，加水稀释至刻度。

⑧亚硝酸钠标准溶液：准确称取0.100 0 g于硅胶干燥器中干燥24 h的亚硝酸钠，加水溶解移入500 mL容量瓶中，加水稀释至刻度，混匀。此溶液每毫升相当于200 μg的亚硝酸钠。

⑨亚硝酸钠标准使用液：临用前，吸取亚硝酸钠标准溶液5.00 mL，置于200 mL容量瓶中，加水稀释至刻度，此溶液每毫升相当于5.0μg亚硝酸钠。

3. 仪器

①均质器

②示波极谱仪

4. 分析步骤

（1）试样处理

称取5.0 g经绞碎混匀的试样，置于50 mL烧杯中，加12.5 mL硼砂饱和液，搅拌均匀，以70℃左右的水约300 mL将试样洗入500 mL容量瓶中，于沸水中水浴15 min，取出后冷却至室温，然后一边转动，一边加入5 mL亚铁氰化钾溶液，摇匀，再加入5 mL乙酸锌溶液，以沉淀蛋白质。加水至刻度，摇匀，放置0.5 h，除去上层脂肪，清液用滤纸过滤，弃去初滤液50 mL，滤液备用。

（2）测定

吸取3 mL上述滤液于10 mL带塞比色管中，另吸取0、0.50 mL、1.00 mL、1.50 mL、2.00 mL、2.50 mL、3.00 mL亚硝酸钠标准使用液，分别置于10 mL带塞比色管中。于标准管与试样管中分别加入1.5 mL对氨基苯磺酸溶液（8 g/L）、0.2 mL EDTA溶液，混匀，静置3~4 min后各加入1 mL 8-羟基喹啉溶液和0.5 mL氨水（5%），加水至刻度，混匀，静置10~15 min，将试液全部转入电解池中（10 mL）小在示波极谱仪上采用三电极体系进行测定（滴汞电极为工作电极，饱和甘汞电极为参比电极，为辅助电极）。

（3）测定参考条件

原点电位调节在-0.2 V。

倍率为0.1（可以根据试样中亚硝酸盐含量多少选择合适的倍率。含量高，倍率高，倍率选择在0.1以上；反之，倍率选择在0.1以下）。

电极开关拨至三电极，导数档。

测量开关拨至阴极。

将三电极插入电解池中，每隔7 s仪器自行扫描一次，在荧光屏上记录-0.56 V左右（允许电位波动10~20 mV）的极谱波高，绘制标准曲线比较。

5. 结果计算

试样中亚硝酸盐的含量按下式计算：

$$X_1 = \frac{A_1 \times 1\ 000}{m \times \dfrac{V_1}{V_0} \times 1\ 000}$$

式中：X_1——试样中亚硝酸钠的含量，mg/kg；

　　　A_1——测定用样液中亚硝酸钠的质量，μg；

　　　m——试样质量，g；

　　　V_1——测定用样液体积，mL；

　　　V_0——试样处理液总体积，mL；

以重复性条件下获得的两次独立测定结果的算术平均值表示，结果保留两位有效数字：

试样中硝酸盐的含量按下式计算：

$$X_2 = \left(\frac{A_2 \times 1\ 000}{m \times \dfrac{V_2}{V_0} \times \dfrac{V_4}{V_3} \times 1\ 000} - X1 \right) \times 1.232$$

式中：X_2——试样中硝酸钠的含量，mg/kg；

　　　A_2——经镉粉还原后测得总亚硝酸钠的质量，μg；

m——试样的质量，g；

1.232——亚硝酸钠换算成硝酸钠的系数；

V_2——测总亚硝酸钠的测定用样液体积，mL；

V_0——试样处理液总体积，mL；

V_3——经镉柱还原后样液总体积，mL；

V_4——经镉柱还原后样液的测定用体积，mL；

X_1——计算出的试样中亚硝酸钠的含量，mg/kg。

以重复性条件下获得的两次独立测定结果的算术平均值表示，结果保留两位有效数字。

6. 说明

在重复性条件下获得的两次独立测定结果的绝对差值不得超过算术平均值的 10%。

第二节　水产品中酸味调节剂的测定

一、有机酸的测定——液相色谱法

本部分参照标准"食品中有机酸的测定"（GB/T 5009.157 - 2003）对水产品中有机酸的测定方法做以下介绍：

水产品中有机酸的测定包括：酒石酸、苹果酸、柠檬酸、丁二酸等有机酸类。

1. 原理

试样经匀浆提取、离心后，样液经 0.3 μm 滤膜抽滤，以（NH_4）$_2HPO_4$ – H_3PO_4缓冲溶液（pH 值 = 2.7）为流动相，用高效液相色谱法在 C18 色谱柱上分离，于 210 nm 处经紫外检测器检测，用峰高或峰面积标准曲线测定有机酸的含量。

2. 试剂

本方法中所用试剂均为分析纯，试验用水为重蒸水或同等纯度的水，经 0.45 μm 滤膜真空抽滤。

①80% 乙醇。

②1 mol/L 磷酸氢二铵溶液。

③1 mol/L 磷酸。

④有机酸标准溶液：称取酒石酸、苹果酸、柠檬酸各 0.500 0 g；丁二酸 0.100 0 g；用超滤水溶解后，定容至 50 mL，酒石酸、苹果酸、柠檬酸的浓度分别为 10.0 mg/mL，丁二酸为 2.0 mg/mL，此液为标准储备液。

⑤标准使用液：取 5.00 mL 标准储备液于 50 mL 容量瓶中用超滤水稀释到刻度。酒石酸、苹果酸、柠檬酸的浓度分别为 1.0 mg/mL，丁二酸为 0.2 mg/mL。

3. 仪器

①组织捣碎机。

②恒温水浴箱。

③高效液相色谱仪，配紫外可见检测器。

④酸度计。

⑤针头过滤器，0.3 μm 合成纤维树脂滤膜。

4. 分析步骤

（1）试样处理

称取 50 g 试样于组织捣碎机中，加入 100 mL 80% 乙醇，匀浆 1 min。取一定量匀浆（相当于 5g 试样）以 3 000 r/min 离心 10 min 分出上清液，转入 50 mL 容量瓶中，残渣再用 80% 乙醇洗涤两次，每次 25 mL，离心 10 min，合并上清液，加 80% 乙醇至刻度，混匀，此液为提取液。取 5.00 mL 提取液于蒸发皿中，在 70℃ 恒温水浴上蒸去乙醇，残留物用重蒸水定量转入 10 mL 具塞比色管内，加入 1 rnol/L 磷酸 0.2 mL，用重蒸水定容到 10 mL，混匀。取部分样液经内装 0.3 μm 滤膜的针头过滤器过滤，滤液供高效液相色谱分析用。

（2）测定

条件：

预柱：C18 柱，10 μm，4.6 mm×30 mm。

分析柱：C18 柱，5μm，4.6 mm×250 mm。

流动相：0.01 mol/L 磷酸氢二铵，用 1 mol/L 磷酸调至 pH 值 =2.70，临用前用超声波脱气。

流速：1 mL/min。

进样量：20 μL。

紫外检测器波长：210 nm。

②标准曲线的绘制：取标准使用液 0.50 mL、1.00 mL、2.00 mL、5.00 mL、10.00 mL，加入 0.2 mL 1 mol/L 磷酸，用超滤水稀释至 10 mL，混匀。进样 20μL，于 210 nm 处测量峰高或峰面积，每个浓度重复进样 2~3 次，取平均值。以有机酸的浓度为横坐标，色谱峰高或峰面积的均值为纵坐标，绘制标准曲线或经过线性回归得出回归方程。

③测定：在与绘制标准曲线相同的色谱条件下，取 20 μL 试样液注入色谱仪，根据标准曲线或线性回归方程，求出样液中有机酸的浓度。

5. 结果计算

试样中有机酸的浓度按下式计算。
固体试样：

$$X = \frac{C \times V_1 \times V}{m \times V_2}$$

液体试样：

$$X = \frac{C \times V_1}{V}$$

式中：X——试样中有机酸的含量，mg/kg；

c——由标准曲线或线性回归方程中求得样液中某有机酸的浓度，μg/mL；

V_1——试样的最后定容体积，mL；

V——固体试样为提取液的总体积液体试样为用于分析的试样体积，mL；

V_2——分析用试样提取液的体积，mL；

m——试样的质量，g。

计算结果保留两位有效数字。

6. 说明

①检出限：酒石酸 0.1 μg/mL、苹果酸 0.3 μg/mL、柠檬酸 0.5 μg/mL、丁二酸 2.0 μg/mL。

②在重复性条件下获得的两次独立测定结果的绝对差值不得超过算术平均值的 9%。

第三节　水产品中甜味剂的测定

一、糖精钠的测定

本部分参照标准"食品中糖精钠的测定"（GB/T 5009.28 – 2003）对水产品中糖精钠的测定方法做以下介绍：

1. 液相色谱法

（1）原理

试样加温除去二氧化碳和乙醇，调 pH 值至近中性，过滤后进高效液相色谱仪，经反相色谱分离后，根据保留时间和峰面积进行定性和定量。

（2）试剂

①甲醇：经 0.45 μm 滤膜过滤。

②氨水（1 + 1）：氨水加等体积水混合。

③乙酸按溶液（0.02 mol/L）称取 1.54 g 乙酸铵，加水至 1 000 mL 溶解，经 0.45 μm 滤膜过滤。

④糖精钠标准储备溶液：准确称取 0.085 1 g 经 120℃烘干 4 h 后的糖精钠，加水溶解定容至 100 mL。糖精钠含量 1.0 mg/mL，作为储备溶液。

⑤糖精钠标准使用溶液：吸取糖精钠标准储备液 10 mL 放入 100 mL 容量瓶中，加水至刻度，经 0.45 μm 滤膜过滤，该溶液每毫升相当于 0.10 mg 的糖精钠。

（3）仪器

高效液相色谱仪，配紫外可见检测器。

（4）分析步骤

①试样处理

称取 5.00 ~ 10.00 g，加水定容至适当的体积，混匀，放置 2 h，上清液经 0.45 μm 滤膜过滤。

②高效液相色谱参考条件

A. 柱：YWG – C18 4.6 mm × 250 mm，不锈钢柱。

B. 流动相：甲醇 + 乙酸铵溶液（0.02 mol/L）（5 + 95）。

C. 流速：1 mL/min。

D. 检测器：紫外检测器，230 nm 波长。

③测定

取处理液和标准使用液各 10 μL（或相同体积）注入高效液相色谱仪进行分离，以其标准溶液峰的保留时间为依据进行定性，以其峰面积求出样液中被测物质的含量，供计算。

（5）结果计算

试样中糖精钠含量按下式计算：

$$X = \frac{A \times 1\,000}{m \times (V_1/V_2) \times 1\,000}$$

式中：X——试样中糖精钠含量，g/kg；

A——进样体积中糖精钠的质量，mg；

V_1——进样体积，mL；

V_2——试样稀释液总体积，mL；

m——试样质量，g。

计算结果保留三位有效数字。

（6）说明

①检出限：高效液相色谱法为取样量为 10 g，进样量为 10 μL 时检出量为 1.5 ng。

②在重复性条件下获得的两次独立测定结果的绝对差值不得超过算术平均值的 10%。

二、环己基氨基磺酸钠的测定

本部分参照标准"食品中环己基氨基磺酸钠的测定"（GB/T 5009.97 – 2003）对水产品中环己基氨基磺酸钠的测定方法做以下介绍：

1. 气相色谱法

（1）原理

在硫酸介质中环己基氨基磺酸钠与亚硝酸反应，生成环己醇亚硝酸酯，利用气相色谱法进行定性和定量。

（2）试剂

①正乙烷。

②氯化钠。

③层析硅胶（或海砂）。

④50 g/L 亚硝酸钠溶液。

⑤100 g/L 硫酸溶液。

⑥环己基氨基磺酸钠标准溶液（含环己基氨基磺酸钠，98%）：精确称取 1.000 0 g 环己基氨基磺酸钠，加入水溶解并定容至 100 mL，此溶液每毫升含环己基氨基磺酸钠 10 mg。

（3）仪器

①气相色谱仪：附氢火焰离子化检测器。

②旋涡混合器。

③离心机。

④10 μL 微量注射器。

⑤色谱条件：

色谱柱：长 2 m，内径 3 mm，U 形不锈钢柱。

固定相：Chromosorb W AW DMC5 80～100 目，涂以 10% SE – 30。

⑥测定条件：

柱温：80℃，汽化温度 150℃，检测温度 150℃。

流速：氮气 40 mL/min；氢气 30 mL/min；空气 300 mL/min。

（4）试样处理

取样品放入均质器，加工成浆。

（5）分析步骤

①试样处理

称取 2.0 g 已剪碎的试样于研钵中，加少许层析硅胶（或海砂）研磨至呈干粉状，经漏斗倒入 100 mL 容量瓶中，加水冲洗研钵，并将洗液一并转移至容量瓶中。加水至刻度，不时摇动，1 h 后过滤，即得试样，准确吸取 20 mL 于 100 mL 带塞比色管，置冰浴中。

②测定

A. 标准曲线的制备：准确吸取 1.00 mL 环己基氨基磺酸钠标准溶液于 100 mL 带塞比色管中，加水 20 mL。置冰浴中，加入 5 mL 50 g/L 亚硝酸钠溶液，5mL 100 g/L 硫酸溶液，摇匀，在冰浴中放置30 min，并经常摇动，然后准确加入 10 mL 正乙烷，5 g 氯化钠，摇匀后置旋涡混合器上振动 1 min（或振摇 80 次），待静止分层后吸出正乙烷层于 10 mL 带塞离心管中进行离心分离，每毫升正乙烷提取液相当 1 mg 环己基氨基磺酸钠，将标准提取液进样 1~5 μL 于气相色谱仪中，根据响应值绘制标准曲线。

B. 试样管按"标准曲线的制备"自"加入 5 mL 50 g/L 亚硝酸钠溶液"起依法操作，然后将试料同样进样 1~5μL，测得响应值，从标准曲线图中查出相应含量。

（6）结果计算

试样中环己基氨基磺酸钠含量按下式计算：

$$X = \frac{10 \times m_1}{m \times V}$$

式中：X——试样中环己基氨基磺酸钠的含量，g/kg；

　　　m——试样质量，g；

　　　V——进样体积，μL；

　　　m_1——测定用试样中环己基氨基磺酸钠的质量，μg。

计算结果保留两位有效数字。

（7）说明

①检出限 4 μg。

②在重复性条件下获得的两次独立测定结果的绝对差值不得超过算术平均值的 10%。

2. 比色法

（1）原理

在硫酸介质中环己基氨基磺酸钠与亚硝酸钠反应，生成环己醇亚硝酸酯，与磺胺重氮化后再与盐酸萘乙二胺偶合生成红色染料，在 550 nm 波长测其吸光度，与标准比较定量。

（2）试剂

①三氯甲烷。

②甲醇。

③透析剂：称取 0.5 g 二氯化汞和 12.5 g 氯化钠于烧杯中，以 0.01 mol/L 盐酸溶液定容至 100 mL。

④10 g/L 亚硝酸钠溶液。

⑤100 g/L 硫酸溶液。

⑥100 g/L 尿素溶液（临用时新配或冰箱保存）。

⑦100 g/L 盐酸溶液。

⑧100 g/L 磺胺溶液：称取 1 g 磺胺溶于 10% 盐酸溶液中，最后定容至 100 mL。

⑨1 g/L 盐酸萘乙二胺溶液。

⑩环己基氨基磺酸钠标准溶液：精确称取 0.100 00 g 环己基氨基磺酸钠，加水溶解，最后定容至 100 mL，此溶液每毫升含环己基氨基磺酸钠 1 mg，临用时将环己基氨基磺酸钠标准溶液稀释 10 倍。此液每毫升含环己基氨基磺酸钠 0.1mg。

（3）仪器

①分光光度计。

②旋涡混合器。

③离心机。

④透析纸。

（4）试样处理

同"气相色谱法"。

（5）分析步骤

①提取

称取 2.0 g 已剪碎的试样于研钵中，加少许层析硅胶（或海砂）研磨至呈干粉状，经漏斗倒入 100 mL 容量瓶中，加水冲洗研钵，并将洗液一并转移至容量瓶中。加水至刻度，不时摇动，1 h 后过滤，即得试样，称取 10.0 g 试样于透析纸中，加 10 mL 透析剂，将透析纸口扎紧。放入盛有 100 mL 水的 200 mL 广口瓶内，加盖，透析 20~24 h，得透析液。

②测定

A. 取 2 支 50 mL 带塞比色管，分别加入 14 mL 透析液和 10 mL 标准液，于 0~3℃ 冰浴中，加入 1mL 10g/L 亚硝酸钠溶液，1 mL 100 g/L 硫酸溶液，摇匀后放入冰水中不时摇动，放置 1h，取出后加 15 mL 三氯甲烷，置旋涡混合器上振动 1min。静置后吸去上层液。再加 15 mL 水，振动 1min，静止后吸去上层液，加 10 mL 100 g/L 尿素溶液，2 mL 100g/L 盐酸溶液，再振动 5 min，静置后吸去上层液，加 15 mL 水，振动 1 min，静置后吸去上层液，分别准确吸出 5 mL 三氯甲烷于 2 支 25 mL 比色管中。另取一支 15 mL 比色管加入 5 mL 三氯甲烷作参比管。于各管中加入 15 mL 甲醇，1 mL 10 g/L 磺胺，置冰水中 15 min，取出，恢复常温后加入 1mL 1 g/L 盐酸萘乙二胺溶液，加甲醇至刻度，在 15~30℃ 下放置 20~30 min，用 1 cm 比色杯于波长 550 nm 处测定吸光度 A 及 Ao。

B. 另取 2 支 50 mL 带塞比色管，分别加入 10 mL 水和 10mL 透析液，除不加 10 g/L 亚硝酸钠外，其他按步骤进行，测得吸光度 Aso 及 Ao。

（6）结果计算

试样中环己基氨基磺酸钠含量按下式计算：

$$X = \frac{c}{m} \times \frac{A - A_0}{A_S - A_{S0}} \times \frac{110}{1\ 000\ V}$$

式中：X——试样中环己基氨基磺酸钠的含量，g/kg；

　　　m——试样质量，g；

　　　V——透析液用量，mL；

　　　c——标准管浓度，μg/mL；

　　　A_S——标准液吸光度；

　　　A_{S0}——水的吸光度；

A——试样透析液吸光度；

A_0——不加亚硝酸盐的试样透析液吸光度。

计算结果保留两位有效数字。

（7）说明

在重复性条件下获得的两次独立测定结果的绝对差值不得超过算术平均值的 10%。

3. 薄层色谱法

（1）原理

试样经酸化后，用乙醚提取，将试样提取液浓缩，点于聚酰胺薄层板上，展开，经显色后，根据薄层板上环己基氨基磺酸钠的比移值及显色斑深浅，与标准比较进行定性、概略定量。

（2）试剂

①异丙醇；正丁醇；石油醚：沸程 30~60℃；乙醚（不含过氧化物）；氢氧化胺；无水乙醇；

②氯化钠；硫酸钠。

③6 mol/L 盐酸：取 50 mL 盐酸加到少量水中，再用水稀释至 100 mL。

④聚酰胺粉（尼龙-6）：200 目。

⑤环己基氨基磺酸标准溶液：精密称取 0.020 0 g 环己基氨基磺酸，用少量无水乙醇溶解后移入 10 mL 容量瓶中，并稀释到刻度，此溶液每毫升相当于 2 mg 环己基氨基磺酸，二周后重新配制，环己基氨基磺酸的熔点：169~170℃。

⑥展开剂：

正丁醇-浓氨水-无水乙醇（20+1+1）。

异丙醇-浓氨水-无水乙醇（20+1+1）。

⑦显色剂：称取 0.040 g 嗅甲酚紫溶于 100 mL，50% 乙醇溶液，用 1.2 mL 0.4% 氢氧化钠溶液调至 pH 值为 8。

（3）仪器

①吹风机。

②层析缸。

③玻璃板：5 cm×20 cm。

④微量注射器：10 μL。

⑤玻璃喷雾器。

（4）分析步骤

①试样提取

称取 2.5 g 水产品试样，研碎，置于 25 mL 带塞量筒中，用石油醚提取 3 次，每次 20 mL，每次振摇 3 min，弃去石油醚，让试样挥发后（在通风橱中不断搅拌试样，以除去石油醚），加入 0.5 mL 6 mol/L 盐酸酸化，再加约 1 g 氯化钠，用 15 mL、10 mL 乙醚提取两次，每次振摇 1 min 静止分层，用滴管将上层乙醚提取液通过无水硫酸钠滤入 25 mL 容量瓶中，用少量乙醚洗无水硫酸钠，加乙醚至刻度，混匀。吸取 10.0 mL 乙醚提取液分两次置于 10 mL 带塞离心管中，在约 40℃ 水浴上挥发至干，加入 0.1 mL 无水乙醇溶解残渣，备用。

②测定

A. 聚酰胺粉板的制备：称取 4 g 聚酰胺粉，加 1.0 g 可溶性淀粉，加约 14 mL 水研磨均匀合适为止，立即倒入涂布器内制成面积为 5 cm × 20 cm，厚度为 0.3 mm 的薄层板 6 块，室温干燥后，于 80℃ 干燥 1 h，取出，置于干燥器中保存、备用。

B. 点样：薄层板下端 2 cm 的基线上，用微量注射器于板中间点 4 μL 试样液，两侧各点 2 μL，3 μL 环己基氨基磺酸标准液。

C. 展开与显色：将点样后的薄层板放入预先盛有展开剂的展开槽内，展开槽周围贴有滤纸，待溶剂前沿上展至 10 cm 以上时，取出在空气中挥干，喷显色剂其斑点呈黄色，背景为蓝色。试样中环己基氨基磺酸的量与标准斑点深浅比较定量（用异丙醇 – 浓氨水 – 无水乙醇展开剂时，环己基氨基磺酸的比移值约为 0.47，山梨酸 0.73，苯甲酸 0.61，糖精 0.31）。

（5）结果计算

试样中环己基氨基磺酸钠含量按下式计算：

$$X = \frac{2.8 m_1 \times V_1}{m \times V_2}$$

式中：X——试样中环己基氨基磺酸钠的含量，g/kg；

m——试样质量，mg；

m_1——试样点相当于环己基氨基磺酸钠的质量，mg；

V_1——加入无水乙醇的体积，mL；

V_2——测试时点样的体积，mL。

计算结果保留两位有效数字。

（6）说明

在重复性条件下获得的两次独立测定结果的绝对差值不得超过算术平均值的 28%。

本标准可以同时测定山梨酸、苯甲酸、糖精等成分。

第四节　水产品中漂白剂的测定

一、亚硫酸盐的测定

本部分参照标准"食品中亚硫酸盐的测定"（GB/T 5009.34 – 2003）对水产品中亚硫酸盐的测定方法做以下介绍：

1. 盐酸副玫瑰苯胺法

（1）原理

亚硫酸盐与四氯汞钠反应生成稳定的络合物，再与甲醛及盐酸副玫瑰苯胺作用生成紫红色络合物与标准系列比较定量。

（2）试剂

①四氯汞钠吸收液：称取 13.6 g 氯化高汞及 6.0g 氯化钠，溶于水中并稀释至 100 mL，放置过夜，过滤后备用。

②氨基磺酸铵溶液（12 g/L）。

③甲醛溶液（2 g/L）：吸取 0.55 mL 无聚合沉淀的甲醛（36%），加水稀释至 100 mL，混匀。

④淀粉指示液：称取 1 g 可溶性淀粉，用少许水调成糊状，缓缓倾入 100 mL 沸水中，随加随搅拌，煮沸，放冷备用，此溶液临用时现配。

⑤亚铁氰化钾溶液：称取 10.0 g 亚铁氰化钾，加水溶解并稀释至 100 mL。

⑥乙酸锌溶液：称取 22 g 乙酸锌溶于少量水中，加入 3 mL 冰乙酸，加水稀释至 100 mL。

⑦盐酸副玫瑰苯胺溶液：称取 0.1 g 盐酸副玫瑰苯胺于研钵中，加少量水研磨使溶解并稀释至 100 mL。取出 20 mL，置于 100 mL 容量瓶中，加盐酸（1 + 1），充分摇匀后使溶液由红变黄，如不变黄再滴加少量盐酸至出现黄色，再加水稀释至刻度，混匀备用（如无盐酸副玫瑰苯胺可用盐酸品红代替）。

盐酸副玫瑰苯胺的精制方法：称取 20 g 盐酸副玫瑰苯胺于 400 mL 水中，用 50 mL 盐酸（1 + 5）酸化，徐徐搅拌，加 4 ~ 5 g 活性炭，加热煮沸 2 min。将混合物倒入大漏斗中，过滤（用保温漏斗趁热过滤）。滤液放置过夜，出现结晶，然后再用布氏漏斗抽滤，将结晶再悬浮于 1 000 mL 乙醚 – 乙醇（10 + 1）的混合液中，振摇 3 ~ 5 min，以布氏漏斗抽滤，再用乙醚反复洗涤至醚层不带色为止，于硫酸干燥器中干燥，研细后贮于棕色瓶中保存。

⑧碘溶液 0.100 mol/L。

⑨硫代硫酸钠标准溶液 0.100 mol/L；氢氧化钠溶液（20 g/L）；硫酸（1 + 71）。

⑩二氧化硫标准溶液：称取 0.5 g 亚硫酸氢钠，溶于 200 mL 四氯汞钠吸收液中，放置过夜，上清液用定量滤纸过滤备用。

吸取 10.0 mL 亚硫酸氢钠 – 四氯汞钠溶液于 250 mL 碘量瓶中，加 100 mL 水，准确加入 20.00 mL 碘溶液（0.1 mol/L），5 mL 冰乙酸，摇匀，放置于暗处，2 min 后迅速以硫代硫酸钠（0.100 mol/L）标准溶液滴定至淡黄色，加 0.5 mL 淀粉指示液，继续滴至无色。另取 100 mL 水，准确加入碘溶液 20.0 mL（0.1 mol/L），5 mL 冰乙酸，按同一方法做试剂空白试验。

二氧化硫使用液：临用前将二氧化硫标准溶液以四氯汞钠吸收液稀释成每毫升相当于 2 μg 二氧化硫。

（3）仪器

分光光度计。

（4）分析步骤

①试样处理：称取 5.0 ~ 10.0 g 研磨均匀的试样，以少量水湿润并移入 100 mL 容量瓶中，然后加入 20 mL 四氯汞钠吸收液，浸泡 4 h 以上，若上层溶液不澄清可加入亚铁氰化钾及乙酸锌溶液各 2.5 mL，最后用水稀释至 100 mL 刻度，过滤后备用。

②测定：吸取 0.50 ~ 5.0 mL 上述试样处理液于 25 mL 带塞比色管中。另吸取 0、0.20 mL、0.40 mL、0.60 mL、0.80 mL、1.00 mL、1.50 mL、2.00 mL 二氧化硫标准使用液，分别置于 25 mL 带塞比色管中。于试样及标准管中各加入四氯汞钠吸收液至 10 mL，然后再加 1 mL 氨基磺酸铵溶液（12 g/L），1 mL 甲醛溶液（2 g/L）及 1 mL 盐酸副玫瑰苯胺溶液，摇匀，放置 20 min。用 1 cm 比色杯，以零管调零点，于波长 550 nm 处测吸光度，绘制标准曲线比较。

（5）结果计算

试样中二氧化硫的含量按下式计算。

$$X = \frac{A \times V}{10 \times m}$$

式中：X——试样中二氧化硫的含量，g/kg；

　　　A——测定用试样溶液中的二氧化硫质量，μg；

　　　V——试样溶液体积，mL；

　　　m——试样质量，g。

计算结果保留两位有效数字。

（6）说明

①检出限：1 mg/kg。

②在重复性条件下获得的两次独立测定结果的绝对差值，不得超过算术平均值的10%。

第五节　水产品中着色剂的测定

一、合成着色剂的测定

本部分参照标准"食品中合成着色剂的测定"（GB/T 5009.35 – 2003）对水产品中合成着色剂的测定方法做以下介绍：

（一）液相色谱法

1. 原理

水产品中人工合成着色剂用聚酰胺吸附法或液 – 液分配法提取，制成水溶液，注入高效液相色谱仪，经反相色谱分离，根据保留时间定性和与峰面积比较进行定量。

2. 试剂

①正乙烷。

②盐酸。

③乙酸。

④甲醇：经0.5 μm滤膜过滤。

⑤聚酰胺粉（尼龙6）：过200目筛。

⑥乙酸铵溶液（0.02 mol/L）：称取1.54 g乙酸铵，加水至1 000 mL，溶解，经0.45 μm滤膜过滤。

⑦氨水：量取氨水2 mL，加水至100 mL，混匀。

⑧氨水 – 乙酸铵溶液（0.02 mol/L），量取氨水0.5 mL，加乙酸铵溶液（0.02 mol/L）至1 000 mL，混匀。

⑨甲醇 – 甲酸（6 + 4）溶液：量取甲醇60 mL，甲酸40 mL，混匀。

⑩柠檬酸溶液：称取20 g柠檬酸，加水至100 mL，溶解混匀。

⑪无水乙醇 – 氨水 – 水（7:2:1）溶液：量取无水乙醇80 mL，氨水20 mL、水10 mL，混匀。

⑫三正辛胺正丁醇溶液：量取三正辛胺5 mL，加正丁醇至100 mL，混匀。

⑬饱和硫酸钠溶液。

⑭硫酸钠溶液（2 g/L）。

⑮pH值为6的水：水加柠檬酸溶液调pH值到6。

⑯合成着色剂标准溶液：准确称取按其纯度折算为100%质量的柠檬黄、日落黄、苋菜红、胭脂红、新红、赤鲜红、亮蓝、靛蓝各0.100 g，置100 mL容量瓶中，加pH值为6的水到刻度，配成水溶液（1.00 mg/mL）。

⑰合成着色剂标准使用液：临用时上述溶液加水稀释20倍，经0.45 μm滤膜过滤，配成每毫升相当于50.0 μg的合成着色剂。

3. 仪器

高效液相色谱仪，带紫外检测器，254 nm波长。

4. 分析步骤

（1）试样处理

称取 5.00 ~ 10.00 g 经均质的试样放入 100 mL 小烧杯中，用水反复洗涤色素，到试样无色素为止，合并色素漂洗液为试样溶液。

（2）色素提取

①聚酰胺吸附法：试样溶液加柠檬酸溶液调 pH 值至 6，加热至 60℃，将 1 g 聚酰胺粉加少许水调成粥状，倒入试样溶液中，搅拌片刻，以 G3 垂融漏斗抽滤，用 60℃ pH 值 =4 的水洗涤 3 ~ 5 次，然后用甲醇—甲酸混合溶液洗涤 3 ~ 5 次（含赤鲜红的试样用液－液分配法处理），再用水洗至中性，用乙醇－氨水－水混合溶液解吸 3 ~ 5 次，每次 5 mL，收集解吸液，加乙酸中和，蒸发至近干，加水溶解，定容至 5 mL。经 0.45 μm 滤膜过滤，取 10 μL 进高效液相色谱仪。

②液－液分配法（适用于含赤藓红的试样）：将制备好的试样溶液放入分液漏斗中，加 2 mL 盐酸、三正辛胺正丁醇溶液（5%）10 ~ 20 mL，振摇提取，分取有机相，重复提取至有机相无色，合并有机相，用饱和硫酸钠溶液洗 2 次，每次 10 mL，分取有机相，放蒸发皿中，水浴加热浓缩至 10 mL，转移至分液漏斗中，加 60 mL 正乙烷，混匀，加氨水提取 2 ~ 3 次，每次 5 mL，合并氨水溶液层（含水溶性酸性色素），用正乙烷洗 2 次，氨水层加乙酸调成中性，水浴加热蒸发至近干，加水定容至 5 mL。经滤膜 0.45 μm 过滤，取 10 μL 进高效液相色谱仪。

（3）高效液相色谱参考条件

①柱：C18 10 μm 不锈钢柱 4.6 mm（i. d）× 250 mm。

②流动相：甲醇，乙酸铵溶液（pH 值 =4，0.02 mol/L）。

③梯度洗脱：甲醇，20% ~ 35%，3%/min；35% ~ 98%，9%/min；98% 继续 6 min。

④流速：1 mL/min。

⑤紫外检测器，254 nm 波长。

5. 结果计算

试样中着色剂的含量按下式计算：

$$X = \frac{A}{m \times \frac{V_2}{V_1} \times 1\ 000}$$

式中：X——试样中着色剂的含量，g/kg；

A——试样中着色剂的质量，μg；

V_2——进样体积，mL；

V_1——稀释总体积，mL；

m——试样质量，g。

计算结果保留两位有效数字。

6. 说明

①检出限：新红 5 ng、柠檬黄 4 ng、苋菜红 6 ng、胭脂红 8 ng、日落黄 7 ng、赤藓红 18 ng、亮蓝 26 ng，当进样量相当 0.025 g 时，检出浓度分别为 0.2 mg/g、0.16 mg/g、0.24 mg/g、0.32 mg/g、0.28 mg/g、0.72 mg/g、1.04 mg/g。

②在重复性条件下获得的两次独立测定结果的绝对差值不得超过算术平均值的 10%。

（二）薄层色谱法

1. 原理

水溶性酸性合成着色剂在酸性条件下被聚酰胺吸附，而在碱性条件下解吸附，再用纸色谱法或薄层色谱法进行分离后，与标准比较定性、定量。

最低检出量为 50 μg。点样量为 1 μL 时，检出浓度约为 50 mg/kg。

2. 试剂

①石油醚：沸程 60～90℃。

②甲醇。

③聚酰胺粉（尼龙 6）：200 目。

④硅胶 G。

⑤硫酸：（1 + 10）。

⑥甲醇 – 甲酸溶液：（6 + 4）。

⑦氢氧化钠溶液（50 g/L）。

⑧海砂：先用盐酸（1 + 10）煮沸 15 min 用水洗至中性，再用氢氧化钠溶液（50 g/L）煮沸 15 min，用水洗至中性，再于 105℃ 干燥，贮于具玻璃塞的瓶中，备用。

⑨乙醇（50%）。

⑩乙醇 – 氨溶液：取 1 mL 氨水，加乙醇（70%）至 100 mL。

⑪pH 值 6 的水：用柠檬酸溶液（20%）调节至 pH 值为 6。

⑫盐酸（1 + 10）。

⑬柠檬酸溶液（200 g/L）。

⑭钨酸钠溶液（100 g/L）。

⑮碎瓷片：处理方法同海砂。

⑯展开剂如下：

正丁醇 – 无水乙醇 – 氨水（1%）（6 + 2 + 3）：供纸色谱用。

正丁醇 – 吡啶 – 氨水（1%）（6 + 3 + 4）：供纸色谱用。

甲乙酮 – 丙酮 – 水（7 + 3 + 3）：供纸色谱用。

甲醇 – 乙二胺 – 氨水（10 + 3 + 2）：供薄层色谱用。

甲醇 – 氨水 – 乙醇（5 + 1 + 10）：供薄层色谱用。

柠檬酸钠溶液（25 g/L） – 氨水 – 乙醇（8 + 1 + 2）：供薄层色谱用。

⑰合成着色剂标准溶液：按液相色谱法中乙酸铵溶液方法，分别配制着色剂的标准溶液浓度为每毫升相当于 1.0 mg。

⑱着色剂标准使用液：临用时吸取色素标准溶液各 5.0 mL，分别置于 50 mL 容量瓶中，加 pH 值为 6 的水稀释至刻度。此溶液每毫升相当于 0.10 mg 着色剂。

3. 仪器

①可见分光光度计。

②微量注射器或血色素吸管。

③开槽，25 cm × 6 cm × 4 cm。

④层析缸。

⑤滤纸：中速滤纸，纸色谱用。

⑥薄层板：5 cm×20 cm。

⑦电吹风机。

⑧水泵。

4. 分析步骤

(1) 试样处理

称取 10.0 g 均质的试样，加海砂少许，混匀，用热风吹干用品（用手摸已干燥即可），加入 30 mL 石油醚搅拌。放置片刻，倾出石油醚，如此重复处理三次，以除去脂肪，吹干后研细，全部倒入 G3 垂融漏斗或普通漏斗中，用乙醇－氨溶液提取色素，直至着色剂全部提完，置水浴上浓缩至约 20 mL，立即用硫酸溶液（1＋10）调至微酸性，再加 1.0mL 硫酸（1＋10），加 1 mL 钨酸钠溶液（100 g/L），使蛋白质沉淀，过滤，用少量水洗涤，收集滤液。

(2) 吸附分离

将处理后所得的溶液加热至 70℃，加入 0.5～1.0g 聚酰胺粉充分搅拌，用柠檬酸溶液（200 g/L）调 pH 值至 4，使着色剂完全被吸附，如溶液还有颜色，可以再加一些聚酰胺粉，将吸附着色剂的聚酰胺全部转入 G3 垂融漏斗中过滤（如用 G3 垂融漏斗过滤可以用水泵慢慢地抽滤）。用 pH 值 4 的 70℃水反复洗涤，每次 20 mL，边洗边搅拌，若含有天然着色剂。再用甲醇－甲酸溶液洗涤 1～3 次，每次 20 mL，至洗液无色为止。再用 70℃水多次洗涤至流出的溶液为中性。洗涤过程中应充分搅拌。然后用乙醇－氨溶液分次解吸全部着色剂，收集全部解吸液，于水浴上驱氨。如果为单色，则用水准确稀释至 50 mL，用分光光度法进行测定。如果为多种着色剂混合液，则进行纸色谱或薄层色谱法分离后测定，即将上述溶液置水浴上浓缩至 2 mL 后移入 5 mL 容量瓶中，用 50 mL 乙醇洗涤容器，洗液并入容量瓶中并稀释至刻度。

(3) 定性

①纸色谱：取色谱用纸，在距底边 2 cm 的起始线上分别点 3～10 μL 试样溶液、1～2 μL 着色剂标准溶液，挂于分别盛有①、②的展开剂的层析缸中，用上行法展开，待溶剂前沿展至 15 cm 处，将滤纸取出于空气中晾干，与标准板比较定性。

也可取 0.5 mL 样液，在起始线上从左到右点成条状，纸的左边点着色剂标准溶液，依法展开，晾干后先定性后再供定量用。靛蓝在碱性条件下易褪色，可用③展开剂。

②薄层色谱：薄层板的制备：称取 1.6 g 聚酰胺粉、0.4 g 可溶性淀粉及 2 g 硅胶 G，置于合适的研钵中，加 15 mL 水研匀后，立即置涂布器中铺成厚度为 0.3 mm 的板。在室温晾干后，于 80℃干燥 1 h，置干燥器中备用。

点样：离板底边 2 cm 处将 0.5 mL 样液从左到右点成与底边平行的条状，板的左边点 2 μL 色素标准溶液。

展开：觅菜红与胭脂红用④展开剂，靛蓝与亮蓝用⑤展开剂，柠檬黄与其他着色剂用⑥展开剂。取适量展开剂倒入展开槽中，将薄层板放入展开，待着色剂明显分开后取出，晾干，与标准板比较，如 Rf 相同即为同一色素。

(4) 定量

①试样测定：将纸色谱的条状色斑剪下，用少量热水洗涤数次，洗液移入 10 mL 比色管中，并加水稀释至刻度，作比色测定用。

将薄层色谱的条状色斑包括有扩散的部分，分别用刮刀刮下，移入漏斗中，用乙醇—氨溶液解吸着色剂，少量反复多次至解吸液于蒸发皿中，于水浴上挥去氨，移入 10 mL 比色管中，加水至刻度，作比色用。

②标准曲线制备：分别吸取 0、0.5 mL、1.0 mL、2.0 mL、3.0 mL、4.0 mL 胭脂红、苋菜红、柠檬黄、日落黄色素标准使用溶液，或 0、0.2 mL、0.4 mL、0.6 mL、0.8 mL、1.0 mL 亮蓝、靛蓝色素标准使用溶液，分别置于 10 mL 比色管中，各加水稀释至刻度。

上述试样与标准管分别用 1 cm 比色杯，以零管调节零点，丁一定波长下（胭脂红 510 nm，苋菜红 520 nm，柠檬黄 430 nm，日落黄 482 nm，亮蓝627 nm，靛蓝 620 nm），测定吸光度，分别绘制标准曲线比较或与标准系列目测比较。

5. 结果计算

试样中着色剂的含量按下式计算：

$$X = \frac{A}{m \times \dfrac{V_2}{V_1}}$$

式中：X——试样中着色剂的含量，g/kg；

　　　A——试样中色素的质量，mg；

　　　V_2——样液点板体积，mL；

　　　V_1——试样解吸后总体积，mL；

　　　m——试样质量，g。

计算结果保留两位有效数字。

（三）示波极谱法

1. 原理

水产品中的合成着色剂，在特定的缓冲溶液中，在滴汞电极上可产生敏感的极谱波，波高与着色剂的浓度成正比；当食品中存在一种或两种以上互不影响测定的着色剂时，可用其进行定性定量分析。

2. 试剂

①底液 A：磷酸盐缓冲液（常用于红色和黄色复合色素），可作苋菜红、胭脂红、日落黄、柠檬黄以及靛蓝着色剂的测定底液。

称取 13.6 g 无水磷酸二氢钾和 14.1 g 无水磷酸氢二钠（或 35.6 g 含结晶水的磷酸氢二钠）及 10.0 g 氯化钠，加水溶解后稀释至 1 L。

②底液 B：乙酸盐缓冲液（常用于绿色和蓝色复合色素），可作靛蓝、亮蓝、柠檬黄、日落黄着色剂的测定底液。

量取 40.0 mL 冰乙酸，加水约 400 mL，加入 20.0 mL 无水乙酸钠，溶解后加水稀释至 1 L。

③柠檬酸溶液：200 g/L。

④乙醇－氨溶液：取 1 mL 浓氨水，加乙醇（70%）至 100 mL。

⑤着色剂标准储备溶液：准确称取按其纯度折算为 100% 质量的人工合成着色剂 0.100 g，置 100 mL 容量瓶中，加水到刻度，配成水溶液（1.00 mg/mL）。

⑥着色剂标准使用液：吸取标准储备液 1.00 mL，置 100 mL 容量瓶中，加水到刻度，配成水溶液（10.0 μg/mL）。

3. 仪器

①微机极谱仪。

②常用玻璃仪器。

4. 分析步骤

（1）试样处理

取样 5.0 g 于 50 mL 离心管中，用石油醚洗涤三次，每次约 20～30 mL，用玻璃棒搅匀，离心，弃上清液，低温挥去残留的石油醚后用乙醇－氨溶液溶解并定容至 25.0 mL，离心，取上清液一定量水浴蒸干，用适量的水加热溶解色素，用水洗入 10 mL 容量瓶并定容。

（2）测定

①极谱条件：滴汞电极，一阶导数，三电极制，扫描速度 250 mV/s，底液 A 的初始扫描电位为 －0.2 V，终止扫描电位为 －0.9 V。参考峰电位为览菜红 －0.42 V、日落黄 －0.50 V、柠檬黄 －0.56 V、胭脂红 －0.69 V、靛蓝 －0.29 V。底液 B 的初始扫描电位为 0.0 V，终止扫描电位为 －1.0 V。参考峰电位（溶液、底液偏酸使出峰电位正移，偏碱使出峰电位负移）：靛蓝 －0.16 V、日落黄 －0.32 V、柠檬黄 －0.45 V、亮蓝 －0.80 V。

②标准曲线：吸取着色剂标准使用溶液 0、0.50 mL、1.00 mL、2.00 mL、3.00 mL、4.00 mL 分别于 10 mL 比色管中，加入 5.00 mL 底液，用水定容至 10.0 mL（浓度分别为 0、0.50 μg/mL、1.00 μg/mL、2.00 μg/mL、3.00 μg/mL、4.00 μg/mL），混匀后于微机极谱仪上测定。0 为试剂空白溶液。

③试样测定：取试样处理液 1.00 mL，或一定量（复合色素峰电位较近时，尽量取稀溶液），加底液 5.00 mL，加水至 10.0 mL，摇匀后与标准系列溶液同时测定。

5. 结果计算

试样中着色剂的含量按下式计算：

$$X - \frac{c}{m \times V_1 \times V_2 \times 1\,000}$$

式中：X——试样中着色剂的含量，g/kg；

c——试样测定液中着色剂的含量，mg/L；

V_1——测定液中试样处理液体积，mL；

V_2——稀释后总体积，mL；

m——试样取样量，g。

6. 说明

在重复性条件下获得的两次独立测定结果的绝对差值，不得超过算术平均值的 10%。

二、诱惑红的测定

本部分参照标准"食品中诱惑红的测定"（GB/T 5009.141－2003）对水产品中诱惑红的测定方法做以下介绍：

1. 原理

诱惑红在酸性条件下被聚酰胺吸附，而在碱性条件下解吸附，再用纸色谱法进行分离后，与标准比较定性、定量。

2. 试剂

①石油醚：沸程 60~90℃。

②甲醇。

③聚酰胺粉（尼龙 6）：200 目。

④硫酸：（1+10）。

⑤氢氧化钠溶液（50 g/L）。

⑥海砂：先用盐酸（1+10）煮沸 15 min 用水洗至中性，再用氢氧化钠溶液（50 g/L）煮沸 15 min，用水洗至中性，再于 105℃干燥，贮于具玻璃塞的瓶中，备用。

⑦乙醇（50%）。

⑧乙醇－氨溶液：取 1 mL 氨水，加乙醇（70%）至 100 mL。

⑨pH 值为 6 的水：用柠檬酸溶液（20%）调节至 pH 值为 6。

⑩柠檬酸溶液（200 g/L）。

⑪钨酸钠溶液（100 g/L）。

⑫诱惑红标准储备液：称取 0.025 g 诱惑红，加水溶解，并定容至 25 mL，即得 1 mg/mL。

⑬诱惑红标准使用液：吸取诱惑红标准储备液 5.0 mL，于 50 mL 容量瓶中，加水稀释至 50 mL，即得 0.1 mg/mL。

⑭展开剂：

丁酮+丙醇+水+氨水（7+3+3+0.5）

正丁酮+无水乙醇+1%氨水（6+2+3）

2.5%柠檬酸钠+氨水+乙醇（8+1+2）

3. 仪器

①可见分光光度计。

②微量注射器。

③展开槽。

④滤纸：中速滤纸，色谱用纸。

⑤电吹风机。

⑥恒温水浴锅。

⑦台式离心机。

4. 分析步骤

（1）试样处理

称取 10.0 g 已均匀的试样于烧杯中，加入 20 g 海沙 15 mL 石油醚提去脂肪，提取 2 次，倾去石油醚，然后在 50℃的水浴上挥去石油醚，再加入乙醇－氨解吸液解吸诱惑红，解吸液倒入 100 mL 的蒸发皿中，直至解吸液无色。将解吸液于水浴上挥去乙醇，使体积约为 20 mL 时，加入 1 mL 硫酸（1+10），1 mL 钨酸钠溶液沉淀蛋白，放置 2 min，然后用乙醇－氨调至 pH 呈碱性，将溶液转入离心管中，5 000 r/min，离心 15 min，倾出上清液，于水浴上挥去乙醇，然后用柠檬酸溶液调 pH 呈酸性，加入 0.59 g 聚酰胺粉吸附色素，将吸附色素的聚酰胺粉全部转到漏斗中过滤，用 pH 值为 4 的酸性热水洗涤多次（约 200 mL），以洗去糖等物质。若有天然色素，用甲醇－甲酸溶液洗涤 1～3 次，每次 20 mL，至洗液无色为止。再用 70℃的水多次洗涤至流出液中性。洗涤过程必须充分搅拌然后用乙醇－氨水溶分次解吸色素，收集全部解吸液，于水浴上驱除氨，蒸发至 2 mL 左右，转入 5 mL 的容量瓶中，用 50%的乙醇分次洗涤蒸发皿，洗涤液并入 5 mL 的容量瓶中，用 50%的乙醇定容至刻度，此液留作色谱用纸。

（2）定性

取色谱用纸，在距底边 2 cm 起始线上分别点 3～10μL 的试样处理液，1 mL 色素标准液，分别挂于盛有①、②、③展开剂的展开槽中，用上行法展开，待溶剂前沿展至 15 cm 处，将滤纸取出空气中晾干，与标准斑比较定性。

（3）定量

①标准曲线的制备：吸取 0、0.2 mL、0.4 mL、0.6 mL、0.8 mL、1.0 mL 诱惑红标准使用液，分别置于 10 mL 比色管中，各加水稀释到刻度。用 1 mL 比色杯，以零管调零点，于波长 S00 nm 处，测定吸光度，绘制标准曲线。

②试样的测定：取色谱用纸，在距离底边 2cm 的起始线上，点 0.20 mL 试样处理液，从左到右点成条状。纸的右边点诱惑红的标准溶液 1 μL，依法展开，取出晾干。将试样的色带剪下，用少量热水洗涤数次，洗液移入 10 mL 的比色管中，加水稀释至刻度，混匀后，与标准管同时在 500 nm 处，测定吸光度。

5. 结果计算

试样中诱惑红的含量按下式计算：

$$X = \frac{A \times 1\,000}{m \times \dfrac{V_2}{V_1} \times 1\,000}$$

式中：X——试样中诱惑红的含量，g/kg；

A——进样体积中诱惑红的质量，mg；

V_2——试样纸层析用体积，mL；

V_1——试样解吸后总体积，mL；

m——试样质量，g。

计算结果保留两位有效数字。

6. 说明

①本标准的取样量为 10 g 时，检出限为 5 mg/kg。

②线性范围为 0～12 mg/L。

③在重复性条件下获得的两次独立测定结果的绝对差值，不得超过算术平均值的 10%。

三、栀子黄的测定

本部分参照标准"食品中栀子黄的测定"（GB/T 5009.149－2003）对水产品中栀子黄的测定方法做以下介绍：

1. 原理

试样中栀子黄经提取净化后，用高效液相色谱法测定，以保留时间定性、峰高定量，栀子甙是栀子黄的主要成分，为对照品。

2. 试剂

试剂均为分析纯，水为蒸馏水。

①甲醇。

②石油醚：60~90℃。

③乙酸乙酯。

④三氯甲烷。

⑤姜黄色素。

⑥栀子甙。

⑦栀子甙标准溶液：称取 2.75 mg 栀子甙标准品，用甲醇溶解，并用甲醇稀释至 100 mL 混匀。即得27.5 μg/mL 栀子甙。

⑧栀子甙标准使用液：分别吸取栀子甙标准溶液 0、0.2 mL、0.4 mL、0.6 mL、0.8 mL 于 10 mL 容量瓶中，加甲醇定容至 10 mL，即得 0、5.5 μg/mL、11.0 μg/mL、16.5 μg/mL、22.0 μg/mL 的栀子甙标准系列溶液。

3. 仪器

①小型粉碎机。

②恒温水浴。

③高效液相色谱系统：配荧光检测器，Blue chip/PC 计算机和 Baseline 810 色谱控制程序。

4. 分析步骤

（1）试样处理

称取 10 g 试样放入 100 mL 的圆底烧瓶中，用 50 mL 石油醚加热回流 30 min，置室温。砂芯漏斗过滤，用石油醚洗涤残渣 5 次，洗液并入滤液中，减压浓缩石油醚提取液，残渣放入通风橱至无石油醚味。用甲醇提取 3~5 次，每次 30 mL，直至提取液无栀子黄颜色，用砂芯漏斗过滤，滤液通过微孔滤膜过滤，滤液贮于冰箱备用。

（2）测定

①色谱条件：

色谱柱：粒度 5 μm ODS C18 150 mm×4.6 mm；

流动相：甲醇+水（35+65）；

流速：0.8 mL/min；

波长：240 nm。

②标准曲线：在本实验条件下，分别注入扼子甙标准使用液 0，2 μL，4 μL，6 μL，8 μL，进行HPLC 分析，然后以峰高对栀子甙浓度作标准曲线。

③试样测定：在实验条件下，注入 5 μL 试样处理液，进行 HPLC 分析，取其峰与标准比较，测得试样中栀子甙含量。

5. 结果计算

试样中栀子黄的含量按下式计算：

$$X = \frac{A \times V}{m \times 1\,000}$$

式中：X——试样中栀子黄含量，g/kg；

$\quad\quad A$——待测液中栀子黄含量，μg/mL；

$\quad\quad V$——待测液定容后体积，mL；

$\quad\quad m$——试样质量，g。

计算结果保留两位有效数字。

6. 说明

①检出限为 3.2 μg/mL。

②标准曲线线性范围为 0～200 ng/mL。

③在重复性条件下获得的两次独立测定结果的绝对差值，不得超过算术平均值的 5%。

四、红曲色素的测定

本部分参照标准"食品中红曲色素的测定"（GB/T 5009.150－2003）对水产品中红曲色素的测定方法做以下介绍：

1. 原理

试样中红曲色素经提取，净化后，TLC 分离，与标准 TLC 板比较定性，选用分配系数在两相中不同而达到分离的目的。

2. 试剂

①硅胶：柱层析用，120～180 目。

②硅胶：GF254。

③甲醇。

④正乙烷＋乙酸乙酯＋甲醇（5＋3＋2）。

⑤三氯甲烷＋甲醇（8＋3）。

⑥海砂：先用盐酸 1＋10 煮沸 15 min，用水洗至中性，再 105℃干燥，贮于具塞的玻璃瓶中，备用。

⑦石油醚：沸程 60～90℃。

⑧红曲色素的标准溶液：取 1 g 红曲色素，加入 30 mL 甲醇溶解，然后加入 5 g 硅胶，拌匀，装入 50 g 硅胶层析柱中（湿法装柱），将拌有硅胶的红曲色素装在柱顶，后用甲醇洗脱；直至洗脱下来的甲醇无色为止，然后减压浓缩至膏状，于 60～70℃烘箱中烘干，约剩下 0.89 g 的红曲色素作为薄层分析用标准品。用甲醇配成 1 mg/mL 的标准溶液。

⑨红曲色素标准使用液：临用时吸取标准溶液 5.0 mL，置于 50 mL 容量瓶中，加甲醇稀释至刻度，此溶液每毫升相当于 0.1 mg 红曲色素。

3. 仪器

①微量注射器 10 μL。

②展开槽 25 cm×6 cm×4 cm。

③薄层板：市售预制硅胶 GF254 板。

④层析柱。

⑤接收瓶。

⑥全玻璃浓缩器。

⑦真空泵。

4. 分析步骤

（1）试样处理

称取 30 g 样品，捣碎，加海砂少许，混匀，每次加入 50 mL 石油醚提取脂肪，共提取三次，每次提取 45 min，过滤，滤液弃去，残渣放通风橱中，用吹风机吹干，用 50 mL 甲醇提取红曲色素 30 min，共 3 次，过滤，合并滤液，滤液中加入 3 mL 的钨酸钠溶液沉淀蛋白，弃去蛋白，滤液减压浓缩至 10 mL，此液供测定用。

（2）测定

①点样：取市售硅胶 GF254 荧光板，离板底边 2 cm 处点试样提取液 10 μL，板的右边点 2 μL 色素标准溶液。

②展开：将①已点好样和标准板，分别放入甲醇和正乙烷 + 乙酸乙酯 + 甲醇中展开，待展开剂前沿至 15 cm 处，取出，放入通风橱，晾干，在 UV254 nm 下观察，甲醇得到 4 个点，Rf 值分别分别是 0.86，0.71，0.54，0.38，正乙烷 + 乙酸乙酯 + 甲醇得到 3 个点，Rf 值分别为 0.86，0.69，0.57。试样与标品的斑点的 Rf 值一致。则证明试样的色素为红曲色素。

第六节 水产品中抗氧化剂的测定

一、叔丁基羟基茴香醚的测定（BHA）与 2，6 - 二叔丁基对甲酚（BHT）的测定

本部分参照标准"食品中叔丁基羟基茴香醚（BHA）与 2，6 - 二叔丁基对甲酚（BHT）的测定"（GB/T 5009.30 - 2003）对水产品中叔丁基羟基茴香醚（BHA）与 2，6 - 二叔丁基对甲酚（BHT）的测定方法做以下介绍：

（一）气相色谱法

1. 原理

试样中的叔丁基羟基茴香醚（BHA）和 2，6 - 二叔丁基对甲酚（BHT）用石油醚提取，通过层析柱使 BHA 与 BHT 净化，浓缩后，经气相色谱分离后用氢火焰离子化检测器检测，根据试样峰高与标准峰高比较定量。

2. 试剂

①石油醚：沸程 30 ~ 60℃。

②二氯甲烷，分析纯。

③二硫化碳，分析纯。

④无水硫酸钠，分析纯。

⑥硅胶 G：60 ~ 80 目于 120℃活化 4 h 放干燥器备用。

⑥弗罗里硅土（Florisil）；50 ~ 80 目于 120℃活化 4 h 放干燥器中备用。

⑦BHA，BHT混合标准储备液：准确称取BHA，BHT（纯度为99.0%）各0.10 g混合后用二硫化碳溶解，定容至100 mL容量瓶中，此溶液分别为每毫升含1.0 mgBHA、BHT，置冰箱保存。

⑧BHA，BHT混合标准使用液：吸取标准储备液4.0 mL于100 mL容量瓶中，用二硫化碳定容至100 mL容量瓶中，此溶液分别为每毫升含0.040 mg BHA，BHT，置冰箱中保存。

3. 仪器

①气相色谱仪：附FID检测器。

②蒸发器：容积200 mL。

③振荡器。

④层析柱：1 cm×30 cm玻璃柱，带活塞。

⑤气相色谱柱：柱长1.5 m，内径3 mm的玻璃柱内装涂质量分数为10%的QF－1 Gas Chrom Q（80目～100目）。

4. 试样处理

①试样制备：称取500 g含油脂较多的试样，含油脂少的试样取1 000 g，然后用对角线取四分之二或六分之二，或根据试样情况取有代表性试样，在玻璃乳钵中研碎，混合均匀后放置广口瓶内保存于冰箱中。

②脂肪的提取：

含油脂高的试样：称取50 g，混合均匀，置于250 mL具塞锥形瓶中，加50 mL石油醚，放置过夜，用快速滤纸过滤后，减压回收溶剂，残留脂肪备用。

含油脂中等的试样：称取100 g左右，混合均匀，置于500 mL具塞锥形瓶中，加100～200 mL石油醚，放置过夜，用快速滤纸过滤后，减压回收溶剂，残留脂肪备用。

含油脂少的试样：称取250～300 g，混合均匀后，于500 mL具塞锥形瓶中，加入适量石油醚浸泡试样，放置过夜，用快速滤纸过滤后，减压回收溶剂残留脂肪备用。

5. 分析步骤

（1）试样制备

①层析柱的制备：于层析柱底部加入少量玻璃棉，少量无水硫酸钠，将硅胶－弗罗里矽土（6＋4）共14 g，用石油醚湿法混合装柱，柱顶部再加入少量无水硫酸钠。

②试样制备：称取制备的脂肪0.50～1.00 g，用25 mL石油醚溶解移入层析柱上，再以100 mL二氯甲烷分五次淋洗，合并淋洗液，减压浓缩近干时，用二硫化碳定容至2.0 mL，该溶液为待测溶液。

（2）气相色谱参考条件

①色谱柱：柱长1.5 m，内径3 mm的玻璃柱内装涂质量分数为10%的QF－1 Gas Chrom Q（80～100目）。

②检测器：FID。

③温度：色谱柱温度：140℃，进样口温度：200℃，检测器温度：200℃。

④载气流量：氮气70 mL/min；氢气50 mL/min；空气500 mL/min。

（3）测定

注入气相色谱3.0 uL标准使用液，绘制色谱图，分别量取各组分峰高或面积，进3.0 uL试样待测溶液（应视试样含量而定），绘制色谱图，分别量取峰高或面积，与标准峰高或面积比较计算含量。

6. 结果计算

试样BHA（或BHT）的含量按下式计算：

$$X_1 = \frac{m_1 \times 1\ 000}{m_2 \times 1\ 000}$$

式中：X_1——食品中以脂肪计 BHA（或 BHT）的含量，g/kg；

m_1——待测液中 BHA（或 BHT）的质量，mg；

m_2——油脂（或食品中脂肪）的质量，g。

计算结果保留两位有效数字。

7. 说明

①检出限：2.0 μg，气相色谱法最佳线性范围：0.0~100.0 μg。

②在重复性条件下获得的两次独立测定结果的绝对差值，不得超过算术平均值的 15%。

（二）薄层色谱法

1. 原理

用甲醇提取油脂或食品中的抗氧化剂，用薄层色谱定性，根据其在薄层板上显色后的最低检出量与标准品最低检出量比较而概略定量，对高脂肪食品中的 BHT. BHA，PG 能定性检出。

2. 试剂

①甲醇。

②石油醚：沸程 30~60℃。

③异辛烷。

④丙酮。

⑤冰乙酸。

⑥正乙烷。

⑦二氧六环。

⑧硅胶 G：薄层用。

⑨聚酰胺粉 200 目。

⑩可溶性淀粉。

⑪BHT，BHA，PG 混合标准溶液的配制：分别准确称取 BHT，BHA. PG（纯度为 99.9% 以上）各 10 mg，分别用丙酮溶解，转入三个 10 mL 容量瓶中，用丙酮稀释至刻度。每毫升含 1.0 mg BHT，BHA，PG，吸取 BHT（1.0 mg/mL）1.0 mL，BHA（1.0 mg/mL）、PG（1.0 mg/mL）各 0.3 mL 置同一 5 mL 容量瓶中，用丙酮稀释至刻度。此溶液每毫升含 0.20 mg BHT，0.060 mg BHA，0.050 mg PG。

⑫显色剂：2，6-二氯醌-氯亚胺的乙醇溶液（2 g/L）。

3. 仪器

①减压蒸馏装置。

②具刻度尾管的浓缩瓶。

③层析槽：

24 cm×6 cm×4 cm；

20 cm×13cm×8cm。

④玻璃板：5 cm×20 cm，10 cm×20 cm。

⑤微量注射器：10 μL。

4. 分析步骤

（1）提取

称取 100 g 左右，混合均匀，置于 500 mL 具塞锥形瓶中，加 100～200 mL 石油醚，放置过夜，用快速滤纸过滤后，减压回收溶剂，残留脂肪备用。称取 2 g 油置 10 mL 具塞离心管中，加入 5.0 mL 甲醇，密塞振摇 5 min，放置 2 min，离心（3 000 r/min－3 500 r/min）5 min，吸取上层清液置 25 mL 容量瓶中，如此重复提取共五次，合并每次甲醇提取液，用甲醇稀释至刻度。吸取 5.0 mL 甲醇提取液置一浓缩瓶中，于 40℃ 水浴上减压浓缩至 0.5 mL，留作薄层色谱用。

（2）测定

①薄层板的制备：硅胶 G 薄层板：称取 4 g 硅胶 G 置玻璃乳钵中，加 10 mL 水。研磨至黏稠状，铺成 5 cm×20 cm 的薄层板三块，置空气中干燥后于 80℃ 烘 1 h，存放于干燥器中。

称取 2.4 g 聚酰胺粉，加 0.6 g 可溶性淀粉，加约 15.0 mL 水，研磨 3～5 min，立即涂成 10 cm×20 cm 的薄层板，室温干燥后，在 80℃ 下干燥 1 h，置于干燥器中。

②点样：用 10 μL 微量注射器在 5 cm×20 cm 的硅胶 G 薄层板上距下端 2.5 cm 处点三点：标准溶液 5.0 μL、试样提取液 6.0～30.0 μL、加标准溶液 5.0 μL。

另取一块硅胶 G 薄层板点三点：标准溶液 5.0 μL、试样提取液 1.5～3.6 μL、加标准溶液 5.0 μL。

用 10 μL 微量注射器在 10 cm×20 cm 的聚酰胺薄层板上距下端 2.5 cm 处点：标准溶液 5.0μL，试样提取液 10.0 μL，试样提取液 10.0 μL 加标准溶液 5.0 μL，边点样边用吹风机吹干，点上一滴吹干后再继续滴加。

③显色：溶剂系统。

硅胶 G 薄层板：正乙烷－二氧六环－乙酸（42＋6＋3），异辛烷－丙酮－乙酸（70＋5＋12）

聚酰胺板：

A. 甲醇－丙酮－水（30＋10＋10）；

B. 甲醇－丙酮－水（30＋10＋12.5）；

C. 甲醇－丙酮－水（30＋10＋15）。

对甲醇－丙酮－水系统，芝麻油只能用 a）菜籽油用 b），食品用 c）。

展开系统中水的比例对花生油、豆油、猪油中 PG 的分离无影响。

将点好样的薄层板置预先经溶剂饱和的展开槽内展开 16 cm。

展开：硅胶 G 板自层析槽中取出，薄层板置通风橱中挥干至 PG 标准点显示灰黑色斑点，即可认为溶剂已基本挥干，喷显色剂，置 110℃ 烘箱中加热 10 min，比较色斑颜色及深浅，趁热将板置氨蒸气槽中放置 30 s，观察各色斑颜色变化。

聚酰胺板自层析槽中取出，薄层板置通风橱中吹干，喷显色剂，再通风挥干，直至 PG 斑点清晰。

④评定：定性：根据试样中显示出的 BHT、BHA，PG 点与标准 BHT，BHA，PG 点比较 Rf 值和显色后斑点的颜色反应定性。如果样液点显示检出某种抗氧化剂，则试样中抗氧化剂的斑点应与加入内标的抗氧化剂斑点重叠。

当点大量样液时由于杂质多，使试样中抗氧化剂点的 Rf 值略低于标准点。这时应在试样点上滴加标准溶液作内标，比较 Rf 值。

概略定量及限度试验：根据薄层板上样液点抗氧化剂所显示的色斑深浅与标准抗氧化剂色斑比较而估计含量，如果在 A 的硅胶 G 薄层板上，试样中各抗氧化剂所显色斑浅于标准抗氧化剂色斑，则试样中各抗氧化剂含量在本方法的定性检出限量以下（BHA，PG 点样量为 6.0μL，BHT 点样量为 30.0 μL）。如果在 B 的硅胶 G 薄层板上，试样中各抗氧化剂所显色斑的颜色浅于标准抗氧化剂色斑，则试样中各抗氧化剂的含量没有超过使用卫生标准（BHA，PG 点样量为 1.5 μL，BHT 点样量为 3.6 μL）。如果试样点色斑颜色较标准点深，可稀释后重新点样，估计含量。

5. 结果计算

试样中抗氧化剂（以脂肪计）的含量按下式计算：

$$X = \frac{m_1 \times D \times 1\,000}{m_2 \times \dfrac{V_2}{V_1} \times 1\,000 \times 1\,000}$$

式中：X——试样中抗氧化剂 BHA、BHT、PG（以脂肪计）的含量，g/kg；

  m_1——试样点抗氧化剂的质量，g；

  V_1——层析用点样液定容后体积，mL；

  V_2——试样体积，mL；

  D——样液稀释倍数；

  m_2——定容后的层析用点样液相当于试样的脂肪质量，g。

计算结果保留两位有效数字。

二、没食子酸丙酯（PG）的测定

本部分参照标准"食品中没食子酸丙酯（PG）的测定"（GB/T 5009.32 – 2003）对水产品中没食子酸丙酯（PG）的测定方法做以下介绍：

1. 原理

试样经石油醚溶解，用乙酸铵水溶液提取后，没食子酸丙醋（PG）与亚铁酒石酸盐起颜色反应，在波长 540 nm 处测定吸光度，与标准比较定量。测定试样相当于 2 g 时，最低检出浓度为 25 mg/kg。

2. 试剂

①石油醚：沸程 30 ~ 60℃。
②乙酸铵溶液（100 g/L 及 16.7 g/L）。
③显色剂：称取 0.100 g 硫酸亚铁和 0.500 g 酒石酸钾钠，加水溶解，稀释至 100 mL，临用前配制。
④PG 标准溶液：准确称取 0.010 0 g PG 溶于水中，移入 200 mL 容量瓶中，并用水稀释至刻度。此溶液每毫升含 50.0 μg PG。

3. 仪器

分光光度计。

4. 分析步骤

（1）试样处理

称取 10.00 g 试样，用 100 mL 石油醚溶解，移入 250 mL 分液漏斗中，加 20 mL 乙酸铵溶液（16.7 g/L），振摇 2 min，静置分层，将水层放入 125 mL 分液漏斗中（如乳化，连同乳化层一起放下），石油醚层再用 20 mL 乙酸铵溶液（16.7 g/L）重复提取两次，合并水层。石油醚层用水振摇洗涤两次，每次 15

mL，水洗涤并入同一 125 mL 分液漏斗中，振摇静置。将水层通过干燥滤纸滤入 100 mL 容量瓶中，用少量水洗涤滤纸，加 2.5 mL 乙酸铵溶液（100 g/L），加水至刻度，摇匀。将此溶液用滤纸过滤，弃去初滤液的20 mL，收集滤液供比色测定用。

（2）测定

吸取 20.0 mL 上述处理后的试样提取液于 25 mL 具塞比色管中，加入 1 mL 显色剂，加 4 mL 水，摇匀。

另准确吸取 0、1.0 mL、2.0 mL、4.0 mL、6.0 mL、8.0 mL、10.0 mL PG 标准溶液（相当于 0、50 μPG、100 μPG、200 μPG、300 μPG、400 μPG、500 μPG），分别置于 25 mL 带塞比色管中，加入 2.5 mL 乙酸铵溶液（100 g/L），准确加水至 24 mL，加入 1 mL 显色剂，摇匀。

用 1 cm 比色杯，以零管调节零点，在波长 540 nm 处测定吸光度，绘制标准曲线比较。

5. 结果计算

试样中没食子酸丙醋（PG）的含量按下式计算：

$$X = \frac{A \times 1\ 000}{m \times \dfrac{V_2}{V_1} \times 1\ 000 \times 1\ 000}$$

式中：X——试样中 PG 的含量，g/kg；

A——测定用样液中 PG 的质量，μg；

V_1——提取后样液体积，mL；

V_2——测定用吸取样液体积，mL；

m——试样质量，g。

计算结果保留两位有效数字。

6. 说明

①检出限：50 μg。

②在重复性条件下获得的两次独立测定结果的绝对差值，不得超过算术平均值的10%。

第七节 水产品中营养强化剂的测定

一、二十碳五烯酸（EPA）和二十二碳六烯酸（DHA）的测定

本部分参照标准"食品中二十碳五烯酸和二十二碳六烯酸的测定"（GB/T 5009.168 – 2003）对水产品中二十碳五烯酸和二十二碳六烯酸的测定方法做以下介绍：

1. 原理

油脂经皂化处理后生成游离脂肪酸，其中的长碳链不饱和脂肪酸（EPA 和 DHA）经甲酯化后挥发性提高。可以用色谱柱有效分离，用氢火焰离子化检测器检测，使用外标法定量。

2. 试剂

①正乙烷：分析纯，重蒸。

②甲醇：优级纯。

③2 mol/L 氢氧化钠 - 甲醇溶液：称取 8 g 氢氧化钠溶于 100 mL 甲醇中。

④2 mol/L 盐酸 - 甲醇溶液：把浓硫酸小心滴加在约 100 g 的氯化钠上，把产生的氯化氢气体通入事先量取的约 470 mL 甲醇中，按质量增加量换算，调制成 2 mol/L 盐酸 - 甲醇溶液，密闭保存在冰箱内。

⑤二十碳五烯酸、二十二碳六烯酸标准溶液：精密称取 EPA，DHA 各 50.0 mg，加入正乙烷溶解并定容至 100 mL，此溶液每毫升含 0.50 mg EPA 和 0.50 mg DHA。

3. 仪器

①气相色谱仪附有氢火焰离子化检测器（FID）。

②索氏提取器。

③氯化氢发生系统（启普发生器）。

④刻度试管（带分刻度）：2 mL、5 mL、10 mL。

⑤组织捣碎机。

⑥旋涡式震荡混合器。

⑦旋转蒸发仪。

4. 试样制备

①海鱼类食品：用蒸馏水冲洗干净晾干，先切成碎块去除骨骼，然后用组织捣碎机捣碎、混匀，称取样品 50 g 置于 250 mL 具塞碘量瓶中，加 140～200 mL 石油醚（沸程 30～60℃），充分摇匀后，放置过夜，用快速滤纸过滤，减压蒸馏挥干溶剂，得到油脂后称重备用（可计算提油率）。

②添加食品：称取样品 10 g 置于 60 mL 分液漏斗中，用 60 mL 正乙烷分三次萃取（每次振摇萃取 10 min），合并提取液，在 70℃水浴上挥至近干，备用。

③鱼油制品：直接进行样品前处理。

5. 分析步骤

（1）皂化

①鱼油制品和海鱼类食品：取鱼油制品或经处理得到的海鱼油脂 1 g 于 50 mL 具塞容量瓶中，加入 10 mL 正乙烷轻摇使油脂溶解，并用正乙烷定容至刻度。吸取此溶液 1.00～5.00 mL 于另一 10 mL 具塞比色管中，再加入 2 mol/L 氢氧化钠 - 甲醇溶液 1 mL 充分震荡 10 min 后放入 60℃的水浴中加热 1～2 min，皂化完成后，冷却到室温，待甲酯化用。

②添加食品：用 2～3 mL 正乙烷分两次将经处理而得的浓缩样液小心转至 10 mL 具塞比色管中，以下按①中"再加入 2 mL 2.0 mol/L 氢氧化钠—甲醇溶液……"操作。

（2）甲酯化

①标准溶液系列：准确吸取标准溶液 1.0 mL、2.0 mL、5.0 mL 分别移入 10 mL 具塞比色管中，再加入 2 mol/L 盐酸—甲醇溶液 2 mL，充分震荡 10 min，并于 50℃的水浴中加热 2 min，进行甲酯化，弃去下层液体，再加约 2 mL 蒸馏水洗净并去除水层，用滴管吸出正乙烷层，移至另一装有无水硫酸钠的漏斗中脱水，将脱水后的溶液在 70℃水浴上加热浓缩，定容至 1 mL，待上机测试用。此标准系列中 EPA 或 DHA 的浓度依次为 0.5 mg/mL、1.0 mg/mL、2.5 mg/mL。

②样品溶液：在经皂化处理后的样品溶液中加入 2 mol/L 盐酸 - 甲醇溶液 2 mL，以下按①中"充分

震荡 10 min..." 起操作。

（3）气相色谱测定

①色谱柱：玻璃柱 1 m×4 mm（id），填充 Chromosorb W AW DMC5 80～100 目，涂以 10% DEGS 的担体。

②气体及气体流速：氮气 50 mL/min，氢气 70 mL/min，空气 100 mL/min。

③系统温度色谱柱 185℃、进样口 210℃、检测器 210℃。

（4）测定

①标准曲线制作：分别吸取经甲酯化处理后的标准溶液 1.0 μL 注入气相色谱仪中，可测得不同浓度 EPA 甲酯，DHA 甲酯的峰高，以浓度为横坐标，相应的峰高响应值为纵坐标，绘制标准曲线。

②把经甲酯化处理后的样品溶液 1.0～5.0 μL，注入气相色谱仪中，以保留时间定性，以测得的峰高响应值与标准曲线比较定量。

6. 结果计算

试样中二十碳五烯酸（EPA）或二十二碳六烯酸（DHA）的含量按下式计算。

$$X = \frac{A \times V_3 \times V_1}{m \times V_2}$$

式中：X——试样中二十碳五烯酸（EPA）或二十二碳六烯酸（DHA）的含量，mg/g；

A——测定用试样溶液中的二十碳五烯酸（EPA）或二十二碳六烯酸（DHA）的含量，mg/mL；

V_1——皂化前定容体积，mL；

V_2——皂化样液体积，mL；

V_3——样液最终定容体积，mL；

m——试样取样量，g。

计算结果保留两位有效数字。

7. 说明

①检出限 0.1 mg/kg

②在重复性条件下获得的两次独立测定结果的绝对差值，不得超过算术平均值的 15%。

二、牛磺酸的测定

本部分参照标准"食品中牛磺酸的测定"（GB/T 5009.169－2003）对水产品中牛磺酸的测定方法做以下介绍：

1. 原理

试样中牛磺酸经提取后，用衍生剂衍生，衍生物经 C18 柱分离，于其最大吸收波长 330 nm 检测，根据保留时间和峰面积进行定性定量。

2. 试剂

①60 g/L 磺基水杨酸溶液：称取 6.0 g 磺基水杨酸，加水溶解至 100 mL。

②邻苯二甲醛（OPA）。

③乙硫醇。

④硼酸。

⑤甲醇。

⑥乙腈。

⑦氢氧化钠。

⑧牛磺酸：生化试剂。

⑨0.4 mol/L 硼酸钠缓冲液：称取 2.48 g 硼酸和 1.41 g 氢氧化钠，用水溶解定容至 100 mL。

⑩衍生剂：称取 0.1g OPA 用 10 mL 甲醇溶解，加 0.1mg 乙硫醇，0.4 mol/L 硼酸钠缓冲液定容至 100 mL。

⑪牛磺酸标准溶液：精密称取 0.050 g 牛磺酸，用水溶解后移入 50 mL 容量瓶中，并用水稀释至刻度，混匀，此溶液每毫升含 1 mg 牛磺酸。

⑫牛磺酸标准使用液：吸取牛磺酸标准溶液 1.0 mL 于 50 mL 容量瓶，加水至刻度，即得 0.020 mg/mL 牛磺酸标准使用液。

3. 仪器

①高效液相色谱仪（配有紫外检测器）。

②离心机。

③超声波清洗器。

④容量瓶：5 mL、25 mL、100 mL。

⑤微孔滤膜过滤器。

4. 分析步骤

（1）试样处理

称取 l.0g 试样，用水定容至 25.0 mL，吸取 3.0 mL 于离心管中，再加 3.0 mL 60 g/L 磺基水杨酸，离心 15 min，吸取 2.0 mL 上清液于 5 mL 容量瓶中，滴加 1 mol/L 氢氧化钠调 pH 至中性，用水定容至 5.0 mL，待衍生用。

（2）测定

①衍生反应：吸取 2.5 mL 上述定溶液于 5 mL 具塞离心管中，再准确加入 2.5 mL 衍生剂，摇匀，反应 2 min 后，经 0.45 μm 的微孔滤膜过滤，立即进样 20 μL，进行 HPLC 分析，测定其峰面积，所有试样及标准从反应至进样的时间应保持一致，并控制在 5 min 内，从标准曲线查得测定液中牛磺酸的含量。

②色谱条件

分析柱：μ - Bondapak C18 3.9 mm×300 mm×10 μm；

流动相：甲醇 + 乙腈 + 水（10 + 10 + 80）；

波长：330 nm；

流速：1 mL/min。

③标准曲线：分别吸取牛磺酸标准使用液 0、0.5 mL、1.0 mL、1.5 mL、2.0 mL、2.5 mL，再加水至 2.5 mL，以下按"再准确加入 2.5 mL 衍生剂…"起操作，然后以峰面积 - 浓度作图，绘制标准曲线或回归方程。

5. 结果计算

试样中牛磺酸的含量按下式计算：

$$X = \frac{c \times V_2}{V_1 \times 1\,000}$$

式中：X——试样中牛磺酸的含量，g/kg；

c——测定用试样溶液中牛磺酸的浓度，mg/mL；

V_1——试样溶液体积，mL；

V_2——试样总稀释体积，mL。

计算结果保留两位有效数字。

6. 说明

①检出限：20.0 ng。

②检出浓度：80 mg/kg（L）。

③线性范围：0~0.05 mg。

第八节　脱水剂的测定

明矾化学名称为硫酸铝钾，在食品加工行业常用来做蓬松剂。国家食品添加剂使用卫生标准对明矾的使用范围限定于油炸食品、水产品、豆制品、发酵粉等；最大使用量规定为按生产需要适量使用。但由于明矾含有铝而国家卫生标准对面制品中铝限量为≤100 mg/kg（干重计）。因此存在限制使用限量的问题。目前，水产上明矾主要用于海蜇、银鱼干的加工等。

海蜇皮、海蜇头中明矾的测定方法：

1. 方法提要

在酸性条件下，加入定量的 EDTA 标准溶液，EDTA 与铝离子形成稳定的络合物，再调节溶液为 pH 值为 5.5，用锌标准溶液滴定多余的 EDTA 溶液。从而测得样品中铝的含量。

2. 试剂

①0.03 mol/L EDTA 溶液：称取 11.5g EDTA 固体溶于 1 000 mL 水中（必要时加热溶解），摇匀，置于带玻璃塞的试剂瓶中。

②氨水溶液（1 +1）：分别量取 50 mL 氨水和水，混匀。

③乙酸钠缓冲溶液（pH 值 = 4.2）：称取 54g 乙酸钠固体溶于水中，加10 mL 冰乙酸．用水稀释至 1 000 mL，摇匀。

④六次甲基四胺缓冲溶液（pH 值 = 5.4）：称取 40g 六次甲基四胺固体溶于水中，加入 80 mL 浓盐酸，摇匀。

⑤0.5% 二甲酚橙指示剂：称取 0.5g 二甲酚橙粉末．溶于 100 mL 水中，摇匀。

⑥稀盐酸溶液（1 +1）：分别量取 50mL 浓盐酸和水，混匀。

⑦0.01 mol/L 锌标准溶液：准确称取在 800℃ 灼烧至恒温的基准氧化锌约 0.82 g（准确至 0.001 g）于 50 mL 烧杯中，加入稀盐酸溶液（1 +1）20 mL溶解，定容至 100 mL。锌标准溶液的浓度按下式计算：

$$c = m/81.37 \times 1$$

式中：c——锌标准溶液浓度，mol/L；

81.37——氧化锌的摩尔质量，g/mol；

m——称取氧化锌的质量，g。

3. 样品处理

称取 20 g 混匀捣碎的样品，放入烧杯内加水煮沸，过滤于 500 mL 容量瓶中，冷却至室温后，用水稀释至刻度。

4. 测定步骤

吸取样液 100 mL 于 250 mL 锥形瓶中，准确加入 EDTA 溶液 4 mL，加二甲酚橙指示剂 1 滴，滴加氨水溶液（1 + 1）至溶液变红（刚刚变红即可）。再滴加稀盐酸溶液（1 + 1）至溶液变红并过量 3 滴，加 10 mL 乙酸钠缓冲溶液，煮沸 1 min 后，冷却至室温（如煮沸过程溶液变红，表明溶液中铝含量高，需再补加 EDTA 溶液），用氨水溶液（1 + 1）调至溶液刚刚变红后，再用稀盐酸溶液（1 + 1）调至溶液变黄，加入六次甲基四胺缓冲溶液 20 mL，二甲酚橙指示剂 2 滴，用 0.01 mol/L 锌标准溶液滴定至溶液由黄色变为酒红色为终点，同时做空白试验。

5. 结果计算

按下式计算样品中明矾的质量分数：

$$\omega = \frac{(V_0 - V) \times c \times 0.474\,2}{m \times \dfrac{100}{500}}$$

式中：ω——样品中明矾的质量分数,%；

V_0——滴定空白用锌标准溶液体积，mL；

V——滴定样品用锌标准溶液，mL；

C——锌标准溶液的浓度，mol/L；

M——称取样品的质量，g；

0.474 2——明矾的摩尔质量，g/mol。

第九节 水产品中保水剂和品质改良剂的测定

多聚磷酸盐作为保水剂和品质改良剂广泛用于鱼类等水产品加工过程中，起到保持水分改善口感的作用，但在某些水产品中禁止使用，如扇贝加工过程中严禁使用。欧盟和捷克对其进口的鳕鱼片和人工蟹肉严格限制使用多聚磷酸盐，波兰不允许使用。在加工过程中允许使用的情况下，一般冷冻水产品中多聚磷酸盐的允许限为 0.5 g/kg。目前，人们出于安全健康的考虑，要求控制鳕鱼中的多聚磷酸盐的含量。

多聚磷酸盐的测定方法：常规的测定多聚磷酸盐含量的方法是将多聚磷酸盐转化为正磷酸盐，然后用磷钼酸喹啉法、重量法或比色法测定，但无法区别多聚磷酸盐的形态。由于鳕鱼和扇贝柱及其他水产品中水溶性磷酸盐的存在，用常规的方法判别在鳕鱼和扇贝柱加工过程中是否加入了多聚磷酸盐是很困难的。目前，国内还没有检验水产品中多聚磷酸盐的有效方法。离子色谱是一种很好的测定阴离子的方法，具有同时分离测定多种阴离子的特点。有人用离子色谱法测定化工品的多聚磷酸盐的组成。本文对离子色谱法测定鳕鱼及扇贝柱中多聚磷酸盐的方法进行了研究，采用去离子水超声波萃取鳕鱼及扇贝柱中多聚磷酸盐，沉降去除蛋白质和脂肪。离子色谱电导检测器检测。

1. 仪器

离子色谱仪 DX – 500（DIONEX. USA）。配有 GP40 四元梯度泵，ED40 电化学检测器，Ionpac AG11 – HC（500 mm × 4 mm）分析柱，25 μL 定量管，自动再生抑制器，自身循环抑制，抑制电流 300mA，色谱工作站。

2. 试剂

①所有试验用水均为去离子水，经纯水系统纯化。
②50% NaOH 储备液。
③25 mmol 和 100 mmol NaOH 淋洗液：由 50% NaOH 储备液用去离子水稀释得到。
④20% 三氯醋酸：称取 200 g 三氯醋酸溶解于 800 mL 水中。
⑤三聚磷酸钠标准溶液（1 mg/mL）：称取三聚磷酸钠（G. R. 96%），去离子水溶解并稀释定容到 100 mL。
⑥20% 醋酸锌溶液：称取醋酸锌 200 g（A. R）。加入 800 mL 去离子水容积并稀释定容到 1 000 mL。
⑦15% 亚铁氯化钾溶液：称取亚铁氯化钾 150 g，加入 850 mL 去离子水溶解并稀释定容到 1 000 mL。

3. 样品处理

将鳕鱼样品搅碎，在 200 mL 烧杯中称取 10 g 样品，加入 50 mL 去离子水，放置 10 min，待鱼肉中的冰融化，将烧杯放入超声波清洗机中超声萃取 10 min 中，过滤，滤液中加入 5 mL 三氯醋酸溶液沉降蛋白质和脂肪，过滤弃去沉淀，滤液收集到 100 mL 容量瓶中，加 2 mol NaOH 调 pH 值 > 8，稀释定容到 100 mL。

扇贝柱等其他水产品样品的处理方式与鳕鱼样品的处理方式相同。

4. 淋洗过程

采用 NaOH 溶液进行梯度淋洗，NaOH 梯度淋洗条件为：初始 100%（25 mmol/L NaOH），0.0% E2（100 mmol/L NaOH）；0.0 min 100% E1，0.0% E2；5.0 min 100% E1，0.0% E2；15.0 min 0.0% E1，100% E2；18.0 min 0.0% E1，100% E2；20 min 100% E1，0.0% E2；25 min 100% E1，0.0% E2 样品溶液进样前稀释 10 倍，样品进样通过 0.45 μm 的过滤器。

第十四章　渔用饲料质量检验

渔用饲料的生产和使用是水产品质量安全的重要环节。饲料中的营养物质和药用物质的合理使用，可保证养殖对象的健康成长和质量。若保管、运输过程中添加或污染禁用或限用的药物，使用霉变原料或饲料发生霉变等，就会对养殖对象或通过养殖对象间接对消费者造成危害。所以，监控水产品质量安全的同时必须监控渔用饲料的质量安全。

第一节　渔用饲料显微镜检查方法

本节参照标准"饲料显微镜检查方法"（GB/T 14698 - 2002）对渔用饲料的显微镜检查方法做以下介绍。

一、原理

借助显微镜扩展检查者的视觉功能，参照各饲料原料标准样品和杂质样品的外形、色泽、硬度、组织结构、细胞形态及染色特征等，对样品的种类、品质进行鉴别和评价。

二、试剂及溶液

除特殊规定外，本方法所用的试剂均为化学纯，水为蒸馏水。

①四氯化碳：ρ（相对密度）为 1.589 g/mL。

②丙酮（3 + 1）：3 体积的丙酮（ρ 为 0.788 g/mL）与 1 体积的水混合。

③盐酸溶液（1 + 1）：1 体积盐酸（ρ 为 1.18 g/mL）与 1 体积的水混合。

④硫酸溶液（1 + 1）：1 体积硫酸（ρ 为 1.84 g/mL）与 1 体积的水混合。

⑤碘溶液：0.75 g 碘化钾和 0.1 g 碘溶于 30 mL 水中，贮存于棕色瓶内。

⑥茚三酮溶液：溶解 5 g 茚三酮于 100 mL 水中。

⑦硝酸铵溶液：10 g 硝酸铵溶于 100 mL 水中。

⑧钼酸盐溶液：20 g 三氧化钼溶入 30 mL 氨水与 50mL 水的混合液中，将此液缓慢倒入 100 mL 硝酸（ρ 为 1.46 g/mL）与 250 mL 水的混合液中，微热溶解，冷却后与 100 mL 硝酸铵溶液⑦混合。

⑨悬浮剂 I：溶解 10 g 水合氯醛于 10 mL 水中，加入 10 mL 甘油，混匀，贮存在棕色瓶中。

⑩悬浮剂 II：溶解 160 g 水合氯醛于 100 mL 水中，并加入 10 mL 盐酸溶液③。

⑪硝酸银溶液：溶解 10 g 硝酸银于 100 mL 水中。

⑫间苯三酚溶液：溶解 2 g 间苯三酚溶于 100 mL 95% 的乙醇中。

三、仪器

①立体显微镜：放大 7 ~ 40 倍，可变倍。

②生物显微镜：三位以上换镜旋座，放大 40 ~ 500 倍。

③放大镜 3 倍。

④标准筛：可套在一起的孔径 0.42 mm、0.25 mm、0.177 mm 的筛及底盘。

⑤研钵。

⑥点滴板：黑色和白色。

⑦培养皿、载玻片、盖玻片。

⑧尖头镊子、尖头探针等。

⑨电热干燥箱、电炉、酒精灯及实验室常用仪器。

四、比照样品

①饲料原料样品：按国家有关实物标准执行。

②掺杂物样品：搜集木屑、稻谷壳粉、花生荚壳粉等可能的掺假物。

③杂草种子：搜集常与谷物混杂的杂草种子，大多可在谷物加工厂清理工序下脚料中找到。储于编号的玻璃瓶中。

④可按照 SB/T 10274 中的图谱进行对比。

五、直接感观检查

首先以检查者的视、嗅、触觉直接检查试样。

将试样摊放于白纸上，在充足的自然光或灯光下对试样进行观察。可利用放大镜。必要时以比照样品在同一光源下对比。观察目的在于识别试样标示物质的特征，注意掺杂物、热损、虫蚀、活昆虫等。检查有无杂草种子及有害微生物感染。

嗅气味时应避免环境中其他气味干扰。嗅觉检查目的在于判断被测试样标示物质的固有气味。并检查有无腐败、氨臭、焦糊等其他不良气味。

手捻试样目的在于判断试样硬度等手感特征。

六、试样制备

1. 分样

按 GB/T 14699.1 饲料采样方法，混匀试样，用四分法分取到检查所需量，一般 10～15 g 即可。

2. 筛分

根据试样粒度情况，选用适当组筛，将最大孔径筛置最上面，最小孔径筛置下面，最下面是筛底盘。将四分法分取的试样置于套筛上充分振摇后，用小勺从每层筛面及筛底各取部分试样，分别平摊于培养皿中（必要时试样可先经四氯化碳处理再筛分）。

3. 四氯化碳处理

油脂含量高或黏附有大量细颗粒的试样可先用四氯化碳处理（鱼粉、肉骨粉及大多数家禽饲料和未知饲料最好用此方法处理）。

取约 10 g 试样置 100 mL 高型烧杯中，加入约 90 mL 四氯化碳（在通风柜内），搅拌约 10 s，静置 2 min，待上下分层清楚后，用勺捞出漂浮物过滤，稍挥干后置 70℃ 干燥箱中 20 min，取出冷却至室温后将试样过筛。必要时也一可将沉淀物过滤、干燥、筛分。

4. 丙酮处理

因有糖蜜而形成团块结构或水分偏高模糊不清的试样，可先用此法处理。取约 10 g 试样置 100 mL 高型烧杯中，加入约 70 mL 丙酮搅拌数分钟以溶解糖蜜，静置沉降。小心倾析，用丙酮重复洗涤、沉降、倾析两次。稍挥干后置 60℃ 干燥箱中 20 min，取出于室温下冷却。

5. 颗粒或团粒试样处理

置几粒于研体中，用研杆碾压使其分散成各组分，但不要再将组分本身研碎。初步研磨后过孔径为 0.42 mm 筛。根据研磨后饲料样品的特征，依照试样制备中的 2、3、4 进行处理。

七、立体显微镜检查

将上述摊有试样的培养皿置立体显微镜下观察，光源可采用充足的散射自然光或用阅读台灯（要注意用比照样品在同一光源下对比观察），用台灯时入照光与试样平面以 45°角度为好。

立体显微镜上载台的衬板选择要考虑试样色泽，一般检查深色颗粒时用白色衬板；检查浅色颗粒时用黑色衬板。检查一个试样可先用白色衬板看一遍，再用黑色衬板看。

观察时用尖镊子拨动、翻转，并用探针触探试样颗粒。系统地检查培养皿中的每一组分。

为便于观察可对试样进行木质素染色、淀粉质染色等（参考下文中"鉴别试验"）。在检查过程中以比照样品在相同条件下，与被检试样进行对比观察。

记录观察到的各种成分，对不是试样所标示的物质，若量小称为杂质（参考相应国家标准规定的有关饲料含杂质允许量），若量大，则称为掺杂物。要特别注意有害物质。

八、生物显微镜检查

将立体显微镜下不能确切鉴定的试样颗粒及试样制备时筛面上及筛底盘中的试样分别取少许，置于载玻片上，加两滴悬浮液 I，用探针搅拌分散，浸透均匀，加盖玻片，在生物显微镜下观察，先在较低倍数镜下搜索观察，然后对各目标进一步加大倍数观察。与比照样品进行比较。取下载玻片，揭开盖玻片，加一滴碘溶液搅匀，再加盖玻片，置镜下观察。此时淀粉被染成蓝色至黑色，酵母及其他蛋白质细胞呈黄色至棕色。如试样粒透明度低不易观察时，可取少量试样，加入约 5 mL 悬浮液 II，煮沸 1 min，冷却，取 1~2 滴底部沉淀物置载玻片上，加盖玻片镜检。

九、主要无机组分的鉴别

将干燥后的沉淀物（经"试样制备"中处理后的沉淀物）置于孔径 0.42 mm、0.25 mm、0.177 mm 筛及底盘之组筛上筛分，将筛出的四部分分别置于培养皿中，用立体显微镜检查，动物和鱼类的骨、鱼鳞，软体动物的外壳一般是易于识别的。盐通常呈立方体；石灰石中的方解石呈菱形六面体。

十、鉴别试验

用镊子将未知颗粒放在点滴板上，轻轻压碎，以下工作均在立体显微镜下进行，将颗粒彼此分开，使之相距 2.5 cm，每颗周围滴一滴有关试剂，用细玻棒推入液体，并观察界面处的变化。

1. 硝酸银试验

将未知颗粒推入硝酸银溶液中，观察现象。

①如果生成白色晶体，并慢慢变大，说明未知颗粒是氯化物。

②如果生成黄色结晶，并生成黄色针状，说明未知颗粒为磷酸氢二盐或磷酸二氢盐。

③如果生成能略为溶解的白色针状，说明是硫酸盐。

④如果颗粒慢慢变暗，说明未知颗粒是骨。

2. 盐酸试验

将未知颗粒推入盐酸溶液中，观察现象。

①如果剧烈起泡，说明未知颗粒为碳酸盐。

②如果慢慢起泡或不起泡，则该试样还需进行钼酸盐试验、硫酸盐试验。

3. 钼酸盐试验

将未知颗粒推入钼酸盐溶液中，观察现象。

如果在接近未知颗粒的地方生成微小黄色结晶，说明未知颗粒为磷酸三钙或磷酸盐、磷矿石或骨（所有磷酸盐均有此反应，但磷酸二氢盐和磷酸氢二盐均已用硝酸银鉴别）。

4. 硫酸试验

将未知颗粒上滴加盐酸溶液后，再滴入硫酸溶液，如慢慢形成细长的白色针状物，说明未知颗粒为钙盐。

5. 茚三酮试验

将茚三酮溶液浸润未知颗粒，加热到约80℃，如未知颗粒显蓝紫色，说明是蛋白质。

6. 间苯三酚试验

将间苯三酚溶液浸润试样，放置5 min，滴加入盐酸溶液，如试样含有木质素，则显深红色。

十一、结果表示

结果表示应包括试样的外观、色泽及显微镜下所见到的物质，并给出所检试样是否与送检名称相符合的判定意见。

第二节　渔用饲料中农兽药残留检测方法

一、渔用饲料中喹乙醇的测定

本部分参照标准"饲料中喹乙醇的测定　高效液相色谱法"（GB/T 8381.7 - 2009）对渔用饲料中喹乙醇的测定方法做以下介绍。

1. 原理

试样中的喹乙醇以甲醇溶液提取，固相萃取小柱净化，反相液相色谱柱分离测定，紫外检测器检测，外标法定量分析。

警告：喹乙醇对光敏感，应避光操作及使用棕色容器。

2. 试剂和溶液

除非另有规定，在分析中仅使用确认为分析纯的试剂和符合 GB/T 6682 规定的三级用水。

①甲醇（色谱纯）。

②提取液：甲醇 + 水 = 5 + 95。

③高效液相色谱流动相：15% 甲醇（色谱纯）溶液（用乙酸调 pH 值至 2.8）。

④淋洗液 1：0.02 mol/L 盐酸。移取 1.67 mL 盐酸定容至 1 000 mL。

⑤淋洗液 2：0.1 mol/L 盐酸。移取 8.33 mL 盐酸定容至 1 000 mL。

⑥淋洗液 3：甲醇 + 水 = 5 + 95。

⑦洗脱液：甲醇 + 水 = 40 + 60。

⑧喹乙醇标准储备液：准确称取喹乙醇标准品 0.050 g（含量大于等于 99.6%，使用前于 105℃ 烘箱中干燥 2 h，贮存于硅胶干燥器中），精确至 0.01 mg，置于 50 mL 棕色容量瓶中，用提取液溶在 60℃ 超声波水浴超声 15 min 溶解，并定容至刻度，摇匀，其溶液浓度为 1 mg/mL，贮于 -18℃ 冰箱中，有效期为 1 个月。

⑨喹乙醇标准工作液：分别用吸管准确移取合适体积的 1 mg/mL 的储备液，置于 10 mL 棕色容量瓶中，用洗脱液⑦稀释至刻度，配制成 0.1 μg/mL、1.0 μg/mL、5.0 μg/mL、10.0 μg/mL、20.0 μg/mL、50.0 μg/mL、100.0 μg/mL 标准工作液，现配现用。

3. 仪器、设备

①离心机：3 500 r/min。

②超声波清洗器。

③微孔有机滤膜（孔径 0.22 μm）。

④恒温振荡器：300 r/min。

⑤分析天平：感量 0.1 mg。

⑥分析天平：感量 0.01 mg。

⑦摇床：转速可达 110 r/min。

⑧固相萃取小柱（SPE）：Oasis HLB 1 mL（30 mg）或性能相当者。

⑨高效液相色谱仪。

4. 分析步骤

①准确称取 5.0 g 试样（准确至 0.1 mg），置于具塞锥形瓶中，加入 50 mL 提取液，具塞锥形瓶置于摇床中，室温下恒温振荡器振荡速度 110 r/min，振荡 45 min（避光操作）。

②将试样提取液倒入离心管中，3 500 r/min 离心 10 min。

③取离心上清液经滤纸过滤，滤液作为 SPE 小柱净化使用。

④SPE 小柱的活化：临用前分别向 SPE 小柱中加入 2 mL 甲醇和 2 mL 超纯水，对小柱进行活化。将上述滤液取 2 mL 加入到活化好的 SPE 小柱，分别用 2 mL 淋洗液 [（4）]、淋洗液 [（5）] 和淋洗液 [（6）] 淋洗小柱，并将小柱吹干，最后用 2 mL 洗脱液 [（7）] 洗脱。

⑤洗脱液过 0.22 μm 有机相滤膜，滤液上机测定。

⑥HPLC 测定参数的设定：

分析柱：C18，柱长 250 mm，内径 4.6 mm，粒度 5 μm（或类似分析柱）。

柱温：室温。

检测器：紫外检测器，检测波长 260 nm。

流动相速度：1.00 mL/min。

进样量：10 uL。

流动相及洗脱程序如表 14.1。

表 14.1　梯度洗脱程序

时间（min）	超纯水（%）	甲醇（%）
0	85	15
5	85	15
10	30	70
14	30	70
18	85	15
25	85	15

⑦HPLC 测定：取适量试样溶液和相应浓度的标准工作溶液，做多点校准，以色谱峰面积积分值定量。

5. 结果计算与表述

试样中喹乙醇的质量分数 w_i（mg/kg）按以下公式计算：

$$w_i = \frac{p_i \times v \times c_i \times v_{st}}{p_{st} \times m \times v_i}$$

式中：p_i ——试样溶液峰面积值；

v ——样品的总稀释体积，mL；

c_i ——标准溶液浓度，μg/mL；

v_{st} ——标准溶液进样体积，μL；

p_{st} ——标准溶液峰面积平均值；

m ——试样质量，g；

v_i ——试样溶液进样体积，μL。

平行测定结果用算术平均值表示，保留三位有效数字。

6. 重复性

同一分析者对同一试样同时两次平行测定结果的相对偏差不大于 10%。

二、渔用饲料中己烯雌酚的测定——液相色谱－质谱法

1. 试剂

①抗坏血酸。

②乙酸乙酯。

③三氯甲烷。

④无水硫酸钠。

⑤氢氧化钠溶液：1 mol/L。

⑥碳酸氢钠溶液：1 mol/L。

⑦己烯雌酚（DES）标准溶液：纯度≥99%。

DES 标准储备液：准确称取 DES 标准品 0.010 0 g，置于 10 mL 容量瓶中用甲醇溶解，并稀释至刻度，摇匀，其浓度为 1 mg/mL，置于 0℃冰箱中，有效期一个月。

DES 标准使用液：分别吸取标准储备液 1.00 mL、0.500 mL、0.100 mL，置于 10 mL 容量瓶中，并用甲醇稀释定容。其对应的浓度为 100 μg/mL、50 μg/mL、10 μg/mL，再以此稀释液配制 0.5 μg/mL、0.25 μg/mL、0.1 μg/mL 的标准使用液。

⑧HPLC 流动相：0.5 mL：磷酸 =1∶1 磷酸（优级纯）用实验室二级用水稀释至 1 L，并按 40∶60 的比例和甲醇混合。用前超声或做其他脱气处理。

2. 仪器

①离心机：4 000 ~ 5 000 r/min。

②旋转蒸发器。

③LC - MS 联用仪。

3. 分析步骤

①提取

称取配合饲料 10 g，准确至 0.001 g，置于 50 mL 离心管中，加抗坏血酸 2 g，乙酸乙酯 60 mL，盖好管盖，充分振摇 1 min，再置超声水浴中超声提取 2 min，期间用手回旋摇动两次。取出后于离心机上，4 000 ~ 5 000 r/min 离心 10 min，倒出上清液，再分别用 50 mL、40 mL 乙酸乙酯重复提取两次，汇集上清液，置旋转蒸发器上，68 ~ 72℃减压蒸发至干。

浓缩饲料和预混料提取过程相同，只是浓缩饲料需要称取 3 ~ 4 g，预混料 2 g（称量准确至 0.000 1 g），加抗坏血酸 1 g，提取用的乙酸乙酯量也相应减至 40 mL、30 mL 和 20 mL。

②净化

将蒸干的乙酸乙酯提取物用三氯甲烷溶解，分三次定量转移至 150 mL 的分液漏斗（共用三氯甲烷约 60 mL），用 1 mol/L 的氢氧化钠溶液 10 mL，加少许抗坏血酸 0.2 ~ 0.5 g 防止氧化，振摇 30 s，将己烯雌酚萃取至水相，然后用三氯甲烷 20 mL 洗涤水相次 3 ~ 4 次，每次振摇约 10 s。加入 1 mol/L 的碳酸氢钠溶液 12 ~ 15 mL，调 pH 值至 10.3 ~ 10.6，用 30 mL、30 mL、20 mL 三氯甲烷萃取三次，每次振摇 30 s，将己烯雌酚回提至三氯甲烷中，三氯甲烷通过无水硫酸钠干燥。将干燥过的三氯甲烷溶液置旋转蒸发器上 55 ~ 57℃下，减压蒸发至干。以适量的甲醇溶解后，上机测定。

③测定

测定参数：

LC 部分：

LC 色谱柱：C18，150 mm × 2.1 mm（内径），粒度 3.5 ~ 5 μm。

柱温：30℃。

流动相：甲醇：水 = 70：30

流动相流速：0.2 mL/min。

MS 部分：

负离子电喷雾电离（ESI −）

电离电压：3.0 kV

取样锥孔电压：60 V

二级锥孔电压：4 ~ 5 V

源温度：103℃

脱溶剂温度 180℃

脱溶剂氮气：260 L/h

锥孔反吹氮气：50 L/h

定性：以样品与标准品保留时间和特征质谱离子峰定性，DES 应有准分子离子峰 m/z = 267 和 251，237 离子碎片。

定量：已选择准分子离子峰（m/z = 267）计算色谱峰面积，单点或多点外标校准法定量。

4. 说明

①检出限：以 3 ~ 4 倍噪音量的信号为准。LC − MS 的最低检出限可达 0.5 ng，取样为 10 g 时，最小检出浓度为 0.025 mg/kg。

②回收率平均为 92.86%。

③平均变异系数：5.64%。

三、渔用饲料中六六六、滴滴涕的测定

本部分参照标准"饲料中六六六、滴滴涕的测定"（GB/T 13090 − 2006）对渔用饲料中六六六、滴滴涕的测定方法做以下介绍。

1. 原理

样品中的六六六、滴滴涕采用含有少量丙酮的正乙烷混合溶剂提取、过滤并定容，从中吸出一定量的提取液，净化后，正乙烷洗脱液浓缩定容后直接注入气相色谱仪，用电子捕获检测器检测，以外标法定性和定量。

本方法对各化合物的最小检出限见表 14.2。

表 14.2 化合物名称和方法最小检出限

通用名	ISO1750 通用名	化学名称 （IUPAC）	方法最小检出限 （μg/kg）
六六六	HCH	六氯环己烷（有下列四个异构体）	
甲体六六六	α—HCH	1，3，5/2，4，6—六氯环己烷	0.8
乙体六六六	β—HCH	1，2，4，5/3，6—六氯环己烷	2.4
丙体六六六（林丹）	γ—HCH	1，2，3，4，5，6—六氯环己烷	1.6
丁体六六六	δ—HCH	1，2，3，/4，5，6—六氯环己烷	1.6
滴滴涕（DDT）	DDT	二氯二苯基三氯乙烷（有以下四种衍生物）	
对，对'—滴滴依	p，p'—DDE	1，1—二氯—2，2—双（4—氯苯基）乙烯	2
邻，对'—滴滴涕	o，p'—DDT	1，1，1，—三氯—2—（2—氯苯基）—2—（4—氯苯基）乙烯	2
对，对'—滴滴滴	p，p'—DDD（TDE）	1，1—二氯—2，2—双（4—氯苯基）乙烷	5
对，对'—滴滴涕	p，p'—DDT（DDT）	1，1，1，—三氯—2，2—双（4—氯苯基）乙烷	8

2. 试剂

本部分所用试剂除另有说明外，均为色谱纯试剂，水应符合 GB/T 6682 一级水要求。

①异辛烷。

②正乙烷：沸程 67.5~69.5℃。

③丙酮。

④提取液：正乙烷 – 丙酮（22 + 3）。

⑤发烟硫酸：含三氧化硫（SO_3）20%~25%，优级纯。

⑥浓硫酸：优级纯。

⑦磷酸：分析纯。

⑧无水硫酸钠：500℃烘 4 h，在高温烘箱中冷至 200℃左右，放入干燥器中冷后密封备用。

⑨吸附剂（柱层析用）

硅藻土：30~80 目

Celite 545：孔径：20~45 μm

500℃烘 4 h，在高温烘箱中放冷至 200℃，置于干燥器中冷后密封备用。

⑩脱脂棉：用丙酮浸泡 30 min 后，倾去丙酮，再用正乙烷浸泡 30 min，弃去正乙烷，晾干备用。

⑪六六六标准贮备液：C_{HCH} = 1.00 mg/mL，国家标准物质研究中心制，贮于安瓿瓶中，低温及避光下保存，有效期一年。

⑫滴滴涕标准贮备液：C_{DDT} = 0.100 mg/mL，国家标准物质研究中心制，贮于安瓿瓶中，低温及避光下保存，有效期一年。

⑬六六六中等浓度贮备液：C_{HCH} = 1.00 μg/mL

将四支六六六标准贮备液，分别用异辛烷在棕色容量瓶中稀释 1 000 倍，密封贮放于暗处，4℃左右可稳定保存半年。

⑭滴滴涕中等浓度贮备液：$C_{DDT} = 10.0 \ \mu g/mL$。

将四支滴滴涕标准贮备液，分别在棕色容量瓶中用异辛烷稀释 10 倍，密封贮放于暗处，4℃左右保存可稳定半年。

⑮系列混合标准工作液：分别用移液管吸六六六中等浓度标准贮备液（α – HCH10.0 mL，β – HCH30.0 mL，γ – HCH8.00 mL，δ – HCH 20.0 mL）；滴滴涕中等浓度标准贮备液（p，p′– DDE 2.00 mL，o，p′–DDT4.00 mL，p，p′–DDD2.00 mL，p，p′–DDT4.00 mL），置于一只 100 mL 棕色容量瓶中加异辛烷定容。此液则为 6 号混合标准工作液，并由此液逐步稀释后制得至少五种不同浓度的系列混合标准工作液，贮于暗处 4℃左右保存不超过 2 个月。

3. 仪器

①气相色谱仪：配备有电子捕获检测器。

②色谱柱：玻璃填充柱：2 m×ø3 mm，内装 1.5% OV – 17 和 2.0% QF – 1GCQ 80 ~ 100 目或 1.6% OV – 17 + 6.4% OV – 210/Chromosorb W – HP 80 ~ 100 目。

毛细管色谱柱：DB – 5 柱长：25 m 或 50 m；内径：0.32 mm；膜厚：0.25 μm。或中等极性固定相的毛细管柱（如 SE – 30、SE – 54、OV – 17）。

③电动振荡器和超声波提取器。

④分析天平：感量 0.000 1 g 和感量 0.000 01 g。

⑤筒形漏斗：内径 2 cm，高 5 cm。

⑥载气：高纯氮，99.99%。

4. 试样制备

采样按 GB/T 14699.1，样品制备按 GB/T 20195。

5. 分析步骤

（1）提取

在 100 mL 具塞三角烧瓶中，称试样 5.00 g 左右，加入提取溶液 25 mL，并滴加磷酸 4 ~ 5 滴，摇匀后加盖，在电动振荡器振摇 30 min，（60 ~ 80）次/min 或超声波提取 15 min，在筒形漏斗里塞少许脱脂棉及 1 cm 厚无水硫酸钠，将提取液过滤入 25 mL 棕色容量瓶中，并洗涤残渣定容。此提取液摇匀备用。

（3）净化

取 5 mL 提取液于离心管中，加入 0.5 mL 浓硫酸，摇振 0.5 min，3 000 r/min 离心 10 min，取上清液重复净化 1 ~ 2 次至无色，3 000 r/min 离心 10 min，上清液用 2% 硫酸钠水溶液洗涤 2 次，弃水层，用氮气吹至近干，用正乙烷定容至 2 mL，待测。

（4）气相色谱测定

色谱条件

色谱柱：DB – 5 毛细管色谱柱，或同等极性同等规格柱；

柱温：80℃（1 min）$\xrightarrow{25℃/min}$ 180℃（2min）$\xrightarrow{10℃/min}$ 250℃（6min）；

进样口温度：270℃；

检测器温度：300℃；

进样方式：不分流进样；

载气：氮气（纯度）≥99.99%，1 mL/min；

补充气：氮气（纯度）≥99.99%，50 mL/min；

将样品净化液（1~5 μL），注进调试好的气相色谱仪中，根据保留时间定性为何种化合物，最后记下其峰面积（As）。

空白试验：在不加饲料样品的情况下，按上述条件及步骤进行空白实验。各种化合物的空白测定值应低于方法最小检测限（表14.2）。如高于方法最小检测限应扣除本底值。

6. 结果计算

结果计算：六六六、滴滴涕的含量以外标法测定。

①点校正计算公式（该点必须在线性响应范围内）：六六六、滴滴涕的含量 Xp，试样中农药残留量 ω，以质量分数（μg/kg）表示，按以下计算：

$$\omega = \frac{A_s \times m_{标} \times V}{A_{标} \times m \times V_1}$$

式中：ω——试样中农药残留量，μg/kg；

　　　A_s——试样净化液中该组分的峰面积或峰高；

　　　$A_{标}$——与 A_s 峰面积相近的标准溶液中该组分的平均峰面积或峰高；

　　　$m_{标}$——与 A_s 峰面积相近的标准溶液中该组分的质量，pg；

　　　m——试样质量，g；

　　　V——试样净化液总体积，mL；

　　　V_1——试样净化液进样体积，μL；

　　　注：空白如有干扰，计算需扣除空白值。

②多点校正计算公式：进6种不同浓度混合标准溶液后，求组分峰面积或峰高与组分质量回归方程式：

$$A_{标} = a \times m_{标} + b$$

式中：$A_{标}$——标准溶液中该组分峰面积或峰高；

　　　$m_{标}$——标准溶液中该组分的质量，pg；

　　　a——该组分校正曲线的斜率；

　　　b——该组分校正曲线的截距。

7. 说明

①两次平行测定结果允许相对偏差值见表14.3。

表14.3　分析允许相对偏差

含量（μg/kg）	允许相对偏差（%）
<10	≤25
10~100	≤20
>100	≤10

②本方法适用于配合饲料、植物性原料及鱼粉中六六六、滴滴涕异构体及衍生物的残留量的检测。

③检测范围：每千克饲料中六六六为 5～500 μg/kg，滴滴涕为 10～100 μg/kg。

④本法曾用于检测大米、小麦、玉米等植物性原料中六六六、滴滴涕，并适用于测定鱼粉中六六六、滴滴涕。

⑤使用填充色谱柱测定六六六时，有机氯农药七氯会干扰 β – HCH 测定，因我国没有使用过七氯，测定结果影响不大。如检测进口饲料原料或产品，应采用分离性能好的毛细管色谱柱。有条件应配置 GC/MS 设备。

⑥检测时，如电子捕获检测器的基流不断增高，证明净化程度不好，可增加净化柱中酸性硅藻土的硫酸量（1.5 g 硅藻土 + 1.0 mL 发烟硫酸 + 1.0 mL 浓硫酸拌匀后装柱），硫酸用量不影响测定结果。

⑦本方法中使用了易燃和毒性有机溶剂，应在通风橱中进行操作。

第三节 渔用饲料中元素检测方法

一、渔用饲料中铅的测定

本部分参照标准"饲料中铅的测定 原子吸收光谱法"（GB/T 13080 – 2004）对渔用饲料中铅的测定方法做以下介绍。

1. 原理

试料中的铅在酸的作用下变成铅离子，沉淀和过滤去除沉淀物，稀释定容，用原子吸收光谱法测定。

2. 试剂

除特殊规定外，本方法所用试剂均为分析纯，实验用水符合 GB/T 6682 中二级水的规定。

警告：各种强酸应小心操作，稀释和取用均在通风厨中进行。

①稀盐酸溶液，0.6 mol/L。

②盐酸溶液，6 mol/L。

③硝酸溶液，6 mol/L。

④铅标准储备液：1 mg/mL，精确称取 1.598 g 硝酸铅，加 6 mol/L 硝酸 10 mL，全部溶解后，转入 1 000 mL 容量瓶中，加水至刻度，该溶液为 1 mg/mL 铅。

⑤铅标准工作液：10 μg/mL，精确吸取 1.0 mL 铅标准储备液，加入 100 mL 容量瓶中，加水至刻度。此溶液为 10 μg/mL。工作液当天使用当天配制。

3. 仪器

①分析天平：感量 0.000 1 g。

②实验室用样品粉碎机。

③原子吸收分光光度计附测铅的空心阴极灯。

④无灰（不释放矿物质的）滤纸。

⑤瓷坩埚（内层光滑没有被腐蚀，使用前用盐酸煮）。

⑥可调电炉。

⑦容量瓶：50 mL、100 mL、1 000 mL。

⑧吸液管：1 mL、10 mL。

4. 试样制备

采集具有代表性的饲料样品，至少2 kg，四分法缩分至约250 g，磨碎，过1 mm筛，混匀，装入密闭广口试样瓶中，防止试样变质，低温保存备用。

5. 分析步骤

（1）试样处理

依据预期含量，称取1~5 g制备好的试样，精确到0.001 g，置于瓷坩埚中，用2 mL水将试样湿润，取5 mL盐酸溶液，开始慢慢一滴一滴加入到坩埚中，边加边转动坩埚，直到不冒泡，然后再快速放入，再加5 mL硝酸溶液，转动坩埚，并用水浴加热直到消化液2~3 mL时取下（注意防止溅出），分次用5 mL左右的水转移到50 mL容量瓶。冷却后，用水定容至刻度，用无灰滤纸过滤，摇匀待用。同时制备试样空白溶液。

（2）标准曲线绘制

分别吸取0、1.0 mL、2.0 mL、4.0 mL、8.0 mL铅标准工作液（10 μg/mL），置于50 mL容量瓶中，加入盐酸溶液1 mL，加水定容至刻度，摇匀，导入原子吸收分光光度计，用水调零，在283.3 nm波长下测定吸光度，以吸光度为纵坐标，浓度为横坐标，绘制标准曲线，标准曲线的拟合度达到0.995以上后测试试样。

（3）测定

试样溶液和试剂空白，按绘制标准曲线步骤进行测定，测出相应吸光度值与标准曲线比较定量。

6. 结果计算

试样中铅含量按下式进行计算：

$$X = \frac{(\rho_1 - \rho_2) \times V_1}{m}$$

式中：X——试料中铅含量的数值，mg/kg；

ρ_1——测定用试料消化液含量的数值，μg/mL；

ρ_2——空白试液中铅含量的数值，μg/mL；

V_1——试料消化液同体积的数值，mL；

m——试料的质量的数值，g。

结果表示，每个试样取2个平行样进行测定，以其算术平均值为结果。结果表示到0.01 mg/kg。

7. 说明

同一分析者对同一试样同时或快速连续地进行两次测定，所得结果与允许相对偏差见表14.4：

表14.4　分析允许相对偏差

铅含量范围（mg/kg）	分析允许相对偏差（%）
≤5	≤20
5~15（含15）	≤15
15~30（含30）	≤10
>30	≤5

二、渔用饲料中镉的测定

本部分参照标准"饲料中镉的测定方法"（GB/T 13082 – 1991）对渔用饲料中镉的测定方法做以下介绍。

1. 原理

以干灰化法分解样品，在酸性条件下，有碘化钾存在时，镉离子与碘离子形成络合物，被甲基异丁酮萃取分离，将有机相喷入空气－乙炔火焰，使镉原子化，测定其对特征共振线 228.8 nm 的吸光度，与标准系列比较而求得镉的含量。

2. 试剂

除特殊规定外，本标准所用试剂均为分析纯，水为重蒸馏水。

①硝酸，优级纯。

②盐酸，优级纯。

③2 mol/L 碘化钾溶液：称取 332 g 碘化钾，溶于水，加水稀释至 1 000 mL。

④5% 抗坏血酸溶液：称取 5 g 抗坏血酸，溶于水，加水稀释至 100 mL，临用时配制。

⑤1 mol/ L 盐酸溶液：量取 10 mL 盐酸，加入 110 mL 水，摇匀。

⑥甲基异丁酮〔CH3COCH2CH（CH3）2〕。

⑦镉标准贮备液：称取高纯金属镉（Cd，99.99%）0.100 0 g 于250 mL三角烧瓶中，加入 10 mL 1:1 硝酸，在电热板上加热溶解完全后，蒸干，取下冷却，加入 20 mL 1:1 盐酸及 20 mL 水，继续加热溶解，取下冷却后，移入 1 000 mL 容量瓶中，用水稀释至刻度，摇匀，此溶液每毫升相当于 100 μg 镉。

⑧镉标准中间液：吸取 10 mL 镉标准贮备液于 100 mL 容量瓶中，以1 mol/L盐酸稀释至刻度，摇匀，此溶液每毫升相当于 10 μg 镉。

⑨镉标准使用液：吸取 10 mL 镉标准中间液于 100 mL 容量瓶中，以1 mol/L盐酸稀释至刻度，摇匀，此溶液每毫升相当于 1 μg 镉。

3. 仪器

①分析天平：感量 0.000 1 g。

②马弗炉。

③原子吸收分光光度计。

④硬质烧杯：100 mL。

⑤容量瓶：50 mL。

⑥具塞比色管：25 mL。

⑦吸量管：1 mL、2 mL、5 mL、10 mL。

⑧移液管：5 mL、10 mL、15 mL、20 mL。

4. 试样制备

采集具有代表性的饲料样品，至少 2 kg，四分法缩分至约250 g，磨碎，过 1 mm 筛，混匀，装入密闭广口试样瓶中，防止试样变质，低温保存备用。

5．测定步骤

（1）试样处理

①干法消解：称 5～10 g 试样在微开炉门的马弗炉中升至 200℃保持 1 h，再升至 300℃保持 1 h，最后升至 500℃灼烧 16 h。冷却后加水润湿，加 10 mL 硝酸，加热至近干，冷却加 10 mL 1 mol/L 盐酸溶液将盐类溶解，移入 50 mL 容量瓶，以去离子水稀释至 50 mL。

②微波消解：准确称取约 5～10 g 试样，于具有聚四氟乙烯内筒的高压消解罐中。加入 7 mL 硝酸（称样量及加入硝酸体积可根据实际情况适当增减），轻摇，盖紧消解罐的上盖静置过夜，将消解管装入微波消解仪中，设定升温程序，温度和时间应足以使样品完全消解，消解后的消解管待自然冷却至小于50℃时取出，在 120℃赶酸至近干，取下用去离子水冲洗消解管，洗液至于 50 mL 容量瓶中，并用水定容至刻度。将定容后的样液用定性滤纸过滤掉残渣，并同时制备试剂空白，待测。

（2）标准曲线绘制

精确分取镉标准工作液 0、1.25 mL、2.50 mL、5.00 mL、7.50 mL、10.00 mL，分别置于 25 mL 具塞比色管中，以 1 mol/L 盐酸溶液稀释至 15 mL，依次加入 2 mL 碘化钾溶液，摇匀，加 1 mL 抗坏血酸溶液摇匀，准确加入 5 mL 甲基异丁酮，振动萃取 3～5 min，静置分层后，有机相导入原子吸收分光光度计，在波长 228.8 nm 处测其吸光度，以吸光度为纵坐标，浓度为横坐标，绘制标准曲线。

（3）测定

准确分取 10～20 mL 待测试样溶液及同量试剂空白溶液于 25 mL 具塞比色管中，依次加入 2 mL 碘化钾溶液，其余同标准曲线绘制测定步骤。

仪器参考条件：空心阴极灯电流 3 mA，共振线 228.8 nm，狭缝 0.8 nm，干燥温度 120℃、灰化温度800℃、原子化温度 1 400℃，或者根据仪器优化出最佳条件。

6．结果计算

试样中的镉含量按下式进行计算：

$$X = \frac{C \times V}{m \times 1\,000}$$

式中：X——试样中镉的含量，mg/kg；

　　　C——测定用试样液中镉的含量，μg/L；

　　　m——试样取样质量，g；

　　　V——试样处理液的总体积，mL。

结果表示，每个试样取 2 个平行样进行测定，以其算术平均值为结果。结果表示到 0.1 mg/kg。

7．说明

同一分析者对同一试样同时或快速连续地进行两次测定，所得结果之间的差值：在镉的含量小于或等于 0.5 mg/kg 时，不得超过平均值的 50%；在镉的含量大于 0.5 mg/kg 而小于 1 mg/kg 时，不得超过平均值的 30%；在镉的含量大于或等于 1 mg/kg 时，不得超过平均值的 20%。

三、渔用饲料中汞的测定—原子荧光光谱分析法

本部分参照标准"饲料中汞的测定方法"（GB/T 13081－2006）对渔用饲料中汞的测定—原子荧光光谱分析法做以下介绍。

1. 原理

试样经酸加热消解后，在酸性介质中，试样中汞被硼氢化钾（KBH₄）或硼氢化钠（NaBH₄）还原成原子态汞，由载气（氩气）带入原子化器中，在特制汞空心阴极灯照射下，基态汞原子被激发至高能态，在去活化回到基态时，发射出特征波长的荧光，其荧光强度与汞含量成正比，与标准系列比较定量。

2. 试剂

除非另有说明，本方法中所用试剂均为分析纯，水为去离子水或相应纯度的水，应符合 GB/T 6682 二级用水的规定。

①硝酸（优级纯）。

②硫酸（优级纯）。

③30% 过氧化氢。

④混合酸液 硫酸 + 硝酸 + 水（1 + 1 + 8）：量取 10 mL 硫酸和 10 mL 硝酸，慢慢倒入 50 mL 水中，冷后加水稀释至 100 mL。

⑤硝酸溶液：量取 50 mL 硝酸，慢慢倒入 1 000 mL 水中，混匀。

⑥汞标准贮备液：1.00 mg/L，准确称取干燥器内干燥过的二氯化汞 0.135 4 g，用混合酸液溶解后移入 100 mL 容量瓶中，稀释至刻度，混匀，此溶液每毫升相当于 1 mg 汞，冷藏备用。

⑦汞标准工作液：100 ng/L，吸取 1.0 mL 汞标准贮备液，置于 100 mL 容量瓶中，加混合酸液稀释至刻度，此溶液浓度为 10 μg/mL。再吸取 10 μg/mL 汞标准溶液 1.0 mL 于 100 mL 容量瓶中，加混合酸液稀释至刻度，混匀。临用时现配。

3. 仪器

①分析天平：感量 0.000 1 g。

②实验室用样品粉碎机或研钵。

③消化装置。

④原子荧光光度计。

⑤微波消解炉。

⑥高压消解罐：100 mL。

⑦容量瓶：50 mL、100 mL。

4. 试样制备

采集具有代表性的饲料样品，至少 2 kg，四分法缩分至约 250 g，磨碎，过 1 mm 筛，混匀，装入密闭广口试样瓶中，防止试样变质，低温保存备用。

5. 分析步骤

（1）试样处理

称取 0.20 ~ 1.00 g 试样，精确到 0.001 g，置于聚消解罐中，加 4 mL 硝酸，3 mL 30% 过氧化氢，混匀后放置过夜。然后将消解罐让如排酸器上加热，升温至 60℃后保持恒温 2 ~ 3 h，至消解完全，自然冷却至室温。将消解液用硝酸溶液定量转移并定容至 50 mL 容量瓶中，摇匀待测。同时作试剂空白试验。

（2）标准曲线绘制

吸取 100 ng/mL 汞标准使用液 0.50 mL、1.00 mL、2.00 mL、4.00 mL、5.00 mL 于 50 mL 容量瓶中，用硝酸溶液稀释至刻度，混匀。各自相当于汞浓度 1.0 ng/mL、2.0 ng/mL、4.0 ng/mL、8.0 ng/mL、10.0 ng/mL。

（3）测定

设定仪器参考条件光电倍增负高压：260 V；汞空心阴极灯电流：30 mA；原子化器：温度 300℃，高度 8.0 nm；氩气流速：载气 500 mL/min，屏蔽气 1 000 mL/min；测量方式：标准曲线法；读数方式：峰面积；读数延迟时间：1.0 s；读数时间：10.0 s；硼氢化钾溶液加液时间：8.0 s；标准或样液加液体积：2 mL。仪器稳定后，测标准系列，至标准曲线的拟合度达到 0.995 以上后测试试样。

6. 结果计算

试样中的汞的含量按下式进行计算：

$$w = \frac{(c - c_0) \times V \times 1\,000}{m \times 1\,000 \times 1\,000}$$

式中：w ——试样中汞的含量，mg/kg；

c ——试样中消化液中汞的含量，ng/mL；

c_0 ——试剂空白液中汞的含量，ng/mL；

V ——试样消化液总体积，mL；

m ——试样质量，g。

结果表示，每个试样取 2 个平行样进行测定，以其算术平均值为结果。结果表示到 0.001 mg/kg。

7. 说明

同一分析者对同一试样同时或快速连续地进行两次测定，所得结果之间的差值，在汞的含量小于或等于 0.020 mg/kg 时，不得超过平均值的 100%；在汞的含量大于 0.020 mg/kg 而小于 0.100 mg/kg 时，不得超过平均值的 50%；在汞的含量大于 0.100 mg/kg 时，不得超过平均值的 20%。

四、渔用饲料中无机砷的测定——氢化物原子荧光光度法

本部分参照标准"食品中总砷及无机砷的测定"（GB/T 5009.11 - 2003）对渔用饲料中无机砷的测定—氢化物原子荧光光度法做以下介绍。

1. 原理

饲料中的砷可能以不同的化学形式存在，包括无机砷和有机砷。在 6 mol/L 盐酸水浴条件下，无机砷以氯化物形式被提取，实现无机砷和有机砷的分离。在 2 mol/L 盐酸条件下测定总无机砷。

2. 试剂

①盐酸溶液（1 + 1）：量取 250 mL 盐酸，慢慢倒入 250 mL 水中，混匀。

②氢氧化钠溶液（2 g/L）：称取氢氧化钾 2 g 溶于水中，稀释至 1 000 mL。

③硼氢化钾溶液（7 g/L）：称取硼氢化钾：3.5 g 溶于 500 mL 2 g/L 氢氧化钾溶液中。

④碘化钾（100 g/L）- 硫脲混合溶液（50 g/L）：称取碘化钾 10 g，硫脲 5 g 溶于水中，并稀释至 100 mL 混匀。

⑤三价砷（As^{3+}）标准液：准确称取三氧化二砷 0.132 0 g，加 100 g/L 氢氧化钾 1 mL 和少量亚沸蒸馏水溶解，转入 100 mL 容量瓶中定容。此标准溶液含三价砷（As^{3+}）1 mg/mL。使用时用水逐级稀释至标准使用液浓度为三价砷（As^{3+}）1 μg/mL。冰箱保存可使用 7 d。

3. 仪器

玻璃仪器使用前经 15% 硝酸浸泡 24 h。
①原子荧光光度计。
②恒温水浴锅。

4. 分析步骤

（1）试样处理

称取经粉碎过 80 目筛的干样 5.00 g 于 25 mL 具塞刻度试管中，加 5 mL 盐酸，并用盐酸（1+1）溶液稀释至刻度，混匀。置于 60℃ 水浴锅 18 h，其间多次振摇，使试样充分浸提。取出冷却，脱脂棉过滤，取 4 mL 滤液于 10 mL 容量瓶中，加碘化钾—硫脲混合溶液 1 mL，正辛醇（消泡剂）8 滴，加水定容。放置 10 min 后测试样中无机砷。如浑浊，再次过滤后测定。同时做试剂空白试验。

注：试样浸提冷却后，过滤前用盐酸溶液定容至 25 mL。仪器参考操作条件：光电倍增管电压：340 V，砷空心阴极灯电流：40 mA；原子化器高：9 mm；氩气流速：载气 600 mL/min；读数时间：12 s；延迟时间：2 s；读数方式：峰面积；进样体积：0.5 mL。

（2）标准曲线绘制

分别准确吸取吸取 1 μg/mL 三价砷（As^{3+}）标准使用液 0 mL、0.05 mL、0.1 mL、0.25 mL、0.5 mL、1.0 mL 于 10 mL 容量瓶中，分别加盐酸（1+1）溶液 4 mL，碘化钾—硫脲混合溶液 1 mL，正辛醇 8 滴，定容，各相当于含三价砷（As^{3+}）浓度 0、5.0 ng/mL、10.0 ng/mL、25.0 ng/mL、50.0 ng/mL、100.0ng/mL。

5. 结果计算

试样中无机砷的含量按下式计算：

$$X = \frac{(c_1 - c_2)F}{m} \times \frac{1\,000}{1\,000 \times 1\,000}$$

式中：X——试样中无机砷含量，mg/kg 或 mg/L；

c_1——试样测定液中无机砷浓度，ng/m；

$c2$——试剂空白浓度，ng/mL；

m——试样质量或体积，g 或 mL；

F——固体试样：$F = 10$ mL $\times 25$ mL/4 mL；液体试样：$F = 10$ mL。

6. 说明

检出限：固体试样 0.04 mg/kg，液体试样 0.004 mg/L。

五、渔用饲料中铬的测定

本部分参照标准"饲料中铬的测定"（GB/T 13088－2006）对渔用饲料中铬的测定方法做以下介绍。

1. 分光光度法

（1）原理

以干灰化法分解样品，在碱性条件下用高锰酸钾将灰分溶液中铬离子氧化为六价铬离子，再将溶液调至酸性，使六价铬离子与二苯卡巴肼生成玫瑰红色铬合物，进行比色测定，求得铬的含量。

（2）试剂

除非另有说明，所用试剂均为分析纯，水为蒸馏水或相应纯度的水。符合 GB/T 6682 三级水的规定。

①0.5 mol/L 硫酸溶液：量取 28 mL 浓硫酸，徐徐加入水中，再加水稀释至 1 000 mL。

②1：6 硫酸溶液：量取 100 mL 浓硫酸，徐徐加入 600 mL 水中，并加入 1 滴 2% 高锰酸钾溶液，使溶液呈粉红色。

③氢氧化钠溶液：4 mol/L，称取 32 g 氢氧化钠，溶于水中，加水稀释至 200 mL。

④高锰酸钾溶液：20 g/L，称取 2 g 高锰酸钾，溶于水中，加水稀释至 100 mL。

⑤二苯卡巴肼溶液：5 g/L 称 0.5 g 二苯卡巴肼溶解于 100 mL 丙酮中。

⑥95% 乙醇。

⑦铬标准储备液：100 mg/L，称取 0.283 0 g 经 100～110℃ 烘至恒重的重铬酸钾，用水溶解，移入 1 000 mL 容量瓶中，稀释至刻度，此溶液每毫升相当于 0.10 mg 铬。

⑧铬标准溶液：2 mg/L，吸取 1.00 mL 铬标准储备液于 50 mL 容量瓶中，加水稀释至刻度，此溶液每毫升相当于 2 μg 铬。

（3）仪器

①分析天平，感量为 0.000 1 g。

②高温电炉（马弗炉）。

③实验用样品粉碎机或研钵。

④电炉：600 w。

⑤容量瓶：50 mL、100 mL、200 mL、1 000 mL。

⑥吸量管：0.5 mL 、1.0 mL、5.0 mL、10.0 mL。

⑦移液管：5 mL、10 mL、25 mL。

⑧三角烧瓶：150 mL

⑨短颈漏斗：直径 6 cm。

⑩瓷坩埚：60 mL。

⑪滤纸：11 cm，定量，快速。

⑫分光光度计：有 10 mm 比色皿，可在 540 nm 处测量吸光度。

（4）试样制备

采集具有代表性的饲料用水解皮革粉或配合饲料样品，至少 2 kg，四分法缩分至约 250 g，磨碎，过 1 mm 筛，混匀，装入密闭广口试样瓶中，防止试样变质，低温保存备用。

（5）分析步骤

①试样处理

称取 1.0～1.5 g 样品，精确到 0.001 g，置于 60 mL 瓷坩埚中，在电炉上炭化完全后，置于马弗炉内，由室温开始，徐徐升温，至 600℃ 灼烧 5 h，直至样品呈白色或灰白色无碳粒为止。

取出冷却，加入 5 mL 0.5 mol/L 硫酸溶液，在电炉上微沸，内容物全部移入 150 mL 三角瓶中，并用热水反复洗涤坩埚 3~4 次，洗涤液并入三角瓶中，加入 1.5 mL 4 mol/L 氢氧化钠溶液，再加入 2 滴 2% 高锰酸钾溶液，加水使瓶内溶液总体积约为 60~70 mL，摇匀，溶液呈紫红色，在电炉上加热煮沸 20 min（在煮沸过程中，如紫红色消退，应即时补加高锰酸钾溶液，使溶液保持紫红色），然后沿壁加入 3 mL 95% 的乙醇，摇匀，趁热过滤，滤液置于 100 mL 容量瓶中，并用少量热水洗涤三角瓶和滤纸 3~4 次，洗涤液并入容量瓶中，此滤液即为试样溶液，备用。同时作试剂空白试验。

②标准曲线绘制

吸取铬标准溶液 0、5.00 mL、10.00 mL、15.00 mL、20.00 mL、25.00 mL、30.00 mL，分别置于 100 mL 容量瓶中，加入适量水稀释，依次加入 4 mL 1:6 硫酸溶液，再加入 2.0 mL 二苯卡巴肼溶液，用水稀释至刻度，摇匀，静置 30 min，以空白溶液作为参比，用 10 mm 比色皿，在波长 540 nm 处用分光光度计测量其吸光度，以吸光度为纵坐标，铬标准溶液浓度为横坐标绘制标准曲线。

③试样测定

在装有试样溶液的 100 mL 容量瓶中，依次加入 4 mL 1:6 硫酸溶液和 2.0 mL. 二苯卡巴肼溶液，用水稀释至刻度，摇匀，静置 30 min，按（2）步骤测定其吸光度，求得试样溶液铬的浓度。

（6）结果计算

试样中的铬的含量按式进行计算：

$$X = \frac{c \times 100}{m}$$

式中：X——试样中铬的含量，mg/kg；

C——试样溶液中铬的含量，μg/mL；

m——试样质量，g。

结果表示，每个试样取 2 个平行样进行测定，以其算术平均值为结果。结果表示到 0.1 mg/kg。

（7）说明

同一分析者对同一试样同时或快速连续地进行两次测定，所得结果之间的差值：在铬含量小于 1 mg/kg 时，不得超过平均值的 50%。在铬含量人于或等于 1 mg/kg 时，不得超过平均值的 20%。

2. 原子吸收光谱法

（1）原理

样品经高温灰化，用酸溶解后，注入原子吸收光谱检测器中，在一定浓度范围，其吸收值与铬含量成正比，与标准系列比较定量。

（2）试剂

①硝酸，ρ = 1.42 g/mL，光谱纯。

②金属储备液 1 000 mg/L：称取 1.000 g 光谱纯金属，准确到 0.001 g，用硝酸溶解，然后稀释到 1 000 mL，或者直接购买配置好的标准储备液。

③铬标准储备液 1 000 μg/L：用（1 + 499）硝酸溶液将储备液稀释 1 000 倍至浓度为 1 000 μg/L。

④铬标准工作液 50 μg/L：用去离子水将铬标准储备液稀释 20 倍至浓度为 50 μg/L。

⑤硝酸溶液：V（硝酸）+ V（水）= 20 + 80。

（3）设备

所有玻璃器具及坩埚均用硝酸溶液 [V（硝酸）+ V（水）= 20 + 80] 浸泡 24 h 或更长时间后，用纯净水冲洗，晾干。

①分析天平，感量为 0.000 1 g。

②高温电炉（马弗炉）。

③实验用样品粉碎机或研钵。

④可控温电炉：600 W。

⑤容量瓶：20 mL、50 mL、100 mL、1 000 mL。

⑥移液管：0.5 mL、1.0 mL、2.0 mL、3.0 mL、5.0 mL、10.0 mL、25.0 mL。

⑦超纯水装置。

⑧短颈漏斗：直径 6 cm。

⑨瓷坩埚：60 mL。

⑩滤纸：11 cm，定量，快速。

⑪原子吸收光谱仪。

（4）试样制备

根据 GB/T 14699.1，采集具有代表性的饲料样本约 2 kg，用四分法缩减至 250 g 左右，磨碎过 1 mm 孔筛，混匀，装入样品袋中。冷藏保存以防试样变质。

（5）测定步骤

①试样溶液的制备

A. 干法消解：称取 0.1～10.0 g 试样，置于 60 mL 瓷坩埚中，在电炉上小火炭化至无烟，置于马弗炉中，在 600℃灼烧 5 h，至试样呈白色或灰色无炭粒为止，冷却后，用 5 mL 硝酸溶液（2＋8）溶解试样，并用去离子水冲洗坩埚，洗液合并入 50 mL 容量瓶中并定容，过滤待测。

B. 微波消解：称取 0.5 g 左右试样，放入具有聚四氟乙烯内筒的高压消解罐中，加入 7 mL 硝酸（称样量及加入硝酸体积可根据实际情况适当增减），轻摇，盖紧消解罐的上盖静置过夜，将消解管装入微波消解仪中，设定升温程序，温度和时间应足以使样品完全消解，消解后的消解管待自然冷却至小于 50℃时取出，在 120℃赶酸至近干，取下用去离子水冲洗消解管，洗液置于 50 mL 容量瓶中，并用水定容至刻度。将定容后的样液用定性滤纸过滤掉残渣，并同时制备试剂空白，待测。

②测定

将标准系列的标准溶液导入原子吸收分光光度计中绘制标准曲线，标准曲线拟合度不得小于 0.995，然后将试样测定液导入原子吸收分光光度计中测定吸光度并用标准曲线求出试样测定液中测定元素的浓度，同时测定试样空白溶液。

（6）结果计算

试样中铬的含量按下式计算：

$$X = \frac{C \times V}{1\ 000 \times m}$$

式中：X——试样中铬的含量，mg/kg；

　　　C——测定用试样中铬的含量（扣除试剂空白），μg/L；

　　　m——试样质量或体积，g；

　　　V——试样处理液的总体积，mL。

（7）说明

同一分析者对同一试样同时或快速连续地进行两次测定，所得结果相对偏差：

在铬含量小于 10 mg/kg 时，相对偏差不得超过 20%；

在铬含量大于或等于 10 mg/kg 时，相对偏差不得超过 10%。

第四节　渔用饲料中微生物检验方法

一、渔用饲料中霉菌总数的测定

本部分参照标准"饲料中霉菌总数的测定"（GB/T 13092 – 2006）对渔用饲料中霉菌总数的测定方法做以下介绍。

1. 原理

根据霉菌生理特性，选择适宜于霉菌生长而不适宜于细菌生长的培养基，采用平皿计数方法，测定霉菌数。

2. 仪器

①分析天平：感量 0.001 g。

②恒温培养箱：(25~28)℃ ±1℃。

③冰箱：普通冰箱。

④高压灭菌器：2.5 kg。

⑤水浴锅：(45~77)℃ ±1℃。

⑥振荡器：往复式。

⑦微型混合器：2 900 r/min。

⑧灭菌玻璃三角瓶：250 mL，500 mL。

⑨灭菌试管：15 mm×150 mm。

⑩灭菌平皿：直径 90 mm。

⑪灭菌吸管：1 mL，10 mL。

⑫灭菌玻璃珠：直径 5 mm。

⑬灭菌广口瓶：100 mL，500 mL。

⑭灭菌金属勺、刀等。

3. 培养基和试剂

除特殊注明，本方法所用试剂均为分析纯；水符合 GB/T 6682 – 1992 三级水规格。

（1）高盐察氏培养基

①成分：硝酸钠 2 g；磷酸二氢钾 1 g；硫酸镁 0.5 g；氯化钠 60 g；氯化钾 0.5 g；硫酸亚铁 0.01 g；蔗糖 30 g；琼脂 20 g；蒸馏水 1 000 mL。

②制法：加热溶解，分装后，121℃高压灭菌 30 min。必要时可酌量增加琼脂。

（2）稀释液

①成分：氯化钠 8.5 g；蒸馏水 1 000 mL。

②制法：加热溶解，分装后，121℃高压灭菌 30 min。

（3）试验室常用消毒药品

4. 测定程序

霉菌检验程序如下：

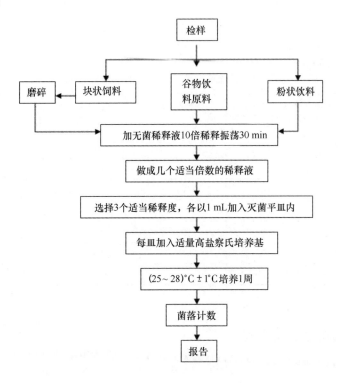

5. 试样的制备

按照 GB/T14699.1 方法进行采样，采样时必须特别注意样品的代表性和避免采样时的污染。首先准备好灭菌容器和采样工具，如灭菌牛皮纸袋或广口瓶，金属勺和刀，在卫生学调查基础上，采取有代表性的样品，粉碎过 0.45 mm 孔径筛，用四分法缩减至 250 g。样品采集后应尽快检验，否则应将样品放在低温干燥处。

6. 分析步骤

①以无菌操作称取样品 25 g（或 25 mL），放入含有 225 mL 灭菌稀释液的玻塞三角瓶中，置振荡器上，振摇 30 min，即为 1∶10 的稀释液。

②用灭菌吸管吸取 1∶10 稀释液 10 mL，注入带玻璃珠的试管中，置微型混合器上混合 3 min，或注入试管中，另用带橡皮乳头的 1 mL 灭菌吸管反复吹吸 50 次，使霉菌孢子分散开。

③取 1 mL 1∶10 稀释液，注入含有 9 mL 灭菌稀释液试管中，另取一支吸管吹吸 5 次，此液为 1∶100 稀释液。

④按上述操作顺序作 10 倍递增稀释液，每稀释一次，换用一支 1 mL 灭菌吸管，根据对样品污染情况的估计，选择三个合适稀释度，分别在作 10 倍稀释的同时，吸取 1 mL 稀释液于灭菌平皿中，每个稀释度用两个平皿，然后将凉至 45℃ 左右的高盐察氏培养基注入平皿中，充分混合，待琼脂凝固后，倒置于 (25～28)℃ ±1℃ 温箱中，培养 3 d 后开始观察，应培养观察一周。

7. 计算

通常选择菌落数在 10～100 个之间的平皿进行计数，同稀释度的 2 个平皿的菌落平均数乘以稀释倍数，即为每克（或每毫升）检样中所含霉菌数。

稀释度选择和霉菌总数报告方式按表 14.5 表示。

表 14.5　稀释度选择及霉菌总数报告方式

例次	稀释液及细菌总数			稀释液之比	细菌总数 [CFU/g（mL）]	报告方式 [CFU/g（mL）]
	10^{-1}	10^{-2}	10^{-3}			
1	多不可计	80	8	—	800	8.0×10^3
2	多不可计	87	12	1.4	10 350	1.0×10^4
3	多不可计	95	20	2.1	9 500	9.5×10^3
4	多不可计	多不可计	110	—	110 000	1.1×10^5
5	9	2	0	—	90	90
6	0	0	0	—	$<1 \times 10$	<10
7	多不可计	102	13	—	10 200	1.0×10^4

二、渔用饲料中细菌总数的测定

本部分参照标准"饲料中细菌总数的测定"（GB/T 13093 - 2006）对渔用饲料中细菌总数的测定方法做以下介绍。

1. 原理

将试样经过处理，稀释至适当浓度，用特定的培养基，在（30 ±1）℃下培养（72h ±3）h，计数平板中长出的菌落数，计算每 g（mL）试样中的细菌总数。

2. 仪器

①分析天平：感量 0.1 g。

②振荡器：往复式。（3）恒温恒温箱：（30 ±1）℃。

③冰箱：普通冰箱。

④高压灭菌器：灭菌力（0～3）kg/cm³。

⑤灭菌金属勺、刀等。

⑥恒温水浴锅：（46 ±1）℃。

⑦微型混合器。

⑧粉碎机，非旋风磨，密闭要好。

⑨灭菌移液管：1 mL、10 mL。

⑩灭菌三角瓶：100 mL、250 mL、500 mL。

⑪灭菌试管：16 mm ×160 mm。

⑫灭菌玻璃珠：直径 5 mm。

⑬灭菌培养皿：直径 90 mm。

3. 培养基和试剂

①营养琼脂培养基。

②磷酸盐缓冲液。

③0.85%生理盐水。

④水琼脂培养基。

⑤实验室常见消毒药品。

上述试剂和培养基均参照 GB/T 13093 - 2006。

4. 试样的制备

按照 GB/T 14699.1 进行采样，采样时应特别注意样品的代表性和避免采样时的污染。

按照 GB/T 20195 - 2006 进行样品的制备，磨碎过 0.45 mm 孔径筛，样品应尽快检验。

5. 测定步骤

（1）试样稀释及培养

①以无菌操作称取试样 25 g（或 10 g），放于含有 225 mL（或 90 mL）稀释液或生理盐水的灭菌三角瓶中（瓶内预置适当数量的玻璃珠）。置振荡器上，振荡 30 min。经充分振摇后，制成 1:10 的均匀稀释液。最好置均质器中 8 000 ~ 10 000 r/min 的速度处理 1 min。

②用 1 mL 灭菌吸管吸取 1:10 稀释液 1 mL，沿管壁慢慢注入含有 9 mL 灭菌稀释液或生理盐水的试管中，振摇试管，或放微型混合器上，混合 30 s，混合均匀，制成 1:100 的稀释液。

③另取一只 1 mL 灭菌吸管，按上述操作方法，做 10 倍递增稀释，如此每递增稀释一次，即更换一只灭菌吸管。

④根据饲料卫生标准要求或对试样污染程度的估计，选择 2 ~ 3 个适宜稀释度，分别在作 10 倍递增稀释的同时，即以吸取该稀释的吸管移 1 mL 稀释液于灭菌平皿内，每个稀释度作两个培养皿。

⑤稀释液移入培养皿后，应及时将凉至（46 ±1）℃的培养基注入培养皿约 15 mL，小心转动培养皿使试样与培养基充分混匀。从稀释试样到注入培养基之间，时间不能超过 30 min。如估计试样中所含微生物可能在培养基平皿表面生长时，待培养基完全凝固后，可在培养基表面倾注凉至（46 ±1）℃的水琼脂培养基 4 mL。

⑥待琼脂凝固后，倒置平皿于（30 ±1）℃恒温培养箱内培养（72 ±3）h 取出，计算平板内细菌总数目，细菌总数乘以稀释倍数，即得每克试样所含细菌总数。

（2）菌落总数计算方法

做平板菌落计数时，可用肉眼观查，必要时用放大镜检查，以防遗漏。在计算出各平板细菌总数后，求出同稀释度的各平板菌落的平均值。

（3）细菌总数计数的报告

选取菌落数在 30 ~ 300 的平板作为菌落总数测定标准。每一个稀释度使用两个平板，应采用两个平板平均数，若其中一个平板有较大片状菌落生长时，则不宜采用，而应以无片状菌落生长的平板作为该稀释度的菌落数，若片状菌落不到平板的一半，而其余一半中菌落分布又很均匀，即可计算半个平板后乘 2 以代表全皿细菌总数。

①稀释度的选择：应选择平均菌落数在 30 ~ 300 的稀释度，乘以稀释倍数报告之（表 14.9 中例次 1）。

若有两个稀释度，其生长的菌落数均在 30～300，则视两者之比如何来决定。若其比值小于或等于 2，应报告其平均数；若大于 2 则报告其中较小的数字（表 14.9 中例次 2 及例次 3）。

若所有稀释度的平均菌落数均大于 300，则应按稀释度最高的平均菌落数乘以稀释倍数进行报告之（表 14.9 中例次 4）。

若所有稀释度的平均菌落数均小于 30，则应按稀释度最低的平均菌落数乘以稀释倍数进行报告（表 1 中例次 5）。

若所有稀释度均无菌落生长，则以小于 1 乘以最低稀释倍数进行报告之（表 14.9 中例次 6）。

若所有稀释度的平均菌落数均不在 30～300，其中一部分大于 300 或小于 30 时，则以最接近 30 或 300 的平均菌落数乘以稀释倍数进行报告（表 14.9 中例次 7）。

②结果报告：菌落数在 100 以内时，按其实有数报告，大于 100 时，采用两位有效数字，在两位有效数字后面的数值，以四舍五入方法计算。为了缩短数字后面的零数，也可用 10 的指数来表示（表 14.9）。

表 14.9　稀释度选择及细菌总数报告方式

例次	稀释液及细菌总数			稀释液之比	细菌总数 [CFU/g（mL）]	报告方式 [CFU/g（mL）]
	10^{-1}	10^{-2}	10^{-3}			
1	多不可计	164	20	—	16 400	16 000 或 1.6×10^4
2	多不可计	295	46	1.6	37 750	38 000 或 3.8×10^4
3	多不可计	271	60	2.2	27 100	27 000 或 2.7×10^4
4	多不可计	多不可计	313	—	313 000	310 000 或 3.1×10^5
5	27	11	5	—	270	270 或 2.7×10^2
6	0	0	0	—	$<1 \times 10$	<10
7	多不可计	305	12	—	30 500	31 000 或 3.1×10^4

三、渔用饲料中沙门氏菌的检验

本部分参照标准"饲料中沙门氏菌的检测方法"（GB/T 13091 - 2002）对渔用饲料中沙门氏菌的检测方法做以下介绍。

1. 原理

根据沙门氏菌的生理特性，选择有利于沙门氏菌增殖而大多数细菌受到抑制生长的培养基，进行选择性增菌、选择性平板分离，以求检出饲料中的沙门氏菌。

2. 仪器

①高压灭菌锅或灭菌箱。

②干热灭菌箱：（37±1）℃～（55±1）℃。

③培养箱：（36±1）℃。

④（42±1）℃水浴或（42±0.5）℃培养箱。

⑤水浴：（36±1）℃，（45±1）℃，（55±1）℃，（70±1）℃。

⑥接种环：铂铱或者镍铬丝，直径 3 mm。

⑦pH 计。

⑧培养瓶或三角瓶。

⑨培养试管：直径 8 mm，长度 160 mm。

⑩量筒。

⑪刻度吸管。

⑫平皿：皿底直径 9 cm 或 14 cm。

3. 培养基和试剂

除非另有说明，本方法中仅使用确认为分析纯和蒸馏水或去离子水或相当纯度的水。

①缓冲蛋白胨水（BP）。

②氯化镁 – 孔雀绿增菌液（RV）。

③亚硒酸盐胱氨酸增菌液（SC）。

④选择性划线固体培养基：酚红、煌绿琼脂；DHL 琼脂。

⑤营养琼脂。

⑥三糖铁琼脂（TSI）。

⑦尿素琼脂。

⑧赖氨酸脱羧试验培养基。

⑨β – 半乳糖苷酶试剂。

⑩V – P 反应培养基。

⑪靛基质反应培养基。

⑫半固体营养琼脂。

⑬盐水溶液。

⑭沙门氏菌因子 O，Vi，H 型血清。

注：由于有大量的培养基和试剂可供选择，具体的成分和制备方法均按参照 GB/T 13091 – 2002。

4. 样品采集

采集的实验室样品要保证其真实、具有代表性，在运输和贮存过程中没有发生损失和改变是非常重要的。采样方法可按照国家标准 GB/T 14699.1 进行（器具要经过消毒）。

5. 试样的制备

将至少 2 kg 具有代表性的饲料样品，四分法缩分至约 250 g，过 40 目筛，在密闭瓶中低温保存。

6. 操作步骤

（1）预增菌增养

取检验样品 25 g，加入装有 225 mL 缓冲蛋白胨水的 500 mL 广口瓶内。如果试料量不是 25 g，试料质量与预增菌液的体积比应约为 1：10。固体食品可先应用均质器以 8 000 ~ 10 000 r/min 打碎 1 min，或用乳钵加灭菌砂磨碎，将增菌液于（36 ±1）℃培养 16 ~ 20 h。

（2）选择性增菌培养

取预增菌增养液 0.1 mL，转种于装有 10 mL 氯化镁 – 孔雀绿增菌液的试管中，于 42℃培养 24 h。同时，另取 10 mL，接种于 100 mL 亚硒酸盐胱氨酸增菌液内，于（36 ±1）℃培养 24 h 或 48 h。

（3）分离培养

氯化镁 - 孔雀绿增菌液在培养 24 h 后，取选择性增菌培养物一接种环，分别划线接种在酚红煌绿琼脂平皿和 DEL 琼脂平皿上，为取得明显的单个菌落，取一环培养物，接种两个平皿，第一个平皿接种后，不烧接种环，连续在第二个平皿上划线接种，将平皿底部向上在（36 ± 1）℃培养箱中培养。必要时可取选择性培养物重复培养一次。

亚硒酸盐胱氨酸培养瓶在培养 24 h、48 h 后，重复上述操作。

培养 20 ~ 24 h 后，检查平皿中是否出现沙门氏菌典型菌落，生长在酚红煌绿琼脂上的沙门氏菌典型菌落，使培养基颜色由粉红变红。

生长在 DHL 培养基上的沙门氏菌典型菌落，为黄褐色透明，中心为黑色，或为黄褐色透明的小型菌落。

如生长微弱，或无典型沙门氏菌落出现时，可在（36 ± 1）℃重新培养 18 ~ 24 h。再检验平皿是否有典型沙门氏菌菌落。

辨认沙门氏菌菌落，在很大程度上依靠经验，它们外表各有不同，不仅是种与种之间，每批培养基之间也有不同，此时，可用沙门氏菌多价因子血清，先与菌落作凝集反应，以帮助辨别可疑菌落。

（4）鉴定培养

从每种分离平皿培养基上，挑取 5 个被认为可疑菌落，如一个平皿上典型或可疑菌落少于 5 个时，可将全部典型或可疑菌落进行鉴定。

挑选的菌落在营养琼脂平皿上划线培养，在（36 ± 1）℃培养 18 ~ 24 h，用纯培养物作生化和血清鉴定。

①生化鉴定：将从鉴定培养基上挑选的典型菌落，接种在 A. – F. 培养基上。

A. 三糖铁培养基

在琼脂斜面上划线和穿刺，在（36 ± 1）℃培养 24 h。培养基变化见表 14.6。

表 14.6　三糖铁培养基变化表

培养基部位	培养基变化	
琼脂斜面	黄色	乳糖和蔗糖阳性（利用乳糖或蔗糖）
	红色或不变色	乳糖和蔗糖阴性（不利用乳糖和蔗糖）
琼脂深部	底端黄色	葡萄糖阳性（发酵葡糖糖）
	红色或不变色	葡萄糖阴性（不发酵葡萄糖）
	穿刺黑色	形成硫化氢
	气泡或裂缝	葡萄糖产气

典型沙门氏菌培养基，斜面显红色（碱性），底端显黄色（酸），有气体产生，有90%形成硫化氢（琼脂变黑）。

当分离到乳糖阳性沙门氏菌时，三糖铁斜面是黄色的，因而证实沙门氏菌，不应仅仅限于三糖铁培养的结果。

B. 尿素琼脂培养基

在琼脂表面划线，在（36 ± 1）℃培养 24 h，应不时检查，如反应是阳性，尿素极快的释放氨，它使酚红的颜色变成玫瑰红色——桃红色，以后再变成深粉红色，反应常在 2 ~ 24 h 之间出现。

C. 赖氨酸脱羧反应培养基

将培养物刚好接种在液体表面之下，在（36±1）℃培养 24 h，生长后产生紫色，表明是阳性反应。

D. V–P 反应培养基

将可疑菌落接种在 V–P 反应培养基上，在（36±1）℃培养 24 h，取培养物 0.2 mL 于灭菌试管中，加肌酸溶液 2 滴，充分混匀后加 α–萘酚溶液 3 滴，充分混匀后再加氢氧化钾溶液 2 滴，再充分振摇混匀，在 15 min 内，形成桃红色，表明为阳性反应。

E. 靛基质反应培养基

取可疑菌落，接种于装有 5 mL 胰蛋白胨色氨酸培养基的试管中，在（36±1）℃培养 24 h，培养结束后，加柯凡克试剂 1 mL，形成红色，表明是阳性反应。

F. 检查 β–半乳糖苷酶的反应

取一接种环可疑菌落，悬浮于装有 0.25 mL 生理盐水的试管中，加甲苯 1 滴，振摇混匀，将试管在（36±1）℃水浴锅中放置数分钟，加 ONPG 试液 0.25 mL，将试管重新放入（36±1）℃水浴锅中 4 h，不时检查，黄色表明为阳性反应，反应常在 20 min 后明显出现。

G. 生化试验（表 14.7）

表 14.7　生化试验表

可疑菌在培养基上的反应	阴性或阳性	出现此反应这沙门氏菌株百分率
三糖铁葡萄糖形成酸	+	100
三糖铁葡萄糖产气	+	91.9[a]
三糖铁乳糖	−	99.2[b]
三糖铁蔗糖	−	99.5
三糖铁硫化氢	+	91.6
尿素分解	−	100
赖氨酸脱羧反应	+	94.6[c]
β–半乳糖苷酶反应	−	98.5[b]
V–P 反应	−	98.5
靛基质反应	−	98.5

注：a 伤寒沙门氏菌不产气。

　　b 沙门氏菌亚属 II（亚利桑那属）乳糖反应可阴可阳，但 β–半乳糖苷酶反应总是阳性的。沙门氏菌亚属 II 乳糖反应阴性，β–半乳糖苷酶反应阳性。对这些菌株，可补充生化试验。

　　c 甲型副伤寒沙门氏菌赖氨酸脱羧反应阴性。

②血清学鉴定：以纯培养菌落，用沙门氏菌因子血清 O，Vi 或 H 型，用平板凝集法，检查其抗原的存在。

A. 除去能自凝的菌株

在仔细擦净的玻璃板上，放 1 滴盐水，使部分被检菌落分散于盐水中，均匀混合后，轻轻摇动 30~60 s，对着黑的背影观察，如果细菌已凝集成或多或少的清晰单位，此菌株被认为能自凝。不宜提供作抗原鉴定。

B. O 抗原检查

用认为无自凝力的纯菌落，按 A 方法，用 1 滴 O 型血清代替盐水，如发生凝集，判为阳性。

C. Vi 抗原检查

用认为无自凝力的纯菌落，按 A 方法，用 1 滴 Vi 型血清代替盐水，如发生凝集，判为阳性。

D. H 抗原检查

用认为无自凝力的纯菌落接种在半固体营养琼脂中，在（36±1）℃培养 18～20 h，用这种培养物作为检查 H 抗原用，按照 A 方法，用 1 滴 H 血清代替盐水，如发生凝集，判为阳性。

③生化和血清试验综合鉴定：表 14.8 给出了对菌落的鉴定实验结果。

表 14.8　生化和血清试验综合鉴定表

生化反应	有无自凝	血清学反应	说明
典型	无	O、Vi 或 H 抗原阳性	被认为是沙门氏菌菌株
典型	无	全为阴性反应	可能是沙门氏菌
典型	无	未作检查	可能是沙门氏菌
无典型反应	无	O、Vi 或 H 抗原阳性	可能是沙门氏菌
无典型反应	无	全为阴性反应	不认为是沙门氏菌

沙门氏菌可疑菌株送专门菌种鉴定中心进行鉴定。

7. 结果表示

根据分析结果，得出 x 克样品中存在或不存在沙门氏菌。

8. 检验报告

检验报告应给出检验方法和结果，应给出在本标准没有说明的操作条件。

检验报告中也应说明培养温度。

检验报告应包括样品鉴定的所有必须的内容。

综合以上生化试验、血清鉴定结果，报告检验样品是否含有沙门氏菌。

第五节　饲料中生物毒素类的检测

一、渔用饲料中黄曲霉毒素 B_1 的测定——酶联免疫吸附法

霉菌是指丝状体比较发达的小型真菌。真菌在自然界分布很广，几乎无所不在，与人类的关系十分密切。有些真菌对人类有益，而有些真菌含有毒性物质，可引起人和动物的疾病。有一部分丝状体比较发达的真菌——霉菌在引起农作物病害或食品霉坏变质的同时，还能产生称为霉菌毒素的有害代谢产物，目前已知的霉菌毒素有 100 多种。在我国危害最大的霉菌毒素有黄曲霉毒素、镰刀菌毒素等，黄曲霉毒素是由黄曲霉和寄生曲霉产生的一类代谢产物，具有极强的毒性和致癌性，能引起多种动物发生癌症，主要诱发肝癌。实验证明，黄曲霉毒素 B 在动物体内转变成两种主要代谢产物——黄曲霉毒素 M1 和黄曲霉毒素 Q。前者的毒性和致癌性与黄曲霉毒素 B_1 相近似。黄曲霉毒素广泛存在干粮油食品中，其中以花生和玉米污染最为严重，若在动物饲料中便用了含有黄曲霉毒素的原料，人类就有可能通过养殖动物或通过食品动物给人带来危害。对食品中黄曲霉毒素的检验被世界各国列为主要监控内容。食物源性动物饲料中黄曲霉毒素的检验亦是作为保证养殖动物和人的健康安全的重要手段。以下“酶联免疫吸附法”是对黄曲霉毒素（AFB1）的检验，本方法适用于各种饲料原料、配（混）合饲料中黄曲霉毒素（AFB1）的测定。

本部分参照标准"饲料中黄曲霉毒素 B_1 的测定－酶联免疫吸附法"（GB/T 17480－2008）对渔用饲料中黄曲霉素 B_1 的测定－酶联免疫吸附法做以下介绍。

1. 原理

试样中黄曲霉毒素 B_1、酶标黄曲霉毒素 B_1 抗原与包被于微量反应板中的黄曲霉毒素 B_1 特异性抗体进行免疫竞争性反应，加入酶底物后显色，试样中黄曲霉毒素 B_1 的含量与颜色成反比。用目测法或仪器法通过与黄曲霉毒素 B_1 标准溶液比较判断或计算试样中黄曲霉毒素 B_1 的含量。

2. 试剂

除非另有说明，在分析中仅使用确认为分析纯的试剂盒蒸馏水或去离子水或相当纯度的水。

（1）AFB1 酶联免疫测试盒组成

注意：不同测试盒制造商间的产品组成和操作会有细微的差别，应严格按照说明书要求规范操作。

①包被抗体的聚苯乙烯微量反应板。

②A 试剂：稀释液，甲醇：蒸馏水为 7：93（V/V）。

③B 试剂：AFB1 标准溶液，1.00 μg/L。

④C 试剂：酶标 AFB1 抗原（AFB1 辣根过氧化物酶交联物，AFB1－HRP）。

⑤D 试剂：酶标 AFB1 抗原稀释液，含 0.1% 牛血清白蛋白（BSA）的 0.01 mol/LpH7.5 磷酸盐缓冲液（PBS）。

0.01 mol/L pH7.5 磷酸盐缓冲液的配制：称取 3.01 g 磷酸氢二钠，0.25 g 磷酸二氢钠，8.76 g 氯化钠加水溶解至 1 L。

⑥试剂：洗涤母液，吸取 0.5 mL 吐温－20 于 1 000 mL0.1 mol/L pH7.5 磷酸盐缓冲液。

0.1 mol/L pH7.5 磷酸盐缓冲液的配制：称取 30.1 g 磷酸氢二钠，2.5 g 磷酸二氢钠，87.6 g 氯化钠加水溶解至 1 L。

⑦试剂：底物液 a，四甲基联苯胺（TMB），用 pH 值为 5.0 乙酸钠－柠檬酸缓冲液配成浓度为 0.2 g/L。

pH 值为 5.0 乙酸钠－柠檬酸缓冲液配制：称取 15.09 g 乙酸钠，1.56 g 柠檬酸加水溶解至 1 L。

⑧G 试剂：底物液 b，1 L pH5.0 乙酸钠－柠檬酸缓冲液中加入 0.3% 过氧化氢溶液 28 mL。

⑨H 试剂：终止液，$c(H_2SO_4)$＝2 mol/L 硫酸溶液。

⑩I 试剂：AFB1 标准物质（纯度 100%）溶液，50.00 μg/L。

（2）测试盒中试剂的配制

①C 试剂中加入 1.5 mL D 试剂，溶解，混匀，配成试验用酶标 AFB1 抗原溶液，冰箱中保存。

②E 试剂中加 300 mL 蒸馏水配成试验用洗涤液。

③甲醇水溶液：甲醇：水为 5：5（V/V）。

3. 仪器

①小型粉碎机。

②分样筛：孔径 1.00 mm。

③分析天平：感量 0.01 g。

④滤纸：快速定性滤纸，直径 9～10 cm。

⑤具塞三角瓶：100 mL。

⑥电动振荡器。

⑦微量连续可调取液器及配套吸头：10～100 μL。

⑧恒温培养箱。

⑨酶标测定仪：内置 450 nm 的滤光片。

4. 试样制备

按 GB/T 20195 要求制备试样。试样需通过孔径 1.00 mm 的分离筛。

如果样品脂肪含量超过 10%，在粉碎之前用石油醚脱脂。在这种情况下，分析结果以未脱脂样品质量计。

5. 分析步骤

（1）试样提取

称取 5 g 试样，精确至 0.01 g，于 100 mL 具塞三角瓶中，加入甲醇水溶液 25 mL，加塞振荡 10 min，过滤，弃去 1/4 初滤液，再收集适量试样滤液。

根据各种饲料的限量规定和 B 试剂浓度，用 A 试剂将试样滤液稀释，制成待测试样稀释液。

（2）限量测定

将试剂盒于室温中放置 15 min，平衡至室温。

①洗涤包被抗体的聚苯乙烯微量反应板：每次测定需要标准对照孔 3 个，其余按测定试样数，截取相应的板孔数。用 E 洗涤液洗板 2 次，洗液不得溢出，每次间隔 1 min，并放在吸水纸上拍干。

②加试剂：依次加入试剂和待测试样稀释液。

③反应：放在 37℃ 恒温培养箱中反应 30 min。

④洗涤：将反应板从培养箱中取出，用 E 洗涤液洗板 5 次，洗液不得溢出，每次间隔 2 min，在吸水纸上拍干。

⑤显色：每孔各加入底物 F 试剂和底物 G 试剂各 50 μL，摇匀，在 37℃ 恒温培养箱中反应 15 min。目测法判定。

⑥中止：每孔加终止液 H 试剂 50 μL，在显色后 30 min 内测定。

⑦结果判定：

A. 目测法：先比较 1～3 号孔颜色，若 1 号孔接近无色（空白），2 号孔最深，3 号孔次之（限量孔，即标准对照孔），说明测定无误。这时比较试样孔与 3 号孔颜色，若浅者，为超标；若相当或深者为合格。

B. 仪器法：用 AFB1 测定仪或酶标测定仪，在 450 nm 处用 1 号孔调零点后测定标准孔及试样孔吸光度 A 值，若 $A_{试样孔}$ 小于 $A_{3号孔}$ 为超标，若 $A_{试样孔}$ 大于或等于 $A_{3号孔}$ 为合格。

样若超标，则根据试样提取液的稀释倍数，推算 AFB1 的含量。

（3）定量测定

若试样超标，则用 AFB1 测定仪或酶标测定仪在 450 nm 波长处进行定量测定，通过绘制 AFB1 的标准曲线来确定试样中 AFB1 的含量。将 50.00 μg/L 的 AFB1 标准溶液用 A 试剂稀释成 0、0.01 μg/L、0.10 μg/L、1.00 μg/L、5.00 μg/L、10.00 μg/L、20.00 μg/L、50.00 μg/L 的标准工作溶液，分别作为 B 试剂系列，按限量法测定步骤测定得相应的吸光度值 A；以 0 μg/L AFB1 浓度的 A0 值为分母，其他标准浓度的 A 值为分子的比值，再乘以 100 为纵坐标，对应的 AFB1 标准浓度为横坐标，在半对数坐标纸上绘制标准曲线。根据试样的 A 值/A0 值，乘以 100 的值在标准曲线上查得对应的 AFB1 量。

6. 结果计算

试样中 AFB1 的含量按下式计算，试样中黄曲霉毒素 B_1 的含量以质量分数单位以微克每千克（μg/kg）表示，按以下公式计算：

$$X = \frac{\rho \times V \times n}{m}$$

式中：X——每千克试样中黄曲霉素 B_1 的含量，μg；

ρ——从标准曲线上查得的试样提取液中黄曲霉毒素 B_1 含量，μg/L；

V——试样提取液体积，mL；

n——样稀释倍数；

m——试样的质量，g。

计算结果保留 2 位有效数字。

7. 精密度

重复测定结果相对偏差不得超过 10%。

二、渔用饲料中 T-2 毒素的测定——酶联免疫法

1. 原理

检测的基础是抗原抗体反应，微孔板包被有针对兔 IgG 的羊抗体，加入 T-2 毒素抗体、酶标记物、标准品或样品溶液。游离的 T-2 毒素与 T-2 毒素酶连接物竞争 T-2 毒素抗体，同时 T-2 毒素抗体与羊抗体连接，没有结合的 T-2 毒素酶连接物在洗涤步骤中被除去。将底物/发色剂加入到孔中并且孵育，结合的酶连接物将无色的发色剂转化为蓝色的产物。加入反应终止液后使颜色由蓝色转变为黄色，在波长 450 nm 处测量，吸光度值与样品中的 T-2 毒素浓度成反比。

2. 试剂

甲醇（分析纯或以上级别）。

双蒸水或去离子水。

3. 仪器

①微孔板酶标仪（450 nm）。

②小型粉碎机。

③分样筛：内孔径 0.995 mm（20 目）。

④分析天平：感量 0.01 g。

⑤滤纸：Whatman No.1 或相当的滤纸。

⑥振荡器。

⑦酶联免疫试剂盒。

⑧微量连续可调取液器及配套吸头：50 μL、100 μL、1 000 μL。

4. 分析步骤

（1）试样提取

样品应保存在阴凉避光之处及冷藏保存，称取 5 g 试样，精确至 0.01 g，于 50 mL 磨口试管中，加入 70% 甲醇水溶液 25 mL，加塞振荡 3 min，用 Whatman No.1 滤纸过滤，用 1 mL 蒸馏水稀释 1 mL 滤液，取 50 μL 稀释液进行分析，根据需要可以增加样品量，但甲醇溶液的量也应相应增加。

（2）测定

控制室温 20～25℃，将足够标准品和样品检测所需数量的孔条插入微孔板架，均做两个平行实验，记录下标准品和样品的位置。

反应：将 50 μL 标准品及处理好的样品溶液加到相应的微孔中。加入 50 μL 酶标记物到微孔底部，再加入 50 μL 抗体溶液，用手轻敲微孔板进行溶液混合，在室温下孵育 10 min。

洗涤：倒出孔中的液体，将微孔板架倒置在吸水纸上拍打（每轮拍打 3 次）以保证完全除去孔中的液体。加入 250 μL 蒸馏水，再次倒掉微孔中液体。上述操作重复进行两遍。

显色：向每一个微孔中加入 100 μL 底物/发色剂，充分混合并在室温条件下暗处孵育 5 min。

终止：向每一个微孔中加入 100 μL 反应终止液（黄色瓶盖），充分混合。在加入反应终止液后 10 min内于波长 450 nm 处测量吸光度值。

（3）结果判定

①目测半定量测定：首先选择一个适当的标准液与样品同运行，根据样品与标准液颜色深浅比较，判断样品浓度值是小于（颜色深）还是大于（颜色浅）标准值。如果选择 50 μg/kg 或 100 μg/kg 的标准液，应在显色步骤中将在室温暗处孵育 5min 改为 2～3min。

②定量分析：所获得的标准溶液和样品吸光度值除以第一个标准（0 标准）的吸光度值再乘以 100，因此 0 标准等于 100%，并以百分比给出吸光度值。

$$吸光度值 = \frac{标准液吸光度值（或样品液）}{0 \text{ 标准液的吸光度值}} \times 100\%$$

计算的标准值绘成一个对应 T-2 毒素浓度（μg/kg）的半对数坐标系统曲线图，相对应每一个样品的浓度（μg/kg）可以从标准曲线上读出。

5. 说明

①检出限：50 μg/kg。

②回收率 70%～110%。

③重复测定结果相对偏差不得超过 10%。

三、渔用饲料中玉米赤霉烯酮的测定——酶联免疫法

1. 原理

检测的基础是抗原抗体反应，微孔板包被有针对兔 IgG 的羊抗体，加入玉米赤霉烯酮抗体、酶标记物、标准品或样品溶液。游离的玉米赤霉烯酮与玉米赤霉烯酮酶连接物竞争玉米赤霉烯酮抗体，同时玉米赤霉烯酮抗体与羊抗体连接，没有结合的玉米赤霉烯酮酶连接物在洗涤步骤中被除去。将底物/发色剂加入到孔中并且孵育，结合的酶连接物将无色的发色剂转化为蓝色的产物。加入反应终止液后使颜色由蓝色转变为黄色。在 450 nm 处测量，吸光度值与样品中的玉米赤霉烯酮浓度成反比。

2. 试剂

甲醇（分析纯或以上级别）。

双蒸水或去离子水。

3. 仪器

①微孔板酶标仪（450 nm）。

②小型粉碎机。

③分样筛：内孔径 0.995 mm（20 目）。

④分析天平：感量 0.01 g。

⑤滤纸：Whatman No.1 或相当的滤纸。

⑥振荡器。

⑦酶联免疫试剂盒。

⑧微量连续可调取液器及配套吸头：50 μL、100 μL、1 000 μL。

4. 分析步骤

（1）试样提取

样品应保存在阴凉避光之处及冷藏保存，称取 5 g 试样，精确至 0.01 g，于 50 mL 磨口试管中，加入 70%甲醇水溶液 25 mL，加塞振荡 3 min，用 Whatman No.1 滤纸过滤，用 1 mL 蒸馏水稀释 1 mL 滤液，取 50 μL 稀释液进行分析，根据需要可以增加样品量，但甲醇溶液的量也应相应增加。

（2）测定

控制室温 20～25℃，将足够标准品和样品检测所需数量的孔条插入微孔板架，均做两个平行实验，记录下标准品和样品的位置。

反应：将 50 μL 标准品及处理好的样品溶液加到相应的微孔中。加入 50 μL 稀释的酶连接物，再加入 50 μL 稀释的抗体溶液，用手将轻敲微孔板进行溶液混合，在室温下孵育 10 min。

洗涤：倒出孔中的液体，将微孔板架倒置在吸水纸上拍打（每轮拍打 3 次）以保证完全除去孔中的液体。加入 250 μL 蒸馏水，再次倒掉微孔中液体。上述操作重复进行两遍。

显色：向每一个微孔中加入 100 μL 基质/发色剂，充分混合并在室温条件下暗处孵育 5 min。

终止：向每一个微孔中加入 100 μL 反应终止液（黄色瓶盖），充分混合。在加入反应终止液后 10 min 内于 450 nm 处测量吸光度值。

（3）结果判定

①目测半定量测定：首先选择一个适当的标准液与样品同运行，根据样品与标准液颜色深浅比较，判断样品浓度值是小于（颜色深）还是大于（颜色浅）标准值。如果选择 50 μg/kg 或 100 μg/kg 的标准液，应在显色步骤中将在室温暗处孵育 5 min 改为 2～3 min。

②定量分析：所获得的标准溶液和样品吸光度值除以第一个标准（0 标准）的吸光度值再乘以 100，因此 0 标准等于 100%，并且以百分比给出吸光度值：

$$吸光度值 = \frac{标准液吸光度值（或样品液）}{0\ 标准液的吸光度值} \times 100\%$$

计算的标准值绘成一个对应玉米赤霉烯酮浓度（μg/kg）的半对数坐标系统曲线图，相对应每一个样品的浓度（μg/kg）可以从标准曲线上读出。

5. 说明

①检出限：50 μg/kg。

②回收率 70% ~ 110%。

③重复测定结果相对偏差不得超过 10%。

四、渔用饲料中赭曲霉毒素的检验——酶联免疫法

1. 原理

检测的基础是抗原抗体反应，微孔板包被有针对兔 IgG 的羊抗体，加入赭曲霉毒素抗体、酶标记物、标准品或样品溶液。游离的赭曲霉毒素与赭曲霉毒素酶连接物竞争赭曲霉毒素抗体，同时赭曲霉毒素抗体与羊抗体连接，没有结合的赭曲霉毒素酶连接物在洗涤步骤中被除去。将底物/发色剂加入到孔中并且孵育，结合的酶连接物将无色的发色剂转化为蓝色的产物。加入反应终止液后使颜色由蓝色转变为黄色，在波长 450 nm 处测量，吸光度值与样品中的赭曲霉毒素浓度成反比。

2. 试剂

甲醇（分析纯或以上级别）。

双蒸水或去离子水。

3. 仪器

①微孔板酶标仪（450 nm）。

②小型粉碎机。

③分样筛：内孔径 0.995 mm（20 目）。

④分析天平：感量 0.01 g。

⑤滤纸：Whatman No.1 或相当的滤纸。

⑥振荡器。

⑦酶联免疫试剂盒。

⑧微量连续可调取液器及配套吸头：50 μL、100 μL、1 000 μL。

4. 分析步骤

（1）试样提取

样品应保存在阴凉避光之处及冷藏保存，称取 5 g 试样，精确至 0.01 g，于 50 mL 磨口试管中，加入 70% 甲醇水溶液 25 mL，加塞振荡 3 min，用 Whatman No.1 滤纸过滤，用 1 mL 蒸馏水稀释 1 mL 滤液，取 50 μL 稀释液进行分析，根据需要可以增加样品量，但甲醇溶液的量也应相应增加。

（2）测定

控制室温 20 ~ 25℃，将足够标准品和样品检测所需数量的孔条插入微孔板架，均做两个平行实验，记录下标准品和样品的位置。

反应：将 50 μL 标准品及处理好的样品溶液加到相应的微孔中。加入 50 μL 稀释的酶连接物，再加入 50 μL 稀释的抗体溶液，用手将轻敲微孔板进行溶液混合，在室温下孵育 10 min。

洗涤：倒出孔中的液体，将微孔板架倒置在吸水纸上拍打（每轮拍打 3 次）以保证完全除去孔中的液体。加入 250 μL 蒸馏水，再次倒掉微孔中液体。上述操作重复进行两遍。

显色：向每一个微孔中加入 100 μL 基质/发色剂，充分混合并在室温条件下暗处孵育 5 min。

终止：向每一个微孔中加入 100 μL 反应终止液（黄色瓶盖），充分混合。在加入反应终止液后 10 min 内于 450 nm 处测量吸光度值。

（3）结果判定

①目测半定量测定：首先选择一个适当的标准液与样品同运行，根据样品与标准液颜色深浅比较，判断样品浓度值是小于（颜色深）还是大于（颜色浅）标准值。如果 50 μg/kg 或 100 μg/kg 的标准液，应在显色步骤中将在室温暗处孵育 5 min 改为 2～3min。

②定量分析：所获得的标准溶液和样品吸光度值除以第一个标准（0 标准）的吸光度值再乘以 100. 因此 0 标准等于 100%，并且以百分比给出吸光度值：

$$吸光度值 = \frac{标准液吸光度值（或样品液）}{0\ 标准液的吸光度值} \times 100\%$$

计算的标准值绘成一个对应赫曲霉毒素浓度（μg/kg）的半对数坐标系统曲线图，相对应每一个样品的浓度（μg/kg）可以从标准曲线上读出。

5. 说明

①检出限：50 μg/kg。

②回收率 70%～110%。

③重复测定结果相对偏差不得超过 10%。

五、渔用饲料中伏马菌毒素的检验——酶联免疫法

1. 原理

检测的基础是抗原抗体反应，微孔板包被有针对兔 IgG 的羊抗体。加入伏马菌毒素抗体、酶标记物、标准品或样品溶液。游离的伏马菌毒素与伏马菌毒素酶连接物竞争伏马菌毒素抗体，同时伏马菌毒素抗体与羊抗体连接。没有结合的伏马菌毒素酶连接物在洗涤步骤中被除去。将底物/发色剂加入到孔中并且孵育。结合的酶连接物将无色的发色剂转化为蓝色的产物。加入反应终止液后使颜色由蓝色转变为黄色。在波长 450 nm 处测量。吸光度值与样品中的伏马菌毒素浓度成反比。

2. 试剂

①甲醇（分析纯或以上级别）。
②双蒸水或去离子水。

3. 仪器

①微孔板酶标仪（450 nm）。
②小型粉碎机。
③分样筛：内孔径 0.995 mm（20 目）。
④分析天平：感量 0.01 g。
⑤滤纸：Whatman No.1 或相当的滤纸。

⑥振荡器。

⑦酶联免疫试剂盒。

⑧微量连续可调取液器及配套吸头：50 μL、100 μL、1 000 μL。

4．分析步骤

（1）试样提取

样品应保存在阴凉避光之处及冷藏保存，称取 5 g 试样，精确至 0.01 g，于 50 mL 磨口试管中，加入 70% 甲醇水溶液 25 mL，加塞振荡 3 min，用 Whatman No. 1 滤纸过滤，用 1 mL 蒸馏水稀释 1 mL 滤液，取 50 μL 稀释液进行分析，根据需要可以增加样品量，但甲醇溶液的量也应相应增加。

（2）测定

控制室温 20 ~ 25℃，将足够标准品和样品检测所需数量的孔条插入微孔板架，均做两个平行实验，记录下标准品和样品的位置。

反应：将 50 μL 标准品及处理好的样品溶液加到相应的微孔中。加入 50 μL 稀释的酶连接物，再加入 50 μL 稀释的抗体溶液，用手将轻敲微孔板进行溶液混合，在室温下孵育 10 min。

洗涤：倒出孔中的液体，将微孔板架倒置在吸水纸上拍打（每轮拍打 3 次）以保证完全除去孔中的液体。加入 250 μL 蒸馏水，再次倒掉微孔中液体。上述操作重复进行两遍。

显色：向每一个微孔中加入 100 μL 基质/发色剂，充分混合并在室温条件下暗处孵育 5 min。

终止：向每一个微孔中加入 100 μL 反应终止液（黄色瓶盖），充分混合。在加入反应终止液后 10 min 内于 450 nm 处测量吸光度值。

（3）结果判定

①目测半定量测定：首先选择一个适当的标准液与样品同运行，根据样品与标准液颜色深浅比较，判断样品浓度值是小于（颜色深）还是大于（颜色浅）标准值。如果 50 μg/kg 或 100 μg/kg 的标准液，应在显色步骤中将在室温暗处孵育 5 min 改为 2 ~ 3 min。

②定量分析：所获得的标准溶液和样品吸光度值除以第一个标准（0 标准）的吸光度值再乘以 100，因此 0 标准等于 100%，并且以半百比给出吸光度值：

$$吸光度值 = \frac{标准液吸光度值（或样品液）}{0\ 标准液的吸光度值} \times 100\%$$

计算的标准值绘成一个对应伏马菌毒素浓度（μg/kg）的半对数坐标系统曲线图，相对应每一个样品的浓度（μg/kg）可以从标准曲线上读出。

5．说明

①检出限：0.222 mg/kg。

②回收率 70% ~ 110%。

③重复测定结果相对偏差不得超过 10%。

六、渔用饲料中呕吐毒素的检验——酶联免疫法

1．原理

检测的基础是抗原抗体反应，微孔板包被有针对兔 IgG 的羊抗体，加入呕吐毒素抗体、酶标记物、标准品或样品溶液。游离的呕吐毒素与呕吐毒素酶连接物竞争呕吐毒素抗体，同时呕吐毒素抗体与羊抗体

连接，没有结合的呕吐毒素酶连接物在洗涤步骤中被除去。将底物/发色剂加入到孔中并且孵育，结合的酶连接物将无色的发色剂转化为蓝色的产物。加入反应终止液后使颜色由蓝色转变为黄色，在波长450 nm处测量，吸光度值与样品中的呕吐毒素浓度成反比。

2．试剂

①甲醇（分析纯或以上级别）。
②双蒸水或去离子水。

3．仪器

①微孔板酶标仪（450 nm）。
②小型粉碎机。
③分样筛：内孔径0.995 mm（20目）。
④分析天平：感量0.01 g。
⑤滤纸：Whatman No.1 或相当的滤纸。
⑥振荡器。
⑦酶联免疫试剂盒。
⑧微量连续可调取液器及配套吸头：50 μL、100 μL、1 000 μL。

4．分析步骤

（1）试样提取

样品应保存在阴凉避光之处及冷藏保存，称取5 g试样，精确至0.01 g，于50 mL磨口试管中，加入蒸馏水100 mL，加塞振荡3 min，用Whatman No.1 滤纸过滤，取50 μL稀释液进行分析，根据需要可以增加样品量，但甲醇溶液的量也应相应增加。

（2）测定

控制室温20～25℃，将足够标准品和样品检测所需数量的孔条插入微孔板架，均做两个平行实验，记录下标准品和样品的位置。

反应：将50 μL标准品及处理好的样品溶液加到相应的微孔中。加入50 μL稀释的酶连接物，再加入50 μL稀释的抗体溶液，用手将轻敲微孔板进行溶液混合，在室温下孵育5 min。

洗涤：倒出孔中的液体，将微孔板架倒置在吸水纸上拍打（每轮拍打3次）以保证完全除去孔中的液体。加入250 μL蒸馏水，再次倒掉微孔中液体。上述操作重复进行两遍。

显色：向每一个微孔中加入100 μL基质/发色剂，充分混合并在室温条件下暗处孵育3 min。

终止：向每一个微孔中加入100 μL反应终止液（黄色瓶盖），充分混合。在加入反应终止液后10 min内于450 nm处测量吸光度值（以空气为空白）。

（3）结果判定

①目测半定量测定：首先选择一个适当的标准液与样品同运行，根据样品与标准液颜色深浅比较，判断样品浓度值是小于（颜色深）还是大于（颜色浅）标准值。

②定量分析：所获得的标准溶液和样品吸光度值除以第一个标准（0标准）的吸光度值再乘以100，因此0标准等于100%，并且以百分比给出吸光度值：

$$吸光度值 = \frac{标准液吸光度值（或样品液）}{0 标准液的吸光度值} \times 100\%$$

计算的标准值绘成一个对应伏呕吐毒素浓度（μg/kg）的半对数坐标系统曲线图，相对应每一个样品的浓度（μg/kg）可以从标准曲线上读出。

5. 说明

①检出限：0.222 mg/kg。

②回收率70%～110%。

③重复测定结果相对偏差不得超过10%。

第六节　饲料原料中毒素类的检测

一、渔用饲料中异硫氰酸酯的测定

本部分参照标准"饲料中异硫氰酸酯的测定方法"（GB/T 13087-1991）对渔用饲料中异硫氰酸酯的测定方法做以下介绍。

1. 原理

配合饲料中存在的硫葡萄糖苷，在芥子酶作用下生成相应的异硫氰酸酯，用二氯甲烷提取后再用气相色谱进行测定。

2. 试剂

除特殊规定外，本标准所用试剂均为分析纯，水为蒸馏水或相应纯度的水。

①二氯甲烷或氯仿。

②丙酮。

③pH7缓冲液：市售或按下法配制。量取35.3 mL 0.1 mol/L柠檬酸溶液，置入200 mL定容瓶中，用0.2 mol/L磷酸氢二钠稀释至刻度，配制后检查pH值。

④无水硫酸钠。

⑤酶制剂：将白芥种子（72 h内发芽率必须大于85%，保存期不超过两年）粉碎后，称取100 g，用300 mL丙酮分10次脱脂，滤纸过滤，真空干燥脱脂白芥子粉，400 mL丙酮沉淀芥子酶，弃去上清液，用丙酮洗沉淀5次，离心，真空干燥下层沉淀物，研磨成粉状，装入密闭容器中，低温保存备用，此制剂应不含异硫氰酸酯。

⑥丁基异硫氰酸酯内标溶液：配制0.100 mg/mL丁基异硫氰酸酯二氯甲烷或氯仿溶液，贮于4℃，如试样中异硫氰酸酯含量较低，可将上述溶液稀释，使内标丁基异硫氰酸酯峰面积和试样中异硫氰酸酯峰面积相接近。

3. 仪器

①气相色谱仪：具有氢焰检测器。

②氮气钢瓶：其中氮气纯度为99.99%。

③微量注射器：5 μL。

④分析天平：感量0.000 1 g。

⑤实验室用样品粉碎机。

⑥振荡器（往复，200 次/min）。

⑦具塞锥形瓶，25 mL。

⑧离心机。

⑨离心试管：10 mL。

4. 试样制备

采集具有代表性的配合饲料样品，至少 2 kg，四分法缩分至约 250 g，磨碎，过 1 mm 孔筛，混匀，装入密闭容器，防止试样变质，低温保存备用。

5. 分析步骤

（1）试样的酶解

称取约 2.2 g 试样于具塞锥形瓶中，精确到 0.001 g，加入 5 mL pH7 缓冲液酶制剂，30 mg 丁基异硫氰酸酯内标溶液，用振荡器振荡 2 h。将具塞锥形瓶中内容物转入离心试管中，离心机离心，用滴管吸取少量离心试管下层有机相溶液，通过铺有少量无水硫酸钠层和脱脂棉的漏斗过滤，得澄清滤液备用。

（2）色谱条件

A. 色谱柱：玻璃，内径 3 mm，长 2 m。

B. 固定液：20% FFAP（或其他效果相同的固定液）。

C. 载体：Chromosorb W，HP，80~100 目（或其他效果相同的载体）。

D. 柱温：100℃。

E. 进样口及检测器温度：150℃。

F. 载气（氮气）流速：65 mL/min。

（3）测定

用微量注射器吸取 1~2 μL 上述澄清滤液，注入色谱仪，测量各异硫氰酸酯峰面积。

6. 结果计算

试样中异硫氰酸酯的含量按下式计算：

$$X = \frac{m_e}{115.19 \times S_e \times m}[(4/3 \times 99.15 \times S_a) + (4/4 \times 113.18 \times S_b)$$
$$+ (4/5 \times f127.21 \times S_p)] \times 1\,000$$

$$= \frac{m_e}{S_e \times m}(1.15S_a + 0.98S_b + 0.88S_p) \times 1\,000$$

式中：X——试样中异硫氰酸酯残留量，mg/kg；

　　　m——试样质量，g；

　　　m_e——10 mL 丁基异硫氰酸酯内标溶液中丁基异硫氰酸酯的质量，mg；

　　　S_e——丁基异硫氰酸酯的峰面积；

　　　S_b——丁烯基异硫氰酸酯的峰面积；

　　　S_p——戊烯基异硫氰酸酯的峰面积。

结果表示：每个试样取 2 个平行样进行测定，以其算术平均值为结果。结果表示到 1 mg/kg。

7. 说明

同一分析者对同一试样同时或快速连续地进行两次测定，所得结果之间的差值：在异硫氰酸酯含量小于或等于 100 mg/kg 时，不超过平均值的 15%；在异硫氰酸醋含量大于 100 mg/kg 时，不超过平均值的 10%。

二、渔用饲料中游离棉酚的测定

本部分参照标准"饲料中游离棉酚的测定方法"（GB/T 13086 – 1991）对渔用饲料中游离棉酚的测定方法做以下介绍。

1. 原理

在 3 – 氨基 – 1 – 丙醇存在下用异丙醇与正乙烷的混合溶剂提取游离棉酚，用苯胺使棉酚转化为苯胺棉酚，在最大吸收波长 440 nm 处进行比色测定。

2. 试剂

除特殊规定外，本标准所用试剂均为分析纯，水为蒸馏水或相应纯度的水。

①异丙醇。

②正乙烷。

③冰乙酸。

④苯胺：如果测定的空白试验吸收值超过 0.022 时，在苯胺中加入锌粉进行蒸馏，弃去开始和最后的 10% 蒸馏部分，放入棕色的玻璃瓶内贮存在（0～4℃）冰箱中，该试剂可稳定几个月。

⑤3 – 氨基 – 1 – 丙醇。

⑥异丙醇 – 正乙烷混合溶剂：6:4（体积比）。

⑦溶剂 A：量取约 500 mL 异丙醇、正乙烷混合溶剂、2 mL 3 – 氨基 – 1 – 丙醇（3.5）、8 mL 冰乙酸和 50 mL 水于 1 000 mL 的容量瓶中，再用异丙醇—正乙烷混合溶剂定容至刻度。

3. 仪器

①分光光度计：有 10 mm 比色池，可在 440 nm 处测量吸光度。

②振荡器：振荡频率 120～130 次/min（往复）。

③恒温水浴。

④具塞三角烧瓶：100 mL，50 mL。

⑤容量瓶：25 mL（棕色）。

⑥吸量管：1 mL，3 mL，10 mL。

⑦移液管：10 mL，50 mL。

⑧漏斗：直径 50 mm。

⑨表玻璃：直径 60 mm。

4. 试样制备

采集具有代表性的配合饲料样品，至少 2 kg，四分法缩分至约 250 g，磨碎，过 1 mm 孔筛，混匀，装入密闭容器，防止试样变质，低温保存备用。

5. 分析步骤

①称取 1~2 g 试样（精确到 0.001 g），置于 250 mL 具塞三角烧瓶中，加入 20 粒玻璃珠，用移液管准确加入 50 mL 溶剂 A，塞紧瓶塞，放入振荡器内振荡 1 h（每分钟 120 次左右）。用干燥的定量滤纸过滤，过滤时在漏斗上加盖一表玻璃减少溶剂挥发，弃去最初几滴滤液，收集滤液于 100 mL 具塞三角烧瓶中。

②用吸量管吸取等量双份滤液 5~10 mL（每份约含 50~100 μg 的棉酚）分别至两个 25 mL 棕色容量瓶 a 和 b 中，如果需要，用溶剂 A 补充至 10 mL。

③用异丙醇 - 正乙烷混合溶剂稀释瓶 a 至刻度，摇匀，该溶液用作试样测定液的参比溶液。

④用移液管吸取 2 份 10 mL 的溶剂 A 分别至两个 25 mL 棕色容量瓶 a0 和 b0 中，用异丙醇 - 正乙烷混合溶剂补充瓶 a0 至刻度，摇匀，该溶液用作空白测定液的参比溶液。

⑤加 2.0 mL 苯胺于容量瓶 b 和 b0 中，在沸水浴上加热 30 min 显色。

⑥冷却至室温，用异丙醇 - 正乙烷混合溶剂定容，摇匀并静置 1 h。

⑦用 10 mm 比色池，在波长 440 nm 处，用分光光度计以 a0 为参比溶液测定空白测定液 b0 的吸光度，以 a 为参比溶液测定试样测定液 b 的吸光度，从试样测定液的吸光度值中减去空白测定液的吸光度值，得到校正吸光度 A。

6. 结果计算

试样中游离棉酚含量按下式计算：

$$X = \frac{A \times 1.25}{a \times m \times V} \times 10^6$$

式中：X——游离棉酚含量，mg/kg；

　　　a——质量吸收系数，游离棉酚为 62.5 cm^{-1}g^{-1}L；

　　　A——校正吸光度；

　　　m——试样质量，g；

　　　V——测定用滤液的体积，mL。

结果表示：每个试样取 2 个平行样进行测定，以其算术平均值为结果。结果表示到 20 mg/g。

7. 说明

同一分析者对同一试样同时或快速连续地进行两次测定，所得结果之间的差值：在游离棉酚含量小于或等于 500 mg/g 时，不超过平均值的 15%；在游离棉酚含量大于 500 mg/g 而小于 750 mg/g 时，不超过平均值的 75%；在游离棉酚含量大于 750 mg/g 时，不超过平均值的 10%。

三、渔用饲料中噁唑烷硫酮的测定

本部分参照标准"饲料中噁唑烷硫酮的测定方法"（GB/T 13089 - 1991）对渔用饲料中唑烷硫酮的测定方法做以下介绍。

1. 原理

饲料中的硫葡萄糖苷被硫葡萄糖苷酶（芥子酶 EC3.2.3.1）水解，再用乙醚萃取生成的噁唑烷硫酮，用紫外分光光度计测定。

2. 试剂

除特殊规定外，本标准所用试剂均为分析纯，水为蒸馏水或相应纯度的水。

①乙醚；光谱纯或分析纯。

②去泡剂：正辛醇。

③pH7.0缓冲液：取35.3 mL 0.1 mol/L 柠檬酸溶液（21.01g/L）于一个500 mL容量瓶中，再用0.2 mol/L磷酸氢二钠溶液调节pH至7.0。

④酶源：用白芥种子（72 h内发芽率必须大于85%，保存期不得超过两年）制备。将白芥籽磨细，使80%通过0.28 mm孔径筛子，用正乙烷或石油醚（沸程40~60℃）提取其中脂肪，使残油不大于2%，操作温度保持30℃以下，放通风橱于室温下使溶剂挥发。此酶源置具塞玻璃瓶中4℃下保存，可用6周。

3. 仪器

①分析天平：感量0.000 1 g。

②样品筛：孔径0.28 mm。

③样品磨。

④玻璃干燥器。

⑤恒温干燥箱：（1±2）℃。

⑥三角烧瓶：25 mL，100 mL，250 mL。

⑦容量瓶：25 mL、100 mL。

⑧烧杯：50 mL。

⑨分液漏斗：50 mL。

⑩移液管：2 mL。

⑪振荡器：振荡频率10次/min（往复）。

⑫分光光度计：有10 mm石英比色池，可在200~300 nm处测量吸光度。

4. 试样制备

采集具有代表性的饲料样品，至少500 g，四分法缩分至约50 g，磨碎，使其80%能通过0.28 mm筛，混匀，装入密闭广口试样瓶中，防止试样变质，低温保存备用。

5. 分析步骤

①称取试样（菜籽饼粕1.1 g，配合饲料5.5 g）于事先干燥称重（精确到0.001 g）的烧杯中，放入恒温干燥箱，在（103±2）℃下烘烤至少8 h，取出置干燥器中冷至室温，再称重，精确到0.001 g。

②试样的酶解：将干燥称重的试样全倒入250 mL三角烧瓶中，加入70 mL沸缓冲液，并用少许冲洗烧杯，使冷却至3℃，然后加入0.5 g酶源和几滴去泡剂，于室温下振荡2 h。立即将内容物定量转移至100 mL容量瓶中，用水洗涤三角烧瓶，并稀释至刻度，过滤至100 mL三角烧瓶中，滤液备用。

③试样测定：取上述滤液（菜籽饼粕1.0 mL，配合饲料2.0 mL），至50 mL分液漏斗中，每次用10 mL乙醚提取两次，每次小心从上面取出上层乙醚。合并乙醚层于25 mL容量瓶中，用乙醚定容至刻度。从200~280 nm测定其吸光度值，用最大吸光度值减去280 nm处的吸光度值得试样测定吸光度

值 A_B。

④试样空白测定（菜籽饼粕此项免去，A_B 为零）：按①、②、③同样操作，只加试样不加酶源，测得值为试样空白吸光度值 A_B。

⑤酶源空白测定按①、②、③同样操作，不加试样只加酶源测得值为酶源空白吸光度值 A_B。

6. 结果计算

试样中噁唑烷硫酮的含量按下式计算：

$$X = \frac{A_E - A_B - A_C}{m} \times 20.5$$

式中：X ——试样中噁唑烷硫酮的含量，mg/g；

　　　A_E ——试样测定吸光度值；

　　　A_B ——试样空白吸光度值；

　　　A_C ——酶元空白吸光度值；

　　　m ——试样绝干质量，g。

若试样测定液经过稀释，计算时应予考虑。

结果表示，每个试样取 2 个平行样进行测定，以其算术平均值为结果。结果表示到 0.01 mg/g。

7. 说明

①同一分析者对同一试样同时或快速连续地进行两次测定，所得结果之间的差值：在噁唑烷硫酮的含量小于或等于 0.20 mg/kg 时，不得超过平均值的 20%；在噁唑烷硫酮的含量大于 0.20 mg/kg 而小于 0.50 mg/kg 时，不得超过平均值的 15%；在噁唑烷硫酮的含量大于或等于 0.50 mg/kg 时，不得超过平均值的 10%。

②本标准适用于菜子饼粕和配合饲料中噁唑烷硫酮的测定。

四、渔用饲料中氰化物的测定

本部分参照标准"饲料中氰化物的测定"（GB/T 13084 - 2006）对渔用饲料中氰化物的测定方法做以下介绍。

1. 原理（滴定法）

以氰甙形式存在于植物体内的氰化物经水浸泡水解后，进行水蒸气蒸馏，蒸出的氢氰酸被碱液吸收。在碱性条件下，以碘化钾为指示剂，用硝酸银标准溶液滴定定量。

2. 试剂

除特殊规定外，本标准所用试剂均为分析纯，水为蒸馏水或相应纯度的水。

①5% 氢氧化钠溶液：称取 5 g 氢氧化钠溶于水，加水稀释至 100 mL。

②6 mol/L 氨水：量取 400 mL 浓氨水，加水稀释至 1 000 mL。

③0.5% 硝酸铅溶液：称取 0.5 g 硝酸铅溶于水，加水稀释至 100 mL。

④0.1 mol/L 硝酸银标准储备液：称取 17.5 g 硝酸银，溶于 1 000 mL 水中，混匀，置暗处，密闭保存于玻塞棕色瓶中。

标定：称取经 500 ~ 600℃ 灼烧至恒量的基准氯化钠 1.5 g，准确至 0.000 2 g。用水溶解，移入 250 mL

容量瓶中，加水稀释至刻度，摇匀。准确移取此溶液 25 mL 于 250 mL 锥形瓶中，加入 25 mL 水及 1 mL 5% 铬酸钾溶液，再用 0.1 mol/L 硝酸银标准储备液滴定至微红色为终点。

硝酸银标准储备液的摩尔浓度按下式计算。

$$Co = \frac{m_o \times 25}{V_1 \times 0.05845 \times 250} = \frac{m_o}{V_1} \times 1.7109$$

式中：Co——硝酸银标准储备液浓度，mol/L；

m_o——基准氯化钠质量，g；

V_1——硝酸银标准贮备液的用量；mL；

0.05845——每毫摩尔氯化钠的质量，g。

⑤0.01 mol/L 硝酸银标准使用液：于临用前将 0.1 mol/L 硝酸银标准储备液用煮沸并冷却的水稀释 10 倍，必要时应重新标定。

⑥5% 碘化钾溶液：称取 5 g 碘化钾溶于水中，加水稀释至 100 mL。

⑦5% 铬酸钾溶液：称取 5 g 铬酸钾溶于水中，加水稀释至 100 mL。

3. 仪器

①水蒸气蒸馏装置：蒸馏烧瓶 2 500 ~ 3 000 mL。

②微量滴定管：2 mL。

③分析天平：感量 0.000 1 g。

④凯氏烧瓶：500 mL。

⑤容量瓶：250 mL（棕色）。

⑥锥形瓶：250 mL。

⑦吸量管：2 mL、10 mL。

⑧移液管：100 mL。

4. 试样制备

采集具有代表性的配合饲料样品，至少 2 kg，四分法缩分至约 250 g，磨碎，过 1 mm 孔筛，混匀，装入密闭容器，防止试样变质，低温保存备用。

5. 分析步骤

①试样水解：称取 10 ~ 20 g 试样于凯氏烧瓶中，精确到 0.001 g，加水约 200 mL，塞严瓶口，在室温下放置 2 ~ 4 h，使其水解。

②将盛有水解试样的凯氏烧瓶迅速连接于水蒸气蒸馏装置，使冷凝管下端浸入盛有 20 mL 5% 氢氧化钠溶液的锥形瓶的液面下，通水蒸气进行蒸馏，收集蒸馏液 150 ~ 160 mL，取下锥形瓶，加入 10 mL 硝酸铅溶液，混匀，静置 15 min，经滤纸过滤于 250 mL 容量瓶中，用水洗涤沉淀物和锥形瓶 3 次，每次 10 mL，并入滤液中，加水稀释至刻度线，混匀。

③测定：准确移取 100 mL 上述滤液，置另一锥形瓶中，加入 8 mL 氨水和 2 mL 碘化钾溶液，混匀，在黑色背景衬托下，用微量滴定管以硝酸银标准滴定液滴定至出现混浊时为终点，记录硝酸银标准滴定液消耗体积（V）。

在和试样测定相同的条件下，做试剂空白试验，即以蒸馏水代替蒸馏液，用硝酸银标准滴定液滴定，记录其消耗体积。

6. 结果计算

试样中氰化物（以氢氰酸计）的含量以质量分数（mg/kg）表示，按以下公式进行计算：

$$X = \frac{(V - V_0) \times c}{n \times V_1} \times 135\,000$$

式中：m——试样质量，g；

c——硝酸银标准工作滴定液浓度，mol/L；

V——试样测定硝酸银标准工作滴定液消耗体积，mL；

V_0——空白试验硝酸银标准工作滴定液消耗体积，mL；

结果表示：每个试样取 2 个平行样进行测定，以其算术平均值为结果。结果表示到三位有效数。

7. 说明

同一分析者对同一试样同时或快速连续地进行两次测定，所得结果之间的差值：在氰化物含量小于或等于 50 mg/kg 时，不超过平均值的 20%；在游离棉酚含量大于 50 mg/kg 时，不超过平均值的 10%。

五、渔用饲料中水溶性氯化物的测定

本部分参照标准"饲料中水溶性氯化物的测定"（GB/T 6439 - 2007）对渔用饲料中水溶性氯化物的测定方法做以下介绍。

1. 原理

试样中的氯离子溶解于水溶液中，如果试样中含有有机物质，需将溶液澄清，在酸性条件下，加入过量硝酸银溶液使样品溶液中的氯化物形成氯化银沉淀，过量的硝酸银溶液用硫氰酸铵标准溶液滴定，根据消耗的硫氰酸铵的量，计算出其氯化物的含量。

2. 试剂

实验室用水应符合 GB 6682 中三级水用水的规格。使用试剂除特殊规定外应为分析纯。

①硝酸。

②硫酸铁铵饱和溶液。

③正乙烷。

④丙酮。

⑤硫氰酸铵 [c（NH4CNS）= 0.1 mol/L]。

⑥Carrez Ⅰ：称取 10.6 g 亚铁氰化钾，溶解并用水定容至 100 mL。

⑦Carrez Ⅱ：称取 21.9 g 乙酸锌，加 3 mL 冰乙酸，溶解并用水定容至 100 mL。

⑧0.1 mol/L 硝酸银标准溶液。

⑨活性炭：不含有氯离子也不能吸收氯离子。

3. 仪器

①实验室用样品粉碎机或研钵。

②分样筛：孔径 0.45 mm（40 目）。

③分析天平：感量 0.000 1 g。

④移液管。

⑤滴定管。

⑥容量瓶：250 mL、500 mL。

⑦中性定量滤纸。

4. 样品制备

按 GB/T 20195 制备样品。如样品是固体，则粉碎试样（通常 500 g），使之全部通过 1 mm 筛孔的样品筛。

（1）不含有机物试样试液的制备

称取不超过 10 g 试样，精确至 0.001 g，试样所含氯化物含量不超过 3 g，转移至 500 mL 容量瓶中，加入 400 mL 温度约 20℃的水，混匀，在回旋振荡器中振荡 30 min，用水稀释至刻度，混匀，过滤，滤液供滴定用。

（2）含有机物试样试液的制备（"（3）"中列出的产品除外）

称取 5 g 试样（质量 m），精确至 0.001 g，转移至 500 mL 容量瓶中，加入 1 g 活性炭，加入 400 mL 温度约 20℃的水，和 5 mL Carrez Ⅰ 溶液，搅拌，然后加入 5 mL Carrez Ⅱ 溶液混合，在振荡器中振荡 30 min，用水稀释至刻度（V_1），混匀，过滤，滤液供滴定用。

（3）熟化饲料、亚麻粉饼或富含亚麻粉的产品和富含黏液或胶体物质（例如糊化淀粉）试样试液的制备

称取 5 g 试样，精确至 0.001 g，转移至 500 mL 容量瓶中，加入 1 g 活性炭，加入 400 mL 温度约 20℃ 的水和 5 mL Carrez Ⅰ 溶液，搅拌，然后加入 5mL Carrez Ⅱ 溶液混合，在振荡器中振荡 30 min，用水稀释至刻度（V_1），混合。

轻轻倒出（必要时离心），用移液管吸取 100 mL 上清液至 200 mL 容量瓶中，加丙酮混合，稀释至刻度，混匀并过滤，滤液供滴定用。

5. 分析测定

用移液管移取一定体积滤液至三角瓶中，大约 25～100 mL（V_a），其中氯化物含量不超过 150 mg。必要时（移取的滤液少于 50 mL），用水稀释到 50 mL 以上，加 5 mL 硝酸，2 mL 硫酸铁铵饱和溶液，并从加满硫氰酸铵标准滴定溶液至 0 刻度的滴定管中滴加 2 滴硫氰酸铵溶液。

用硝酸银标准溶液滴定至红棕色消失，再加入 5 mL 过量的硝酸银溶液（V_{sl}），剧烈摇动使沉淀凝聚，必要时加入 5 mL 正乙烷，以助沉淀凝聚。

用硫氰酸钾溶液滴定过量硝酸银溶液，直至产生红棕色能保持 30 s 不褪色，滴定体积为（V_{tl}）。

空白试验需与测定平行进行，用同样的方法和试剂，但不加试料。

6. 结果计算

氯化物含量 W_{wc}（以氯化钠计），数字以%表示，按下式计算：

$$W_{wc} = \frac{M \times [(V_{sl} - V_{s0}) \times C_s - (V_{tl} - V_0)] \times C_t}{m} \times \frac{V_i}{V_a} \times f \times 100$$

式中：M——氯化钠的摩尔质量，58.44 g/mol；

$\quad\quad V_{sl}$——测试溶液滴加硝酸银溶液体积，mL；

$\quad\quad V_{s0}$——空白溶液滴加硝酸银溶液体积，mL；

$\quad\quad C_s$——硝酸银标准溶液浓度，mol/L；

V_{t1}——测试溶液滴加硫氰酸铵溶液体积，mL；

V_{t0}——空白溶液滴加硫氰酸铵溶液体积，mL；

C_t——硫氰酸铵溶液浓度，mol/L；

m——试样的质量，g；

f——稀释因子：$f=2$，用于熟化饲料、亚麻粉饼或富含亚麻粉的产品和富含黏液或胶体物质的试样；$f=1$，用于其他饲料。

结果表示为质量分数，报告结果如下：

水溶性氯化物含量小于 1.5% 时，精确到 0.05%；

水溶性氯化物含量大于或等于 1.5%，精确到 0.10%。

7. 精密度

（1）重复性

在同一实验室由同一操作人员，用同样的方法和仪器设备，在很短的时间间隔内对同一样品测定获得的两次独立测试结果的绝对差值，大于下列公式计算得到的重复性限（r）的概率不超过 5%。

$$r = 0.314 \, (\overline{W}_{wc})^{0.521}$$

式中：$\overline{W}_{wc}$——二次测定结果的平均值，%。

（2）再现性

在不同实验室由不同操作人员，用同样的方法和不同的仪器设备，对同一样品测定获得的两侧独立测试结果的绝对差值，大于下列公式计算得到的再现性（R）的概率不超过 5%。

$$R = 0.552\% + 0.135 \, \overline{W}_{wc}$$

式中：$\overline{W}_{wc}$——二次测定结果的平均值，%。

第十五章　实验室管理

第一节　实验室基本要求

一、理化实验室基本要求

1. 布局要求

（1）实验室建筑位置要求

为减轻机器、车辆震动的影响，实验室应远离交通要道、工厂等，为免除有害气体、灰尘的侵袭中控实验室，实验室的建筑结构应防震、防尘、防火、防潮，隔热良好，光线充足。

（2）实验室的格局要求

为提高实验室工作效率，实验室应分别建立化学分析室、精密仪器室、天平室等几个房间，也可以建成套间，互相隔开。

（3）实验室的台面要求

①实验台应置于可使光线从侧面射入。

②实验台上设试剂架，台的两端设水槽。

③台面可用木板刷耐酸漆，或贴环氧树脂面板，或铺胶垫。

④通风柜和加热台的台面以水磨石为好，通风柜内也应有水槽。

⑤仪器室和天平室操作台可采用水磨石台面，上铺橡胶垫（稳定，震动小）。如有条件，还可用专门设计的稳重的木制实验台，台上也铺橡胶垫（稳定，减震），还便于根据需要调整位置。

（4）实验室水、电、照明、通风等要求

①水：实验室的水源除用于洗涤外，还要用于抽滤、蒸馏冷却等，所以水槽上要多装几个水龙头，如普通水龙头、尖嘴龙头、高位龙头等。水槽的下水管一定要装水封管。下水管的水平段倾斜度要稍大些，以免管内积水；弯管处宜用三通，留出一端用堵头堵塞，便于疏通。化学分析室内应有地漏。

②电：实验室内供电电源功率应根据用电总负荷设计，设计时要留有余量，进户线要用三相电源。整个实验室要有总闸，各间实验室应有分闸，每个实验台都应有插座。凡是仪器用电即便是单相，也应采用三头插座，零线和地线要分开，不要短接。精密仪器要单设地线，以保证仪器稳定运行。

③照明：照明用电要单独设闸。最好用日光灯照明，便于区别颜色的差异。实验室应配备工作灯。

④通风：实验室应能保证良好通风。通风柜应用塑料风机排风，排风口应高出屋顶2 m以上。安装风机时应有减震措施，以减少噪音。化学分析室除利用自然通风外，也可利用通风柜内的风机换风。精密仪器室如有条件，可安装空调机，用以换风、调温，使仪器在最佳条件下工作。

（5）其他要求

天平室和仪器室应为双层窗户，配有黑红两面的窗帘。有条件时可油漆墙面或用塑料贴面。

2. 理化实验室工作一般要求

①要养成良好的实验习惯。工作前要打扫实验室卫生，一切用品和工具用毕要放回原处。工作前、后要洗手，以避免造成沾污实验仪器和试剂、样品，引起实验误差，防止有毒有害物质沾染人体，感染或传染疾患。工作服应经常洗换，不得在非工作时穿用，以防有害物质扩散。实验室内严禁吸烟、饮食。

②实验仪器应放置整齐，实验台面及地面应经常保持干燥、清洁，不得向地上甩水，实验告一段落应及时进行整理。火柴头、碎滤纸等物应放在专设的废物箱/桶内，不得随地乱扔或倒入下水道。对可造成环境污染的废品、废液（包括有毒、有害、易燃）等物品应专门的收集和处理。

③实验记录应记在专门的本子上，记录要求：真实、及时、齐全、清楚、整洁、规格化。应用钢笔或圆珠笔记录，如有记错应将原字划掉，在旁边重写清楚，不得涂改，刀刮、补贴。实验记录及结果报告单应根据本单位规定保留一定时间，以备查考。

二、微生物实验室基本要求

1. 布局

微生物实验室的布局应符合保护工作人员的健康，防止交叉感染，有利于样品送检和保证工作质量的要求。微生物学实验室应划分为三大区域，包括清洁区、操作区和无菌区。清洁区包括办公室、休息室、培养基制备室和试剂储藏室。操作区也是微生物室的污染区，用于样品接种、分离、鉴定、药敏试验。无菌区是指无菌室，主要用于灭菌后物品的分装、培养基的倾注等活动，实验室空间不足的可用超净台代替无菌室。

2. 微生物实验室工作一般要求

微生物学检验和其他检验不同，实验对象大部分为致病性微生物，同时，用于微生物检验的用品很多属于易燃物，所以要求每个检验员、实验室管理员应在保证安全前提下做好检验工作。要求如下：

①进实验室应穿工作服，离开实验室时脱去放在指定的处所。工作服应经常洗涤，保持洁净。

②非检验必要物品不要带入实验室，必要的用品带入后必须远离试验台。

③实验室内应保持肃静。不得高声谈笑，以保证集中精力完成实验操作。不得在实验室吸烟、饮酒、饮食等。不要以身体任何部位直接接触试样，或在实验中以手抚摸头、面等部位，以免污染。

④如有传染性物品污染桌面或地面，应立即用3%来苏溶液或5%石炭酸溶液覆盖其上，半小时后始可抹去。如有传染物污染工作服，应立即将工作服脱去，以高压蒸气法灭菌。

⑤如有污染物污染手部，应立即将手浸于3%来苏溶液内，经 5~10 min 后再以肥皂及水刷洗干净。如有传染物被吸入口内，应立即吐出，并以大量清水漱口，根据需要亦可服用有关药物以预防发生传染。

⑥接种环用后应立即于酒精灯火焰上烧灼灭菌。沾菌的吸管、玻片等用后应分别浸泡在盛有消毒液的玻璃筒内，其他已污染的试管、玻皿等亦必须置于专用容器内，经灭菌后再进行洗涤。

⑦实验动物，尤其是感染动物的笼子要关好，勿使其逃出笼外。实验动物的尸体应投入焚毁炉内焚烧灭菌。

⑧若遇有着火情形，应立即以湿布或沙土将其掩盖。易燃品如酒精、二甲苯、醚、丙酮等应远离火

源，妥善保存。

⑨烤箱、电炉、酒精灯等用后立即切断电源或熄灭。工作结束时注意关好实验室门窗，检查温箱、冰箱等温度是否适宜或箱门是否关闭。自来水龙头是否拧紧，工作台用浸有消毒液的抹布擦拭干净，并将试剂、用具等放回原处，放置整齐。

⑩离室前工作人员应将双手用肥皂与水刷洗干净，并将有关特别注意事项，详细告知接班人员。

第二节　实验室管理

一、仪器管理

1. 建立仪器管理制度，设立专人对仪器设备的购置、验收、使用档案、维护及调出入进行管理

（1）仪器设备的购置和验收

①仪器设备的购置：A. 检测室应根据实验室检测项目与检测能力向负责人提出申请配备所需全部仪器设备。B. 采购人员按以下诸方面评价和挑选合格供应商进行采购：持有国家注册的营业执照，具有相应的经营范围；拟购置的仪器设备应具有相应的"工业产品制造许可证"、"制造计量器具许可证"；未经定型的专用检测仪器设备需提供相关技术单位的验证证明；具有良好的资信度，并能提供优质的售后服务。

②仪器设备的验收：A. 仪器到货后，实验室负责人负责组织采购人员、设备管理员和使用人对采购设备按合同要求进行验收。B. 仪器设备验收时，应对购进仪器设备的完整性、完好性、装箱单、保修卡、使用说明书以及名称、型号规格、主要技术指标等进行核对，填写仪器设备验收、安装、调试记录，并将其添加到《仪器设备一览表》，有关资料按规定存档。C. 新购仪器设备在确认符合有关要求后方可投入使用。经检验证明不合格的仪器设备，一般不得发放使用，并由采购人员负责与供应方进行交涉设法处理。特殊情况但不影响所测项目指标又需紧急使用时，应由负责人办理审批手续，并作记录。

（2）仪器设备的管理

①仪器设备由仪器设备管理员负责建立仪器档案。仪器档案应包括：仪器设备的名称、制造商、型号、出厂编号、唯一性标识、主要技术指标、接收日期、启用日期、目前放置地点、设备原始资料（包括使用说明书、合格证、保修卡、操作软件等）、仪器验收调试记录、操作规范、维修记录（包括计划、损坏、故障、改装或修理的记录）、历次校准或检定情况、期间核查等内容。仪器设备档案由仪器设备管理员负责收集、归档，由实验室档案管理员统一保管。

②为了便于管理，仪器设备管理员还应对直接用于测量的设备和需经过一定培训才能正确操作的或价格较高（5万元以上）的辅助设备建立《仪器设备一览表》。仪器设备一览表应包括：名称、唯一性标识、型号规格、出厂号、制造商名称、技术指标、购置时间、单价、检定/校准周期、用途、使用状态、管理人、使用人等。

③必要时，仪器设备管理员还应建立仪器设备档案台账。

2. 仪器校准、检定、期间核查

对检验的准确性和有效性有影响的测量设备和检验仪器设备在投入使用前必须经过检定/校准，并有相关记录。在后续运行过程中，也应进行周期性或紧急性检定/校准和期间核查。

对测量有重要影响的仪器的关键量或值，在使用前必须经过校准检定合格，应制定校准计划；在使用过程中，应对其进行期间核查或质量控制，以维持其校准状态的可信度。其他设备在使用前和使用后定期对其性能进行适当评价。

3. 精密仪器的管理要求

①精密仪器应按其性质、灵敏度要求以及精密程度，固定房间及位置。精密仪器室与化学处理室隔开，以防腐蚀性气体及水汽对仪器的腐蚀；烘箱、高温炉应放置在不燃的水泥台或坚固的铁架上；天平及其他精密仪器应放在防震、防晒、防潮、防腐蚀的房间内，并罩上棉布制的仪器罩，小件仪器用完应收藏在仪器柜中。

②精密仪器必须由专人操作，并上岗操作，每使用一次要进行登记签名。对某种仪器没有使用过的人员，应进行培训后才能操作。

二、化学药品及危险品管理

1. 化学药品的储存及管理

①较大的化学药品应放在药品储藏室中。储藏室应是朝北的房间，以避免阳光照射、室温过高，致使试剂变质，房内应干燥通风，严禁明火。

②试剂应分类存放，并分类造册以便查找。一般试剂的存放可作如下分类：

固体试剂：

盐类及氧化物：按周期表分类存放。

碱类：氢氧化钠、氢氧化钾、氢氧化钙……

指示剂：酸碱指示剂、氧化还原指示剂、金属指示剂、荧光指示剂、染料……

有机试剂：按测定对象或功能团分类。

液体试剂：

酸类：硫酸、盐酸、硝酸、乙酸……

有机溶剂：醇类、醚类、醛类、酮类……

固体试剂和液体试剂应分开存放。

2. 危险物品的分类及管理

（1）危险物品的分类

①爆炸品：这类物质具有猛烈的爆炸性。当受到高热摩擦、撞击、震动等外来因素的作用就会发生剧烈的化学反应，产生大量的气体和高温，引起爆炸。这类物质有三硝基甲苯（TNT）、苦味酸、硝酸铵、叠氮化物、磷酸盐、乙炔银及其他的三个硝基的有机化合物等。

②氧化剂：氧化剂具有强烈的氧化性，与酸、碱，受潮、强热或与易燃物、有机物、还原剂等物质混存时，易发生分解，引起燃烧和爆炸。对这类物质主要包括碱金属和碱土金属的氯酸盐、硝酸盐、过氧化物、高氯酸及其盐、高锰酸钾、过氧化二苯甲酰、过氧乙酸等。

③压缩气体和液化气体：气体经压缩后储于耐压钢瓶内均具有危险性。钢瓶如果在太阳下暴晒或受热，当瓶内压力升至大于容器耐压限度时，即能引起爆炸。实验室常用的钢瓶气体主要有：乙炔、氢、氧、氮、氦、氖等。

④自燃物品：此类物质暴露在空气中，依靠自身分解、氧化产生热量，使其温度升高达到自燃点即能发生燃烧，如白磷等。

⑤遇水燃烧物品：此类物质遇水或在潮湿空气中能迅速分解，产生高热，并放出易燃易爆气体，引起燃烧爆炸，如金属钾、钠、电石等。

⑥易燃液体：易燃液体极易挥发成气体，遇明火即燃烧。

可燃液体以闪点作为评定其火灾危害性的主要根据，闪点越低，危害性越大，在45℃以下的称为易燃液体，在45℃以上的称为可燃液体（可燃液体不纳入危险品管理）。易燃液体根据其危险程度分为两级：一级易燃液体：闪点在28℃以下（包括28℃），如乙醚、石油醚、汽油、甲醇、乙醇、苯、甲苯、乙酸乙酯、丙酮、二硫化碳、硝基苯等。二级易燃液体：闪点在29~45℃（包括45℃），如煤油等。

注：自燃点：在规定的条件下，物质在没有火焰时自发着火的最低温度。

闪点：可燃液体挥发出的蒸气和空气的混合物与火源接触能够闪燃（燃烧并不延续，一闪即灭）的最低温度。

⑦易燃固体：此类物品着火点低，如受热、遇火星、受撞击、摩擦或氧化剂作用等能引起急剧的燃烧或爆炸，同时放出大量毒害气体。如赤磷、硫磺、萘、硝化纤维素等。

⑧毒害品：这类物品有强烈的毒害性，少量进入人体或接触皮肤即能造成中毒甚至死亡。毒品分为剧毒品和有毒品。凡生物试验半数致死量（LD50）在50 mg/kg以下者均称为剧毒品，如氰化物、三氧化二砷（砒霜）、二氧化汞、硫酸二甲酯等，有毒品如氟化钠、一氧化铅、四氯化碳、三氯甲烷等。

⑨腐蚀物品：这类物品具有强腐蚀性，与其他物质如木材、铁等接触使其因受腐蚀作用而破坏，与人体接触会引起化学烧伤，有的腐蚀物品有双重性和多重性。如苯酚既有腐蚀性还有毒性和燃烧性。腐蚀物品有硫酸、盐酸、硝酸、氢氟酸、冰乙酸、甲酸、氢氧化钠、氢氧化钾、氨水、甲醛、液溴等。

（2）危险品的安全储存要求

①危险品储藏室应干燥、朝北、通风良好。门窗应坚固、门应朝外开。并应设在四周不靠建筑物的地方。易燃液体储藏室温度一般不许超过28℃，爆炸品储温不超过30℃。

②危险品应分类隔离储存，量较大的应隔开房间，量小的也应设立铁板柜或水泥柜以分开储存。对腐蚀性物品应选用耐腐蚀性材料作架子。对爆炸性物品可将瓶子存于铺干燥黄沙的柜中。相互接触能引起燃烧爆炸及灭火方法不同的危险品应分开存放，均不能混存。

③照明设备应采用隔离、封闭、防爆型，室内严禁烟火。

④经常检查危险品储藏情况以消除事故隐患。

⑤实验室及库房中应准备好消防器材，管理人员必须具备防火灭火知识。

3. 标准物质及溶液的管理

①标准物质应根据标准物质特性，进行妥善合理贮存，防止污染、变质。标准物质存放区域应标识清楚明显，标准物质管理员应注意控制存放点的环境条件，并经常检查标准物质的有效期，以免混淆。保存期不超过规定的保质期。

②标准物质应定期检查，检查内容包括：外包装有无破损、密闭性是否完好，标准物质是否明显受潮、污染及变质，存量是否充足等。

③新配制的标准溶液在用于检测前应检查其配制过程中是否存在错误操作，检查方法包括但不限于：配制标准曲线用于测定有证标准溶液、双人配制比对、与原来配制的溶液进行比对、采用标准方法进行验证等。

④标准工作液在使用过程中也应随时观察其是否受到污染，溶剂是否明显挥发、吸水等，是否出现异常信号值，是否超过有效期等。

三、实验室构架及人员管理

1. 实验室构架

为便于实验室管理及有效运行，实验室一般可设业务室、检测室等，各部门职责一般可按如下工作划分：

（1）业务室职责

①负责对外联系、公务接待、业务管理和上呈下达工作；

②组织编写工作计划、指令性检验任务工作方案送实验室领导审批，报上级有关部门；

③组织采样、负责样品接收、登记、保管和发放，安排检测任务，督促检查工作；

④协调管理实验室仪器设备，标准物质和化学试剂，负责编制采购计划，更新和维修计划，并组织实施；

⑤负责检验报告的编报、审核、送批、登记、发送、归档工作和国内外有关标准、资料的收集、整理以及中心技术资料、文件的整理，建档、归档工作；

⑥负责实验室印章启用管理、审核、转开信函，负责中心文秘工作；

⑦负责标准物质、试剂、毒品、检验用品、器材的保管，以及计量仪器设备的送检工作；

⑧负责贯彻检查实验室日常工作制度和实验室管理规程等的执行情况。

（2）检测室职责

①负责完成业务室下达的检验任务，完成仲裁检验和其他委托检验等工作；

②严格执行技术标准、检验细则和操作规程，完整、准确、可靠地出具检验数据并承担相关技术文件的编写工作；

③配合业务室按要求完成仪器设备的计量检定、校准工作，严格按计划实施；

④负责检测室环境的管理，保证检验环境满足标准的要求，协助业务室作好三废处理；

⑤负责对检验业务工作质量的控制，保证检验业务的实施，及时完成检验任务，负责完成比对实验和能力验证任务；

⑥负责仪器设备的维修、保养及报废；

⑦负责业务技术培训等。

2. 人员管理

实验室应配备与从事检测相适应的专业技术人员与管理人员，一般应包括最高负责人（主任）、质量负责人、技术负责人、样品管理员、检测员、药品管理员、设备管理员、档案员、内审员等，以上所有人员应有相应能力证书与培训上岗证书，能够胜任相应工作，一般各类人员职责如下：

（1）实验室主任基本条件及职责

具有高级以上技术职称，熟悉有关法律、法规。

①负责实验室的业务和行政管理工作，组织全体人员认真贯彻执行党和国家的有关方针、政策、法律法规及上级有关指示和规定，确保检测任务和工作计划的完成；

②主持制定实验室的质量方针和目标，审批年度工作计划、工作总结、长远规划、重大项目；

③掌握实验室各项工作和各项制度的执行情况，不断建立健全质量管理和保证体系，切实保证公正、科学、准确地进行各项检测工作；

④对实验室发布的检测结果负法律责任；

⑤主持组织实验室文件、规章制度、操作规程制度颁发修改工作；

⑥主持质量体系管理评审，审批内部审核计划；

⑦负责实验设备、计量仪器的考核以及设备仪器购置和报废的审查、批准工作；

⑧负责实验室人员的调配、考核、奖惩及经费预算、审批等工作；

⑨负责申诉、投诉结果的最终裁定及重大检测事故责任的追究。

（2）业务室主任基本条件及职责

应具有中级以上技术职称，熟悉检验检测业务，有一定的协调能力和较高的业务水平，掌握有关法律、法规。

①制定工作计划、组织完成实施各项工作任务；

②组织编制、修订与宣贯《质量手册》、《程序文件》、《作业指导书》等质量体系文件；

③负责处理有关检验业务方面的来访及协调工作；

④负责检验原始记录、检验数据及检验报告的审核，送授权签字人审批；

⑤负责编写检验任务工作总结、专题报告、通告等文字材料；

⑥负责安排本室人员的技术培训和考核；

⑦对本室各类事故提出处理意见；

⑧考核和检查本室人员的工作状况和任务完成情况。

（3）检测室主任基本条件及职责

应具有中级以上技术职称，熟悉检测技术及有关标准，掌握有关法律、法规。

①负责调配各岗位技术人员，分配器工作，完成检测项目，并有权检查和停止违反操作规程人员的工作；

②负责检验原始记录、数据处理结果的审核，对数据的准确性负责；

③负责本室仪器设备的正确使用、日常管理和维护保养工作；

④提出仪器设备购置、计量仪器设备送检、仪器设备修理、降级和报废计划；

⑤组织编制和修订《作业指导书》并实施；

⑥组织本室技术人员开展检测新技术、相关标准的研究工作，对正确使用检测方法和保证标准使用的正确性负责，保证检测质量；

⑦组织实施与本室有关的能力验证或技术比对试验，并审核结果；

⑧负责本室人员的技术培训和考核；

⑨对本室各类事故提出处理意见。

（4）采样人员基本条件及职责

熟悉样品的采集方法与保管知识。

①负责各检测项目的采样，同时承担现场检测项目的测试；

②熟悉检测（调查）规范及有关操作规程，掌握现场测试项目测试原理和仪器操作原理，熟练采样技术与方法，做到持证上岗；

③负责管理采样准备室，保持采样工具、样品瓶、样品箱等的清洁和完备，以及现场测试仪器的管理和维护，随时保证其能正常检测；

④采样出发前，根据任务需要准备采样工具、样品瓶、样品箱、现场测试仪器、抽样单等；

⑤在采样现场进行样品采集，注意严防样品玷污和被检测物质的丢失，保证样品的代表性、完整性和真实性；认真、详细、准确填写抽样单；必要时，对现场环境和采样过程进行拍照与摄像；

⑥采样完成后，负责将样品运输至实验室，并做到样品瓶密封不渗不漏，且防止样品日晒、破损、玷污、变质；

⑦样品运输至实验室后，与样品管理员进行样品交接；

⑧样品交接后，负责采样工具和现场测试仪器等的清洁和保养，并妥善存放待用；

⑨对应急检测的样品还需保证采样的时效性。

（5）样品管理员基本条件及职责

熟悉样品的处理方法与保管知识。

①负责样品的接收、保管和分发等管理工作，建立样品台账；

②接收样品时，负责核对采样单，清点和检查样品，确认无误后签字接收样品；

③样品交接过程中，如发现有问题的样品（缺失、破损、变质、明显玷污等），报告实验室副主任，由其提出样品处理意见；

④负责对样品进行分类、登记，按要求保管或分发到各有关分析检测人员；

⑤负责将样品按规范进行存放，保证样品保存期间不混淆、丢失或损坏；

⑥对于密码样品和接受委托测试的仲裁样品，样品编号和标签由实验室副主任重新制作，以"盲样"形式交付有关检测分析人员；

⑦过期样品经实验室主任批准后按规定处理；

⑧做好样品室的防火、防盗安全及卫生工作。

（6）检验人员基本条件及职责

有相应的专业知识，持有岗位考核合格证。

①接受专业技术培训，做到持证上岗；

②熟悉所使用仪器设备的原理、性能和操作方法，严格执行仪器设备使用、维护制度，保持仪器设备处于良好状态，检测前后均应对仪器进行检查，作好使用记录；

③熟悉所承担的分析测试项目的方法原理，执行检测规程或其他认可的技术标准和方法，按照检测分析质量控制有关规定，认真细致地做好检测工作，保证检测数据准确可靠；

④检测实验过程中要精确操作，及时、清楚、完整、准确填好原始记录，不得任意涂改，对自己提供的数据报告负责，在完成检验工作后交检测室主任校核；

⑤了解所从事的分析测试项目的国内外动向和技术水平，掌握本测试项目的最新技术，不断提高分析测试能力和水平；

⑥承担新技术、新方法的研究，承担非标准检验方法、作业指导书（检验细则、仪器操作指导书、仪器使用要求、仪器自校准规程）、计量仪器（标准物质）中期运行检查方法等的起草与实施；

⑦保证完成上级主管部门和实验室领导下达的各项检测任务；

⑧接受上级发放的实验室比对和能力验证的检测任务；

⑨遵守安全操作规程，避免发生各类事故，如发现问题及时报告；

⑩保证实验室的安全、清洁，做好防火、防盗、防虫蛀工作。

（7）药品管理员基本条件及职责

熟悉实验室药品的使用要求。

①负责对所有药品按类别、规格和性质合理有序地摆放；

②对有毒药品、危险药品和贵重药品负责设专柜存放，并实行两人双锁制度；

③负责建立药品账目，要体现药品名称、等级、生产厂家、生产日期及使用情况等；

④负责失效和变质药品的及时报废处理，保证药品的原有质量，有毒药品应处理成低毒或无毒药品后再废弃；

⑤保证药品安全，对药品库要勤检查和定时通风，做到防火、防盗、防水；

⑥根据药品存量情况及时报请采购，以保证供应；

⑦负责药品进出的记账、签字，保证账目清楚无误。

（8）仪器设备管理员基本条件及职责

掌握相应的仪器设备操作、使用、维护知识。

①负责仪器设备的分类、编号、登记管理；

②负责所有仪器设备的建档（包括名称、型号、规格、说明书、主机和附录、验收报告、保修单、检修记录、检定周期、使用记录和检定证书等）；

③负责制订计量器具的年度检定计划，并按计划进行计量检定，保证测试人员不用未检和超检仪器进行检测；

④仪器设备检定后，对检定单的检定内容进行核对确认，并在仪器设备检定周期中期进行实验室仪器设备检定情况核查，以避免漏检和迟检；

⑤负责制定仪器设备运行检查计划和维护保养计划，报实验室主任批准；

⑥负责监督使用人员进行仪器设备的保养、维护，保证仪器安全和正常运行；

⑦负责仪器设备的标识管理；

⑧负责组织人员对需降级、报废的计量仪器设备进行复测或评价，提出处理意见。

（9）档案资料管理员基本条件及职责

熟悉有关档案资料的管理知识。

①收集与本实验室业务有关的国家政策、法律、法规、图书资料、检测规程、规范、细则、方法等，对资料进行登记、分类、编号、存档管理；

②负责检验技术资料、各类记录、检验报告以及原始记录、人员技术业绩、质量纠纷事件材料等的建档；

③负责汇总技术档案、设备档案、声像档案，以及负责所有档案的日常管理；

④负责标准资料的查新；

⑤协助质量负责人进行本实验室受控文件的登记、盖章、分发等日常管理；

⑥做好技术资料的借阅登记工作，根据工作需要，对已借出的技术资料有权调节或收回；

⑦严守保密制度，不私自复制、散发检测报告等资料；

⑧负责对超过保管期限的档案资料提出处理意见。

四、检测过程管理

1. 检测计划的编制

根据检测任务和工作计划，结合实验室的业务范畴和职责分工，编制《检测工作计划》，并负责向具体实施人员传达任务来源、内容和要求等。

2. 抽样

①抽样方案：应满足抽检任务的要求，不得事先通知被抽样单位及相关人员。

②抽样单、抽样记录：内容包括产品名称、规格、等级、数量、批号、价格、样品数量、抽样时间、地点等。有特殊要求的样品，还应记录天气、环境、贮运、包装等情况。抽样单示例见表15.1。

③采样人员应事先根据"任务书（或实施方案）"的要求，做好采集样品的准备工作（包括采样设备的清洗、调试，检查各项目送来样品贮存容器的清洗与处理，固定剂及交通工具等），必要时，还需准备样品的特殊贮存场所（如保温箱、冰箱等）。

④采样人员应严格按照要求进行外业现场样品的采集和贮存，并做好样品的唯一性标识，填好抽样单、样品采集记录。

⑤采样人员应做好样品在运输过程中的保护工作，以防样品变质、损坏、玷污、损失等。

表 15.1　水产品抽样单

<table>
<tr><td rowspan="4">样品</td><td>样品名称</td><td>样品编号</td><td>池号/摊位号</td><td>产地</td><td>取样基数</td><td colspan="2">取样数量</td><td>备注</td></tr>
<tr><td></td><td></td><td></td><td></td><td></td><td colspan="2"></td><td></td></tr>
<tr><td colspan="2">封装情况</td><td colspan="2">保存情况</td><td colspan="4">运输情况</td></tr>
<tr><td colspan="2"></td><td colspan="2"></td><td colspan="4"></td></tr>
<tr><td colspan="2">检测项目</td><td colspan="7"></td></tr>
<tr><td rowspan="6">受检单位</td><td>名称</td><td colspan="7"></td></tr>
<tr><td>地址</td><td colspan="7"></td></tr>
<tr><td>邮政编码</td><td>电话</td><td></td><td>传真</td><td></td><td>联系人</td><td colspan="2"></td></tr>
<tr><td>抽样场所</td><td colspan="7">□健康养殖示范区 □无公害生产基地 □出口原料基地 □其他
□批发市场　　　□农贸市场　　□超市</td></tr>
<tr><td>养殖方式</td><td colspan="7">□工厂化养殖 □池塘养殖 □网箱养殖 □围栏养殖 □其他</td></tr>
<tr><td colspan="8"></td></tr>
<tr><td rowspan="3">抽样单位</td><td>名称</td><td colspan="7"></td></tr>
<tr><td>地址</td><td colspan="7"></td></tr>
<tr><td>邮政编码</td><td>电话</td><td></td><td>传真</td><td colspan="4"></td></tr>
</table>

抽样人和被抽样人应仔细阅读以下内容后再签字

我认真负责地填写和阅读了该抽样单，承认以上填写的合法性，该取样单所证实的样品具有代表性、真实性和公正性。

<table>
<tr><td>受检单位：（盖章）</td><td>抽样单位：（盖章）</td></tr>
<tr><td>负责人：（签名）

　　　　　　　　　年　月　日</td><td>抽样人：（签名）

　　　　　　　　　年　月　日</td></tr>
<tr><td>备注</td><td></td></tr>
</table>

3. 样品流转

①采样人员将样品运回，由业务人员将样品一一清点并连同抽样单、样品采集记录直接移交给样品管理员，并填写《样品接收单》。

样品管理员将样品统一编号后与《检测任务通知单》、《样品随行单》一同交检测室，并签字存档。检测室应按要求分类保存，严格控制样品变质、污染、混淆和损坏。样品随行单随同样品在有关检测人员之间流转。样品流转到每位检测人员时，检测人员必须查看样品完好性等事项，并在随行单上记下接收样品的时间、检测项目（此项由样品管理员按检测顺序填写）和签名。

样品管理员按《检测任务通知单》分发检测样品，在随行单检测项目栏中，填写检测项目及其大致顺序，作为样品在检测时的交接次序。

检测人员在检测时的其他记录，按项目分析检测细则规定进行。检测样品流转中亦应加以保护，遵守样品使用说明，防止样品损坏、丢失和玷污。检测样品在流转中如有损坏、丢失和玷污等可能影响检测结果时，应立即停止流转，并向质量负责人报告，并按有关规定，通知委托方，协商处理意见。

②样品编号：

A. 水样：

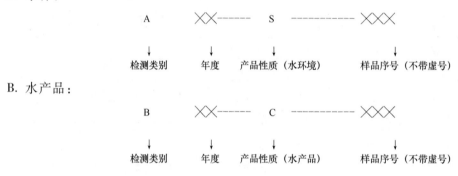

B. 水产品：

4. 样品的贮存

①检测样品应有专门且适宜的贮存场所或库房，配备样品间及样品柜（架）。样品室由样品管理员负责。

②在样品处置、检测之前，按照样品有关要求贮存做到状态与检测任务要求相一致。样品贮存环境应安全、以保护样品或其状态的完整性。

③对要求在特定环境条件下贮存的样品，应严格控制环境条件，必要时，应定期对环境条件加以检测记录。

④易燃易爆和有毒的危险样品应隔离存放，做出明显标记，必要时，相关检测人员应根据专业要求，对危险样品的保管和处理作出具体规定。

⑤样品管理员负责保管"在检"样品的完好性、完整性。必要时，应在子体系文件中按样品性质和其专业要求的不同对保管条件作出规定。

5. 检测原始记录

（1）原始记录的填写

①原始数据记录由检测人员按规定的格式、文字、术语、法定计量单位根据检测情况及时如实填写。

②原始数据记录不得随意更改，数据必须更改时，应在错误数据上划一条水平线，将正确数据写在

上方，盖更改人印章。每页原始数据记录表改动的数据不得超过三处，否则应重作。

③原始数据记录应用钢笔或签字笔填写，记录上应有检测人、校核人和审核人的签名并填写日期。检测人员应对检测方法、数据的真实性、准确性负责。检测仪器直接打印的图谱和数据是原始记录的一部分，亦应有检测人员及校核人签名（表15.2）。

表15.2　原始记录样式（以检测孔雀石绿为例）

水产品　　液相色谱法测定　　　　原始记录

样品编号		样品名称			检测日期		
检测地点		室温（t/℃）			相对湿度 RH（%）		
仪器名称、型号		流速（t/℃）					
仪器编号		流动相					
检测波长（P/MPa）		压力（mL/min）					
检测依据		柱箱温度（m/g）					
检测器		标准储备液编号					
标准工作液配制过程	吸取标准储备液　　mL，用　　　定容至　　　mL 配成标准中间液；再吸取标准中间液　　mL，用　　　定容至　　mL 配成标准工作液，浓度为　　　ng/mL。						
样品质量 ρ（ng/mL）	1		定容体积 X(µg/kg)				
	2						
待测物		孔雀石绿		无色孔雀石绿			
线性方程							
平行样		1	2	1	2		
峰面积							
测定值 $\overline{X}$(ng/kg)							
残留量（µg/kg）							
结果 $\overline{X}$（µg/kg）							
允许相对偏差（%）							
相对偏差（%）							
计算公式							
最低检出限（µg/kg）		孔雀石绿		无色孔雀石绿			
备注							

检测人：　　　　　　　校核人：　　　　　　　审核人：

　年　月　日　　　　　　　年　月　日　　　　　　年　月　日

④原始数据记录中的检测结果包含有效数字，有效数字的位数不得任意增减，有效位数由检测人员根据检测方法标准的具体规定确定。各种测量、计算的数值需要修约时，应按照 GB8170-87《数字修约规则》的要求进行。校核和检测室负责人对原始记录的校审内容应包括对有效位数的校审。

⑤在检测试验中，一旦发现明显系统误差和过失误差，应剔除由此产生的数据，并重新检测。

（2）原始记录的校核

①检测原始记录必须由具有校核能力的另一检测员进行校核，再由审核人负责审核。

②校核和审核人员应对检测原始记录进行全面审核，包括附图、附表等的原始记录的完整性、真实性、正确性（检验方法、仪器设备、环境条件、工作曲线绘制及使用、空白值、质控值、平行样误差、数据计算与处理等）。发现错误应及时与原始记录填写者协商认定，由原填写人更改，重新履行审核程序。

6. 检测报告

①业务室依据检测室上报的检验结果按统一的格式编制检验报告。

②检验报告一律打印，黑色中性笔签字；检验报告不允许涂改，检验数据采用法定计量单位。

③在编制检验报告时应做到三级审核（报告编制人、审核人、批准人）。

④在编制、审核中不得更改检验原始记录中的数据，若有发现错漏，退回检测室，由检验员和校对者依据规定更改原始记录后，重新进行逐级审核（表15.3）。

表15.3 检测报告样式

检 验 报 告

NO.　　　共　　　页第　　　页

产（样）品名称		型号规格	
		商标	
受（送）检单位		检验类别	
生产单位		样品等级、状态	
抽样地点		抽（到）样日期	
样品数量		抽（送）样者	
抽样基数		原编号或生产日期	
检验依据		检验项目	
所用主要仪器		实验环境条件	
检验结论	（检验报告专用章） 签发日期　　年　月　　日		
备注			

批准：　　　　　　　　审核：　　　　　　　　制表：

检测结果

检测项目	检测依据	最低检出限	现行标准	单位	实测结果	判定结果

⑤检验报告由业务室负责人审核，在审核中发现错误，应退还编制人重新编制，审核人不得自行更改。

⑥经审核后的检验报告由实验室具有签署资格的人手签后方可发放。

7. 检测档案

①业务室负责检验报告的登记、存档、发放。

②检验报告分正、副本，正本交给委托方，副本由业务室汇总检测原始记录后进行存档。

③检测档案保存期限为五年。

五、废弃物管理

一般废弃物：指除危险废弃物以外的可回收或不可回收的废弃物。

危险废弃物（包括液体和固体）：指各种带有有机溶剂的废弃物，以及带有铅/镉/砷/汞/钡/卤素等的无机废弃物。

实验废弃物处理一般方法如下：

①实验中产生的废酸液、碱液中和后经水稀释排放。

②对于较纯的有机溶液废液（仅有少量其他试剂和被测物）应回收后再利用；回收再用的有机溶剂，应经过空白或验证试验，效果良好才能使用。

③高浓度的含酚废液可用乙酸丁酯萃取、重蒸馏回收；低浓度的含酚废液可加入次氯酸钠或漂白粉使酚氧化成二氧化碳和水，然后排入下水道。

④含氰化物的废液，可加入氢氧化钠调至 pH 值为 10 以上，在加入几克高锰酸钾（高锰酸钾的加入量约为溶液的 3%）使氰化物氧化分解。

⑤含汞盐废液，可先调节 pH 值，使其 pH 值范围在 8 ~ 10，加入过量硫化钠，使其产生硫化汞沉淀，在加入硫酸亚铁作为汞沉淀剂，硫化铁将水中悬浮的硫化汞微粒吸附而汞沉淀。清液可排放，残渣可用焙烧法回收汞，或再制成汞盐（通常密封存放即可）。

⑥铬酸洗液如失效变绿，可浓缩冷却后加高锰酸钾粉末氧化，用砂芯漏斗滤出二氧化锰沉淀后在用。失效的废洗液可用废铁屑还原残留的六价铬与三价铬，在用废碱或石灰中和使其生成低毒的 $Cr(OH)_3$ 沉淀。

⑦在含砷废液中可加入氧化钙调节并控制 pH 值为 8，生成砷酸钙和亚砷酸钙沉淀。也可将含砷废液 pH 值调至 10 以上，加入硫化钠与砷反应生成难溶低毒的硫化物沉淀。

⑧铅、镉废液，可用硝石灰将 pH 值调到 8 ~ 10，使废液中的 Pb、Cd 生成 $Pb(OH)_2$ 和 $Cd(OH)_2$ 沉淀，再加入硫酸亚铁作为沉淀剂。

⑨实验室的混合废液可用铁粉法处理，调节废水的 pH 值为 3 ~ 4，加入铁粉，搅拌 30 min，用碱把 pH 值调至 9 左右，继续搅拌 10 min，进行高分子混凝剂，进行混凝后沉淀，清液可排放，沉淀物以废液处理。

⑩对于不能及时转化处理的有毒有害废液、废渣、检验人员应将其装入专用桶内储存（针头等尖利物品放入专用利器盒），储存量达到 10 L 以上时，工作人员要与环保部门联系进行集中处理。

⑪微生物试验产生的废弃物必须经过严格的灭菌处理后在进行处理。

⑫瓶装化学气体主要是钢瓶中的压缩化学气体，拟废弃时需单独与生产气体的专业厂家或专门的危险气体处理机构联系。

⑬实验后的实验动物尸体、肢体或组织等废弃物应及时装入专用塑料袋密封后，放入实验室专用冰柜暂存，不得随意丢弃。根据储存情况，由工作人员不定期地将冰柜中的实验动物尸体、肢体或组织等废弃物按要求包装，由专业机构统一收取实验动物废弃物进行无害化处理。

⑭经有害生物、化学毒品及放射性污染的实验动物尸体、肢体和组织的处理，分别执行国家有关办法。

第三节　检测质量控制

一、检验过程质量控制

1. 空白值控制

检测人员必须在分析样品同时测试空白值，以检查所使用的水、溶剂和检测仪器的可靠性，如采样环境恶劣或样品浓度很低则需作采样现场空白校正。

2. 准确度控制

每批样品必须带 5% ~ 10% 的质控样（至少一个质控样）同步测试，质控样应是有证标准物或经过量值传递的标准溶液应尽可能在基体和浓度上接近实测样。方法为：实测样同时测标准物质或实测样的加标回收，前者以测得值与有证标准物质的标称值作比较的相对误差（%），以有证标准物质的不确定度来评定准确度，后者以加标回收率来评价测试准确度。

3. 精密度控制

采用分析样品的平行双样的相对偏差控制结果的精密度，一般其平行样量不低于10%，每一批次至少有一个样品做平行样。

除特殊规定外，一般检测相对偏差容许值为：

分析结果浓度数量级：10^{-4}、10^{-5}、10^{-6}、10^{-7}、10^{-8}、10^{-9}、10^{-10}

相对偏差容许值：1%、2.5%、5%、10%、20%、30%、50%

4. 微生物检验过程的质量控制

①加空白样品以检查培养基；

②作平行样；

③无菌室在检验前后应做空白检验。

二、实验室内部质量控制

实验室应定期、不定期地对检测样品或盲样进行人员检测考核，以确保检验检测人员的水平能力，保证实验室的检测质量，一般可采取内部比对、不定期抽查等方式，待检测项目可以是检过的样品备样或者盲样。当出现检测过程结果不可重复或不同人员检测结果不一致情况时，及时分析，检查原因并迅速整改，以保证实验室的持续检测水平能力。

三、实验室间比对与参加能力验证

实验室间比对是检测实验室检测能力的一个重要方法，实验室间比对是指由两个以上实验室对相同检测物质进行检测的评价、交流、促进实验室能力的有效方式。

1. 实验室间比对可起到的作用

①确定实验室进行某些特定检测或校准的能力，以及监控实验室的持续能力；

②识别实验室中的问题，并制定相应的补救措施，这些措施可能涉及诸如个别人员的行为或仪器的校准等；

③确定新的检测和校准方法的有效性和可比性，并对这些方法进行相应的监控；

④识别实验室间的差异；

⑤确定某种方法的性能特征，通常称为协作试验；

⑥为参考物质赋值，并评价它们在特定检测或校准程序中应用的适用性。

2. 实验室间比对的类型

（1）实验室间量值比对

量值比对所涉及的被测物品，是按顺序从一个参加实验室传送到下一个实验室，这类比对通常具有如下4个特征：

①被测物品的指定值（参考值）由某个参考实验室提供，该实验室应尽量考虑由国家有关测量的最高权威机构（如国家计量院）承担；

②被测物品是按顺序传递给下一个参加实验室，在传递过程中应确保被测物品的稳定性，因此有必要在能力验证过程中对其进行校核，以保证特性及其指定值不发生明显变化；

③量值比对的周期往往很长，因此应严格控制被测物品的传送时间和各参加者的测量时间，在比对实施过程中（而不是在整个比对结束后）应及时向参加实验室反馈有关信息，例如以中期报告的形式；

④将各测量结果与参考实验室所确定的参考值相比较，应考虑各参加实验室声明的测量不确定度。

（2）实验室间检测比对

检测比对是从材料源中随机抽取若干样品，同时分发给参加实验室进行检测。这种方法有时也用于实验室间量值比对，它有以下 3 个特征：

①被测物品是从样品集合中随机得到的；

②每轮比对中对提供给参加者的整批被测物品，必须充分均匀，以保证计划中所判别出的任何极端结果均不能归因于被测物品间存在着差异；

③将实验室返回的结果与公议值比对，以表明各实验室的能力和参加者整体的能力。

（3）分割样品检测比对

典型的分割样品检测比对数据，由包含少量实验室的小组（通常只有两个实验室）提供，这些实验室将被作为潜在的或连续的检测服务提供者接收评价。在商业交易中经常采用这类比对或类似比对，把表示贸易商品的样品在代表供方的实验室和代表需方的另一个实验室之间进行分割。若对供需双方实验室出具结果的差异还须仲裁时，通常把另一个样品保留在第三方实验室进行检测。

该检测计划包括把某种产品或材料的样品分成两份或几份，一般只有有限数量（通常是两个）的实验室参加。此外，这类计划往往需要保留足够的材料，以便能通过其他实验室的进一步分析来解决参加实验室之前存在的差异。

（4）定性比对

评价实验室的检测能力并不总是采用许多实验室间比对，例如，某些比对是为了评价实验室表征特定实物的能力。这类比对，可能包含比对协调者专门制备了额外目标组分的检测物品，因此在性质上，这些比对是定性的，不需要多个实验室参与比对。

（5）已知值比对

这是一种特殊的能力验证类型，不需要很多实验室参加。它包括制备待测的、被测量值已知的检测物品，提供与指定值比对的数字结果等，以此来评价实验室的检测/校准能力。

（6）部分过程比对

这是能力验证的一种特殊类型，系指评价实验室对检测/校准全过程中的若干部分的检测/校准能力。例如，可以验证实验室转换给定数据的能力（而不是进行实际的校准或检测），或者验证抽样、制备样品等部分的能力。

检测实验室还可通过参加能力验证活动来评价、监控、促进检测能力。能力验证是指认可机构为确保检测机构维持较高检测水平而对其进行的考核监督活动，一般采取由认可机构统一发布计划、内容、测试项目、条件等，组织实验室间进行比对的方式进行。

四、实验室质量管理

实验室应按照国家相关资质认定办法和程序，进行实验室质量管理。编制相关质量手册、程序文件、作业指导书等。严格按照规程进行质量控制，确保实验室的场所、环境、设备、人员、管理体系等符合国家规定要求，具备相应的条件与能力。尤其是水产品检验结果向社会公布的，必须通过国家相关资质认定。部分有关规定见本章附件。

第四节　实验室安全防护知识

实验室中，经常使用有腐蚀性、有毒、易燃、易爆的各类试剂和易破损的玻璃仪器及各种电气设备等。为保证检验人员的人身安全和实验室操作的正常进行，检验人员应具备安全操作常识，遵守实验室安全守则。

一、基本安全知识

①实验室内严禁饮食、吸烟、严禁将试剂入口及用实验器具代替餐具。一切试剂、试样均应有标签，容器内不可装有与标签不相符的物质。

②试剂瓶的磨门塞黏牢打不开时，可将瓶塞在实验台边缘轻轻磕撞，使其松动。严禁用重物敲击，以防瓶体破裂。

③使用如浓硝酸、浓硫酸、浓盐酸、浓高氯酸、浓氨水等，具有挥发性的有毒、易腐蚀性液体，或氰化氢、二氧化氮、硫化氢、三氧化硫、溴、氨等有毒、有腐蚀性气体时，应在通风橱中进行操作。

④氰化物、砷化物、汞盐等剧毒物质，要专人管理并在保险柜中保存，严格执行审批制度，使用时要特别小心并采取必要的防护措施。处理废水时要按要求处理并在有关人员的监督下进行，使用时切勿用嘴吸或用有伤的手接触。实验室残余的毒物应采取适当的方法处理，切勿随意丢弃或倾入水槽。装过有毒、强腐蚀性、易燃、易爆物质的器皿，应有操作者亲自洗净。

⑤易燃易爆的试剂要远离火源，有人看管。易燃溶剂加热时应采用水浴或沙浴，并注意避免明火。高温物体（如灼热的坩埚等）应放在隔热材料上，不可随意放置。

⑥将玻璃棒、玻璃管、温度计插入或拔出胶塞、胶管时应垫有垫布，不可强行插入或拔出。切割玻璃管、玻璃棒，装配或拆卸食品装置时，要防止玻璃管或玻璃棒突然损坏而造成刺伤。

⑦使用煤气灯时，应先将空气调小再点燃火柴，然后开启煤气开关点火并调节好火焰。

⑧使用电气设备时，要防止触电。切不可用湿手或湿物接触电闸和电器开关，实验结束后应及时切断电源。

⑨各种检测仪器的安装、调试、使用和维护保养要严格按照仪器的使用说明进行。分析天平、分光光度计、酸度计等精密仪器，应安放在防震、防尘、防潮、防蚀、防晒以及周围温度变化不大的室内，以保证仪器的正常使用，电源电压要相符；操作时应严格遵守操作规程。仪器使用完毕后要切断电源，并将各旋钮恢复到初始位置。

⑩实验室应保持洁净整齐，废纸、碎玻璃片、火柴杆等废弃物应投入垃圾箱；废酸、废碱及其他废液应倒入废液桶内；洒落在实验台上的试剂要随时清理干净；打扫实验室地面时要使用湿润的清扫工具或使用吸尘器。实验完毕要仔细洗手。离开实验室时应认真检查水电、煤气及门窗是否已关好。

⑪实验室应备有急救药品、防护用品和有效可靠的消防设施。

⑫实验室出现事故时，检验人员应及时处理，不要恐慌。精密仪器着火时，要用灭火器灭火。油类及可燃性液体着火时，可用砂、湿衣服等灭火。金属物和发烟硫酸着火时，最好使用黄砂灭火，由电路引起的火，应首先切断电源再进行灭火，出现大的火灾事故时应及时报警，采取措施，防止火势蔓延，以减少损失。

⑬检验人员烫伤时，用95%的酒精浸湿的棉花覆盖于伤处，或用鸡蛋油（有机溶剂从鸡蛋中提取的

脂肪）涂于伤口处，并外敷治疗烫伤的药物。如遇强酸溅伤可先用水清洗，再用5%的碳酸氢钠溶液清洗伤口。伤势严重者必须送往医院诊治。

⑭检验人员因吸入有毒气体出现头晕、呕吐、恶心等症状时，应首先离开现场。在空气流通的地方休息，中毒严重者应及时送往医院诊治。

二、浓酸、浓碱的使用和保管

1. 浓酸、浓碱的使用

浓酸、浓碱有很强的腐蚀性，容易使人体造成不同程度的损害，如溅到皮肤上会引起腐蚀与烧伤，吸入浓酸蒸气会强烈刺激呼吸道，因此在使用时应注意以下几点：

①使用浓酸时，不得用鼻子嗅其气味或将瓶口对准人的脸部。

②使用过程中，要严防液体溅到皮肤上，以免被烧伤。

③到库房取用时，应戴橡胶手套和防护眼镜，如果瓶子较大，搬运时必须一手托住瓶底，一手拿住瓶颈。

④用移液管吸取液体时，必须用橡胶球操作。

⑤不得放入烘箱内烘烤。

⑥稀释硫酸时要在耐热容器内进行，且只能将硫酸沿器壁缓慢倒入水中，不得将水倒入硫酸中，同时用玻璃棒搅拌，温度过高时应冷却降温后再继续加入。配制氢氧化钠、氢氧化钾浓溶液时，也必须在耐热容器内进行。如需将浓酸或浓碱中和，必须先进行稀释。

⑦在压碎或研磨氢氧化钠时要注意防范小碎块或其他危险物质碎片溅散，以免烧伤眼睛、面部或身体的其他部位。

⑧用浓硫酸做加热浴时，操作必须小心，眼睛要离开一定距离，火焰不能超过石棉网的石棉芯，搅拌要均匀。在浓硫酸介质中行检定反应，加入浓硫酸混匀时应该用玻璃棒搅拌，切忌以振摇代替搅拌，以免溅出伤人。

⑨浓酸和浓碱废液不要倒入水槽以防堵塞或侵蚀下水道。

⑩浓酸流到操作台上时，应立即往酸里加适量的碳酸氢钠溶液中和，直至不发生气泡为止（如浓碱流到桌面上可立即往碱里加适量的稀醋酸），然后用水冲洗桌面。

2. 浓酸、浓碱的保管

①浓酸、浓碱应存放在阴凉、通风、远离火源的料架上，并与其他药品隔离放置。料架要用抗腐蚀性材料（耐酸水泥或耐酸陶瓷）制造；不宜过高，以保证存取安全。

②使用后应立即将试剂瓶盖严，放回原处避光保存。

三、实验室安全用电知识

1. 电气设备的使用规则

①电气设备要由专人管理，定期检修，使用前应检查开关、线路等各部件是否安全可靠。操作时要带绝缘手套，站在绝缘垫上，并遵守设备的使用规则。

②电线绝缘要可靠，线路安装要合理，应按负荷量选用合格的线路熔丝，不可用铜、铝等金属丝代

替，以免烧坏设备或发生火灾事故。

③停电时，要断开全部电气设备的开关，恢复供电后，再按操作规程接通电源，以免损坏设备。

④使用新的电气设备时，应首先了解设备性能、使用方法和注意事项。长期放置的电气装置，使用前应检查其性能是否良好，如发生漏电现象，应立即停止使用，进行检修；如发生其他异常现象，必须立即停机，通知专业人员进行检修后再投入使用，不得私自拆卸修理。

⑤设备和电线应保持干燥、清洁，不得用湿布或铁柄毛刷清扫。

2. 触电和急救

发生触电的原因主要有：缺乏安全用电知识，不熟悉电气设备的性能及使用方法而盲目操作；违反电气设备检修操作规程；电气设备绝缘性能不好，人体触及漏电部位而触电；长期失修的电气设备未及时检修，勉强使用等。触电时轻则会使肌肉痉挛，严重的可造成休克，呼吸、心跳停止。发生触电事故时，应采取以下方法急救：

①首先迅速切断电源，再进行抢救。触电者未脱离电源时，救援者应戴橡胶手套，穿胶底鞋或踏干木板，用绝缘器具，如干木棒、干衣物等使触电者尽快脱离电源但应注意避免弄伤触电者。

②将触电者平放在地上，立即检查呼吸和心跳情况。若呼吸停止要立即进行人工呼吸；心跳停止时，同时进行人工呼吸和胸外按压，并迅速送往医院抢救。被电烧伤的皮肤，要注意防止感染。

四、高压钢瓶的安全使用

①装有各种压缩气体的钢瓶应根据气体的种类涂上不同的颜色及标志见（表15.4）。

②各种钢瓶应定期进行检验，并盖有检验钢印，不合格的钢瓶不能灌气。

③可燃气体瓶最好不要进楼房和实验室，钢瓶应避免日晒，不准放在热源附近，距离明火至少5 m，距离暖气片至少1 m，钢瓶要直立放置，用架子、套环固定。

表15.4 压缩气体钢瓶上的颜色和标志

钢瓶名称	外表面颜色	字样	字样颜色	横条颜色	钢瓶名称	外表面颜色	字样	字样颜色	横条颜色
氧气瓶	天蓝	氧	黑	—	压缩空气瓶	黑	压缩空气	白	—
氢气瓶	深绿	氢	红	红	乙炔气瓶	白	乙炔	红	—
氩气瓶	黑	氮	皇	棕	二氧化碳气瓶	黑	二氧化碳	黄	—

③搬运钢瓶时应套好防护帽和防震胶圈，不得摔倒和撞击，因为如被撞断阀门会引起爆炸。

④使用钢瓶时必须装好规定的减压阀，拧紧丝扣，不得漏气。氢气表和氧气表结构不同丝扣相反，不准改用。氧气钢瓶阀门及减压阀严禁黏附油脂，开启钢瓶阀门时要小心，应先检查减压阀螺杆是否松开，操作者必须站在气体出口的侧面，严禁敲打阀门，关气时应先关闭钢瓶阀门放尽减压阀中气体，再松开减压阀螺杆。

⑤钢瓶内气体不得用尽，应留有剩余残自以免充气和再使用时发生危险。

五、微生物实验室安全知识

因为微生物实验的对象有可能是致病的病源微生物，如果发生意外，可能造成目身的污染，甚至造成病源微生物的传播，所以必须注意安全。

①无菌操作间应具备人净、物净的环境和设施，定期检测洁净度，使其环境符合洁净度的要求。与实验无关的物品勿带入实验室，实验室内禁止饮食、吸烟。进入实验室应穿工作服，进入无菌室则换专用的工作服和鞋。

②检验操作过程中，如操作台或地面污染（如菌液溢出，打破细菌器皿等），立即喷洒消毒液，待消毒液彻底浸泡 30 min 后，进行清理；如污染物溅落在身体表面，或有割伤、烧伤和烫伤等情况，应立即进行紧急处理：皮肤表面用消毒液清洗，伤口用碘酒或酒精消毒，眼睛用无菌生理盐水冲洗。

③每次操作结束后，立即清理工作台面（用消毒液或 75% 乙醇消毒）。操作时所用的带菌材料，如吸管、玻片等应放在消毒容器内，不得放在桌上或冲洗于水槽内。

④染菌后的吸管，使用后放入 5% 石碳酸液中，最少浸泡 24 h（消毒液面不得低于浸泡物的高度），再经高压灭菌。

⑤经微生物污染的培养物，必须经高压灭菌处理。

六、防火防爆

①实验室应保持环境整洁，设备及各类器材应管理得井井有条，不用的仪器设备应收拾整齐，放在规定位置。

②废弃物应立即清除，易燃烧的包装材料应及时置于安全处，不准储藏于实验室中备用，也不准放置于走廊与通道中，确保梯道畅通无阻。

③不准在实验室内和走廊上匆忙跑动，禁止粗暴的恶作剧和一切戏谑行为。

④空调机要定期维护，室内进风口滤网应每月清洗一次，防止灰尘堵塞造成过压、电线发热产生火灾危险。

⑤使用电炉必须确定位置，定点使用，周围严禁有易燃物。

⑥使用易燃化学危险品时，应随用随领，不宜在实验室现场存放；零星备用化学危险品，应出专人负责，存放铁柜中。

⑦有变压器、电感应圈的设备，应放置在不燃的基座上，其散热孔不应覆盖或放置易燃物。

⑧实验室内的用电量，不应超过额定负荷。

⑨一旦发生火灾，要临危不惧，冷静沉着，及时采取灭火措施。若局部起火，应立即切断电源并关闭燃气阀门，用湿抹布或石棉覆盖熄火。若火势较猛，应根据具体情况，选用适当的灭火方法进行灭火，并立即与有关部门联系，请求救援。

根据燃烧物的性质，国际上统一将火灾分为 A，B，C，D 四类。

A 类火灾是指木材、纸张和棉花等物质的着火，最经济的灭火剂是水，另外可用酸碱式和泡沫式灭火剂。

B 类火灾是指可燃性液体着火，如石油化工产品，食用油脂等。扑灭此类火灾可用泡沫式灭火器、二氧化碳灭火器、干粉灭火器和"1211"灭火器。

C 类火灾是指可燃性气体着火，如城市煤气，石油液化气等。扑灭这类火灾可用"1211"灭火器和干粉灭火器。

D 类火灾是指可燃性金属着火，如钾、钠、钙、镁等。扑灭 D 类火灾最经济有效的方法是干砂覆盖。

常用灭火器具、材料适用范围见表 15.5。

表 15.5 常用灭火器具、材料适用范围

灭火器类型	特性要求	适用范围
水（消防栓）		一般木材及各种纤维以及可溶或半溶于水的可燃性液体的着火
沙土	隔绝空气而灭火	可燃金属着火
石棉毯或薄毯	隔绝空气而灭火	人身上着火
二氧化碳泡沫灭火器	主要成分为硫酸铝、碳酸氢钠、皂粉等，经与酸作用生成二氧化碳的泡沫盖于燃烧无上隔绝空气而灭火	油类着火不宜用于精密仪器、贵重资料灭火 断电前禁止用于电器灭火
干式二氧化碳灭火器	用二氧化碳压缩干粉（碳酸氢钠及适量润滑剂防潮剂等）喷于燃烧物上隔绝空气而灭火	油类、可燃气体、易燃液体、固体电器设备及精密仪器等的着火不适用于钾钠着火
"1211"灭火器	"1211"即二氟一氯溴甲烷，是一种阻化剂，能加速灭火作用，不导电，毒性较四氯化碳小，灭火效果好	油类、档案资料、电气设备及贵重精密仪器等的着火

七、中毒及外伤救治

实验室要经常装配和拆卸玻璃仪器装置，如果操作不当往往会造成割伤；高温加热可能造成烫伤或烧伤；因接触各类化学药品容易造成化学灼伤等。所以，实验室人员不仅应该按照规范操作，还要掌握一些应急救护方法。

1. 化学实验室里应设有急救箱，箱内备有下列药剂和用品

①消毒剂：碘酒、75%的卫生酒精棉球等。

②外伤药：龙胆紫药水、消炎粉和止血粉。

③烫伤药：烫伤油膏、凡士林、玉树油、甘油等。

④化学灼伤药：5%碳酸氢钠溶液、2%的醋酸、1%的硼酸、5%的硫酸铜溶液、医用双氧水、三氯化铁的酒精溶液及高锰酸钾晶体。

⑤治疗用品：药棉、纱布、创可贴、绷带、胶带、剪刀、镊子等。

2. 各种伤害的应急救护方法

①创伤（碎玻璃引起的）。伤口不能用手抚摸，也不能用水冲洗。若伤口里有碎玻璃片，应先用消过毒的镊子取出来，在伤口上擦龙胆紫药水，消毒后用止血粉外敷，再用纱布包扎。伤口较大、流血较多时，可用纱布压住伤口止血，并立即送医务室或医院治疗。

②烫伤或灼伤。烫伤后切勿用水冲洗，一般可在伤口处擦烫伤膏或用高锰酸钾溶液擦至皮肤变为棕色，再涂上凡士林或烫伤药膏。被磷灼伤后，可用1%硝酸银溶液、5%硫酸银溶液或高锰酸钾溶液洗涤伤处，然后进行包扎，切勿用水冲洗；被沥青、煤焦油等有机物烫伤后，可用浸透二甲苯的棉花擦洗，再用羊脂涂敷。

③受（强）碱腐蚀。先用大量水冲洗，再用2%醋酸溶液或饱和硼酸溶液清洗，然后再用水冲洗。若碱溅入眼内，用硼酸溶液冲洗。

④受（强）酸腐蚀。先用干净的毛巾擦净伤处，用大量水冲洗，然后用饱和碳酸氢钠溶液（或稀氨水、肥皂水）冲洗，再用水冲洗，最后涂上甘油。若酸溅入眼中时，先用大量水冲洗，然后用碳酸氢钠溶液冲洗，严重者送医院治疗。

⑤液溴腐蚀，应立即用大量水冲洗，再用甘油或酒精洗涤伤处；氢氟酸腐蚀，先用大量冷水冲洗，再以碳酸氢钠溶液冲洗，然后用甘油氧化镁涂在纱布上包扎；苯酚腐蚀，先用大量水冲洗，再用 4 体积 10% 的酒精和 1 体积三氯化铁的混合液冲洗。

⑥误吞毒物。常用的解毒方法：给中毒者服催吐剂，如肥皂水、芥末和水，或服鸡蛋白、牛奶和食物油等，以缓和刺激，随后用干净手指深入喉部，引起呕吐。注意磷中毒的人不能喝牛奶，可用 5 ~ 10 mL 1% 的硫酸铜溶液加入一杯温开水内服，引起呕吐，然后送医院治疗。

⑦吸入毒气。中毒很轻时，通常只要把中毒者移到空气新鲜的地方，解松衣服（但要注意保温），使其安静休息，必要时给中毒者吸入氧气，但切勿随便使用人工呼吸。若吸入溴蒸气、氯气、氯化氢等，可吸入少量酒精和乙醚的混合物蒸气，使之解毒。吸入溴蒸气的，也可用嗅氨水的办法减缓症状。吸入少量硫化氢者，立即送到空气新鲜的地方；中毒较重的，应立即送往医院治疗。

⑧触电。首先切断电源，若来不及切断电源，可用绝缘物挑开电线。在未切断电源之前，切不可用手拉触电者，也不能用金属或潮湿的东西挑电线。如果触电者在高处，则应先采取保护措施，再切断电源，以防触电者摔伤。然后将触电者移到空气新鲜的地方休息。若出现休克现象，要立即进行人工呼吸，并送医院治疗（表 15.6）。

表 15.6 常见化学毒物的急性致毒作用与救治方法

分类	名称	主要致毒作用与症状	救治方法
酸	硫酸、盐酸、硝酸	接触：局部红肿痛、重者起水泡、呈烫伤症状；硝酸盐酸腐蚀性小于硫酸	立即用大量流水冲洗，再用 2% 碳酸氢钠溶液冲洗，然后用清水冲洗
		吞服：强烈腐蚀口腔、食道、胃黏膜	初服可洗胃，时间长忌洗胃，以防穿孔；应立即服 7.5% 氢氧化镁悬液 60 mL，鸡蛋清调水或牛奶 200 mL
	氢氟酸	局部烧灼感，开始疼痛较小不易察觉；氢氟酸渗入指甲剧痛	立即用大量流水冲洗，将伤处浸入：①0.1% ~ 0.133% 氯化苄烷铵水或乙醇溶液（冰镇）；②饱和硫酸镁溶液（冰镇）；③70% 乙醇溶液（冰镇）。上述方法任选一种，①的效果最佳
		眼烧伤	大量清洁冷水淋洗，每次 15 min，间隔 15 min
强碱	氢氧化钠、氢氧化钾	接触：强烈腐蚀性，化学烧伤	迅速用水、柠檬汁、稀乙酸或 2% 硼酸水溶液洗涤
		吞服：口腔、食道、胃黏膜糜烂	禁洗胃或催吐，给服稀乙酸或柠檬汁 500 mL，或 0.5% 盐酸 100 ~ 500 mL，再服蛋清水、牛奶、淀粉糊、植物油等
无机物	汞及其化合物	大量吸入汞蒸气或吞服二氧化汞等汞盐；引起急性汞中毒，表现为恶心、呕吐、腹痛、腹泻、全身衰弱、尿少或闭尿甚至死亡	误服者不得用生理盐水洗胃，迅速灌服鸡蛋清、牛奶或豆浆送医院治疗
		汞蒸气慢性中毒症状：头晕、头痛、失眠等神经衰弱症候群；植物神经功能紊乱、口腔炎及消化道症状及震颤	脱离接触汞的岗位，到医院治疗
	砷及其化合物	皮肤接触	皮肤接触：大量水冲洗后，湿敷 3% ~ 5% 硫代硫酸钠溶液，不溶性汞化合物用肥皂和水冲洗

续表

分类	名称	主要致毒作用与症状	救治方法
无机物	氰化物	皮肤接触 吞服：恶心、呕吐、腹痛 粉尘和气体也可引起慢性中毒	用肥皂和水冲洗，皮炎可涂2.5%二硫基丙醇油膏立即洗胃、催吐，洗胃前服新配氢氧化铁（12%硫酸亚铁与20%氧化镁混悬液等量混合）催吐，或服蛋清水或牛奶，导泻，医生处置
		皮肤烧伤 吸入氰化氢或吞食氰化物：量大者造成组织细胞窒息，呼吸停止而死亡 急性中毒：胸闷、头痛、呕吐、呼吸困难、昏迷 慢性中毒：神经衰弱症状、肌肉酸痛等	大量水冲洗，依次用万分之一的高锰酸钾和硫化铵洗涤，用0.5%硫代硫酸钠冲洗 用亚硝酸异戊酯、亚硝酸钠、硫代硫酸钠解毒（医生进行）
	铬酸、重铬酸钾等铬化合物	铬酸、重铬酸钾对黏膜有剧烈的刺激，产生炎症和溃疡；铬的化合物可以致癌 吞服中毒（略）	用5%硫代硫酸钠溶液清洗受污染皮肤
有机化合物	石油烃类（石油产品中的各种饱和或不饱和烃）	吸入高浓度汽油蒸气，出现头痛、头晕、心悸、神志不清等	移至新鲜空气处，重症可给予吸氧
		汽油对皮肤有脂溶性和刺激性，皮肤干燥、皲裂、个别人起红斑	温水清洗
		石油烃能引起呼吸、造血、神经系统慢性中毒症状	医生治疗
		某些润滑油和石油残渣长期刺激皮肤可能引发皮肤癌	涂5%炉甘石洗剂
	苯及其同系物（如甲苯等）	吸入蒸气及皮肤渗透 急性：头晕、头痛、恶心，重者昏迷抽搐甚至死亡 慢性：损害造血系统、神经系统	皮肤接触用清水洗涤 人工呼吸、输氧、医生处置
	三氯甲烷	皮肤接触：干燥、皲裂 吸入高浓度蒸气急性中毒、眩晕、恶心、麻醉 慢性中毒：肝、心、肾损害	皮肤皲裂者选用10%脲素冷霜 脱离现场，吸氧，医生处置
	四氯化碳	接触：皮肤以脱脂而干燥、皲裂 吸入，急性：黏膜刺激、中枢神经系统抑制和胃肠道刺激症状 慢性：神经衰弱症候群，损害肝、肾	2%碳酸氢钠或1%硼酸溶液冲洗皮肤和眼 脱离中毒现场急救，人工呼吸，吸氧
	甲醇	吸入蒸气中毒，也可经皮肤吸收 急性：神经衰弱症状视力模糊、酸中毒症状 慢性：神经衰弱症状，视力减弱，眼球疼痛 吞服15 mL可导致失明，70～100 mL致死	皮肤污染用清水冲洗 溅入眼内，立即用2%碳酸氢钠冲洗 误服，立即用3%碳酸氢钠溶液充分洗胃后医生处置
	芳胺、芳族硝基化合物	吸入或皮肤渗透 急性中毒致高铁血红蛋白症，溶血性贫血及肝脏损害	用温肥皂水（忌用热水）洗，苯胺可用5%乙酸或70%乙醇洗

续表

分类	名称	主要致毒作用与症状	救治方法
气体	氮氧化物	呼吸系统急性损害 急性中毒：口腔、咽喉黏膜、眼结膜充血、头晕、支气管炎、肺炎、肺水肿 慢性：呼吸道病变	移至新鲜空气处，必要时吸氧
	二氧化硫、三氧化硫	对上呼吸道及眼结膜有刺激作用；结膜炎、支气管炎、胸闷、胸痛	移至新鲜空气处，有必要时吸氧，用2%碳酸氢钠洗眼
	硫化氢	眼结膜、呼吸及中枢神经系统损害 急性：头晕、头痛甚至抽搐昏迷；久闻不觉及气味更具危险性	移至新鲜空气处，必要时吸氧，生理盐水洗眼

附件 1：

检验检测机构资质认定评审准则

1. 总则

1.1　为实施《检验检测机构资质认定管理办法》相关要求，开展检验检测机构资质认定评审，制定本准则。

1.2　在中华人民共和国境内，向社会出具具有证明作用的数据、结果的检验检测机构的资质认定评审应遵守本准则。

1.3　国家认证认可监督管理委员会在本评审准则基础上，针对不同行业和领域检验检测机构的特殊性，制定和发布评审补充要求，评审补充要求与本评审准则一并作为评审依据。

2. 参考文件

《检验检测机构资质认定管理办法》

GB/T 27000《合格评定词汇和通用原则》

GB/T 31880《检验检测机构诚信基本要求》

GB/T 27025《检测和校准实验室能力的通用要求》

GB/T 27020《合格评定各类检验机构能力的通用要求》

GB 19489《实验室生物安全通用要求》

ISO 15189《医学实验室质量和能力的要求》

JJF 1001《通用计量术语及定义》

3. 术语和定义

3.1　资质认定

国家认证认可监督管理委员会和省级质量技术监督部门（市场监督管理部门）依据有关法律法规和标准、技术规范的规定，对检验检测机构的基本条件和技术能力是否符合法定要求实施的评价许可。

3.2　检验检测机构

依法成立，依据相关标准或者技术规范，利用仪器设备、环境设施等技术条件和专业技能，对产品或者法律法规规定的特定对象进行检验检测的专业技术组织。

3.3　资质认定评审

国家认证认可监督管理委员会和省级质量技术监督部门（市场监督管理部门）依据《中华人民共和国行政许可法》的有关规定，自行或者委托专业技术评价机构，组织评审员，对检验检测机构是否符合《检验检测机构资质认定管理办法》规定的资质认定条件所进行的审查和考核。

4. 评审要求

4.1 依法成立并能够承担相应法律责任的法人或者其他组织

4.1.1 检验检测机构或者其所在的组织，应是能承担法律责任的实体，检验检测机构对其出具的检验检测数据、结果负责，并承担相应法律责任。

4.1.2 检验检测机构应有明确的法律地位，不具备法人资格的检验检测机构应经所在法人单位授权。

4.1.3 检验检测机构及其人员从事检验检测活动，应遵守国家相关法律法规的规定，遵循客观独立、公平公正、诚实信用原则，恪守职业道德，承担社会责任。

4.1.4 检验检测机构应明确其组织和管理结构、所在法人单位中的地位，以及质量管理、技术运作和支持服务之间的关系。

4.1.5 检验检测机构所在的单位还从事检验检测以外的活动，应识别潜在的利益冲突。

4.1.6 检验检测机构为其工作开展需要，可在其内部设立专门的技术委员会。

4.2 具有与其从事检验检测活动相适应的检验检测技术人员和管理人员

4.2.1 检验检测机构应建立和保持人员管理程序，确保人员的录用、培训、管理等规范进行。检验检测机构应确保人员理解他们工作的重要性和相关性，明确实现管理体系质量目标的职责。

4.2.2 检验检测机构及其人员应独立于其出具的检验检测数据、结果所涉及的利益相关各方，不受任何可能干扰其技术判断因素的影响，确保检验检测数据、结果的真实、客观、准确。

4.2.3 检验检测机构及其人员应对其在检验检测活动中所知悉的国家秘密、商业秘密和技术秘密负有保密义务，并制定实施相应的保密措施。检验检测机构有措施确保其管理层和员工，不受对工作质量有不良影响的、来自内外部不正当的商业、财务和其他方面的压力和影响。从事检验检测活动的人员，不得同时在两个及以上检验检测机构从业。

4.2.4 检验检测机构管理者应建立和保持相应程序，以确定其检验检测人员教育、培训和技能的目标，明确培训需求和实施人员培训。培训计划应与检验检测机构当前和预期的任务相适应，并评价这些培训活动的有效性。检验检测机构人员应经与其承担的任务相适应的教育、培训，并有相应的技术知识和经验，按照检验检测机构管理体系要求工作。应由熟悉检验检测方法、程序、目的和结果评价的人员，对检验检测人员包括在培员工，进行监督。

4.2.5 检验检测机构应对所有从事抽样、检验检测、签发检验检测报告或证书、提出意见和解释以及操作设备等工作的人员，按要求根据相应的教育、培训、经验、技能进行资格确认并持证上岗。

4.2.6 检验检测机构的管理人员和技术人员，应具有所需的权力和资源，履行实施、保持、改进管理体系的职责。应规定对检验检测质量有影响的所有管理、操作和核查人员的职责、权力和相互关系。检验检测机构应保留所有技术人员的相关授权、能力、教育、资格、培训、技能、经验和监督的记录，并包含授权、能力确认的日期。

4.2.7 检验检测机构应与其工作人员建立劳动关系、聘用关系、录用关系。对与检验检测有关的管理人员、技术人员、关键支持人员，应保留其当前工作的描述。

4.2.8 检验检测机构相关的管理人员、技术人员、关键支持人员的工作描述可用多种方式规定。但至少应包含以下内容：

a）所需的专业知识和经验；

b）资格和培训计划；

c）从事检验检测工作的职责；

d）检验检测策划和结果评价的职责；

e）提交意见和解释的职责；

f）方法改进、新方法制定和确认的职责；

g）管理职责。

4.2.9　检验检测机构最高管理者负责管理体系的整体运作；应授权发布质量方针声明；应提供建立和保持管理体系，以及持续改进其有效性的承诺和证据；应在检验检测机构内部建立确保管理体系有效运行的沟通机制；应将满足客户要求和法定要求的重要性传达给检验检测机构全体员工；应确保管理体系变更时，能有效运行。

4.2.10　检验检测机构应有技术负责人，负责技术运作和提供检验检测所需的资源，检验检测机构技术负责人应具有中级及以上专业技术职称或者同等能力。检验检测机构应有质量主管，应赋予其在任何时候使管理体系得到实施和遵循的责任和权力。质量主管应有直接渠道接触决定政策或资源的最高管理者，应指定关键管理人员的代理人。

4.2.11　检验检测机构授权签字人应具有中级及以上专业技术职称或者同等能力，并经考核合格。以下情况可视为同等能力：

a）博士研究生毕业，从事相关专业检验检测活动 1 年及以上；硕士研究生毕业，从事相关专业检验检测活动 3 年及以上；

b）大学本科毕业，从事相关专业检验检测活动 5 年及以上；

c）大学专科毕业，从事相关专业检验检测活动 8 年及以上。

非授权签字人不得签发检验检测报告或证书。

4.2.12　从事国家规定的特定检验检测的人员应具有符合相关法律、行政法规所规定的资格。

4.3　具有固定的工作场所，工作环境满足检验检测要求

4.3.1　检验检测机构的管理体系应覆盖检验检测机构的固定设施内的场所、离开其固定设施的场所，以及在相关的临时或移动设施中进行的检验检测工作。

4.3.2　检验检测机构应确保其环境条件不会使检验检测结果无效，或不会对所要求的检验检测质量产生不良影响。在检验检测机构固定设施以外的场所进行抽样、检验检测时，应予特别注意。对影响检验检测结果的设施和环境的技术要求应制定成文件。

4.3.3　依据相关的规范、方法和程序要求，当影响检验检测结果质量情况时，应监测、控制和记录环境条件。对诸如生物消毒、灰尘、电磁干扰、辐射、湿度、供电、温度、声级和振级等应予重视，使其适应于相关的技术活动要求。当环境条件危及到检验检测的结果时，应停止检验检测活动。

4.3.4　检验检测机构应对影响检验检测质量的区域的进入和使用加以控制，可根据其特定情况确定控制的范围。应将不相容活动的相邻区域进行有效隔离，采取措施以防止交叉污染。应采取措施确保实验室的良好内务，必要时应建立和保持相关的程序。

4.4　具备从事检验检测活动所必需的检验检测设备设施

4.4.1　检验检测机构应建立和保持安全处置、运输、存放、使用、有计划维护测量设备的程序，以确保其功能正常并防止污染或性能退化。用于检验检测的设施，包括但不限于能源、照明等，应有利于检验检测工作的正常开展。

4.4.2 检验检测机构应配备检验检测（包括抽样、物品制备、数据处理与分析）要求的所有抽样、测量、检验、检测的设备。对检验检测结果有重要影响的仪器的关键量或值，应制定校准计划。设备（包括用于抽样的设备）在投入服务前应进行校准或核查，以证实其能够满足检验检测的规范要求和相应标准的要求。

4.4.3 检验检测设备应由经过授权的人员操作，设备使用和维护的最新版说明书（包括设备制造商提供的有关手册）应便于检验检测有关人员取用。用于检验检测并对结果有影响的设备及其软件，如可能，均应加以唯一性标识。

4.4.4 检验检测机构应保存对检验检测具有重要影响的设备及其软件的记录。该记录至少应包括：

a）设备及其软件的识别；

b）制造商名称、型式标识、系列号或其他唯一性标识；

c）核查设备是否符合规范；

d）当前的位置（如适用）；

e）制造商的说明书（如果有），或指明其地点；

f）所有校准报告和证书的日期、结果及复印件，设备调整、验收准则和下次校准的预定日期；

g）设备维护计划，以及已进行的维护（适当时）；

h）设备的任何损坏、故障、改装或修理。

4.4.5 曾经过载或处置不当、给出可疑结果、已显示出缺陷、超出规定限度的设备，均应停止使用。这些设备应予隔离以防误用，或加贴标签、标记以清晰表明该设备已停用，直至修复并通过校准或核查表明能正常工作为止。检验检测机构应核查这些缺陷或偏离规定极限，对先前检验检测的影响，并执行"不符合工作控制"程序。

4.4.6 检验检测机构需校准的所有设备，只要可行，应使用标签、编码或其他标识，表明其校准状态，包括上次校准的日期、再校准或失效日期。无论什么原因，若设备脱离了检验检测机构的直接控制，应确保该设备返回后，在使用前对其功能和校准状态进行核查，并得到满意结果。

4.4.7 当需要利用期间核查以保持设备校准状态的可信度时，应建立和保持相关的程序。当校准产生了一组修正因子时，检验检测机构应有程序确保其所有备份（例如计算机软件中的备份）得到正确更新。检验检测设备包括硬件和软件应得到保护，以避免发生致使检验检测结果失效的调整。

4.4.8 检验检测机构应建立和保持对检验检测结果、抽样结果的准确性或有效性有显著影响的设备，包括辅助测量设备（例如用于测量环境条件的设备），在投入使用前，进行设备校准的计划和程序。当无法溯源到国家或国际测量标准时，检验检测机构应保留检验检测结果相关性或准确性的证据。

4.4.9 检验检测机构应建立和保持标准物质的溯源程序。可能时，标准物质应溯源到 SI 测量单位或有证标准物质。检验检测机构应根据程序对标准物质进行期间核查，以维持其可信度。同时按照程序要求，安全处置、运输、存储和使用标准物质，以防止污染或损坏，确保其完整性。

4.5 具有并有效运行保证其检验检测活动独立、公正、科学、诚信的管理体系

4.5.1 检验检测机构应建立、实施和保持与其活动范围相适应的管理体系，应将其政策、制度、计划、程序和指导书制订成文件，并确保检验检测结果的质量。管理体系文件应传达至有关人员，并被其获取、理解、执行。

4.5.2 质量手册应包括质量方针声明、检验检测机构描述、人员职责、支持性程序、手册管理等。检验检测机构质量手册中应阐明质量方针声明，应制定管理体系总体目标，并在管理评审时予以评审。质量方针声明应经最高管理者授权发布，至少包括下列内容：

a）最高管理者对良好职业行为和为客户提供检验检测服务质量的承诺；

b）最高管理者关于服务标准的声明；

c）管理体系的目的；

d）要求所有与检验检测活动有关的人员熟悉质量文件，并执行相关政策和程序；

e）最高管理者对遵循本准则及持续改进管理体系的承诺。

4.5.3　检验检测机构应建立和保持避免卷入降低其能力、公正性、判断力或运作诚信等方面的可信度的程序。检验检测机构应建立和保持保护客户的机密信息和所有权的程序，该程序应包括保护电子存储和传输结果的要求。

4.5.4　检验检测机构应建立和保持控制其管理体系的内部和外部文件的程序，包括法律法规、标准、规范性文件、检验检测方法，以及通知、计划、图纸、图表、软件、规范、手册、指导书。这些文件可承载在各种载体上，可是硬拷贝或是电子媒体，也可是数字的、模拟的、摄影的或书面的形式。应明确文件的批准、发布、变更，防止使用无效、作废的文件。

4.5.5　检验检测机构应建立和保持评审客户要求、标书、合同的程序。对要求、标书、合同的变更、偏离应通知客户和检验检测机构的相关人员。

4.5.6　检验检测机构因工作量大，以及关键人员、设备设施、技术能力等原因，需分包检验检测项目时，应分包给依法取得检验检测机构资质认定并有能力完成分包项目的检验检测机构，并在检验检测报告或证书中标注分包情况，具体分包的检验检测项目应当事先取得委托人书面同意。

4.5.7　检验检测机构应建立和保持选择和购买对检验检测质量有影响的服务和供应品的程序。程序应包含有关服务、供应品、试剂、消耗材料的购买、接收、存储的要求，并保存对重要服务、供应品、试剂、消耗材料供应商的评价记录和名单。

4.5.8　检验检测机构应建立和保持服务客户的程序，应保持与客户沟通，为客户提供咨询服务，对客户进行检验检测服务的满意度调查。在保密的前提下，允许客户或其代表，合理进入为其检验检测的相关区域观察。

4.5.9　检验检测机构应建立和保持处理投诉和申诉的程序。明确对投诉和申诉的接收、确认、调查和处理职责，并采取回避措施。

4.5.10　检验检测机构应建立和保持出现不符合工作的处理程序。明确对不符合工作的评价、决定不符合工作是否可接受、纠正不符合工作、批准恢复被停止的不符合工作的责任和权力。必要时，通知客户并取消不符合工作。

4.5.11　检验检测机构应建立和保持在识别出不符合工作时、在管理体系或技术运作中出现对政策和程序偏离时，采取纠正措施的程序。应分析原因，确定纠正措施，对纠正措施予以监控。必要时，可进行内部审核。

4.5.12　检验检测机构应建立和保持识别潜在的不符合原因和改进，所采取预防措施的程序。应制定、执行和监控这些措施计划，以减少类似不符合情况的发生并借机改进，预防措施程序应包括措施的启动和控制。

4.5.13　检验检测机构应通过实施质量方针、质量目标，应用审核结果、数据分析、纠正措施、预防措施、内部审核、管理评审来持续改进管理体系的有效性。

4.5.14　检验检测机构应建立和保持识别、收集、索引、存取、存档、存放、维护和清理质量记录和技术记录的程序。质量记录应包括内部审核报告和管理评审报告以及纠正措施和预防措施的记录。技术记录应包括原始观察、导出数据和建立审核路径有关信息的记录、校准记录、员工记录、发出的每份检验检测报告或证书的副本。

每项检验检测的记录应包含充分的信息，以便在需要时，识别不确定度的影响因素，并确保该检验检测在尽可能接近原始条件情况下能够重复。记录应包括抽样的人员、每项检验检测人员和结果校核人员的标识。观察结果、数据和计算应在产生时予以记录，对记录的所有改动应有改动人的签名或签名缩写。对电子存储的记录也应采取同等措施，以避免原始数据的丢失或改动。所有记录应予安全保护和保密。记录可存于任何媒体上。

4.5.15　检验检测机构应建立和保持管理体系内部审核的程序，以便验证其运作是否符合管理体系和本准则的要求。内部审核通常每年一次，由质量主管负责策划内审并制定审核方案，审核应涉及全部要素，包括检验检测活动。审核员须经过培训，具备相应资格，审核员通常应独立于被审核的活动。内部审核发现问题应采取纠正措施，并验证其有效性。

4.5.16　检验检测机构应建立和保持管理评审的程序。管理评审通常12个月一次，由最高管理者负责。最高管理者应确保管理评审后，得出的相应变更或改进措施予以实施。应保留管理评审的记录，确保管理体系的适宜性、充分性和有效性。管理评审输入应包括以下信息：

a）质量方针、目标和管理体系总体目标；

b）政策和程序的适用性；

c）管理和监督人员的报告；

d）内外部审核的结果；

e）纠正措施和预防措施；

f）上次管理评审结果跟踪；

g）检验检测机构间比对或能力验证的结果；

h）工作量和工作类型的变化；

i）客户反馈；

j）申诉和投诉；

k）改进的建议；

l）其他相关因素，如质量控制活动、资源配备、员工培训。

管理评审输出应包括以下内容：

a）管理体系有效性及过程有效性的改进；

b）满足本准则要求的改进；

c）资源需求。

4.5.17　检验检测机构应建立和保持使用适合的检验检测方法和方法确认的程序，包括被检验检测物品的抽样、处理、运输、存储和准备。适当时，还应包括测量不确定度的评定和分析检验检测数据的统计技术。检验检测方法包括标准方法、非标准方法和检验检测机构制定的方法。

4.5.17.1　如果缺少指导书可能影响检验检测结果，检验检测机构应制定指导书。对检验检测方法的偏离，须在该偏离已有文件规定、经技术判断、经批准和客户接受的情况下才允许发生。

4.5.17.2　检验检测机构应采用满足客户需求，并满足检验检测要求的方法，包括抽样的方法。应优先使用以国际、区域或国家标准形式发布的方法，检验检测机构应确保使用标准的有效版本。必要时，应采用附加细则对标准加以说明，以确保应用的一致性。

4.5.17.3　检验检测机构为其需要，自己制定检验检测方法的过程应有计划性，并应指定资深的、有资格的人员进行。提出的计划应随着制定方法工作的推进予以更新，并确保有关人员之间能有效沟通。

当使用非标准方法时，应遵守与客户达成的协议，且应包括对客户要求的清晰说明及检验检测的目的，所制定的非标准方法在使用前应经确认。

4.5.17.4　无规定的方法和程序时，检验检测机构应建立和保持开发特定的检验检测方法的程序。如果检验检测机构认为客户建议的检验检测方法不适当时，应通知客户。使用非标准检验检测方法的程序，至少应该包含下列信息：

a）适当的标识。

b）范围。

c）被检验检测样品类型的描述。

d）被测定的参数或量和范围。

e）仪器和设备，包括技术性能要求。

f）所需的参考标准和标准物质。

g）要求的环境条件和所需的稳定周期。

h）程序的描述，包括：

——物品的附加识别标志、处置、运输、存储和准备；

——工作开始前所进行的检查；

——检查设备工作是否正常，需要时，在每次使用之前对设备进行校准和调整；

——观察和结果的记录方法；

——需遵循的安全措施。

i）接受（或拒绝）的准则、要求。

j）需记录的数据以及分析和表达的方法。

k）不确定度或评定不确定度的程序。

4.5.17.5　方法确认是通过检查并提供客观证据，判定检验检测方法是否满足预定用途或所用领域的需要。检验检测机构应记录确认的过程、确认的结果、该方法是否适合预期用途的结论。

4.5.18　检验检测机构应建立和保持应用评定测量不确定度的程序。应对计算和数据转移进行系统和适当地检查。当利用计算机或自动设备对检验检测数据进行采集、处理、记录、报告、存储或检索时，检验检测机构应确保：

a）对使用者开发的计算机软件形成详细文件，并确认软件的适用性：

——相关硬件或软件的定期再确认；

——相关硬件或软件改变后的再确认；

——需要时，对软件升级。

b）建立和保持保护数据完整性和安全性的程序。这些程序应包括（但不限于）：数据输入或采集、数据存储、数据转移和数据的处理。

c）维护计算机和自动设备以确保其功能正常，并提供保护检验检测数据完整性所必需的环境和运行条件。

4.5.19　检验检测机构应建立和保持需要对物质、材料、产品进行抽样时，抽样的计划和程序。抽样计划和程序在抽样的地点应能够得到，抽样计划应根据适当的统计方法制定。抽样过程应注意需要控制的因素，以确保检验检测结果的有效性。当客户对文件规定的抽样程序有偏离、添加或删节的要求时，这些要求应与相关抽样资料予以详细记录，并纳入包含检验检测结果的所有文件中，同时告知相关人员。当抽样作为检验检测工作的一部分时，应有程序记录与抽样有关的资料和操作。

4.5.20 检验检测机构应建立和保持对用于检验检测样品的运输、接收、处置、保护、存储、保留、清理的程序，包括保护样品的完整性、保护检验检测机构与客户利益的规定。检验检测机构应有样品的标识系统。样品在检验检测的整个期间应保留该标识。标识系统的设计和使用，应确保样品不会在实物上或记录中和其他文件混淆。如果合适，标识系统应包含样品群组的细分和样品在检验检测机构内外部的传递。在接收样品时，应记录样品的异常情况或记录对检验检测方法的偏离。应避免样品在存储、处置、准备过程中出现退化、丢失、损坏，应遵守随样品提供的处理说明。当样品需要存放或在规定的环境条件下养护时，应保持、监控和记录这些条件。当样品或其一部分需要安全保护时，应对存放和环境的安全作出安排，以保护该样品或样品有关部分处于安全状态和完整性。

4.5.21 检验检测机构应明确区分检验前过程、检验过程、检验后过程的要求。检验检测机构应建立和保持监控检验检测有效性的质量控制程序。通过分析质量控制的数据，当发现偏离预先判据时，应采取有计划的措施来纠正出现的问题，并防止出现错误的结果。这种质量控制应有计划并加以评审，可包括（但不限于）下列内容：

a）定期使用有证标准物质进行监控和/或使用次级标准物质开展内部质量控制；

b）参加检验检测机构间的比对或能力验证计划；

c）使用相同或不同方法进行重复检验检测；

d）对存留物品进行再检验检测；

e）分析一个样品不同特性结果的相关性。

4.5.22 检验检测机构应建立和保持能力验证程序。检验检测机构应当按照资质认定部门的要求，参加其组织开展的能力验证或者检验检测机构间比对，以保证持续符合资质认定条件和要求。鼓励检验检测机构参加有关政府部门、国际组织、专业技术评价机构组织开展的检验检测机构能力验证或者检验检测机构间比对，并将相关结果报送资质认定部门。

4.5.23 检验检测机构应准确、清晰、明确、客观地出具检验检测结果，并符合检验检测方法的规定。结果通常应以检验检测报告或证书的形式发出。检验检测报告或证书应至少包括下列信息：

a）标题；

b）标注资质认定标志，加盖检验检测专用章（适用时）；

c）检验检测机构的名称和地址，检验检测的地点（如果与检验检测机构的地址不同）；

d）检验检测报告或证书的唯一性标识（如系列号）和每一页上的标识，以确保能够识别该页是属于检验检测报告或证书的一部分，以及表明检验检测报告或证书结束的清晰标识，检验检测报告或证书的硬拷贝应当有页码和总页数；

e）客户的名称和地址；

f）所用检验检测方法的识别；

g）检验检测样品的描述、状态和明确的标识；

h）对检验检测结果的有效性和应用有重大影响时，注明样品的接收日期和进行检验检测的日期；

i）对检验检测结果的有效性或应用有影响时，提供检验检测机构或其他机构所用的抽样计划和程序的说明；

j）检验检测检报告或证书批准人的姓名、职务、签字或等效的标识；

k）检验检测机构应提出未经检验检测机构书面批准，不得复制（全文复制除外）检验检测报告或证书的声明；

l）检验检测结果的测量单位（适用时）；

m）检验检测机构接受委托送检的，其检验检测数据、结果仅证明样品所检验检测项目的符合性情况。

4.5.24　当需对检验检测结果进行解释时，检验检测报告或证书中还应包括下列内容：

a）对检验检测方法的偏离、增添或删节，以及特定检验检测条件的信息，如环境条件；

b）相关时，符合（或不符合）要求、规范的声明；

c）适用时，评定测量不确定度的声明。当不确定度与检测结果的有效性或应用有关，或客户的指令中有要求，或当不确定度影响到对规范限度的符合性时，检测报告中还需要包括有关不确定度的信息；

d）适用且需要时，提出意见和解释；

e）特定检验检测方法或客户所要求的附加信息。

4.5.25　当需对检验检测结果作解释时，对含抽样结果在内的检验检测报告或证书，还应包括下列内容：

a）抽样日期；

b）抽取的物质、材料或产品的清晰标识（适当时，包括制造者的名称、标示的型号或类型和相应的系列号）；

c）抽样位置，包括简图、草图或照片；

d）所用的抽样计划和程序；

e）抽样过程中可能影响检验检测结果的环境条件的详细信息；

f）与抽样方法或程序有关的标准或规范，以及对这些标准或规范的偏离、增加或删减。

4.5.26　当需要对报告或证书做出意见和解释时，检验检测机构应将意见和解释的依据形成文件。意见和解释应在检验检测报告或证书中清晰标注。检验检测报告或证书的意见和解释可包括（但不限于）下列内容：

a）对检验检测结果符合（或不符合）要求的意见；

b）履行合同的情况；

c）如何使用结果的建议；

d）改进的建议。

4.5.27　当检验检测报告或证书包含了由分包方所出具的检验检测结果时，这些结果应予清晰标明。分包方应以书面或电子方式报告结果。

4.5.28　当用电话、电传、传真或其他电子或电磁方式传送检验检测结果时，应满足本准则对数据控制的要求。检验检测报告或证书的格式应设计为适用于所进行的各种检验检验类型，并尽量减小产生误解或误用的可能性。若有要求时，检验检测机构应建立和保持检验检测结果发布的程序。

4.5.29　检验检测报告或证书签发后，若有更正或增补应予以记录。修订的检验检测报告或证书应标明所代替的报告或证书，并注以唯一性标识。

4.5.30　检验检测机构应当对检验检测原始记录、报告、证书归档留存，保证其具有可追溯性。检验检测原始记录、报告、证书的保存期限不少于 6 年。

4.5.31　检验检测机构的活动涉及风险评估和风险控制领域时，应建立和保持相应识别、评估、实施的程序。应制定安全管理体系文件，并提出对风险分级、安全计划、安全检查、设施设备要求和管理、危险材料运输、废物处置、应急措施、消防安全、事故报告的管理要求，予以实施。

4.5.32　检验检测机构应当定期向资质认定部门上报包括持续符合资质认定条件和要求、遵守从业规范、开展检验检测活动等内容的年度报告，以及统计数据等相关信息。检验检测机构应当在其官方网站或者以其他公开方式，公布其遵守法律法规、独立公正从业、履行社会责任等情况的自我声明，并对声明的真实性负责。

4.5.33 检验检测机构有下列情形之一，应当向资质认定部门申请办理变更手续：

a）机构名称、地址、法人性质发生变更的；

b）法定代表人、最高管理者、技术负责人、检验检测报告授权签字人发生变更的；

c）资质认定检验检测项目取消的；

d）检验检测标准或者检验检测方法发生变更的；

e）依法需要办理变更的其他事项。

4.6 符合有关法律法规或者标准、技术规范规定的特殊要求

特定领域的检验检测机构，应符合国家认证认可监督管理委员会按照国家有关法律法规或者标准、技术规范，针对不同行业和领域的特殊性，制定和发布的评审补充要求。

附件 2:

农产品质量安全检测机构考核办法

第一章　总　　则

第一条　为加强农产品质量安全检测机构管理，规范农产品质量安全检测机构考核，根据《中华人民共和国农产品质量安全法》等有关法律、行政法规的规定，制定本办法。

第二条　本办法所称考核，是指省级以上人民政府农业行政主管部门按照法律、法规以及相关标准和技术规范的要求，对向社会出具具有证明作用的数据和结果的农产品质量安全检测机构进行条件与能力评审和确认的活动。

第三条　农产品质量安全检测机构经考核和计量认证合格后，方可对外从事农产品、农业投入品和产地环境检测工作。

第四条　农业部负责全国农产品质量安全检测机构考核的监督管理工作。

省、自治区、直辖市人民政府农业行政主管部门（以下简称省级农业行政主管部门）负责本行政区域农产品质量安全检测机构考核的监督管理工作。

第五条　农产品质量安全检测机构建设，应当统筹规划，合理布局。鼓励检测资源共享，推进县级农产品综合性质检测机构建设。

第二章　基本条件与能力要求

第六条　农产品质量安全检测机构应当依法设立，保证客观、公正和独立地从事检测活动，并承担相应的法律责任。

第七条　农产品质量安全检测机构应当具有与其从事的农产品质量安全检测活动相适应的管理和技术人员。

从事农产品质量安全检测的技术人员应当具有相关专业中专以上学历，并经省级以上人民政府农业行政主管部门考核合格。

第八条　农产品质量安全检测机构的技术人员应当不少于 5 人，其中中级职称以上人员比例不低于 40%。

技术负责人和质量负责人应当具有中级以上技术职称，并从事农产品质量安全相关工作 5 年以上。

第九条　农产品质量安全检测机构应当具有与其从事的农产品质量安全检测活动相适应的检测仪器设备，仪器设备配备率达到 98%，在用仪器设备完好率达到 100%。

第十条　农产品质量安全检测机构应当具有与检测活动相适应的固定工作场所，并具备保证检测数据准确的环境条件。

从事相关田间试验和饲养实验动物试验检测的，还应当符合检疫、防疫和环保的要求。

从事农业转基因生物及其产品检测的，还应当具备防范对人体、动植物和环境产生危害的条件。

第十一条　农产品质量安全检测机构应当建立质量管理与质量保证体系。

第十二条　农产品质量安全检测机构应当具有相对稳定的工作经费。

第三章　申请与评审

第十三条　申请考核的农产品质量安全检测机构（以下简称申请人），应当向农业部或者省级人民政府农业行政主管部门（以下简称考核机关）提出书面申请。

国务院有关部门依法设立或者授权的农产品质量安全检测机构，经有关部门审核同意后向农业部提出申请。

其他农产品质量安全检测机构，向所在地省级人民政府农业行政主管部门提出申请。

第十四条　申请人应当向考核机关提交下列材料：

（一）申请书；

（二）机构法人资格证书或者其授权的证明文件；

（三）上级或者有关部门批准机构设置的证明文件；

（四）质量体系文件；

（五）计量认证情况；

（六）近两年内的典型性检验报告2份；

（七）其他证明材料。

第十五条　考核机关设立或者委托的技术审查机构，负责对申请材料进行初审。

第十六条　考核机关受理申请的，应当及时通知申请人，并将申请材料送技术审查机构；不予受理的，应当及时通知申请人并说明理由。

第十七条　技术审查机构应当自收到申请材料之日起10个工作日内完成对申请材料的初审，并向考核机关提交初审报告。

通过初审的，考核机关安排现场评审；未通过初审的，考核机关应当出具初审不合格通知书。

第十八条　现场评审实行评审专家组负责制。专家组由3－5名评审员组成。

评审员应当具有高级以上技术职称、从事农产品质量安全检测或相关工作5年以上，并经农业部考核合格。

评审专家组应当在3个工作日内完成评审工作，并向考核机关提交现场评审报告。

第十九条　现场评审应当包括以下内容：

（一）质量体系运行情况；

（二）检测仪器设备和设施条件；

（三）检测能力。

第四章　审批与颁证

第二十条　考核机关应当自收到现场评审报告之日起10个工作日内，做出申请人是否通过考核的决定。

通过考核的，颁发《中华人民共和国农产品质量安全检测机构考核合格证书》（以下简称《考核合格证书》），准许使用农产品质量安全检测考核标志，并予以公告。

未通过考核的，书面通知申请人并说明理由。

第二十一条　《考核合格证书》应当载明农产品质量安全检测机构名称、检测范围和有效期等内容。

第二十二条 省级农业行政主管部门应当自颁发《考核合格证书》之日起 15 个工作日内向农业部备案。

第五章 延续与变更

第二十三条 《考核合格证书》有效期为 3 年。

证书期满继续从事农产品质量安全检测工作的，应当在有效期满前六个月内提出申请，重新办理《考核合格证书》。

第二十四条 在证书有效期内，农产品质量安全检测机构法定代表人、名称或者地址变更的，应当向原考核机关办理变更手续。

第二十五条 在证书有效期内，农产品质量安全检测机构有下列情形之一的，应当向原考核机关重新申请考核：

（一）检测机构分设或者合并的；

（二）检测仪器设备和设施条件发生重大变化的；

（三）检测项目增加的。

第六章 监督管理

第二十六条 农业部负责对农产品质量安全检测机构进行能力验证和检查。不符合条件的，责令限期改正；逾期不改正的，由考核机关撤销其《考核合格证书》。

第二十七条 对于农产品质量安全检测机构考核工作中的违法行为，任何单位和个人均可以向考核机关举报。考核机关应当对举报内容进行调查核实，并为举报人保密。

第二十八条 考核机关在考核中发现农产品质量安全检测机构有下列行为之一的，应当予以警告；情节严重的，取消考核资格，一年内不再受理其考核申请：

（一）隐瞒有关情况或者弄虚作假的；

（二）采取贿赂等不正当手段的。

第二十九条 农产品质量安全检测机构有下列行为之一的，考核机关应当视情况注销其《考核合格证书》：

（一）所在单位撤销或者法人资格终结的；

（二）检测仪器设备和设施条件发生重大变化，不具备相应检测能力，未按本办法规定重新申请考核的；

（三）擅自扩大农产品质量安全检测项目范围的；

（四）依法可注销检测机构资格的其他情形。

第三十条 农产品质量安全检测机构伪造检测结果或者出具虚假证明的，依照《中华人民共和国农产品质量安全法》第四十四条的规定处罚。

第三十一条 从事考核工作的人员不履行职责或者滥用职权的，依法给予处分。

第七章 附 则

第三十二条 法律、行政法规和农业部规章对农业投入品检测机构考核另有规定的，从其规定。

第三十三条 本办法自 2008 年 1 月 12 日起施行。

附件 3：

农产品质量安全检测机构考核评审细则

一、机构与人员

序号	评审内容	评审意见				问题与建议
		符合	基本符合	不符合	不适用	
1 *	有上级部门批准的机构设置文件。机构为独立法人，非独立法人的需有法人授权。检测业务独立，独立对外行文，独立开展业务活动，有独立的财务账户或单独核算					
2	内设机构应有业务管理、检测技术等部门，各部门职能明确，运行有效					
3	有组织机构框图。标明各组成部门主要职责及相互关系、负责人姓名和职称。如机构为某一组织的一部分时，应标明与相关部门在管理、技术运作和支持服务等方面的关系					
4	有机构主管部门的公正性声明，确保检验工作不受外界因素干扰，保证具有第三方公正地位					
5	有机构公正性声明，不受任何来自商业、经济等利益因素的影响，保证检验工作的独立性、保密性和诚信度					
6 *	配备与检验工作相适应的管理人员和技术人员。技术人员应具有相关专业中专以上学历，人数不少于 5 人，其中中级职称以上人员比例不低于 40%					
7 *	机构正副主任、技术负责人和质量负责人的任命与变更应有上级主管部门的任命文件					
8	机构主任应由承建单位的负责人之一担任					
9 *	技术负责人和质量负责人应当具有中级以上职称，并从事农产品质量安全工作 5 年以上					
10	机构主任、技术负责人和质量负责人应指定代理人，当其不在岗时代行职责，并在质量手册中规定					
11	业务管理部门负责人应熟悉检测业务，具有一定的组织协调能力					
12	检测技术部门负责人应熟悉本专业检验业务，具有一定的管理能力					
13	质量监督员应具有中级以上职称，了解检验工作目的、熟悉检验方法和程序，以及懂得如何评定检验结果。每个部门至少配备一名质量监督员					
14	内审员应经过培训并具备资格，不少于 3 人					
15	人员岗位设置合理，并在质量手册中明确岗位职责。应包括正副主任、技术负责人、质量负责人、授权签字人、各部门负责人、检测人员、内审员、质量监督员、仪器设备管理员、档案管理员、样品管理员、试剂及耗材管理员、标准物质管理员等					
16 *	所有人员应经专业技术、标准化、计量、质量监督与管理以及相关法规知识培训，考核合格，持证上岗。上岗证或合格证应标明准许操作的仪器设备和检测项目					

续表

序号	评审内容	评审意见				问题与建议
		符合	基本符合	不符合	不适用	
17	从事计量检定、动植物检疫等法律法规另有规定的检验人员，须有相关部门的资格证明					
18	有各类人员的短期和中长期培训计划，并有实施记录					
19	所有人员应建立独立技术档案，内容包含相关授权、教育、专业资格、培训、能力考核、奖惩等记录					
20	有措施保证机构有良好的内务管理，包括公文运转、工作人员守则、人员劳动保护等，必要时应制定专门程序					

二、质量体系

序号	评审内容	评审意见				问题与建议
		符合	基本符合	不符合	不适用	
21	建立与检验工作相适应的质量体系，并形成质量体系文件					
22	机构应明确规定达到良好工作水平和检验服务的质量方针、目标，并作出承诺					
23	质量手册编写规范，覆盖质量体系的全部要素，其内容符合《农产品质量安全检测机构考核办法》要求。质量手册由主任批准发布					
24	程序文件能满足机构质量管理需要，其内容符合《农产品质量安全检测机构考核办法》要求。					
25	质量监督员对检测进行有效的监督，对监督过程中发现的问题及处理情况有记录					
26	有文件控制和维护程序，规定文件的分类编号、控制办法、审查、修订或更新、作废收回、批准发布，并实施					
27	有专人负责对技术标准进行查询、收集，技术负责人负责有效性确认					
28	有检测结果质量控制程序，确保检测结果质量。可采用以下方法：用统计技术对结果进行审查、参加能力验证、进行实验室间比对、定期使用有证标准物质或在内部质量控制中使用副标准物质、用相同或不同方法进行重复检验和保留样的再检验等					
29	有质量体系审核程序					
30	制定质量体系审核计划，并组织实施。每年至少开展一次包括质量体系全部要素的审核，必要时进行附加审核					
31	审核人员应与被审核部门无直接责任关系					
32	审核发现的问题应立即采取纠正措施，对检验结果的正确性和有效性可疑的，应书面通知受影响的委托方。审核人员应跟踪纠正措施的实施情况及有效性，并记录					
33	有管理评审程序。机构主任应每年至少对质量体系进行一次管理评审					
34	管理评审提出对质量体系进行更改或改进的内容，应得到落实					
35	有抱怨处理程序，并按程序受理、处理来自客户或其他方面的抱怨。应保存所有抱怨的记录，以及针对抱怨所开展的调查和纠正措施的记录					

三、仪器设备

序号	评审内容	符合	基本符合	不符合	不适用	问题与建议
36	仪器设备数量、性能应满足所开展检测工作的要求，配备率应不低于98%					
37	仪器设备（包括软件）应有专人管理保养。在用仪器设备的完好率应为100%，并进行正常的维护					
38	仪器设备应有唯一性标识，并贴有计量状态标识					
39	有仪器设备一览表，内容包括：名称、唯一性标识、型号规格、出厂号、制造商名称、技术指标、购置时间、单价、检定（校准）周期、用途、管理人、使用人等					
40	有仪器设备购置、验收、调试、使用、维护、故障修理、降级和报废处理程序，并有相应记录					
41	仪器设备独立建档，内容包括：仪器名称、唯一性标识、型号规格、出厂号、制造商名称、仪器购置、验收、调试记录，接收日期、启用时间、使用说明书（外文说明书需有其操作部分的中文翻译）、放置地点、历次检定（校准）情况、自校规程，运行检查、使用、维护（包括计划）、损坏、故障、改装或修理记录					
42	仪器设备使用记录应能满足试验再现性和溯源要求，内容包括：开机时间、关机时间、样品编号（或试剂、标准物质）、开机（关机）状态、环境因素（如果需要）、使用人等					
43	有仪器设备操作规程，并便于操作者对照使用					
44	计量器具应有有效的计量检定或校验合格证书和检定或校验周期表，并有专人负责检定（校准）或送检					
45	对使用频次较高的、稳定性较差的和脱离了实验室直接控制等的仪器应进行运行检查，并有相应的计划和程序					
46	计量标准和标准物质（含标准样品、标准溶液）有专人管理，并有使用记录；标准溶液配制、标定、校验和定期复验应有记录，并有符合要求的贮存场所					
47	有标准物质一览表，内容包括：标准物质名称、编号、来源、有效期；在用的标准物质（溶液）应在有效期内					
48	自校的仪器设备应有校准规程、校准计划和量值溯源图，确保量值可溯源到国家基准					
49	室外检验有相对固定的场所、设施能满足检测工作的要求					
50	自行研制的专用测试设备应有验证报告并通过技术鉴定					

四、检测工作

序号	评审内容	评审意见				问题与建议
		符合	基本符合	不符合	不适用	
51	检验工作流程图，包括从抽样、检测、检验报告到抱怨等各环节，并能有效运行					
52	对政府下达的指令性检验任务，应编制实施方案。并保质保量按时完成					
53	委托检验要填写样品委托单，除记录委托方和样品信息还应包括检验依据、检测方法、样品状态，以及双方商定的其他内容，并有适合的确认方式					
54	抽样应符合有关程序和规定要求。抽样记录内容齐全、信息准确。有保证所抽样品的真实性、代表性，以及样品安全抵达实验室的措施					
55	样品有专人保管，有唯一性和检测状态标识，有措施保证样品在检测和保存期间不混淆、丢失和损坏。有样品的处理记录					
56	样品在流转过程中，交接时应检查样品状况，避免发生变质、丢失或损坏。如遇损坏和丢失，应及时采取应急措施					
57	按相应工作程序，保证样品接收、传递、检测方法采用、检测、异常情况处置、复检与判定，以及双三级审核等符合要求					
58	原始记录有固定格式，信息齐全、内容真实，填写符合规定					
59	非标准方法的采用应按《采用非标准方法程序》执行					
60	开展新项目应按《开展检测新项目工作程序》实施					
61	对检测质量有影响的服务和供应品采购应编制计划，计划实施前，其技术内容应经相关负责人审查同意					
62	所购买的、影响检测质量的试剂和消耗材料，必要时应经过检查或证实符合有关检测方法中规定的要求后，投入使用					
63	所使用的服务和供应品应符合规定要求。并保存符合性检查的记录					
64	对检测质量有影响的重要服务和供应品的供应商应进行评价，并保存这些评价的记录和合格供应商名单					
65	按《纠正与预防措施控制程序》对检测工作中存在的或潜在的差异和发生偏离的情况进行有效的控制					
66	例外偏离时，按《允许偏离控制程序》执行					
67	有检测事故报告、分析、处理程序，并有记录					
68	按《检验分包程序》实施分包。分包项目应控制在仪器设备使用频次低且价格昂贵的范围内。并在检验报告中注明					
69	应保存分包方的各种资质证明材料，并有对分包方的评审记录					
70	检测人员工作作风严谨，操作规范熟练，数据填写客观、清晰					

五、记录与报告

序号	评审内容	评审意见				问题与建议
		符合	基本符合	不符合	不适用	
71	对所有的记录实行分类管理，包括检验过程和质量管理产生的记录，明确其保存期限。检验报告和相应的原始记录应独立归档，保存期不少于5年					
72	记录与报告的存放方法、设施和环境应防止记录损坏、变质、丢失等					
73	按《记录管理控制程序》维持识别、收集、索引、存取、存档、存放、维护和清理质量记录和技术记录					
74	有为委托方保密的规定。检验报告应按规定发送并登记。当用电话、传真或其他电子等方式传送检验结果时，应有适当方式确定记录委托方的身份					
75	当利用计算机或自动设备对检测数据、信息资料进行采集、处理、记录、报告、存贮或检索软件时，有保障其安全性的措施					
76	检测原始记录应包含足够的信息，以保证其能够再现。至少包括样品名称、编号、检验方法、检测日期、检测地点、环境因素（必要时）、使用主要仪器设备、检测条件（必要时）、检测过程与量值计算有关的读数、计算公式、允差要求等					
77	检验报告及相应原始记录应独立归档，内容包括检验报告、抽样单、样品委托单、检测任务单、原始记录及其相关联的图谱或仪器测试数据等					
78	对记录的修改应规范，原字迹仍清晰可辨，并有修改人的签章					
79	检验报告格式和内容应符合有关法律法规的规定					
80	农业转基因生物及制品的检验报告内容应符合转基因生物安全管理的有关规定和要求					
81	检验报告的结论用语应符合有关规定或标准的要求，并在体系文件中规定					
82	检验报告应准确、客观地报告检测结果，应与委托方要求和原始记录相符合					
83	检验报告应有批准、审核、制表人的签字和签发日期；检验报告封面加盖机构公章。检验结论加盖机构检验专用印章，并加盖骑缝章					
84	对已发出的检验报告如需修改或补充，应另发一份题为《对编号××检验报告的补充（或更正）》的检验报告					

六、设施与环境

序号	评审内容	评审意见				问题与建议
		符合	基本符合	不符合	不适用	
85 *	有专用的检测工作场所，仪器设备应相对集中放置，相互影响的检测区域应有效隔离，互不干扰					
86	农业转基因、动植物检疫等生物安全检测机构的检测实验室、试验基地、动物房等场所应有专人管理，其生物安全等级管理应符合国家有关规定					
87	检测环境条件应符合检测方法和所使用仪器设备的规定，对检测结果有明显影响的环境要素应监测、控制和记录					
88	样品的贮存环境应保证其在保存期内不变质。不能保存的样品，应有委托方不进行复检的确认记录					
89	检测场所应相对封闭。在确保其他客户机密的前提下，允许客户到实验室察看					
90	化学试剂的保存条件应符合有关规定，有机试剂的贮存场所应有通风设施					
91 *	毒品和易燃易爆品应有符合要求的保存场地，有专人管理，有领用批准与登记手续。毒品使用应有监督措施					
92	高压气瓶应有安全防护措施					
93	应配备与检测工作相适应的消防设施，保证其完好、有效					
94 *	实验场所内外环境的粉尘、烟雾、噪声、振动、电磁干扰、基因转移等确保不影响检测结果。					
95	有保证检测对环境不产生污染的措施。应制定处理污染发生的应急预案					
96	当环境条件危及人身安全或影响检测结果时，应中止检测，并作记录					
97	实验室的仪器设备、电气线路和管道布局合理，便于检测工作的进行，并符合安全要求					
98	如需要，应配置停电、停水等应急设施					
99	应有措施保护人身健康和安全					
100 *	废气、废水、废渣等废弃物的处理应符合国家有关规定					

注：1. 每一条在相应的评审意见栏中打"√"；

2. 评审中发现的问题、提出的建议记录在"问题与建议"栏中；

3. 序号栏中的"＊"代表"关键项"；

4. 现场评审结论分为：通过、基本通过和不通过

（1）通过：按上述评审项要求，所有条款全部为"符合"（不适用项除外）。

（2）基本通过：分为整改后报材料确认和整改后现场确认两种情况。

基本通过，整改后报材料确认的判定标准为：按上述评审项要求，15 项及以下评审条款为"基本符合"和"不符合"，其中关键项"基本符合"少于 6 项，非关键项"不符合"不超过 1 项。

基本通过，整改后现场确认的判定标准为：按上述评审项要求，25 项及以下评审条款为"基本符合"和"不符合"，其中 10 项及以下关键项"基本符合"，2 项及以下非关键项"不符合"。

（3）不通过：按上述评审项要求，25 个以上条款"基本符合"和"不符合"，其中 10 项以上关键项"基本符合"；或 3 项及以上非关键项"不符合"；或 1 项及以上关键项"不符合"。

5. 本细则由农业部负责解释。